日本刀の材料科学

北田 正弘 著

雄山閣

図1-1 柄に金の薄板を巻いた古代の鉄刀の一部（筆者蔵）
［本文9頁参照］

図1-11 大工職人の図
鋸、鉋、挺名が使われている（筆者蔵）
［本文15頁参照］

図1-4 懐剣のこしらえ（筆者蔵）［本文12頁参照］

図1-12 合戦絵（筆者蔵）［本文15頁参照］

図1-16 普段の侍の姿（ル・モンド紙より：筆者蔵）
［本文21頁参照］

口絵1

図1-19　青面金剛と刀鍛冶（筆者蔵）
［本文23頁参照］

図1-30　海野勝珉筆の鍔の彩色下絵（筆者蔵）［本文28頁参照］

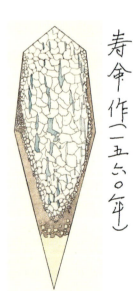

図1-39　足田輝雄博士による刀断面のスケッチ（木版）［本文32頁参照］

口絵2

図3-1 石鉄隕石のマクロ像 白い領域が鉄合金で、黄色の領域はかんらん石（北田）［本文63頁参照］

図4-5 実験用小型たたら炉から鉄の取り出し
（北田）［本文75頁参照］

図3-10 格子組織をもつ隕鉄の電子線後方散乱回折像
幾つかの結集方位をもつ結晶粒からなっている（北田）［本文66頁参照］

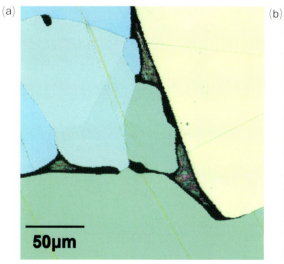
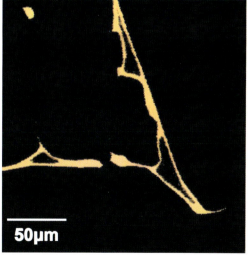

図3-11 隕鉄の中に見られる 結晶粒界の電子線後方散乱回折像
(a)はαFe固溶体像、(b)はγFe像を示す（北田）［本文67頁参照］

口絵3

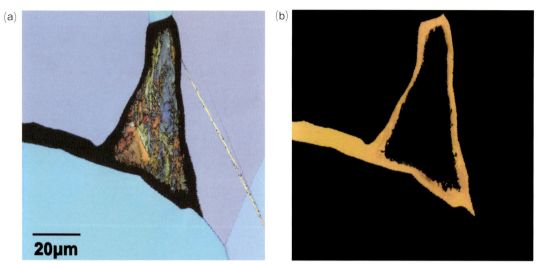

図3-12　γFe-Ni固溶体に囲まれた領域の電子線後方散乱回折像
(a)はαFe回折像、(b)はγFe回折像を示す［本文67頁参照］

図4-9　図4-8と同じ視野のαFeの電子線後方散乱回折像（北田）［本文77頁参照］

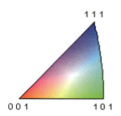

図4-10　αFeの電子線後方散乱回折像
暗い部分は非金属介在物、矢印の向きに粒界Cが移動している（北田）［本文77頁参照］

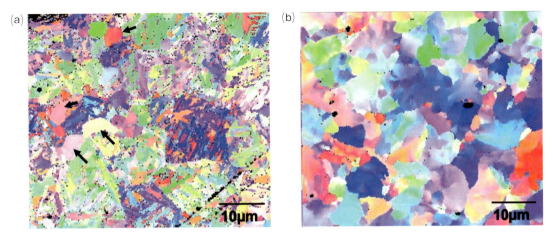

図5-4 包永刀断面の電子線後方散乱像
(a)は刃先から0.25mm位置のマルテンサイトで矢印は微細なパーライト領域、(b)は刃先から5mm位置のパーライト領域の結晶粒組織（北田）［本文87頁参照］

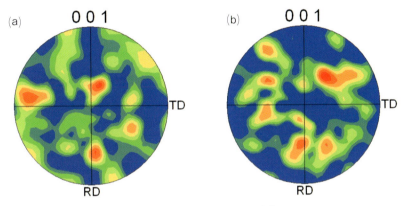

図5-5 断面の結晶方位の分布像
橙色方位の結晶粒が多く、青方位は少ない。(a)はマルテンサイト領域、(b)はマルテンサイト領域から離れたパーライト組織領域（北田）［本文87頁参照］

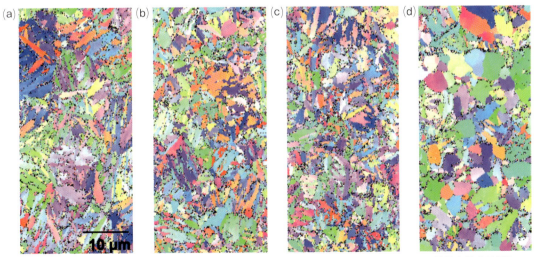

図5-180 信國吉包刀の刃先から(a)0.2mm、(b)0.5mm、(c)3mm、(d)6mmの位置の電子線後方散乱回折像
（北田）［本文169頁参照］

口絵5

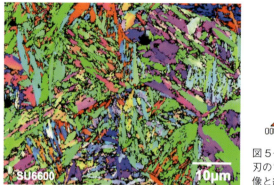
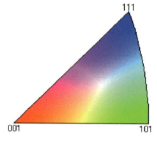

図 5-235
刃のマルテンサイトの電子線後方散乱回折像と結晶方位図（北田）［本文 194 頁参照］

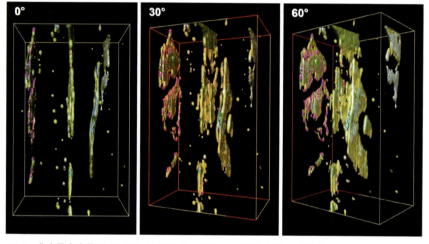

図 5-416　非金属介在物の Si（黄）、Al（緑）、Ca（青）および Ti（赤）の立体的分布（北田）［本文 271 頁参照］

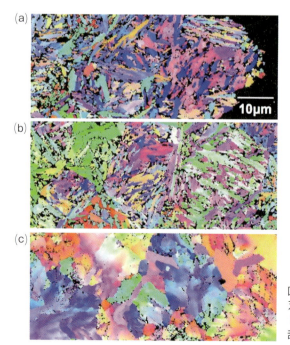

図 6-33
刃先(a)から内部に向かってのマルテンサイト(b)とパーライト組織(c)の電子線後方散乱回折像（北田）［本文 293 頁参照］

口絵 6

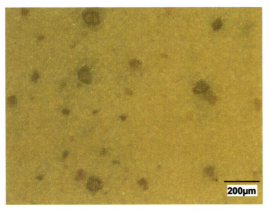

図7-2 鳴滝砥石（地艶・中硬度）の光学顕微鏡組織
（北田）［本文304頁参照］

図7-17 西洋刀の研磨に使われたローマ時代
陶器片［本文310頁参照］

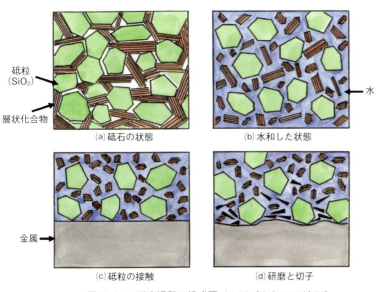

図7-16 研磨過程の模式図（北田）［本文309頁参照］

図8-17 玉製の鍔がついた
漢代頃の古代刀
（著者蔵）［本文327頁参照］

図8-46 青銅で被覆した鉄斧、残留Cu（矢印）と
緑青、中心部は鉄錆（北田）［本文337頁参照］

図8-47 銅で被覆された鉄斧の断面マクロ像
aは銅と緑青、bは暗赤色の鉄錆、cはFe_3O_4とFeOからなる鉄
酸化物、dが金属鉄、eは暗赤色の鉄錆（北田）［本文337頁参照］

口絵7

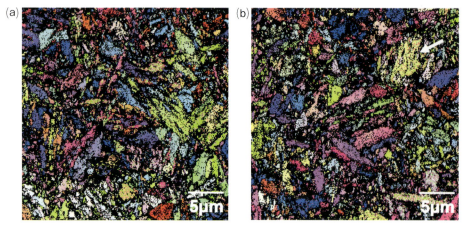

図9-34　明るい縞(a)と暗い縞(b)の電子線後方散乱回折像（北田）［本文359頁参照］

図11-3　鎧鋼板断面の上部から下部に向かっての結晶粒分布を示す電子線後方散乱回折像
右側が上部の炭素鋼（北田）［本文386頁参照］

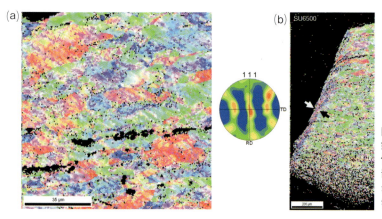

図11-29
鋼線の電子線後方散乱回折像と極図形(a)および切断部の加工層(b)　矢印の範囲が加工層（北田）［本文394頁参照］

図11-44　鋼線のEBSDによる組織像(a)と介在物（Fe_2SiO_4）の像(b)（北田）［本文397頁参照］

口絵8

ま え が き

　日本刀はわが国で独自に発達した鉄鋼製品であり、筆者は鉄鋼材料分野の世界遺産のひとつであると考えている。現在では美術品として扱われ、愛好家も多いが、中世までは国内の権力闘争に使われた重要な武具であった。そして、これを帯びるのは武人の証であり、古代には神や権力の象徴でもあった。当初の刀は大陸方面からの輸入品であったといわれ、古墳時代後期から奈良時代頃にたたら製錬が始まり、国産の鉄が利用されたと考えられている。その後の刀の製造技術を担ったのは、鉱山で働く金山衆（かなやましゅう）、たたら吹きの製鉄技術者とそれを刀製品として作り上げた刀匠、研ぎ師、鍔（つば）や目貫（めぬき）などを作る金工師および鞘師（さやし）たちである。そして、その芸術性を評価して愛蔵した人たちの支援があった。その意味で刀は総合的な技術品・芸術品であり、遺された刀とともに伝統的な技術を文化財として末永く子孫に伝えてゆくことが重要である。しかしながら、昔は今のような製作技術に関する材料科学および工学技術的な記録がなく、どのように発達・推移してきたのかについては、不明な点が多い。本書の目的は、材料科学的側面から刀の微細構造を明らかにし、伝統技術の一端を自然科学の見地から後世に伝えることである。

　日本刀は平安時代後期に現れ、現代まで続いている。その刀匠と産地は全国に広がっており、現在でも100万振り以上の刀が遺されている。日本刀の原料、作者、鍛造技術などは多岐にわたっており、系統的な研究結果を得るには、多数の刀を作者と産地で時系列的に調べなければならない。また、作者も年齢によって造り方が変わっており、寺や戦国時代の大きな工房では大量生産されていること、弟子などの代作があること、原料の流通経路が時代とともに広がり複雑化したこと、刃紋などは焼入れと研ぎによる高度な技巧要素が強いこと、銘が本来の作者とは異なる場合もあり、極めて複雑になっている。したがって、系統的な研究は容易なことではない。実験的には、多数の試料を破壊分析することが困難であり、特に古い刀の分析は難しい。したがって、本書で述べる研究結果は、日本刀の氷山の一角であるが、従来から飛躍的に向上した各種観察装置を駆使した研究成果を基にしており、日本刀をより詳しく知るための将来の研究への端緒である。研究にはまだ多くの不明な点、解析できない部分などがあり、見逃していることも多いと思うが、あとに続く研究者のとっては更なる真実を求める資料となるので、実験結果をできるだけ多く載せた。分析機器の発達は目覚しく、将来は非破壊で微細構造を観察可能になる日が来るかも知れない。本研究が将来への橋渡しの役割を担えれば幸いである。

　刀の金属学あるいは材料科学的研究については、大正時代の京都大学の近重真澄教授門下の足田輝雄博士（近重真澄著『東洋錬金術』内田老鶴圃、昭和4年）および東京大学の俵國一教授らが行った研究（俵國一著『日本刀の科学的研究』日立評論社、昭和28年）が有名である。ただし、研究は明治末から大正時代のもので、分析機器などの未発達な時代であったから、相当な苦労をされて研究したと思われる。前者は断面組織を中心とした研究で、後者は総合的な研究だが、特に刀身表面（肌）の紋様について重点を置いて成果を挙げている。このほかにも断片的な研究はあるが、その後、本格的な材料科学的研究はなされていない。一方、刀の美術的研究は姿と研がれた刀表面のマクロな観察であり、これは内部の鋼の組織を一部反映しているが、材料科学的には

内部組織の評価には至っていない。また、研ぎは美術的鑑賞法として刀の文化の一翼を担っている重要な技術である。

　本書は研究対象とした刀の金属学的あるいは材料科学的な性質を個々に述べたもので、一応、時代区分をして研究結果を述べているが、時代が多少前後することは否めない。研究方法としては、マクロな観察から電子顕微鏡スケールまでの組織観察と解析、および硬度について、出来るだけ、どの刀についても同様な実験をして比較が出来るようにした。引張試験は刀が特殊な形状をしているので、試料作製に制約があり困難であったが、可能な範囲で実験を試みた。日本刀を含む19世紀までの鋼には非金属介在物が多い。これは鋼の評価に重要な因子であり、原料等を知るための手がかりでもあるので、特に詳しく調べた。刃鉄は刃鉄、心鉄は心鉄と別々に述べる方法もあるが、この方法では個々の刀の特性がまとまらず、使われた技術もばらばらになるので、それぞれの刀について述べた。

　日本刀は世界に誇る鉄鋼遺産であるが、歴史的にみると、鉄の利用は紀元前1500－2000年前といわれ、中近東から西欧、アジアへと技術が移転しながら発展した。近代の鉄鋼技術は15世紀に開発された西洋の高炉から大きく発展している。海外の刀剣でもダマスカス刀に代表されるように、高度な技術を用いているものがあるので、世界的な視野で日本の刀剣類を材料科学的に比較し、評価しなければならない。そのため、本書では、日本刀以外のアジアの刀、西洋の刀について述べるとともに、刀の発展を知るのに欠かせない古代の刀、刀と同類の槍、同様な鋼を使った鎧、火縄銃および砥石と研磨などの研究結果についても言及している。さらに、刀を理解するには関連した文化を知ることも必要であり、これらとともに本書を理解するのに必要な鉄鋼に関する基礎的な知識および人類が初めて手にした鉄といわれる隕鉄についても手短に述べた。

　本書は武器としての刀を礼賛するものではなく、自然科学分野における技術の歴史を解明するのが目的であり、刀が武器や政治的な目的に再び利用されることのないように、平和を祈りつつ上梓するもので、刀匠、刀の愛好家、歴史家、考古学者、文化財に興味をもつ方々などのお役に立てれば幸いである。

　本書の出版に当たってお世話になった、㈱雄山閣および同社編集部の羽佐田真一氏に深謝する。

平成28年2月8日

北田正弘

（東京藝術大学名誉教授）

◎日本刀の材料科学◎目次

まえがき …………………………………………………………………………… 1

第1章　日本刀の文化 ……………………………………………………………… 9
　　1.1 日本刀の由来…………………………………………………………………… 9
　　1.2 刀と信仰 ……………………………………………………………………13
　　1.3 日本刀と美術文化財 ………………………………………………………14
　　1.4 武士と武士道 ………………………………………………………………17
　　1.5 刀鍛冶の姿 …………………………………………………………………21
　　1.6 鉄の生産 ……………………………………………………………………23
　　1.7 刀の製作と取引 ……………………………………………………………24
　　1.8 刀の拵え ……………………………………………………………………27
　　1.9 刀の銘・鑢目・彫り物 ……………………………………………………30
　　1.10 従来の主な研究 …………………………………………………………31

第2章　鉄鋼材料の基礎知識………………………………………………………33
　　2.1 古代の鉄………………………………………………………………………33
　　2.2 鉄の結晶構造 ………………………………………………………………35
　　2.3 炭素鋼 ………………………………………………………………………36
　　2.4 鉄－炭素系状態図 …………………………………………………………37
　　2.5 相分離反応 …………………………………………………………………40
　　2.6 組織の観察と成分分析法 …………………………………………………43
　　2.7 炭素濃度と金属組織 ………………………………………………………46
　　2.8 焼入れとマルテンサイト …………………………………………………48
　　2.9 結晶欠陥・転位と加工硬化・集合組織 …………………………………52
　　2.10 焼き戻しと焼鈍 …………………………………………………………56
　　2.11 強度の表し方 ……………………………………………………………58

第3章　隕　鉄 ……………………………………………………………………63
　　3.1 石鉄隕石……………………………………………………………………63
　　3.2 ヘキサヘドライト隕鉄の組織 ……………………………………………65
　　3.3 オクタヘドライト隕鉄の組織 ……………………………………………66

第4章　鉄の精錬 …………………………………………………………………69
　　4.1 鉱石と還元剤…………………………………………………………………69

4.2 たたら（踏鞴）製鉄 ……………………………………………………… 71

4.3 現代製鉄 ……………………………………………………………………… 80

第5章　日本刀の微細構造 …………………………………………………… 83

5.1 鎌倉時代・包永刀 ………………………………………………………… 83

5.1.1 鋼の組織と不純物 …………………………………………………… 83

5.1.2 非金属介在物 ………………………………………………………… 91

5.1.3 硬度 …………………………………………………………………… 98

5.2 南北朝時代刀 ……………………………………………………………… 99

5.2.1 備州長船政光刀 ……………………………………………………… 99

5.2.2 来國次刀 ……………………………………………………………… 106

5.2.3 法城寺國光刀 ………………………………………………………… 117

5.3 室町時代刀 ………………………………………………………………… 127

5.3.1 備州長船住勝光刀 …………………………………………………… 127

5.3.2 備州長船勝光刀 ……………………………………………………… 141

5.3.3 次廣作の刀 …………………………………………………………… 146

5.3.4 濃州住兼元刀 ………………………………………………………… 151

5.3.5 吉光刀 ………………………………………………………………… 154

5.3.6 祐定刀 ………………………………………………………………… 161

5.3.7 信國吉包刀 …………………………………………………………… 167

5.4 江戸時代の刀 ……………………………………………………………… 176

5.4.1 清光刀 ………………………………………………………………… 176

5.4.2 江戸中期刀 …………………………………………………………… 181

5.4.3 備前長船住横山祐包刀 ……………………………………………… 186

5.4.4 越前福居住吉道刀 …………………………………………………… 192

5.4.5 国光作刀 ……………………………………………………………… 198

5.4.6 関善定兼良刀 ………………………………………………………… 201

5.4.7 忠吉刀 ………………………………………………………………… 205

5.5 室町から江戸時代までの種々の刀 ……………………………………… 210

5.5.1 四方詰の刀 …………………………………………………………… 210

5.5.2 甲伏せ構造の刀 ……………………………………………………… 215

5.5.3 付け刃の刀 …………………………………………………………… 223

5.5.4 炭素濃度の高い刀 …………………………………………………… 232

5.5.5 片刃の刀 ……………………………………………………………… 234

5.5.6 両刃造りの刀 ………………………………………………………… 237

5.6 現代刀 239

    5.6.1 試作刀 (1) 239

    5.6.2 試作刀 (2) 243

    5.6.3 試作刀 (3) 245

5.7 近代鋼の満鉄刀および軍刀 248

    5.7.1 近代鋼製の丸鍛え刀 248

    5.7.2 満鉄刀 251

    5.7.3 軍刀 257

5.8 断面組織の長さ方向の場所依存性 259

    5.8.1 備州長船住勝光刀 260

    5.8.2 室町－江戸時代の無銘刀 260

    5.8.3 江戸中期刀 261

    5.8.4 越前福居住吉道刀 262

5.9 刀の金属組織と諸性質の変化 263

    5.9.1 焼鈍 263

    5.9.2 鍛錬度と組織 264

    5.9.3 刃鉄と心鉄の組み合わせ鍛錬 266

    5.9.4 硬度の炭素濃度依存性と硬度比 266

    5.9.5 衝撃破壊面の組織 268

    5.9.6 組織の大きさ 268

    5.9.7 非金属介在物の立体的分布 270

    5.9.8 非金属介在物の融解 272

    5.9.9 錆の中の非金属介在物 273

5.10 刀の不純物とチタンの化合物 274

    5.10.1 刀の不純物元素 274

    5.10.2 非金属介在物中の特有元素 276

    5.10.3 非金属介在物中のチタン化合物 276

第6章　槍の微細組織 279

6.1 極低炭素鋼製の槍 279

6.2 低炭素鋼製の槍 282

6.3 中炭素鋼製の槍 287

6.4 中炭素鋼製菱形断面の槍 291

6.5 2相構造の槍 297

第7章　研磨砥石および刃紋の組織 ……………………………………… 303

　7.1 研ぎの過程 ………………………………………………………… 303

　7.2 砥石の微細構造 …………………………………………………… 304

　7.3 研磨痕と刃紋の組織 ……………………………………………… 311

　7.4 刀の表面反射率 …………………………………………………… 315

　7.5 反射率に及ぼす非金属介在物の影響 …………………………… 317

　7.6 研磨による表面硬度の増大 ……………………………………… 318

第8章　古代刀の金属組織 ……………………………………………… 321

　8.1 ケルト刀 …………………………………………………………… 321

　8.2 漢代の刀 …………………………………………………………… 325

　　8.2.1 環頭の刀 ……………………………………………………… 325

　　8.2.2 玉鍔刀 ………………………………………………………… 327

　8.3 古代鋳鉄刀 ………………………………………………………… 328

　8.4 古代朝鮮刀 ………………………………………………………… 330

　8.5 青銅で被覆した鉄刀 ……………………………………………… 336

　8.6 日本の古墳時代刀 ………………………………………………… 339

第9章　中・近世の西洋刀とアジア刀 ………………………………… 347

　9.1 ドイツ8−9世紀の大型刀 ……………………………………… 347

　9.2 西洋小型刀 ………………………………………………………… 354

　9.3 近世西洋刀（サーベル）…………………………………………… 358

　9.4 クリース剣 ………………………………………………………… 364

第10章　火縄銃に使われた鋼 ………………………………………… 375

　10.1 金属組織 …………………………………………………………… 375

　10.2 透過電子顕微鏡組織 ……………………………………………… 378

　10.3 非金属介在物 ……………………………………………………… 380

　10.4 機械的性質 ………………………………………………………… 381

第11章　鎧・兜・帷子・鍔の鋼 ……………………………………… 385

　11.1 鎧の鋼 ……………………………………………………………… 385

　11.2 兜の鋼 ……………………………………………………………… 389

　11.3 鎖帷子の鋼 ………………………………………………………… 390

　11.4 西洋鎧と鎖帷子 …………………………………………………… 394

　11.5 日本刀の鍔の鋼 …………………………………………………… 398

第12章　刀の腐食と錆 ··· 403

　12.1 表面の緻密な酸化層 ··· 403

　12.2 水分が存在する場合の錆 ··· 406

　12.3 塩素および硫黄が含まれる場合の錆 ·· 407

　12.4 刀の錆の例 ·· 407

　12.5 錆の発生形態 ··· 408

　12.6 非金属介在物の影響 ··· 410

　12.7 非金属介在物による内部への腐食の進行 ·· 411

　12.8 錆の防止と保存法 ·· 412

謝辞 ··· 415

索引 ··· 417

Appendex（付録）

　（1）Abstract in English（英文概要）·· 427

　（2）Captions of Figures and Tables（図・表英文キャプション）············ 429

第1章　日本刀の文化

1.1 日本刀の由来

　かたなの名の由来にはいくつかの説があるが、「かた」は「片」、「な」は「刃」の古い言葉で、細長い鉄の板の片側に刃がついている切ることを目的にした道具のことで、狭義には片刃の武器を示す。オックスフォード英語辞書（1874年）では、刀（katana）は以前 katan（1613年版）であると載っている。同音であるのか、当時、こう発音したのか、あるいは聞き間違ったのかは不明である。同じ意味で刀（とう）も使われるが、現在は日本刀などの熟語（合成語）の語尾に使われるだけである。同じような言葉にかんな（鉋）、ちょうな（挺名・手斧・釿）などのように「な」の付く刃物がある。ちょうなは手斧のなまった言葉といわれるが、漢字を当てたもの、という説もある。

　わが国に鉄が伝わったのは弥生時代といわれているが、それ以前という説もある。先ず、紀元前後に朝鮮あるいは大陸から銅合金（青銅）が伝来し、続いて鉄合金（鋼は鉄と炭素の合金）がもたらされた。わが国には、世界史で位置づけられる青銅器時代はなかったという。紀元前後に一挙に文明が入って来たので、古代日本にとって大きな変化であった。鉄の刃物の輸入も同時代と推定される。

　古墳から発掘される刀は真っ直ぐな直刀であり、刀の鞘などの拵の詳細は不明だが、発掘品では柄頭が円形に近い形になっている頭椎太刀と、真っ直ぐな中子（茎とも書く）形のものとがあり、後者が多い。飛鳥から奈良時代には身分の高い貴族用に唐から刀が輸入され、これには唐太刀（唐剣）あるいは飾太刀（かざりたち）がある。唐から輸入された刀を若干加工したのが螺鈿太刀あるいは飾太刀（錺剣）で、儀仗用のものは拵えだけであった。僅かだが湾曲（反り）のあるものが見られる。

　発掘された古代刀（筆者蔵）の一部を図1-1［カラー口絵1頁参照］に示す。楕円形の柄（環頭）には金の薄板が巻かれており、湾曲のない直刀であるが、全体は錆に被われ、鞘の木の一部が付着している。

　今日、日本刀と呼ばれている明確に湾曲（反り）した刀が現れたのは、平安時代中期といわれ、衛府太刀である。これは兵仗用、すなわち実戦用である。なぜ、湾曲した刀となったのか、その原因あるいは理由は不明である。いくつかの説があり、たとえば、直刀が刺すあるいは打撃的使い方であったのに対し、戦闘様式が変わり、戦いやすいように引き切る形に改善された、刃をつけるために焼き入れたとき刃の部分が膨張して自然に

図1-1　柄に金の薄板を巻いた古代の鉄刀の一部（筆者蔵）［カラー口絵1頁参照］

第1章　日本刀の文化

曲がった、鞘から抜き出しやすいように湾曲させた、美的観点から湾曲させた、大陸の青竜刀などの外国刀の影響、などである。

上代からの鉾は平安時代末から湾曲した薙刀に代わっているので、薙ぎ倒す、あるいは切るという戦闘の変化に起因している可能性も高い。また、東北地方を中心に出土している蕨手刀は刀身に対して柄が曲がっており、湾曲刀初期の腰反り刀に似ているので、蕨手刀を起源とする説もある。ただし、現在のところ、これらは推測の域を出ない。

日本刀という言葉の始まりはわが国から刀を輸入した外国人が付けた呼び名である。たとえば、倭寇が使った刀や彼らが外国に売った刀は、近隣国では倭刀と呼んでいた。わが国でつくられた刀が広く日本刀と呼ばれるようになったのは、西洋刀（洋刀）が軍隊の指揮刀および短剣などに使われるようになった幕末から明治初期からで、西洋刀と区別するために日本刀あるいは和刀と名づけられた。明治になって、洋食と和食、洋服と和服などと区別されたのと同様である。

したがって、日本刀という呼び名は近世のもので、現在では、「日本独特の方法で鍛えてつくった刀」が定義となっている。独特の方法とは、主に、砂鉄原料、たたら製鉄、鋼の合せ方、鍛錬法、加工形状、焼入れ法、研磨および鍔などの金具、拵え方などである。

幕末から明治の初めまでは戦闘用の刃物を総称して刀といい、主に長さで分類した。ただし、小刀のように武器以外の刃物にも使われている。長くて湾曲の大きいものが太刀で刃を下に向けて腰に吊るした。また、背負う場合もあった。室町時代以後に打刀と呼ばれた刀は刃を上に向けて腰の帯に差したが、刀を水平に差す「閂き差し」から垂直に差す「落とし差し」まで、差し方の自由度があった。

江戸時代初期からは、刀の特徴と作者に関する本が多数出版されている。それらの本の多くは安土桃山時代までにつくられた刀に関する手書きおよびこれらの木版書で、江戸初期には、それ以前の刀を既に古刀と呼んでいた。また、奈良時代あるいは平安時代初期までの刀は上古刀という。

図1-2は江戸時代の元和（1615-1624年）頃に長谷川忠衛門によって書かれた鑑定書の一部である。図で示すように、作者ごとに、刀の形状、刃紋、肌、彫り、銘、中子の鑢目、目釘穴などの特徴が描かれ、鑑定の目安としている。古刀があるのだから、当然新刀があり、これは江戸時代中期までの作をいうが、さらに細かく分けて寛永期、元禄期などとする場合もある。江戸時代になると、刀が実戦に使われることがなくなり、つくり方も次第に粗雑になったと言われるが、その材料科学的内容は不明で、外見からは美術的には優れたものもある。

戦国時代の一般的な刀は消耗品で量産されており、戦えばすぐに疵だらけになるので、量産型の刀が全て優れたものかどうかは疑わしい。神社等に奉納する刀、身分の高い豪族、貴族、高級武士などからの注文品は、丹精込めてつくられたといわれる。

寛政（1789-1800年）期頃から作刀した刀鍛冶である水心子正秀は、江戸時代になってからの刀を劣ったものとし、古刀のつくり方を復活しようと努力したという。江戸時代の高級武士にとって、造りの良い古刀を持ち、あるいは鑑賞することが大切な階級文化であり、また、侍の誇りであった。時代を経るにしたがって、益々、古刀の価値が増し、高級武士の間では、贈答用として珍重された。美術刀としての価値が増すと、鍔などの拵えの製作は江戸時代に最も盛んになり、各地に優秀な金工が現れ、流派も生まれた。

図1-2
江戸時代に描かれた刀の解説書

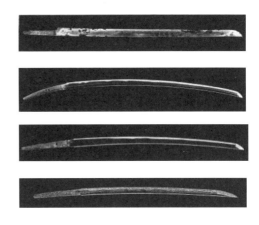

図1-3　刀の形状の変遷
(a) 古墳時代の直刀
(b) 鎌倉初期の腰反り刀
(c) 室町時代刀
(d) 江戸時代刀の例

　江戸中期以降から末までにつくられた刀は新新刀と呼ばれている。江戸時代においては、それ以前のものが古い刀で、江戸時代につくられた刀は江戸時代の人にとっては現代刀であった。新刀の意味は新しく鍛造した刀のことであり、それが時間の経過とともに時代を含めた意味となり、新刀、新々刀などの時代的分類名となった。この時期の刀は戦闘用ではなく護身用であるが、むしろ美術刀として評価したので、刀鍛冶も美術刀が製作意識の中心であったと思われる。したがって、姿形、刃紋、それに付随する様々な要素を備えた刀が美しいとされ、また、鋼のもつ強さが好まれた。ただし、刀の強さの基準はあいまいである。切れ味のような機能は使う者の技術によって左右され、切る対象によっても異なるので、自然科学的にも評価が難しい。また、打撃に耐える衝撃強さの評価も難しいので、経験に頼るしかない。そのため、試し切りが行われた。美術的な視点は個人によって異なり、また、実用的な強度などを含めた全ての要求を満たす刀が存在するのかどうか不明であるが、古くから評価の高い刀は、良質な鋼を用い、内部構造が優れ、形や刃紋などの美術的価値も高いと思われ、伝統的な評価の目安がある。

　刀の長さから分類すると、おおよそ長さ一尺（約30cm）までを短刀、一尺から二尺（約60cm）までを脇差あるいは小刀（しょうとう）、これ以上が前述の打刀または太刀である。大小を腰に帯びるという場合は、通常、打刀と小刀の二本差しである。太刀は「断ち切る」あるいは「断つ」に由来するという。太刀は湾曲（反り）の大きい比較的長い刀に限定して呼ぶこともある。大きく湾曲した太刀には、装飾的な一面もあったと思われる。剣（つるぎ）（古くは「つるき」と呼んだ）は本来両刃（もろは）の刀であるが、後代には剣も「たち」と読んだ。

　戦闘様式の変化により、長さと反りは変化している。わが国の刀の形状の典型的な変遷を図1-3に示す。(a)は古墳から発掘された直刀（東京国立博物館蔵）で湾曲していない。(b)は平安時代から鎌倉時代初期の柄から刃にいたる部分の湾曲が大きい腰反りといわれる刀（京都国立博物館蔵）である。(c)は室町時代、(d)は江戸時代の刀で切っ先が比較的長いのが特徴である。ただし、鎌倉後期から江戸時代末期までの刀の形状は作者によって様々であり、室町および江戸

図1-4　懐剣（筆者蔵）［カラー口絵1頁参照］

時代でも腰反りの刀がつくられている。さらに、通常より長い刀を長刀と呼んだ。たとえば、江戸後期の若侍が肩に担いだ刀は6尺（1.8m）もあった。また、野太刀とは、公家に仕える武家が所有する太刀をいい、室町時代には肩に背負う長い刀を野太刀と呼んだ。中世の南蛮貿易資料には、腰刀、長刀などの呼び名がみられる。

短刀の一種である匕首（合口、相口とも書く）は鍔がなく、柄口と鞘口を同じ寸法にしてぴたりと合うように拵えたものである。奈良時代から平安時代の束帯時に腰に差した小刀は腰刀（鞘巻）という。鎧通は反りのない真っ直ぐなもので、厚めにつくられており、近接あるいは組み合ったときに鎧を突き通しやすい造りになっている。図1-4［カラー口絵1頁参照］に示す懐剣（ふところがたな）は文字通り懐に差して護身用に使う短刀で、守り刀（まもりがたな）ともいう。鍔は極めて小さく、柄は鮫皮だけのものが多く、主に武家の女性用である。

鮫皮は通称であり、実際は南洋産のエイの皮で、梅の花の形をした突起があるので梅花皮と呼んでいる*。一般の刀では、柄の上に梅花皮を接着し、目貫を配して上から紐で巻いている。目貫は刀を固定する目釘を隠すための鋲頭であったが、装飾となり、その後、持ちやすくするために左右非対称に配置された。

生活面では、魚を料理するのが包丁刀である。包丁は料理人の別名であったが、彼らが使う刃物を包丁と呼ぶようになった。包の旧字は庖で台所を示す言葉であり、丁は「てい」と読み、成人男子あるいは男子の使用人の意である。本書では包丁鉄という言葉が頻繁に使われているが、これは包丁の形で売買された軟らかい鉄のことである。

刀の仲間として鉾（ほう）、槍（鎗・鑓、そう）、長刀（薙刀）などがある。鉾は弥生時代に大陸から青銅製品として伝わり、上代に使われたものは矛と書き、歴史は古く、柄の先に比較的長い剣をつけた武器が始まりといわれる。鋒、戈、桙などとも書く。木製の柄を差し込めるように、袋（円筒）状になっているのものを袋槍という。その後、戦闘様式の変化で穂先の短い槍に替わり、鉾は信仰の道具として神社などで使われた。槍は直槍とも呼ばれ、長い柄に短い剣を付けたもので、根元を木製の柄に差し込むものが多い。槍は鎌倉時代後期から戦国時代まで主要な武器として使われたが、戦国時代後期になると、一部は火縄銃に代わった。

薙刀は長剣ともいい、長い柄の先に反りのある片刃の刀を付けたもので、平安時代から室町時代中期まで使われたが、鎌倉時代末から槍が主要な武器になり、主に女性用の武器となった。薙刀の「薙」は草を横に払って切る意味であり、特殊な薙刀では、武家の女性が籠に乗るときに護身用にした全長が70-80cmの籠薙刀がある。矢の先に付ける矢尻は鏃（やじり）とも書かれる。このほか、構築物の破壊などにはまさかり（鉞）、斧、大鎚などが使われた。

---

*　稲葉通龍『鮫皮精義』大坂書房、天明5年

1.2 刀と信仰

これらの武器を使った戦闘様式をごく簡単に述べるならば、先ず、遠距離から戦える矢が使われ、次に近接して槍の集団戦になり、個々の武士が対峙しての刀あるいは槍による戦い、さらに、組み合ったときの鎧通（よろいどおし）の戦いになる。将と呼ばれる武士は最後の勝負として組打ちを好み、その練習が武士組打ちで、近代相撲の始めになったという。

1.2 刀と信仰

わが国を支配する皇位の標（しるし）として、三種（さんじゅ）の神器が良く知られている。これらは八咫の鏡、天叢雲剣（あめのむらくものつるぎ）、八尺瓊勾玉（やさかにのまがたま）である。八咫の鏡は古代の長さの単位である咫（あた）で示され、咫は手を横に開いたときの親指の先から中指の先までの長さである。当時の人の手の大きさはよく判らないが、小さくみて 15-18 cm とすれば、八咫の鏡の直径 1.2-1.5 m 程度である。八咫は八の末広という意味、すなわち、単に大きいという意味とも考えられる。今の曲尺（約 30 cm）とするならば、直径 2 m 以上である。

銅と錫の合金は、錫が 24-25％になると白くなるので古くから白銅（はくどう）*と呼ばれ、光を反射する鏡の材料として適しているので、鏡として使われた。ただし、硬くて脆いので割れやすい。したがって、上記のような大きな鏡をつくることは富とともに熟練技術者が必要であって、極めて価値の高いものである。天叢雲剣は素戔嗚尊（すさのおのみこと）が八岐大蛇（やまたのおろち）を退治したとき、その尾から出たという神話的な剣である。天叢雲剣は別名を草薙剣という。これは、日本武尊（やまとたけるのみこと）が東国を征伐するときに、敵が枯れ草に火をつけて焼き殺そうとしたとき、この剣で燃え盛る草を薙ぎ払って窮地を脱した、という伝説に基づく。日本武尊は倭姫命（やまとひめのみこと）からこの剣を授かった。後に、天照大神（あまてらすおおみかみ）に献上されたという。

大国主命（おおくにぬしのみこと）は素戔嗚尊の子供あるいは孫といわれ、八千戈神（やちほこのかみ）とも呼ばれる。古代出雲の神で、八十の神を矛（剣）などで倒したと伝えられる。ここでいう神は部族の長あるいは部族の信仰神と理解することもできる。

八尺瓊勾玉も大きな勾玉の意であり、天照大神が天岩戸に籠もったときに、出てきて欲しい他の神々を榊（さかき）に飾ったという。天照大神は太陽神で、天に光がかがやき、天を治めている女神でもあり、日本の神々の信仰の主であり、皇室の祖となる神である。

このような伝説を基にして、三種の神器がわが国の歴史を彩っているが、西暦が二千年余りであるのに対して、天皇を象徴とする皇紀（こうき）は二千六百七十七年（西暦 2017 年の場合）である。その年数の正確さはともかく、ひとつの国として国家の体制が変わることなく長い歴史をもつ国は世界で唯一つであり、その意味で誇るべき国である。その標となる三種の神器の中のふたつが金属製品で、そのひとつが刀であることは、歴史上、刀が如何に重要なものであったかが知れる。前述のように、古墳時代の刀は湾曲のない直刀であり、これは多くの発掘品と図 1-5 で示す武人の埴輪像（東京国立博物館蔵）からも明らかである。天叢雲剣は神剣とも呼ばれるが、神に奉納する刀も一般に神剣といわれる。民間信仰では、鉄あるいは銅で剣の形をした板状のものをつくり、

---

* 現在白銅と呼ばれているのは硬貨などに使われている銅－ニッケル合金で、これに亜鉛をくわえたものが洋銀・洋白と呼ばれている。いずれも幕末に輸入された。

第1章　日本刀の文化

図1-5　古墳時代の武人
埴輪（東京国立博物館蔵／
Image: TNM Image Archives）

図1-6　神社に飾られて
いる鉄剣形

図1-7　紀元1-2世紀の
皮に鋲を打ったローマ
時代の鎧（スイス・バー
ゼル博物館蔵・筆者撮影）

これを刀の代わりに神剣として神社に奉納した。鉄でつくった奉納用の剣を鉄剣形ともいう。図1-6にその例を示すが、これらは今でも神社に飾られており、古代の直刀の伝統を伝えている。その後も一族の発展と戦いに勝利する願いをこめて神社等に刀を奉納した。

刀とともに、これを防御する鎧も同時に発達し、初めは動植物由来材料（獣皮、木、樹皮、布）から始まり、これに金具の付いたもの、さらに全体が鉄製になった。図1-7はローマ時代の紀元1-2世紀の鎧（スイス・バーゼル博物館蔵）で、皮に鉄の鋲が打たれたものである。わが国の有史以来の鎧は札（さね）と呼ばれる木片あるいは鉄片を糸で繋いだものが主流で、鉄板が多く用いられたのは鉄砲が伝来した後で、弾丸を止めるために主に上半身に使った。

1.3　日本刀と美術文化財

日本刀は刃物の一部であり、刃物は日常生活を始めとして、多くの職業にとって欠くことのできない道具である。古くから、人類は刃物で文明を築いてきた。図1-8はエジプトの紀元前遺跡の壁画に描かれた絵を写したものである。この絵には、鋸で板を挽（ひ）く姿、鑿（のみ）で削る姿、錐で孔をあける姿が見られる。石斧（いしおの）は大型の構造物など使われた。このような工人の姿を描いた壁画は古代文明を明らかにする上で、人類史の極めて重要な文化財である。

刃物の起源は木材や竹材と推定されており、これらは現代でもペーパーナイフなどに利用されている。次に使われたのが石材あるいは動物の骨材で、図1-9に示すガラス質の黒曜石（こくようせき）（模造品）はその代表である。火成（火山の噴火にともなって生ずる岩石類）の黒曜石は古代の極めて重要な刃物の材料であり、旧石器時代・縄文時代のわが国で、最も流通した品物のひとつである。石材のあとに、たぶん隕鉄（いんてつ）が使われ、金属の時代になって金・銀・銅、次いで青銅、そして、鉄の時代になって現代と同様な鋼（はがね）が用いられた。ただし、金銀で硬いものを切ることはできない。

記録としては、旧約聖書の創世記第4章22節に「チラはトバルカインを生（う）めり、彼は銅と鉄の刃物を鍛える者なり」とある。図1-10は紀元前16-18世紀のルリスタン（Luristan, 現在のイランの西部）でつくられた銅製の両刃のナイフ（筆者蔵）で[*]、青銅以前の人類初期の金属刃物である。

---

[*] M. Kitada, Beauty of Arts, from Material Science, Uchida Rokakuho (2013) pp.104-106.

図1-8 エジプトの壁画に見られる刃物を使う人（模写）

図1-9 人類が最初に使った鋭利な刃物・黒曜石ナイフ（模造品）

図1-10 紀元前16-18世紀の古代ペルシャ銅ナイフ（筆者蔵）

図1-11 大工職人の図（筆者蔵）
鋸、鉋、手斧が使われている。
［カラー口絵1頁参照］

図1-12 合戦絵（筆者蔵）
［カラー口絵1頁参照］

図1-11［カラー口絵1頁参照］は『職人図会』（筆者蔵）の中の大工の図で、奥の人物が鋸、左下の人物は鉋、右の立ち姿の人物は手斧を使っている。この『職人図会』には、刃物を使う職人として、裁縫、傘、皮細工師なども載っている。『職人図会』は当時の産業および工人の様子を描いており、当時は風俗画に過ぎなかったが、現在では技術の歴史を知る貴重な文化財であり、また、美術品である。

刀が主として登場する美術品としては、合戦の絵巻物、屏風絵、浮世絵など多数ある。図1-12［カラー口絵1頁参照］は合戦絵巻物（筆者蔵）の一部で、応仁の乱（1467－77年）と思われる。太刀と弓を持った武士達が敵の屋敷内を窺っている絵柄である。貴族の家と思われる屋敷内では、日常の平穏な生活が営まれている。これから血なまぐさい合戦になるとは露知らず、という状況である。侍の武力によって政治体制が決着をみたのは保元・平治の乱（1156－1159年頃）後である。これ以降、貴族の配下であった武士が独立し始めた。

源平の戦い（1180－1185年、源平合戦、治承の内乱）を経て、1192年に源頼朝が征夷大将軍になり、中央集権として本格的に武家政治が始まり、地方には軍事を担当する守護と土地・経済の管理をする地頭が置かれた。この頃から、刀は武士の必携品であり、武士（士とも書く）の魂という意識が生まれ、武士は競って良い刀を求め、刀匠の技術も向上した。武士は武人、武者、兵、

図1-13　江戸時代の浮世絵（筆者蔵）

軍人、防人（特に九州守備の兵）などの呼び名も使われた。武官は高級軍人の呼び名である。鎌倉時代の刀が最も優れているといわれるのは、このような背景があったためであろう。

江戸時代なると、木版技術が発達し、手書きの浮世絵を印刷して大量に供給することが可能になった。これによって、貴族や上流階級のものであった絵が大衆のものとなり、新たな文化が生み出された。浮世絵は様々な物語、芝居、事件などを扱ったが、江戸時代までは侍社会を反映して、武将および合戦絵が非常に多い。身につけた武器としては、刀、槍および弓が描かれている。前述の古墳時代の埴輪で見られるように、刀は古代から武人の象徴的道具であったので刀が非常に多い。図1-13は江戸後期の版画で、赤穂浪士を描いたものである。江戸時代の伝統を受け継ぐ木版画は明治10年頃まで続いたが、次第に石版および写真製版に取って代わられた。明治末の日露戦争の版画では、日本刀とともに西洋式軍刀も描かれている。その頃から、洋式のナイフも多く使われるようになった。現在、これらの浮世絵版画は世界的な文化財として海外でも高く評価されている。

刀の形状、刃紋、銘、時代と産地などをまとめた版画本は江戸時代になって多数出版された。刀は個人としての武士の誇りを示すものであり、四六時中、刀を携えることが慣習となった。常に人目に触れるものとして、刀本体だけではなく、拵にも美を追求するようになり、彫金等による工芸技術が発達した。また、身分相応以上の刀を持つことが誇りであった。

明治になって廃刀令（1876年）が出ると武士は魂と呼んだ刀を携帯できなくなり、髷も禁止され、誇りを失った武士（士族）たちの不満が各地での反乱の一因になった。刀鍛冶の多くは廃業して料理用の刃物、鋏、工具および農具などをつくるようになった。歴史的には刀の時代が終わった。

剣術あるいは剣法は刀を使って敵対する者と戦う兵としての技術で、古代からあったと思われ、武術、武芸（明治中期から武道となった）のひとつである。剣術は室町時代中から末期においては武士が身につける重要な技法となり、足軽や武士以外の者が武士を目指す場合には、刀の使い方に優れた者が有利で、それが出世の糸口になった。ただし、室町時代には個人戦闘から集団戦闘へと移行し、個人の技がどの程度役立ったかは疑問である。

剣術には流派があり、室町中期に愛洲移香が創ったという愛洲陰流が発展し、永禄年間（1558－1570年）には上泉伊勢守が新陰流を創り、その後、江戸時代には多くの流派が創られた。陰というのは「自分達だけのもの」、「表には出さない」、「庇護する」といった意味があり、奥義を全て修めた弟子には、その流派の免許皆伝が与えられた。習得した技の順に書付として、切り紙、目録、免許、皆伝へと進む。

図1-14は一般書に載っている剣術指南書の一部で、大まかな剣法が記されており、図は上段、中段、下段の構えを示している。剣舞は中国・朝鮮で行われていたが、わが国の剣舞は江戸末期

図1-14　剣術指南書（『軍法兵法記』より）

 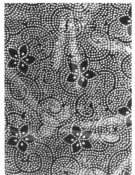

図1-15　江戸時代の武士の裃に使われた小紋（筆者蔵）

に始まったものという。また、現在の剣道は精神修業を含めた体育（スポーツ）あるいは競技のひとつとして行われているもので、武芸の社会化である。不思議なことに、剣術・剣法は言葉として使われているが、刀術や刀法といった言葉を耳にしたことはない。

　衣服の面では、鎌倉から室町時代までは武官束帯として身分の高い武士は貴族に準ずる豪華なものであったが、江戸時代になると質素と密やかな美を求め、小紋の染色技術が花開いた[*]。図1-15に裃（かみしも）と、これに用いられた小紋の例を示す。近くから見ると小さな紋様であるが、遠目になると無地に見えるのが特徴である。多い場合、一寸四方に1200-1300個の点などの単位模様がつくられ、身分の高い武士ほど細かな小紋の衣服を着用した。この文様は型紙に彫られ、糊を用いた防染法で世界に類のない高級な染色技術となった。図1-15の紋様は唐草を点で表したもので、武士に縁起のよい勝虫（かちむし）として、蜻蛉（とんぼ）が透かし模様のようになっている。

1.4　武士と武士道

　古代の都市あるいは国家の政治的首領には武器を使った戦いで勝利した者がその地位についた。戦いによって富と権力を得ることにより国を支配し、王あるいは皇帝として君臨した。その政治的土台は常に武力であり、武力は農耕や交易による富によって支えられた。第1.2節で述べた、日本書紀等に記述された古代史においても、武力による敵の平定が述べられており、このような社会あるいは国際秩序の成り立ちは基本的に現代でも続いている。

　わが国では明治維新で国内の武力による平定が行われ、第二次大戦までは国外を含めた武力行使があった。世界的には現在も続いている。古墳時代後期に天皇が政治権力を確立した後、貴族と武官の色分けが明確になり、武官は貴族に仕える随身（ずいじん）となった。平安時代後期から再び武官の力が勝り、鎌倉幕府に至って武官（武家）政治となり、江戸時代まで続いた。武装勢力が割拠する世の中では、力による支配が平和の根源であった。現在でも、後進国では武力支配が続いてお

---

[*]　北田正弘『江戸小紋の紋様と幾何学的解析』内田老鶴圃、2003年

り、これは、民主主義社会までの発展の経路として通らなければならない道とみられる。これは、生物に関するヘッケルの「固体発生は系統発生を繰り返す」の社会・政治版である。武官政治は明治時代になっても消え去ることはなく、わが国が文官政治になったのは第二次大戦後である。

　7世紀頃に九州北部の海岸警備に当たった防人は全国から徴集され、次第に勇猛な兵士の多い東国から集められた。前述の士（もののふ）は随身の呼称であり、学問で仕える者を学士あるいは文官といい、武術で仕える者を武士あるいは武官と区別した。「さむらひ」は「さぶらひ」「さぶろう」であり、貴族や武家に仕える者の意である。兵は本来武具の総称で、甲冑と武器を帯びる武士を兵と呼んだ。武士は戦闘能力のある個人が基本であり、貴族などと警固の契約を結び、見返りに収入を得た。そのため、刀は個人の所有であった。古くは単独で行動する場合も多かったが、やがて集団で警護と戦闘を行うようになり、頭として指揮をとる将が集団をまとめ、武家へと発展した。封建社会では家族（血縁）・地域集団（地縁）としての色彩が強く、血縁、集団の順に利益を最優先に行動した。

　武装集団としての武家では、小集団がいくつか集まって中集団となり、これが集まって大集団の武家となる。それぞれに頭がおり、通常、小集団の利益から順に行動する。共同体としての集団の目的は必ず勝利することであり、それに従って規律が求められた。この規律が家訓であり、勝利する為なら、どのような手段も選択するのが基本で、奇襲戦法はもちろん、卑怯でも必ず勝つことが求められた。たとえば、下克上や裏切りが集団の利益に適えば正当化された。

　家訓は武士道と通じるものもあるが、武家やその周囲の敵対環境や経済などによって家訓は変わり、少なくとも室町時代までは武士全体の共通した認識や規律ではなかった。主君と家臣の関係は個人契約の主従関係であり、主君が亡くなれば、原則としてその子に忠誠を誓う必要はなく、自己の集団の利益に適えば主君を変えることは勿論、主君に取って代わることもできた。また、兄弟も独立すれば、それぞれが自己の利益を元に行動したので、兄弟が異なる主君に仕えることや、互いに敵対することもあった。これらは源平の時代から室町時代に至る歴史で明らかである。

　武家の政権となった鎌倉時代初期は武士の規範が乏しく、そのため北条泰時は貞永式目（1232年、御成敗式目）を法制度としてつくった。北条早雲の家訓、武田信玄の甲州法度などで武士の生き方が示されたが、武士の共通の意識としての規範あるいは規律が確立するのは、江戸時代になってからである。徳川幕府が全国を支配する政権となり、朱子学に基づく天皇 – 公家 – 幕府（将軍）– 藩（大名）– 重臣（高級武士）– 下級武士 – 民（農民・工人・商人）の安定した上下関係によって身分制度が整えられ、これに従った規律が要求された。

　天皇は古代からの神格化された存在であり、統治能力はなくても、侵すことのできない存在であった。したがって、支配層の武家は天皇あるいはその血筋にあたる名家の末裔であることを家系に記した。幕府の行政に当たって、戦国時代までの個人契約的な関係は法としての形を整えていなかったので、新たな共同体における支配者への忠誠が求められた。また、室町時代までの兵は徴兵された農民が多数であり、次男以下の農閑期の仕事のひとつで、忠誠心などはなかった。

　徳川家康の命で大名向けの法令である武家諸法度が元和元（1615）年に発布された。これは戦うだけの武士ではなく、支配階級として文武両道で己を磨くとともに、幕府への義務と服従を命じたものである。その後の政令、上述の身分制度などで法の支配を確立させた。これによって、

武士の生き方が固まり、それが道徳・倫理として定着するようになった。ただし、武家諸法度は大名を対象にしたものであり、一般武士の規範までは及ばなかったので、寛永9（1632）年から12年にわたって旗本および御家人に向けた諸士法度を発布した。君と親に忠考、軍役と兵具の扱い、家督相続、武士以外の民の支配法、火事・災害などへの対処、武士としての業務、など多岐にわたっている。

　これが道徳・倫理として一般化するには、神道・仏教に加え、儒教を元にした朱子学が大きな役割を果たした。たとえば、生き方として、忠孝、正義、仁、情、慈、清貧、克己、公などで端的に表現されている。古くは兵の道といい、次に士道と呼ばれ、時代とともに変化するが、これらが武士に望まれる基本的精神となる。しかし、これらの基本精神では民への奉仕、支配階級の役割である社会の近代化、新しい文明の取り入れ、などには力を発揮することが出来ず、西洋に比して近代国家として遅れをとった。明治維新後に上記の身分制度は表面上なくなったが、華族、士族、平民の身分制度は残り、第二次大戦後の1947年に民法が変更されるまで続いた。

　江戸時代の書である『武士訓』は比較的まとまった一般武士への教えである。この中から代表的な教えと武術に関することを簡単な文にして以下に紹介する（現代語訳筆者）。

　　「大極が動くと陰陽を生じ、陰陽が合わさると事物を生じる、…（中略）…武術に譬えると太刀を持つのが大極で、敵と向かい合うときに陰陽となる」

　　「胸中に高天原という広い地を持ち、その中に神が宿り、それに訴えて邪気を払い、理非と善悪を判断する」

　　「心は身に従わせ、身に武器を従わせるようにし、武具に身を従わせるな」

　　「技を尽くして技を捨て、技から離れれば武芸を得られる」

　　「勝負は石をもって水を打つようにし、石で石を打つようにしてはならない」

　　「柔良く剛を制するの理をわきまえること、強くなろうと思えば却って弱くなる」

　　「剣術の祖が神に祈って武芸を伝えられた、天狗に習った、禅法を学んで得た、などというのは嘘であり、…（中略）…人が得て人に伝えられるもので、このようにして金品を得てはならない」

など、武士としての心構えを教えている。「柔良く剛を制す」は明治以降の柔道の言葉として使われるが、江戸時代から伝わるものである。「武士のたしなみ」という言葉があるように、武芸だけではなく、漢文による読み書き、詩句・歌を詠むこと、観劇、茶の湯、囲碁・将棋、盆栽など、武士としての幅広い教養と実践が求められた。

　武家社会においては、士農工商といわれる身分制度はあったが、当時の西欧などの身分制度に比較すると柔軟なものであった。それは、天皇という立憲君主制を保っていたためで、どんなに身分の高い武家でも天皇の臣下であった。また、天皇も神話の時代（神代）以後の天皇は人皇（じんのう、にんのう）と呼ばれ、神の扱いではなかったので、国民全部に身分を超えた平等感があった。

　身分の違いと生き方について述べた『主従心得草』は主君の従者に対する心構えと実践法を述べた江戸後期の書だが、「人として人を使うのが基本である」「君にあっては恵をもち、臣としては忠が必要である」「君が礼を持って使えば、臣は必ず忠をつくす」といった、君臣両者の生き

方を述べている。また、「国土に山谷があるのは国土の上下であり、神や仏が山や谷をつくったのではない」と科学的な自然観を述べている。これは、上述の「剣術は人が会得したものである」ということと同様、社会が人から成るという共通の概念で、西欧近代科学とは疎遠であったが、民主主義の魁である。

　武士道という言葉は幕末に使われるようになるが、広く使われるようになったのは明治時代になってからである。江戸時代の武士が占める人口割合は5－6％程度であり、生産をしない官吏集団であったので、江戸時代後期には町民（商人）の経済的な力が大きくなった。ちなみに、明治7年の調査では人口は3152万人、その中、華族が484人で家族を含めると3千人、士族が約45万人で家族を含めると188万人、僧が6万人、その他は平民である。長い平和の時代が続くと戦う集団としての武士の役割はなくなり、多くの武士は武士としての規律ある生活ができなくなって、下級武士から武家社会の崩壊が始まり、大名へとつながった。

　このような危機に対して、武士としての存在価値を保とうとする思想的研究や教育がなされた。通常「葉隠」という武士の生き方を書いた『葉隠聞書』は鍋島藩士の話を記録したもので、享保元年（1716）に出来上がったという尚武の思想である。ただし、これが世間に流布されたのは明治の半ば頃といわれている。その根本の精神は武士である誉れ、礼儀、覚悟などである。「武士道といふは死ぬこととみつけたり」という思想で、日常はもちろんのこと、戦いにおいても死ぬことを恐れず、誇りを失わないように主君に尽せ、という教訓である。逆に取れば、太平の世になって、このような思想をもつ武士が少なくなったことと、精神面だけを強調しなければならない状態であったことを示している。侍社会の体制を維持するための方法論でもあった。その意味で、刀は侍の具体的な象徴で重要なものであった。

　高級武士を除けば、一般の江戸時代の武士は庶民の一員であり、町人と同様に仕事をして収入を得なければならなかった。したがって、何時も袴を着て過ごすことはなく、着流しといわれる軽装であった。図1-16［カラー口絵1頁参照］は幕末の1860年ごろのフランスのル・モンド紙（当時は週刊あるいは月刊誌）に掲載された日本の街の人物図（筆者蔵）で、左に袴を着た武士、物売り、芸人などが描かれているが、武士が庶民に混じって過ごす気軽な風景である。

　明治になって四民平等の社会になると、世界に伍する国家として富国強兵を旗印とし、強兵面では武士の忠誠心を中心とした精神を広く一般に求めるようになった。これは明治政府の新しい軍隊が下級武士と農民中心に構成されていたことも一因であるが、国に尽せという格好の思想として迎えられた。ここでは、武士の原点である自己の利益に従って行動する、という理念は捨て去られた。個々が刀で武装する、という独立心を奪うような廃刀令はその一面である。米国では、個人が武装して身を守る、という伝統が生きている。

　新渡戸稲造の『武士道』（英文：裳華房）、松浦與三松編『武士道』（英文：近世社）などが世界に紹介されたが、これは欧米列強に対して日本国民の魂あるいは精神と教養の高さ、統制のとれた勇敢な日本人、武士の理想は平和であること、などから一流国家であることを外国に発信したもので、さらに、国際人としての日本人への精神的期待でもあったという。

　道という言葉は柔道（古くは柔術）、剣道（古くは剣術・剣法）、茶道（茶の湯）などのように、技術だけではなく心身ともに大切、という意味で明治初期から中期に盛んに使われるようになっ

図1-16　普段の侍の姿（ル・モンド紙より：筆者蔵）　　図1-17　『訓蒙図彙』の刀鍛冶の図（筆者蔵）
　　　　　［カラー口絵1頁参照］

た。ただし、江戸時代も心身が重要という意識は高く、明治になって新たな思想がつくられたということではなく、時代に即した換骨奪胎的な対応である。一方、明治維新で力不足の下級武士が天皇を神格化して君主としたことと、明治中期から後期にかけての自己中心的な軍人の台頭、農民の兵士化などで武士道精神は失われてゆき、軍閥を守るために変質した一面があった。そして、体制を支えるために武士道精神は表面だけ利用された。

1.5　刀鍛冶の姿

　金属を加工することを鍛（きたえる）といい、その職人を鍛冶（たんや）あるいは鍛冶屋という。刀鍛冶および研ぎ師などの姿は職人図会などで紹介されている。図1-17は『訓蒙図彙』に載っている絵で、職人の様子を描いたものである。鍛冶とは「金打ち」の意味でもあり、これが「かんぢ」、さらに「かぢ」と変化した言葉といわれる。鍛冶屋は金属素材を加工して製品をつくる人で、もちろん修理もした。昭和30年代後半までは、どの町でも鍛冶屋があり、著者も子供の頃にその技に見入ったが、昭和30年代末から40年代はじめにかけて一部は機械を導入した鉄工所となり、他の多くは廃業した。

　古代において、鍛冶は権力者の占有的な技術であり、権力者に雇われた技術者が金属加工をしていた。その後、農具、建築具、など多くの分野に技術が分かれると、それぞれの専門ごとに刀鍛冶、村鍛冶、野鍛冶、金山鍛冶、船鍛冶、包丁鍛冶などに別れ、軍事に関係のある刀鍛冶は貴族、武家、寺社などで雇われた。刀鍛冶はその土地ごとに派をつくり、その後、技術者集団の工房へと発展したが、藩が抱える藩工も幕末まで続いた。鉄砲鍛冶は火縄銃が伝来してからの職人で、堺（今の大阪）、国友（滋賀県）、根来（和歌山県）および有馬（佐賀県）などに技術者集団があった。

　刀が侍の精神、宗教などと強く結びついていた関係で、神様と結びつけた絵も遺されている。これらは重要な文化財なので、江戸時代に描かれた掛け軸から幾つか紹介する。図1-18は鉱山および金工の男神である金山彦（女神は金山姫）と金工の工具が描かれた江戸時代の掛軸絵（筆者蔵）である。金山彦は剣と宝珠をもって雲の上に乗っている。箱形のものは木製の鞴で、左側

第1章　日本刀の文化

の把手を手前に引くと上の窓から空気が吸い込まれ、押すと箱の内部の空気を圧縮して箱の前の小穴から勢い良く空気が噴出する。把手の先には箱断面を塞ぐ板がはめ込まれており、その周囲は皮で空気が洩れないようにつくられている。鞴は高温を得るのに必須の道具であり、洋の東西を問わずに古代から使われているが、西洋では皮袋を圧縮するタイプが多い。鞴の右の塊のように見えるのは金敷であり、その前に鍛冶屋に必要な加工道具である金鎚と熱いものを挟むヤットコが描かれている。

　図1-19［カラー口絵2頁参照］は民間信仰でもある青面金剛（せいめんこんごう）と刀鍛冶の絵である（筆者蔵）。青面金剛は帝釈天から遣わされた金剛童子で、身体の色は青、顔が三つで腕が六本（三面六臂：臂はひじ・腕のこと）、目が三つある。阿弥陀仏の化身ともいわれ、密教では安産・長生き・除災の神である。光背の燃え上がる炎は太陽信仰や火の神を現している。民間信仰では庚申信仰で祭られる神である[*]。

　金剛は金属の最も硬くて強いものを示す言葉で、強い意志を表わす。金剛は弓矢、刀などの武器を手にし、悪を懲らす怒りの表情をしている。この絵では、左に民族の歴史を示す聖徳太子、右に自然の恵みの象徴として金山彦が描かれている。その下の中央に短刀を手にした悪者がおり、これを捕らえようとする神の配下の鬼がいる。神に仕える鬼は神鬼と呼ばれる。その下に刀鍛冶が向こう鎚の神鬼とともに刀をつくっている。神聖な刀に悪の魂が入らぬようにと、神が弟子の神鬼とともに守っている絵である。鞴の上には宝珠が置かれ、刀鍛冶は烏帽子を被り、神聖な装束をしている。刀は人を切るものではなく、神から与えられた身を守る神聖なものである、という意味を表している。

　これは、古代からの思想であり、基本的には平和を守るのが刀の役割である。絵全体からみると、神は天を表し、岩は地を表し、天と地の間に天地に恵まれた人が存在する、という天地人を描いている。また、金剛の火炎、土、鞴の風（空気）などはこの世を形づくる元素を示している。このような絵に女性が登場することは珍しいが、手には杯を持っており、左下の水差しを含めて、四元素のひとつである水を示している。仏典では万物をつくる要素として、四大があり、これは地、水、火および風である。わが国の神話、ギリシャでは四元素（土、水、空気および火）説があり、宇宙と人との関係を描いている。

　図1-20は同様な掛け軸であるが、金剛は青面金剛ではなく、赤い顔の不動明王に似ているが、腕は六本であり、形は青面金剛と同様である。恐らく、青面金剛と不動明王を一緒にしたものと推定され、また、火炎を使う鍛冶の色を象徴している。手には刀のほか、鎌および斧を持っており、民衆的である。不動明王は悪人を退治し、災いを除く。また、行者としての刀鍛冶を守り、一心に鎚を振るう刀鍛冶の余計な煩悩を取り去り、願い事を叶える。刀鍛冶と向う鎚の男性は制式な装束であり、ダイナミックな動きを描いている。この絵でも、天地人が基本となっており、金剛の座る岩、鞴の風、金剛と鞴の火、および鞴の上に置かれた花瓶が水を表し、この世をつくる四大を描いている。この絵でもう一つ注目されるのは、刀鍛冶の下に描かれた白いものである。絵に説明がないが、白い物質としては、鍛接に使用する藁灰（わらばい）が考えられる。

---

[*]　窪徳忠『庚申信仰』山川出版社、昭和31年

図 1-18
鉱山の神様・神山彦（筆者蔵）

図 1-19
青面金剛と刀鍛冶（筆者蔵）
[カラー口絵 2 頁参照]

図 1-20
刀の鍛錬（筆者蔵）

図 1-21
三宝鍛冶の図（筆者蔵）

　粟田口の鍛刀風景と添え書きされている掛け軸絵（筆者蔵）は傷みが激しいので載せていないが、金剛は全ての手に刀をもっており、そのほかにも 6 振の刀が描かれている。また、登場人物も 10 以上と多く、研ぎ師も描かれている。刀の製作に関する全てを描こうとしたものと推定される。

　図 1-21 に三宝鍛冶の図と題された鬼鍛冶の掛け軸（筆者蔵）を示す。不動明王らしい像で、上の手から順に剣と槍、弓と矢、宝珠を持っている。三宝とは文字通り三つの宝であるが、人民、土地および政治、あるいは耳、目および口などのことであり、幾つかの願いを込めたものであろう。刀鍛冶は神鬼であり、中央左にお仕えする童子が描かれている。神鬼が刀を鍛えるという純正さは、混じり気（欠陥）のない良い刀の製作を意味し、人が刀を正しく使うことを祈念している。

　以上は鍛冶と信仰の結びつきの一端であるが、刀をつくる人には悪い心はなく、人を傷つける恐れのある刀の安全を祈願しているものと考えられる。実際の鍛冶は高熱と火花等の環境の中での危険な作業であり、実作業での服装は上述の絵とは異なるものと思われる。

1.6 鉄の生産

　わが国の鉄の生産の始まりには諸説あるが、古墳時代末期から、といわれている。真金吹き、

いう言葉があり、真金は鉄のことで、ふるくは「まかね」といった。万葉集には「真金吹く　丹生のま朱の色に出て　言わなくのみそ　我が恋ふらくは」という歌があり、この歌がつくられた時期には製鉄が盛んに行われていたのであろう。

わが国では明治中頃までたたら製鉄で鉄をつくっていた。小型の炉であれば1-2日で鉄が得られるので、砂鉄と木炭および需要のあるところならば、どこででも製鉄されていたといわれる。また、多くは砂鉄の採れる山あるいは川があり、木炭が生産できる森の中で生産されたという。事実、全国各地に数多くの炉跡が遺されているが、小型の炉であれば炉跡は必ずしも遺らない。

生産された鉄の量はどのくらいかというと、正確な記録はないが、江戸時代中頃は年間0.3から0.4万トンと推定され、当時の人口が3000万人とすれば、一人当たり100-130g/年である。これは鎌（約100g/個）にすれば一家4人で数個/年に過ぎない。そのような中での刀は貴重品であったし、江戸時代の農学者は飢饉にあたって、不用な刀を農具にすることを勧めた。明治の廃刀令で農具や工具になった刀は多く、今でも刀を改造したうなぎ獲り道具、炭割り刀などとして遺っている。明治初期には輸入鉄も増え約1万トンになったが、それでも300g/人・年で、裁ち鋏（230-250g）と包丁程度である。昭和15（1940）年の生産量は約750万トンで93kg/人・年になったが、機械、鉄道などの公共用と軍用が多かった。昭和48（1973）年には1億2千万トンに上り、家庭で自動車・洗濯機・冷蔵庫などの大型鉄鋼製品、農家では昭和30年代に豆トラとよばれる小型トラクターを持てるようになった。

室町時代には大名の勢力範囲ごとに製鉄が行われ、江戸時代になると各藩が製鉄行政をもち、組織的な製鉄が行われた。藩には木材を管理する山林奉行、鉱山を運営する金山奉行や鉄山奉行、製鉄と加工を担当する鍛冶奉行とこれらに協力する郡奉行（藩によって組織は異なる）などがおり、鍛冶奉行の下に鉄吹き方、砂鉄役、炭役、鍛冶役などが配置され、製鉄から素材までの業務をしていた。鉱山の管理・運営の中で財政に直結する金銀の採掘も重要であり、金山奉行あるいは勘定奉行の重要な仕事であった。鋳鉄は0.5kg程度の紐通し穴のある板で流通し、鍛鉄は棒あるいは板（包丁鉄）などとして流通した。

1.7　刀の製作と取引

商取引の側面で、刀がどのようにつくられたかについては、現代のような取引の記録が余りないので詳細は不明である。古くは工房のある寺などの門前や道端で刀が小売されていたと伝えられているが、当時は高価であったと推定される。ただし、需要のある戦時と平和なときの価格差はあろう。刀には、大別して注文生産と既製品生産があった。注文生産は注文者から長さや刃紋などの仕様が示され、それに従ってつくるものと、いわゆるお任せの注文とがある。高名な刀匠の場合、お任せの注文が多かったものと推定されるが、注文者の身分や刀剣に関する知識による注文生産もあったと思われる。

室町時代中・後期のいわゆる戦国時代（1467年の応仁の乱から豊臣秀吉が天下統一した1890年頃まで）には、刀の需要が多く、豊後（現在の大分）高田、備前（岡山）長船、美濃（岐阜南部）関などでは工房による量産品が多くつくられたという。下級武士および召集された農民兵まで刀は必需品であったから、武家ごとに量産の納入という形式もあった。さらに、従軍して曲が

ったものや折れたものを修理する刀工もいた。戦闘時に刀がどの程度まで破壊されたかについての記録は少ないが、江戸時代の豊芥子著『街談文々集要』によれば、文化8年9月の敵討ちの斬り合いで、「両人暫く火花を散らし、はっしはっしと半時（約1時間）ばかり互いに戦い……双方の刀、鋸のごとくに相成候」とある。

江戸時代後期のものであるが、刀の注文についての簡単な文書を紹介する。図1-22に示す書類は筆者が保存している刀の注文書である。表は発注者の記録で、読みやすくすると「金壱百両相渡し候の事、上野国前橋榎町、小田橋弥七殿、この札他に渡すこと不可、克一」と書かれており、刀匠の克一が注文者に領収書として渡したものである。他に渡すこと不可というのは、この札が手形としても流通したためである。裏には「覚え書一

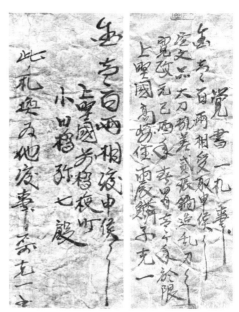

図1-22　寛政時代の刀の注文請け書の表（右）と裏書（左）（筆者蔵）

札の事、金壱百両相受け取り申し候事、注文品は大刀と脇差の弐振（ふたふり）で鎬造り乱れ刃の事、寛政元年巳酉年（1789年）春四月、壱ヶ年に限りに於て、上野国高崎住・震鱗子克一」と書かれている。注文者は前橋に住んでいる武士だが、前橋藩は1767年から洪水で廃城になっているので、高崎藩の武士であろう。刀匠は高崎に住んでいた震鱗子（しんりんし）と号した高崎藩の藩工である。

刀と脇差の揃いが百両であり、1両を3-5万円とすれば、現在の価格にすれば300-500万円程度と思われる。これに拵えなどの金額が含まれていたかどうかは不明である。鎬のある刀で、乱れ刃と注文しているが、克一は互の目乱れを得意としていたと伝えられている[*]ので、これと一致する。古くは刀匠の身分が高くなかったので、地位の高い注文者の場合、その好みの刃紋をつくったといわれるが、確かな証拠は手元にない。当時の庶民が使う小刀（こがたな）は25-30文という記録がある。また、同じ鉄鋼製品である火縄銃は米20-50石（こく）と伝えられ、時代によって変わるが100-200万円程度であろうが、装飾などによって変わる。

鎌倉時代からの室町時代においては、刀で武装するのは武士だけではなく、一般人の自衛手段として刀が所持され、さらに、農民の徴兵と、一般人も戦（いくさ）に加わったので、武士だけのものではなかった。そのため、刀の売買は一般的な商業行為であった。農民や僧侶の反乱や乱行を収め、兵と農を分けるために刀狩が行われたのは鎌倉時代後期から知られている。本格的に兵農を分離し、武士の支配権を確立するために豊臣秀吉が天正16年に行ったのが刀狩令であり、刀を持つのが武士の特権となった。

しかし、江戸中期になると、一般人も短刀や脇差を護身用として持つことが黙認され、一般人向けの刀屋も商売するようになった。図1-23は江戸時代の刀の売買の証文で（筆者蔵）、小刀拾

---

[*] 得能一男『刀工大鑑』工芸出版、2013年

第1章　日本刀の文化

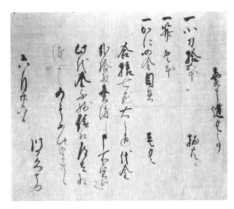

図1-23　江戸時代の刀売買の証文（筆者蔵）

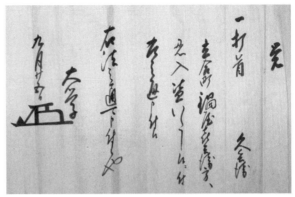

図1-24　江戸時代の刑罰裁き文書（筆者蔵）

五本、筓壱本、かにの金目貫壱対、合わせて17品を25両で売り渡す、とある。これは、卸売りの売買証文であり、小売価格は数倍したものと思われる。享保時代の書には、刀の価格の評価として、金1枚（大判1枚で約10両）から3.5枚のもので極め（鑑定書・札）があるものを札物、金4枚以上を折り紙（二つ折の鑑定書の意）物、金5枚の鑑定書付の刀を百貫、金50枚の刀を千貫といった。金50枚は約500両で、正確には分からないが、現在の価格で2500万円程度であろうか。ただし、枚数は評価基準であり、必ずしも売買金額とは一致しないという。江戸時代の芭蕉の弟子の杉山杉風の句に「札焼きて　刀ばかりを　つたえけり」（『芭蕉翁俳諧集』天明6年・芭門書林刊、札が焼けて失われたので、刀だけが伝わっている）とあり、当時も札（鑑定）が重要だったのであろう。

　優れた刀あるいは世に広く知られた刀を名刀といい、これに関する伝説的な話は非常に多くある。たとえば、江戸時代の『武家叢談』に載っている話を紹介する。小豆粥という刀は竹俣兼光といい、竹俣は所蔵者、兼光は刀匠の名である。この小豆粥は、もと、百姓が持っていたものだが、雷の時に頭上にかざしたら刀が血を流して助かり、腰に差して歩いていたところ、持っていた袋から小豆がこぼれ、刀の刃に当って小豆がふたつに切れていたという。この霊験のある刀を竹俣三河守が貰い受け、さらに上杉謙信の所蔵になった。弘治2年（1556）の川中島の戦いで、武田信玄の家来である武士をこの刀で切ったところ、持っていた火縄銃も真っ二つに切れたという。その後、景勝の代に拵えを新しくするため京都の職人に刀を送ったが、帰った来た刀を竹俣三河守が見たところ偽物であった。本物にはハバキの近くに馬の尾の毛がはいるほどの小穴があり、これがないという。探索の結果、本物は戻って犯人は捕まり、磔の刑になった。その後、豊臣秀吉に献上されたが、大坂城落城のときに行方不明になったという。また、上杉謙信の家来である本條重長が謀反したときに、重長を切った刀は本條正宗と呼ばれ、後に紀伊家に進呈されたという。こんな逸話が数多くある。

　江戸時代における刀の使用は極めて限られており、最も多く使われたのが刑罰の実施である。江戸時代の刑罰は藩によっても異なるが、刑罰式という法律があり、その法に従って裁かれたが、最も重い刑として打首あるいは斬首などに刀が使われた。図1-24は江戸時代後期の刑罰の裁き文書（筆者蔵）で、簡単に書くと「覚、一、打ち首、久兵衛、立合町鍋屋喜兵衛方に忍び入って

盗みをした罪で、法により打首を申し付ける」というものである。江戸時代は現在より刑罰が厳しく、江戸を始めとして国内の安全は高く保たれていたが、その一因は正直が尊ばれるとともに刑罰の重さにあった。ただし、平和な社会が保たれた最も大きな理由は、当時の人たちの知識と教養の高さおよび法の遵守精神が高かったことで、何回かの飢饉を除けば経済的にも落ち着いていた。また、巷間でいわれる切捨て御免は余程の事情がない限り許されなかった。

1.8 刀の拵え

刀は鍛えただけでは使えず、研ぎと入れ物である鞘や柄が必要であり、美術的な装飾として拵(こしらえ)が発達した。研ぎについては別項で述べるので、ここでは拵えの職人について述べる。

金具をつくる金工の名と流派は伝えられているが、鞘師や拵えの工人の名が余り残されていないので、詳しいことが分からないが、ここでは筆者蔵の古文書について述べる。

図1-25は仙台藩の鞘師（細工師）である与十郎に関する文書で、彼の家は山城国から移った曾祖父の時代から鞘師として83年間仙台藩に仕え、宝永5年（1708）に業績ありと評価され、関与十郎と苗字を与えられた（苗字御免）。刀奉行等による知行目録によると、約6貫文（1貫文は玄米10石）の給与で、身分は足軽並みであった。

図1-26は鞘をつくった関与十郎の記録の一部で、大屋形様（藩主あるいは藩主の父、屋形は室町時代に守護大名に与えられた特称）の正恒刀、国行刀などの拵えをつくったことが書かれている。このほか、国宗、光忠、国広、国次、長光、信国等々の刀の拵えをつくったことが書かれており、伊達家所有の名刀を知ることができる。寛保3年（1743）に書かれた拵えに使う金具等の細工に関する文書では、文頭において、刃は陽（男）で東、棟は陰（女）で西、刀の表は中陰で北、裏は中陰で南などと陰陽道(おんみょうどう)について述べ、細工の概要を記している。ここでも、刀と信仰あるいは道徳との関係が窺われる。図1-27に示す箇所では、右に山形の事、左に鬼面の事として、材料と加工について記されている。

刀の拵えには古代から美術的な要素が重視されている。古墳などから発掘される刀にも柄に金の薄板を巻いたもの（図1-1）、宝石で飾ったもの（図8-17）、刀身に金銀で文字などを象嵌して

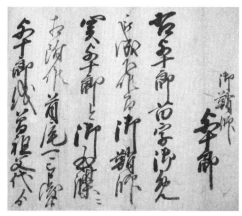

図1-25　宝永時代の仙台藩鞘師の苗字御免の辞令（筆者蔵）

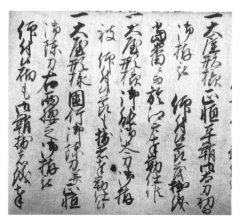

図1-26　宝永時代の仙台藩鞘師の鞘の作製記録の一部（筆者蔵）

第1章　日本刀の文化

図1-27　宝永時代の仙台藩鞘師が遺した
　　　　拵えの技術書の一部（筆者蔵）

図1-28　剣の装飾の例（『服飾図解』より）

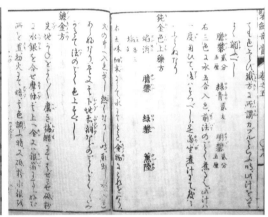

図1-29　装剣奇賞の題箋（左）と技術の頁

図1-30　海野勝眠筆の鍔の
　　　　彩色下絵（筆者蔵）
　　　　［カラー口絵2頁参照］

ものがあり、実用より権威の象徴や富の象徴であったことが窺われる。拵えには、装飾によって、飾剣、木地螺鈿剣（きじらでんたち）、蒔絵螺鈿剣（まきえらでんたち）、蒔絵剣、糸巻剣、漆剣などがあり、これらは身分および地域によって使い方が定められていた。図1-28は『服飾図解』（八幡百里、文化13年、筆者蔵）に載っている螺鈿野剣の例である。貴族の富の蓄積が多く、戦乱の絶えなかった西洋では、わが国より派手な刀剣装飾がなされている。

　金工と呼ばれるのは鍔（鐔）（つば）、頭（かしら）、目貫（めぬき）、縁（ふち）、柏葉（かしわば）、鐺（こじり）などをつくる工人である。これらについての比較的詳細な記述は『装剣奇賞』（稲葉通龍新右衛門、天明元年）に書かれている。これは全六巻からなり、総論、諸工系譜、彫工用具と伝法、皮類、根付などについて述べている。図1-29は巻壱の題箋（だいせん）と巻五の金工技術の箇所である（筆者蔵）。

　鍔（第11.5節）などの金工品は現在まで数多く遺されているが、上述の関与十郎などの記録はあるものの、その製作過程については不明な点が多い。鍔は古くは「つみは」と呼び、鍔の紋様の下絵などは江戸時代後期のものが遺されており、その製作過程を知ることができる。また、名物鍔と呼ばれるものがあり、紋様によって勝軍（かちいくさ）、摩利支天（まりしてん）、八橋などと呼ばれている。

　幕末から大正初期まで彫金家として活躍した海野勝眠（1844－1915年）が明治36年に描いた鍔の下絵を図1-30［カラー口絵2頁参照］に示す（筆者蔵）。勝眠は絵を描けるのは当たり前で、

図1-31　海野勝眠筆の拵えの下絵の一部(筆者蔵)

図1-32　鉄地の上に象嵌装飾された鍔(筆者蔵)

これを如何に金属の立体物として仕上げるかが重要、と言ったと伝えられているが、下絵ではあるが細密で色がのせてあり、見事な作品である。図1-31も海野勝眠筆の鞘の拵えの彩色下絵の一部で、明治38年頃につくられた拵えは現存している。この資料には、材料と技法が簡単に記されている。

図1-32は江戸時代中期につくられた鉄地の鍔(筆者蔵)で、右下に花籠があって切花が描かれており、これは蔓性なので唐草と思われ、上部の枝にからまっている。籠と花は銀象嵌、枝は金と銅の合金の赤銅、蔓は銀、籠の把手は鉄である。金銀の象嵌は、先ず銅を象嵌し、そこにアマルガム法で金銀を渡金(めっき)した。この技法は、鉄にアマルガム法が使えないために銅を下地にしたものであり、同時に金銀の節約にもなった。

鍔は金工の最も重要な作品であり、刀と同様に銘を入れたものもある。金工は刀の拵えだけではなく、甲冑の金属製品もつくっていたので、その発生は古代と思われる。わが国では、鎌倉時代初期からの家系があり、明珍家は正治(1199-1201年)からといわれる。金工作品のひとつとして、刀の脇に差し込む小柄があり、小柄の小刀は形ばかりのものが多いが、柄は打ち出し、象嵌、色づけなどで美術的に優れたものがある。木目金と呼ばれるものは数種の金属を組み合わせた後色づけして絵をつくり上げるもので、図1-33はその一例(筆者蔵)である。木目の明るい部分は銅、暗い部分は赤銅であり、左側に蜘蛛が蠅を捕らえている象嵌が施されている。

武士は大小の刀を常に携行するといわれるが、江戸時代の市中は安全で刀を使用する機会がなかったので、竹でつくった模造品(刀匠の銘に国光などの光がつく銘が多かったことから竹光という)を持ち歩く侍もあり、また、茶席などでは茶刀と呼ばれる木製の模造刀を差した。さらに、元服(成人)前の侍の子弟には木製の模造刀を持たせる習慣もあった。これは喧嘩などで相手を傷つけることを恐れたためである。茶刀と子供用の木製模造刀(筆者蔵)を図1-34に示す。

図1-33　木目金の地と蜘蛛が蠅を捕らえる象嵌を施した小柄の鞘(筆者蔵)

図1-34　茶刀(上)と子供用の木製模造刀(下)(筆者蔵)

柄は古くは剣柄（たかひ）といい、柄には金属性の目貫のほか、柄巻きの紐（糸）、前述の地となる鮫皮が使われている。目貫の機能は当初目釘を隠すための飾であったが、表裏の同じ位置に突起ができるので握りにくく、目釘から離して2箇所に据えられるようになった。これによって、紐が片寄らずしっかりと巻けるようになった。紐の巻き方にも平巻き、胡麻柄巻き、大菱巻き、小菱巻きなどがあり*、これらは、実用的なものから装飾的なものに変化している。

1.9 刀の銘・鑢目・彫り物

刀の銘は刀工や産地を特定する上で重要な要素であるが、真贋などの問題があり、難しい課題である。ここでは、鑑定や真贋の問題には触れず、一般的な事柄に限って簡単に述べる。刀匠（刀工）の名が刻まれた刀を銘刀と呼んでおり、名のないものを無銘刀という。

先ず、字体について統計的にみると、刀の銘は古い時代ほど行書体あるいは草書に近い略字が多く、新しくなるにつれ楷書体に近づく。また、書体は産地によっても異なり、備前長船の刀では比較的早く、鎌倉末期から楷書に近い字体が使われた。これは産地として統一した字体を用い、現代でいうロゴ（logo：商標）を意識したものと思われる。これは工房で製作が始まる時期でもある。その意味では個性の少ない字体といえよう。例えば、鎌倉時代に製作されたとされる備前刀では、13世紀中頃までは行書体あるいは略字が大部分で、13世紀末になると長光などの楷書体が出てくる。14世紀に入ると楷書体が増え、14世紀中頃には殆どが楷書体あるいはこれに類する字となる。

隣国の備後刀では室町末期まで行書体が主であり、美濃刀でも同様である。全国的には室町時代末期から楷書体の割合が増え始め、新刀と呼ばれる江戸時代の刀では、統計的に8、9割が楷書体になっている。長船の町が室町末期に洪水で壊滅してから、楷書体が全国に広がったのは、前述した備前刀のロゴとしての商標権がなくなったのも一因ではないかと思われる。また、鍛刀技術に比較して刀工の彫金技術の進んでいなかったことが行書・略字の要因のひとつであろう。

わが国独自の刀が現れたという平安時代中期から鎌倉時代初期までは、一部を除き、刀に銘を切るという習慣がなかったようである。これは、当時の刀工の製作者意識が低かったこと、識字率が低かったこと、刀工の評価が低かったこと、商標的な販売の必要性が低かったこと、などによるとみられ、腰反りの古い刀に銘のないものが多い。同様な工芸品である柿右衛門焼でも古いものには銘がなく、総称して柿右衛門手、柿右衛門様式と呼ばれ、この場合、銘のないことが古作の証明になる。

鎌倉初期から中期にかけて銘が切られるようになり、工房名（千手院など）や作者の工名が入るようになった。工名とは本名（実名）ではなく工人としての名で、製作した刀に入れるが、古くは優れた作品に刻む名、高名な工人が入れる名を銘といった。前述のように、工房名や製作地は現代の登録商標に類するものであるが、個人の工房で助手あるいは弟子を雇って製作するので、個人銘が多い。銘の字数は古刀の古いものでは2字が多く、これは工人には姓がなかったためである。次に、国あるいは住居・産地の名（・・州、・・国）、刀匠の経歴（来など）、など

---

*　若山泡沫『刀装小道具名品集』雄山閣、昭和47年

が入り、さらに、与えられた官職名、老人あるいは老練を意味する尉を実名に付けたもの、作（・・作）、花押、紋などが入るようになる。最も多いのは地名である。銘に州あるいは国とある刀は特定産地の工房あるいは製作集団の名である場合が多い。産地などを表すために刀の中子の尻の形、中子のヤスリ目で特徴づける場合もある。

時代が下るつれて字数は多くなる傾向となり、江戸時代後期の多いものでは10から

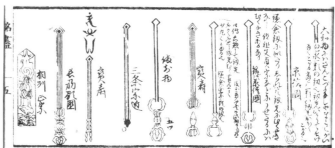

図1-35　中子の鑢目（上）と彫り物（下）（『古刀鍛冶銘尽』より）

15字に達する。これは、古くからの多くの作者がいるので、それらと区別するためと、作者の情報をより多く知らせるためであろう。一方で無銘の刀も多く、たとえば、有名な正宗刀（岡崎正宗）でも銘のあるものは少なく、鑑定によるものが大部分である。銘を切る切らないの境界には刀匠の格、刀の出来不出来もあろうが、階級社会における購入対象者との関係、所属する流派や工房の意志、自己顕示欲の有無、流通業者との商取引など多くの要素があったものと推定される。高貴な人は所有する刀に銘を切られるのを嫌ったという伝説もある。

銘とともに刀の製造者を特徴つけるものとして、鑢目がある。図1-35（上）は江戸時代の『古刀鍛冶銘尽』の「鑢の次第」の項の一部である。図では粟田口、京物来、京信國などの刀の産地あるいは工房ごとに、中子に鑢目が線で描かれている。上記産地と備前、関、大和といった大生産地では、基本的な鑢目を決めており、これは工房、産地の組合などが取り決めたもので、一種の商標である。鑢目の形には、横鑢、檜垣、山形、筋違、一文字、鑢鋤などという名がつけられている。図1-35（下）は刀身に彫る彫り物といわれる紋様で、剣、鉾、独鈷、龍、樋、不動、梵字など彫られた。梵字は古代インド文字で梵は清浄を意味する。作者あるいは工房では独特のものを彫り込んだ。これを専業とする職人もいた。西洋の刀でも種々の紋様や商標的なものが彫られている。

1.10　従来の主な研究

日本刀の研究に関するまとまった研究を行ったのは前述の京都大学・近重真澄研究室と東京大学・俵國一研究室であり、著書として発行されている。図1-36に近重博士の刀の研究が載っている『東洋錬金術』、図1-37に俵博士の『日本刀の科学的研究』の著書を示す。

東洋錬金術は昭和4年（1929年）に上梓され、第6節・日本刀（91-107頁）に研究結果が収められている。この書は英語に翻訳され、1936年（昭和11年）に発行され、海外でも知られてい

第1章　日本刀の文化

図1-36　京都大学の近重真澄著『東洋錬金術』の表紙

図1-37　東京大学で日本刀の科学的研究をした俵國一博士と著書

る。研究は近重研究室の足田輝雄博士によるもので、図1-38に近重研究室の写真（足田八洲雄氏提供）を示す。中央の矢印が和服姿が近重博士、左側の矢印が足田博士である。

　研究の特徴は断面の光学顕微鏡観察で断面組織を明らかにしたことである。足田博士は英国のシェフィールド大学に留学し、そこで光学顕微鏡実験法を収め、顕微鏡組織を写真に撮るのが難しかった当時、200倍程度の観察組織をマクロな断面に書き換えて断面組織を表した。この手書き図面を京都の浮世絵師に依頼して木版とし、組織ごとに彩色して区別した。図1-39［カラー口絵2頁参照］にその一部（足田八洲雄氏寄贈）を示すが、上述の著書では白黒の図である。黄色はマルテンサイト（焼き入れ組織）、茶色はパーライト（鉄と鉄炭化物の混合組織）、白色はフェライト（極めて少量の炭素を含む鉄）、青色は非金属介在物（主に製鉄のときに混入した酸化物）である。

　俵博士の著書は昭和25年に出版されたもので、研究成果は大正時代のものである。明治39年の工学会誌に南蛮鉄（外国から輸入された鉄）について報告したのが最初と思われ*、大正6年に日本刀の化学成分の分析から日本刀の研究を始めたものとみられる。研究報告の大部分は東京帝国大学工学部日本刀研究室報告として出され、これを「鉄と鋼」誌で公表し、大正13年が最後の論文とみられる。研究の主な目的は刀の紋様の原因である金属組織と研磨の解明であると述べており、特に刃紋について詳しい研究をし大きな成果を挙げている。後に金属組織学への功労を合わせて文化勲章を受章された。明治初期の廃刀令後に刀が廃れたのち、日清・日露戦争後に軍人が刀をもつようになり、当事は刀の復活期であった。

　このほかの主な著書として、菊田多利男博士による「鉄鋼学上より見たる日本刀」（日進社、昭和8年〈1933〉）、日本刀講座（雄山閣、昭和9年〈1934〉）などがある。

図1-38　京都帝国大学金相学研究室
中央の矢印が近重真澄教授、左の矢印が足田輝雄講師（足田八洲雄氏提供）

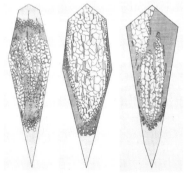

図1-39　足田博士による刀断面のスケッチ
（木版）［カラー口絵2頁参照］

---

*　俵國一『古来の砂鉄製錬法』丸善、昭和8年（1933）

第2章　鉄鋼材料の基礎知識

　本章では、日本刀内部の鉄の状態や強度などを理解するのに必要な、鉄および鋼の基礎知識を易しく述べる。

2.1 古代の鉄

　鉄は歴史的金属といわれるものの一つで、紀元前から知られている金属である。鉄以外の歴史的金属は、金、銀、銅、錫、鉛および水銀である。文献としては、たとえば、旧約聖書の預言者 EZEKIEL（エゼキエル）の書の The parable of the dross in the furnace に、"As they gather silver, and brass, and iron, and lead, and tin, into the midst of the furnace."（C. I. Scofield 編　The Holy Bible, Oxford University Press, 1909, p.864）の記述がある。ここで、brass は銅を示している。その他の金属は現代から見れば少量の不純物が混入した合金であった。たとえば、金には銀あるいは銅が 2-3% 混入している。人類の偉大なところは、その自然科学的な情報を知る前から、材料としてうまく利用する経験的技術を会得していたことであり、理論的裏づけが後からなされるのが自然科学、特に理工学系の発展過程である。

　古代人は繰り返し使うことの出来る知識、つまり再現可能な経験科学として、先ず、季節について系統的な知識、経験則を得た。これは、人類が生きるために必要な食料の収穫を確実なものとした。農業は毎年の繰り返しであり、種を蒔く時期、川が氾濫する時期、収穫の時期などは系統的で再現可能な自然科学的知識である。この知識は社会および権力を維持するためにも非常に大切であった。また、食料生産を増大するための金属製の農具および他民族との戦いに勝てる武器の開発が要求された。これも再現可能な経験則に基づく自然科学的知識である。鎌倉後期から室町時代の刀には製作日として 2 月と 8 月が彫られている。良い刀をつくるのに、天候などの条件が最良である、という経験から来ているという説と、農閑期のこの時期に戦いが多かったためという説がある。

　人類が金属の自然科学的情報を得ようとしたきっかけは錬金術である。錬金術の発祥は古代エジプトあるいは古代ギリシャといわれている。古代から金は錆びず、その色彩も美しく、しかも容易に加工出来るので、歴史的金属の中でも、最高のものとされていた。これを人工的に得るために、表面だけを金色にする水銀アマルガム法が開発され、次に全体を金に変えようとする努力がなされたと伝えられている。現在の 18 金や 14 金は金の色を保持しつつ硬さを増し、金の量を減らす技術として知られているが、当初は銅や銀を加えて金の量を増やす、つまり、錬金術として行われたものである。この技術は貨幣技術として世界で古くから用いられている。

　鉄は隕鉄の利用から始まったといわれ、発見されやすい荒地・砂漠や雪氷上の生活者が利用したと考えられている。青銅時代の前には銅の時代があり、銅鉱石として黄銅鉱（$CuFeS_2$）などが使われた。その技術から鉄精錬技術にどのように移ったかは不明であるが、筆者の紀元前 16 - 18 世紀のルリスタン発掘の銅剣の分析によれば、銅の中にナノメーターサイズの還元された鉄粒子が含まれていた。これを考えると製錬技術は連続的に発展したものと推定される。図 2-1

第 2 章　鉄鋼材料の基礎知識

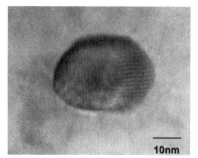

図 2-1　古代ペルシャの銅剣中に観察された
鉄微粒子の透過電子顕微鏡像（北田）

図 2-2　紀元 1 世紀頃の製鉄風景ジオラマ
（ミュンヘン博物館）

に銅剣中の鉄微粒子の透過電子顕微鏡像を示す。大きさは 30 nm 程度である。

　鉄器時代と呼ばれる鉄精錬の始まりは確定していないが、現在の中近東地域で紀元前 1500 – 2000 年頃と推定されている。そこから、ヨーロッパ、インド、中国等へ技術が伝播した。インドが起源という説もある。わが国には紀元 1 – 2 世紀に朝鮮半島から伝来したと考えられている。当時の鉄は現代の高炉のような溶けた鉄、すなわち銑鉄*ではなく、半溶融状態で還元された塊状のものであった。これを鍛錬して混入した非金属介在物を除いて使うので錬鉄あるいは鍛鉄という。紀元 1 世紀頃の製鉄のジオラマ（ミュンヘン美術館）を図 2-2 に示す。融解した銑鉄がつくられたのは紀元前 5 世紀頃の中国大陸といわれているが、現代に続く高炉技術の始まりは 15 世紀前後のドイツ・ライン河近くである。これには、良質な鉄鉱石のほか、還元剤としての木炭が豊富に得られたこと、水力による強い送風が得られたこと、などによる。

　自然科学的に鉄の内容が明らかにされ始めたのは、ルネッサンス後半の 16 世紀頃からである。採鉱・冶金分野では、『鉱山の書』（Bergbüchlein）が 1505 – 1510 年に出版され、1525 年には技術書として『試金の書』が発行された。1556 年に出版されたアグリコラの「金属について」（De re metallica）は、それまでの伝統であった自分の知っている知識・技術を他人に話さない、という慣習を破って公開した。ただし、概論である。

　鉄を中心とした金属学が発展したのは 18 世紀初めで、1722 年、ロイマーは鋼に及ぼす炭素および硫黄の影響について考察（著書：L'art de conbertible fer forgeèn acier, Paris）した。これが現代の物理冶金（physical metallurgy）の始まりとされている。金属学の発展は、顕微鏡による金属組織の観察がきっかけである。1665 年にフックは剃刀の刃の観察をした。さらに、改良した顕微鏡で細胞などを観察し、1667 年に MICROGRAPHIA（顕微鏡学）を出版した。金属組織に関する本格的な成果は 1808 年のウィドマンステッテンの隕鉄の組織観察で、隕鉄を研磨したのち腐食したところ、幾何学的紋様が現れた。19 世紀中頃にソルビーが反射光で金属表面を観察して明瞭な組織を得ることに成功した。20 世紀になると、様々な分析機器が開発され、金属学は大きく発展した**。

---

*　純粋な鉄の融解温度は 1536℃であるが、炭素が入ると融解温度が下がり、約 4.3% で 1147℃になる。

**　増本健・北田正弘ほか編『鉄の辞典』（北田：第 1 章　鉄の科学文化史）朝倉書店、2014 年

2.2 鉄の結晶構造

　金属材料学では、鉄と鋼を性質の異なる金属材料として扱う。一般に、鉄は不純物が極めて少ない鉄のことで、鉄の性質に影響を与える不純物元素の含有量は 0.0001 から 0.01 重量パーセント ｜weight％、学術的には質量％（mass％）で、本書では慣例の重量％を使用する｜程度のものを高純度鉄あるいは純鉄と呼ぶ。炭素量が 0.02 重量％以下ものは工業用純鉄あるいは単に鉄と呼ぶ。これらの呼び名は研究者・企業・国などによって若干異なる。たとえば、電気分解した鉄（電解鉄）の分析値でもメーカーあるいは等級によって異なる。不純物の最も少ない電解鉄の分析値は炭素が 0.002 重量％、燐（P）が 0.0001 重量％、けい素（Si）が 0.001 重量％、マンガン（Mn）が 0.002 重量％である。表 2-1 に代表的な純鉄の分析値を示す。純鉄は強度が低く、柔軟で、錆びにくく、良好な磁気特性を示すので、電磁石などの用途に使われている。日本刀の純度や性質を議論するときに、表 2-1 に示す工業用純鉄の不純物含有量が目安となる。

　金属の純度は分析した不純物の量を 100％から差し引いた値で表現される。したがって、分析されていない元素を含んでいる。現代の半導体素子に使われる Si も 9 が 10 桁のテンナインといわれるが、半導体として害のない酸素や炭素は含まれていない。現在最も純度の高い鉄は 99.9999 から 99.99999 重量％程度である。このような純度になると銅並みに軟らかくなる。これは、不純物原子が転位の移動（第 2.9 節）を妨げないためである。

　金属は原子の集合したものだが、内部の原子は規則的に配列しており、それを結晶といい、ある物質における原子の立体的な配列を結晶構造、物質は違っても同じ配列の仕方を分類的に結晶系と呼ぶ。室温における鉄の結晶構造は立方体の角（稜）の位置と立方体の中心に鉄原子が配置している。このため、体心立方系構造に属し、体心立方晶、体心立方格子とも呼ばれ、これを図 2-3（a）に示す。格子という呼び名は、原子の中心を結んだ直線が格子状になるためで、結晶の変化および欠陥などを議論するときには、直線だけで表す結晶格子がしばしば使われる。

　鉄の場合、結晶構造は温度によって変化する。体心立方晶は 911℃以下で存在する低温相であり、911 – 1394℃では面心立方晶に変化し、1394 – 1536℃（1536℃は融ける温度：融点）では再び体心立方晶に変化する。このような変化を変態と呼んでいる。面心立方晶は立方体の稜と立方体をつくる面の中心に鉄原子が配置しており、図 2-3（b）の構造をもっている。

　変態は鉄の原子核の周囲を回っている電子の状態が温度によって変化し、原子の結合する方向などが変化するためである[*]。学術的には、911℃以下の鉄をアルファ鉄（α Fe）、911 – 1394℃

表 2-1 純鉄の不純物含有量（重量％）例

元素	Si	Al	Mn	Ni	Cu	Ti	S	P	C
電解鉄	0.005	- - -	0.002	- - -	- - -	- - -	0.004	0.005	0.02
米国標準局	0.002	- - -	<0.0	<0.01	<0.002	- - -	0.002	<0.005	<0.001
スウェーデン	0.02	- - -	0.09	- - -	- - -	- - -	0.04	0.046	0.085
アームコ	tr.	- - -	0.017	- - -	- - -	- - -	0.025	0.005	0.012

---

[*]　北田正弘『新訂・初級金属学』内田老鶴圃、2007 年（初版・アグネ、1978 年）

第2章　鉄鋼材料の基礎知識

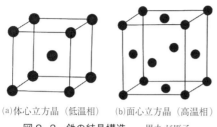

(a)体心立方晶（低温相）　(b)面心立方晶（高温相）
図2-3　鉄の結晶構造　・黒丸が原子

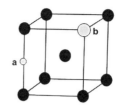

図2-4　格子間不純物(a)と置換型不純物の入り方(b)　アルファ鉄中の炭素原子はaで示す位置に侵入する。

の面心立方晶鉄をガンマ鉄（γFe）、1394－1536℃の鉄をデルタ鉄（δFe）と呼んでいる。また、α相、γ相ともいう。これらの名称は鉄の状態を簡単に表すために用いられている記号で、この他にも観察した状態や研究者の名を付けた組織名称が使われており、フェライト、オーステナイト、パーライトなどは炭素を含む鉄の金属組織の名である。

　不純物が入る位置には2種あり、これらを図2-4に示す。aは原子半径の小さい水素、窒素および炭素などが入る位置で、鉄の原子と原子の間、つまり格子の間に入るので、格子間原子あるいは格子間型不純物という。また、原子の間に侵入するように入るので、侵入型原子あるいは侵入型不純物という。bは原子半径の大きな原子、たとえばNiおよびMnなどの原子が侵入する位置で、Feの位置に変わって入るので置換型不純物という。性質を改善するために添加した金属を合金元素と呼ぶ。不純物原子が侵入しても、鉄が体心立方晶あるいは面心立方晶を保っている場合は固体の鉄の中に他の原子が溶けているという意味で固溶体という。鉄と同じような性質の元素は鉄に溶けこみやすく、たとえば、ステンレス鋼はCrとNiが多量に溶け込んでいる[*]。

2.3　炭素鋼

　鋼（steel）は炭素を約0.02から2.1重量%含んだ鉄-炭素合金の名称である。炭素のほかに鉄の性質に大きな影響を与える添加元素がない場合に、炭素鋼（carbon steel）[**]と呼んでいる。性質を改善するために他の元素を添加したものは合金鋼と呼ばれる。合金の原義であるアロイ（alloy）という言葉は混ぜ物という意味で、金属以外の分野でも使われる（半導体アロイ、プラスチックアロイなど）。製鉄したときに入る避けられない元素は不純物であり、通常、合金元素とはいわない。一般の呼び名である鉄は鉄を主成分とする合金にも広く使われるが、学術的には、鉄と鋼は異なる。鉄は炭素の非常に少ない鉄（iron）と炭素と不純物が少ない純鉄（pure iron）を指す。鉄鋼という呼び名は、厳密には、鉄と鋼（英語ではiron and steel）という意味である。炭素鋼は鉄に炭素を添加した合金であり、日本刀は炭素以外の添加元素を含んでいないので、鉄-

---

[*]　18-8ステンレス鋼（JIS:SUS 304）は18重量%のCrと8重量%のNiを固溶している面心立方晶合金で、添加量により、13Cr鋼（SUS 405）、25-20ステンレス鋼（SUS 310S）などの通称で呼ばれている。

[**]　炭素鋼にNi、Cr、Vなどを加えて性能を向上した鋼は合金鋼と総称される。添加元素量が少ないものを低合金鋼、ステンレス鋼のように10重量%以上の添加元素を含むものは高合金鋼と呼ぶ。面心立方晶の高合金鋼は磁性を示さない。機械用合金鋼の炭素濃度は低い。

炭素系合金、すなわち炭素鋼である。

炭素濃度の低い順に、純鉄（炭素濃度が 0.02 重量％以下）、極低炭素鋼（0.05 重量％以下）、低炭素鋼（炭素濃度が 0.05-0.25 重量％）、中炭素鋼（炭素濃度が 0.25-0.60 重量％）、高炭素鋼（0.60 重量％以上）という。本書では、この定義を使用する。ただし、この定義は国、学会、業界、研究者によって若干違いがあり、絶対的なものではない。工業的には、純鉄、軟鉄、鉄、軟鋼、硬鋼、鋳鋼、鋳鉄という分類法もある。

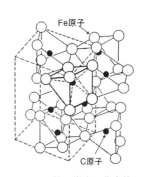

図 2-5 鉄と炭素の化合物であるセメンタイトの結晶構造

鋼は前項で述べた純鉄に比較して強度が非常に高く、炭素濃度とともに強度は増すが、逆に柔軟性（靭性）は低くなる。一般の機械工業用の炭素鋼は低炭素鋼と中炭素鋼である。炭素濃度が 0.6-1.5 重量％の高炭素鋼は強度が必要な用途、たとえば、ピアノ線、ばね、車両タイヤ、切削工具などに使われているが、硬いので加工しにくくなり、衝撃力に対して弱くなる。これを改善するために、様々な加工・熱処理・合金化を行う。表面だけを硬くして内部は軟らかいものもあり、これは浸炭（表面から炭素を拡散させる）などの方法でつくられる。炭素濃度が 1.5 重量％を超えると極めて硬くなり、加工も難しくなるので、特殊な用途以外は実用材料にならない。

前述のように、炭素原子は原子の大きさが鉄原子に比較して非常に小さいので、体心立方晶の鉄の中のすき間に浸入して侵入型固溶体になる。ただし、室温において炭素が固溶できる量は、0.001 重量％以下なので、これ以上の炭素が入ると、炭化物と呼ばれる鉄と炭素の化合物が生じ、鋼は鉄と鉄炭化物の混合物になる。代表的な炭化物は鉄 3 原子と炭素 1 原子が結びついたもので、Fe_3C で表される。別名は θ 化合物あるいはセメンタイトである。セメンタイトは複雑な結晶構造で、これを図 2-5 に示す。大きな白丸が Fe 、小さな黒丸が炭素原子で、点線が単位の格子である。鋼の中でセメンタイトは安定に存在するが、通常、セメンタイト単独の結晶をつくることはできない。

2.4 鉄-炭素系状態図

金属に他の元素（第 2 元素）が含まれているとき、その金属の結晶構造や混合状態、すなわち、金属組織がどのようになるかを表すのが、状態図である。二つの元素からなる合金系の状態図を 2 元状態図と呼ぶ。通常、状態図は縦軸に温度、横軸に第 2 元素の濃度をとり、温度と濃度軸の平面上で合金の任意の温度と濃度における状態を示す。圧力は大気下で 1 気圧である。このような研究をする学問が金属組織学である。状態図を作成するときは、一定組成の合金を融解した状態から徐々に冷却して、どのような組織変化がおこるかを調べる。急激に冷却すると合金本来の安定状態に達しないので、ゆっくり冷却する。長時間その温度に保ってもそれ以上の組織変化が起こらない状態を平衡状態といい、このような実験によって得られた状態図を平衡状態図とも呼ぶ。低温から徐熱して調べることも行われる。

急冷すると不安定な組織になることが多いが、不安定な状態でも有用な組織が得られる。刀を焼入れるのは不安定な状態をつくり、硬くするためである。急冷したものを加熱すると本来の平

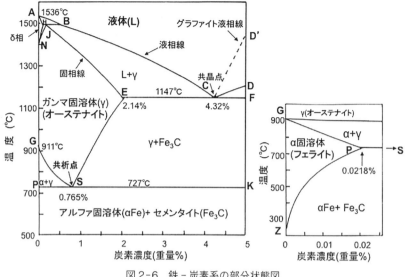

図2-6 鉄-炭素系の部分状態図

衡状態の組織に近づこうとする反応がおこり、一部の性質が向上することもあるので、焼き戻しや時効といった熱処理が行われる。性能向上には加工との組み合わせが重要で、これを加工・熱処理という。Al合金のジュラルミンも急冷した後に時効する。

日本刀の金属組織を理解するためには、鉄と炭素からなる合金、すなわち、鉄-炭素系状態図を知ることが必要である。鉄-炭素系状態図は1909年にボーンマンが初めて作成を試みた。図2-6は現代のほぼ完成された鉄-炭素系状態図で、炭素が5重量%までなので部分状態図という。炭素自体は炭｛非結晶質（アモルファス、無定形）｝、グラファイト（黒鉛：六方晶）およびダイヤモンド（ダイヤモンド構造）などとして安定に存在する。上述のように、鉄と炭素は鉄炭化物（Fe_3C：セメンタイト）をつくり、鉄の内部では化学的に安定なので、Fe_3Cに相当する炭素濃度近くまでは安定に存在する。しかし、これ以上の炭素濃度では安定な鉄-炭素合金は存在しないので、セメンタイトの炭素濃度より濃度の低い範囲に限った状態図である。図2-6はFeとFe_3Cの状態図で、元素と元素の状態図ではないので、擬2元系状態図という。擬は、にせる、ならう、という意味である。ただし、炭素濃度が2.1重量%以上になると、含まれる不純物の種類と濃度により炭素がグラファイト（黒鉛）として生成することもあり、グラファイトに関係する状態図も点線で示すのが普通である。本書では、高炭素濃度部分だけに参考として点線で示した。鋳鉄の場合はグラファイトが出現するので、鉄-グラファイト系が重要である。

図2-6で示したように、炭素濃度が0の温度軸は純鉄の相変化を示し、低温から順に、アルファ鉄（αFe）、ガンマ鉄（γFe）およびデルタ鉄（δFe）が存在する。δ鉄は低温相と同じ体心立方晶である。α鉄からγ鉄に変態する温度（911℃）、γFeからδFeに変態する温度（1394℃）および融点（1536℃）を変態点と呼ぶ。

前述のように、炭素を含んだ鉄の変態点は低下する。液体を液相、固体を固相といい、合金になると、これら2相が共存する領域もある。炭素を含んだ場合の融点（完全に融ける温度）の変化をみると、A-B-Cを結ぶ線で表すように、炭素濃度の増加とともに低下する。融点はC

（1147℃）で最も低くなり、これより炭素濃度が増えると、C–D を結ぶ液相線で示すように再び融点は上昇する。C における炭素濃度は 4.32 重量 % である。これは、ふたつの元素が混じることにより、原子が秩序正しく整列することができなくなって、無秩序状態に近い液体状態が低温まで安定になるためである。一般に、混じる量と元素の数が増えるほど、融解温度は低くなる。これは、刀の非金属介在物を考えるときに重要である。

　線 A–B–C–D を液相線といい、線 ABCD 以上の温度で鉄 – 炭素系合金は完全に融けて液体になる。液相線より温度が低くなると、線 A–B の温度範囲では δFe 固溶体が晶出し、A–B–H 囲まれた領域では、液相と δFe 固溶体が混じって（共存して）いる。ここで、晶出とは、液体から固体の結晶が出現することである。線 B–C 領域では、液相線以下の温度になると γFe 固溶体が晶出し、液相と γFe 固溶体が共存する。線 C–D の濃度範囲では、この線より温度が下がると Fe₃C が晶出し、液相と Fe₃C が共存する。この領域でグラファイトが出現する場合は点線がグラファイトの液相線で、この線以下の温度になるとグラファイトが晶出する。C の組成を持つ液相は 1147℃ に冷却されると γFe と Fe₃C が同時に（共に）晶出し、このため、共晶反応（eutectic reaction）と呼ばれる。eutectic はギリシャ語の融けやすい（eutectos）に由来する。

　炭素濃度が共晶点の 4.32 重量 % になると、融解温度が Fe の 1536℃ から 1147℃ に大幅に下がる。鉄の製錬で得られる共晶点の鉄 – 炭素合金（銑鉄）は液体として高炉から流出するので扱いやすくなり、鋳型で一定の形にできる。また、一度凝固しても融点が低いので鋳造もしやすくなる。

　デルタ鉄の温度領域では、δFe に 0.1 重量 % の炭素が溶け込み、複雑な状態図になっているが、ここは実用的には問題とならないので詳細は省略する。

　線 J–E–F 以下の温度では完全に固体になる。線 J–E–S–G で囲まれた領域には γFe 固溶体が存在する。γFe 固溶体は、図 2–3（b）で示した面心立方晶の鉄に炭素が固溶した相である。この領域の合金を英国の金属研究者の名オーステン（Austen）を冠してオーステナイト（austenite）いう組織名で呼ぶ。線 G–S–P で囲まれた領域では αFe 固溶体と γFe 固溶体が共存する。線 E–F–K–S で囲まれた領域では、γFe 固溶体と Fe₃C が共存する。これらの領域は 2 相共存領域である。

　線 P–S–K の温度以下では、αFe 固溶体と Fe₃C が共存する。α 固溶体は組織名でフェライト（ferrite）と呼ばれ、ラテン語の鉄を意味する ferr に由来する。フェライトという言葉は亜鉄酸塩（H₂Fe₂O₄）、鉄の酸化物の MO・Fe₂O₃（M は Ba、Mn など、強磁性を示すセラミックス）などを示す言葉でもあるが、本書では αFe 固溶体に限定して使用する。

　記号 S で示した点は共析点と呼ばれ、この組成（0.765 重量 %）のオーステナイトを冷却すると、727℃ でフェライトとセメンタイトが同時に（共に）析出する。2 相に同時分離する固体反応を共析反応（eutectoid reaction）という。ここで、固体から異なる固体が分離して 2 相になる反応を析出という。

　アルファ鉄領域は G で示した 911℃ 以下で存在するが、αFe に対する炭素の最大固溶量が 0.0218 重量 % と非常少ないので、図 2–6 の全体図では領域が小さすぎて描かれていない。そのため、図 2–6 の右側に拡大した部分状態図を示す。フェライトは線 G–P–Z で囲まれた領域に

ある。また、727℃以下の線Z-P-S-K領域では、フェライトとセメンタイトが共存している。

室温での炭素の固溶量は極めて少なく0.001重量％以下である。状態図の中で鉄鋼を定義すると、Pで示す炭素の最大固溶範囲（約0.02重量％）までが鉄で、その他の不純物も非常の少ないものを純鉄という。PからE（2.14重量％）までの炭素濃度範囲を鋼、E以上が銑鉄である。銑鉄の範囲で鋳物に使われるものを鋳鉄という。実際の鋳鉄は目的に応じて種々の元素を添加し、組織を調整している。

日本刀の理解に必要な鉄-炭素系状態図は炭素濃度が1重量％以下の部分であり、温度は脱炭処理を考えると約1200℃までであるが、鍛錬温度は通常850-950℃以下であり、この温度範囲が必須の知識である。

2.5 相分離反応

鉄-炭素系状態（図2-6）は複雑であるが、日本刀の金属組織を理解するためには、相と呼ばれる金属成分とその変化を知ることが重要である。すなわち、高温から冷却すると、相分離あるいは相変態と呼ばれる反応が起こる。また、室温から加熱してゆくと、逆の分解反応が起こる。その温度と処理時間により、平衡状態図には描かれていない組織と非平衡相が現れる。まず、相分離が平衡に近いゆっくりした冷却速度での反応について、詳しく述べる。

図2-7の共晶点Cに相当する濃度のL_1で示す液体を実線矢印のように液体から冷却すると、1147℃に至って液体からEの組成をもつγFe固溶体（オーステナイト）と鉄炭化物であるセメンタイト（Fe_3C）が同時に晶出する。液体が固体なるので、凝固反応である。これを反応式で示すと、

L_1（液体）→ γFe固溶体（オーステナイト）＋Fe_3C（セメンタイト） ……（2.1）

となる。炭素濃度Cの液体からは、オーステナイトとセメンタイトが共に晶出するので、共晶反応であり、Cを共晶点という。さらに冷却してゆくと、晶出した濃度Eで示されるオーステナイトはES線（矢印）に沿ってセメンタイトを析出しながら炭素濃度を減らし、S点の727℃に至る。727-1147℃で存在するオーステナイトとセメンタイトの共晶組織はレデブライトと呼ばれる。S点の濃度になったオーステナイトはフェライトとセメンタイトに分かれる。一つの固体相から新たに異なる固体相が生ずるのを析出反応という。ここでは、図2-7のPで示すフェライトとセメンタイトが共に生ずる。

γ固溶体（オーステナイト）→ α固溶体（フェライト）＋Fe_3C（セメンタイト） ……（2.2）

これが共析反応である。このような固体

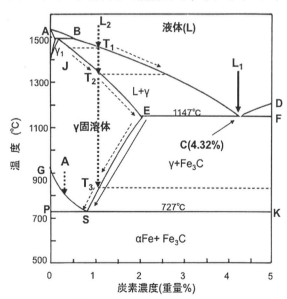

図2-7 液体L_1とL_2を冷却したときの相変化の例

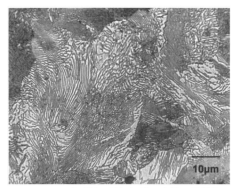

図2-8 典型的な共析組織の光学顕微鏡像
層状でパーライト組織と呼ばれ、明るい部分がフェライトで暗い部分がセメンタイト（北田）

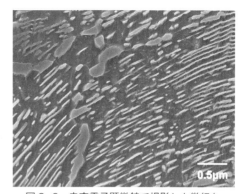

図2-9 走査電子顕微鏡で撮影した微細なパーライト組織
暗い地がフェライトで明るい部分がセメンタイト（北田）

中の反応は鉄と炭素原子が結晶中を移動する拡散（2.10）によって行われる。

次に、図2-7のL_2で示す組成の液体を冷却したときの相分離反応を述べる。液体L_2を点線矢印のように冷却すると、先ず線B-Cで示される液相線の温度T_1に到達する。ここでは、濃度軸と平行に引いた点線が線JEの固相線と平衡しており、$γ_1$で示した組成の$γFe$相が晶出する。さらに温度を低くすると$γFe$結晶の晶出が続くが、$γFe$の濃度は固相線に沿って変化し、炭素濃度が高くなる。温度がT_2に達すると、液体は全てL_2と同組成の固体（$γ$固溶体）になり、その組成を保ったまま温度T_3で線E-S到達する。さらに温度が下がると、セメンタイトを析出し、$γ$固溶体の炭素濃度は線E-Sに沿って減少し、共析点のSに到達する。残った$γ$固溶体は式（2.2）の共析反応で$αFe$固溶体とFe_3Cに分離する。

共析点の濃度をもつ固溶体を徐冷した場合、727℃に達すると$αFe$とFe_3Cが層状に析出する。腐食液で表面を腐食すると化合物であるセメンタイトが腐食されにくく、凹凸が生じる。共析組織を光学顕微鏡で観察すると、図2-8で示すように$αFe$とFe_3Cの層状組織となる。破面が真珠のように輝くので、これをパーライト組織という。この像では明るい領域が$αFe$固溶体（フェライト）で、暗い部分がセメンタイトである。

冷却速度が低い場合、原子が拡散できる距離が長いので組織は大きくなり、図2-8のように光学顕微鏡でパーライトを観察できる。冷却速度が高くなると原子の拡散距離が短くなるので、パーライト組織は微細になり、光学顕微鏡で観察できなくなる。そのため、最も微細なものをトルースタイト、それよりやや粗いものをソルバイトと呼んだ。その後、電子顕微鏡の発達により、これらも微細なパーライトであることがわかり、現在は微細なパーライトと呼んでいる。図2-9に走査電子顕微鏡で観察した微細なパーライト組織を示す。この図では、暗い地の部分がフェライト、明るい線状の領域がセメンタイトである。走査電子顕微鏡像は通常真空中で試料に電子線を当てて走査し、試料表面で反射された電子線あるいは2次電子の強弱を計測して像を得る。

パーライトがフェライトとセメンタイトからなることは、この領域のX線回折をすれば明かになる。図2-10は炭素量の高い鋼のX線回折像で、矢印で示すのがフェライト、その他がセメンタイトのピークである。炭素量が低い場合、セメンタイトの明瞭なピークは得にくい。

セメンタイトはFe_3Cで示される化合物であるから、原子数では75%が鉄である。この組成

はエネルギー分散X線分光（EDS：Energy Dispersive X-ray Spectroscopy）で得られる。この計測器は、走査電子顕微鏡などに付属されているもので、電子線をセメンタイトに当てたときに発生した特性X線から元素を検出する。表2-2は、このような方法で得られたセメンタイトのFeとCの分析例で、得られた原子％はほぼFe_3Cの組成になっている。

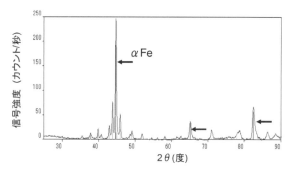

図2-10 フェライト（矢印）とセメンタイト（矢印以外）のX線回折像（北田）

パーライト組織を透過電子顕微鏡で観察したのが図2-11の高倍率像で、中央がFe_3C、両脇がαFe固溶体（フェライト）である。これらの結晶構造は異なるので、結晶格子を示す線状の像（格子像）の間隔および方向などが異なり、解析によってフェライトとセメンタイトであることがわかる。透過電子顕微鏡にはEDS分析器も附属されており、電子線回折もできるので、これらからも同定できる。

表2-2 EDS法で得られたセメンタイトのFeとCの原子％

元素	原子（モル）％	重量（質量）％
C	25.12	6.73
Fe	74.88	93.27

日本刀に使われる炭素鋼の炭素濃度は高くても約0.85重量％以下であり、加熱温度は通常約900-950℃が上限と考えられ、この範囲の冷却による相変化を知ることが重要である。

図2-12のAで示した炭素濃度の炭素鋼をT_1以上に加熱するとγFe固溶体（オーステナイト）になる。この温度から点線太矢印のように徐冷すると、線G-Sの温度T_1に至り平衡するαFe固溶体（フェライト）が初めに析出する。さらに冷却するとαFe固溶体は炭素濃度を増やしながら析出を続け、残りのγFe固溶体は炭素濃度を増やしてSの組成になる。Sは共析点であるから、共析反応でαFe固溶体（フェライト）とセメンタイト（Fe_3C）の混合したパーライトが生ずる。組織は初めに析出したフェライト（初析フェライト）とパーライトの混合したものになる。

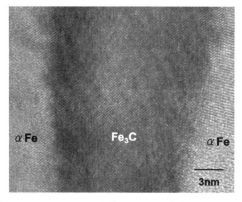

図2-11 パーライト組織のαFe固溶体（フェライト）とFe_3C(セメンタイト)の透過電子顕微鏡像
縞紋様は結晶格子像（北田）

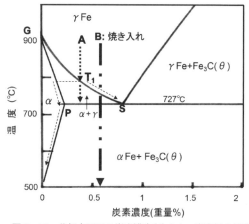

図2-12 共析点以下の炭素濃度(A)をもつ炭素鋼の相分離を点線、急冷（焼入れ）を太い点線で示す

炭素濃度が低いとフェライトが多くなり、炭素濃度が高くなるにしたがってパーライトの領域が増える（図2-15）。炭素濃度が共析点より高い場合には、最初にセメンタイトが析出し、残りのγ固溶体が共析組成になるとパーライトになる。α固溶体の炭素原子の溶解度は点Pで最も高くなり、この温度からゆっくり冷却するとα固溶体の炭素溶解度が減少するので、α固溶体からセメンタイトが析出する。約250℃以下になると熱エネルギーが低くなり、炭素の拡散が不十分となって、析出物は準安定の炭化物となる。これらは微細なため、光学顕微鏡では観察できない。

図2-12において、「B：焼入れ」で示したのは、γFeから室温まで急冷したときの状態で、急冷によって炭素原子の拡散する時間がなくなる。このため、γFeの結晶格子を構成する原子が位置をずらすことによってαFeの体心立方格子になる。このとき、固溶していた炭素原子は強制的に体心立方格子のαFe中に固溶する。これをマルテンサイト変態といい、生じた結晶をマルテンサイトあるいはα'相という。焼入れされたときに生ずる硬い鋼である。

2.6 組織の観察と成分分析法

① 表面の研磨

これまで、鋼の金属組織について述べたが、図2-8のような光学顕微鏡組織が観察できる原理について簡単に述べる。

入手する鋼の試料の表面は錆、傷、汚れなどがあって、そのままでは内部組織を観察することはできない。通常観察しやすい大きさ、例えば1-2cm角程度に金鋸（かなのこ）、ダイヤモンド・ソーなどで切る。これのひとつの表面を研磨して平坦な鏡面状態とし、400-500倍程度の光学顕微鏡で検査して瑕（きず）のない状態にする。

鏡面状態にするには、先ず市販の金属用耐水研磨紙の粗いもの（#320-400）を平らなガラス板の上に置いて水を振りかけながら平らになるまで一方向に研磨する。研磨面は研磨粉による直線的な条痕が見える。次に#500-600の研磨紙で前と直角方向に研磨し、前の条痕が消えるまで研磨する。同様にして、次第に細かな研磨紙を使って研磨し、#1500-2000程度の研磨紙で表面を平坦にする。一般には、市販の回転盤に耐水研磨紙を貼り付けて研磨するのが便利であるが、なければ手で研磨する。

この状態では条痕が残って鏡面ではないので、市販のバフと呼ばれる軟らかい研磨布の上に市販のアルミナ（Alの酸化物）、セリア（Ceの酸化物）などの研磨粉を水などに混濁させて布に滴下し、これで鏡面になるまで研磨する。刀の場合、非金属介在物が表面から剥離して金属表面を傷つけることがあるので、低加重で研磨する。このようにして、表面の条痕がなくなるまで、すなわち、400-500倍程度の光学顕微鏡で検査しても瑕（きず）のない鏡面状態にする。鏡面にしても研磨による機械的な変質層は残っているので、変質層が観察の妨げになる場合には、化学研磨、電解研磨、スパッタリング、イオンミリングなどで変質層を取り除くことが必要である。結晶粒の方位などを観察する電子線後方散乱回折法（Elctron Backscattering Diffraction：略してEBSD）などに使用する試料は、このような方法で変質層を除去する。

② 化学腐食

鏡面研磨した試料は平坦であり、そのままでは光学顕微鏡などで金属組織を観察することが

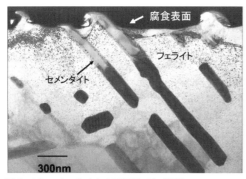

図2-13 パーライトの表面を5%硝酸－アルコール溶液で腐食した試料の断面透過電子顕微鏡像
表面の凹凸が光学顕微鏡等の組織紋様の原因になる
(北田)

できないので、腐食液を使って組織を現出する。通常の金属は小さな結晶粒が集まった多結晶であり、結晶の境界（粒界）がある。ここは原子の規則的な配置に乱れがあり、不純物も集まりやすいので、結晶の内部と境界とでは化学的性質が異なる。また、上述のパーライトの成分であるフェライトとセメンタイトの化学的性質も異なる。さらに、混入した非金属介在物も鉄と化学的性質が異なる。したがって、これらの化学的性質の差を利用して、適当な薬品を含む溶液の中に浸漬すれば、腐食が進むところと進まないところが生じ、表面に凹凸が生ずる。凹凸による反射率の差により図2-8のような紋様が得られる。

図2-13は鋼のパーライト組織を硝酸5％のアルコール溶液に約10秒浸漬した後の断面の透過電子顕微鏡像である。セメンタイト（Fe_3C）はフェライトより腐食されにくいので、表面に突起状に残っている。この試料の表面に垂直に光を入射すると、突起になっているセメンタイト部分は乱反射して暗く見え、フェライト部分は明るく見える。光学顕微鏡では、この光の反射をレンズで拡大して観察する。鋼の腐食液にはピクリン酸5％のアルコール溶液も使われる。

③ マクロ観察

これは肉眼で組織の大要を観察する方法である。刀の場合、刃・皮などに用いた炭素鋼には、焼入れされたマルテンサイト部分と焼きの入っていないフェライト・パーライト組織部がある。フェライト・パーライト組織の微細さは生成温度に依存する。心鉄（心金ともかく）は炭素濃度が低いのでフェライト組織が大半を占める。刀の断面におけるこれらの分布をマクロに観察するには、先ず刀から断面試料を切り取り、次に観察する面を金属観察用の研磨紙および研磨粉等でマクロ組織が出やすい表面状態に仕上げ、硝酸5％のアルコール溶液に浸漬して表面を腐食する。組織によって腐食の度合いが異なるので、肉眼によって焼入れられた部分とそうでない部分の差が明暗あるいは紋様として観察できる。

④ 光学顕微鏡観察

前述のように、鏡面研磨および腐食した後に試料表面を光学顕微鏡で観察する。光学顕微鏡観察では、通常、直接倍率で15倍から500倍程度までの組織観察を行う。可視光の波長と光学レンズの性能限界から、これ以上の観察は難しいが、特殊な方法を利用すれば1000倍程度までは観察可能である。最近はカメラのズーム機能で拡大することが可能であるが、分解能は変わらない。通常は試料表面に対して垂直に光を当てて反射光で像を結ぶが、凹凸があるので入射光を斜めにすると分解能が上がる場合もある。

鋼の腐食は前述の硝酸5％のアルコール溶液に浸漬して表面を腐食する。組織によって腐食の程度が異なるのはマクロ組織観察と同じであり、これによって図2-13で示したような表面の凹凸が生じ、明暗のある組織紋様を観察できる。鋼の組織は多様なので、良い組織が得られ

る腐食液と腐食時間を選ぶ。腐食液にグリセリンや表面活性剤のような緩衝液を添加する方法、腐食液を攪拌する方法、試料を動かすなどの方法もある。

非金属介在物は酸化物なのでフェライトやパーライト部より反射率が低く、研磨したままでも観察できる。また、金属部よりも腐食されにくい。光学顕微鏡では、以前、フィルムで撮影していたが、現在ではディジタルカメラが使われている。

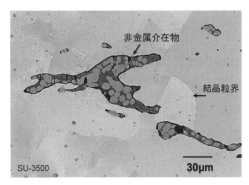

図2-14　走査電子顕微鏡による観察例
これは反射電子線像で、原子番号の大きい元素が含まれる領域が明るくなっている（北田）

⑤ 電子顕微鏡観察

光学顕微鏡の分解能では得られない微細構造を観察するには、電子顕微鏡を使用する。電子線を使用するので真空中あるいは低真空中で測定する。真空中に置かれた電子銃で電子を発生させ、これに電界をかけて加速する。電子レンズ（磁界）で光学レンズと同様な収束などを行い、細い電子線とする。走査電子顕微鏡（Scanning Electron Microscope：略してSEM）は電子線を電子レンズで細く絞り、これを走査しながら試料に入射し、表面から反射あるいは励起された電子（2次電子）をセンサで感知し、表面の位置による電子の量の多少から像をつくる。

走査電子顕微鏡像には、反射電子でつくられる反射電子線像と2次電子でつくられる2次電子像がある。反射電子の量は原子番号の大きいほど多くなるので、元素の分布を反映した像になる。2次電子は試料表面の電子の状態などを反映した像になる。図2-14に非金属介在物を含む刀試料の反射電子像の例を示す。暗い部分は非金属介在物で、周囲は地のフェライト結晶である。地のフェライトでは腐食によって生じた凹凸による結晶粒界とフェライトの結晶方位によるコントラストがあって結晶粒が観察される。また、非金属介在物粒子の内部では、含まれる元素とその濃度によって明暗が生じ、内部組織が観察される。

電子線を照射されると特性X線と呼ばれる元素に特有な波長のX線が発生するので、これを測定して析出物や介在物に含まれる元素を検出する。これをエネルギー分散X線分光（Energy Dispersive X-ray Spectroscopy：略してEDXあるいはEDS）という。この方法で試料面を走査すれば、元素の分布像（元素分布像、元素マップ：Elememtal Map）が得られる。さらに、結晶に回折された電子線を用いる電子線後方散乱回折像を利用すれば、個々の結晶の方位、結晶型の違い、多結晶の方位の揃い方（集合組織）を示す極図形なども得られる。表面をイオンで削りながら段階的に元素分布像を得れば、析出物などの3次元の像が得られる。

透過電子顕微鏡（Transmission Electron Microscope：略してTEM）も真空中での観察である。電子線を細く絞る方法は走査電子顕微鏡と同様だが、この方法では、電子線が試料の中を通り抜けるときの電子線の吸収量の差、電子線の回折による差、などを利用して像を得る。

電子線を透過させるため、試料は100nm程度に薄くする。透過率は原子番号の大きいほど低いので、原子番号の大きい元素を含む試料ほど薄くしなければならない。透過量は電子の加速電圧が高いほど多くなるので、厚い試料や高原子番号元素を含む試料の場合は、超高圧電子顕微鏡を

用いる。通常使用される電圧は 200 - 300kV である。試料を薄くする方法には、腐食性薬品を用いる化学的方法、電解液中で研磨する電解研磨法、Ar や Ga のイオンを照射して試料の表面原子を弾き飛ばして薄くする物理的方法、ダイヤモンドの刃を用いて薄膜を切り取るマイクロトーム法などがある。本研究では、Ga イオンで薄くする収束イオンビーム（Focused Ion Beam：略して FIB）法を主に用いている。

元素分布に差があれば透過電子線量が場所によって変化し、センサ板に拡大投影された像に明暗が生ずる。透過する電子線は結晶によって回折されるので、結晶構造、結晶方位が異なっても明暗が生ずる。さらに、結晶にひずみを与えるような応力、転位、析出物などが存在すると、周囲の結晶方位が僅かだが変化するので、これによっても像が観察される。これらによって、図 2-13 に示したような像になる。透過した電子線を拡大したのが明視野像、回折された電子線を拡大したのが暗視野像である。倍率を高くして、結晶の方位と電子線の向きを調整すると、結晶格子像（図 2-11 など）が得られる。間隔の異なる 2 種の格子像が重なるとモアレ図形（すだれ紋様）が生じ結晶解析に利用できる。

走査透過電子顕微鏡（Scanning Transmission Electron Microscopy：略して STEM）は電子線を走査する透過電子顕微鏡法で、STEM でも元素分布像が得られる。

⑥ X 線回折および電子線回折

X 線および電子線は波動の性質をもち、周期的な原子配置をもつ結晶に照射すると、結晶の特定の格子面（原子が平面上で規則的に並んでいる状態を面という）によって反射される。これは波動の回折現象で、ブラッグの法則*として知られている。回折された X 線などをフィルム、センサなどで複数の斑点あるいは輪からなる回折像とし、回折像から結晶系、物質の種類、結晶方位、結晶の大きさ、などを測定する。多結晶（図 2-15 など）の X 線回折像は回折強度を縦軸とし回折角（2θ）を横軸とする図形（図 2-10 など）で表す。

X 線の波長は 0.1nm 程度だが、電子線の波長はその 1/100 程度で、微細な構造を調べることができる。物質中にある 1 - 100nm 程度の異なる構造を調べる小角散乱法などもある。アモルファス物質（非結晶質）では、原子の平均的な距離からの反射があり、月が傘をかぶったときのように、ぼやけた輪の像になるので、ハロー（halo、図 5-39 のガラス地など）という。

2.7 炭素濃度と金属組織

前述のように、炭素鋼は炭素濃度によって組織が変化する。刀の研究で得られた代表的な鉄および鋼の光学顕微鏡像を図 2-15 に示す。(a) は炭素濃度が 0.01 重量％以下の極低炭素鋼の心鉄組織で、線で囲まれた領域がひとつのフェライト結晶である。小さな結晶（これを結晶粒という）が沢山集まっているので、多結晶といい、結晶の境界になっている線部を結晶粒界あるいは結晶境界という。図中の矢印で示した小さな粒子像はたたら鉄特有の非金属介在物であり、多くは鉄、

---

* X 線および電子線などの結晶による回折条件を示す式。X 線などの波長を λ、結晶の格子面間隔を d、結晶に入射した X 線などと格子面がなす角度を θ とすれば、$2d \sin\theta = \lambda$ となる（sin は三角関数）。これを研究者の名を冠してブラッグの式あるいはブラッグの法則という。

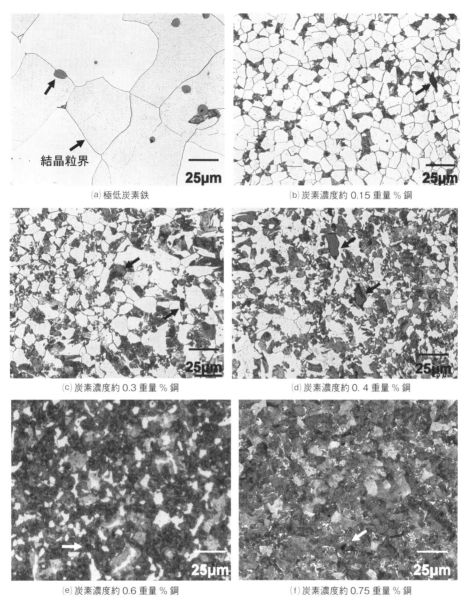

図2-15　炭素含有量と鉄鋼の光学顕微鏡組織（日本刀の例）　矢印は非金属介在物（北田）

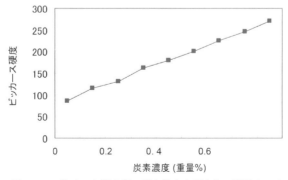

図2-16　徐冷した炭素鋼の炭素濃度と硬度との関係（北田）

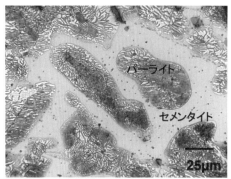 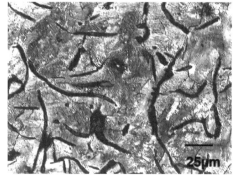

(a) 炭素濃度 4.1 重量％, セメンタイトとパーライト　　(b) 炭素濃度 4.3 重量％, パーライトとグラファイト
図 2-17　高炭素の鋳鉄の光学顕微鏡組織の例（北田）

珪素などを含む酸化物である。(b) は炭素濃度が約 0.15 重量％の鋼で、全体にフェライトの結晶粒があり、結晶粒界の近くに暗い領域が存在する。これは、共析反応で生じたフェライトとセメンタイトが存在するパーライト領域である。組織が微細なのでパーライト組織は見えないが、走査電子顕微鏡で見ると図 2-9 のような層状の組織になっている。(c) および (d) で示すように炭素濃度の増加とともにパーライトの領域は増加し、炭素濃度が 0.6 重量％では (e) のようにパーライトが大半を占めるようになり、約 0.75 重量％ではほぼ全体がパーライトになっている。炭素濃度が高くなると腐食像では非金属介在物が見えにくくなる。炭素濃度が 0.9 - 1.0 重量％以上になると硬くて脆いセメンタイトが結晶粒界に析出し、破壊しやすくなる。筆者の研究で得られた日本刀に使われいる鋼の炭素濃度は 0.001 - 0.85 重量％の間である。

　共析点組成の炭素鋼を共析鋼（eutectoid steel）といい、これより炭素濃度が低い炭素鋼が亜共析鋼（hypoeutectoid steel）で、フェライトとパーライトの組織になる。共析点組成より炭素濃度が高くなると初析セメンタイトとパーライトの組織となり、過共析鋼（hypereutectoid steel）という。日本刀の場合は大部分が極低炭素鋼と亜共析鋼である。

　徐冷した炭素鋼の炭素濃度と硬度との関係の例を図 2-16 に示す。パーライト組織中のセメンタイトは非常に硬い物質なので、鉄の強度を高める。炭素濃度が 0.05 重量％程度になると、鉄の硬さが顕著になるので、鋼と呼ばれる。鉄中の炭素量が増えるにしたがってセメンタイトの量は増えるので、図 2-16 で示すように、炭素量とともに硬度が高くなる。この関係は結晶粒径、パーライトの微細さなどに影響を及ぼす加工・熱処理などの履歴によって大きく変化する。セメンタイトの量が増えるほど硬くなるが、セメンタイトは脆いので、0.6 重量％を超えると靭性が低下し初め、0.9-1.0 重量％を超えるとセメンタイトも多くなり、非常に硬くはなるが衝撃力に弱くなる。日本刀のような衝撃力を受ける用途では使えない。

　炭素濃度が共晶点近くの鋳物鉄の光学顕微鏡像の例を参考までに図 2-17 に示す。(a) はセメンタイトとパーライトからなる組織、(b) はパーライト地に片状のグラファイトが分散している組織である。鋳物鉄は組成、不純物、冷却速度などによって、組織が大きく異なる。

2.8 焼入れとマルテンサイト

　鋼を徐冷すると前項で述べたパーライトの生ずる相反応が起こる。これに対して、急冷する

と相変態するために必要な原子が拡散する時間がなく、特殊な相反応となる。日本刀にとって重要な熱処理に焼入れがある。これは、オーステナイトの温度領域から室温近傍に急冷する操作で、特殊な相反応のひとつである。これによって、結晶構造に大きな変化が起こる。図2-6で示した図は平衡状態図とも呼ばれ、非常にゆっくりと冷却し、相分離反応が十分に起こる条件、すなわち、原子の拡散が十分に行われる条件で得たものである。

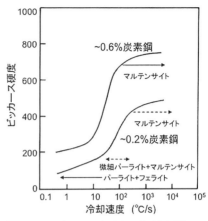

図2-18 オーステナイトから室温近傍に冷却したときの冷却速度と硬度との関係

焼入れは通常オーステナイトの温度領域に加熱し、図2-12の焼入れと書いた太線で示すように、すばやく室温近傍の水あるいは油中に投入するもので、冷却速度が一定以上に高くなると、相分離するために必要な原子の拡散が阻止される。したがって、平衡状態図には表れない相が出現する。すなわち、相分離反応は冷却速度と冷却途中での保持温度などによって決まる。

図2-18は亜共析鋼の硬さと冷却速度のおおよその関係で、冷却速度が高くなると、鋼の硬さは増大する。硬さの冷却速度依存性は炭素濃度によって変わるが、通常、冷却速度が100–2000℃/秒の間で大きな変化が起こる。約2000℃/秒以上の速度ではマルテンサイト*（martensite、独の研究者Martensの名から命名された組織名）が生じ、冷却速度がこれ以下ではマルテンサイトと微細なパーライト、さらに速度が低くなると微細なパーライトとフェライトの組織、徐冷されると粗大なパーライトとフェライトの組織になる。

マルテンサイトが生ずるのに必要な冷却速度を臨界冷却速度という。冷却速度依存性は炭素濃度が高くなると硬さが増す向きに移動し、得られる最大硬度も高くなる。刀のような形の場合、そのまま焼入れると肉厚の薄い刃先とその他部分の表面層の冷却速度が最も高く、刀の内部に向かって冷却速度が低くなる。したがって、場所によって組織が異なり、硬度も変化する。焼入れする前の加熱温度（焼入れ温度）も組織に影響する。

焼入れた場合、鋼の表面から内部に向かうほど冷却速度は低くなるので、ある深さになるとマルテンサイトが急激に少なくなり、マルテンサイトとパーライト組織が混じった層になる。さらに深くなると、パーライトだけの組織になる。マルテンサイトの量が50%に減少する表面からの距離を焼入れ深さという。

水焼入れする場合、高温の鋼の表面では水が沸騰して表面に水蒸気の層ができる（膜沸騰）。この場合は熱伝導が低くなり、冷却速度が低下する。油を使うと冷却速度は低くなる。また、鋼の表面に無機物などの薄層を塗布すると熱伝導率**が低下して冷却速度は低くなるが、表面の凹

---

*　大塚和弘『合金のマルテンサイト変態と形状記憶合金』内田老鶴圃、2012年

**　炭素鋼の熱伝導率は40–50W/(m・K)、緻密な粘土鉱物は1–5W/(m・K)だが、粘土は空気を含むのでさらに低くなる。ここで、Wはワット、mはメーター、Kは絶対温度。

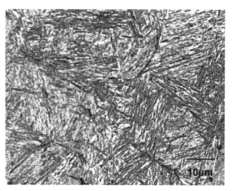
図2-19 典型的なマルテンサイトの光学顕微鏡像（北田）

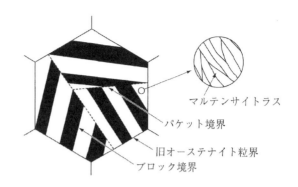
図2-20 光学顕微鏡で観察されるマルテンサイトの模式図（森戸茂一による）

凸によって膜沸騰が抑えられ核沸騰が優勢になることもある。塗布層の厚さによって熱伝導性が変化するので、冷却速度を調整できる。刀の焼入れには表面に粘土を塗るが、刃の領域は薄く塗り、その他の領域には厚く塗って冷却速度を調整し、刃の冷却速度を高くし硬くする。また、刃と肌の遷移領域の粘土の厚さ、形状などを調整すれば、マルテンサイトとパーライトの量、大きさ、分布などが変化し、肌の紋様や刃紋を変えられる。

　表面を腐食して光学顕微鏡でみると、マルテンサイトは図2-19のような針状の組織になっている。針状の結晶が木摺（きずり）（塗り壁の下地などに使う幅数cmの細長い板、英語でlath）に似ているので、ラスマルテンサイトという。ただし、電子顕微鏡で観察すると、さらに微細な組織がある（図5-8など）。光学顕微鏡で観察される典型的なマルテンサイト組織の模式図を図2-20に示す。針状のマルテンサイト結晶が基本単位で、同じような結晶方位をもつ針状のマルテンサイト結晶が複数集まったブロックがあり、ブロックの集まりがパケットとなり、元のオーステナイト結晶は複数のパケットからなる。電子線後方散乱回折法（EBSD）で観察すると、ブロックなどがわかる（図5-4など）。

　上述のように、冷却速度が一定以上に高くなると、炭素原子が結晶内を拡散して相分離する時間がなく、炭素原子は強制的に固溶されたままα'相（マルテンサイト）になる。炭素原子は鉄原子の特定の位置に強制的に侵入し、一定の向きに結晶軸が伸ばされる。体心立方晶がひずんでひとつの結晶軸が伸びたマルテンサイトの結晶格子を正方晶という。結晶のひずみは炭素量とともに大きくなるので、炭素量の増大とともに硬くなる。マルテンサイトが硬いのは、その微細さと内部のひずみのためである。オーステナイトのFe原子1個が占める体積に対して、マルテンサイト中のFe原子1個が占める体積の方が大きく、これによって約4%膨張する。長さ（線）の膨張率にすると約1.3%である。日本刀のように刃だけにマルテンサイトを生成する場合には、刃部が約1.3%長くなるので、若干の反りが生ずる。反りの程度は刀の断面積に占めるマルテンサイトの割合などによって変わる。

　この膨張は焼入れの瞬間に起こるので、大きなひずみとなり、焼き割れや曲がりの原因になる。応力としては最大で数100MPa（メガパスカル、9.8MPa＝1kg/mm²）に達するという。マルテンサイトが急激に生ずると応力が大きいので、上述の表面に粘土を塗布するなどのマルテンサイトの生成速度を低くする工夫がなされる。刀では、通常、刃だけマルテンサイトになるように工夫

している。粘土を塗らずに焼入れると割れることが多い。マルテンサイト変態によって生じたひずみを開放するためには、焼入れ後に100－200℃で焼き戻しをする。また、工業用鋼では材質の調整のため、400℃程度まで焼き戻しが行われる。

マルテンサイトの中にはひずみによって高密度の転位が導入され、硬さの原因となる。図2-21は透過電子顕微鏡で観察したマルテンサイト中の転位の像である。転位密度が高いため、個々の転位は観察できない。推定だが、10^{11}－10^{12}／cm²の転位密度になっている。炭素原子は転位部にも集まり、転位を動きにくくして硬くなる。したがって、マルテンサイトが硬くなるのは、炭素によるひずみと導入された転位の寄与が大きい。

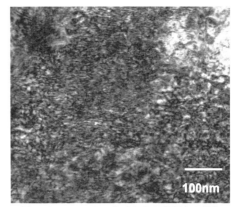

図2-21 マルテンサイト中の高密度の転位の透過電子顕微鏡像（北田）

鉄および炭素原子が拡散することによって相変態するのを拡散変態という。これに対して、急冷した場合は拡散が関与する時間がなく無拡散変態という。無拡散変態の場合には、鉄原子がオーステナイトの結晶格子を崩さないまま非常に短距離だけ集団的に移動して結晶格子を変えるので、格子変態ともいう。格子の短距離移動によって変態するので、図2-19で示したように針状の結晶となる。

焼入れたときのオーステナイトがマルテンサイトに変態し始める温度をマルテンサイト開始温度と呼び、Ms温度あるいはMs点という。Mはマルテンサイト、添え字のsはスタートという意味である。Ms温度は不純物の種類と濃度（組成）、結晶粒径などによって支配される。多くの不純物元素はMs温度を下げる作用を持つが、この中で炭素の影響が最も大きい。Ms温度と不純物元素濃度との関係は、経験的に次の式[*]によってほぼ決まる。

$$\mathrm{Ms}(℃) = 561 - 474(\mathrm{C}) - 33(\mathrm{Mn}) - 22(\mathrm{Mo}) - 17(\mathrm{Cr}) - 17(\mathrm{Ni}) \quad (2.3)$$

この式の右辺の括弧の中は元素記号で、鉄に含まれる重量％を示す。現代の鋼の多くは特性改善のために多くの添加元素を含むが、刀に使われた鋼の場合は炭素以外の元素の含有量が非常に少なく、その影響は無視できる。

図2-22に炭素鋼のマルテンサイト変態と炭素濃度との関係を示す。炭素濃度が0.15重量％の低炭素鋼であれば490℃、0.5重量％の中炭素鋼であれば324℃、0.75重量％の高炭素鋼では205℃である。つまり、炭素濃度の高いほど、低温でマルテンサイト変態

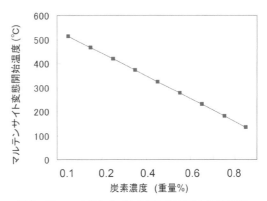

図2-22 マルテンサイト変態開始温度と炭素濃度との関係

---

[*] W. C. Leslie, The physical Metallurgy of Steel, MacGraw-Hill, 1981

第2章　鉄鋼材料の基礎知識

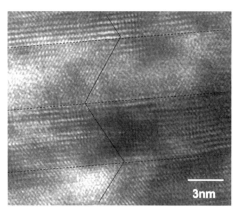

図2-23　双晶を示すαFeの格子像
線が原子の対称的な並びを示す、点線がその境界（北田）

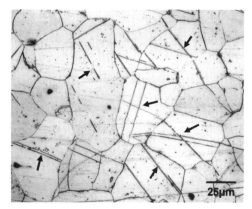

図2-24　純鉄に近い刀の鉄を鎚打ちしたときの双晶　矢印などの直線的な像（北田）

する。実際の刀の焼入れ作業では、炭素濃度の低い鋼ほど、手早く冷却しなければならない。また。炭素濃度が高くなるほど、内部まで焼きが入りやすくなる。内部に炭素濃度の高い部分があると、表面はパーライトでも内部にマルテンサイトがある（図5-222など）。

　刀の表面近傍で炭素濃度のばらつきがあると、場所によってマルテンサイト変態する温度もばらつくので、マルテンサイトが生じた部分と生じない部分が出来、刃紋と地肌の間の領域に多様な紋様が現れる。一般に、炭素濃度のばらつきは製錬の段階で生ずることが多く、パーライトとフェライトが縞状に分布することや低炭素領域と高炭素領域が縞状に分布することもある。炭素濃度のばらつきは鍛錬数あるいは鍛錬時間と熱処理温度が低いほど大きいので、傾向として良く鍛錬された刀の刃紋や肌は単純な紋様となる。

　高炭素鋼ではマルテンサイト変態するときの大きなひずみのために結晶欠陥の一種である双晶が生ずる。双晶を含むマルテンサイト組織は外力を受けたときに双晶が障害になって転位が移動しにくくなる。したがって、大きな双晶と双晶を多数含むマルテンサイト組織は含まないマルテンサイトに比較して靭性が低くなる。図2-23は双晶を含むαFeの結晶格子像で、点線で示す双晶の境界を挟んで、実線で示すように原子の並び方が対称になっている。

　マルテンサイト変態に伴う双晶は変態双晶と呼ばれるが、純度の高い極低炭素鋼やフェライト鋼などを鎚などで衝撃的に加工する場合などでも生ずる。刀の心鉄で観察された双晶の光学顕微鏡像を図2-24に示す。矢印で示す直線的な像が双晶で、これらは衝撃力によって生じたので変形双晶と呼ばれる。変形双晶の有無は刀が室温で鎚打ちなどの衝撃的な加工を受けたかどうかの証拠になるが、純度の高い鋼だけに生ずるので、純度の目安にもなる。

　なお、高炭素鋼では、マルテンサイト変態しない残留オーステナイトが生ずる。オーステナイトは軟らかいので、焼入れ部のひずみを低減する。これは焼き割れ防止になり、工業的に利点がある。

2.9　結晶欠陥・転位と加工硬化

　結晶には構造的な欠陥があり、原子の欠けた部分、不純物原子が侵入した部分は欠陥と呼ばれる。前述の転位は3次元に広がった複雑な結晶の欠陥である。さらに空洞のような大きな欠陥が

ある*。

　先ず、結晶の欠陥と不純物原子の存在について述べる。図 2-25 (a) で示す理想的な結晶は全ての格子点位置に原子が存在する完全結晶であるが、(b) では原子がひとつ欠けた不完全結晶になっており、原子の欠けたところを空孔という。空孔の周囲の結晶格子は空孔による隙間のために、若干空孔の向きに変位し、周囲の結晶格子はひずんでいる。(c) は炭素や水素などの小さな原子が結晶格子の間に侵入した状態で侵入型不純物といい、周囲の結晶格子を押し広げるような

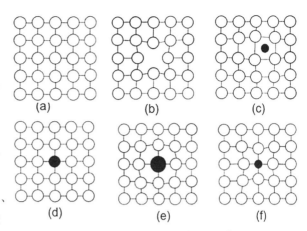

図 2-25　不純物による結晶のひずみ、
(a)完全結晶、(b)原子が抜けた不完全結晶・空孔、(c)格子原子、
(d)大きさが同じ置換原子、(e)大きな置換原子、(f)小さな置換原子

ひずみが生ずる。(d) は母結晶と寸法がほぼ同じ不純物が存在する場合で、結晶格子のひずみはごく僅かである。(e) は母結晶より寸法の大きな原子が侵入した場合で、結晶格子が広がるようにひずむ。(f) は母結晶より寸法の小さな原子が侵入した場合で、結晶格子が縮むようにひずむ。(b) からは (f) は全て結晶欠陥で、実在の金属結晶では、量の多少はあるが、これらの欠陥を全て含んでいる。結晶のひずみは金属が硬くなる原因のひとつである。刀の焼入れ部に生じたマルテンサイトでは、焼入れによって溶解度限以上の炭素原子が強制的に溶け込んだ状態（体心正方晶）になり、このひずみによって硬くなる。

　一般に、金属を鎚打ちすれば薄くすることができる。これを塑性変形あるいは加工変形というが、通常、塑性変形すると硬くなる。これは、よく経験することである。金属が加工できる原因と硬くなる原因はいくつかあるが、その基本的な原因は前述の金属結晶の中に存在する転位と呼ばれる結晶の欠陥の動きである。転位には刃状転位とらせん転位の 2 種があり、ここでは刃状転位について述べる。

　英語の転位を意味する「dislocation」は断層あるいは脱臼という意味であり、結晶の中に存在する断層のような結晶格子の食い違いである。通常の結晶性物質の中には必ず存在するが、金属の中の転位は比較的小さな外力で移動しやすいので、これが変形を担っている。

　刃状転位の移動機構とそれによる変形を図 2-26 に示す。(a) は外力を加える前の結晶で、この結晶に白矢印で示すような剪断力が左右から加えられたとき、p-p' の結晶面間に力が加わる。a-a' で示す原子面は外力によって (b) のように移動し、さらに外力が大きくなると a-a' の原子の結合が切れて b-a' となり、結晶内部には (c) のように b-a' と c-c' の原子の鎖に挟まれて途中で原子の結合が切れた原子面 b' が生ずる。これが転位と呼ばれる欠陥である。さらに外力を加えると、転位は (d) から (e) のように結晶中を移動し、最後に余分な原子の鎖は (f) のように外に押し出される。(a) に比較して (f) で示す結晶には左右に段差が生じ、結晶の形が変わ

---

*　北田正弘『新訂・初級金属学』内田老鶴圃、2007 年

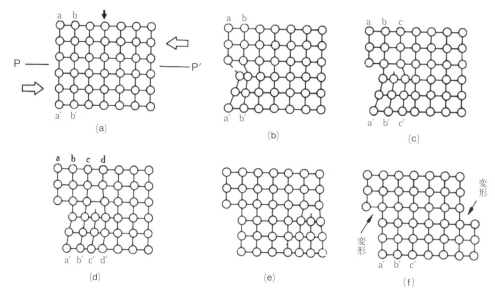

図2-26 結晶中での転位の移動 (a)-(f)

る。すなわち、転位の移動によって加工変形されたことになる。これは原子スケールの現象だが、転位が数多く移動すると目に見えるような変形になる。

　図2-26のような完全結晶に結晶表面から転位が導入されるのには極めて大きな力が必要で、実際には、結晶が凝固するときなどに原子の配列が乱れて10^5/cm²程度の転位が結晶中に導入される。たとえば、図2-26(a)の黒矢印で示した原子の鎖のうち、上の3個が空孔になれば、(c)などと同様な転位ができる。現実の結晶は3次元であるから、欠けた部分は奥行き方向に面のようになっている。原子面が欠けた上半分を基準にした場合、下半分の原子面を余分な原子面という。余分な原子面は3次元でつながっており、その切れたところは転位線とも呼ばれる。

　外力を加えると、多くの転位が移動し、かつ、増殖して大きな変形が生ずる。破断寸前には10^{11}〜10^{12}/cm²の転位密度になっていると推定されている。図2-27に透過電子顕微鏡で観察した刀のフェライト中の転位の像を示す。これは15%程度加工された状態で、線状に見えるものが転位である。この像では一部の転位がからみあっており、これは転位と転位が衝突したためで、交差して進むには互いに余分な力が必要になる。これが加工硬化の原因である。

　転位の移動しやすさは金属の融点、結晶構造などによって異なる。鉄などの体心立方晶の転位は動きにくいので硬く、金やアルミニウムなどの面心立方晶金属、鉛のように融点の低い金属の場合、転位は動き易いので軟らかい。

　隣り合う結晶の方位が若干ずれている場合、図2-28(a)で示すように、余分な原子面が生じ、転位となる。このような境界を小傾角境界あるいは亜粒界という。転位は図の矢印の記号で示す。(b)は小傾角境界の透過電子顕微鏡像で、コントラスト

図2-27　鉄中の転位の透過電子顕微鏡像の例（北田）

の異なる境界にある線状の像が転位である。一般に結晶粒界と呼ばれるのは、転位などの欠陥が多数集まっている領域で、隙間が多く、不純物が集まる場所ともなる。不純物が多く集まると結晶間の結合力が弱くなり、金属の破壊が生ずる場所となる。これを粒界破断という。

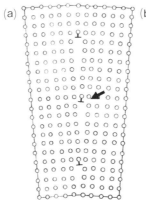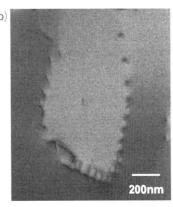

図2-28　方位が若干傾いた結晶境界の模式図と透過電子顕微鏡像の例　線として見えるのが転位（北田）

図2-25で示したように、不純物原子は結晶にひずみを与えるので、転位の移動する通路に不純物原子が存在すると、ひずみのために転位の移動するエネルギーが増し、変形に余分の力が必要になって硬くなる。固溶している原子のひずみで硬くする方法を固溶強化という。フェライトも固溶している炭素原子によって純粋の鉄より硬くなっている。鉄の場合、炭素原子以外の窒素、酸素、珪素、アルミニウムなどが不純物原子として含まれており、不純物の固溶量が多いほど鋼は硬くなる。

焼入れによって生ずるマルテンサイトも強制的に固溶させられた炭素原子による固溶強化であり、図2-27で示したような高密度の転位も強度増大に寄与している。また、原子の配置が乱れた結晶の境界も転位移動の障害になる。結晶が小さくなるほど強度が高くなるのは、このためである。一方、結晶が小さくなると結晶粒界の面積も広くなるので、不純物が分散し、粒界に集まる不純物の影響が低下する。したがって、結晶粒は小さいほど良い。

パーライトの場合は、移動できる転位はフェライト中にあり、フェライト中に分布するセメンタイト（Fe_3C）が転位の移動を妨げるので、フェライトだけの組織に比較すると非常に硬くなる。炭素濃度が高くなるほどセメンタイトの量が増えるので（図2-15）強度は増す。パーライト中のフェライトからみるとセメンタイトは析出物であり、このような機構を広い意味で析出硬化という。刀の皮鉄（皮金とも書く）に硬いパーライト組織の鋼を使うのは、このためである。アルミニウムも銅やマグネシウムを添加して（ジュラルミン）適当な熱処理をすると微細な析出物が生じて強度が増す。図2-29は加工度と硬度との関係[*]の例を示す。Hsはショアー硬度で、鋼球あるいはダイヤモンドの錘を落下させ、このときの跳ね上がりの高さを硬度とする。硬度の加工度依存性は不純物量や加工・熱処理の履歴で決まる組織によって変わる。ここで、加工度は厚さの減少率、断面積の減少率で表す。

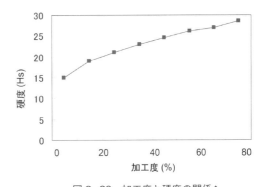

図2-29　加工度と硬度の関係[*]

---

[*] 吾妻潔ほか編『鉄鋼材料』朝倉書店、1960年

刀の場合、極めて少ないが、低炭素鋼を焼入れしないで冷間鍛造しただけのものが見られ、これでも軟らかいものは切れるが、これだけでは刃物としての充分な硬度が得られない。一方、炭素鋼を焼入れした後は焼入れ部が硬くなり、鎚打ちすると割れやすくなる。したがって、焼入れ後に若干の曲がりなどを直すことはあっても、鎚打ちで加工硬化させることはない。一般の刃物では、高炭素鋼を空冷する程度で微細なパーライト組織にしたほうが切れ味は良いともいわれ、鋏(はさみ)などに使われている例もあるが、これは、切る対象物によって異なる。

2.10 焼き戻しと焼鈍

マルテンサイトのひずみを低減するために、低温での焼き戻しが行われる。また、高温での焼きなまし（焼鈍(しょうどん)）、これにともなう再結晶と呼ばれる現象もあり、これらについて簡単に述べる。

① 原子の拡散

焼き戻しや焼鈍は原子の拡散によって生ずる現象である。結晶の中を原子が移動する現象を拡散と呼んでいる。これは図 2-30 で示す機構によって行われる。(a)は空孔の隣にある原子が空孔に移動する機構である。ひとつの原子が空孔に移動すると、移動した跡は空孔となり、そこに隣の原子が移動する。これによって、つぎつぎに原子の移動が起こり、時間はかかるが、原子は長距離を移動することができる。これを空孔型拡散という。(b)は炭素や窒素のような小さな原子が母結晶の間を通り抜けてゆく格子間型拡散と、置換型不純物原子の拡散機構である。(a)のような母金属の原子の移動を自己拡散、(b)を不純物拡散という。焼き戻し、焼鈍などに一定以上の時間がかかるのは、組織変化を起こすための拡散時間が必要なためである。

第 2.4 節で述べた炭素鋼の固体における相分離はもちろんのこと、析出、回復、焼きなまし、再結晶等の全ての現象は原子の拡散によるものである。また、液体から固体が晶出する場合にも、液体中の原子の拡散が寄与している。本書に多く述べられている非金属介在物の相分離も拡散によって行われる。

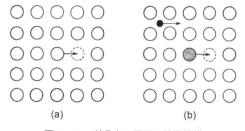

図 2-30 結晶中の原子の拡散機構
(a) 空孔による自己拡散、(b) 格子間原子と異種原子の不純物拡散

炭素鋼の場合、炭素原子 (C) は αFe および高温の γFe の両方で格子間型拡散をする。これに対して、αFe および γFe 中の Fe 原子は空孔型拡散で移動する。一般に格子間型拡散は小さな原子が結晶の隙間を通るので、空孔型拡散より容易である。拡散のし易さは拡散係数 (D)[*] に依存し、D の大きさは主に隣の位置に移動すると

---

* D は指数関数（exponential function：exp）$D = D_0 \exp(-Q/kT)$ で示される。指数関数はねずみ算のように倍々に増えてゆく数学的現象を表す関数である。ここで、k はボルツマン定数と呼ばれ、絶対温度 1 度当たりの熱エネルギー、T は絶対温度である。Q は隣の位置に移動するときの困難さを示すエネルギーであり、大きいほど拡散しにくい。振動項と呼ばれる D_0 と活性化エネルギー (Q) は変わらないので、拡散原子が同じであれば、温度 (T) が高いほど原子の熱エネルギーが大きくなり、D もそれに伴い大きくなって拡散が容易になる。参考書：北田正弘『新訂・初級金属学』内田老鶴圃、2006 年、ジルファルコ著・北田正弘訳『結晶中の原子の拡散』共立出版、1980 年

きに要する活性化エネルギー（Q）と原子が持っている熱エネルギーに支配される。Qは母結晶と拡散する原子によって異なり、炭素鋼の場合、a Fe 中のCとFeのQはそれぞれ 0.87 eV[*] および 2.64 eV で、Qの小さいCの拡散の方が移動に要するエネルギーが低く、拡散は容易である。γ Fe 中のCとFeのQはそれぞれ 1.39 eV および 2.95eV で、やはりCの拡散の方が容易である。焼き戻しなどの場合、比較的低温ではFe原子は動けないが、Cは容易に移動する。

② 焼き戻し

マルテンサイト組織の焼き戻しは強制固溶している炭素原子（過飽和炭素）の一部を炭化物として低温で析出させ、マルテンサイトのひずみを低減する方法である。焼き戻し温度が高くなると高密度の転位もFe原子の拡散により減少するので、軟化する。焼き戻しは刀でも古くから用いられていると伝えられているが、詳細は不明である。鉄鋼業では、ひずみ取り焼鈍とも呼ばれる。焼き戻しは強制的に固溶された炭素が多い高炭素鋼ほど必要になる。

焼き戻しによるマルテンサイトからの過飽和な炭素の析出はCの拡散が可能な約 70℃ から始まるといわれ、析出する炭化物などの種類により、数段階に分類されている。低温範囲では準安定な $Fe_{2-3}C$（ε 炭化物）や Fe_5C_2（χ 炭化物）などが析出し、高温になると安定なセメンタイトが析出する。通常、鋼中には窒素も含まれており、炭素と窒素は同様な化学挙動を示すので、その場合には窒素を含む炭窒化物、たとえば $Fe_{16}(C, N)_2$ などが析出する。低温の焼き戻しでは炭化物の析出によって、かえって硬く、脆く（もろ）なることもある。

通常、200 - 300℃ に加熱するが、最適温度は炭素濃度によって変わり、拡散支配の現象なので加熱時間によっても変わる。焼き戻し温度が 400℃ 以上になると、マルテンサイト中の転位の一部が消滅して密度が減少する。これに伴ってフェライトの小さな結晶粒とセメンタイトの微細組織となり、硬度は減少する。この組織と比較的冷却速度が速いときに生ずる微細なパーライトを古くはソルバイトといったが、現在は微細なパーライトという。また、組織によって、ベイナイトと呼ばれるものもある。

以前は焼入れたときの微細なパーライ粒をトルースタイトと呼んでいたが、現在は微細なパーライトという。微細なパーライトを光学顕微鏡で観察しても、図 2-8 で示したようなパーライトのフェライトとセメンタイトの平行な紋様は観察できないが、電子顕微鏡ならば観察できる。刀の組織に関する古い文献（俵博士の著書など）に書かれているソルバイトやトルースタイトは微細なパーライトの意味で、後者のほうがより微細である。低温の生成で微細になるのは、析出物の元になる結晶の核が多くて小さく、低温ほど原子の拡散できる距離が短くなり、近距離でフェライトとセメンタイトに相分離するためである。

③ 焼鈍

加工して硬くなった鋼を高温で熱処理すると軟らかくなる。これを一般に焼鈍あるいは焼きなましと呼んでいる。刀の場合には高温鍛錬の最中に焼鈍現象が起こる。鉄の変形は前述のように転位の働きによるが、加工度が高くなるとともに転位密度も高くなる。これを約 400℃ に加熱す

---

[*] エネルギーの単位でエレクトロンボルトまたは電子ボルトと読む。1ボルトの電位差で加速された電子が得るエネルギー。

第2章　鉄鋼材料の基礎知識

ると、転位の一部が消滅して軟化する。これを回復と呼んでいる。焼入れによって導入された転位も同様な挙動を示す。

　鉄鋼の場合、加工度に依存するが、通常、500－550℃以上に加熱すると、原子の拡散が盛んになり、転位などの欠陥がない新しい結晶が生ずる。これを再結晶と呼び、再結晶が始まる温度を再結晶温度という。750－950℃に加熱して鍛造する場合、転位は熱の助けで動きやすくなり、加工しやすくなる。また、変形によって転位が増えても原子の拡散も活発になるので、すぐに転位が消滅し、加工硬化は起こらない。これが、「鉄は熱いうちに打て」という言葉の金属学的な意味である。前述の図2-15（a）は極低炭素鋼の典型的な再結晶組織である。

　刀の場合、高温での鍛錬には幾つかの意味がある。高温では、原子の拡散が活発になるので、組成の偏り（偏析）が解消され、均一な組織になる。また、再結晶することで結晶の大きさも均一になり、良質な鋼になる。ただし、温度が非常に高い場合や加熱時間が長くなると結晶が粗大になり、さらに、表面から炭素が脱け出す脱炭が起こる。脱炭が激しいと、折り返したときに不均一な組織になる恐れがあるので、短時間の鍛錬が望ましい。ただし、組織を複雑にして刃紋や肌の紋様を多様化したい場合には有用なこともある。

　通常、製錬された鋼には組織のばらつきがあり、特に燐があると不純物の偏析が起こりやすい。これを鍛錬したときに、この偏析が原因となって、フェライトに富む縞とパーライトに富む縞とに分かれた縞状組織が現れる。この縞状組織は折り返し鍛錬による組織と良く似ており、古代刀などの金属組織の判定には注意が必要である。これは加工（鍛錬）と熱処理をすることによって均一にすることができる（第5.9.2節）。

　組織の均質化に望ましい加熱温度は炭化物が消えるオーステナイトの温度領域で、これは炭素濃度によって変わるが、刀の場合は亜共析鋼なので、図2-7あるいは図2-8で示した線G-Sより上の温度である。線G-Sより下の温度でも均一化はある程度進み、短時間の加熱であれば結晶の粗大化はない。ただし、均一化すると炭素濃度のばらつきがなくなり、部分的あるいは局所的にマルテンサイト変態することによって生ずる刃紋付近の複雑な紋様が生じなくなる。一般に、鍛錬数が増すほど均一になるので、焼入れ深さ付近に複雑な組織が現れない傾向となる。一方、折り返し鍛錬の場合には、表面の酸化物の巻き込みに気を付けなければならない。

　刀の鋼には非金属介在物が含まれており、多くの非金属介在物は鍛錬温度で融解しているので、表面近くにあるものは鎚打ちで外部に排出することができる。また、鍛錬すると非金属介在物は千切れて微細化されるので、充分な鍛錬は鋼の質の向上としては好ましい。刀の刃先と皮に使われる鋼の観察結果では、鍛錬度が高く、非金属介在物は比較的小さい。これは機械的性質、特に靱性の向上に役立つ。組織の均質化、炭素濃度の均一化、非金属介在物の微細化などは肌の紋様等に大きな影響を及ぼすので、刀匠は自分の望む最適な鍛錬条件を探すことが必要で、これが刀匠の個性となる。

2.11　強度の表し方

　金属の強度を表す測定方法には、硬度試験、引張試験、ねじり試験、曲げ試験、衝撃試験、疲労試験などがある。これらは金属材料の使用目的によって選ばれる。基本的な機械的試験は硬度

試験と引張試験であり、ここでは、これらについて簡単に述べる。

① 硬度試験

硬度試験は硬さ試験ともいう。一般の大きな試料片では硬い鋼からなる球を一定荷重で試料に押し込み、それによって生じた圧痕の表面積を測定し、荷重を表面積で除して硬度とする。表面積の代わりに圧痕の深さから硬度とする場合もある。一定の深さに達するのに必要な荷重で測定する場合もある。硬球などを落として、その跳ね返りの高さから硬さを求めるのがショアー硬度で（図2-29）、これは非破壊検査なので、刀などの硬度測定に使用可能だが、試料の平面度の高いことが必要である。

本書で用いるビッカース硬度は四角錐に加工されたダイヤモンド圧子を金属表面に一定の荷重で押し付け、押し付けられたときに生じた圧痕の大きさから硬度を算出する。荷重をF、穴の表面積をSとして、硬度＝0.102（F/S）で定義する。単位はg/㎟であるが、単位はつけないで数値だけで硬度とする。通常、荷重は5gから5kgまでであるが、5gから1000gまでをマイクロビッカース硬度という。実際には、表面に生じた矩形の圧痕の対角線を測定すれば、用いた荷重ごとの数表があり、これから値を読み取る。

図2-31はマイクロビッカース硬度試験で生じた刀試料の圧痕例を示す。(a)は心鉄の極低炭素部、(b)は0.2重量％炭素鋼、(c)は0.6重量％炭素鋼、(d)は0.6重量％炭素鋼を焼入れしたマルテンサイト組織の圧痕の大きさであり、硬くなるほど圧痕は小さくなる。このように、組織と硬度との関係が分かる。図2-32は実際に刀の断面の硬度をマイクロビッカース試験で測定

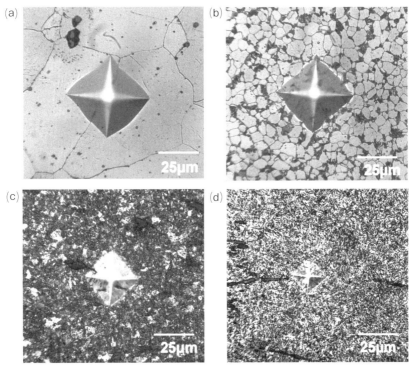

図2-31　マイクロビッカース硬度計でダイヤモンド圧子を押し込んだときについた圧痕
(a)心金、(b)低炭素鋼部、(c)微細な中炭素鋼パーライト部、(d)マルテンサイト部（北田）

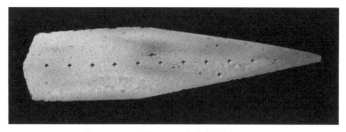

図2-32 刀断面の硬度試験の例（北田）

したときの圧痕例で、明るい領域のフェライトで圧痕が大きく、暗い領域で小さく、刃先では圧痕が小さくてよく見えない。刀の断面のように小さな試料で複雑な組織を持つものでは、マイクロビッカース硬度試験が適当である。ただし、組織が粗大な場合や複雑な組織の場合には、局部的な硬度となるので注意が必要である。

② 引張試験

引張試験は断面が円、長方形等の細長い試料の両端を固定して引張り、試料にかけた荷重と試料の伸びとの関係を求める方法である。通常、金属を引っ張ると最初は弾性変形し、この領域では荷重を取り去ると元の形に戻る。さらに荷重を高くすると元の形に戻らない永久変形あるいは塑性変形がおこり、さらに荷重を増やすと最終的に破断する。図2-33に引張試験における荷重と伸びの関係を模式的に示す。(a)は弾性変形の範囲で上向きの矢印は荷重をかけたときの変化で、荷重を除くと点線矢印のように元の形に戻る。変形しない最大の荷重を弾性限といい、刀もこの範囲で使われると変形やキズがつかない。(b)は僅かに塑性変形した状態である。弾性変形の限界となる荷重を実験的に求めるのは難しいので、通常、0.2%の伸びが生じた荷重を求め、これを耐力という。(c)は塑性変形が進んで試料が破断するまでを示す。最大の荷重の後、局部収縮が起こると荷重は低下する。最大の荷重を試験片の変形前の断面積で割った数値を引張強度あるいは引張り強さという。

以前は強度をkg/㎟で表したが、現在はSI（国際単位系）単位のMPa（メガパスカル）で表している。1kg/㎟=9.80665MPaである。古い文献ではkg/㎟を用いており、換算しなければならない。英米ではヤード・ポンド法が用いられている。強度の実感としてはkg/㎟の方が分かりやすい。破断するまでに伸びた長さを最初の長さ（標点間距離）で割った値を％で表し、ひずみとする。試験における実際の引張り荷重と伸びを表した図を荷重－伸び曲線、応力と伸びで表したものを応力－伸び曲線、応力とひずみで表したものを応力－ひずみ曲線という。

試験の方法、試料の大きさなどはJIS（日本工業規格：試験法はJIS Z2241、試験片はJIS Z2201）

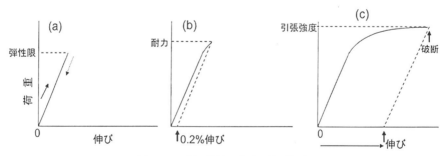

図2-33　引張試験の荷重－伸び曲線
(a)弾性変形の範囲、(b)0.2%変形したときの耐力、(c)塑性変形して破断するまで

で定められているが、刀のような小さな試料では場所によって組織が変わり、均一な組織のJIS規格試料は採取できない。そのため、JIS規格の寸法を縮小した試験片で調べる方法しかない。組織の混じった試料でも強度は得られるが、解釈が難しい。

図2-34 引張試験試料
(a)破壊した試料片、(b)大きな非金属介在物があって試料にならない例（北田）

図2-34（a）は本研究で用いたJIS規格に準じた断面が円の刀の小さな試験片で、試験片を破壊するまで引っ張って破断した後の像である。両側には、試料を固定するためのネジが切られている。また、刀の場合には非金属介在物が多いため、非金属介在物が大きいと(b)の試験片のよう

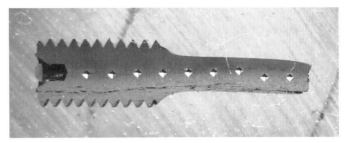

図2-35 引張試験後の断面の検査と硬度試験（北田）

に、非金属介在物が原因で試験片の一部が欠損することもあり、これは試料として使えない。また、外から内部の非金属介在物が見えないこともあるので注意が必要である。したがって、刀のような不均一な材料の場合、図2-35のように、試験後の試料の断面を観察して非金属介在物の影響を調べることや、硬度分布を調べることも必要である。

③ 衝撃試験と破面観察

刀を打ち合わせたとき、刀身は大きな衝撃力を受ける。引張試験が低速の破壊試験であるのに対し、衝撃試験は高速破壊試験である。この試験では、破壊に要するエネルギーを試料の断面積で割った値を衝撃値として評価する。この値が大きいほど、耐衝撃性は高くなる。したがって、刀も衝撃力に対する試験をする必要があるが、寸法が小さいのでJIS規格の試料を採取することは出来ない。また、小さな試験片では正しい吸収エネルギーが得られない。この場合、衝撃的に破壊された破面の構造を観察して、破壊モードを解析する方法が有効である。これを破面検査（フラクトグラフィ）という。もちろん、引張試験で破断した面の観察にも有効である。ただし、破面は凹凸が激しいので、光学顕微鏡での観察より焦点深度の大きい走査電子顕微鏡での観察が適している。

第3章　隕　鉄

　人類が最初に出会ったであろう隕鉄は古代の鉄を学ぶものにとって非常に重要であり、この章では、石鉄隕石、隕鉄の組織について、簡単に触れる。遺跡などからは隕鉄製の器具類が発見されており、成分から隕鉄と判断できるが、時代を証明するのが困難で、青銅時代までの確かな隕鉄遺物はないともいわれ、判断の分かれるところである。隕鉄は邪魔物が少ない雪上および砂漠のような荒地で発見される機会が多く、北極圏に住むイヌイット族では、伝統的に隕鉄製のナイフを使っていたという。宇宙から飛来する物体のうち、岩石成分からなるものを隕石、鉄を含むものを石鉄隕石、ニッケルを含む鉄を隕鉄という。また、Niの含有量によって3種に分類されている。Niを4-6％含むヘキサヘドライト（六面体晶隕鉄）はαFe固溶体からなる。Niを6-13％含むものはオクタヘドライト（八面体晶隕鉄）と呼んで、ウィドマンステッテン組織と呼ばれる格子状の組織が観察される。13%Ni以上をアタクサイト（塊状隕鉄）と呼んでいる。よく発見されるのはオクタヘドライトで、次にヘキサヘドライトである。ただし、後述のようにNiは均一な分布をしていない。

3.1 石鉄隕石

　石鉄隕石は文字どおり岩石と鉄合金からなる隕石の一種である。図3-1［カラー口絵3頁参照］は鏡面研磨した石鉄隕石のマクロ像で、矢印の明るい領域が鉄合金、橙色と暗い領域が岩石領域である。岩石はかんらん石系のものが多い。

　図3-2は前図で示した石鉄隕石の鉄合金と岩石の混じった領域の走査電子顕微鏡像で、この例では明るく見えるマトリックス（地）が鉄合金で、その中に岩石粒子が分散している。

　この組織における主要な元素の分布像を図3-3に示す。元素分布像では、明るい領域に左上に示した元素が多く存在するが、像の輝度は見やすいように個々に調整してあるので、明るさは他の元素との相対濃度を示すものではない。Feは地の領域に存在するが、岩石内にも分布している。これは酸化鉄系およびFeを含むかんらん石などのケイ酸塩化合物のためである。Niは

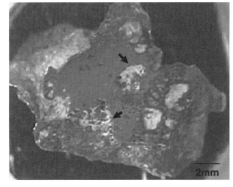

図3-1　石鉄隕石のマクロ像
矢印の領域が鉄合金で、黄色の領域はかんらん石（北田）
［カラー口絵3頁参照］

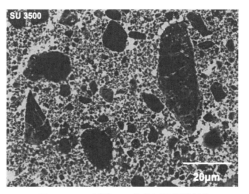

図3-2　石鉄隕石の走査電子顕微鏡像
明るい領域が鉄合金（北田）

63

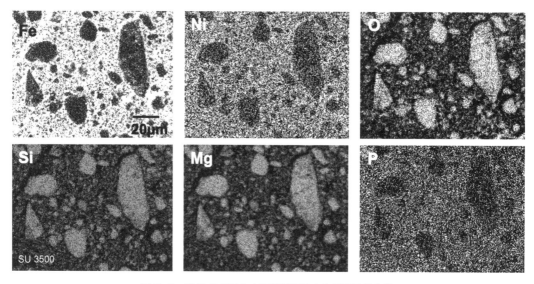

図3-3 図3-2で示した石鉄隕石の主な元素の分布像
明るい領域に左上に示した元素が多く存在する（北田）

Feと同じ領域にあり、金属はFe-Ni合金である。酸素（O）は岩石領域にあり、Si、Mgなどの岩石成分も同じ領域に分布している。燐（P）はFe-Ni合金領域にあり、図には示していないが硫黄（S）もPと同様にFe-Ni合金中に存在している。

図3-4に鉄部のエネルギー分散X線分光（EDS）像、図3-5に岩石部のEDS像を示す。表3-1にFe-Ni合金と代表的な3種の岩石から検出された元素と組成を示す。Fe-Ni合金は約7.2重量％のNiを含んでいるのでオクタヘドライトである。Fe-Ni合金にはSi、Al、Mgが含まれているほか、S、P、MnおよびCaが痕跡（tr.）程度ある。岩石粒子はFe濃度が異なるもの3種を示したが、岩石(1)のFe濃度の高いものではSとPが検出され、組成から推定すると酸化鉄である。岩石(2)は(1)よりMgとSiが多くなっており、岩石(3)はさらにMgとSiの濃度が高い。岩石(2)および(3)の組成はおおよそM_4O_6（Mは金属元素とSi）で、かんらん石のM_2SiO_4よりOが多いが、フォルステライト（Mg_2SiO_4）とファヤライト（Fe_2SiO_4）が溶け合った固溶体$(Mg, Fe)_2SiO_4$に近い岩石とみなされる。これは図3-1で示したようにFeとNiイオンにより橙（オリーブ）色をしており、オリビン（olivine）と呼ばれるかんらん石である。

かんらん石は地球の上部マントルを形成する造岩鉱物で、火成岩として普通に存在する。図3-1の岩石領域の一部はオリーブ色なので、この観察結果と一致する。Sが含まれているが、これは

表3-1 石鉄隕石の主な粒子の組成分析例（＊は重量％、＊＊は原子％、北田）

	Fe	Ni	Si	Mg	Al	S	P	Mn	O
Fe-Ni＊	88.0	7.16	1.31	3.04	0.52	tr.	tr.	tr.	---
岩石(1)＊＊	42.2	---	1.07	1.42	0.12	0.15	0.45	---	残余
岩石(2)＊＊	10.6	0.68	10.9	20.3	0.06	---	---	---	残余
岩石(3)＊＊	5.02	0.16	12.1	22.1	---	---	---	0.16	残余

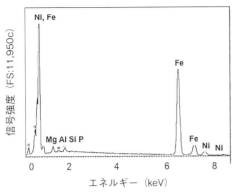
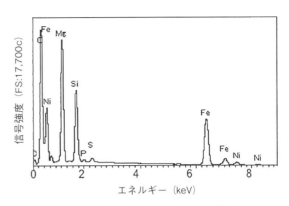

図 3-4　石鉄隕石の鉄合金部の EDS 像
縦軸の FS はフルスケールの略（北田）

図 3-5　石鉄隕石の岩石部の EDS 像（北田）

トロイライト（FeS）が含まれているためである。また、P も化合物をつくっているが、これは重要な化合物で、次節で述べる。石鉄隕石は岩石成分が多く、高温鍛造などをしても鉄だけ得ることは難しく、鉄器の材料とはならないが、量が多ければ製錬の鉱石として使用することは可能である。上述の造岩鉱物は鉄鉱石や砂鉄にも付随するので、古代の鉄およびたたら製鉄原料の日本刀の中にも非金属介在物として存在する。

3.2 ヘキサヘドライト隕鉄の組織

隕鉄の中で Ni を 4-6% 含むものは比較的小さな隕鉄で、多く見かける。図 3-6 は長径が約 8mm の小さな隕鉄を研磨したのち腐食したマクロ像（部分的に撮影した像を合成）である。太くて暗い線は高濃度 Fe-Ni 合金、酸化物あるいは割れ目で、そのほかに線状の紋様が数多く観察され、これらは直線と曲線に分類される。

代表的な光学顕微鏡像を図 3-7 に示す。不規則な曲線は結晶の境界（粒界）である。直線は発見者の名を冠してノイマン線と呼ばれ、これは双晶によるものであり、粒界を通過しても殆ど曲がっていないので、結晶境界は方位が僅かに傾いた小傾角境界（図 2-28）である。隕鉄粒全体の結晶方位は小傾角境界程度の傾きで、X 線回折によれば、ほぼ単結晶である。双晶の線は結晶粒から隣接する結晶粒へと続いており、粒界を境にして僅かながら方位を変えている。この角度から隣接する結晶の方位関係がわかり、この試料の小傾角境界は 1-2° の傾きである。中央部

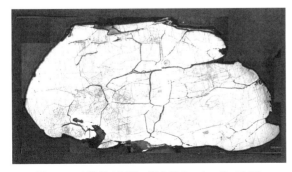

図 3-6　小隕鉄の研磨・腐食後のマクロ像（北田）

図 3-7　小隕鉄の光学顕微鏡組織（北田）

第3章 隕 鉄

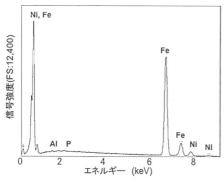

図3-8 隕鉄の代表的なEDS像（北田）

の暗い領域はNi濃度が高く、ここを通過している双晶線は真っ直ぐに進んでいない。

双晶の構造は図2-23に示した。純度の高い鉄の場合、鍛造などの衝撃力で双晶が生ずるが（図2-24）、隕鉄の場合は地球に突入したときの強い衝撃力などで生じたものと考えられる。中央部の矢印で示した帯状の領域はNi濃度が41原子％と極めて高い相で、面心立方晶のFe-Ni固溶体である。このように、Niは不均一な分布を示す。EDSで得られた隕鉄の代表的なEDS像を図3-8に示す。Fe-Ni合金で、小量のPとAlが含まれている。

隕鉄の中には地球では存在しない化合物も含まれており、図3-9はその一例である。走査電子顕微鏡（SEM）像の左上から中央下付近に伸びる帯は双晶の像である。黒矢印で示した長方形の明るい粒子が (Fe, Ni)$_3$P化合物で、これはシュライバーサイトと呼ばれる化合物で、地球には存在しない。宇宙から飛来するものと地球のものとの厳密な区別には、このような化合物の存在を確認することが必要である。

3.3 オクタヘドライト隕鉄の組織

オクタヘドライト隕鉄が良く紹介される格子（籠目）紋様のある隕鉄である。図3-10 ［カラー口絵3頁参照］にオクタヘドライト隕鉄の電子線後方散乱回折像（EBSDまたはEBSP）を示す。
αFe（体心立方晶のFe-Ni固溶体）の結晶の方位によって色分けされており、同じ方位をもつ細長い結晶粒と、これに囲まれた小さな結晶粒組織からなっている。細長い結晶の組成はNi

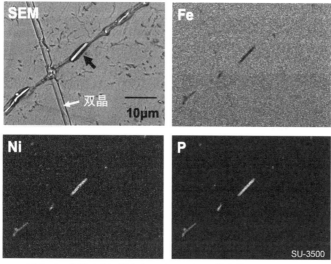

図3-9 隕鉄の中に見られる (Fe, Ni)$_3$P化合物（黒矢印）の走査電子顕微鏡像（SEM）と元素の分布像（北田）

図3-10 格子組織をもつ隕鉄の電子線後方散乱回折（EBSD）像
幾つかの結集方位をもつ結晶粒からなっている（北田）［カラー口絵3頁参照］

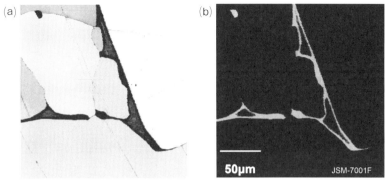

図 3-11 隕鉄の中に見られる 結晶粒界の電子線後方散乱回折像
(a)は α Fe 固溶体像、(b)は γ Fe 像を示す（北田）［カラー口絵 3 頁参照］

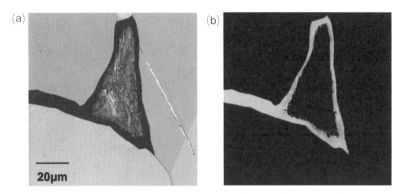

図 3-12 γ Fe-Ni 固溶体に囲まれた領域の電子線後方散乱回折像
(a)は α Fe 回折像、(b)は γ Fe 回折像を示す［カラー口絵 4 頁参照］

が約 8% 含まれる Fe-Ni 固溶体である。隕鉄は長時間かけてゆっくり凝固したという説があるが、そうであれば原子の拡散する時間が充分にあるので、結晶はもっと大きく成長して均一な組織になるはずである。この凝固組織は比較的短い時間で凝固した組織である。

内部には Ni 濃度の高い領域があるが、これも短時間で凝固した偏析の結果である。図 3-11［カラー口絵 3 頁参照］はその例で、(a) は α Fe の回折像である。線で示される結晶粒界と双晶である直線紋様、および暗い帯状の粒界がある。暗い粒界には内部構造があり、(b) のように γ Fe（面心立方晶の Fe-Ni 固溶体）の回折像によって得られる領域が存在する。面心立方晶の γ Fe-Ni 領域の内側では、γ Fe は殆ど存在しない。

この内部の組織が図 3-12［カラー口絵 4 頁参照］(a)で、(b)は γ Fe-Ni 合金の帯である。γ Fe-Ni に囲まれた三角形領域の内部は大部分が α Fe-Ni の多結晶からなっている。これらの結果から、このタイプの隕鉄は、液体から冷却されると先ず高温の γ Fe 固溶体となり、次に、図 3-10 に見られる γ Fe-Ni から Ni 濃度が 6-8% の α Fe-Ni 結晶が柱状晶として成長し、籠目状の結晶となる。その次に Ni が濃縮された γ Fe-Ni 固溶体が粒界の一部に析出し、これによって Ni 濃度が低下すると、図 3-12 で示した三角形内部の α Fe-Ni 多結晶が析出する。γ Fe-Ni 固溶体は図 3-13 の矢印で示すように α Fe 結晶粒中にも小粒子として存在する。また、α Fe の結晶粒界近傍では、(b)の透過電子顕微鏡像で示すように、α Fe の中に針状の微細な γ Fe-Ni 析出

第3章 隕 鉄

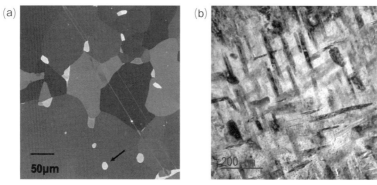

図3-13　αFe中の高Ni濃度粒子と粒界
(a) αFe中のγFe-Ni固溶体(矢印などの明るい粒子)の走査電子顕微鏡像
(b) 粒界近傍のαFe中の微細なFe-Ni析出物を示す透過電子顕微鏡像(北田)

物が存在する。上述のように、この析出挙動は隕鉄の冷却速度と関係しているとみられ、かなり複雑である。

隕鉄はFe-Ni合金なので高温での鍛造は可能だが、一般に割れなどが多く、昔の技術での加工は難しかった思われる。隕鉄の大部分はFe-Ni固溶体からなる固溶強化合金であり、Niが含まれているので耐食性が良い。合金の大部分は体心立方晶のαFe-Ni合金であるから鉄並みの硬さである。筆者が測定した隕鉄のマイクロビッカース硬度は150-155で、日本刀に使われる包丁鉄(心鉄)を強加工した値とほぼ同じであるが、後述のように心鉄だけの刀もあり、刃物として使用できる。

明治23年に富山県の稲村で発見された隕鉄は約22.73kg(6貫61匁)であったという。これを使って政治家の榎本武揚が刀をつくって流星刀と名づけ、皇太子殿下(後の大正天皇)に贈ったといわれる。肌には木目状の斑紋があったという。

第4章　鉄の製錬

　鉄は錆びやすいので、金、銀および銅などと違い単体で自然界に存在することは殆どないが、玄武岩の中に稀にみられる。前述の隕鉄はニッケルとの合金で鉄に比較すると錆びにくく、また、隕鉄の表面は緻密な酸化膜で被われているので、錆びずに地上で発見される一種の自然鉄である。鉄という字は金偏に失の旁の漢字で、錆びて失われるため、との俗説がある。また、金の矢尻からつくられた字として、金偏に矢を旁とする漢字も一部で使われる。鉄の旧字は鐵および銕で、異体字として鈇がある。夷は他のもの、劣るもの、という意味があり、銕は金より劣る金属という意味であろう。鋼の読みは刃に用いられる金という意味の刃金あるいは刃鉄で、石のように堅い鉄である。旁の岡は花崗岩の崗に由来する堅固な鉄という説、亀の甲羅から由来する甲（かぶと、こう）から甲鉄と呼ばれたという説、などがある。

　英語の iron はゲルマン語の iren や isren、ケルト語の isarnan などに由来し、中期英語では isen（イーゼン）であった。ドイツ語では Eisen（アイゼン）である。元素記号の Fe はラテン語の ferrum（ファーラム）を略したもので、金（Au）は同様に aurum の略、銀（Ag）は argentum の略である。仏語の鉄はラテン語系の fer を使っている。fer には生む、産出する、という意味がある。鋼は英語で steel だが、古代英語の硬い刃を意味する styled、から stele、steel と変化したといわれている。ドイツ語の stahl も同じ語源である。

　製錬は鉱石から金属をつくることで、鉄の製錬は iron making、鉄鋼の製錬は iron and steel making である。一方、精錬（refining）は不純物を取り除いて高品質の金属をつくることであるが、広くは製錬に含まれる。鉄鉱石からの製錬は紀元前 15 – 20 世紀頃から始まったといわれている。ヒッタイトあるいはその付近が最初とみられているが、現在も発掘と研究が続いているので、まだ、正確な時代は確定していない。鉄鉱石は酸化鉄などの化合物であり、鉱石から鉄を得るには化合物から酸素などを引き離して元の金属に戻すこと、つまり還元しなければならない。本章では、鉄の還元とその現象について簡単に述べる。

4.1　鉱石と還元剤

　古代に用いられた原料としては塊状の鉱石と細粒状のものとが考えられるが、鉄と結合している炭素や硫黄を鉄から引き離す還元反応には、還元ガスとの接触面積の多い細粒状が有利である。古代の製鉄は東西を問わず、燃料および還元剤として木材あるいは木炭を使用している。これらは炭素密度およびエネルギー密度の高い石炭に比較すると火力および還元力が弱い。

　還元に用いられたのは、一酸化炭素ガス（CO）である。酸素不足の環境で木材（炭化水素）や炭（炭素）などが燃焼すると、先ず二酸化炭素ガス（CO_2）となり、次に炭素と結合して一酸化炭素（CO）になる。木材中の水素原子は酸素と結合して水（H_2O）になり、還元剤として働く。これらは発熱反応（下式の数字のエネルギー値が正のとき発熱反応で、負のときは吸熱反応）で、炉の温度を高める。炭素の酸化は下記のような発熱反応である。

　　$C + O_2 \rightarrow CO_2 + 94.3$ kcal $\cdots\cdots$ (4.1)

第4章　鉄の製錬

このとき、燃料が木材であれば炭化水素中の水素も燃焼する。CO_2 は未燃焼の炭素と反応して一酸化炭素を発生するが、これは吸熱反応である。

　　$C + CO_2 \rightarrow 2CO - 41.1$ kcal　……（4.2）

（4.1）および（4.2）は連続して起こるので、まとめると以下の発熱反応となり、還元反応が進む。

　　$2C + O_2 \rightarrow 2CO + 53.2$ kcal　……（4.3）

この燃焼反応で生じた CO はさらに酸素を捕らえて CO_2 になる。たとえば、ガスを燃やしたときの青い炎は CO が燃えて CO_2 が生じている。この気体反応は下記になる。

　　$CO + O$（あるいは $\frac{1}{2}O_2$ で示す）$\rightarrow CO_2$ ……（4.4）

製鉄のとき、たとえば、酸化鉄（Fe_2O_3）に含まれる酸素が CO によって奪われる反応は、

　　$3CO$（気体）$+ Fe_2O_3$（固体）$\rightarrow 3CO_2$（気体）$+ 2Fe$（固体）$+ 23.7$ kcal ……（4.5）

となる。このような反応がおこる環境を還元雰囲気という。実際の炉内反応では、Fe_2O_3 から Fe_3O_4、さらに FeO と結合酸素数の少ない酸化鉄になり、最後に Fe となる。また、高温では固体反応ではなく、鉱石が融解して液体反応が進む。鉱石が砂鉄のような Fe_3O_4 の場合も同様な反応で還元される。つまり、鉄は酸素との結合から解き放されて金属となる。

還元反応は酸化鉄の表面で起こるので、砂鉄や粉鉱石などの体積に対して表面積の大きい細かな鉱石ほど反応が早く進み、また、粒子が小さいので加熱も容易である。表面積の小さい大きな鉱石ほど、還元は困難になる。表面が鉄に還元されると、連続して内部の酸化鉄が還元され、鉱石全体への還元に進む。鉱石が FeO の場合には、炭素で直接還元されるので、直接還元鉄と呼ばれる。これに対して、（4.5）式の CO によるものを間接還元鉄という。還元反応は数 100℃以上で始まり 1000℃以上で終了するといわれているが、実用的な操業温度は 1000℃以上である。

温度が 800 – 1000℃になると次の反応により Fe の中に炭素が入り、炭化物 Fe_3C（セメンタイト）を生ずる。

　　$3Fe + 2CO \rightarrow Fe_3C + CO_2$ ……（6）

これを浸炭といい、浸炭量が少ないときは鋼、3 – 4 重量％と多いときは融点の低い銑鉄（図 2-6）になる。

15 世紀にドイツ南部で高炉が実用化される前の中東から欧州の鉄は炭素量の少ない鍛鉄と呼ばれる固体あるいは半溶融の鋼であり、たたらでつくられた鋼と同様な性質をもっている。その後、高炉の実用化によって炭素を 4 重量％前後含む銑鉄を容易につくれるようになった。銑鉄を鋼にするには、銑鉄中の炭素を酸化雰囲気で燃やして脱炭する。通常使われる鋼は炭素量を 1.2 重量％以下にしたものである。高温で長時間加熱すれば炭素が酸化して脱炭するが、同時に鉄も酸化する。現在は融けた銑鉄に酸素を吹き込んで炭素を燃やし、炭素量を低減して鋼を得ている。

還元反応に必要な条件は炭素と酸素の結合力が鉄と酸素の結合力より大きいことである。これは酸化物の標準生成自由エネルギー（$-\Delta G$）と呼ばれる値で比較することができる[*]。これは金属元素と酸素の親和力あるいは結合力を表し、$-\Delta G$ の絶対値（$|\Delta G|$）が大きいほど酸素との結合

---

[*]　参考書：日本金属学会編『金属データブック』1997 年、96 頁

70

力が大きい。結合力は温度によって変化し、高温ほど絶対値は小さくなる。つまり、高温にするほど還元しやすくなる。高温では原子の熱エネルギーが高くなり、反応が促進される。鉱石である Fe_2O_3 および Fe_3O_4 の Fe−O 結合力は大差ない。CO の $-\Delta G$ の温度依存性をみると、約 650℃以上になると Fe_2O_3 の Fe−O 結合力より CO の C−O 結合力が強くなり、Fe_2O_3 の酸素は炭素 C と結合し、理論上は鉄が還元される。Fe_2O_3 の場合、たとえば、900℃で約 $-86\,kcal/moleO_2$、1200℃で約 $-78\,kcal/moleO_2$（mole はグラム分子）であるのに対して、CO の場合はそれぞれ約 $-104\,kcal/moleO_2$ および約 $-116\,kcal/moleO_2$ である。900℃以上では $|\Delta G|$ の差が大きく、炭素は鉄より酸素と結びつき易いので、鉄と酸素の結合が解かれて、鉄の還元反応、すなわち、金属の鉄が生ずる。Fe_3O_4 の場合も同様である。これが製錬反応である。

　鉄が融けるのに十分な温度（1536℃以上）が得られれば、還元された鉄は液体として得られるが、この温度を得るのは実用的に困難である。鉄が融ける温度に到達しない場合には、固体の鉄あるいは半溶融鉄が得られる。実際の鉄鋼製錬では、融けた鉄の中に大量の炭素が溶け込んで Fe−C 合金液体となり、融解温度が 1147℃（図 2-6 のように C が 4.32 重量％で）まで下がるので、融けた銑鉄が比較的容易に得られる。鉄鉱石に含まれる FeO、Fe_2O_3 および Fe_3O_4 の融点はそれぞれ 1370℃以上、1573℃および 1600℃であり、単独では融解しがたいが、SiO_2、CaO などの存在によって混合物となり融点は下がるので、鉱石の融解ができる。これは、後述する刀の中の非金属介在物の融解温度が低い理由と同じである。

　高品位の鉄鉱石（Fe_2O_3）を固体のままで 900 − 1100℃に加熱して一酸化炭素、水素ガスなどで還元すると、鉱石から酸素が奪われて海綿鉄と呼ばれる隙間の多い鉄が得られる。これは、スポンジ鉄とも呼ばれる。低温還元であるため、燃料からの炭素、S および P が入りにくく、良質な純鉄に近いものが得られる。このように、溶鉱炉で融かさない方法を広く直接製鉄と呼び、15世紀までの西洋の鍛鉄、わが国のたたら製鉄なども低温還元鉄なので直接製鉄に近い。

4.2 たたら（踏鞴）製鉄

　古代の製鉄の実際の操業技術については殆ど推定の域を出ない。上述のように、基本的な還元反応は現代製鉄でも同様であるが、どんな鉱石を使ったのか、鉱石の寸法はどの程度か、燃料と送風、炉の形状と加熱の程度、炉の温度、得られた鉄の形状と性質など不明なことが多い。ヒッタイトから西洋へと続く製鉄では鉄鉱石が使われたと考えられているが、紀元前 4 − 5 世紀頃のギリシャの『異聞集』には、「川から流れてきた砂を使って錆びにくい鉄をつくった」という記述があり、この砂は砂鉄を示しているものとみられる。ただし、これが磁鉄鉱（Fe_3O_4）か、あるいは赤鉄鉱（Fe_2O_3）の粒かは不明である。

　上述のように、酸化鉄と CO の接触面積の大きいほうが還元されやすいので、鉱石を細かく砕くか、赤鉄鉱粉あるいは砂鉄のように細かなものを使うのが有利である。現在のスウェーデンの刀鍛冶の一部は、伝統的な方法として赤鉄鉱粉を原料に用い、皮製の鞴を使った小型炉で製鉄している。木炭と赤鉄鉱粉を交互に炉に挿入するのは、たたら製鉄と同様である。

　明時代（1637 年）に出版された各種材料の生産および製造に関する技術書である『天工開物』には図 4-1 のような製鉄の絵（2 頁の図をひとつにしてある）が載っている。縦型の炉で、人力の

第4章　鉄の製錬

図4-1　『天工開物』所載の製鉄図
融けた銑鉄を得ている

図4-2　たたら製鉄の図
（東京大学大学院工学研究科蔵）

鞴（ふいご）で送風し、融解した銑鉄を得ていると思われる。本節では、日本刀に関係の深いたたら製鉄について簡単に述べる。

　たたら製鉄の始まりは古墳時代後期（6–7世紀前後）と考えられているが、古墳時代中頃という説もある。全国に多くの遺構があり、それらから明らかにされる事実も多いが、東北地方とその他の地方では、異なる時期に製鉄が始まったともいわれており、詳細は研究の途にある。たたら製鉄は砂鉄を原料に用いた直接製鉄法で、明治後期の鉱石を使った近代製鉄の開始により徐々に廃れてゆき、昭和初期までに少数を除きほぼ行われなくなった。戦後、日本鉄鋼協会と日本美術刀剣保存協会による復元の努力と日立製作所および日立金属の支援があり、現在では技術の保存と日本刀作家への素材の供給のために、冬季にたたら製鉄が実施されている。小型のたたら炉で得た鉄で鎌などをつくっている鍛冶屋もある。

　一方、砂鉄を使った砂鉄製錬法は木炭吹き小型高炉法として日立製作所の鳥上工場で操業され、高級な鋼を刃物などの原料として供給していた。溶鉱炉による砂鉄製錬は明治の中頃から試みられたがチタンが含まれているために成功せず、その後電気炉で砂鉄にコークス、石灰石、マンガン鉱などを加えて成功し、東北砂鉄鋼業など8社が年間60万トンの銑鉄を生産していたが、昭和40年前後に大半は終了した。

　現在では、小型の縦型炉でたたら製鉄を学ぶことも全国で行われている。たたら（踏鞴）は足踏み式の送風機で、鞴（ふいご）の最も大型のものである。鞴には鋏のように片手で取手を握って送風する小型のもの、箱を使って送風する中・大型のもの（吹き差し鞴）などがあり、用途によって使い分けられている。刀鍛冶が使うものは箱型であり、これは図1-17から1-19の古画に示した。この足踏み送風機の名が砂鉄製錬の名として使われている。その後、天秤鞴も使われた。人力による送風は明治になってから一部は水車を使うようになった。これは西洋の技術導入である。

　たたら製鉄の詳細を記録した文献としては、江戸時代末（天保から慶応期）に長州藩でつくられたとされる「先大津阿川村山砂鉄洗取之図（さきおおつあがわむらやまさてつあらいとりのず）」があり（東京大学大学院工学研究科蔵）[*]、砂鉄の採取から素材とするまでの様子が描かれている。その中の「鉧ヲフク図」を図4-2（原図は着色

---

[*] 『たたら・日本古来の製鉄』財団法人JFE21世紀財団、2004年

① Fe-Si-Ti-(Al)-(K)-O
② Fe-Ti-O
③ Fe-Ti-(Si)-O
④ Si-Fe-Ca-Mg-O
⑤ Si-Fe-Ti-O
⑥ Fe-(Si)-(Ti)-O
⑦ Fe-Ti-(Si)-(Al)-O

図 4-3　関東ローム層中に存在する砂鉄粒子の走査電子顕微鏡像と粒子に含まれる主な元素　右の成分は多い順で括弧は少量である（北田）

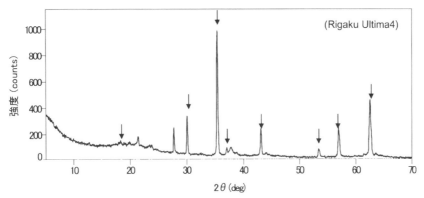

図 4-4　砂鉄の X 線回折像の例、矢印が磁鉄鉱（Fe$_3$O$_4$）（北田）

画）に示す。踏鞴は左右の人が立っている下にある。西欧の鞴による送風では、人力から家畜力、さらに水車力、蒸気機関力に進歩した。

　図 4-3 は原料となる砂鉄の一例で、関東ローム層の赤土中に含まれる砂鉄粒子の走査電子顕微鏡像とその成分である。図中には多くの粒子がみられるが、同じ組成のものは殆どない。成分の差はあるが、砂鉄は日本全国にあり、砂鉄には Fe のほかに Si、Ti、Mg、Ca、Al、K などが含まれ、Cr、Mn、V、Zr などを含むものもある。図 4-4 は上記砂鉄の X 線回折像で、磁鉄鉱 Fe$_3$O$_4$ が最も強いピークを示し、このほかに Ti を含むイルメナイト（FeTiO$_3$）などが含まれている。産地が同じでも、個々の粒子によって組成の異なるのが特徴である。

　含まれる成分の数と量は産地によって異なるが、日本産の砂鉄には濃度の高低はあっても Ti の含まれることが特徴である。鉄鉱石や日本周辺諸国の鉱石に含まれる Ti の量は一部を除き少ないので、Ti は国産と外国産の産地同定の目安となる。ただし、外国産の鉱石でも微量含まれることが多いので、産地同定には刀に含まれる Ti の境界値設定とその他の微量成分の評価が必要である。表 4-1 は国内の主な砂鉄の分析値である[*]。

　これをみると、Ti が少ないのは島根産で、他は多い。TiO$_2$ はスラグの流動性を低くし、煉瓦

---

[*] 日本鉄鋼協会編『製銑製鋼法』地人書館、1959 年、85-98 頁

第 4 章　鉄の製錬

表 4-1　日本産砂鉄の成分例（重量 %、残りは鉄）*

産　　地	TiO$_2$	SiO$_2$	Al$_2$O$_3$	MnO	P	S	Cu	Cr
青森・大畑	13.78	3.75	6.28	0.37	0.054	0.057	0.002	0.023
青森・三沢	13.0	7.50	3.00	0.45	0.180	0.030	0.005	0.070
千葉・飯岡	10.5	4.85	2.35	0.49	0.030	0.030	0.003	0.025
島根・飯石	0.81	13.96	3.32	0.37	0.047	0.053	tr.	- - -
島根・仁名	1.63	2.74	0.42	0.64	0.005	0.033	0.058	- - -
北海道・鷲別	8.19	8.26	- - -	0.50	0.138	0.034	- - -	- - -

表 4-2　日本産鉄鉱石の成分例（重量 %、残りは鉄）*

産　　地	SiO$_2$	Al$_2$O$_3$	CaO	MgO	P	S	Cu	Mn
釜　　石	8.64	1.78	5.82	1.33	0.034	0.227	0.114	0.159
群　　馬	4.08	1.24	0.70	0.39	0.54	1.25	0.161	0.22
倶知安	8.10	1.09	0.27	0.08	0.119	0.436	- - -	0.133
阿　　蘇	12.11	2.90	1.82	0.61	0.451	2.240	0.046	- - -

製の炉材を浸食するので、砂鉄製錬法では少ない方が望ましい。また、高級な鋼では Cu を嫌う
ので、砂鉄は高級鋼として優れている。
　一方、国内産の鉄鉱石の Ti 含有量は低い。代表例を表 4-2 に示す。Ti の含有量が示されて
いないのは、分析限界以下のためである。このように、Ti の差は顕著である。不純物が鉱石に
含まれていても、還元されて鉄の中に固溶するか否か、あるいは非金属介在物として混入するか
否かが問題である。
　後述するように、刀の場合には非金属介在物が多いが、Ti などは酸素との結合力が大きいの
で、鉄の中に固溶不純物として取り込まれるものは少なく、鋼の純度は高い。したがって、鉱石
の成分だけで鉄の性質を議論することはできない。非金属介在物の元素分析で砂鉄か鉱石かを区
別するのは可能だが、化学分析等で全体を溶解して分析する場合（薬品によって溶けるものと溶け
ないものがある）、非金属介在物が溶けると、これに含まれる元素まで一緒に分析するので、鉄の
性質を正確に判断する評価法とはならない。また、鋼の性質に悪影響を及ぼす砂鉄中の硫黄と燐
の含有量は鉄鉱石に比較して 1 − 2 桁少ない。刀に使われた鋼の性質が優れている原因を端的に
述べると、硫黄などの少ない原料と木炭を使った低温製錬法にある。石炭には硫黄などの不純物
が多く、高温操業であると鉄に混入する。
　国内産の砂鉄を電気炉で製錬した銑鉄の不純物量を表 4-3 に示す。電気炉製錬では高温が得
られるので酸素との結合力が強い金属も還元されるが、たたら製鉄の温度は低いので鉱石中の他
の酸化物などの還元量は極めて少なく、鉄に溶け込む不純物量が少ない。また、上記の分析され
た元素のうち、酸素との結合力の大きい Si や Ti などは酸化物として含まれる割合が多い。ただ
し、たたら鉄では非金属介在物の混入量が多い。
　1950 年頃の電気炉を使った砂鉄銑の S 含有量は約 0.03 重量 % であるが、コークスに由来する
ものである。前述のように、電気炉製錬では、鉄の靭性を改善するために Mn 鉱を加えているの
で Mn 濃度が高い。Mn は硫黄と結合して MnS 化合物になり、S の害を防いでいる。砂鉄に含

表4-3　電気炉製錬した日本産砂鉄の銑鉄中の不純物分析例（重量%）*（前出の脚注）

C	Si	Mn	P	S	Ti	Cr	V	Cu
4.0 – 4.5	0.5>	1.2>	0.35>	0.04>	0.2>	0.05>	0.5>	0.02>

表4-4　日本周辺国産の鉄鉱石の成分例（重量%、残りは鉄）*（前出の脚注）

産地	SiO_2	Al_2O_3	CaO	MgO	P	S	TiO_2	Mn
朝鮮・大荘	12.7	0.43	8.21	0.37	0.023	0.58	---	0.24
中国・石碌	11.8	2.84	0.24	0.10	0.03	0.04	0.12	0.22
中国・大冶	8.89	2.38	0.62	0.60	0.199	0.274	---	0.14
マレー・イポー	1.55	6.41	0.08	0.14	0.050	0.008	---	1.89
マレー・ケダー	12.8	5.44	0.03	0.11	0.031	0.41	0.30	0.22
比島・パラカレ	4.99	1.17	0.18	0.17	0.036	0.011	---	0.07

まれる鉄分の20－25%が還元される半還元海綿鉄法は1000－1200℃で還元を行うが、SiやTiは酸化物として残留する。このほか、鉄の性質を劣化させる鉛、錫、アンチモン、砒素などは砂鉄に殆ど含まれていない。

　室町時代後期から江戸時代に海外から輸入された鉄あるいは鋼のひとつに南蛮鉄と呼ばれるものがあり、これを使用したと柄（中子）に彫られた日本刀がある。したがって、海外産の鉱石の組成も知ることが必要である。表4-4に近隣の海外鉱石の成分を示す。大部分はTiを含まないが、一部の砂鉄ではTiを含んでいる。たとえば、第二次大戦中、高速度鋼用のW（タングステン）が不足したのでTiで代替することになり、マレー半島産のイルメナイト砂鉄が輸入された。

　たたら法でつくられる鉄には炭素濃度の低い鋼の鉧と銑鉄の銑があり、炉の温度が低いと炭素濃度の低い鉧が炉底に固体の状態で堆積するので、炉を壊して回収する。一方、炉の温度が高いと炭素の吸収量が多く、融ける温度が低い（4.32重量% Cで1147℃）ので、液体の状態で炉底の穴から流出させることができるが、そのまま固まらせて取り出すこともある。一般のたたら法では、炉を壊して鉧回収するが、高炉の場合には炉底から銑鉄を取り出すので、炉の連続使用ができる。鉧と銑の操業の違いは操業温度と炭素導入量の差であるが、これらは炎の観察により操業温度の調整、操業時間の調整などで行ったという。

　炉の中でどのような反応が起こっているのかを詳細に知ることは非常に難しい。ここで、筆者が行った小型炉で製錬して得た鉄塊の観察結果を簡単に述べる。図4-5は東京工業大学の支援で行った煉瓦で組んだ縦型炉の操業後の様子で、還元された鉄と鉱滓（スラッグ）の混ざった塊を取り出し、右の容器で水冷している様子である。用いた鉱石は釜石鉱山製

図4-5　実験用小型たたら炉から鉄の取り出し
永田和宏博士の協力による（北田）[カラー口絵3頁参照]

第4章　鉄の製錬

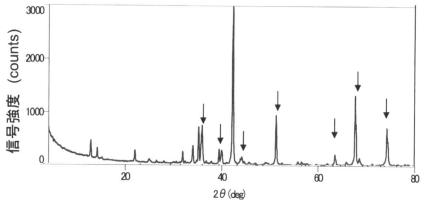

図4-6　釜石鉱山鉱石粉のX線回折像
矢印が磁鉄鉱（Fe_3O_4）、その他のピークはSiO_2、$CaCO_3$、パーガス角閃石など（北田）

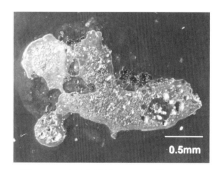

図4-7　たたら製錬によって得られた鉄塊の断面マクロ像（北田）

図4-8　たたら製錬によって得られた鉄と融解していた酸化物（暗い領域）
太い矢印は取り込まれつつある鉄（北田）

の粒径1mm程度の磁鉄鉱で、X線回折像を図4-6に示した。鉱石の主成分はFe_3O_4で、その他に石英（SiO_2）、炭酸カルシウムなどが検出された。同様なたたら炉で砂鉄を使った実験では約4kgの炭素鋼の塊が得られたが、鉱石粉の場合は還元が不十分で、得られたのは数cm以下の炭素鋼の小片であった。ただし、小片のため、還元過程の一部を観察することができた。

還元された小鉄塊を研磨した状態のマクロ像を図4-7に示す。内部には多くの巣（空洞）があり、周囲にはスラッグが付着している。図4-8に還元された鉄とその周囲の凝固した酸化物の走査電子顕微鏡像を示す。この領域は還元反応が起こっていた鉄とスラッグの境界領域である。上部領域の還元鉄は多結晶となっており、下部の酸化物には凝固した証拠である樹枝状晶が見られる。これは多成分の鉱物組成となって、融解温度が低くなったためである。たたら炉の覗き窓からは鉄の小粒の落下が観察されるので、酸化物融液に一酸化炭素ガスが触れて鉄が還元され、これが集まって小さな鉄粒になる。還元された鉄の中には非金属介在物が観察される。スラッグ中の還元された鉄は丸あるいは楕円形に近い形になっており、酸化物融液中で表面張力が働いていることを示し、還元温度で鉄は融解あるいは半融解状態になっていることがわかる。

立体的に観察していないので詳細は不明だが、鉄の小粒子は融解している酸化物の中を移動して上部の鉄の塊に近づき、矢印で示すように、吸着されて凝固する。このとき、鉄に囲まれた小さな酸化物は鉄の中に取り込まれて非金属介在物になる。

図4-9 図4-8と同じ視野のαFeの電子線後方散乱回折像（北田）[カラー口絵4頁参照]

図4-10 αFeの電子線後方散乱回折像
暗い部分は非金属介在物、矢印の向きに粒界Cが移動している（北田）[カラー口絵4頁参照]

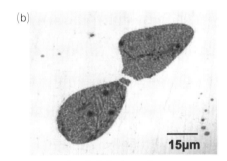

図4-11 還元された鉄とその中に見られる非金属介在物（a矢印）、および樹枝状組織をもつ非金属介在物の光学顕微鏡像(b)（北田）

　図4-9 [カラー口絵4頁参照] は図4-8と同じ視野をαFeの電子線後方散乱回折（EBSD）で観察した像で、結晶方位の近い領域が同じような色で表されている。上部左の橙色の領域と右の青色の領域は、それぞれが近い結晶方位をもった多結晶領域である。また、酸化物融液中のαFe粒子の互いに近いものは同様な色で結晶方位が近いことを示している。融液中の粒子は同様な方位に回転し、接合するものとみられる。

　還元されたαFeは高温になっているので、結晶粒は拡散によって成長する。図4-10 [カラー口絵4頁参照] は還元されたαFeの多結晶領域で、A–Bで示すように非金属介在物が列を成して存在する。αFe結晶粒は矢印の向きに成長したので、移動した後のαFeの結晶粒界Cは非金属介在物によって移動を阻まれたので鋸歯状になっている。

　図4-11（a）は還元された鉄の光学顕微鏡像で、矢印のように非金属介在物が分散しているが、鉄の結晶粒径は小さい。(b) は取り込まれた非金属介在物の高倍率光学顕微鏡像で、内部には樹枝状晶がみられ、暗く見えるのは凝固のときの収縮による空洞である。非金属介在物で表面に近いものは高温の鍛錬で外部に排出されるが、内部のものは残留する。これが、後に述べる刀の組織中に観察される非金属介在物の主な由来である。酸化物中の樹枝状晶は鉄の酸化物であるウスタイト（FeO）およびかんらん石の仲間である鉄かんらん石（ファヤライト、Fe_2SiO_4）などであり、地は多くの不純物成分や析出物を含むアルミノシリカ系ガラスである。

　非金属介在物の透過電子顕微鏡像および含まれる粒子などの電子線回折像を図4-12に示す。非金属介在物は多成分からなる酸化物が主体の非常に複雑な微細構造を示す。(a) では上部

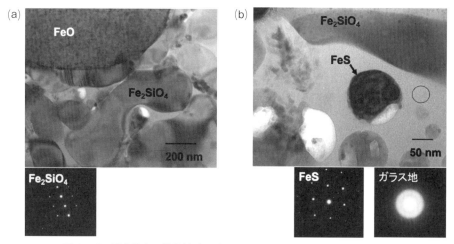

図4-12 酸化物中の酸化鉄（FeO）とファヤライト（Fe₂SiO₄）(a)、ガラス地中の硫化鉄（FeS）粒子(b)、および電子線回折像（北田）

にFeO粒子がみられ、これが初晶である。次にファヤライト（Fe₂SiO₄）が晶出し、最終的にはアルミノシリカ・ガラスが地として凝固する。(b)の高倍率像ではファヤライトのほかにガラス地の中に複数の異なる粒子があり、そのひとつであるFeS粒子像を矢印で示す。ガラス地はアモルファス（非結晶質）であるために、円で示した領域の電子線回折像はハロー（円光、光輪）と呼ばれるぼやけた輪となっている。FeSは鉱石中に含まれる硫黄が非金属介在物中でFeと結合したものである。

たたら鉄を日本刀の素材とする場合、典型的なものでは浸炭あるいは脱炭法で炭素濃度を0.6－0.7重量％に調整した鋼を刃鉄および皮鉄に使い、高温で脱炭した炭素濃度が極めて低い包丁鉄（製品が包丁の形をしていたので、この名がある）を心鉄に使う。炭素濃度の調節は銑鉄を脱炭する銑卸し法、高炭素鋼を脱炭する鋼卸し法、低炭素の包丁鉄に浸炭する鉄卸し法などがある。これらは素材製造法である。

これらの鋼で炭素濃度の異なる鋼片を種々に積み重ねて鍛接し折り返し鍛錬する（下鍛え）。これらをさらに積層して折り返し鍛錬し複合するのを上鍛えという。その積層法として、木の葉鍛え、拍子木鍛え、短冊鍛えなどがある。これらは炭素濃度の異なる鋼の層が刀の表面に複雑な紋様を生み出すので、主に皮鉄に使われる。刀匠の腕の振るいどころである。刃鉄は非金属介在物の影響を低減するため、よく鍛錬する。心鉄、皮鉄および刃鉄を組み合わせるのを合わせ鍛えという[*]。

ここでは、現代につくられた、たたら鉄の組織について簡単に述べる。図4-13はたたら鉄の塊（玉鋼、たまはがね[**]）を加熱して板状とした後、これを水中に急冷したもの（水鋼）である。これを数cmの大きさに割ったものが水圧しである。刀匠は割った破面のマクロ組織から炭素濃度

---

[*] 俵國一『日本刀の科学的研究』1953年、8-11頁

[**] 明治初期に海軍工廠がるつぼで精製して高品質の砲弾用の鋼をつくるために原料として使ったので、玉鋼と呼ばれた。和鋼ともいう。

図4-13 たたら製鉄で得た玉鋼塊を板状にしたもの

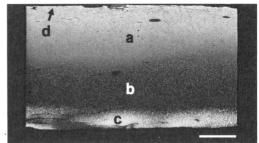
図4-14 図4-13の断面マクロ像
縮尺は0.3mm、a-dは次図の光学顕微鏡像の場所を示す（北田）

を推定して数種に分け、刃鉄、皮鉄および心鉄の原料とする。

図4-13で示すたたら鉄を化学分析した平均的な炭素濃度は0.49重量％で、中炭素鋼の範囲（0.25 - 0.6重量％）である。ただし、炭素濃度は均一ではなく、断面のマクロ腐食像では図4-14のように炭素量の異なるaからdの組織領域に別れている。これには高温から水中に急冷したために組織が変わったことも含まれている。

図4-15 (a)、(b) および (c) は図4-14のa、bおよびcの位置における光学顕微鏡像である。a部は (a) のように暗く見えるパーライトと明るく見える少量のフェライトからなる亜共析鋼である。(b) は明るい領域がマルテンサイトで、暗い領域が微細なパーライトからなり、冷却速度がマルテンサイト生成の臨界速度に近い組織である。(c) は焼きが入っているマルテンサイト組織で、水に投入されたとき、この面から冷却されている。また、図4-14の矢印で示した表面近傍における光学顕微鏡組織が (d) であり、a部に比較してフェライトが多くパーライトが少ない粗大な組織である。したがって、もともと炭素濃度にばらつきがあったか、あるいは加熱時

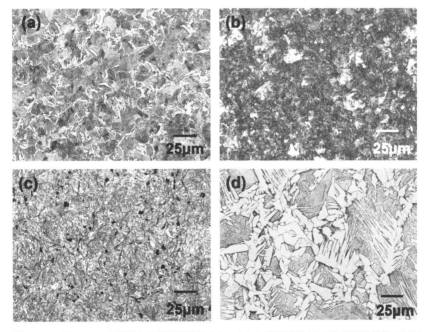
図4-15 図4-14の断面の光学顕微鏡像 (a) - (c) と表面近傍 (d) の光学顕微鏡像（北田）

に表面から脱炭して炭素濃度が減少した可能性がある。

表面の組織（d）は過熱組織と呼ばれるもので、加熱時間によって異なるが、950 − 1100℃に加熱された組織で、フェライトは針状になり、パーライトも粗大になっている。後述するが、日本刀の組織でも同様な過熱組織が見られる刀がある。図4-15にみられる暗い粒子は非金属介在物であるが、後述する古い日本刀の非金属介在物に比較して小さく、少量である。

図4-14で示した断面マクロ像のa−cの位置におけるマイクロビッカース硬度はaが198、bが407、cが857で、bはマルテンサイトと微細なパーライト組織のため高く、cはマルテンサイトの硬度である。この水圧しした小片をてこ棒の上に積み上げて鍛接し折り返し鍛錬するのが上述の下鍛えで、鉄と炭素原子の拡散により均質化される。

4.3 現代製鉄

古代から近世までの製鉄法と比較するために、現代の製鉄をについてごく簡単に述べる。現代の溶鉱炉の始まりには幾つかの説があり、紀元前から縦型の炉を使っていたとの説、紀元数世紀のスウェーデンの縦型炉が始まりという説、などがある。一般には、15世紀に南ドイツのライン川の近くで行われたのが始まりとされている。これは、現代の大量生産に繋がる工業的な道を拓いたためである。図4-16に15世紀頃の南ドイツにおける製鉄風景の想像図を示す。

現代の製鉄につながる南ドイツの大型炉を高温に加熱することが出来た理由のひとつは、高温が得られる水車動力による送風機の発展であり、これによって、炭素を約4重量％含む銑鉄が液体として得られた。加熱・還元剤としては、初め木炭が使われ、次に石炭、続いてコークスが使われるようになった。ただし、良質な鉱石と石炭を使わないと良い鋼が得られなかった。反射炉の発明、転炉の発明、炉材の改良、コークス由来の硫黄をMnで無害化する方法、など多くの改良が加えられ、大量生産の道が開けた[*]。

わが国では、西洋諸国に比較して国内産業の機械化が進まなかったので、鋼の大量生産の必要性がなかった。このため、たたら製鉄で国内需要をまかなっていたが、開国後には鉄鋼の需要が飛躍的に増大し、近代製鉄所の建設が急務になった。先ず、精錬や融解目的の反射炉がつくられた。反射炉は燃焼室と加熱・融解炉が別室になっており、燃焼室からの輻射熱で炉内の金属を加

図4-16　15世紀頃の初期溶鉱炉の想像図
（ドリア・ギャラリー蔵）

図4-17　明治27年頃の釜石の田中製鉄所
（日本製鐵株式会社史より）

---

[*] 増本健・北田正弘ほか編『鉄の辞典』第1章・鉄の科学文化史（北田）、朝倉書店、2014年、1−81頁

図 4-18　明治 34 年頃の八幡製鉄所（日本製鐵株式会社史より）

熱する。鉄鉱石の製錬には燃料・還元剤・添加剤の投入が必要であり、反射炉では製錬はできない。

　わが国最初の溶鉱炉は安政 4（1858）年 12 月に鉱石の産地である釜石につくられ、最初に高炉を操業した。図 4-17 に明治 27（1894）年頃の釜石製鉄所、図 4-18 に明治 34（1901）年頃の八幡製鉄所の工場群を示す。この当時の鋼材の年産目標は 6 – 9 万トンであった。

第5章　日本刀の微細構造

5.1 鎌倉時代・包永刀

　鎌倉時代の刀は最も優れたものと言われている。これには、美術的側面と鉄鋼材料としての側面がある。鉄鋼材料としての側面はこれまで微細組織などを確かめられたことがなく、不明な点が多い。本節では、鎌倉時代の上作といわれている包永銘の刀について、マクロから微細構造までの研究結果を述べる。

　図5-1に試料の銘と刀の像および試料の断面観察試料の採取箇所（矢印）を示す。包永は鎌倉後期の正応（1288－1293年）前後の大和（現在の奈良）の刀匠で、手掻派の祖とされている。波紋は直線的な直刃である。試料にみられる2箇所の明るい部分は折り曲げられた痕跡である。

5.1.1 鋼の組織と不純物

① マクロ組織と不純物

　図5-2に刀身のほぼ中央から採取した試料の断面マクロ像を示す。刃の焼入れ領域は図中の2本の白線で示した刃先のやや明るい部分で、焼入れ領域は非常に小さい。ただし、古い刀であり、研ぎ減りがあると思われる。断面マクロ組織では、心鉄が断面のほぼ中央に位置し、刃鉄と両側の皮鉄および上部の棟鉄に包まれたようになっている[*]。刃の焼入れ部とそれに繋がる心鉄まで、および心鉄を包む皮鉄および棟までは中炭素鋼で、同様な組織で繋がっている。心鉄は鎬の上部より刃に向かって存在し、楕円形と紡錘形の中間の形をし、やや右上に張り出しているが、比較的対称性もよい。刃を含む炭素鋼部および棟の炭素量[**]は重量％で両者とも0.52％で、中炭素鋼（0.25－0.6重量％）の範囲にあり、他の刀に比較すると若干低めの炭素濃度である。心鉄から切り

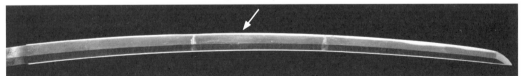

図5-1　包永刀の刀身と銘、矢印は試料採取箇所（筆者蔵）

---

[*]　心鉄は心金、芯鉄、芯金とも書く。また、皮鉄は皮金、棟鉄は棟金とも書く。

[**]　炭素の分析法は燃焼赤外線吸光法。一般の鋼の炭素量や不純物量は、現在、鉄鋼分野で使われている重量（質量：mass）％で示す。非金属化合物の場合は化合物の原子比が重要なので原子％（mol％）を使う。

第5章 日本刀の微細構造

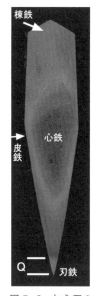

図5-2 包永刀の
断面のマクロ像
Qは焼入れ部（北田）

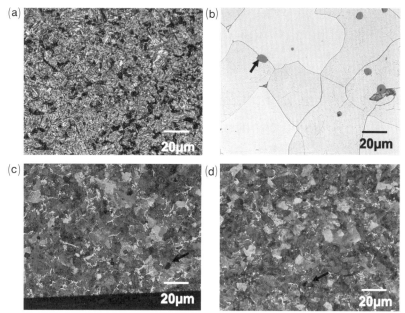

図5-3 包永刀断面の代表的な光学顕微鏡組織
矢印は非金属介在物を示す（北田）

表5-1 包永刀の主な不純物の含有量（重量%）*

元　素	Al	Si	P	S	Ti	V	Mn	Cu
刃　部	<0.01	<0.05	0.013	<0.001	0.01	<0.01	<0.01	<0.01
棟　部	<0.01	<0.05	0.011	<0.001	0.02	<0.01	<0.01	<0.01

＜は検出限界以下を示す

出した試料の炭素量は0.007重量%で、純鉄に近い。表5-1に刃鉄と心鉄部の炭素以外の不純物含有量を示す*。分析結果で示すように不純物濃度は非常に低く、特にSは検出限界以下で、良質な鋼である。後述するように、非金属介在物には、Cuを除く元素が検出されるが、Fe中の不純物は非金属介在物に集まり、鋼は極めて純度の高い鋼になっている。ただし、鋼の性質に影響を与える酸素と窒素は分析していない。

② 光学顕微鏡組織

図5-3は断面の代表的な光学顕微鏡組織である。(a)は刃の領域の組織で針状のマルテンサイトからなり、非常に微細である。これらの中に複数の暗い粒子のような領域が分散している。マルテンサイト組織の大きさは小さいほど強度が高くて柔軟であり、この刀のマルテンサイトは良質なものである。上述の暗い領域の詳細は後述するが、一部の非金属介在物を除いて微細なパーライト組織からなっている。心鉄は(b)で示すように高純度のフェライトからなり、結晶粒径は50‐100μmで、心鉄のフェライトとしては小さい部類である。暗く見える小さな粒子は非金属介在物で、大多数は数μmから10μmの大きさであるが、数10μmのものも少数存在する。

---

*　化学分析法、S：燃焼‐赤外線吸収法、SiおよびP：モリブド珪酸青吸光光度法、その他は誘導結合プラズマ発光分光分析法。他の刀の化学分析法も同じ。

この寸法は室町時代以降の心鉄中の非金属介在物より非常に小さい。これは、心鉄の鍛錬度が高く、微粒子化しているためであろう。フェライト結晶粒内には結晶方位が若干異なる小傾角粒界が観察されるが、内部欠陥の少ない良好な組織で、純鉄に近い包丁鉄*とみなされる。心鉄はそれほど鍛えなくても良いといわれているが、この刀では良く鍛えられている。鎌倉時代の特徴とも考えられる。

皮鉄と棟鉄の組織は図5-3の（c）および（d）で示すように同様で、パーライト組織からなる。結晶粒径はおおよそ2 - 10μm程度とみられるが、微細なので光学顕微鏡では正確に測定できない。現代の大量生産される鋼の結晶粒径は最も小さいもので約25μmで、これ以下にすることは難しい。鋼の強度と結晶粒の大きさには密接な関係（研究者の名を冠してホール・ペッチの式という）があり、結晶粒径が小さくなるほど常温での強度と靭性は高くなる**。

現代鋼は種々の元素を添加して強度を高めているが、結晶粒を数μm以下に出来れば、添加元素を低減あるいは不要にすることができ、経済効果が大きい。このような結晶粒の小さな鋼を超鉄鋼（ちょうてっこう）と呼んで開発が進められているが、手作りの刀にかなり小さな結晶粒の鋼が使われていることから、非常に優れた鋼ということができる。後述する室町期の吉包銘の刀ではさらに小さな結晶粒が観察されている。刀に使われた鋼の優秀である理由のひとつは、この微細結晶粒にある。鎌倉時代の刀が優秀といわれるのは、このような微細結晶粒の鋼を製造する技術があったためとみられる。一方、鍛錬度を高めて微細で均質な鋼を使うと、肌の紋様は緻密だが平凡になる。

刀の製作において、基本的に組み合わされる鋼は心鉄の包丁鉄と刃鉄および皮鉄の中炭素鋼である。これらをどのように作成したかは、古いことで実験記録が無いので不明な点が多いが、前述のように下鍛え、上鍛えで鍛錬して質の向上を図っているものと推定される。近世のたたら製法で得られる鋼は低炭素鋼の鉧（けら）と現在の銑鉄に相当する銑（づく）があり、操業法でどちらかをつくることが可能だが、古代には操業温度を高めるのが難しく、東西の製鉄技術の歴史を考慮すると、低温操業で銑鉄を得るのは非常に難しい。炭素量の少ない鋼を得るのはそれほど難しいことではなく、破面を観察して炭素濃度をある程度判定することができるので、主に目視で炭素濃度を判定するといわれるが、鎚打ち、曲げなどでも硬軟を判断することが出来、このような方法によって素材を選んだものと推定される。加熱して焼入れあるいは徐冷した場合でも、硬さの異なる鋼で互いに傷を付ける、あるいは砥石で傷を付ければ炭素濃度を把握することが可能である。得られた鋼の炭素量を調整することは浸炭と脱炭で可能である。

刀の技法は平安から鎌倉時代前期、鎌倉時代後期から室町時代、江戸時代前期、江戸時代後期、現代と変遷が激しく、記録のない口伝の鍛刀法は変わらざるを得なかった。ただし、軟らかい極低炭素鋼あるいは低炭素鋼を心にし、中炭素鋼を刃と皮にする基本は変わっていないので、如何

---

* 包丁鉄の炭素濃度は通常0.08 - 0.25重量％とされており、純鉄に近いものから低炭素鋼まで幅が広い。包丁の形の素材として取引されたので、この名がある。

** 鋼の降伏強度あるいは耐力σは、$\sigma = \sigma_0 + kd^{-1/2}$で示される。$\sigma_0$は摩擦応力で組織によってほぼ決まり、kは定数、dは結晶粒径である。主に、転位の運動が結晶粒界で阻止されることによる。

第5章　日本刀の微細構造

に良質な心鉄と刃鉄を使うかが刀の素材的な質の良し悪しである。それには、たたら製鉄で得た良質の新しい素材を使うことが基本であり、古釘その他の古鉄などの由来の不明な鋼を使用するのは、良質な素材を使うという点では劣る技法である。ここで述べた包永刀の鋼の質は、筆者の研究の中で最も良質な類いである。

③ 電子線後方散乱回折（EBSD）像

焼入れ組織とパーライト組織の電子線後方散乱回折像（EBSD または EBSP：electron backscattering diffraction pattern）を図5-4［カラー口絵5頁参照］に示す。これは、試料に電子線を照射したときに結晶表面近傍から発生する電子線の回折現象（菊池線）を使って結晶方位を求め、結晶粒子の方位像を得るものである。図では、aFe（フェライト）からの電子線回折を使用しており、結晶方位の同じ領域が同じ色になっている。詳しい説明は省くが、EBSD像では結晶方位によって色を変えている。

焼入れられた刃先から0.25mmの位置（a）では、細長くみえる粒子はブロックと呼ばれる領域で、この中に幾つかのラスマルテンサイトが含まれている。測定しにくいが、ブロックの幅は1－3μmである。マルテンサイトの場合、この微細さも強度を高めている要因のひとつである。ブロックが幾つか集まってパケットになり、幾つかのパケットが焼入れ前のオーステナイト（γ相）粒子の大きさである（図2-20）。

図5-4から判断すると、γ相の粒径は2－13μmである。図中に矢印で示したのは多角形のaFe粒子からの像で、これは、図5-3（a）の暗い粒子部分に相当するもので、微細なパーライト領域と思われる（後述）。パーライトがマルテンサイトの中に点在するのは、完全にマルテンサイトになる冷却速度（臨界冷却速度）より若干低い冷却速度で焼入れられたことを示している。硬いマルテンサイトの中にマルテンサイトより軟らかい粒子が混在すれば、軟らかい組織が衝撃エネルギーを吸収するので、マルテンサイトは破壊しにくくなる。この組織を意図的につくっていたとすれば、経験則であろうが優れた技術である。

刃先から約5mm離れた場所のEBSD像が（b）である。ここの領域は微細なパーライト領域で、像はaFeからの像で均一に見えるが、実際には層状のセメンタイトが分布している。結晶粒が明瞭に観察され、大きさは1－10μmで、マルテンサイト領域よりやや小さい。刃の先端は薄いため、焼入れ前の加熱で内部より温度が高くなってγ相粒子が成長したか、あるいは刃先の加工度が高いために成長したものと推定される。

図5-5［カラー口絵5頁参照］は断面のマルテンサイトとパーライト領域のaFeの結晶方位（001）分布を示すもので、結晶粒の結晶方位が全くばらばらであれば全面が均一な明るさになる。図では、暗い領域を向いている結晶が非常に少なく、等高線の中心部に結晶の向きが集まっている。厳密には他の方位の集まり方も述べなければならないが、他の方位も偏った分布を示す。これは、加工によって方位が一定の方向に集まった集合組織といわれるもので、特定方向からの加工で結晶粒が回転して方位が揃う現象である。刀は焼入れられているので、（a）のマルテンサイトの方位分布は焼入れ前の高温相であるオーステナイト（γ相：面心立方晶）の方位と関係がある。これは、γ相の格子がずれてa相になるためである。焼入れ前の高温相であるオーステナイトの原子は結晶格子が局部的にずれてマルテンサイト（a'相：正方晶）に変態するため、母相の

図 5-4　包永刀断面の電子線後方散乱（EBSD）像
(a)は刃先から 0.25 mm 位置のマルテンサイトで矢印は微細なパーライト領域、(b)は刃先から 5 mm 位置のパーライト領域の結晶粒組織（北田）［カラー口絵 5 頁参照］

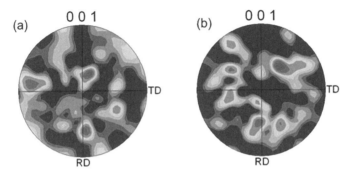

図 5-5　断面の結晶方位の分布像　橙色方位の結晶粒が多く、青方位は少ない。
(a)はマルテンサイト領域、(b)はマルテンサイト領域から離れたパーライト組織領域（北田）［カラー口絵 5 頁参照］

オーステナイト（γ）と生成するラスマルテンサイトの間には特定の結晶方位関係がある。詳細は省くが Kurdjumov-Sachs の関係［{111} γ // {011} α'、<101> γ //<111> α'］と呼ばれるものが存在し、隣り合うラスは同様な方位をもっている。そのため、針状晶であるラスマルテンサイトは特定の向きに配置する。このラスマルテンサイトの集まりが前述のブロックである。

これに対して (b) のパーライトでは、原子の拡散によって α Fe およびセメンタイト（Fe_3C）相の結晶核が生成するので、γ 相との厳密な方位関係はマルテンサイトより弱いが、α Fe 相の結晶方位には偏りがある。結晶の方位が揃うと、機械的性質にも異方性が生ずる。刀の場合、衝撃的な力が加わることもあり、その場合には特定の方向で割れが生ずることもある。特に、低温になると鋼中の転位の運動が困難になるので、切欠きなどに力が集中すると結晶粒界が剥離して破壊する低温脆性と呼ばれる現象がある。以前は、冬山で登山用ピッケルが破壊することがあったが、これは低温脆性のためである。結晶粒が粗大な場合、S、N、P などの不純物が粒界に多く集まり、粒界が弱くなる。結晶粒径が小さくなるほど粒界の不純物は分散するので、低温脆性は起こりにくくなる。

刀の場合は、S などの不純物は少なく、結晶粒径も小さいので鋼の部分が脆性を示すことは少ない。ただし、大きな非金属介在物があると、そこで切欠きが生じ、冬の戦闘で折れることが多くなる。西洋刀のような衝撃力を利用する方法より、引いて切る日本刀の使い方のほうがひずみ速度が低く折れにくい。刀を湾曲させる方法は脆性を低減する利点があり、湾曲した刀が発展し

 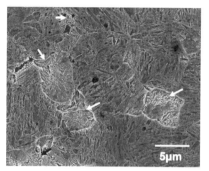

図5-6　心鉄と皮鉄の境界領域(a)とマルテンサイト(b)の走査電子顕微鏡像
矢印は刃鉄中のパーライト領域を示す（北田）

 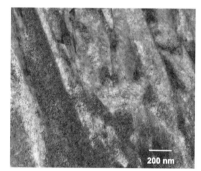

図5-7　刃鉄領域の透過電子顕微鏡像　　　図5-8　刃領域のマルテンサイトの高倍率
矢印の領域は微細なパーライト組織（北田）　　　　　　透過電子顕微鏡像（北田）

た一因とも考えられる。

④ 走査電子顕微鏡像

組織をさらに詳細に観察したのが図5-6の走査電子顕微鏡像である。(a)は心鉄（極低炭素鋼）と棟鉄（中炭素鋼）との境界領域の組織で、地はフェライトで、その結晶粒界の近傍に明るく見えるのがパーライトである。これは、心鉄の中に棟鉄の炭素が拡散し、心鉄と棟鉄の中間的な炭素濃度となったものである。異なる炭素鋼を接合したとき、境界で炭素の拡散が生じて両者の中間的な組織になれば、境界の炭素鋼組織は連続し、強く接合する。これを傾斜機能という。包永刀の場合、刃鉄と心鉄の異種鋼の接合領域も優れた組織になっている。(b)は刃のマルテンサイト領域で、ラスマルテンサイトからなるが、、矢印で示す領域は前述のパーライト粒子で、これは図5-3（a）の暗い領域、図5-4（a）の矢印で示した領域と同様の組織である。

⑤ 透過電子顕微鏡像

次に、刃領域の微細構造について述べる。図5-7は刃鉄領域における低倍率の透過電子顕微鏡像である。幅が0.1 - 0.3μm、長さが数μmの針状のラスマルテンサイトよりなっており、前述のEBSDなどで観察されたブロックは、微細な複数のラスマルテンサイトよりなっている。図中の矢印で示す右上の領域はマルテンサイトではなく、前述の非常に微細なパーライト組織であり、これが、図5-3（a）の光学顕微鏡像で暗く見える粒子に相当する。

図5-8はラスマルテンサイトの高倍率透過電子顕微鏡像で、ラスの内部には微細な線状の紋様が観察されるが、これは転位の像で、ラス内には高密度の転位が存在する。これらはオーステ

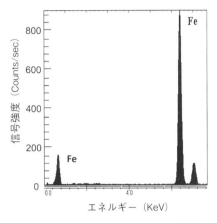

図5-9 包永刀のマルテンサイト領域の組成分析（EDS）像（北田）

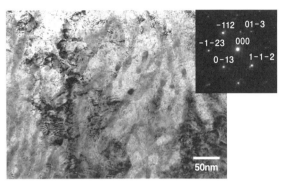

図5-10 微細なパーライトの拡大透過電子顕微鏡像とセメンタイト（Fe_3C）の電子線回折像（北田）

ナイトを焼入れたときのマルテンサイト変態によるひずみのために導入されたものである。転位密度が高すぎるので、その密度の測定は困難だが、転位密度の限界値に近い $10^{11}～10^{12}/cm^2$ といわれており、非常に高い。強制的に固溶された炭素原子は転位の近くに存在して、転位の移動を困難にする。このため、マルテンサイトは非常に硬くなる。これを高転位密度型マルテンサイトという。

この刀の炭素量は前述のように0.52重量％であり、(2.3)式によれば本試料のマルテンサイト開始（Ms）温度は約315℃で、水焼入れすれば容易に焼きが入る。これは、刀をつくる上で非常に重要な因子である。上述のマルテンサイトの中に点在する微細なパーライトは冷却中にマルテンサイトに先行してオーステナイトが相分離したもので、マルテンサイトはパーライトの生成後に生じたものである。マルテンサイトは臨界冷却速度以上でMs点になると生ずるので、微細なパーライトが生じた温度は315℃より若干高い温度である。冷却速度が速いのでパーライトが大きく成長しないうちにマルテンサイトが発生している。また、炭素濃度が高くなるとマルテンサイトはさらに硬くなるが、脆くなる。その点で、包永刀に用いられた中炭素鋼は微細なパーライトを含み、靱性が高い最良の鋼である。

図5-9はマルテンサイト領域の組成分析｛エネルギー分散X線分光（energy dispersive X-ray spectroscopy：略してEDSあるいはEDXという）｝像で、Feのほかに認められる元素ピークがなく、この分析法の能力では不純物が検出されない。刀のように非金属介在物が存在する場合、化学的な分析方法では試料を薬品で溶かすので、非金属介在物中の不純物も含まれることがあり、鉄あるいは鋼領域の正しい分析が出来ない。EDSによる分析は化学分析より感度は低いが、非金属介在物を含む材料の分析では、個別の領域および微小領域の分析が出来るので、評価法として非常に有用である。

次に刃鉄のマルテンサイトの中に観察されたパーライト組織の微細構造について述べる。図5-10は図5-7の矢印で示したパーライト組織の拡大像である。平行な明暗の縞紋様がみられるが、暗く見える細長い像がセメンタイトで、明るいのがマトリックスの $αFe$ である。光学顕微鏡では観察できない大きさで、このような微細なパーライトを昔はトルースタイトと呼んでい

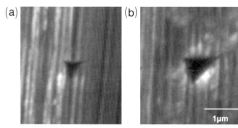

図5-11 ナノインデンテーションによるマルテンサイト領域(a)とパーライト領域(b)の圧痕比較（高村仁博士の協力による）

た。図に添えた電子線回折像はセメンタイト領域から得たもので、セメンタイト（Fe_3C）の回折像に一致する。

ここで、マルテンサイトと微細なパーライトの硬度の比較をする。図5-7で示した刃の組織中のマルテンサイトとパーライト（矢印）の機械的性質の違いは、非常に微視的なのでナノインデンテーション法*と呼ばれる硬度試験法を用いた。

図5-11は図5-7で示すようなマルテンサイト中にパーライトが混じる組織のナノインデンテーションによる圧痕で、(a)のマルテンサイト領域に比較して(b)のパーライト領域の圧痕が大きく、パーライトの硬度の低いことがわかる。これらの試験における荷重と圧子の深さとの関係を図5-12に示す。(a)のマルテンサイト領域では、圧子の深さが約80nmにおいて荷重は約2000μN**であるが、(b)のパーライト領域では圧子の深さ約80nmにおいて荷重は約1000μNであり、単純に荷重で比較すればマルテンサイトはパーライトの約2倍の硬度をもっている。塑性加工の面からみると、単純な深さの比較では、約2000μNの荷重でパーライトはマルテンサイトの約1.6倍変形する。表5-2はマルテンサイト、マルテンサイト領域のパーライト、および焼入れ深さの微細なパーライト組織のヤング率と硬度で、マルテンサイトのヤング率は平均257 GPa、硬度は8.3 GPaである。

表5-2 ナノ・インデンテーションによるヤング率と硬度

組織	マルテンサイト（M）	M中のパーライト	パーライト
ヤング率（GPa）	257	241	220
硬度（GPa）	8.3	5.2	3.9

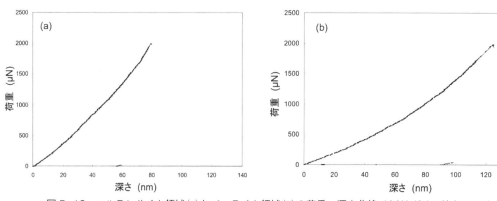

図5-12 マルテンサイト領域(a)とパーライト領域(b)の荷重−深さ曲線（高村仁博士の協力による）

---

* インデンテーションは押込み、圧痕、押込み量という意味で、これによって得られた硬度を押込硬度といい、ナノインデンテーション法はマイクロビッカース法よりさらに小さなスケール領域の機械的性質を評価する方法である。

** μNはマイクロニュートンで1Nは$1 kg \cdot m/s^2$

ナノインデンテーションによるマルテンサイトとパーライトの硬度比は約2.2で、この硬度がマイクロビッカース硬度に比例すると仮定すれば、後述する本試料のマルテンサイトのマイクロビッカース硬度は約635、パーライトは約320で、硬度比は約2で、ほぼ同じ比となる。これに対して、マルテンサイト中のパーライトの硬度はかなり高く、これはパーライトが微細なためである。パーライトの組織が微細にな

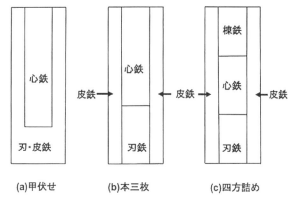

図5-13 代表的な鋼の組み合わせ法

るほど硬度は高くなるが、マルテンサイトより靭性が高く、刃金としては靭性のある組織になる。このような微細なパーライトは理想的なものであり、前述のように、硬いマルテンサイトの中に靭性のある組織が分散することによって、衝撃力に対して強くなる。

⑥ 鋼の組み合わせ法

図5-13は刀を鍛錬する前の代表的な鋼の組み合わせ法（合わせ鍛え）の模式図である。(a)は甲伏せと呼ばれる柔らかな心鉄を一枚の硬い鋼の皮鉄で挟む方法、(b)は刃鉄と皮鉄を別の板として皮鉄で刃と心鉄を挟む本三枚と呼ばれる方法、(c)は心鉄を刃鉄、棟鉄および皮鉄で包む四方詰めの方法である。このほかにも多くの組み合わせ法があるが、包永刀の場合は図5-2のマクロ像で示したように、中央に心鉄があり、断面の構造としては四方詰めに最も近い。ただし、皮鉄を円筒状あるいは半円筒状にしてその中に心鉄を入れる、甲伏せ法で上部に棟金を入れる、などの方法で同様な断面組織になる可能性もあるが、そのような方法は伝えられていないので、四方詰めとみなされる。

5.1.2 非金属介在物

古代からの20世紀初頭までにつくられた鉄鋼には、洋の東西を問わず、非常に多くの非金属介在物が含まれている。これは製錬のときに巻き込まれたもので、その機構については、第4.2節で述べた。ただし、非金属介在物には鉱石に由来するものと鍛接の際の表面酸化物、および表面の酸化物を除去して鍛接を容易にする藁灰などに由来するものとがある。鉱石に由来するものには鉱石に含まれる元素が存在するので、表面酸化物および藁灰由来のものと区別が出来る。鉱石由来の非金属介在物は、産地同定、刀の熱処理、加工履歴、鍛錬の度合い、鋼の性質等を評価する上で非常に重要である。

① 走査電子顕微鏡観察

包永刀の心鉄部の非金属介在物は図5-3の光学顕微鏡像で示したように、数μmから10μm程度の大きさが主である。非金属介在物が小さい場合には、光学顕微鏡像で内部組織を観察することは難しい。特にマルテンサイトの領域の非金属介在物の多くは数μm以下の小さなもので、これは刃鉄が良く鍛錬されて非金属介在物が細かく砕かれたためである。そこで、走査電子顕微鏡

第5章　日本刀の微細構造

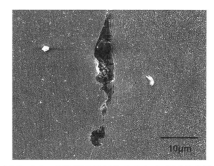

図5-14　心鉄部の比較的大きな非金属介在物の走査電子顕微鏡像（北田）

図5-15　心鉄-皮鉄境界部の非金属介在物の走査電子顕微鏡像　矢印は非金属介在物（北田）

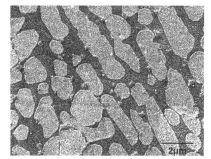

図5-16　心鉄部に存在する非金属介在物の高倍率走査電子顕微鏡像（北田）

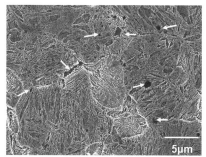

図5-17　刃鉄部の非金属介在物の走査電子顕微鏡像（矢印）（北田）

でおおよその内部構造を観察した。

　図5-14は心鉄内部の比較的大きな非金属介在物の走査電子顕微鏡像で、内部には明暗の紋様があり、多相構造である。ガラスと思われる暗い地の中にやや明るい粒子が晶出している。心鉄と皮鉄の中間領域でも、図5-15で示すように、心鉄と同様な非金属介在物が観察される。これは、皮鉄から心鉄に向かって炭素が拡散したことの証拠であり、この非金属介在物は元々心鉄中にあったものである。図5-16は心鉄中の典型的な多相構造の非金属介在物の走査電子顕微鏡像で、後述するが、明るい粒子は非金属介在物が凝固したときの初晶の鉄酸化物のウスタイト（FeO）で、地はガラスと思われるが微細な紋様が見られるので下部組織がある。

　図5-17は刃鉄のマルテンサイト中に観察される非金属介在物であるが、その大きさは心鉄に比較して非常に小さく、鍛錬によって砕かれ小さくなっている。心鉄とその周囲の鋼の鍛接境界および刃鉄と皮鉄の鍛接領域と思われる領域を探したが、鍛接境界の痕跡はなく、鍛接時の表面酸化物および鍛接用物質（藁灰など）由来の非金属介在物の巻き込みは見られなかった。

② 電子プローブ微量分析

　非金属介在物中の元素を分析するため、電子プローブ微量分析（electron probe microanalysis：EPMA）で測定した。この方法はX線マイクロアナライザーともいい、細く絞った電子線を試料部に当て、そこから発生した特性X線によって元素を同定する。電子線を走査して面分析するのがEPMAである。EPMAの分解能を考えて、非常に大きな非金属介在物を探して分析した。図5-18は心鉄部の非金属介在物のEPMA像で、図中に検出された元素の記号を示した。大きな非金属介在物の周囲には小さな非金属介在物が分散している。大きな非金属介在物の内部には、

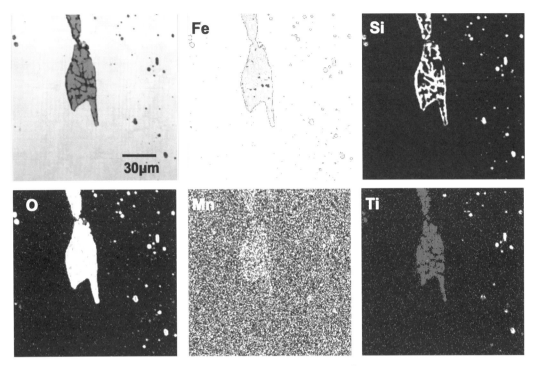

図5-18 心鉄中の非金属介在物の元素分布像 (北田)

暗い地の中に明るい粒子が存在する。明るい領域が元素の検出部で、明るさの増すほど検出量が多い。これらは、それぞれの元素の検出強度であって、元素間の相対強度ではない。Feの像では非金属介在物の周囲は鉄であるので明るく表示され、非金属介在物内では、非金属介在物の内部粒子領域のFe濃度が相対的に高くなっている。その周囲のガラス地とみられる中のFeは少ない。Siの元素分布像では、ガラス地でSiが多く、内部粒子では殆ど検出されない。Siの存在する領域からはAlと少量のCaも検出されたが、主にFe、SiおよびAlからなる物質である。Oは非金属介在物全体に存在し、非金属介在物が酸化物であることを示している。Mnは微量であるが非金属介在物全体に分布する。また、TiはFeの存在する領域から多く検出されるが、Siの存在するところで少なくなっている。

　検出されたSi、AlおよびCaは主に鉱石に混在する石英、かんらん石などの珪酸塩に由来し、TiとMnは砂鉄の主成分であるマグネタイト (Fe_3O_4) あるいはTiを含むイルメナイト ($FeTiO_3$) などに由来している。かんらん石は主要な造岩鉱物で、一般式は M_2SiO_4 で示され、Mは金属元素でFe、Mg、Caなどが単独あるいは複数で入る。Feとなっている化合物が鉄かんらん石 (ファヤライト: Fe_2SiO_4)、Mg_2SiO_4 をフォルステライト、$CaMgSiO_4$ をモンチセライトという。また、$MSiO_4$ ではジルコン ($ZrSiO_4$)、$CaSiO_4$ をけい灰石、さらに複雑な組成のざくろ石は $(Mg, Fe)_3Al_2(SiO_4)_3$ である。このほかにも多くの岩石が鉱石に付随するので、これらに含まれる元素がたたら製鉄のときに混入する。図5-18で示した非金属介在物の内部粒子からはFeとOが検出されるのでウスタイト (FeO) と推定され、FeとSiの存在する領域はファヤライト粒子、AlとSiを主成分とる領域はアルミノシリカ・ガラスと推定されるが、詳しくは次項

第5章 日本刀の微細構造

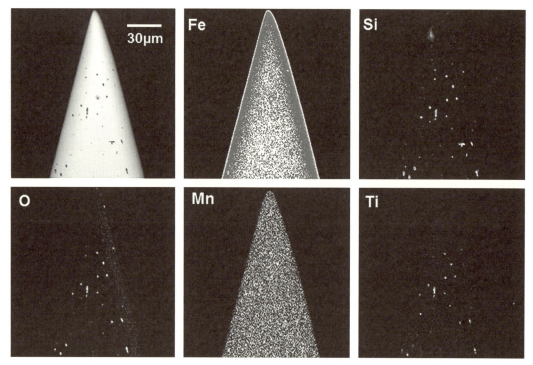

図5-19 刃部の非金属介在物の元素分布 (EPMA) 像 (北田)

で述べる。

図5-19は焼入れされた刃部のEPMA像で、電子像では暗く見える細かな領域が非金属介在物である。前述のように心鉄中の非金属介在物に比較して小さい粒子であるが、この像では分解能の限界のため、比較的大きな非金属介在物が観察されている。Feは明瞭ではないが非金属介在物中にもあり、Siは非金属介在物の全てに存在し、Siの検出された領域にはAlなども検出される。これらはOの検出領域と一致し、酸化物である。Mnも非金属介在物中にあるが、少量である。Tiはほぼ全ての非金属介在物で検出される。Tiは上述のように砂鉄中のイルメナイトなどに由来する。

③ 透過電子顕微鏡観察

非金属介在物を透過電子顕微鏡像で観察した結果について述べる。図5-20は心鉄中の非金属介在物の透過電子顕微鏡像である。多くの化合物粒子が観察され、コントラストが異なるのは化合物の組成、結晶方位の異同およびひずみによるコントラストのためである。地のガラスはアモルファスなのでコントラストは変わらないが、ガラスの中にも多数の微細な粒子が存在する。したがって、非金属介在物は焼入れ前の高温では融解しており、冷却の過程で凝固し、析出物が生じたことを示している。通常、凝固過程では、最初に融点の高い化合物結晶が晶出し、次に初晶より融点の低い化合物結晶の順に晶出する。残った融液はガラス組成でガラス転移を経て固化するが、ガラス転移の過程でガラスに過飽和な元素は原子の拡散により微細な結晶として析出する。

図5-20中の大きな粒子aは重い元素であるFeを含んでいるので電子線の透過率が低く、暗く見えている。粒子aからの電子線回折像を図の右上に示す。図中の000で示されるのは透過

した電子線の位置であり、その周囲の斑点は特定の結晶面から回折された電子線の位置で、1-1-1などは原子面の指数を示している。この電子線回折像を解析した結果、aで示した結晶は酸化鉄の一種であるウスタイト（FeO）、b粒子は鉄－チタン化合物のウルボスピネル（Fe_2TiO_4）にほぼ一致する（第5.10.3項）。右下のc粒子はファヤライト（Fe_2SiO_4）に一致する結晶であった。電子線回折で化合物の結晶系はほぼ決まるが、実際の結晶に含まれる元素をEDSで分析すると、上記の化合物構成元素のほかに多くの元素が固溶している。

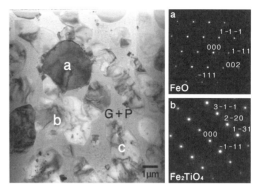

図5-20 心鉄部の非金属介在物の透過電子顕微鏡像と電子線回折像　aはFeO、bはFe_2TiO_4、cはFe_2SiO_4、Gはガラス、Pは微細な析出物を示す（北田）

図5-20中のa、bおよびcで示した粒子のEDSよる組成分析結果を表5-3示す。aで示したFeO系結晶粒子では、主要構成元素としてFeおよびOが検出され、このほかにAl、Si、Ti、V、およびMnが微量元素として検出され、V含有量が多い。b粒子の鉄－チタン化合物の純粋なものはFeとTiが主成分の酸化物であるが、AlがTiと同程度含まれており、上述の純粋なFe_2TiO_4ではなく、$Fe_3(Al, Ti)_2O_5$に近い化合物である。イルメナイト（$FeTiO_3$）構造の場合はRMO_3（RとMは金属元素、Oは酸素）で表される三方晶系結晶であるが、RとMがAlのときはコランダムと呼ばれるアルミナ（Al_2O_3）となるので、Alが入り込むことは不思議ではない。

ウルボスピネルの場合にAlをどの程度固溶できるのか不明だが、Alを成分とする化合物に$FeAl_2O_4$の組成をもつ鉄尖晶石があり、これとの固溶体であればウルボスピネルに近い結晶になる。c粒子のファヤアライトでも、多くの微量元素が含まれ、Alの含有量が多い。MnおよびVはFeに似た元素であり、結晶内でFeの位置を占めることが多い。このように、自然界にある鉱物の多くは純粋なものではなく、製錬された鉄鋼の中に混入した場合も多様な組成を示す。表5-3で示した結晶以外の組成を含めて元素分布の傾向をみると、Siの濃度が高い場合にはTi濃度が低く、Si濃度が低い場合にはTi濃度が高い。Ti、VおよびMnは鉱石由来のものであり、この刀には、これらの元素を多く含む砂鉄が使われている。鉄の性質を劣化させるSは検出されなかった。

上述の数μmの比較的大きな結晶のほかに、これらの結晶間を埋めているガラス地の中には100－300nm程度の結晶と数10nm以下の微細な析出物が分散している。その一例を図5-21に示す。aからcで示した結晶は100－300nmの結晶で、そのほかに数10nm以下の析出物が多数分散している。aで示す粒子は結晶の表面エネルギーが低いために比較的丸い形である。これに

表5-3　図5-20の非金属介在物中に存在する結晶の組成（原子%）

No.	Fe	Si	Al	Ti	K	Ca	Mn	V	S	O
a	47.3	1.12	0.92	0.30	---	---	0.35	3.91	---	残余
b	32.8	0.64	8.41	11.1	0.11	0.12	0.22	0.67	---	残余
c	27.0	14.7	2.87	0.05	0.22	0.27	0.05	0.09	---	残余

第5章　日本刀の微細構造

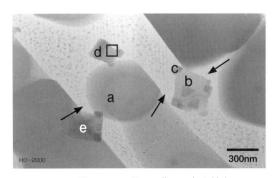

図5-21　図5-20で示した像の一部を拡大した透過電子顕微鏡像、矢印は無析出物帯を示す（北田）

対して、ひし形の結晶bとその上に付着しているc、dおよびeの結晶は結晶面が平坦で特定の結晶面のエネルギーが高い[*]結晶である。結晶bからdのEDSによる分析値を表5-4に示す。何れの結晶もFe、SiおよびAlを多く含むが、かなりばらついた組成である。ただし、透過電子顕微鏡試料は約100 nmの厚さがあり、小さい結晶のEDS分析値は地のガラス成分を含んでいるので、厳密な組成を得るのは困難である。また、cはbからエピタキシャル成長[**]しているので、下地と同様な原子面間隔をもつ結晶と考えられるが、組成は異なっている。cで示す結晶はTiが多い。このように、多様な結晶が生じているが、これは非金属介在物が多成分であることと、酸化物が固溶体などを幅広くつくるためである。

図5-21の矢印で示した結晶の近くでは、微細な析出物のない無析出物帯が見られる。これは、ガラス地から大きな結晶が成長したときに特定の元素が消費され、次のごく微細な析出物が生ずるときには、この領域に過飽和な成分がなくなったためである。このことから、析出過程の析出の順序が大きい結晶から小さい結晶へと移行したことがわかる。このような析出過程は原子の拡散を伴い、拡散に必要な時間があること、すなわち、ガラス転移が徐々に進んだことを示している。また、高温におけるガラスの粘性が低い場合には、原子の移動（拡散）が容易になり析出も容易になるので、このガラスの粘度は低いものと推定される。

図5-22の左の像は図5-21の矩形で示した領域の高倍率透過電子顕微鏡像で、暗い結晶領域では、結晶格子像が観察される。これは、結晶を構成する原子の配列を示している。微小領域からの電子線回折像を得ることが難しいので、この格子像を利用して電子線回折像を再生した。結晶格子像と回折像はフーリエ関数と呼ばれる数学的な関係を持っているので、フーリエ変換を利用すれば、結晶格子像から再生回折像が得られる。これを解析した結果、この酸化物はAlとSiを含むアンダルサイト（Al_2SiO_5）と呼ばれる酸化物にほぼ一致し、和名は紅柱石である。ただし、表5-4で示したd粒子の分析結果ではFeがSiと同程度含まれている。

明るくみえるガラス領域には約50 nm以下の微細な粒子が存在し、これらは大きな結晶が析出した後のガラス地から短距離の原子移動（拡散）で生成したものである。図5-23にガラス中の

表5-4　図5-21の非金属介在物中に存在する結晶の組成（原子％）

No.	Fe	Si	Al	Ti	K	Ca	V	S	O
b	12.1	12.4	19.9	0.79	0.04	0.28	- - -	- - -	残余
c	15.6	17.3	4.65	5.80	0.11	0.29	- - -	- - -	残余
d	10.9	7.99	23.3	0.39	0.27	0.22	0.11	0.18	残余

---

[*]　結晶中の原子の結合力は結晶の方位によって異なり、原子が最も強く結合している面が平らになる。

[**]　地の結晶の上に同様な原子間隔をもつ他の結晶が成長する現象。

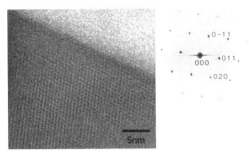

図5-22 図5-21の矩形で示した領域の格子像と再生電子線回折像でアンダルサイト（Al$_2$SiO$_5$）に一致する（北田）

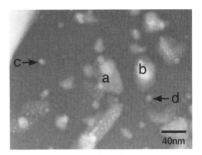

図5-23 非金属介在物のガラス地中の微細な析出物（北田）

表5-5 図5-23の非金属介在物中に存在する結晶の組成（原子%）

No.	Fe	Si	Al	Ti	K	Ca	V	S	O
a	5.38	25.8	4.84	1.16	0.31	1.83	---	0.08	残余
b	8.34	17.1	6.85	2.46	0.14	2.27	0.22	0.04	残余
c	2.23	28.8	2.37	0.01	0.19	0.74	0.04	4.70	残余
d	2.20	27.57	2.35	0.07	0.09	0.60	---	2.26	残余

微細な結晶の透過電子顕微鏡像を示す。後述するように微細な化合物は高倍率像で格子像が観察されるので、結晶である。表5-5に図5-23で示したaからdまでの微細な結晶粒子の分析組成を示す。これらの結晶は100nm以下であり、観察している試料の厚さが100nm程度で、地のガラスの成分を含んだ値となっているので、分析値は近似組成としての参考データであるが、何れもFeは少なくSiとAlが多く、アルミノ珪酸塩になっている。上述のように、大きな結晶から小さい結晶へと順を追って析出していることから、SiとAlを主成分とするガラスと相性の悪い元素、すなわち、網目状ガラス構造に適応しないFeが含まれている。また、大きな結晶から小さい結晶へと順を追って析出しているのは、長距離の原子移動が必要ない微細な結晶ほど低温で析出できるためである。

図5-24の左はガラス中の微細な析出物の結晶格子像のひとつで、周期的な結晶格子像を示す。図の右に示す再生電子線回折像を解析した結果、紅柱石と同質多形（同じ組成だが結晶構造が異なる物質）である珪線石（シリマナイト）と呼ばれる酸化物である。同質多形は結晶が生ずるときの温度、圧力、熱履歴などの違いによって起こる。

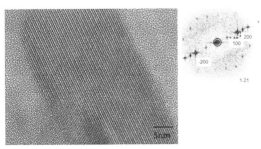

図5-24 ガラス中の微細な析出物の結晶格子像と再生電子線回折像、長周期の構造を示す（北田）

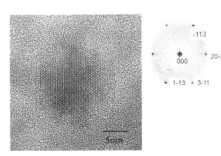

図5-25 ガラス中の微細な析出物の結晶格子像と再生電子線回折像、回折像はファイヤライトに一致する（北田）

第5章　日本刀の微細構造

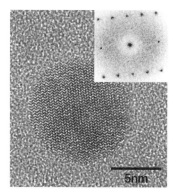

図 5-26　非金属介在物のガラス中の微細な析出物の結晶格子像と再生回折像（北田）

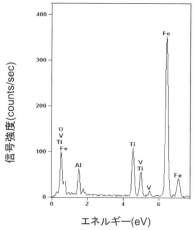

図 5-27　図 5-26 で示した粒子の EDS 像（北田）

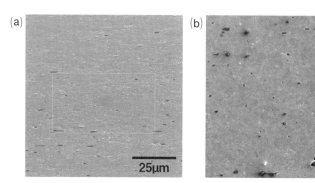

図 5-28　刃先端部から 0.5 mm (a) と 3 mm (b) 離れた領域の非金属介在物を示す走査型電子顕微鏡像（北田）

図 5-25 もガラス中の微細な析出物の結晶格子像のひとつで、図の右に示す再生電子線回折像を解析した結果、大きな結晶としても析出しているファヤライトであった。図 5-26 は同様なガラス中の微細な析出物の結晶格子像で特異な格子像を示すが、これは解析できなかったので不明な物質である。図 5-27 に示すこの粒子の EDS では、Fe、Ti、Si および Al のほかに V および Mn が検出され、Al が Fe 位置を占めれば（Fe, Al）TiO_3 系でイルメナイトに近い化合物である。

図 5-28 (a) は刃先端から 0.5 mm および (b) は 3 mm 離れた領域の非金属介在物の形状と大きさを示す走査電子顕微鏡像である。(a) で観察される非金属介在物は細長く伸ばされて針状になっているが、(b) では楕円形に近い形である。これは、先端ほど加工率が高いために変形して針状化したためである。たたら製鉄でつくられた鋼中の非金属介在物の大きさは加工度の最も高い刃先で最も小さく、加工度の低い心鉄で最も大きい。

5.1.3　硬度

包永刀の断面におけるマイクロビッカース硬度の分布を図 5-29 に示す。先ず、刃先から棟に向かう直線上の硬度分布を述べる。焼入れられた刃先の硬度は 637 で、先端から離れると若干低くなって 632 となる。これは、冷却速度が低くなるために前述のように微細なパーライトか

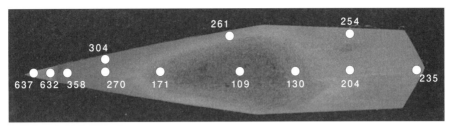

図 5-29　包永刀断面の主な場所の硬度分布（北田）

らなる粒子が混在することが一因である。マルテンサイト領域から棟の向きに若干離れると微細なパーライト領域になり、硬度は急激に低くなって 358 となる。さらに棟に近づくとパーライトの組織が粗くなり、270 に低下する。心鉄と刃鉄の境界は両者が相互拡散して炭素濃度が低い領域になり、硬度は 171 に低下する。心鉄の中心部は高純度の鉄であり、硬度は 109 である。さらに棟に近づくと心鉄と棟鉄が相互拡散した領域になり、硬度は心鉄より若干高い 130 になる。棟鉄は刃鉄と同じ炭素濃度であり、棟鉄の中心部の硬度は 204、棟の近くでは 235 である。刃から棟を結ぶ線上の硬度の最高値と最低値の比 H_h/H_l は約 6.1 で、後述する刀の中では若干低い部類である。

次に皮鉄部の硬度では、中心部の硬度 270 の位置で 304、鎬に近い皮鉄で 261、中心部の硬度 204 の位置で 254 である。皮部のほうが中心部より高いのは、皮部の冷却速度が高く、パーライトが中心部より微細なためである。

硬い鋼と軟らかい鋼の組み合わせを複合材料として評価する場合は、両者の断面比を考慮することが必要だが、刃鉄のマルテンサイト、皮鉄のパーライト、心鉄のフェライトと 3 者があるので、複雑である。この刀断面の刃領域は小さいのでパーライト領域に入れ、簡単に中炭素鋼と極低炭素鋼との面積比を S_h/S_l とすれば、約 2 である。この比だけで機械的性質を評価することは出来ないが、刀の硬軟を相対的に論ずることができ、面積に平均硬さを乗ずる方法も相対的な評価手段になると思われる。

5.2 南北朝時代刀

5.2.1 備州長船政光刀

南北朝時代は 1332 年から 1392 年までの鎌倉時代と室町時代に挟まれた短い期間であったが、南朝と北朝が対立して争いがあった戦国期である。備州長船政光を名乗る鍛冶は延文（1356 - 1361）から応永（1394 - 1428）の初期にわたって作刀したと伝えられている。

本試料は備州長船政光銘で、銘を図 5-30 に示す（藤代興里氏寄贈）。裏には年紀があり、永徳二年八月日（1382 年）の作である。刀の作成日として二月日と八月日が多く、この季節につくった刀が良質といわれている。両月は気温に大きな差があるが、気温、水温などの値より、これらが安定している季節に作刀がしやすかったものと思われる。温度計のない時代の気温、水温などに対する感覚の問題とも思われる。この試料は短刀であるが、入手したとき、刃部の大半が切り取られていたので、全体像と長さは不明である。

第5章 日本刀の微細構造

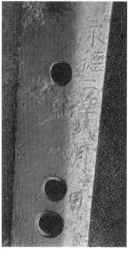
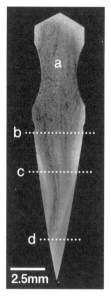

図5-30 備州長船政光刀の銘と年紀（藤代興里氏寄贈）

図5-31 備州長船政光刀の断面マクロ像、記号は次図以降で述べる組織の位置を示す（北田）

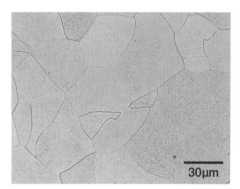
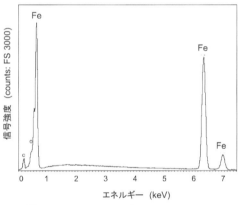

図5-32 図5-31のa領域の心鉄の清浄なフェライトの光学顕微鏡組織（北田）

図5-33 図5-32の領域におけるEDS像（北田）

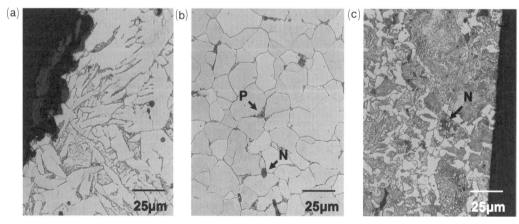

図5-34 図5-31のbで示した断面左の樋のある領域(a)、中央(b)および右の鎬近傍(c)の光学顕微組織、Pはパーライト、Nは非金属介在物（北田）

① 金属組織

刀の断面の腐食後のマクロ組織を図5-31に示す。暗く見えるのは比較的大きな非金属介在物で、心鉄中に多く観察される。図の記号および点線は後述する組織の観察場所である。断面像から明らかなように、この刀には大きな樋とその下に小さな樋が彫られている。マクロ組織像では、樋の部分で皮金組織の連続性が失われているが、全体の組織の分布はわかる。組織は大きく分けて明るい領域と暗い領域からなり、表面に近い領域は明るく、内部が暗い領域である。暗い領域の内部には縞模様があり、若干湾曲しながら刃に向かっている。樋の欠けた領域も明るい領域だったと推定され、明るく見える組織をもつ鋼で暗い組織の鋼を包んだ状態になっており、四方詰めでつくられた可能性があるが、刃に向かう縞模様の間には炭素濃度の高い領域があり、単純な構造ではない。

図5-32は図5-31のaで示す心鉄の光学顕微鏡像で、非金属介在物が少ないフェライト組織である。結晶粒径は30 – 150μmで、この領域の粒径は比較的小さい。この組織は上述の刃に向かう縞紋様まで続いている。この領域におけるエネルギー分散X線分光（EDS）による不純物の検出を行ったが、図5-33で示すようにSi等の不純物のピークはなく、EDS分析のレベルでの鋼の純度は非常に高い。

図5-31の点線bで示す場所の左表面近傍、中央および右表面近傍の光学顕微鏡像を図5-34の(a)、(b)および(c)に示す。(a)は小さな樋が彫られている場所で表面が窪んでおり、皮鉄から心鉄の境界付近で、フェライトと少量のパーライトからなるが、フェライト結晶が細長く成長している。このような組織は鋼を1000 – 1200℃に加熱したときに生ずるものであり、過熱組織と呼ばれ、一般に炭素濃度が0.4重量%以上になるとフェライトが粗大になるが、(a)の炭素濃度は低い。表面が酸化すると脱炭して炭素濃度の減少することがある。鋼の何れかの鍛錬過程で高い温度に加熱したことが窺われる。(b)の中央部の組織はフェライトであるが、暗くみえる領域はパーライトである。結晶粒径は10 – 30μmで、(a)で示した領域より小さなフェライトからなり、心鉄としては最も粒径が小さい。(c)で示す右の皮鉄領域は0.5 – 0.6重量%の炭素鋼で、暗い領域はパーライト、明るい領域はフェライトである。このような複雑な組織は肌の複雑な紋様に寄与している。

図5-31の点線cで示す左皮鉄、中央心鉄および右皮鉄領域の光学顕微鏡像が図5-35である。(a)の左側の皮鉄は炭素濃度が約0.70重量%の高炭素鋼で明るい領域は大部分がマルテンサイトからなり、他の暗い領域は微細なパーライトである。中央の心鉄は非金属介在物が多く、僅かにパーライトの領域が存在するが、大部分フェライトからなっている。(c)の右側の皮鉄は明るいマルテンサイトと暗い微細なパーライトからなり、(a)の皮鉄よりマルテンサイトが多い。

図5-36は焼入れ深さ（鋼の表面からマルテンサイトが50%の位置）よりやや刃のマルテンサイト領域に近い、図5-31の点線dで示す場所の左皮鉄、中央および右皮鉄領域の光学顕微鏡像である。(a)の左の皮鉄はマルテンサイト地に少量のパーライト（暗い領域）と初析フェライト（明るい領域）が存在する。(b)および(c)はマルテンサイト地に微細なパーライトが分散しているが、冷却速度が低い(b)の中央ではパーライトの領域が(c)より若干多い。これは、中心部の冷却速度が低く、Ms点に到達する前にパーライトが生じたためである。左の皮鉄は炭素濃度が低

第5章 日本刀の微細構造

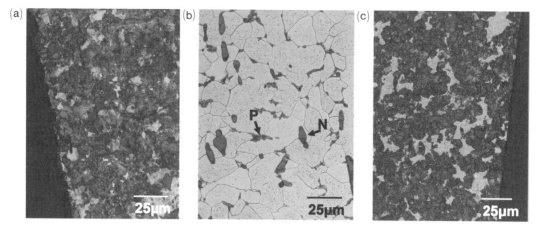

図5-35　図5-31のc領域の左(a)、中央(b)および右側(c)の光学顕微鏡組織
(b)のPはパーライト、Nは非金属介在物（北田）

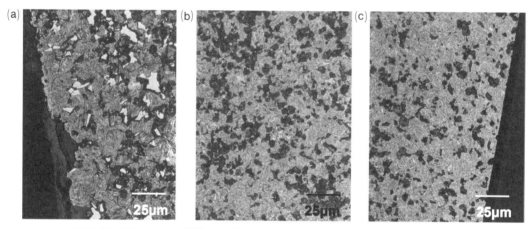

図5-36　図5-31のd領域の左(a)、中央(b)および右側(c)の光学顕微鏡組織（北田）

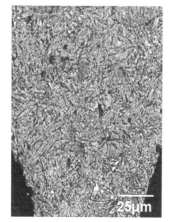

図5-37　刃先近くのマルテンサイトの光学顕微鏡組織（北田）

図5-38　焼入れした刃のマルテンサイト組織の透過電子顕微鏡像、明るい部分は非金属介在物（北田）

いため、初析フェライト（残留オーステナイトではない）が存在し、この領域の焼入れ温度はオーステナイト・フェライト共存領域と考えられる。

図5-37は刃先のマルテンサイト組織で、ラスマルテンサイトからなるが、前述の包永刀のマルテンサイトより若干粗めである。暗いところが非金属介在物で、刃先の非金属介在物は心鉄および皮鉄の非金属介在物に比較して小さい。これは、刃鉄の鍛錬度が高いためである。

刃先のマルテンサイト組織の透過電子顕微鏡像を図5-38に示す。ラスの幅は50－200nmであり、コントラストの同様な領域は結晶方位が揃ったブロックである。明るい円形の領域は非金属介在物である。マルテンサイトは大部分が高密度の転位からなるが、ごく一部には図5-39の矢印で示す微小な双晶が観察される。地の梨地のような紋様は転位の像で、密度が高いため、ひずみにより転位線はぼやけて見える。一般に鋼の炭素濃度が高くなると変態時のひずみが大きくなり、マルテンサイト変態時の大きなひずみを緩和するために双晶が導入される。この刀の刃部の炭素濃度は約0.70重量％であり、双晶が入りやすい組成である。双晶が多いと焼入れた鋼の靭性は低くなるが、観察したマルテンサイト中の双晶は小さくてごく少なく、マルテンサイトの質は比較的良好と思われる。図の右側の明るい領域は非金属介在物で、電子線回折像はアモルファスを示すハロー（halo：円光、光輪などの意味）になっている。

断面マクロ組織および光学顕微鏡像を合わせて考えると、棟に近い皮鉄の組織は中炭素鋼で、中央付近から下の皮鉄は微細な組織の高炭素鋼となっており、皮鉄で心鉄を包み込んだ状態である。したがって、刃鉄と下部の皮鉄、上部の皮鉄で心鉄を包んで鍛造したか、あるいは2種の皮鉄を使った四方詰めの可能性が高い。ただし、下部の縞状組織の成因は不明である。上部と下部の皮鉄の炭素濃度および組織を変えることによって、肌の光沢、紋様に変化を持たせたものと推定される。

② 非金属介在物

図5-39の右側の明るい領域は非金属介在物で、その電子線回折像を図の右上に示したが、回折像はハローであり、アモルファス、すなわちガラスである。非金属介在物領域のエネルギー分散X線分光（EDS）像を図5-40に示す。検出された元素はガラス構成元素であるSi、Al、Mg、KおよびCaのほかに、Ti、V、MnおよびFeである。透過電子顕微鏡ではガラス中に析出物は

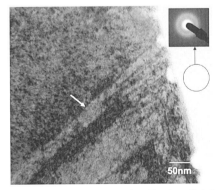

図5-39　マルテンサイトの中に見られる微小な双晶（矢印）の透過電子顕微鏡像および右側の非金属介在物の電子線回折像（北田）

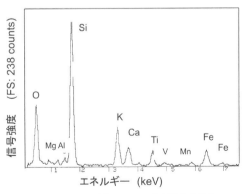

図5-40　図5-39の非金属介在物におけるEDS像（北田）

第5章　日本刀の微細構造

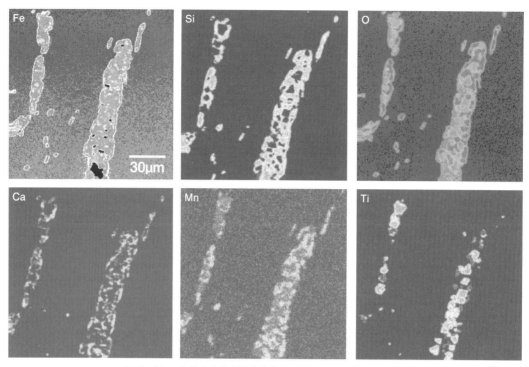

図5-41　心鉄中の非金属介在物における元素分布像（北田）

観察されず、これらの元素はアルミノシリカ・ガラスの中に溶け込んでおり、場所が刃先なので冷却速度が高く、ガラス成分でないTiなどは化合物として析出できずに強制固溶していることも考えられる。

　心鉄では、場所によって非金属介在物の密度、分布および大きさが異なる。一般的に心鉄は高温で熱処理されているが、鍛錬度が低いので、非金属介在物は多く、そのサイズも大きいが、この刀の心鉄では非金属介在物の密度と大きさにばらつきがあるものの、他の刀より小さい。図5-41は心鉄中の比較的大きな非金属介在物の電子プローブ微量分析による主な元素の分布像である。比較的大きなものが2個でその周囲に小さなものがある。非金属介在物は主成分が酸化物であるから、酸素（O）は介在物全体に分布しているが、強度分布がある。Si、Ca、AlおよびMgはほぼ同じ領域にあり、Caの多く存在するところがアルミノシリカ・ガラスである。Fe、SiおよびOが存在する領域はファヤライト（Fe_2SiO_4）と推定される。Si、AlおよびCaが存在しない場所にTiが多く存在し、Feも共存するので、微量のAl、Mgなどが溶け込んでいるFe-Ti-O系の化合物（イルメナイトあるいはウルボスピネルなど）である。Mnは全体として微量であるが、Fe_2SiO_4の中に多めに存在し、Fe-Ti-O系化合物の中に

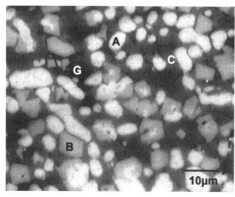

図5-42　心鉄の非金属介在物中の
　　　　化合物粒子像（北田）

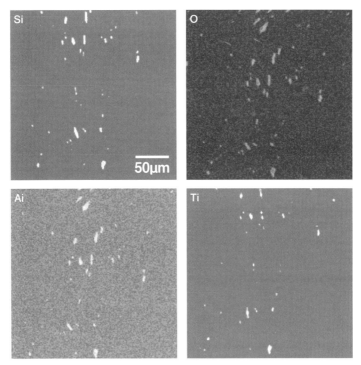

図5-43 刃鉄中の非金属介在物における主な元素分布像（北田）

も微量含まれている。Vは痕跡程度である。小さな非金属介在物も大きな非金属介在物と同様な元素が含まれている。Ti、MnおよびVなどの特有元素が存在するので、砂鉄由来の非金属介在物である。

図5-42は心鉄中の非金属介在物中の化合物粒子のSEM像である。丸みを帯びた明るい粒子（A）の主成分はFeとOで、Ti、Mn、Vを微量含むウスタイト（FeO）である。Bで示す若干暗い多角形の主な成分はFe、TiおよびOで、微量のSi、Mn、Vを含み、おおよそ$Fe_4Ti_2O_5$で示される組成をもつが、既知のイルメナイト（$FeTiO_3$）などのFe-Ti-O系化合物の組成に一致せず、イルメナイトとマグネタイトの固溶体であるチタノマグネタイトなどの可能性がある。暗いCで示す粒子はFe、Si、Oに富みファヤライト（Fe_2SiO_4）である。最も暗い領域はSi、AlおよびOが主成分のアルミノシリカ・ガラスで、Fe、K、Caなどを含む。

刃のマルテンサイト中の非金属介在物の主な元素として、Si、O、AlおよびTiの元素分布を図5-43に示す。SiとAlの多くは同じ場所と異なる場所にあり、SiとAlを主体とする非金属介在物がある。TiはFe、Siと同じ場所にあり、MnはTiと同じ場所、Vはトレース程度に存在する。刃の非金属介在物は細かく砕かれているので元素分布に差があるものと考えられる。全体として含まれる元素をみると、心鉄と刃鉄にはほぼ共通する元素が含まれ、Ti、VおよびMnが存在するので、心鉄と刃鉄は同じ産地の素材を使っている可能性が高い。

③ 硬度

図5-44に断面の刃先から棟に至るマイクロビッカース硬度分布を示す。刃先の硬度は745で、焼入れ部から棟に向かうと急激に硬度は低下し、低炭素鋼からフェライトの極低炭素鋼になって

硬度は109まで低くなり、棟で再び高くなる。最高硬度と最低硬度の比 H_h/H_l は約6.8で、包永刀の6.1より若干大きい。これは刃の炭素濃度が包永刀より高いためと思われる。断面における硬い鋼と包丁鉄からなる軟らかい鋼の面積比 S_h/S_l は約1.3で、包永刀の2より小さく、後述の国次刀の0.65より大きいが、相対的に軟らかめの刀である。

5.2.2 来國次刀

　来を名乗る刀工は国行が祖といわれ、鎌倉中期から南北朝以降まで、一門が京および山城で作刀したと伝えられている。来國次は南北朝時代の刀工といわれている。図5-45は用いた試料の全体像と銘である（藤代興里氏寄贈）。短刀で平作りであり、樋が彫られ、刃紋は直刃である。試料は矢印で示すほぼ中央部から採取した。

① マクロ組織

　図5-46に腐食した後の断面のマクロ像を示す。aの刃先からbの近くまでが焼入れされた刃部、中央の暗い領域は心鉄、右側の皮鉄は棟まで続いているが、左側の皮鉄はcとeの中間ぐらいの位置から樋の下部まで皮鉄がない。甲伏せ法でつくった可能性が高いが、心鉄が刃の近くまであり、本三枚造りの断面構造とも思われる。左側の皮鉄は鍛錬中に薄くなってしまったか、薄かったために研ぎ減りしたものと思われる。棟付近の上部の皮鉄（明るい領域）の対象性は良い。表5-6に化学分析の結果を示す。分析値は心鉄、皮鉄を含む値で、鋼の中に存在する非金属介在物の一部を含めた値であるが、SiおよびAl濃度は低く、SおよびPの含有量も比較的低い。Tiは砂鉄由来とみられ、Mn、VおよびCuは、ここで用いた分析法での検出限界以下であった。炭素を除いた純度は比較的高く、炭素濃度以外は電解鉄に匹敵する。前述の包永刀の純度と同等である。

② 光学顕微鏡組織

　刃先の焼入れられたマルテンサイト組織（図5-46のa部）を図5-47(a)に示す。マルテンサイト組織には、靭性を低下させるような光学顕微鏡スケールの粗大な双晶組織はない。暗い粒子は非金属介在物で、大きいものでも$10\,\mu m$以下の大きさである。(b)に示すマルテンサイト-パーライト遷移領域近く（図5-46のb部）の光学顕微鏡組織では、明るい領域がマルテンサイトで暗い領域が微細なパーライトである。このマルテンサイトとパーライトの混合組織（2相鋼）では、ラスマルテンサイトの大きさが刃先より若干大きくなっている。マルテンサイトは前述の包永刀より若干粗いが、政光刀より若干微細である。

　図5-46の断面組織cおよびdで示した領域の光学顕微鏡組織を図5-48に示す。(a)の皮鉄では、明るい粒子がフェライトで暗い領域が微細なパーライトである。結晶粒径は判然としないが、$5-15\,\mu m$程度であり、日本刀の皮金の組織としては一般的な部類である。皮鉄は刃鉄と同様に鍛錬されている鋼なので、非金属介在物は小さい。組織から推定した皮鉄の炭素濃度は0.55

表5-6　國次刀の不純物分析値（重量%）

Si	Al	S	P	Ti	Mn	V	Cu
<0.05	<0.01	0.001	0.013	0.02	<0.01	<0.01	<0.01

5.2 南北朝時代刀

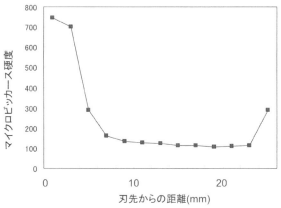

図5-44 政光刀の刃から棟にいたるマイクロビッカース
硬度分布（北田）

図5-45
國次刀の全体像と銘、矢印が
試料採取部（藤代興里氏寄贈）

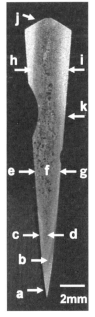

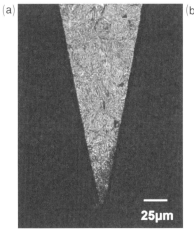

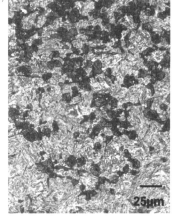

図5-46 國次刀の腐蝕後の
断面マクロ像、a-jの矢印は
組織の観察部を示す（北田）

図5-47 刃先の焼入れ組織(a)とマルテンサイト-パーライト遷移領域
近く（図5-46のb）のマルテンサイトと微細なパーライト混
合組織(b)（北田）

107

－ 0.60 重量％で、中炭素鋼（0.25 － 0.60 重量％）の上限値である。これに対して、図5-46 の b
部で示した刃鉄と心鉄の境界の心鉄領域では、フェライト粒子中に（b）のように暗く見えるパー
ライトが存在する。しかし、心鉄の結晶粒径と非金属介在物は大きいままであり、皮鉄から心鉄
へ炭素原子が拡散して一部にパーライトが形成されたことを示している。フェライトの結晶粒径
は 25 － 150μm で、後述する心鉄中央部より小さく、刃鉄近くで加工度が高く、鍛錬中に再結晶
した可能性がある。矢印で示す非金属介在物は刃と棟を結ぶ方向に平行に細長くなっているが、
鍛造によって塊状のものが針状になったためである。組成にもよるが、多元系のケイ酸塩からな
る非金属介在物は高温で融解している場合が多いので、高温の鍛錬では鎚打ちの打撃方向に対し
て垂直に薄く長く伸ばされる。この領域には比較的大きな非金属介在物が少数存在する。

　図5-46 の位置 e、f および g における光学顕微鏡像を図5-49 に示す。マクロ組織で述べた
が、（a）で示すように e に皮鉄はなく、僅かにパーライトが存在する低炭素鋼で、フェライトの
結晶粒径は 50 － 150μm である。パーライトは皮鉄から炭素が拡散して生じたものと思われるの
で、初めは皮鉄があったのであろう。（b）は中央の心鉄部で、フェライトの粒径は 200 － 800μm
と非常に大きく、肉眼でも見える程度の大きさである。心鉄は包丁鉄と呼ばれる高温で熱処理し
た鋼であり、その熱処理のときに結晶が成長して粗大化したものであるが、結晶粒径のばらつき
は大きい。（c）で示す右側の皮鉄の炭素濃度は約 0.55 重量％で、図5-48（a）で示した皮鉄と同
程度の炭素濃度である。一方、マルテンサイト-パーライト遷移領域の上部の微細なパーライト
組織から、刃鉄の炭素濃度も 0.55 － 0.60 重量％程度である。上述のように、研ぎ減りする前の
（a）の外側には、図5-48（a）および図5-49（c）と同様な皮鉄があったものとみられる。

　図5-46 の h と i で示した皮鉄部の光学顕微鏡組織は図5-50 であるが、上述の皮金の組織に
比較して、パーライトが非常に粗大になり、結晶粒径も大きくなっている。刃鉄から連なる同じ
鋼で皮鉄がつくられていれば、下部の皮鉄の組織と大差ない筈である。しかし、刀の上部の皮鉄
は過熱組織といわれる程度にフェライトとパーライトが粗大化している。小さな刀で部分的に過
熱されることは考えにくく、刃にマルテンサイトがあるので火に遇っていることも考えにくい。

　皮鉄の組織粗大化は図5-46 の k 付近から始まっており、この境界を図5-51 の a-b-c で示
す。刃側の皮鉄を被うように鍛接されている。したがって、皮鉄は 2 種の鋼からなり、棟に近い
両側の皮鉄に組織の粗大な鋼を使っており、意図的に組み合わせたものと推定される。鍛錬のと
き、刀がオーステナイト領域まで加熱されていれば、心鉄のフェライトを除きパーライト組織は
固溶体のオーステナイトになる。冷却時に焼入れ（マルテンサイト）部を除き新たなパーライト
組織になれば、上述の過熱パーライト組織は存在しない。したがって、鍛錬はオーステナイト領
域の比較的低温で行われたものと推定される。組織が粗大化すると鋼の硬度は低くなるが、高純
度の鋼の靱性は向上するので、刀の柔軟性は高まる。このほか、組織の異なる鋼を使用するこ
とによって、研磨した肌の状態も異なるので、これを考慮した可能性もある。前述の政光刀（図
5-34）も同様な組織の皮鉄を棟側に使っているので、技術の時代的背景がある可能性もある。ま
た、V が 0.003 重量％程度含まれるとセメンタイトの粗大化が促進されるので、粗大な組織は不
純物の影響も考えられる。

　この刀では樋が彫られているが、組織は凹部で途切れており、型鍛造した場合に見られる湾曲

5.2 南北朝時代刀

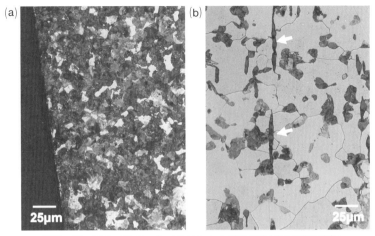

図 5-48　図 5-46 の c と d で示した左側の皮鉄(a)と刃鉄に近い
心鉄(b)の光学顕微鏡組織、矢印は非金属介在物（北田）

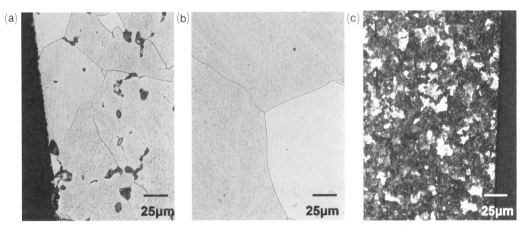

図 5-49　図 5-46 の e、f および g の位置における光学顕微鏡組織
(a)は e、(b)は f、(c)は g の位置（北田）

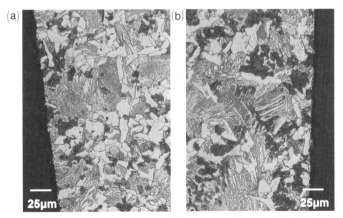

図 5-50　図 5-46 の h および i で示した皮鉄の光学顕微鏡組織
(a)が h、(b)が i の位置（北田）

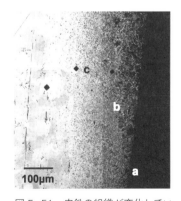

図 5-51　皮鉄の組織が変化してい
る領域の光学顕微鏡像

a-b-c を結ぶ線が組織変化の境界に
なっている（北田）

第5章 日本刀の微細構造

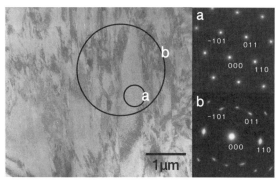

図5-52 マルテンサイトの透過電子顕微鏡像とaおよび
b領域の制限視野電子線回折像（北田）

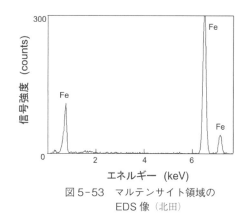

図5-53 マルテンサイト領域の
EDS像（北田）

した連続組織にはなっていない。しがって、切削されたものである。西洋刀の多くは型鍛造および鏨(たがね)で樋をつけているが、彫りが日本刀の特徴の一つである。一般に、樋は装飾、軽量化、および血抜きのためといわれている。樋がある刀は断面形状が多角的で長さとともに形状が変化する形鋼あるいは異形鋼にあたり、樋は複雑な形状を付与している。一般に断面形状を複雑にすると、曲げなどに対して強度が高くなって屈曲しにくくなるので、樋は強度を保ったまま軽量化する目的でつくられた可能性もある。

③マルテンサイトの透過電子顕微鏡像

マルテンサイトの微細な構造を知るために、透過電子顕微鏡で組織を調べた。刃鉄のマルテンサイト組織を図5-52に示す。マルテンサイトは包永刀で述べたように、針状のラスマルテンサイトよりなり、マルテンサイトの内部はたくさんの転位からなる高転位密度型で、この刀では、靭性を低下させる双晶は観察されない。ラスの幅は0.3～1μmで一般的にみられる大きさである。ただし、透過電子顕微鏡試料は10×10μm程度の狭い範囲を観察しているので、局部的情報である。図中のaで示したラスマルテンサイト単品の電子線回折像を右上に、bで示した複数のラスマルテンサイトを含む広い範囲の回折像を右下に載せた。マルテンサイト単品はもちろん単結晶であるので、aに示した回折斑点は六角形の単結晶斑点からなる。これに対して、複数のラスを含むbの回折像では、結晶方位が最大30°程度互いに傾いているので、単結晶の斑点より多い斑点が存在する。このようなラスマルテンサイトで方位の傾きの少ない集団がブロックと呼ばれる。

マルテンサイトの不純物の知るためにエネルギー分散X線分光（EDS）で分析をしたが、図5-53のようにFe以外のピークはなく、Siが痕跡程度の量で、純度の高い刃鉄である。また、皮鉄部でも刃鉄と同様に不純物のピークはなく、高純度の鋼である。

④非金属介在物

非金属介在物は使用した砂鉄原料を知ることや鍛錬の加工過程などを知る上で重要な組織要素である。大きなものは光学顕微鏡像で観察できるが、鍛錬度が高い刃鉄および皮鉄では微細化されているので、分解能以下のものもある。ここでは、先ず、刃鉄にみられた特殊な非金属介在物の透過電子顕微鏡観察について述べる。

ⓐ 刃鉄中のホウ素化合物

刃鉄では、他の刀では観察されなかった特殊な非金属介在物が検出された。図5-54は刃鉄中

5.2 南北朝時代刀

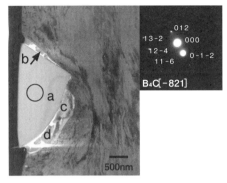

図 5-54　刃鉄中の特殊な非金属介在物の透過電子
　　　　 顕微鏡像とa部の電子線回折像（北田）

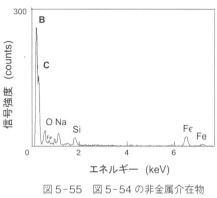

図 5-55　図 5-54 の非金属介在物
　　　　 a の EDS 像（北田）

に存在していた非金属介在物の透過電子顕微鏡像で、左側のaが特殊な非金属介在物、右側はマルテンサイトで、両者の境界にもbからdで示す非金属介在物が存在する。図の右にaで示した領域から得た電子線回折像を添えた。aの円で示した領域のEDS像が図5-55で、主成分はホウ素（B）と炭素（C）で、その他にNa、Si、Feなどが少量含まれている。分析値はBが約74原子%、Cが約26原子%で、Cの分析値は信頼度がやや低いが、原子比としてはほぼB_3Cとなる。図5-53中のbの粒子も同様な組成の化合物である。これは炭化ホウ素であり、BCからB_6Cまでの組成にわたる化合物がある。B_4Cが普通に存在するものであるが、$B_4C_{0.35}$からB_4Cまでの固溶域範囲をもっている。分析値はこれとは異なるが、図5-53の右上に添えたaの電子線回折像を解析すると、面指数を付したように、ほぼ三方晶の炭化ホウ素であるB_4Cに一致する。

図5-56はホウ素化合物とマルテンサイトの境界のbで示した領域の結晶格子像で、B_4Cの格子定数は a=0.562nm、b=1.214nm で、a軸に近い約0.56nmの面間隔が見られる。ホウ素が検出される刀としては、昭和初期の満鉄刀（第5.7.2節）があり、これは鍛接時に表面酸化物を溶かして溶接を容易にするのに硼砂（$Na_2B_4O_7\cdot 10H_2O$）を使ったためである。通常、砂鉄や鉄鉱石中にホウ素は含まれていないので、鉄鉱石由来ではない。ホウ素を含む化合物はホウ酸および硼砂として産出し、硼砂は塩湖底の堆積物などで産出する。しかし、わが国での産出は稀といわれる[*]。日本刀の場合は藁灰を使って鍛接するのが普通とされる。図5-55のEDS分析では、少量であるがNaが検出された。したがって、鍛接に輸入した硼砂を使った可能性もある。通常、藁灰[**]を使う日本刀としては極めて稀な非金属介在物で、謎が多い。

ⓑ 酸化鉄とケイ酸塩

図5-54のcとdは同様な組成の化合物で、dのEDS像を図5-57に示す。検出された主な元素はFeとOであり、痕跡程度のSiとS（硫黄）が含まれている。したがって、組成からcとd

---

[*] ホウ素を含む鉱物は、わが国ではダンブリ石 $\{CaB_2(SiO_4)_2\}$ およびダトー石 $\{Ca(BOH)SiO_4\}$ として接触鉱床中にあるが極めて少なく、硼砂は輸入に頼っている。

[**] 第二次世界大戦中、わが国では硼砂の輸入が急減し、これに代わる鋼の溶剤として、当時の商工省の研究所でホウ素を含まない無硼溶剤の開発が行われたという。これは、ケイ酸ソーダ（$NaSiO_3\cdot SiO_2$）とチタン酸ソーダ（$Na_2TiO_3\cdot TiO_2$）のガラス状混合物といわれるが、詳細は不明である。

第5章 日本刀の微細構造

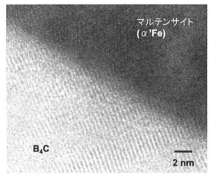

図5-56 ホウ素化合物とマルテンサイト境界の結晶 b の格子像（北田）

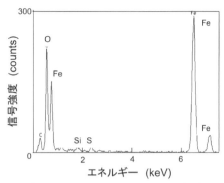

図5-57 図5-54の d で示した領域の EDS 像（北田）

はウスタイト（FeO）である。日本刀の中の非金属介在物から S が検出されるのは稀で、たたら鉄以外の素材を使った可能性もある。来國次は高麗から帰化した来國吉の系統であり、大陸あるいは朝鮮半島との鉄の交易があれば、たたら鉄以外の素材を使った可能性も考えられる。

心鉄中の代表的な非金属介在物の透過電子顕微鏡像を図5-58に示す。図中の a は右上の電子線回折像のようにハローなのでアモルファスであり、非金属介在物の地（マトリックス）のガラスである。b は心鉄のフェライト（αFe）であり、右下の電子線回折像は体心立方晶の Fe を示す。c は Fe と Si の原子比がほぼ2:1の酸化物で、図5-59にその結晶格子像を示す。図の格子間隔は約 1.05 nm と大きい化合物である。格子像をフーリエ変換した再生電子線回折像を右に示したが、これはファヤライト（Fe_2SiO_4）に一致する。ファヤライトは a＝0.4818 nm、b＝1.0471 nm、c＝0.6086 nm の正方晶で、図5-59の格子像の間隔は b に相当する。ケイ酸塩と呼ばれる化合物は岩石の基本成分で、SiO_2 と金属酸化物が結びついた化合物であり、ファヤライトをこのような複酸化物として表すならば $2FeO \cdot SiO_2$ である。

結晶の立体構造から Si 原子に注目すると、Si を中心にして O が結合して正四面体となった $(SiO_4)^{4-}$ の隙間の中に陽イオンが入る。これが単独で存在するのがファヤライトなどを含むかんらん石の仲間で、ファヤライトは鉄かんらん石と呼ばれる。かんらん石が風化（加水分解）し、SiO_4 が一列に鎖状になると輝石類、たとえば透輝石 $\{CaMg(SiO_3)_2\}$ となり、さらに六角形に連なると角閃石や Si が Al に置換したアルミノケイ酸塩になる。白雲母 $\{KAl_2(Si_3AlO_{10})(OH)_2\}$ はアルミノケイ酸塩の例である。さらに立体的な網目構造になると、長石類となる。これらは加熱されると水分が抜ける。これに Na などのアルカリ金属元素が混じると、立体構造は不規則になってアルミノシリカ・ガラスになる。上述の非金属介在物中のガラスはこのような構造になっている。SiO_4 が複雑な構造をとるほど、化学的に安定になる。

一般に、多種の元素を含むほど非金属介在物の融解温度（凝固温度）は低くなるので、刀を鍛錬する高温で非金属介在物は融解している。冷却されると先ず FeO が晶出*し、次に Fe_2SiO_4 が晶出し、残った多成分のケイ酸塩は不規則な網目状構造のガラスとして固化する。典型的な組織

---

* 一般的な定義として、融解した物質から固体が分離するのを晶出といい、溶液から固体が分離するのを析出、固溶体から微細な結晶が分離するのも析出という。

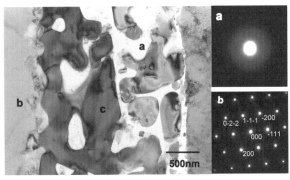
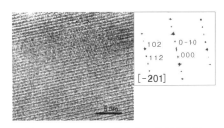

図5-58 心鉄中の典型的な非金属介在物の透過電子顕微鏡像とaおよびb領域の電子線回折像（北田）

図5-59 Fe_2SiO_4化合物の結晶格子像と格子像をフーリエ変換した再生電子線回折像（北田）

としては、最初に晶出した結晶（初晶）の周囲に次に晶出した結晶（次晶）が存在し、その周囲にガラスがある。刀の鍛錬温度で融解している非金属介在物は、鍛造で薄板状あるいは針状に伸ばされる。成分が少なく、融点の高い化合物の成分に近くなると融点は高くなり、鍛錬温度で融けないので、非金属介在物に割れが生じて細かくなる。鍛錬温度が低い場合も同様な現象が起こる。表面近くに存在する融けた非金属介在物は鎚打ちによって表面に押し出され、介在物の量が低減する。介在物を多量に含むたたら鉄や西洋の鍛鉄（錬鉄）では、良質の鉄鋼を得るのに鍛錬が欠かせない。

ⓒ チタン化合物

図5-60では、右側にウスタイト（FeO）、中央にファヤライト（Fe_2SiO_4）、その中間に矢印で示した結晶があり、明るい領域はガラスである。FeOが初晶であるから矢印で示した結晶はFeOの表面から晶出し、次にファヤライトが晶出したものである。丸印の領域の電子線回折像を図の右側に載せた。EDSによる分析では、図5-61のように主な元素としてFe、Ti、OおよびAlが検出され、微量元素としてV、Mn、Zrなどが含まれる。

電子線回折像を解析すると、図5-60中に面指数を挿入したように、$Fe_{2.75}Ti_{0.25}O_4$にほぼ一致した。この結晶は砂鉄中のイルメナイト（$FeTiO_3$）とは組成が異なり、ウルボスピネル（Fe_2TiO_4）よりFeが多い体心立方晶の物質である。実際の結晶はAlがTiと同量の固溶しており、分析値からは$Fe_3(Ti, Al)_{1.5}O_5$となる。Alが含まれていても$Fe_{2.75}Ti_{0.25}O_4$にほぼ一致するのは、Alが固溶しても格子定数に余り変化がないためである。鍛接に使う藁灰にはTiは含まれていないので、チタン化合物は砂鉄に含まれるTiから由来すると考えるのが妥当である。心鉄の非金属介在物には、刃鉄で検出されたホウ素は検出されなかった。

ⓓ ガラス中の微小結晶

ガラス中には微小な結晶があり、図5-62の矢印で示したものがその一例である。ガラスは融液を月から年単位の時間で非常にゆっくりと冷却すれば結晶となるが（結晶化ガラス）、通常の冷却速度では結晶化する温度以下になると網目状のSiO_4の粘度が高くなり、流動性を失って飴のような状態になり、ガラス転移と呼ばれる温度で固化する。結晶化温度とガラス転移温度の間の状態を過冷却融液というが、上記の微結晶はこの温度範囲で結晶として析出したものである。微結晶の大きさは20−80nmで、矢印の微結晶の電子線回折像を図5-62の右側に示した。解析さ

第5章　日本刀の微細構造

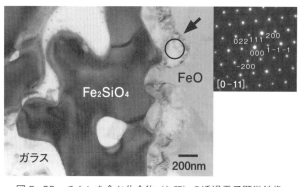
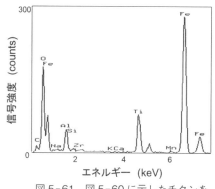

図5-60　チタンを含む化合物（矢印）の透過電子顕微鏡像と丸で示す領域の電子線回折像（北田）

図5-61　図5-60に示したチタンを含む粒子のEDS像（北田）

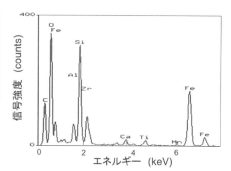

図5-62　ガラス中の微細な析出物の透過電子顕微鏡像と電子線回折像（北田）

図5-63　図5-62の矢印で示した微細な粒子のEDS像（北田）

れたのは$FeSi_4O_{9.5}$に一致する化合物であるが、図5-63のEDS像のように、AlおよびZrなどが含まれており、複雑な酸化物である。

ⓔ 微量元素

上述の結晶およびガラス中には主成分のFe、Si、Alなどのほかに、多くの元素が含まれている。表5-7は上述の心鉄中の非金属介在物の結晶とガラスに含まれる微量元素をEDS分析した値である。結晶の主成分以外の微量元素は固溶しているものであるが、FeOではAlとTiがFe原子位置に置換型で固溶しており、Fe_2SiO_4にもAlが固溶している。Mnは全ての粒子中に固溶しており、FeOを除く化合物およびガラス中にはZrが存在するのが特徴である。非金属介在物は数種の酸化物結晶とガラスからなり、このような相分離した状態になっていることは、融液から結晶が成長するのに必要な原子や原子集団の移動が可能な程度の冷却速度であることと、過冷状態の融液の粘性*が低く、原子の移動が容易であるとを示している。

ⓕ 機械的性質

鋼の機械的性質として重要なのは衝撃特性、硬度と引張り挙動などであるが、衝撃試験は試料

---

* 融解した鉱物の粘性は成分よって異なり、たとえば、火山から噴出する溶岩にはドームを形成する粘性の高いものと、遠くまで流れる粘性の低いものがある。

表5-7　心鉄中の非金属介在物の各相の不純物分析値 （原子％）

	Na	Al	Si	K	Ca	Ti	Mn	Zr	Fe	O
FeO	0.2	2.1	0.3	- - -	tr.	2.5	0.5	- - -	48.2	残余
Fe₂SiO₄	0.6	1.1	14.1	- - -	0.4	tr.	0.5	0.3	27.4	残余
Ti 化合物	- - -	7.0	0.4	- - -	- - -	8.3	0.3	0.2	30.5	残余
微結晶	- - -	4.0	29.5	- - -	0.9	0.7	0.2	4.9	9.7	残余
ガラス	2.4	9.5	18.2	2.3	1.8	0.2	tr.	0.4	1.9	残余

tr. は痕跡量を示す

寸法の制約があり、硬度と引張試験を行った結果を述べる。

　断面の刃先から棟近くまでのマイクロビッカース硬度を図5-64に示す。刃先近くの硬度は761で、日本刀の刃では平均的な値である。刃鉄から心鉄への硬度の変化は比較的急な部類であり、刃鉄の領域が狭いことを示している。これは、図5-46の断面マクロ像と一致する。また、心鉄と皮鉄の相互拡散も比較的少なく、高温鍛造を比較的短時間で行ったか、あるいは鍛造温度が低いことを意味している。心鉄の硬度は115－120で、極低炭素鋼（100前後）としては若干高めである。鋼を硬くする元素としては炭素のほかに窒素や酸素があり、分析はしていないが、これらの影響も考えられる。硬度の最高値と最低値の比 H_h/H_l は約6.6である。また、断面における硬い鋼と軟らかい鋼の面積比 S_h/S_l は0.65で包永刀の2に比較すると、この刀は全体として非常に軟らかい。

　皮鉄の硬度は刃に近い部分で高く、刃先から5㎜のところでは250－334で、これは微細なパーライトの値で、刃先から離れると低くなる。図5-65は図5-46のhとiを結ぶ線上の硬度で、両側の皮鉄部はそれぞれ181と210でやや異なり、中心の心鉄は119で、皮鉄の厚さが異なるため、分布は若干非対称になっている。これは、刀の両面の土置きの厚さによって冷却速度が異なり、パーライトの微細さも異なるためである。前述の棟近くの皮鉄では組織が粗大で、硬度は150－170と低くなっている。

　引張試験片は図5-66の右側の図で示したように断面が長方形で、刃近くのAから棟近くのDの順に、断面の大きさは4㎜×0.5㎜、4㎜×1.7㎜、4㎜×1.5㎜、4㎜×2.7㎜である。正確な測定には出来るだけ大きな試料が必要であるが、刀の寸法からの制約があるので、各部分で最も大きく採取できるようにした。これらの試料の応力－伸び曲線を図5-66の左に示す。何れの試料も金属組織は均一ではないので、一般の工業用鋼の曲線とは意味が異なる。

　刃部近くのA試料は微細なパーライトとフェライトが混合した試料、BからDはフェライトとパーライトが混じる組織で主にフェライトからなる。刃部に近いA試料の応力－伸び曲線は硬い組織なので急激に応力が増して、0.2％耐力（以下、耐力という）と引張強度が最も高く、伸びは他より小さい。曲線の形は複数の相からなる鋼（2相鋼）の形と似ている。Bはほぼ心鉄組織のフェライト支配の曲線で耐力と引張強度が最も低く、伸びは大きい。Cの曲線は他の曲線と重なるのでゼロ点をずらしてある。Cはフェライトにパーライト組織が混じり、Bより耐力と引張強度が高く、伸びが若干小さい。Dは皮鉄のパーライトと心鉄のフェライトからなるが、耐力と引張強度はCより高く、伸びはCより大きい。一般に耐力と引張強度が高くなると伸びは減

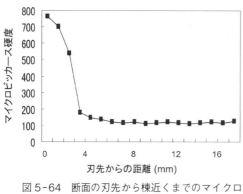

図5-64 断面の刃先から棟近くまでのマイクロビッカース硬度分布 (北田)

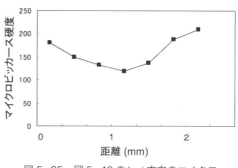

図5-65 図5-46のh-i方向のマイクロビッカース硬度分布 (北田)

少するが、DはCより伸びが大きくなっている。これは試験片中の非金属介在物が影響していると思われる。

表5-8に引張試験による機械的性質をまとめた。焼きなました0.1重量％の工業用炭素鋼の引張強度が360－370MPaであるから、Bの心鉄の引張強度はほぼこれに相当する値である。ただし、耐力は低く、試料にはパーライトが混じっているので、炭素濃度の低い心鉄の引張強度は、これより低いものと推定される。参考までに述べると、皮鉄と同じ炭素濃度（0.6重量％）の水焼入れした工業用炭素鋼（マルテンサイト組織）の引張強度は約1500MPaである。

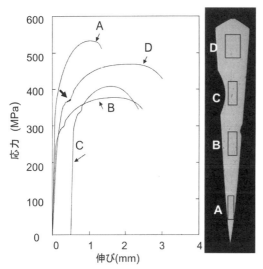

図5-66 引張試験片の位置と応力－伸び曲線
太い矢印は応力の低下を示す （北田）

引張曲線Aを除く他の曲線には、降伏したのちの曲線領域に不連続性（太矢印）、つまり応力の低下がある。これは降伏現象であり、炭素および窒素などの侵入型原子を含むフェライト主体の炭素鋼で観察される。侵入型原子が転位の周りに集まって転位を動きにくくするが、次に新しく増殖した転位が動き始めるので、一度、応力の低下が起こる。これに続く転位の増殖で変形が進むが、転位相互の交差により次第に転位が動きにくくなって硬化する。さらに局部収縮が起こると応力が低下し、破断に至る。降伏現象は炭素のほかに窒素が含まれている証拠である。

表5-8 引張試験による機械的性質

試料	0.2％耐力（MPa）	引張強度（MPa）	伸び（％）
A	374	534	17
B	247	378	31
C	315	408	23
D	366	471	28

刀のように複数の組織が混じっている材料の機械的性質の評価は難しく、試料が小さいので刃のマルテンサイトだけの引張強度を得ることはできない。硬度試験の結果を合わせて考えると、刀は硬い組織と靭性のある組織とが良く組み合わさった複合材料刀である。また、棟部近くの皮鉄には粗大なパーライト組織の鋼を使っているので、肌の紋様も意識したものと思われる。

5.2.3 法城寺國光刀

本試料は無銘であるが、本阿弥家の鑑定で法城寺國光（筆者蔵）といわれているので、ここで述べる。法城寺國光あるいは丹州住國光といわれる刀匠の銘がある刀は遺されていないといわれており、鑑定によるものだけである。南北朝時代、貞治(1362－1367年)前後の刀匠と伝えられている。図5-67に刀の全体像と刃紋を示す。直刃で、前述の包永刀に似た刃紋である。表5-9に化学分析による不純物の含有量を示す。金属元素ではAlとTiが検出され、Sは少なく、Pも低濃度である。

図5-68は刀のほぼ中央から切り出した試料の断面のマクロ像であり、記号と矢印は後述の観察場所であるが、丸印の領域は非金属介在物が非常に多い領域である。鋼の組み合わせ法では、棟から刃を結ぶ中央に炭素量の高い鋼が使われており、中央の高炭素鋼を挟む形で鎬の上付近から下へcおよびdで示す低炭素鋼が組み合わされている。さらに、これを薄い炭素濃度の高い皮鉄で包んでいる。前述の包永刀では中央に軟らかい極低炭素鋼が配置されているが、この刀は両側に低炭素鋼が配置され、外力の分散効果を意図した造りと思われる。bから上の棟に近い領域と刃部の炭素濃度の分析値は0.68重量％で、高炭素鋼（0.6重量％以上）である。このような複雑な断面構造は後述の次廣刀などにも見られる。

① 金属組織

棟の領域の低倍率と高倍率の光学顕微鏡像を図5-69の(a)および(b)にそれぞれ示す。低倍率像の暗い矩形はマイクロビッカース硬度試験による圧痕である。棟の先端部は低倍率像で明るく見えるが、ここは炭素濃度が周囲より若干低く、その高倍率像(b)のようにフェライトとパーライトからなる組織である。ここの炭素濃度は約0.4重量％で、内部の炭素濃度より低い。前

表5-9 法城寺國光刀に含まれる不純物量（重量％）

Al	Si	Ti	S	P	Mn	Ni	Cu
0.01	<0.05	0.01	0.001	0.013	<0.01	<0.01	<0.01

図5-67
法城寺国光との鑑定がある
刀の全体像と刃紋（筆者蔵）

第 5 章　日本刀の微細構造

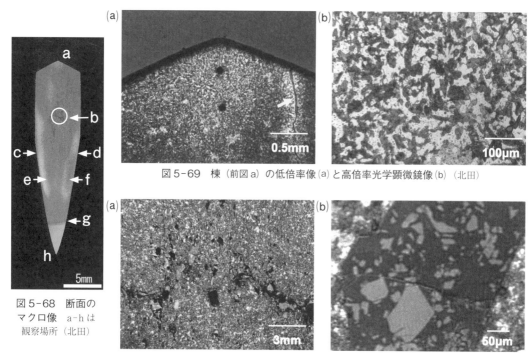

図 5-68　断面の
マクロ像　a-hは
観察場所（北田）

図 5-69　棟（前図a）の低倍率像(a)と高倍率光学顕微鏡像(b)（北田）

図 5-70　介在物の多い場所（図 5-68 の丸印）の低倍率像(a)と
非金属介在物の高倍率光学顕微鏡像(b)（北田）

述のように、棟に近い部分の平均炭素濃度はこれより高いので、棟だけ中炭素鋼を使ったか、素材の組織がばらついていたか、あるいは低炭素鋼を使ったが高炭素鋼部と相互拡散して中炭素鋼になった、などが考えられる。(a)の矢印で示した線条の像は非金属介在物で表面まで抜けており、周囲はフェライトが多く、酸化して脱炭した可能性がある。肉眼では表面の傷を認識できないが、衝撃力が加わった場合に破壊の起点になるので機械的性質に影響を及ぼす可能性がある。

図 5-68 の矢印 b で示した丸印の領域の組織を図 5-70（a）および（b）に示す。この領域だけ非金属介在物の密度が高い。(a)で暗く見える部分は試料の研磨時に非金属介在物が脱落した場所および凝固時の収縮孔である。非金属介在物の代表的な組織を（b）に示したが、内部に多数の粒子が観察され、これらの結晶は直線的で多角形状のものが大部分である。

図 5-68 の矢印 c および d で示した皮鉄の光学顕微鏡像が図 5-71 である。両側の皮鉄領域はほぼ同様な厚さで、中-高炭素領域は 0.3 mm から 0.5 mm 程度で薄い。ただし、厚さは研ぎ減りの影響が考えられる。組織はほぼ同様なパーライトであり内部に向かっての炭素濃度がゆるやかに減少している。この傾斜機能を持たせる鍛造技術は優れているが、左側の表面付近の炭素濃度が右側より若干高い。皮鉄は肌紋様を現出するために炭素濃度の異なる鋼板を鍛接していることが多いので、意図的にばらつかせた可能性も高い。

断面のマクロ像で明るく見える領域は炭素濃度の低い鋼であり、図 5-68 の e および f の内部組織を図 5-72（a）および（b）に示す。(a)は e 領域の組織で、代表的な非金属介在物を含む領域を示したが、地は低炭素濃度のフェライトが大半を占め、パーライト組織が若干観察される。他の多くの刀に使われている極低炭素鋼ではなく、約 0.1 重量％の低炭素鋼で包丁鉄の範囲内で

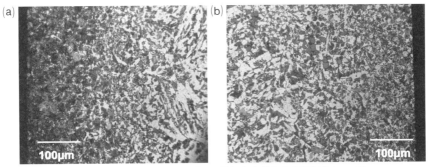

図5-71　図5-68のcおよびdで示した皮鉄から内部に向かっての光学顕微鏡像を(a)および(b)に示す（北田）

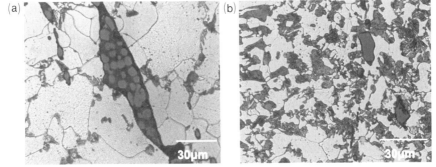

図5-72　図5-68のe(a)およびf(b)で示した刀内部の光学顕微鏡像（北田）

ある。fの領域はeより炭素濃度の高い領域で、0.35重量％程度の中炭素鋼からなっている。極低炭素鋼は高温で鋼中の炭素を酸化して除去するが、これが不十分な素材を用いたか、極低炭素鋼より強度の高い素材を意図的に使ったか、あるいは炭素濃度のばらつきである。図5-72（a）には非金属介在物があり、図5-70（b）で示した介在物の内部粒子の形状と異なるが、これは内部粒子の酸化物が異なるためで、非金属介在物の項で述べる。

　図5-73（a）は図5-68中のgで示したマルテンサイト-パーライト境界（焼きの入った領域と入らない領域の境界部）のマルテンサイトと微細なパーライトの混合領域である。工業的な用語での焼入れ深さは、面積でマルテンサイトが50％の場所を基準としている。高温のオーステナイトがマルテンサイトに変態すると、約4％体積が膨張する（線膨張率は約1.3％）ので、焼入れ端では非常にひずみが高くなる。したがって、マルテンサイト100％からパーライト100％になる遷移領域の幅が広いとひずみが徐々に低くなり、強度の勾配もゆるく、靭性が高く、この部分で刃が欠けることが少なくなる。本試料では遷移領域が1mm程度ある。(b)はマルテンサイト-パーライト境界より棟に近い領域のパーライト組織で、明るくみえるのはマルテンサイトである。パーライトの結晶粒径は5-10μmで微細である。結晶粒径が小さいほど結晶粒界の面積が広くなり、粒界が転位の移動を妨げるので強度が高くなる。また、粒界に偏析する不純物も分散されるので破壊強度も高い。この刀は比較的低い加熱温度で鍛造され、鍛造等の加熱時間も短いので、結晶成長が少なく、微細な結晶粒になっている。

　刃は最も加工度が高くなるので、非金属介在物は伸ばされて針状になり、さらに刃先では細かく砕かれて微粒状になる。図5-74は刃近傍の金属組織で、(a)の低倍率像では刃先に向かって

針状の非金属介在物が真っ直ぐ伸びている。次廣刀（第5.3.3項）や槍（第6章）のように非金属介在物が刃先に沿って放物線状あるいは楕円状に並んでいるものは、甲伏せ法のように鋼を曲げて加工した履歴を示しており、本試料のように真っ直ぐに伸びているのは鋼板をそのまま鍛造した履歴を示していることが多い。断面マクロ像で示したように、本試料では棟から刃まで断面の中心に高炭素鋼が通っており、これを挟むようにして鎬を中心に低炭素鋼を挿入したものと見られる。(b) の高倍率像で示すマルテンサイトは針状のラスマルテンサイトであるが、矢印で示すように粗大な針状晶が観察され、双晶らしい組織も見られる。

　一般に焼入れする前の加熱状態では高温相であるオーステナイト（γ相）になっており、焼入れによってマルテンサイト変態する。このとき、高炭素鋼では変態しなかったオーステナイトが若干残留するが、この試料も含め、日本刀で残留オーステナイトは観察されない。

②マルテンサイトの微細構造

　図5-75はマルテンサイトの透過電子顕微鏡像である。ふたつの円は電子線回折した場所で、そのひとつを図の右上に示す。回折斑点はマルテンサイト（α'相）からのもので、複数のラスからの斑点となっている。ラスマルテンサイトの幅は$0.1 - 0.3\,\mu m$で、光学顕微鏡で観察したものよりも小さく、これは光学顕微鏡組織が複数のラスをひとつの針状晶、すなわち、ブロックとして現しているためである。ただし、透過電子顕微鏡観察は局所的観察である。マルテンサイト組織は他の刀、たとえば図5-38、図5-52などに比較するとマルテンサイト晶が複雑に交差した状態になっている。

　ラスマルテンサイトの中をさらに詳しく観察すると、図5-76で示すようにマルテンサイト晶の中に平行な縞状の組織があり、明暗の帯になっている。この領域の電子線回折像を右に示すが、対称な回折斑点が存在し、双晶からの回折像である。双晶はマルテンサイト変態によって生ずる高いひずみにより、結晶格子がある結晶面を境にして対称になるように原子がずれて変形するものである。双晶が存在すると硬くはなるが脆くなるので、多量にあると好ましくない。一般に、双晶は炭素濃度が高く、低温で形成されるマルテンサイトに発生しやすく、本試料の炭素濃度が高いことが原因のひとつである。この試料の双晶は他の刀より多い。

　フェライト、パーライトおよびマルテンサイト組織の非金属介在物のない領域のエネルギー分散X線分光（EDS）による分析では、図5-77のEDS分析例で示すように、Fe以外の不純物元素は検出されず、この分析法の分解能で判断すると高純度の炭素鋼である。

③非金属介在物

　非金属介在物は組織的に大別すると2種になる。図5-70 (b) に示したものと図5-72(a)で示した非金属介在物で、前者は内部に多角形に近い粒子があり、後者は内部に円形に近い粒子を含んでいる。ここでは、観察された代表的な2種の非金属介在物について述べる。

ⓐ 心鉄中の非金属介在物

　心鉄中の非金属介在物の走査電子顕微鏡像（SEM）とその中の主な元素の分布像を図5-78に示す。SEM像では、明るい丸い形状の粒子aとその周囲にやや明るい領域bがあり、さらにその周囲にガラス地（マトリックス）とみられる暗い領域が存在する。元素分布像では、明るい領域にその元素が多く存在することを示す。分布像の明るさは相対的な表示であり、絶対量を示し

5.2 南北朝時代刀

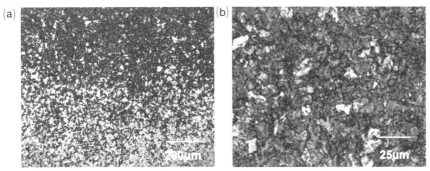

図 5-73 図 5-68 の g で示したマルテンサイト－パーライト境界の光学顕微鏡像
明るい領域がマルテンサイト、暗い領域は微細なパーライト、低倍率像(a)、高倍率像(b)（北田）

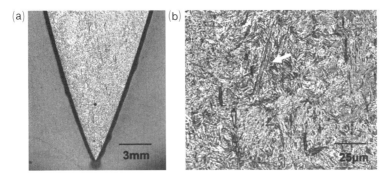

図 5-74 刃先の光学顕微鏡組織　(a)低倍率像、(b)高倍率像（北田）

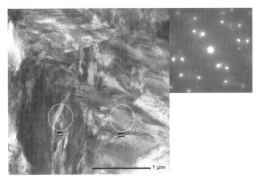

図 5-75 マルテンサイトの透過電子顕微鏡像と右側の円の電子線回折像（北田）

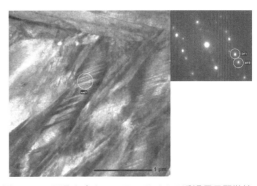

図 5-76 双晶を含むマルテンサイトの透過電子顕微鏡像と双晶部からの電子線回折像（北田）

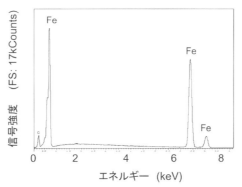

図 5-77 鋼領域の代表的な EDS 分析像（北田）

第5章 日本刀の微細構造

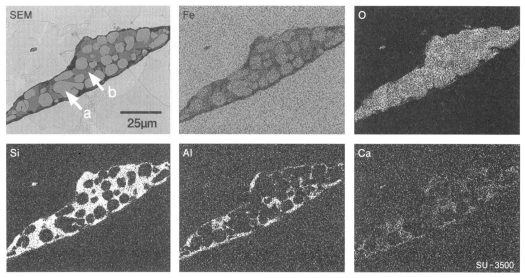

図5-78 心鉄（フェライト）中の非金属介在物中の主な元素の分布
SEMは走査電子顕微鏡像、aおよびbは分析位置（北田）

表5-10 図5-78に示すaおよびb領域の検出元素（原子%）

分析位置	Fe	Al	Si	Mg	Ca	Ti	O
a	46.0	---	0.60	---	---	0.35	残余
b	27.6	0.83	11.1	1.23	0.76	---	残余

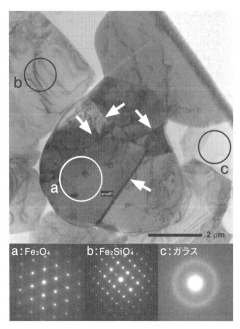

図5-79 心鉄中の非金属介在物の透過電子顕微鏡像と電子線回折像（北田）

ているものではない。酸化物であるので酸素（O）は全体に分布している。Feの分布では、SEM像で丸く見える明るい粒子で最も多く、その周囲、地の領域の順にFe量が減少する。SiはFeの多い丸い粒子の領域で少なく、上述の領域bに多く存在する。Al、CaおよびKはSEM像で暗くみえる地に多く含まれている。表5-10に図5-78中の明るい粒子aとその周囲の領域bのEDS分析値を示す。bの領域にはKも検出されたが、痕跡程度である。粒子aはFeと酸素からなり、分析値から推定するとウスタイト（FeO）あるいはマグネタイト（Fe_3O_4）であり、bはファヤライト（Fe_2SiO_4）に近い組成である。ただし、bの原子比Fe:Siは約2:1よりSiが少ない。MgはSiとフォルステライト（Mg_2SiO_4）を形成するので、MgがFe_2SiO_4中に固溶することは容易に考えられる。また、aの粒子の中には微量であるがTiが含ま

れている。

　フェライト中にある非金属介在物の粒子をさらに詳しく調べるために透過電子顕微鏡観察と電子線回折を行った。図5-79は非金属介在物の透過電子顕微鏡像と代表的な領域の電子線回折像である。透過電子顕微鏡像では、a、bおよびcで示す透過率および形状の異なる領域が存在する。これらの電子線回折を行った結果、aで示す結晶粒子からの電子線回折像はマグネタイト（磁鉄鉱：Fe_3O_4）の回折像、bで示す回折像はファヤライト（Fe_2SiO_4）の回折像であり、cの回折像はハローでアモルファスのガラス地である。Fe_3O_4結晶には矢印で示すようにいくつのかの小傾角粒界（図2-27）が観察され、複数の亜粒子からなる。その中の何れかが先ず晶出し、原子の積み重ねが不整となって亜粒子ができたものである。刀の非金属介在物中の鉄酸化物は多くがFeOであり、Fe_3O_4は少ない観察例である。FeOに比較してFe_3O_4はO原子数が多くなっているので、鉱石の還元中に混入した非金属介在物であれば、製錬中の雰囲気が若干酸化雰囲気に偏っていたものと推定される。

　ⓑ　パーライト中の非金属介在物

　パーライト組織の中に観察される非金属介在物は図5-70（b）で示したように多角形の内部粒子を含んでいるのが特徴である。同様な非金属介在物の走査電子顕微鏡像（SEM）と主な元素の分布像を図5-80に示す。走査電子顕微鏡像では明るい粒子のほかに矢印で示す細長い組織がある。元素分布図で示すように、粒子領域では酸素が他の領域より少なく、また、Siも非常に少なく、その領域でTiと少量のVとCrが検出された。また、上述の細長い組織では、Fe、Siおよび酸素が存在する。粒子はVなどを少量含むTi酸化物であり、細長い領域はファヤライト（Fe_2SiO_4）である。また、地の部分はSi、AlおよびKなどを含むアルミノシリカ・ガラスである。

　図5-81はTi酸化物粒子を含む非金属介在物の暗視野走査透過電子顕微鏡（DF-STEM）像とその領域の元素分布像である。DF-STEM像で示すように、非常に明るい粒子があるが、これ

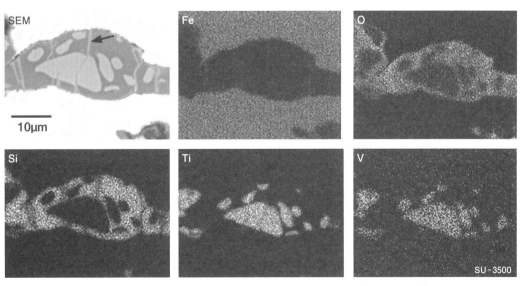

図5-80　パーライト中の非金属介在物の走査電子顕微鏡（SEM）像と元素分布像（北田）

第5章　日本刀の微細構造

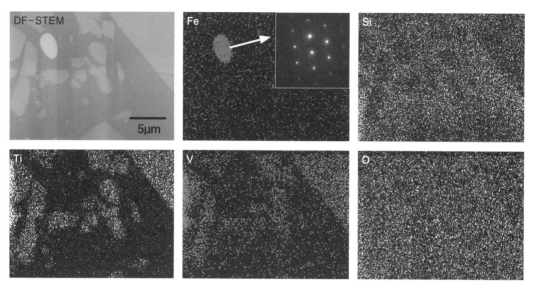

図5-81　パーライト組織中の非金属介在物の暗視野走査透過電子顕微鏡（DF-STEM）像と主な元素分布
（北田）

はFeの元素分布図の中に挿入した電子線回折像の解析結果から、α Fe粒子で、非金属介在物中の粒子ではなく、地の鉄（α Fe）が非金属介在物の中に入り込んだ状態のものである。透過電子顕微鏡観察において、Tiの存在する領域ではV、Cr、Zr、Alが検出され、これらを少量含むTi酸化物である。

図5-81のTi酸化物粒子の一部を拡大したのが図5-82で、中央の多角形粒子がTi酸化物粒子である。その中の線条の紋様は転位線であり、暗い帯状の紋様は試料の曲がりあるいはひずみで生ずるコントラストである。転位線は結晶が成長する時、あるいは冷却中のひずみで導入された結晶欠陥である。また、図中に微細な析出物がないガラス地の電子線回折像（ハロー）を示した。

チタン酸化物粒子の電子線回折像は、幾つかの粒子から種々のものが得られた。図5-83はその主なもので、この回折像はTi_3O_5と一致する。チタンの酸化物には、TiO、TiO_2、Ti_2O_3、Ti_2O_5、Ti_2O、Ti_3O、Ti_3O_5、Ti_6O、Ti_nO_{2n-1}（nは整数で4-9）などが報告されており[*]、組成と結晶が成長する環境条件によって結晶型が決まる。他の金属元素（M）が存在すると$MTiO_3$などとなり、$(Al, Cr, V)(Ti, Zr)O_5$などもある。このチタン酸化物はV、Cr、AlおよびZrを微量含み、Ti_3O_5結晶の中に他の元素が溶け込んだ$(Ti, Zr, V, Cr, Al)_3O_5$となっている。最も安定な酸化物はルチル（TiO_2）であるが、Ti_3O_5となったのは閉ざされた環境の中で酸素が不足したためである。現代の鉄鋼材料では、Ti_2O_3微細粒子を核として微細な針状フェライトを析出させて強度を高めるオキサイドメタラジー（oxide metallurgy）技術が開発されている。

図5-82では、大きな結晶のほかにガラス地の中に微細な結晶が析出している。この領域からの電子線回折像は図中の電子線回折像で示したように、アモルファス（非晶質）を示すハ

---

[*] A. A. Rusakov and G. S. Zhadanov, Dokulady Akademii Nauk SSSR (1951) 411-414.

図5-82 パーライト中の非金属介在物中の
Ti化合物の透過電子顕微鏡像とガ
ラス領域の電子線回折像
aは無析出物帯（北田）

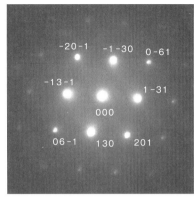

図5-83 パーライト中のチタン化合物
の電子線回折像と解析結果
数字はTi$_3$O$_5$の結晶面指数（北田）

ローであるが、そのほかに弱いが微小な回折斑点があり、これらもチタン酸化物である。図5-82の矢印aで示すように、大きなチタン酸化物の周囲には微小な析出物がない無析出物帯（precipitation free zone）がみられる。これは大きなチタン酸化物が析出したときにガラス地のTiを消費してTi濃度が低くなり、この後、この領域のガラスからは微細な析出物が生じなかった現象を示す。しがって、チタン酸化物の成長には、ガラス中でのTiの拡散が必要だったことを示している。

ⓒ マルテンサイト中の非金属介在物

刃鉄は断面中央のパーライト組織と繋がっていると思われるが、その同一性を確かめるために、刃鉄のマルテンサイト中の非金属介在物も分析した。図5-84は刃鉄領域の非金属介在物のDF-STEM像と元素分布像である。Tiと酸素の分布像から明らかなように、上部と左下にTiの酸化物があり、DF-STEM像の暗い領域はファヤライト（Fe$_2$SiO$_4$）で、パーライト領域の組織構成と同じである。微量元素としてV、Crなどが検出された。また、ガラス地中にも微量のTiがある。

図5-85は電子線回折で得られたTi酸化物の回折像で、Ti$_3$O$_5$に一致する。これは、上述のパーライト領域のTi酸化物と同じであり、パーライト領域の鋼と刃鉄領域の鋼は同一の素材の可能性が高い。一方、フェライト領域の鋼とは異なる組成の非金属介在物であり、フェライトの鋼とパーライトおよび刃領域の高炭素鋼とは産地の異なる鋼を用いている可能性がある。これから、鉄素材が流通し、その質や価格等で素材を選んでいたことが推定される。また、この刀の高炭素鋼中の非金属介在物にはTi酸化物が存在するので砂鉄原料のたたら鉄であるが、微量のCrが検出されたので、Crを含む砂鉄がある地域の素材である。

④ 硬度分布

本試料は炭素濃度が高く、全体的に硬度が高い。図5-86は刃から棟に至るマイクロビッカース硬度の分布である。刃のマルテンサイトの領域では750－800であり、他の刀に比較して若干

第5章 日本刀の微細構造

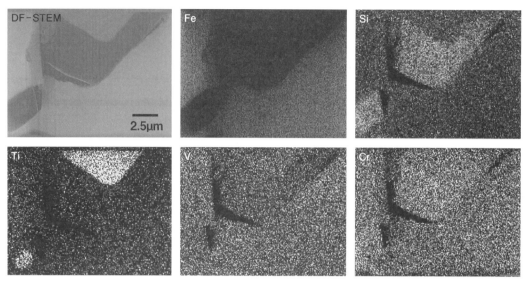

図5-84　刃先のマルテンサイト中の非金属介在物の暗視野走査透過電子顕微鏡像（DF-STEM）と主な元素分布像（北田）

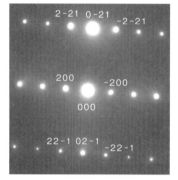

図5-85　刃鉄（マルテンサイト）中のチタン化合物の電子線回折像と解析結果　数字はTi$_3$O$_5$の結晶面指数（北田）

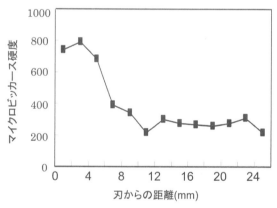

図5-86　断面の刃から棟までのマイクロビッカース硬度分布（北田）

高めの硬度を示す。刃先から離れるに従い硬度は低下するが、マルテンサイトと微細なパーライトが混じる遷移領域では685から339まで低下する。この遷移領域の距離は約5mmで、刃先から微細なパーライト組織を経て、棟に続くパーライトに至るまでの勾配からみた強度分配は良好と思われる。刃から約11mmのところで硬度が若干低下しているが、ここは炭素量が低下している領域である。刃から13−23mmの領域では250−280ほぼ一定であり、棟になると炭素量の少ない領域になるので硬度の低下がみられる。鎬付近の表面近傍の硬度約300で、表面から1mmの中炭素領域の硬度は250、さらに内側の領域では220と低くなっており、組織観察の結果と一致する。最高硬度と最低硬度の比 H_h/H_l は約3.6である。また、硬い鋼の断面積と軟らかい鋼の断面積の面積比 S_h/S_l は約5.4で、包永刀の2、後述の備州長船住勝光刀の1に比較してかなり大きく、全体として硬い刀である。

126

5.3 室町時代刀

5.3.1 備州長船住勝光刀

　備州長船住勝光刀銘の刀は長享（1487 – 1489）から永禄（1558 – 1570）のころまで数代にわたってつくられている。ここで試料とした刀は脇差（久保田晴彦氏寄贈）で、全体像と銘を図5-87に示す。長さが42.5cm、中子（茎）は詰められて摺上茎になっているため、銘の一部も僅かだが削られている。中央部に刃紋の一部を示す。正確な製作年代は不明だが、室町時代中期から後期のものと推定される。

① 不純物分析

　試料刀から採取した試料の不純物元素を分析した。主な不純物の濃度を表5-11に示す。この分析試料は非金属介在物を含んでおり、鋼部だけの分析値ではないので、鋼の性質を判断する正確な分析値ではない。非金属介在物を含んでいるので、鋼はこれより不純物が少ないと思われる。Al、Ti、SおよびPが微量検出された。工業用高純度鉄の不純物量については表2-1に載せた。これによれば、非金属介在物を含むこの刀の不純物量はSiを除き、一般的な高純度鉄と並ぶ高品質な鉄である。

表5-11　備州長船住勝光刀に含まれる不純物元素量（重量%）

Si	Al	Mn	Ni	Cu	Ti	S	P
<0.05	0.01	<0.01	<0.01	<0.01	0.01	0.001	0.020

② 断面構造

　図5-88は図5-87の矢印で示した場所から切り出した試料の断面を腐食して得たマクロ像である。aで示す棟領域は中炭素鋼からなり、この領域は左に片寄っているが刃先まで続いている。bで示す領域は暗い組織で同様な領域が左側にも若干見られ、これらは結晶粒径の非常に大きなフェライト領域である。cで示す領域も同様の組織領域が左側にあり、これらは結晶粒径の小さいフェライト領域である。粒径は異なるが、bおよびcは一体の鋼片とみなされる。dは中炭素鋼の皮鉄で、薄いが左側にもある。eは棟からhを経て続く中炭素鋼領域で、刃先の焼入れ領域まで繋がっている。マクロ組織からみると、大別して3種の鋼が使われている。結晶粒径が

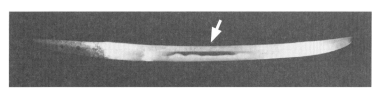

図5-87　備州長船住勝光銘の刀
矢印は断面試料の採取箇所（久保田晴彦氏寄贈）

第5章 日本刀の微細構造

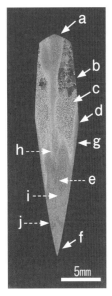

図5-88 備州長船住勝光刀の断面マクロ像、記号は分析位置（北田）

図5-89 断面の炭素のEPMA像（北田）

異なるフェライトは左右にあり、結晶粒径の差は熱処理に依存すると考えられるので、2種の包丁鉄を合わせたものか、粒径のばらつきである。gの位置の断面内部には下部からそびえるような形状の中炭素鋼の山が左右対称にある。さらに、棟から刃へ向かう中心線を挟んで左右に四つのV字形の構造がある。中心の中炭素鋼の上部を二つの包丁鉄ではさみ、さらに皮鉄で挟んだような構造である。前項で述べた法城寺国光刀、後述の備州長船勝光刀、次廣刀も中心部に炭素濃度の高い鋼があり、この両側に低炭素鋼が配置されている。両者の基本構造は似ているところが多く、中央部に強度の高い鋼を配置する組み合わせ法であることを示す。

図5-89は断面のEPMA（electron probe microanalyzer）による炭素分布である。表面に吸着している炭素原子も若干含まれるが、大まかな炭素濃度分布がわかる。明るく見える領域ほど炭素濃度が高いので、棟と刃の領域で炭素濃度が高く、鎬の両側の領域で炭素濃度が低い。この炭素分布は図5-88で示したマクロ像とほぼ一致する。刃部の炭素濃度の化学分析結果は0.72重量％であるが、断面マクロ像から明らかなように、場所によって大きく異なる。

③ 光学顕微鏡組織

上述の断面構造の金属組織について、さらに詳しく述べる。図5-90の（a）は棟領域の低倍率の光学顕微鏡像である。棟の中心にある中炭素鋼は暗く見えるパーライト組織と明るく見えるマルテンサイト構造になっている。したがって、棟は不完全であるが焼入れされた状態である。（b）は高倍率の光学顕微鏡像で、明るい領域が針状のマルテンサイト、暗い領域が微細なパーライト組織である。パーライト組織の局所的な炭素濃度は約0.7重量％と推定される。冷却速度が高い表面より内部のほうがマルテンサイトの量が多いが、これは炭素濃度のばらつきが原因で、炭素濃度の高い部分がマルテンサイトになっている。

結晶粒径の大きなフェライト組織と粒径の小さな組織を図5-91（a）および（b）に示す。図から明らかなように、（a）のフェライトの結晶寸法は1-2mmであり、（b）では25-100μmで、（b）は（a）の1/10以下の粒径である。両者が一体で加工・熱処理を受けていれば、このような大きな差はないので、2種の低炭素鋼が接合して使用されている可能性があるが、包丁鉄ではしばしばこのような組織のばらつきが見られるので、その可能性もある。大きな結晶領域は特定の向きへの反射率が高いため、図5-88のマクロ像のbで示したように、暗く見えている。粒径の大きなフェライト領域では、比較的大きな非金属介在物が存在する。

図5-92は鎬付近の左（a）および右（b）の皮鉄における光学顕微鏡組織である。皮鉄部分は研ぎによって減るので製作直後より薄くなっているとみられる。この観察場所では表面から約

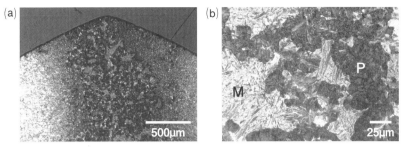

図5-90　棟の低倍率(a)と高倍率(b)の光学顕微鏡組織
Mはマルテンサイト、Pはパーライト（北田）

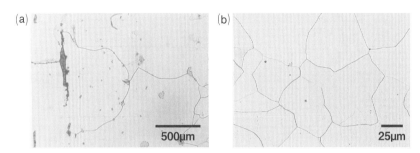

図5-91　結晶粒径の大きなフェライト(a)と粒径の小さなフェライト領域の光学顕微鏡像（北田）

　300μmまでが低 – 中炭素鋼の皮鉄領域であり、たとえば、(a)の表面近傍では、表面に近い両矢印a領域では炭素濃度が低くなっているが、表面から若干奥の両矢印bで示した領域の炭素濃度は高く、さらに両矢印cの領域はbの高炭素鋼より炭素濃度が低い。これは肌の紋様を出すために、異なる炭素濃度の鋼を鍛接したためであろう。両矢印cより内部にあるフェライト領域では、cの炭素鋼から拡散した炭素原子によりパーライトが生じている。領域bの中には矢印で示すように明るい粒子があり、これらはマルテンサイト変態している領域である。領域bのパーライト領域の組織から判断して、ここの炭素濃度は0.7重量％程度と推定され、その中で炭素濃度の高い部分がマルテンサイト変態したものとみられる。図5-92（b）で示す右の皮鉄近傍でも、表面より深いところに両矢印bの部分に高炭素濃度の領域が帯状に存在し、さらに内部に両矢印dで示す高炭素鋼の帯があり、複数の鋼を重ねた構造になっている。高炭素鋼中には矢印で示すようにマルテンサイトがあり、これらは肌の紋様を付与するための合せ鍛えと熱処理の組織である。このように、皮鉄の組織変化が明瞭に観察されるのが、この刀の特徴である。

　断面の中央部の下に位置する図5-88で示したhおよびiの光学顕微鏡像を図5-93の（a）および（b）に示す。(a)はV字形の組織の上部で、谷になっている領域は炭素濃度が若干低くなっているが、フェライト粒子、パーライトおよびマルテンサイト組織が入り混じっている。表面からかなり深い領域でもマルテンサイトが生じており、これらの領域でもマルテンサイト生成に必要な臨界冷却速度内で冷却されたことがわかる。また、炭素濃度が高くなるほどマルテンサイトの生成開始温度も低くなるので、これらの効果で内部にもマルテンサイトが生ずる。

　図5-88のiより刃先に向かっては次第にマルテンサイトの占める割合が多くなり、jより

第5章 日本刀の微細構造

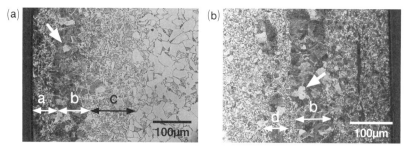

図5-92 断面左右の皮鉄の組織（北田）

図5-93 図5-88のh(a)およびi(b)で示した位置の光学顕微鏡組織
F、MおよびPはフェライト、パーライト、マルテンサイトを示す（北田）

下では、ほぼ100％マルテンサイトになっている。焼入れ深さは通常マルテンサイトの面積が50％の場所と定義するので、jよりやや上の位置が焼入れ深さの場所である。

刃先の焼入れされた領域の低倍率および高倍率の光学顕微鏡像を図5-94（a）および（b）に示す。初析フェライト粒子および残留オーステナイト粒子はなく、完全にマルテンサイト変態している。(b)の矢印で示す針状の粒子は非金属介在物で、鍛造によって細く引き伸ばされている。光学顕微鏡で観察されるマルテンサイトは針状のラスマルテンサイトで、粗大なレンズ状のものは見当たらないが、若干粗い組織である。これは、炭素濃度の高いのが主因である。

④ マルテンサイトの透過電子顕微鏡観察

光学顕微鏡で観察した組織の微細構造を透過電子顕微鏡により調べた結果を述べる。図5-95に代表的な透過電子顕微鏡像を示す。透過電子顕微鏡試料は小さいので、局所的な情報であるが、入り組んだマルテンサイト晶（α'相）が見られ、典型的なラスマルテンサイト（図5-8、図5-38など）に比較して複雑な構造を示す。マルテンサイト晶は大きくはないが、相対的に小さなマルテンサイト晶と大きなマルテンサイト晶の存在する領域に分かれ、マルテンサイトが集まったブロックは小さい。小さなマルテンサイト晶の最小幅寸法は0.1μm前後で、同様な方位をもつ針状晶が5-10個束になっている。これに対して、0.3-0.5μmの相対的に大きなマルテンサイト晶は観察面においては針状ではなく、多角形状になっているのが特徴である。前述の包永刀のマルテンサイト晶は0.1-0.3μmで、主に0.1μm前後の針状のもので占められており、組織は包永刀より微細であるが、複雑な組織である。また、マルテンサイト晶中には高密度の転位が分布しており、これはマルテンサイト変態によるひずみのために生じたものである。マルテンサイト組織が硬いのは、炭素の強制固溶、微細なマルテンサイト晶および高転位密度が

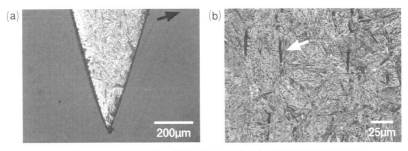

図5-94 刃先組織の低倍率(a)と高倍率(b)光学顕微鏡像（北田）

図5-95 刃先のマルテンサイトを示す
透過電子顕微鏡像（北田）

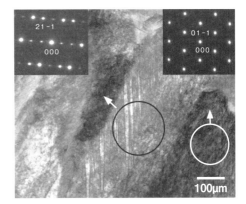

図5-96 マルテンサイトに発生した双晶の
透過電子顕微鏡像と双晶および
$\alpha'Fe$領域の電子線回折像（北田）

主因であり、高転位密度であると固溶している炭素が転位の近くに集まり、転位が移動するのを妨げて硬くなる。

　このマルテンサイト組織中には、図5-96で示すように、マルテンサイト晶内に縞紋様が観察され、縞紋様のない$\alpha'Fe$の電子線回折像に比較すると双晶の斑点があり、縞紋様は双晶を示している。この双晶はマルテンサイト変態に伴って生じたものなので、変態双晶と呼ばれる。マルテンサイト変態は原子の位置が特定の向きに集団的にずれて生ずるが、同時に固溶している炭素原子が強制的に固溶させられる。このため、結晶格子は引き伸ばされ、大きなひずみが生ずる。このひずみの大部分は転位のすべりによって開放されるが、高炭素鋼でマルテンサイト変態が低温で起こる場合にはすべりが充分に働かず、双晶の発生によってひずみを開放する。本試料の場合、光学顕微鏡組織の観察で述べたように、比較的冷却速度が低い刀の内部でもマルテンサイト晶が観察されている。これは、使われた鋼の炭素濃度が局所的に高く、冷却速度が低くてもマルテンサイト変態が起こったことを示している。したがって、双晶発生の主な原因は高炭素濃度である。

　この刀の組織的な大きな特徴は、内部に高炭素濃度のパーライト組織とマルテンサイト組織が存在していることである。棟から刃に至るほぼ中心線上にパーライトとマルテンサイトが並んでおり、背骨のような構造である。また、皮鉄の内部にもマルテンサイト組織があり、硬軟の複合材料となっている。硬い鋼で内部の軟らかな部分を包み込むのが一般的であるが、内部にマルテ

第5章　日本刀の微細構造

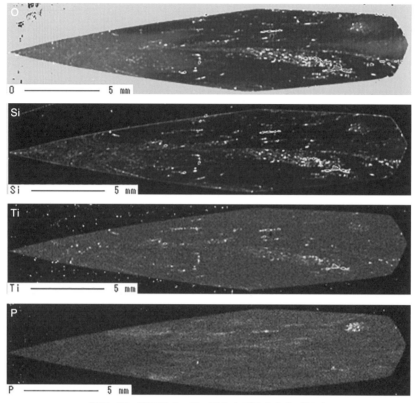

図5-97　断面のO、Si、TiおよびPの分布（北田）

ンサイト化しやすい高炭素鋼片を意図的に挿入している。

⑤ 非金属介在物

前述のように、刀の鋼に含まれる非金属介在物の構造とこれを構成する元素は用いられた原料と鋼の性質を知る上で非常に重要である。ここでは、心鉄と刃鉄中の非金属介在物の詳細について述べる。

先ず、EPMAによる断面全領域の主な不純物分布を図5-97に示す。明るい領域でそれぞれの元素の相対濃度が高い。Oで示す断面の酸素分布は、心鉄よりも炭素濃度の高い刃鉄や皮鉄などの領域で相対的に多い。心鉄は高温で脱炭し、その後は折り返し鍛錬をあまりしないが、刃鉄は折り返し鍛錬数が多いために表面酸化物から浸入した酸素が多いものと推定される。酸素は現代鋼中には 0.005 - 0.02 重量％含まれるが、フェライト中に固溶するとともに酸化物であるFeOとして粒界などに存在する。現代鋼では硫黄（S）が含まれるので、高温でFeO-FeS共晶反応を生じ、熱間加工の脆化の原因となるが、刀ではSが少なく、脆化は少ない。また、フェライトに固溶した酸素は加工したときに降伏現象（図5-66）および100℃程度に加熱したときに硬くなる時効硬化などを引き起こす。刃鉄の酸素濃度を定量分析してないので酸素の影響は不明だが、少ない方が望ましい。現代鋼では溶鋼にOとの親和力が強いSi、Alなどを添加して、強制的に酸素を低減している（脱酸鋼）。

一方、図に見られるOの局部的な分布は非金属介在物によるものである。非金属介在物に起

因する酸素は心鉄領域に多く、これは心鉄の包丁鉄に比較的大きな非金属介在物が存在するためである。心鉄中の非金属介在物は均一な分布ではなく、局所的であることが多く、この図の酸素分布でも分布は偏っており、結晶粒径の大きな断面右の心鉄中の一部で多い。

非金属介在物の主成分であるSiの分布はほぼ酸素分布と一致し、SiのほかAl、MgおよびCaも同じ位置にある。ここに

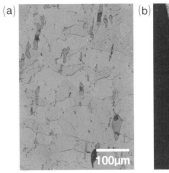
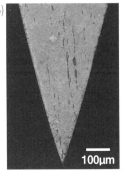

図5-98　心鉄(a)と刃鉄(b)中の非金属介在物分布（北田）

は、非金属介在物であるケイ酸塩化合物あるいはケイ酸塩系ガラスが存在する。砂鉄原料からのTi系酸化物もSiと同じ場所で検出された。Pは少量だが、心鉄中の非金属介在物中で相対的に多かった。

次に、走査電子顕微鏡で観察した結果の概略を述べる。図5-98 (a)は心鉄の結晶粒の小さい領域cの非金属介在物の走査電子顕微鏡像で、鍛造されたため棟から刃に向かって、若干細長くなった非金属介在物粒子が列をなして多く分布している。列をなす近接粒子は高温鍛造時に融解しており、一つの粒子が千切れて分かれたものである。これに対して、(b)で示す刃鉄中の非金属介在物は刃をつくるために強く鍛造されており、全体として細長く変形している。粒子は列をなしているが、これも鍛造で千切れたものである。この刀の刃鉄中の非金属介在物は比較的大きく、鍛錬度は低めである。また、非金属介在物は刃先に向かって平行になっており、甲伏せ法で折り返されたような放物線状の分布ではない。

図5-99は心鉄中の非金属介在物の走査電子顕微鏡像で、暗い部分は介在物の一部が脱落したものである。非金属介在物にはFe、Si、Mg、Ca、Alなどの金属元素と酸素が含まれているが、大まかに分類すると粒子内部の円く見えるのはウスタイト（FeO）で、若干暗く見える領域はファヤライト（Fe_2SiO_4）、縁の暗い領域はアルミノシリカ・ガラスである。原料の由来と性質をみるためには、Ti、PおよびSの含有状態がひとつの目安である。図右の元素分布からTiは介在物の大半に存在し、Pも同様である。

図5-100は刃鉄中の非金属介在物で、内部組織は心鉄中の非金属介在物と異なる。FeOのような丸い粒子はなく、微細な析出物が観察される。これらは後述のようにTi系の酸化物であり、地はガラスである。この非金属介在物中にはFe、Si、Mg、Ca、Alなどの金属元素と酸素が含まれており、TiとPの元素分布図を右に示したが、Tiは析出物、Pはガラス中に分布している。

ⓐ 心鉄中の非金属介在物の微細構造

この刀の心鉄のフェライト結晶粒に含まれる非金属介在物の構造と成分について述べる。図5-101はフェライト結晶粒中に観察される代表的な非金属介在物の透過電子顕微鏡像である。図の両側に暗く見える重い原子を含む化合物粒子aがあり、その隣にやや明るい結晶粒bがaに付着している。中央には明るい結晶粒cがあり、その間に析出物を含むガラス領域dがある。

第5章　日本刀の微細構造

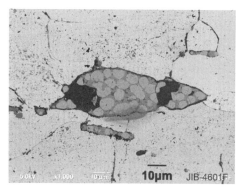
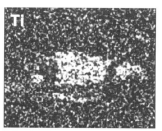

図5-99　心鉄中の非金属介在物の走査電子顕微鏡像とTiおよびPの分布像（北田）

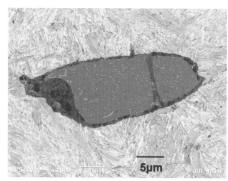
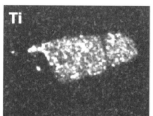
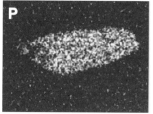

図5-100　刃鉄（マルテンサイト）中の非金属介在物の走査電子顕微鏡像とTiおよびPの分布像（北田）

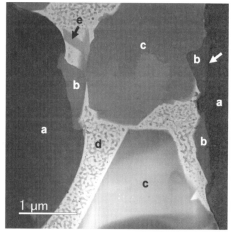

図5-101　心鉄（フェライト）中の非金属介在物の透過電子顕微鏡像（北田）

134

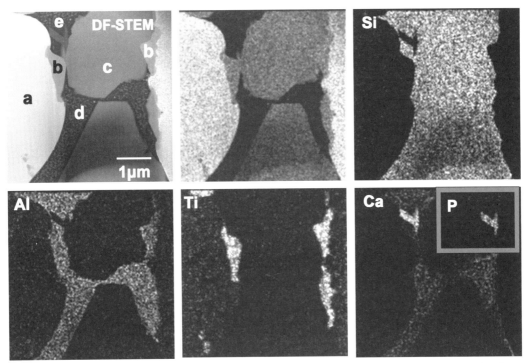

図 5-102　フェライト中の非金属介在物中の元素分布像　DF-STEMは暗視野走査透過電子顕微鏡像（北田）

左側に示すbも右のb結晶と同じ成分である。また、矢印で示すeは結晶面が直線的な結晶粒である。同じ符号の結晶で明るさに差があるのは、電子線に対する結晶の方位が異なるためである。これらの結晶に隣接するガラス領域では、無析出物帯があり、結晶の析出が拡散支配であることを示している。

図5-101に示した領域の元素分布を図5-102に示す。酸素の分布を載せていないが、酸素は全面でほぼ均一に分布している。図中のDF-STEMは暗視野走査電子顕微鏡（Dark-Field Scanning Transmission Electron Microscope）像を示し、図5-101と明暗が逆になっている。Fe濃度はa領域が最も高く、これにbとcが続き、dのガラス領域は低い。Siは中央部の結晶cとガラス領域dで濃度が高い。Alはガラス領域に分布しており、この領域にはKとCaも存在する。bの結晶ではTiが存在し、両側のaの結晶中にも微量検出された。Mnはガラス以外の領域に微量存在する。Pは図5-101のeで示した結晶粒だけから検出され、ここにはFeなどの元素はなく、酸素、CaおよびPが検出され、Ca-P-O系化合物である。Pは鋼に含まれると機械的性質を損なうが、表5-10で示したPの大部分は非金属介在物の中にあるので、鋼に及ぼす影響は少ない。刀の場合、全体の化学分析値だけで鋼の性質を判断するのは注意を要する。PおよびSは特定の金属（Mnなど）と結合力が強いので、石炭で製錬した現代の鋼ではMnを添加してMnSなどの非金属介在物として析出させ、鋼に及ぼす害を低減している。たたら鉄やヨーロッパの錬（鍛）鉄では、Sの含有量が低く、その害は殆どない。

図5-103は図5-101の白矢印で示した領域の透過電子顕微鏡像とその電子線回折像である。図の下側の結晶は図5-101のaで示したFeO、bで示した結晶はAlを少量含むイルメナイト構

第5章 日本刀の微細構造

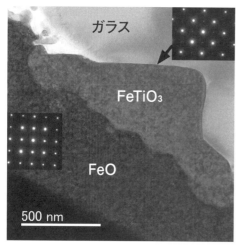

図5-103 図5-101の白矢印で示した結晶の透過電子顕微鏡像とそれぞれの電子線回折像（北田）

造の(Fe, Al)TiO$_3$であり、FeOの[001]方向と(Fe, Al)TiO$_3$の[011]方向が一致しており、FeO結晶格子の上に(Fe, Al)TiO$_3$結晶の格子が連続して成長するエピタキシャル成長である。

図5-104（a）は図101の中央部結晶粒cとその電子線回折像で、これの解析によればFe$_2$SiO$_4$を基本に微量元素としてMn、Caを含むファヤライト結晶である。(b)のeはCaとPを含む結晶の電子線回折像で、結晶はリン酸カルシウムの一種である(CaO)$_x$(PO$_5$)$_{1-x}$である。この系の典型的鉱物はアパタイトで、この系の結晶は、この刀だけで認められた。

ガラス領域は多相組織であり、代表的な透過電子顕微鏡像を図5-105に示す。この領域の電子線回折像を図の右上に挿入した。電子線回折像はぼやけた円と斑点があり、ぼやけた円は明るく見えるアモルファスのガラス地からのハローと呼ばれる像である。斑点は暗くみえる領域からの回折像で、これらが結晶からなることを示している。透過電子顕微鏡像であるので、原子番号の大きい重い元素のあるところが暗くなっている。最も小さい粒子は5nm程度の大きさである。うねったような結晶は連続しているものが多く、幅が20nmから50nmである。

図5-106に図5-105領域の主な元素の分布像を示す。Siはガラス領域で多く、うねったような結晶で若干少なく、特に透過電子顕微鏡像の最も暗い部分で少ない。AlはSiと同じガラス領域に多く含まれ、図で示していないがK、MgおよびMnはガラスに含まれている。Fe、CaおよびPはうねったような結晶中にあり、Feは透過電子顕微鏡像で最も暗い粒子のところで多い。鋼の性質を損ずるSはFeが多く存在する暗い孤立した粒子の場所に集まっている。SはFeとの硫化物であるFeS、Fe$_3$S$_4$、Fe$_2$S$_3$あるいはFeS$_2$をつくることが知られている。鋼の性

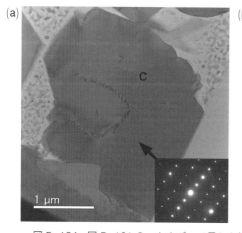
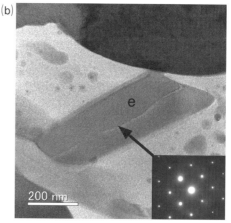

図5-104 図5-101のcおよびeで示した結晶の透過電子顕微鏡像と電子線回折像（北田）

質を損ずるSはガラス領域に多く分布しているが、EDS分析では鋼の中にSとPは検出されず、介在物にSとPが集まることにより、鋼の性質の劣化を防いでいると考えられる。以上のように、ガラス中に析出した結晶は成分的にいくつかに分けられる。

ガラス地中の代表的な領域のEDS像を図5-107に示す。薄膜試料の厚さは約100nmであるので、小さな析出物ではガラス地の成分も検出されている。(a)から(c)までの分析点は図5-105のaからcである。(a)のガラス領域のEDS像ではSiとAlが主成分で、微量のPとFeおよび極微量のKとNaが含まれているアルミノシリカ・ガラスで

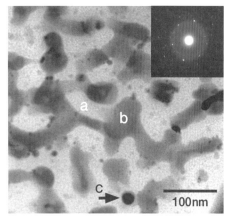

図5-105 図5-101のdで示したガラス地領域の透過電子顕微鏡像と全体の電子線回折像（北田）

ある。(b)のEDS像ではSiとCaが多く、組成はファヤライトに近い(Fe, Ca)$_2$SiO$_4$結晶である。(c)で示した暗い円形の粒子では、寸法が小さいのでガラス地の成分も検出されている思われるが、上述の硫化鉄結晶である。図5-108は図5-105のcで示した円形の微小析出物の透過電子顕微鏡像で、直径は約30nmである。結晶格子像を図の右上に挿入した。格子の間隔は0.20nmで、

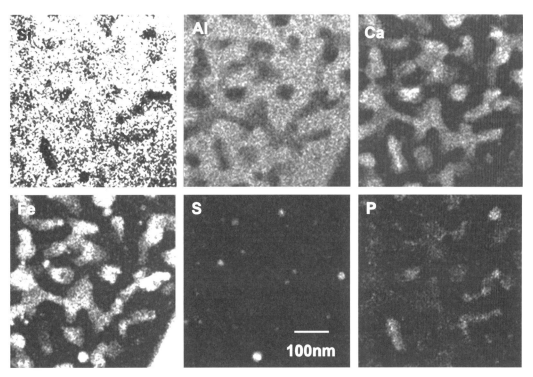

図5-106 図5-105で示したガラス地領域の元素分布像（北田）

第 5 章　日本刀の微細構造

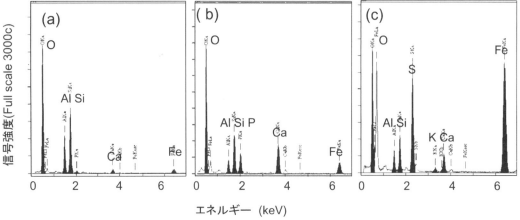

図 5-107　図 5-105 で示したガラス地領域の元素分布
(a)-(c) の分析点は図 5-105 の a-c に示す（北田）

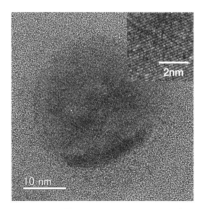

図 5-108　図 5-105 の c で示したガラス地領域の円形の微小な析出物の透過電子顕微鏡像　右上に拡大した結晶格子像を示す（北田）

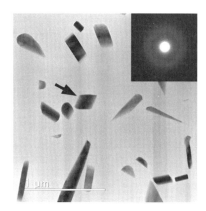

図 5-109　刃先のマルテンサイト中に存在する非金属介在物の透過電子顕微鏡像とガラス地の電子線回折像（北田）

硫化鉄（FeS）に一致する。

ⓑ　刃鉄中の非金属介在物

本試料の刀は大別して前述の極低炭素濃度の心鉄と刃鉄の高炭素鋼である。これらは異なる素材とみられ、刃鉄中の非金属介在物の組織や構造は心鉄と異なる。図 5-109 は刃鉄中に観察される非金属介在物の代表的な透過電子顕微鏡像である。地は右上の電子線回折像で示すように結晶斑点のないハローであり、アモルファスのガラスである。ガラス地の中には 0.1 μm から 1 μm 程度の微細な粒子が分散している。粒子の多くは多角形を示し、これは結晶の原子面の表面エネルギーが高い結晶の形状である。地のガラス領域は心鉄に観察された非金属介在物のガラスよりも非常に均一で、包丁鉄で観察された複雑な組織は観察されない。これらの粒子は図 5-100 の走査電子顕微鏡像と一致する。

この領域の元素分布を図 5-110 に示す。図中の DF-STEM は暗視野のため図 5-109 とコントラストが逆になっている。Si はガラス地に多く、析出粒子中では少ない。Al、Ca および K も

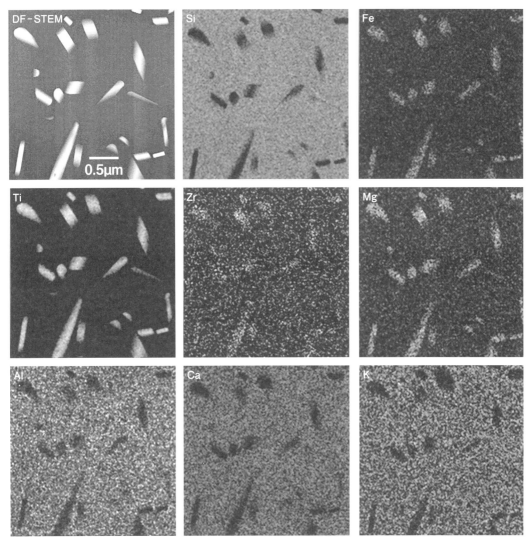

図5-110 マルテンサイト中の非金属介在物の主な元素分布像（北田）

ガラス中に多く存在する。一方、Fe、Ti、Zr および Mg は析出粒子の中で濃度が高い。心鉄の非金属介在物で観察された FeO および Fe_2SiO_4 はなく、Mg と Zr を微量含む Fe-Ti 系酸化物がガラス中に粒子として存在する。Ti と Zr は同じ仲間の元素で化学的性質も同様であり、鉱石中では共存することがある。前述の心鉄の非金属介在物中に Zr は検出されない。また、刃鉄の非金属介在物からは S および P が検出されない。以上の微細構造、検出元素の種類などから判断すると、心鉄と刃鉄とは異なる鉱石から製錬した素材とみなされる。工房近くの砂鉄を使っていれば同様の不純物元素が検出される。異なる素材を使っていることは、当時、素材の流通が盛んであったこと、刀匠が素材を選んで使ったことを示している。選んだ基準は鋼の性質か、あるいは価格であろう。

図5-111 は図5-109 の矢印で示した結晶の格子像と電子線回折像である。格子像の間隔は 0.67nm である。電子線回折像はイルメナイト（$FeTiO_3$）と一致した。このイルメナイト系酸化

第5章　日本刀の微細構造

図5-111　図5-109の矢印で示した粒子の結晶格子像と電子線回折像（北田）

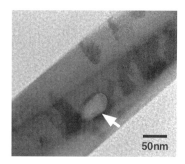

図5-112　ガラス中に析出しているTi系酸化物粒子内の微細析出物の透過電子顕微鏡像（北田）

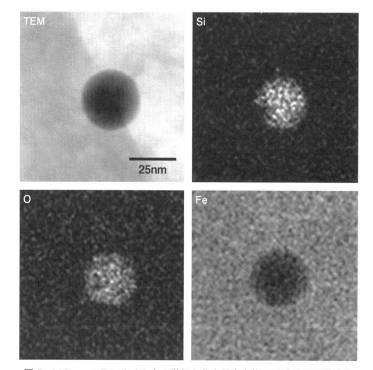

図5-113　マルテンサイト中の微細な非金属介在物の透過電子顕微鏡像（TEM）と元素分布（北田）

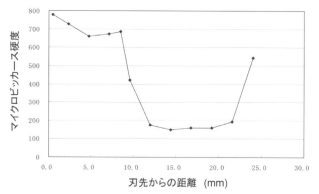

図5-114　勝光刀断面のマイクロビッカース硬度分布（北田）

物の内部にも微細構造があり、その一例を図5-112に示す。矢印の楕円形のナノ粒子はSiO₂結晶で、暗く見える部分は積層欠陥（せきそう）と呼ばれる原子面が抜けた部分である。SiO₂粒子はイルメナイト系結晶が生成する過程で、その領域に取り込まれたSi原子が酸化物として析出したものである。

　このほか、心鉄および刃鉄中に微細な酸化物粒子が存在する。図5-113の透過電子顕微鏡像で示したのは、その一例で、刃先のマルテンサイト組織の中に観察されたナノメーター寸法の微粒子である。同図中にSi、OおよびFeの元素マップを載せたが、微粒子はSiO₂である。SiO₂は鋼中の最も一般的な非金属介在物で、化学分析によるSi濃度の中に含まれている。SiO₂は少量であれば鋼に対する害は少ないが、低炭素鋼に固溶しているSiが0.2重量％以上であると冷間加工性を低下させる。表5-10で示したように、この刀に含まれるSiは0.05重量％以下で、加工性への影響はない。このようなナノ粒子は走査電子顕微鏡では検出できないので、透過電子顕微鏡観察が有効である。

⑥ 機械的性質

　ここでは、マイクロビッカース硬度の測定結果について述べる。図5-114は刃先から棟の中央を結ぶ線上の硬度分布である。刃先の近くの硬度は約780で刃先から離れるに従い硬度は減少するが、図5-88の記号jで示したマルテンサイト-パーライト（M-P）境界より棟に近づいた場所の硬度は650-700とかなり高くなっている。これは図5-93で示したように、M-P境界より上でも微細なパーライトに混じってマルテンサイトが存在するためである。マルテンサイトが存在しない微細なパーライト組織の領域に入ると、硬度は400程度に急減し、さらにパーライト組織が粗くなると150-200程度になる。刃先と棟を結ぶ直線状で測定した結果をグラフにしてあるので、硬度が150-200の間は中央の中炭素鋼が中心よりずれて、炭素量の少ない領域の硬度になっている。棟の近くは前述のようにマルテンサイトと微細なパーライトが混じった組織であり、硬度は再び増大して約650を示している。一方、図5-91で示したフェライト領域の硬度は100-105程度で軟らかく、パーライトとフェライトの境界である炭素濃度の低い領域では125程度であった。最高硬度と最低硬度の比H_h/H_lは約7.8で、硬度差は大きい。包永刀の項で、硬い鋼と軟らかい鋼の組み合わせの評価法として、両者の断面比について述べたが、この刀の場合、中炭素鋼と極低炭素鋼との面積比S_h/S_lは約1であり、約2の包永刀より全体として軟らかい刀である。

　皮鉄の微細なパーライト組織の硬度は400、マルテンサイトの混じるパーライト領域の硬度は500-600であった。マルテンサイト組織が硬すぎると靭性が低下するので、現代の鋼では100-200℃程度で焼き戻しをしてマルテンサイト中の転位の低減や炭化物の析出を促すが、この刀では組織および硬度からみて、積極的に焼き戻しをした形跡はない。焼き戻しすると微細な炭化物などの析出が起こって、かえって硬く、脆くなる場合もある。本試料刀の硬軟の複合組織は対称に出来上がるように鍛錬しており、内部検査法もなかった時代の加工・熱処理技術としては、高い技術とみなされる。

表5-12 備州長船勝光刀に含まれる不純物量（重量％）

Al	Si	P	S	Ti	Mn
0.01	<0.05	0.012	0.001	0.03	<0.01

図5-115 備州長船勝光銘の刀、刃紋および銘（筆者蔵）

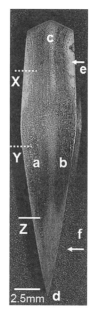

図5-116 備州長船勝光銘の断面
a-fは組織観察領域、XおよびYは横方向硬度分布の位置（北田）

5.3.2 備州長船勝光刀

　この試料は備州長船勝光の銘があるもので、短めの脇差である。図5-115に全体像および銘を示す。試料は錆が多く、部分的に研いで刃紋を出した。化学分析の結果を表5-12に示す。前述の備州長船住勝光刀の分析結果とほとんど同じで、不純物濃度は低い。

　断面のマクロ像を図5-116に示す。この断面でaおよびbで示す暗い領域は低炭素鋼からなる心鉄で、Z付近から棟まで伸びている。棟のcから刃先のdに至る断面のほぼ中心は中炭素鋼からなるが、鎬の若干上の部分では炭素濃度が低くなっている。皮鉄は鎬付近では薄く、棟の近くのe付近では両側とも厚くなってマルテンサイトが生じている。心鉄のaおよびbは刃先に向かって細くなり、その領域は谷のようになっている。したがって、V字状の甲伏せ構造をふたつ並べてVV字形に鍛接したような構造を示す。この断面構造は前項で述べた備州長船住勝光刀と良く似ている。工房として製作したものである場合、刀匠の数が多く、分業されていると思われる。同銘の刀について数多く調べなければ確実なことはいえないが、勝光という銘の刀に共通する製作技法があり、鋼の合わせ方が同様であった可能性がある。心鉄aの谷がbよりも深くなっているが、断面構造の対称性は良い刀である。

① 金属組織

　図5-117（a）は心鉄aおよびbに挟まれた中央の領域における中-高炭素鋼組織であり、明るい領域はフェライト、暗い領域は微細なパーライトである。部分的ではあるが、内部の中炭素領域までマルテンサイトが生成している。（b）は低炭素のフェライト組織で結晶の大きさは50－300μmである。心鉄と刃鉄の境界には加工熱処理によって生じた拡散領域があり、（c）に示すよ

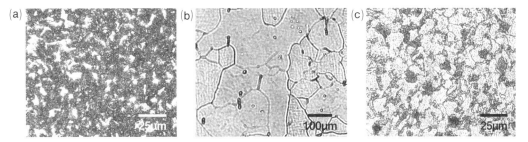

図5-117　断面の中-高炭素鋼領域(a)と心鉄の低炭素鋼領域(b)および低炭素-中炭素鋼の中間領域(c)の光学顕微鏡像（北田）

図5-118　断面の皮鉄の低倍率光学顕微鏡像（北田）

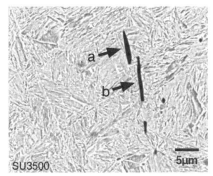

図5-119　刃鉄中のマルテンサイト組織の走査電子顕微鏡像
矢印は表5-14の分析箇所（北田）

うなフェライトとパーライト組織からなる。

　皮鉄領域の中炭素鋼組織では、図5-118で示すように結晶粒が相対的に小さい表面領域と内部の大きい領域が観察される。皮鉄層の一部は微細なパーライトとマルテンサイトからなっており、内部に炭素濃度の高い領域が帯状にある。これは、図5-92と同様である。

　刃鉄部のマルテンサイト組織は微細なので、図5-119に走査電子顕微鏡像で示す。針状のラスマルテンサイトからなり、このスケールでは靭性を阻害するレンズ状の双晶組織は見当たらない。非金属介在物は鍛錬により細長くなっており、矢印aおよびbは後述する分析位置である。刃鉄鋼領域の代表的なEDS分析像を図5-120に示す。刃鉄のEDS像に不純物のピークはないが、心鉄ではSiが0.3重量％含まれており、若干不純物が高めの鋼である。

② 非金属介在物

　心鉄中の代表的な非金属介在物の走査電子顕微鏡像を図5-121に示す。非金属介在物の形状をみると、左側の細長い非金属介在物aは四つの矢印で示すように、割れた形跡が残されている。これは、非金属介在物が固体の状態で鍛造されたことを示している。右の非金属介在物bでも矢印の部分で割れた形跡がある。多くの刀の非金属介在物には割れがなく、非金属介在物は高温の鍛造では融解した状態にあり、冷却時に凝固している。しかし、この試料の場合は鍛造時に固体であったために割れたものである。左のaの非金属介在物の上から三および四つ目の矢印の割れの間には、割れたときに出来た鋼部の空洞が線条に残されて、完全に圧着されていない。刀の最終工程では焼入れるため高温に加熱するが、その温度でも非金属介在物が融解しなかったか、

第5章 日本刀の微細構造

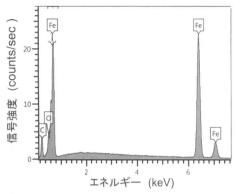

図5-120 刃鉄部の代表的なEDS像（北田）

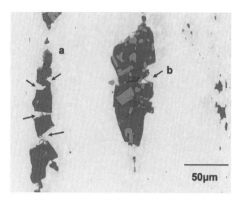

図5-121 心鉄中の非金属介在物の走査電子顕微鏡像（北田）

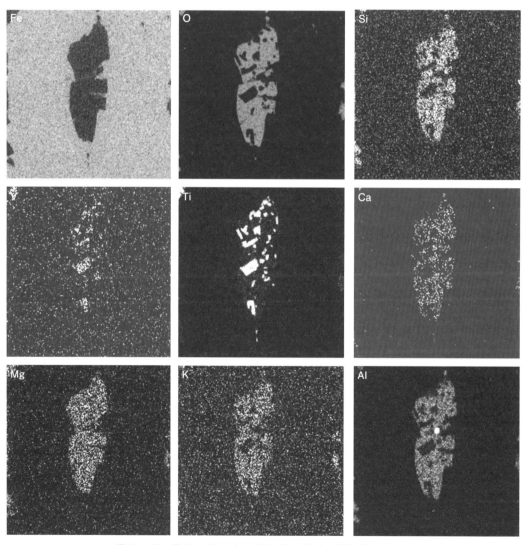

図5-122 図5-121の右の非金属介在物中の元素分布（北田）

表5-13 図5-121中の非金属介在物（右）のEDS分析値（原子%）

	Fe	Si	Al	Mg	Ca	K	Ti	Mn	V	Zr	酸素
粒子	12.7	1.54	2.00	2.53	0.30	0.14	26.5	---	2.77	0.15	残余
地	10.3	21.2	6.67	1.87	2.90	1.49	2.37	0.24	---	---	残余

表5-14 図5-119で示した刃鉄中の非金属介在物のEDS分析値（原子%）

	Fe	Si	Al	Mg	Ca	K	Na	Ti	Mn	酸素
a	26.6	20.0	3.34	2.31	3.44	3.10	---	1.04	---	残余
b	13.2	21.6	3.77	1.98	4.36	3.79	0.58	1.56	0.12	残余

あるいは若干低い温度で鍛錬されたものと考えられる。

　非金属介在物の中には明るく見える多角形の粒子が観察され、これらの組成について述べる。図5-122は図5-121の右側の非金属介在物の元素分布である。Feの元素分布像で示すように、非金属介在物中のFeはほぼ均一に分布している。Oの元素分布では、上述の多角形の粒子領域でO濃度が相対的に低い。Si、Ca、KおよびAlはOと同様な分布を示し、Mgは全体に分布している。他の元素が少ない多角形領域ではTiとVが検出され、特にTiの分布は多角形粒子で明瞭である。表5-13に多角形領域とガラス地のEDS分析値を示す。多角形の粒子では、TiとFeが主成分で、VおよびZrが微量元素として含まれている。大まかな組成はFeTi$_2$O$_5$に近く、フェロシュードブルッカイトと呼ばれる化合物であり（図5-423）、表に示した微量元素が固溶している。この結晶の特徴はVを多く含んでいることである。地のガラスはアルミノシリカ・ガラスであるが、K、Mg、FeおよびMnが含まれている。

　刃鉄のマルテンサイト中の非金属介在物は図5-119に示したが、同図中の矢印aおよびbで示した非金属介在物のEDS分析値を表5-14に示す。図5-119の走査電子顕微鏡像では、細長い非金属介在物に内部構造はない。aはFeが多いが、ガラス形成元素であるSi、Al、Kなどが多く含まれている。bの場合はFeがaより少ないが、aと同様にガラス形成元素が多い。Tiの濃度は1-1.5原子%で非金属介在物中に多角形のTi系酸化物粒子は観察されず、VおよびZrも検出されない。非金属介在物から判断すると、刃鉄と心鉄は異なる素材の可能性が高い。前項で述べた備州長船住勝光刀に比較すると、この試料の非金属介在物からはPとSが全く検出されない。この結果からも、異なる産地の素材を使った可能性がある。

③ 硬度

　断面中心部の刃先から棟までのマイクロビッカース硬度の分布を図

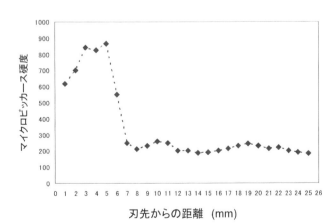

図5-123 刃先から棟までのマイクロビッカース硬度分布（北田）

5-123に示す。刃先の硬度は約610であるが、刃先から離れるにしたがい硬度は増大し、刃先から3－6mmで850－870を示したのちに200前後でほぼ一定となる。刃先の硬度は刀として充分な値であるが、このように硬度分布が明瞭な最大値を示す刀は少ない。光学顕微鏡組織は刃先から焼入れ深さまでマルテンサイトであり、微細なマルテンサイトの組織的比較は難しい。硬度に及ぼす影響は炭素濃度が最も大きいので、炭素濃度のばらつきによる硬度差が考えられる。素材としてばらつきがあったのか、あるいは刃先だけが脱炭して炭素濃度が下がった可能性もある。心鉄の硬度は110－115でフェライト組織としてはやや硬い。最高硬度と最低硬度の比H_h/H_lは7.9で、前述の備州長船住勝光刀の7.8とほぼ同じである。硬い領域と軟らかい領域の断面における面積比S_h/S_lは0.83で、備州長船住勝光刀の1に近く、断面構造はほぼ同じとみなせる。

5.3.3 次廣作の刀

次廣と名乗った刀匠は数人おり、室町時代の文明（1469－1486年）から永禄（1558－1569年）にかけて若狭国（福井県南西部）で鍛刀したと伝えられている。本試料は天文（1532－1554年）から永禄期につくられたものと推定され、図5-124に全体像と銘を示す。化学分析による不純物の分析値を表5-15に示す。AlとSiは刀としては若干多めで、PおよびSは他の刀と同様な値である。Tiも同様である。V、CrおよびMnは検出感度以下である。

図5-125は試料の断面マクロ組織で、断面の中央に棟から刃に至る中炭素鋼aがあり、その両側に矢印bとcで示すような心鉄が配置され、その外側に薄い皮鉄がある。心鉄の肉厚は左右で異なっているが、対称性は比較的良好である。左側の心鉄bの上下の結晶粒径は大きく粗い組織となっており、その中間では結晶粒が上下より小さい。右側の心鉄cの粒径は左よりが小さいが、粒径にはばらつきがある。そのため、マクロ組織では不均一に見える。これに対して中炭素鋼は均一な明るさの組織であり、刃鉄の焼入れ部（矢印dが焼入れ深さ）も明瞭に観察される。矢印dより棟側の暗い領域は、冷却速度が比較的高かったために生じた微細なパーライト組織である。中炭素鋼が背骨のように中心にあり、それを柔らかな心鉄で両側から挟み、その外側に中炭素鋼の薄い皮鉄がある。この構造は、前述の備州長船住勝光刀および備州長船勝光刀と同様である。室町時代刀の断面構造を代表するものかも知れない。

① 金属組織

断面の光学顕微鏡像の代表的なものを図5-126に示す。断面の矢印bで示す心鉄のフェライト組織は（a）で示すように非常に大きく、粒径は50－700μmであり、肉眼で見える大きさである。心鉄に使われる包丁鉄は1000℃以上に加熱して熱処理するの

図5-124 次廣作の刀の銘（筆者蔵）

表5-15 次廣作刀の化学分析値（重量%）

Al	Si	P	S	Ti	V	Cr	Mn
0.02	0.06	0.017	0.001	0.02	<0.01	<0.01	<0.01

5.3 室町時代刀

図 5-125 次廣作の刀の断面マクロ組織（北田）

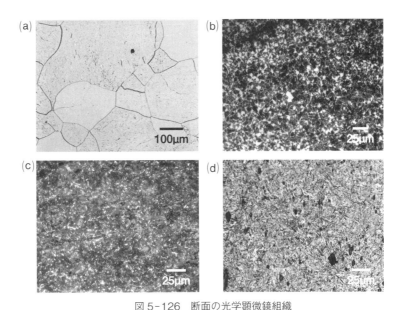

図 5-126 断面の光学顕微鏡組織
(a)は心鉄のフェライト、(b)は断面中央の中炭素鋼、(c)は微細なパーライト、(d)はマルテンサイト組織（北田）

で、そのときに結晶粒が成長し大きくなったもので、これは他の刀の心鉄と同様である。他の刀の例であるが、低い温度で加熱して脱炭したものでは、結晶粒が小さく、パーライト組織が残っているものもある。前述のように、断面の左側 b の心鉄の上部と下部で結晶粒が非常に大きく、鎬付近の心鉄の粒径は比較的小さい。包丁鉄の鍛錬度は低いので、素材組織のばらつきである可能性と、熱処理が異なるものを合わせた可能性がある。(b) は断面中央の中炭素鋼の光学顕微鏡像で、結晶粒径は 5 - 15 μm で比較的小さく、良質な組織である。組織にばらつきがあるが、炭素濃度は 0.50 重量 % 前後である。

図 5-125 の矢印 d で示した焼入れ深さ上部の微細なパーライト組織が (c) で、ここの結晶粒径は非常に小さい。前述のように、結晶粒径が小さくなるほど鋼の強度と靭性は高くなる。この炭素鋼の結晶粒径は鋼としては微細であり、鍛錬は比較的低温かつ短時間で、結晶粒成長が激しく起こらない条件であったことを示唆する。(d) は図 5-125 中の e で示す場所の刃のマルテンサイト組織であるが、光学顕微鏡ではマルテンサイトの針状組織が明確に観察されないほど微細である。図の刃鉄中の非金属介在物の多くは数 μm と細かいが、20 μm 程度の大きなものもある。

心鉄と刃鉄の炭素濃度は非常に異なるので、鍛接した境界近傍では炭素濃度の高い鋼から低い鋼に向かって炭素原子が移動する。図 5-127 (a) は心鉄と皮鉄の鍛接境界付近の組織で、炭素原子の拡散により低炭素鋼になっている。境界近傍の結晶粒径は心鉄に比較して小さく、鍛接時の加工によって再結晶し、微細化している。(b) は焼入れ深さ付近の組織で、マルテンサイトの面積は図の上方の棟に向かって減少しており、微細なパーライトが増えている。ここでは、マルテンサイトの面積が徐々に減少し、微細なパーライトに移行する組織が境界部の靭性を増す。この組織は焼入れ深さ付近としては、一般的な組織であるが、粗大なマルテンサイトはない。

光学顕微鏡では微細構造が識別できなかった刃部のマルテンサイト組織の透過電子顕微鏡像を

第5章　日本刀の微細構造

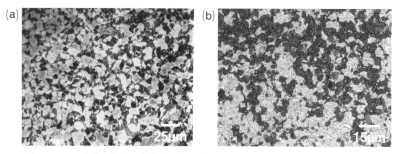

図5-127　皮鉄と心鉄の鍛接境界の組織(a)と焼入れ深さ付近の組織(b)（北田）

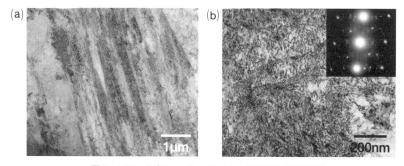

図5-128　刃部マルテンサイトの透過電子顕微鏡像
(a)は低倍率像、(b)はラスマルテンサイト中の転位像、挿入されているのは電子線回折像（北田）

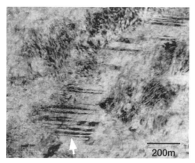 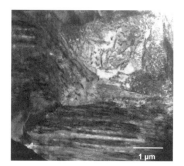

図5-129　マルテンサイト中の双晶の
　　　　　透過電子顕微鏡像
　　　　　矢印で示す細い縞が双晶（北田）

図5-130　次廣刀のパーライト
　　　　　組織の透過電子顕微
　　　　　鏡像（北田）

図5-128 (a) に示す。マルテンサイトは針状晶で典型的なラスマルテンサイトである。針状晶の幅は0.2 - 1μmで微細であり、(b)のようにラスの中には転位が高密度に存在する高転位密度型のマルテンサイトである。像の中には10 - 20nm程度の暗く見える極微細な析出物と考えられる像があり、電子線回折像でもマルテンサイト以外の回折斑点が存在し、ε（イプシロン）相と呼ばれる準安定な炭化物が存在する。これは、低温で焼き戻されたためと推定される。マルテンサイトは炭素原子を強制的に固溶したものであるが内部ひずみが大きく、そのままであると靭性が低い。焼入れた後に低温で加熱すると固溶炭素の一部が準安定な炭化物として析出し、ひずみが低減すると靭性が高くなる。ただし、析出物で硬くなる場合もある。組織から焼き戻ししたと判定される刀は少ない。

一方、図5-129の透過電子顕微鏡で示すように、稀であるが針状晶の中に微細な双晶が観察される。刃鉄の炭素濃度は0.73重量%であり、高炭素鋼のマルテンサイトは低温で生ずるので、双晶が発生しやすい。これは、前述の法城寺国光刀でも同様であった。双晶は炭素を強制固溶したときのひずみを緩和するために導入される。双晶はマルテンサイトの靭性を低下させるが、非常に小さく、数が少ないので、靭性に及ぼす影響は少ないとみられる。

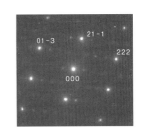

図5-131 パーライト組織からの電子線回折像
指数をつけたのがαFeの回折斑点で、小さなものがFe_3Cの回折斑点（北田）

焼入れ深さ付近から棟の向きの微細なパーライトの透過電子顕微鏡像を図5-130に示す。複雑な組織であるが、右上部の針状粒子がセメンタイト（Fe_3C）で、地がフェライト（αFe）である。局部的な観察であるが、この組織では結晶粒径が3-5μmと非常に小さく、強度と靭性に優れている。左側から下部はマルテンサイトである。微細なパーマロイ領域の電子線回折像を図5-131に示す。指数を付したのがフェライト（αFe）、その他の小さな斑点がFe_3Cの回折斑点である。

② 非金属介在物

刀の鋼の中には非金属介在物が多量に存在するが、低倍率の光学顕微鏡スケールで観察できれば、その分布は鍛造加工の履歴の一部を残している。図5-132は刃領域の研磨したままの状態における低倍率の光学顕微鏡像である。比較的大きな非金属介在物は刃先端に向かって弧を描くように対称に分布しており、1枚の鋼板を折り曲げて鍛造した痕跡である。図中のaで示した非金属介在物の弧から中央上部の非金属介在物は弧状ではなく直線的であり、鋼板が挿入された形跡を示す。挿入された鋼板は断面像の中心に見られた刃から棟へ伸びている鋼である。断面の中央に棟

図5-132 刃部近傍の非金属介在物分布
暗い粒子が非金属介在物（北田）

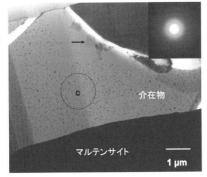

図5-133 非金属介在物の暗視野透過電子顕微鏡像と円部の回折像（北田）

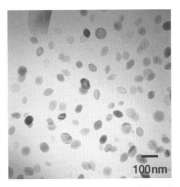

図5-134 図133のガラス中の微細な析出物の高倍率透過電子顕微鏡像（北田）

149

第 5 章　日本刀の微細構造

から刃に至る中炭素鋼板があり、その両側に心鉄が配置され、その外側を皮鉄が包んだ構造になっている。

　この試料の刃鉄部の非金属介在物の多くは光学顕微鏡および通常の走査電子顕微鏡では内部構造が観察されない。しかし、透過電子顕微鏡で観察すると、ガラス地の中に、図 5-133 で示すように、微細な粒子が観察される。非金属介在物の端には明るい帯状の領域があり、これは非金属介在物が凝固したときの収縮により発生した空洞である。ガラスの中には矢印で示す 0.5 μm 程度の比較的大きな析出物がある。その周囲には無析出物帯があり、大きな析出物が先に成長して、その周囲では過飽和な状態が解消されたことを示している。その他の領域では、微細な析出物が分散している。微細な粒子を含む C で示した領域の電子線回折像を右上に示したが、ガラスからのハローと析出物からの小さな回折斑点がみられる。電子線回折斑点は幾つかの粒子からのもので複雑であるが、Ti_2O_3 に相当するものがある。

　図 5-134 に微細な析出物の高倍率透過電子顕微鏡像を示す。大きさは 30-70nm で、円形に見えるものもあるが多くは六角形に近い形で、このような晶癖を示すのは、特定の結晶面の原子の結合力が大きいことを示している。図 5-135 (a)(b) はガラス地と析出物の EDS による元素分析像である。ガラス地は Si および Al のほか、ガラスの成分である K と Ca、および Fe、Mn および Ti を含んでいるが、アルミノシリカ・ガラスである。(b) は微細な粒子からの EDS 像である。試料の厚さが 100nm で、粒子周囲の地の領域も分析範囲となっているので地のガラス成分も含まれているが、Ti が主成分で、Fe と Mn が少量検出され、V も痕跡程度検出されるが、Zr は検出されない。このように、ガラス地中に Ti 酸化物微粒子が分散している形態は他の日本刀でも観察され、Ti を多く含む砂鉄の特徴の一つである。TiO_2-FeO 擬 2 元系では、チタニア (TiO_2)、フェロシュードブロッカイト ($FeTi_2O_5$)、イルメナイト ($FeTiO_3$)、ウルボスピネル (Fe_2TiO_4) および FeO が存在する (図 5-423)。Fe の少ない化合物が生ずるのは製錬時の還元雰囲気が強かったことを示すと思われる。

　図 5-136 は心鉄中の非金属介在物の光学顕微鏡像である。介在物の地はアルミノシリカ・ガラスで、明るく見える析出物は Ti 酸化物であり、図 5-100 および図 5-109 で示したものと同様なものとみられる。詳しく調べていないので、化合物の種類は不明である。

③ 硬度

　刃先から棟までのマイクロビッカース硬度の分布を図 137 に示す。刃のマルテンサイト領域の

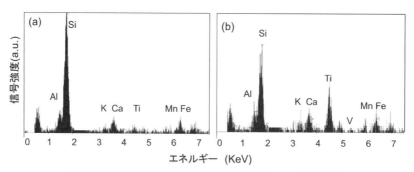

図 5-135　ガラス地 (a) と微細な析出物 (b) の EDS 分析像（北田）

5.3 室町時代刀

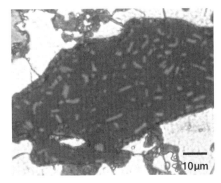

図5-136 心鉄中の非金属介在物の
光学顕微鏡像（北田）

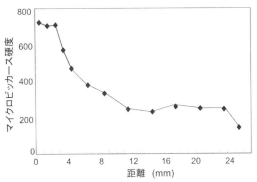

図5-137 次廣刀の刃先から棟近くまでのマイクロ
ビッカース硬度分布（北田）

硬度は710前後で若干ばらつきがあるが、微細なパーライトの領域を経て、緩やかに硬度は減少し、炭素濃度の高いパーライトの硬度となる。棟付近で硬度が低くなっているのは、棟付近の炭素濃度が低いためである。心鉄部の硬度は95－100で、軟らかな極低炭素鋼である。皮鉄は250前後で、内部の炭素鋼と同程度の硬度である。硬度の最高値と最低値の比 H_h / H_l は7.9で、前述の備州長船住勝光刀とほぼ同じである。

5.3.4 濃州住兼元刀

兼元を名乗る刀匠は明応（1492－1501年）から昭和まで多数いる。室町時代後期には美濃国赤坂に大きな工房があり、同銘の多くの刀匠が鍛刀していたと伝えられている。本試料の時代等は定かではないが、室町時代末期頃のものと推定される。図5-138に濃州住兼元刀を示す。この刀の長さは63cm、全体が錆びているので、刃紋は不明である。表5-16に化学分析による不純物含有量を示す。この不純物には非金属介在物の元素も含まれており、鋼部の不純物はこの値より低いと思われる。分析値は前述の刀と大差なく、Sは低く、若干Pを含んでいる。化学分析では、TiとMnは検出限界以下である。

① 金属組織

断面のマクロ腐食像を図5-139に示す。矩形はマイクロビッカース硬度試験の痕である。組織領域は図中に示した記号aからdに大別される。

断面マクロ像における記号aの明るい領域は図5-140（a）の心鉄の結晶粒径の大きな低炭素鋼でフェライトからなり、断面の左側まで続いている。記号bの領域は（b）のように共析組成に近い炭素濃度の高い領域で大きな非金属介在物を含

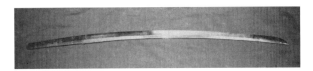

図5-138 濃州住兼元銘の試料（筆者蔵）

表5-16 濃州住兼元刀に含まれる不純物量（重量%）

Al	Si	S	P	Ti	Mn	Cu
0.01	0.15	<0.001	0.015	<0.01	<0.01	<0.01

第 5 章　日本刀の微細構造

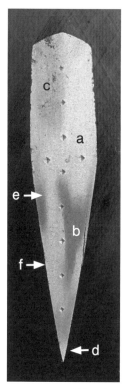

図 5-139　試料の断面マクロ像　図中の矩形はビッカース硬度試験の痕（北田）

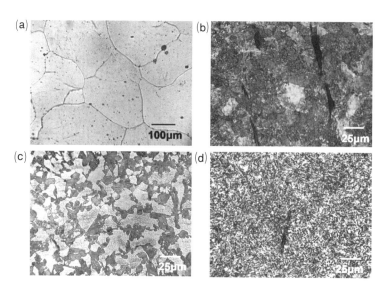

図 5-140　断面の主な光学顕微鏡像、
(a)-(d) は図 5-139 の同記号の場所（北田）

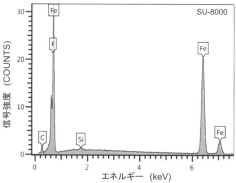

図 5-141　心鉄領域の EDS 分析像（北田）

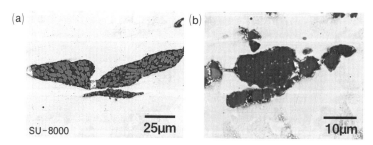

図 5-142　異なる内部構造をもつ非金属介在物の走査電子顕微鏡像(a)
　　　　　および(b)（北田）

表 5-17　図 5-143 で示した非金属介在物の各領域の EDS 分析値（原子%）

	Na	Mg	Al	Si	P	K	Ca	Ti	Fe	O
全領域	0.37	0.47	2.81	15.4	---	1.25	0.96	0.26	32.9	残余
粒子	---	1.09	0.41	13.4	---	0.26	0.33	---	35.1	残余
ガラス	0.94	---	6.16	17.9	0.27	2.93	2.46	1.97	18.9	残余

む。左側の暗いeの領域も同様の組織である。記号cのやや暗い領域は（c）で示すようにパーライトとフェライトからなる中炭素鋼である。記号dの刃部の組織（d）はマルテンサイトであり、比較的微細な組織である。記号fの領域は図5-140（c）と同様なパーライトとフェライトからなる中炭素鋼である。断面のマクロ像および光学顕微鏡組織で示したように、組織の対称性からみた断面組織は複雑である。

記号aで示した心鉄のEDS分析像を図5-141に示す。Fe以外の不純物としては、僅かだがSiのピークが存在し、Siの濃度は0.12－0.18重量％で化学分析の値に近い。マクロ断面像のbおよびcで示した鋼領域のEDS分析値も同様であった。この刀の鋼は、他の刀に比較して不純物が若干多めである。また、マルテンサイト領域の非金属介在物が観察されない領域のEDS分析では、Siが0.33重量％検出され、他の領域より高めであった。

② 非金属介在物

非金属介在物については、その内部組織の異なるものが幾つか観察された。図5-142は代表的な非金属介在物の組織である。(a)の心鉄中の非金属介在物には、大きさが3－10μm程度の内部粒子が存在する。(b)は高炭素鋼中の非金属介在物で、小さな内部粒子が存在する。

図5-142（a）で示した非金属介在物の主な元素の分布像を図5-143に示す。明るい粒子にはFe、SiおよびOが主な元素として含まれ、表5-17に示す組成からファヤライト（Fe_2SiO_4）とみなされ、Mg、KおよびCaなどが微量含まれているが、Tiは検出されない。非金属介在物に多く観察されるウスタイト（FeO）は存在しない。ガラスはアルミノシリカ・ガラスで、Sは検出限度以下であるがPは存在し、Tiが少量検出された。SEM像では、ガラス中に小さな粒子が分散しており、元素マップでは、この位置にTiが検出され、小さな粒子はTi系酸化物と推定される。

図5-142（b）で示した高炭素鋼中の非金属介在物の小さな粒子のEDS像では、図5-144のようにTiとFeが多く含まれ、これらの原子比からフェロシュードブルッカイト（$FeTi_2O_5$）系の

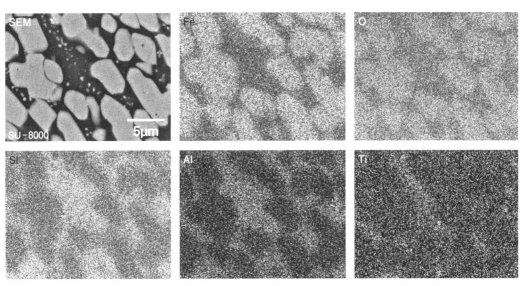

図5-143　図5-142(a)の主な元素の分布像　SEMは走査電子顕微鏡像（北田）

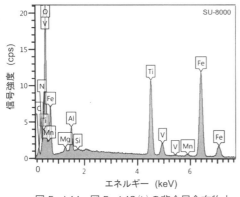

図5-144 図5-142(b)の非金属介在物中の微粒子のEDS像（北田）

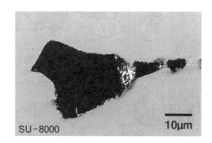

図5-145 刃中の内部構造がみられない非金属介在物（北田）

表5-18 刃中の非金属介在物のEDS分析値（原子％）

Na	Mg	Al	Si	K	Ca	Ti	Fe	O
0.76	0.81	5.50	24.5	1.69	1.14	0.81	16.7	残余

Ti化合物である。粒子にはVとMnが痕跡程度含まれている。

刃のマルテンサイト中に分布する非金属介在物の大きさは上述のものに比較すると小さく、図5-145で示すように内部構造が観察されない。ここに含まれる元素を表5-18に示すが、アルミノシリカ・ガラスの組成である。ただし、Feが多いので、走査電子顕微鏡では観察されない微細なFe系酸化物粒子がガラス中に存在する可能性がある。

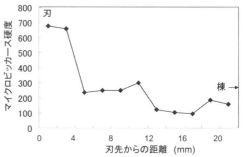

図5-146 刃先近くから棟近くまでのマイクロビッカース硬度分布（北田）

以上の非金属介在物を含む鋼の不純物分析から、断面マクロ像で示した低炭素鋼、高炭素鋼および刃鉄は異なる砂鉄を使用した可能性がある。

③ 硬度

断面のマクロ組織からもわかるように、断面の組織は複雑で、どのように鋼を組み合わせたのか不明な刀である。硬度も単調な変化ではなく、刃先から棟を結ぶ線上のマイクロビッカース硬度は図5-146のように他の刀の硬度分布より複雑である。刃の硬度は高炭素鋼としてはやや低い670程度で、棟に向かう高炭素鋼領域は約250だが、一度増大したのち、低炭素鋼領域で約100まで低下し、棟付近で再び増加する。最高硬度と最低硬度の比H_m/H_lは約6.7で、平均的な値である。

5.3.5 吉光刀

吉光を名乗る刀工は数が多く、鎌倉後期から昭和までおり、鎌倉期のものは名刀とされるものもある。試料刀の全体像と銘を図5-147に示す（久保田晴彦氏寄贈）。長さは約33cmの短めの脇

差で、平作りで直刃に近く、中子は切られて摺上茎となっている。製造年代の判定は難しいが、本書では室町時代後期のものとして述べる。

① 金属組織

図5-148は断面のマクロ腐食像で、マクロ組織から分類される主な組織領域を記号aからgで示す。aの棟は左右不均等な組織で、bは極低炭素鋼の心鉄とみられ、fのあたりまで続いている。心鉄を断面の中央に配置したのであれば、鍛錬工程で右側にずれたものとみられるが、dより下部では厚さ方向に多層組織が見られ、次廣刀のように、両側に心鉄を配した可能性が高い。d付近の表面には厚めの皮鉄がある。c付近は低炭素および中炭素鋼などからなる複雑な組織である。e領域もc領域と同様に複雑な多層組織になっている。棟から刃先に向かっては、真っ直ぐではないが、中炭素鋼組織が続いている。

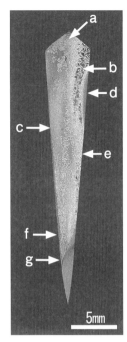

図5-148 吉光刀の断面マクロ像（北田）

次に光学顕微鏡組織について述べる。図5-149の棟近傍の低倍率光学顕微鏡像では、左側に明るいマルテンサイト（M）と暗い微細なパーライト（P）があり、ここは炭素濃度が0.7重量％程度の高炭素鋼である。矢印を境界として、右下には低炭素のフェライト-パーライト（F+P）からなる組織があり、さらに、ここは図5-148のbで示した心鉄のフェライト組織に続いている。マルテンサイトは矢印の境界より離れた刀の左表面近くで多く生じているが、これは表面近くの冷却速度が高かったためで、棟領域も焼入れる意図があったと推定される。

図5-150（a）は図5-149の高炭素から低炭素領域への遷移領域における高倍率像である。左側の高炭素領域ではマルテンサイト（M）と微細なパーライト（P）が混在し、右側の領域はフェライト-パーライト（F+P）組織である。フェライト-パーライト領域は高炭素領域から低炭素鋼のフェライトへ炭素原子が拡散して形成された組織である。図5-148のbで示した心鉄領域の光学顕微鏡像を図5-150（b）に示す。フェライト結晶粒は50−200μmと粒径が大きな低炭素鋼であるが、若干パーライト組織が存在し、極低炭素鋼ではない。

図5-148のcで示した皮鉄の近くでは、図5-151（a）で示すように左の表面から内部に向かって、結晶粒径の小さい高炭素鋼、結晶粒

図5-147 吉光刀の全体像と銘（久保田晴彦氏寄贈）

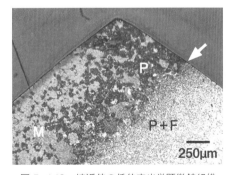

図5-149 棟近傍の低倍率光学顕微鏡組織
左の明るい領域(M)はマルテンサイト、暗い領域(P)は微細なパーライト、右下(P+F)は低炭素フェライト・パーライト組織、矢印は組織境界を示す（北田）

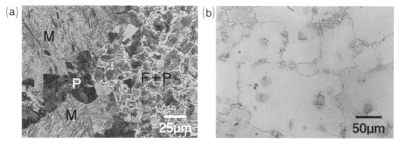

図5-150 パーライト(P)-マルテンサイト(M)からフェライト(F)-パーライト(P)組織への遷移領域(a)、心鉄のフェライト(b)の光学顕微鏡像（北田）

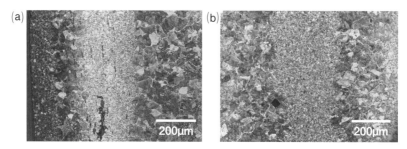

図5-151 図5-148のcで示した皮鉄部(a)と断面中央付近の光学顕微鏡組織(b)（北田）

図5-152 図5-148のf-gで示した領域の光学顕微鏡組織
a-hは炭素濃度の異なる層を示す（北田）

図5-153 図5-148のeで示した結晶粒径の大きな高炭素鋼領域の光学顕微鏡組織（北田）

径の大きな高炭素鋼、微粒子の低炭素鋼、高炭素鋼の順に層状になっている。低炭素鋼中の非金属介在物は細長くて大きく、心鉄の特徴を示している。図5-148のeで示した断面中央付近の光学顕微鏡像を(b)に示す。結晶粒径の大きな高炭素鋼に囲まれた幅が約200μmの微細な結晶粒からなる中炭素鋼組織の帯が中央にあり、左右の高炭素鋼のさらに両側にも低炭素鋼の帯がある。このように、炭素濃度の帯状あるいは層状の構造は刃に向かって続いている。皮鉄付近の複雑な組織は肌の紋様をつくるための合せ鍛え、中央の組織は強度と靭性を目的にしたものと思われる。

さらに刃に近づいたfからgを結ぶの線上では、図5-152の光学顕微鏡像のaからhで示すように、左から順に結晶粒径の小さい高炭素鋼(a)、結晶粒径の大きな高炭素鋼(b)、低炭素鋼(c)、結晶粒径の大きい高炭素鋼(d)、粒径の小さい低-中炭素鋼(e)、低炭素鋼(f)、低-中炭素鋼(g)、高炭素鋼(h)の順に層をなしている。図中のe、gの低-中炭素鋼領域は低炭素鋼と

高炭素鋼間の拡散によって生じたものとみなされるので、dを中心にして両側にcとfの低炭素鋼を配し、皮鉄で被った可能性が高く、構造的に次廣刀と似たような鋼の組み合わせであるが、次廣刀より複雑である。これらの組織からみると、比較的古い刀の構造と思われる。

図5-148のe位置の中央部の暗い領域および棟の左側上の同様な明るさの領域は図5-153で示すような結晶粒径の大きい、炭素濃度が0.7重量％程度の高炭素鋼であり、この組織には結晶粒界にフェライトがあり、ここから粒内に針状のフェライトが伸びている。このような組織は棟から断面の中心部を図5-152のfで示す場所まで所々にある。し

図5-154　刃先へV字形に喰い込むように挟まれている結晶粒径の大きい高炭素鋼の光学顕微鏡像
矢印は非金属介在物の並ぶ境界を示す（北田）

たがって、上述のように、高炭素鋼を中心にして両側に低炭素鋼を配し、皮鉄で被った可能性が高い。したがって、比較的古い刀の構造を示す。

図5-148のgで示した付近には、図5-154のふたつの矢印で示すように非金属介在物がV字状になって並び、V字の底では一列の非金属介在物になる。V字の非金属介在物の列は左の皮鉄近くまで達しており、鍛接時に表面の酸化物が巻き込まれたものとみられる。これについては、非金属介在物の元素分析のところで詳細を述べる。この高炭素鋼を刃先から挟んでいるのは刃鉄であり、刃鉄は皮鉄に繋がっているので、前述の層状に鍛錬した複合鋼板を2枚の鋼片で挟んだか、あるいは甲伏せ法のように刃鉄で挟んだと思われる。

刃先の焼入れられたマルテンサイトの光学顕微鏡像を図5-155に示す。刃の組織は比較的微細である。

用いられた鋼の非金属介在物を除く鋼部の純度を調べるため、EDSにより分析した。図5-156は高炭素鋼のEDS像で、FeとOのピークが見られるが、Oは表面の酸化によるもので、それ以外の元素のピークはなく、純度は高い。フェライトおよびマルテンサイトの領域も同様のEDS像である。

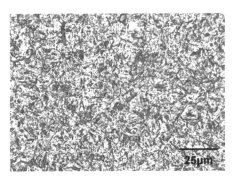

図5-155　刃先のマルテンサイト組織の光学顕微鏡像（北田）

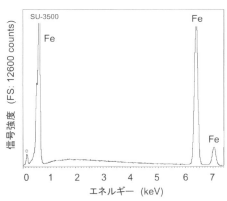

図5-156　高炭素濃度領域の鋼のEDS像（北田）

第5章 日本刀の微細構造

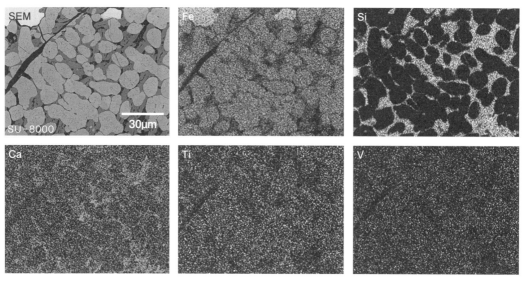

図5-157 フェライト中の非金属介在物の走査電子顕微鏡像（SEM）および主な元素の分布像（北田）

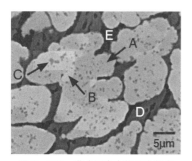

図5-158 非金属介在物の高倍率
走査電子顕微鏡像（北田）

② 非金属介在物

本試料中の非金属介在物は微細なものが多いが、図5-151(a)などのように、大きなものもあった。代表的な非金属介在物のEDS分析と元素分布像による分析を行った。

フェライト中の代表的な非金属介在物の走査電子顕微鏡（SEM）像と主な元素の分布像を図5-157に示す。左上の斜めの暗い線状領域は非金属介在物が割れたところで、非常に明るいところは地鉄である。Oの分布像は非金属介在物の全領域に存在するので省いた。走査電子顕微鏡像では、非金属介在物中に明るく見える円形から楕円形に近い粒子と、その周囲にある若干暗い結晶および少量の暗い領域がある。Feは明るい粒子に多く、Siは明るい粒子以外の領域に多く分布している。図には載せていないが、Al、K、CaおよびMgはSiと同じ領域に分布している。明るい粒子は後述の組成分析からマグネタイト（Fe_3O_4）であり、Siの多い結晶性の物質はファヤライト（Fe_2SiO_4）に近い珪酸塩化合物である。暗い領域はガラスである。元素分布像では、TiとVはFe_3O_4粒子中に存在し、固溶している。Mnは痕跡程度Fe_3O_4中にある。

このFe_3O_4粒子の中をさらに詳しく観察すると、見かけ上複数の相からなっている。図5-158は前図の非金属介在物の複雑な形状をもつ非金属介在物の拡大像で、明るい粒子中にはAからCの3領域があり、そのうち、Aは粒子の地で、Bは地より明るい領域、Cは暗い小さな領域で

表5-19 図5-158中のA、BおよびC領域の元素分析値（原子％）

	Fe	Si	Al	Mg	Ti	V	Mn	酸素
A	41.6	0.84	0.42	0.29	0.45	0.31	0.18	残余
B	41.4	0.75	0.29	0.36	0.35	0.28	0.23	残余
C	37.8	0.75	1.71	---	1.96	0.93	---	残余

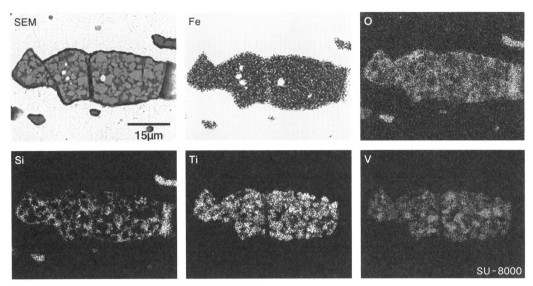

図 5-159 マルテンサイト中の非金属介在物中の SEM 像と主な元素分布 (北田)

表 5-20 図 5-159 中の粒子 (M) とガラス (G) の元素分析値 (原子%)

	Fe	Si	Al	K	Mg	Ti	V	Mn	酸素
M	10.4	2.63	7.45	0.46	0.86	16.7	5.90	tr.	残余
G	11.3	12.1	6.46	2.34	0.30	2.76	0.80	tr.	残余

* tr. は痕跡程度の含有量を示す

ある。これら元素分析値を表 5-19 に示す。A および B の組成には殆ど差がないので、明暗の差は結晶方位の差が主な原因と思われ、上述のように組成から Fe_3O_4 である。刀の中にみられる非金属介在物中の FeO の多くは単結晶であるが、この非金属介在物中の Fe_3O_4 は多結晶で、これは凝固するときに樹枝状晶として連続的に成長したためで、複雑な形状とコントラストを示す。C は A および B に対して Al、Ti および V が多く、Mn は検出されない。しかし、この程度の濃度差で別の化合物になることは考えにくいので、Fe_3O_4 中に溶けていたこれらの元素が凝固過程で偏析したものとみられる。D はファヤライト (Fe_2SiO_4)、E はガラス地である。

刃鉄のマルテンサイト上部の比較的大きな非金属介在物の走査電子顕微鏡 (SEM) 像と元素分布像を図 5-159 に示す。走査型電子顕微鏡像では、数個の小さな明るい粒子があり、そのほかの領域には多角形の粒子が多数観察され、その間はガラスとみられる暗い地がある。Fe の元素像で、明るい粒子は非金属介在物を囲んでいる鋼と同じコントラストであり、酸素の元素像ではこれらの粒子の場所で酸素などの不純物元素が検出されない。これはマルテンサイト地と繋がった鉄ではなく、非金属介在物が凝固するときに、酸素が不足して金属鉄として析出したものか、あるいは製錬のときに非金属介在物融液中に巻き込まれた Fe 粒子と思われ、特異な組織である。多角形粒子には Ti と V が多く含まれ、Si はない。多角形粒子 (M) と地のガラス領域 (G) の EDS 分析による組成を表 5-20 に示す。多角形粒子中の V 濃度は非常に高いのが特徴である。Fe と V は性質の似た元素であり、イルメナイト組成 ($FeTiO_3$) の Fe の位置に V が入るとすれば $(Fe, V)_{16.3}Ti_{16.7}O_{55.4}$ となり、大略で $(Fe, V)TiO_3$ となる。ただし、Al が多く含ま

第5章 日本刀の微細構造

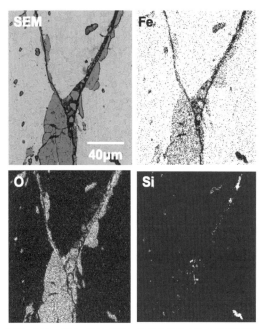

図5-160 図5-154で示した非金属介在物の走査電子顕微鏡像（SEM）と非金属介在物中の元素分布（北田）

れており、AlがFe元素位置を占めるていると、イルメナイト構造では酸素が不足する。鉄-チタン系酸化物は多く知られており、イルメナイトより酸素数の少ないFe_2TiO_3、$Fe_{0.5}Mg_{0.5}Ti_2O_5$などがあり、AlやVを含むものでは(Al, Cr, V)TiO_5などがある。したがって、(Fe, V, Al)$_{1.5}TiO_3$に近い化合物とみなされる。地のガラス（G）は表5-17に載せた元素のほかCaとNaが微量含まれている。ガラス構成元素のほかにFe、TiおよびVが含まれているので、これらは包永刀などの非金属介在物で観察されたように、ガラスの中で微細な酸化物として析出している可能性がある。

図5-154で示した刃先に近いV字状に分布する非金属介在物の走査電子顕微鏡像と元素分布像を図5-160に示す。検出された元素はFeとOおよび微量のSiだけである。検出されたFeと酸素の原子比は約1であり黒色なのでFeOである。Siが微量含まれるが、前述のTiなどの鉱石由来の元素を含む酸化物とは異なるので、砂鉄由来のものではなく、刃鉄と心鉄を鍛接したときに、空気中での加熱により表面に生成した酸化鉄である。表面酸化物の多くは藁灰などの融剤により鍛錬時に外部に排出されると思われるが、小量であれば鋼中にOが拡散して酸化物はなくなる。図のように酸化物が残留しているのは、酸化物が多かったことと、V字の溝が鋭角なために外部に排出されず、残留したものとみられる。同様な残留酸化物は満鉄刀（図5-382）にも観察されている。表面に生成した酸化鉄が刀の中に巻き込まれるのは、鍛接部の強度低下をもたらす。

心鉄の低炭素鋼の非金属介在物の組織および含有元素と刃鉄の非金属介在物の組織と組成は異なるが、両方ともにTi、VおよびMnが含まれ、同系統の砂鉄が原料として使われている。Vが多く検出されたのも、この刀の特徴である。

③ 硬度

刃先から棟に至る直線上のマイクロビッカース硬度を図5-161に示す。刃先から0.5mmの位置の硬度は740で、2.6mmの位置では744とほぼ一定である。マルテンサイト・パーライト領域では596に低下し、さらに離れると硬度は急激に低下する。硬度180の位置では低-中炭素鋼組織で、硬度が139の位置の組織は粒径の小さいフェライトである。刃

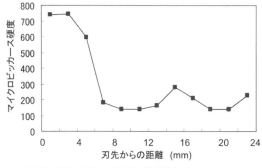

図5-161 刃先から棟を結ぶ線上のマイクロビッカース硬度分布（北田）

先から 15 – 17 mm の位置で硬度が高くなっているのは、中炭素鋼の組織になっているためで、さらに刃先から離れると再び硬度は低下し、棟の近くの炭素濃度が高い領域で再び硬度が高くなる。このように硬度変化が単調でないのは、前述のように組織の対称性が崩れ、組織が複雑になっているためである。棟左側のマルテンサイトの領域の硬度は 720 で刃と同様の値である。皮鉄の硬度は 257 から 275 で、ばらつきは炭素濃度の差である。心鉄部分の硬度は 115 – 125 である。最高硬度と最低硬度の比 H_h / H_l は約 6.5 で若干小さめである。

5.3.6 祐定刀

祐定銘の刀は室町時代中期の永享（1429 – 1441 年）頃から明治時代まである。室町時代までの産地は備前長船で、多くの刀工が鎌倉期から作刀したが、室町末期に洪水で衰退し、その後は備前銘でも備前長船以外の地で作刀したものが含まれているという。試料とした刀は祐定銘だけで、備前長船等の地名は刻まれていないが、ここでは、室町時代後期の刀として扱った。刀の全体像を図 5-162 に示す。直刃で焼入れ幅は比較的広い。化学分析による不純物の分析値を表 5-21 に示す。検出された金属不純物は Ti、Mn、Co で、Co が微量含まれているのが特徴だが、全ての刀で Co を分析していないので、比較は出来ない。P は平均的な値だが、S は若干多めである。

① 断面マクロ組織

断面のマクロ組織を図 5-163 に示す。(a) が鏡面研磨したまま、(b) が腐食後の像である。鏡面研磨したままの (a) では比較的粗大な非金属介在物が心鉄の中心部に観察され、皮および刃鉄領域の非金属介在物は相対的に小さい。刀の鍛錬の状況を示す典型的なマクロ像である。心鉄に多くの介在物が観察されるのは、脱炭した極低炭素鋼（包丁鉄）の一般的な傾向であり、たたら製鉄で製造した鋼塊を刃鉄ほど鍛錬しないためである。断面の中心部に大きめの非金属介在物が多いのは、心鉄の中心部の加工度が低く、粒子が分離していないことを示す。

腐食後のマクロ像 (b) では薄い皮鉄が刀の周囲にほぼ連続している。刃鉄と心鉄および皮鉄と心鉄の間には明るい領域が連続して分布しており、これは、炭素濃度の高い皮鉄などと炭素濃度の低い心鉄の拡散領域である。マクロ像の左側に皮鉄の薄い部分があるが、上部の皮鉄につながっており、薄いのは皮鉄の一部が研ぎで失われたためであろう。図 1-39（寿命）と似た構造である。前述の刀に比較して単純な断面構造で、室町－江戸過渡期の刀と思われる。

この断面構造は甲伏せつくりとみられ、研ぎ減りなどを考慮すれば組織の左右対称性は非常に良好な刀で、刀工の技術が高いことを示している。皮鉄をこのように薄くつくるには、かなり高

図 5-162　祐定刀全体像（筆者蔵）

表 5-21　祐定刀に含まれる不純物量（重量%）

Al	Si	S	P	Ti	V	Mn	Co	Cu
<0.01	<0.05	0.003	0.012	0.01	<0.01	0.01	0.01	<0.01

度な技術が必要とされる。刀は表面の研磨紋様の美しさもさることながら、この図で見られるような断面構造の美しさも材料科学的評価の対象である。ただし、刀を切断しなければならないので、一般に観察して評価することは不可能である。その意味で隠された技術である。矢印で示すように、棟の右肩の近くには炭素濃度のやや高い領域があり、皮鉄が棟まで回った可能性がある。

心鉄部と刃鉄部の化学分析による炭素濃度は、それぞれ0.005重量%以下、0.73重量%であった。心鉄は純鉄に近い極低炭素鋼で、刃鉄は共析組成（0.765重量%）に近い高炭素鋼である。

② 光学顕微鏡組織

心鉄と刃鉄の接続境界は図5-164の低倍率光学顕微鏡像のように下部のMが刃鉄のマルテンサイト、その上が焼入れ深さ付近のマルテンサイトと微細なパーライト領域（M+P）である。矢印で示す刃鉄と心鉄の境界はふたつのV字形になっており、刃鉄で心鉄を挟み込んだときに折り込んだ刃鉄の中央がはみ出して突起になったものであろう。上部の記号P+Fで示した領域は刃鉄から心鉄に炭素原子が拡散した低炭素のフェライトとパーライトの組織領域であり、鍛造後の再結晶でフェライト粒子は微細になっている。中央の複数の暗い点は硬度測定のマイクロビッカース痕である。右の表面近くはマルテンサイトとパーライトの混合組織で、刃紋上部の複雑な紋様の原因である。左の表面近くでは、同様な混合領域の幅が狭く、刃紋上部の紋様は右側より単調である。

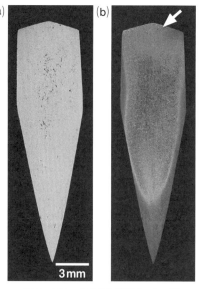

図5-163 祐定刀の断面マクロ像
研磨のまま(a)および腐食後(b)（北田）

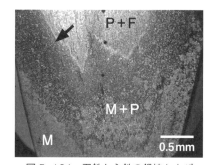

図5-164 刃鉄と心鉄の鍛接および焼入れ領域
中央の暗い矩形は硬度測定の圧痕（北田）

左右の鎬付近の皮鉄から内部への組織的変化を図5-165（a）および（b）の光学顕微鏡像で示す。表面の若干明るい部分（M印）はマルテンサイトで、炭素原子の偏析でここの炭素濃度が高

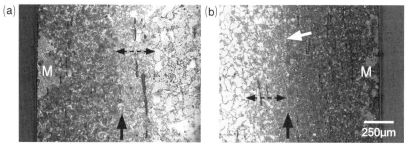

図5-165 左右の鎬付近の皮鉄と心鉄の鍛接領域
黒矢印が鍛接境界付近、白矢印は鍛接部の痕跡（北田）

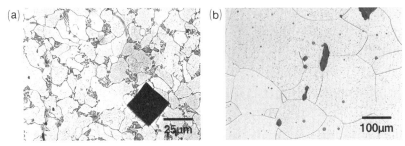

図 5-166　刃鉄と心鉄の境界領域(a)および心鉄(b)の光学顕微鏡組織
(a)の矩形はマイクロビッカース痕（北田）

いことと、冷却速度も比較的高かったために部分的にマルテンサイトが生じている。一般に、焼入れ性を良くする Mn、Cr などの元素が含まれている可能性もあるが、この試料では、焼入れ性に影響を及ぼすほどの不純物元素は検出されない。暗いパーライト領域は炭素濃度が 0.7 重量% 程度の高炭素鋼組織を示し、粒子のサイズは数 μm から 10 μm 程度で微細である。このような表面のマルテンサイトを含む組織は肌に明暗のある複雑な紋様を現す。表面近くのこのような組織は研ぐと減失して表面組織が変わる。研ぎの量が少なければマクロな組織に大きな変化はないので刃紋も変わらないが、研ぐたびに刃紋は僅かずつ変化するので、古い刀の場合、当初の刃紋を保存していない場合も多いであろう。

内部組織の暗い領域は微細なパーライトで、黒い矢印で示したところが皮鉄と心鉄の鍛接境界付近である。白い矢印は接合界面付近の痕跡である。また、両矢印の点線で示した範囲が炭素原子の拡散が多かった領域で、さらに内部まで炭素原子は拡散している。鍛接境界には鍛造時の錆による非金属介在物は認められない。皮鉄から内部に向かって炭素濃度がなだらかに変化した傾斜機能が付与されており、良好な鍛接状態である。

皮鉄の炭素が心鉄に向かって拡散した心鉄近くの高倍率光学顕微鏡像を図 5-166 (a) に示す。炭素原子の拡散によって、低炭素鋼になっている。心鉄の光学顕微鏡組織は (b) であり、(a) の結晶粒径は心鉄より小さいが、これは鍛接によるひずみと炭素量の変化により再結晶したためである。心鉄中には暗く見える非金属介在物が存在するが、フェライトだけでパーライトはなく、粒界も明瞭に観察され、良好な極低炭素鋼である。心鉄のフェライト結晶粒径は場所によって異なるがおおよそ 50 – 250 μm で、刀に使われた包丁鉄としては平均的なものである。

刃鉄の焼入れされた領域のマルテンサイト組織を図 5-167 に示すが、やや大きめの針状組織になっている。マルテンサイトの中の暗くみえる像は非金属介在物で、微細構造については後に述べる。このように良く鍛錬された刃鉄では、炭素濃度が均一で非金属介在物も細かく砕かれて均等に分布している。刀の強度から考えれば、良く鍛錬された刀のほうが均一な組織で機械的性質も優れている。

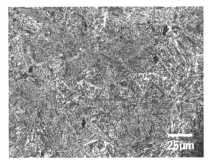

図 5-167　刃先のマルテンサイトの光学顕微鏡像（北田）

第5章 日本刀の微細構造

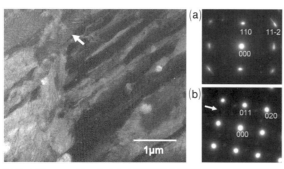

図5-168 マルテンサイトの透過電子顕微鏡像と電子線回折像
(a)はラスマルテンサイト領域、(b)は白矢印の双晶領域の電子線回折像（北田）

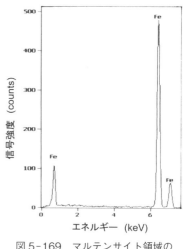

図5-169 マルテンサイト領域の
EDS分析像（北田）

③ マルテンサイトの微細構造

組織の粗密が明瞭に観察できる場合や双晶が観察される場合を除いて、光学顕微鏡観察でマルテンサイトが良好な組織か否かを判断するのはかなり難しい。刃のマルテンサイト組織の透過電子顕微鏡像を図5-168に示す。幅が0.1 − 0.5μmの針状結晶が並んでおり、この領域では図の右上に添えた電子線回折像のように斑点が細長く広がっていることから明らかなように、若干方位が異なる針状のラスマルテンサイト晶からなっている。これらの結晶方位がほぼ揃っている領域はブロックと呼ばれ、複数のブロックが集まってパケットと呼ばれる領域をつくる。図の右側の暗い領域と左側の明るい領域の境界はパケット境界である。ラスマルテンサイトのコントラストからマルテンサイト中には高密度の転位が存在する。

図5-168の矢印で示すように、一部には非常に小さいが双晶と思われる像が観察され、右下に添えたこの領域の電子線回折像にも双晶による斑点（矢印）がみられる。双晶の発生は、刃鉄の炭素濃度が高いためである。マルテンサイトの靭性を低下させるといわれる光学顕微鏡スケールで観察される双晶はここで観察されたものより大きく、この双晶は非常に小さく少量であり、大部分は高転位密度型なので、靭性低下への影響は少ない。一般に、双晶は炭素濃度が高い場合で、マルテンサイト変態温度が低い場合に生ずる。

マルテンサイトを構成する炭素鋼の純度を確かめるため、マルテンサイト領域のEDSによる分析をした。図5-169はマルテンサイト領域のESD像で、Fe以外の元素は測定感度以下で、通常鋼に含まれるSiも検出されない。したがって、刃鉄に使われた鋼の純度は高く、EDSで調べた心鉄の純度も同様であった。

④ 非金属介在物の透過電子顕微鏡観察

刃鉄のマルテンサイトの中に存在する比較的大きな非金属介在物の走査イオン像（SIMS）を図5-170に示す。暗くみえるガラス地の中に明るくみえる多角形の化合物があり、鋼の近くに存在する。これは、粒子の凝固温度がガラスより高く、熱伝導の良い鋼の近くから冷やされて晶出したためである。図の中央上部のガラスを挟んで2個の結晶があるところから透過電子顕微鏡観察用薄膜をフォーカスドイオンビーム（FIB）法により採取した。

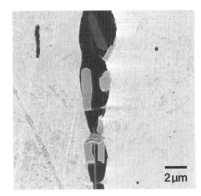

図5-170 刃鉄のマルテンサイト中の非金属介在物の透過電子顕微鏡用薄膜のFIBによる加工場所の走査イオン顕微鏡像（北田）

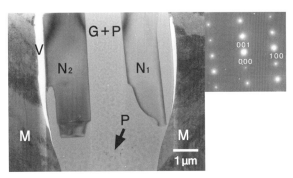

図5-171 刃鉄中の非金属介在物の透過電子顕微鏡像
Mはマルテンサイト、Nは非金属介在物中の結晶化合物、Gはガラス地、Pはガラス中の析出物、Vは空隙。電子線回折像はN₁の領域、矢印Pは後述の析出物（北田）

上述のFIBで試料表面から垂直に切り出した薄膜試料の透過電子顕微鏡像が図5-171である。両側のMはマルテンサイト、その内側が非金属介在物N₁およびN₂で、G+Pはガラスとその中の析出物を示す。N₁およびN₂は上述のSIMS像の2個の化合物の断面である。マルテンサイトと非金属介在物の間には明るくみえる空洞が両側にあり、これは、非金属介在物が凝固したときに収縮して生じたものである。このような空洞が刀の表面に出ていると、水などが浸入して錆の発生場所になる（第12章）。N₁の電子線回折像を図の右に示す。

非金属介在物中の右側のN₁で示した結晶のEDS像が図5-172である。FeのほかにTiの高いピークがあり、砂鉄特有の元素としてMnおよびZrが存在する。N₁の分析組成と同図中のN₂の組成を表5-22に示す。主な元素はTi、FeおよびOで、MgとAlが1.5原子％前後、Mn、ZrおよびSiが1原子％未満含まれる。金属元素をMとして化合物をM-Ti-O系とすれば、おおよそ$M_{14}Ti_{24}O_{62}$である。この組成に近い化合物としてフェロシュードブロッカイト（$FeTi_2O_5$）が知られており（図5-423）、AlなどがFeの格子点を占め、ZrがTi位置を占めるとすれば（Fe, Al, Mg, Mn）(Ti, Zr)₂O₅に近い化合物となる。Siはどちらの原子位置を占めるか不明である。図5-171の右に添えたN₁の電子線回折像の解析の結果、上述の$FeTi_2O_5$に一致する。この結晶は[001]方向に長くなっており、これが結晶成長の優先方位である。図5-173はN₁の結晶格子像で、底面の格子が明瞭に現れている。通常、最も稠密な面が結晶成長の優先方位になることが多い。

上述の$FeTi_2O_5$は比較的大きな結晶に成長しているが、ガ

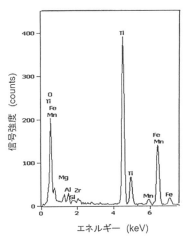

図5-172 図5-171のN₁で示した結晶のEDS像（北田）

表5-22 図5-171のN₁およびN₂結晶のEDSによる分析値（原子％）

元素	Mg	Al	Si	Ti	Mn	Fe	Zr	O
N₁	1.85	1.82	0.36	24.69	0.80	8.55	0.71	残余
N₂	1.33	1.43	0.29	24.06	0.69	8.49	0.76	残余

第5章 日本刀の微細構造

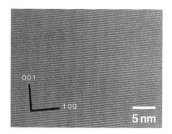

図5-173 非金属介在物結晶の格子像と方位（北田）

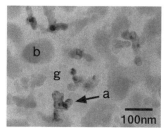

図5-174 ガラス地中の微細な化合物粒子 a、b および g（北田）

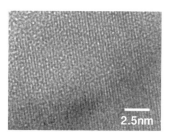

図5-175 非金属介在物結晶の格子像（北田）

表5-23　5-174の a および b 結晶とガラス g の EDS 分析値 （原子 %）

元素	Mg	Al	Si	K	Ca	Ti	Mn	Fe	Zr	O
a	1.00	3.10	14.93	0.15	0.77	6.51	1.12	9.36	2.25	残余
b	0.95	5.26	20.95	0.20	3.16	1.76	1.34	7.47	---	残余
g	---	5.88	26.10	0.50	1.27	0.51	0.32	2.80	---	残余

ラス地にも微細な結晶が析出しており、図5-171の矢印Pで示した領域の高倍率透過電子顕微鏡像を図5-174に示す。大きな $FeTi_2O_5$ はガラスより融点が高く、冷却過程で最初に晶出するが、残ったガラスも温度の低下によって溶質原子が過飽和になり、ガラス中に微細な析出が起こる。この現象は包永刀を始めとして他の刀でもしばしば観察される現象であるが、Ti化合物が晶出する場合、ガラス中の微細な結晶のないことが多い。図5-174のaで示す粒子は図5-175の結晶格子像から明らかなように結晶性の析出物で、gはガラス地である。これらの析出物の多くは100nm以下の大きさである。結晶a、bおよびgの分析値を表5-23に示す。ただし、これらの結晶は100nm以下であり、試料の厚さは約100nmであるから、地のガラスからの信号も含まれている。このため、原子比は算出できないが、aは (Fe, Mn, Al)(Ti, Zr)SiOと複雑な化合物になる。Fe-Ti-O系とFe-Si-O系化合物の混晶とみられるが、該当する鉱物データーは見当たらない。結晶bでは、金属元素をMとすれば、おおよそ MSi_2O_3 の組成をもつファヤライトに近い組成の化合物である。非金属介在物はFeのカプセルに閉じ込められた状態にあり、化学的に自由度のある大気下の反応とは異なるので、未知の結晶化合物が生ずることは充分考えられる。ガラス地gはFeなどを含んでいるが、典型的なアルミノシリカ・ガラスである。

この非金属介在物に含まれている元素の特徴は、砂鉄を使用した、たたら鉄としてTiが多いのは当然だが、MnとZrも多いことである。EDS分析では、鋼中のMnは検出限度以下であったので、Mnが鋼の中にどの程度残留しているか不明であるが、MnはMnSとしてSの害を低減する効果がある。また、Zrの濃度が比較的高い砂鉄を使用している。

⑤ 硬度

断面の刃先から棟近くまでの硬度分布を図5-176に示す。マイクロビッカース硬度は先端の約680が最も高く、焼入れられたマルテンサイト組織の領域でも、刃先から離れるにしたがい硬度は低くなり、刃先から4mmでは521となる。また、光学顕微鏡観察では、刃先から離れるにしたがい、マルテンサイト組織は粗くなる傾向を示す。棟に向かってさらに低下し、刃先から

10mmでは103、20mmで101となり、これは極低炭素鋼の硬度である。棟はパーライトが若干ある低炭素鋼で、硬度は136まで高くなっている。化学分析による刃部の炭素濃度は0.73重量%であり、この炭素量としては硬度が若干低い。刃物としては硬いと脆くなるので、この程度の硬度のほうが望ましい。鎬付近の皮鉄の硬度は281で、心鉄と皮鉄の中間の拡散領域の硬度は164であった。最高硬度と最低硬度H_h/H_l比は約6.8である。断面における高硬度と低硬度領域が占める面積であるS_h/S_l比は0.3で、全体として非常に軟らかい刀である。

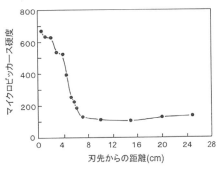

図5-176 祐定刀の刃先から棟までのマイクロビッカース硬度分布（北田）

5.3.7 信國吉包刀

信國を名乗る刀匠は南北朝時代の建武（南朝1334－1336年、北朝1334－1338年）の頃に山城（京都）で作刀したのが初代とされ、江戸時代中期まで同銘の刀匠が伝えられている。また、吉包を名乗る刀匠は鎌倉中期の建長（1249－1256年）から備前（岡山）に作刀した人が初代といわれ、江戸前期まで続いている。信國吉包を名乗る刀匠は室町時代の大永（1521－1528年）頃と江戸時代の延宝（1673－1681年）の頃、さらに江戸後期まで続いている。刃の長さは約60cmで、図5-177に銘と刃紋の一部を示す。

化学分析の結果を表5-24に示す。他の刀の不純物濃度に比較して大差はないが、Al、SiおよびPは若干多めである。Ti、Vなどは測定限界以下である。

①マクロ組織

鏡面研磨後に腐食した断面のマクロ像を図5-178に示す。図中のaとbで示す場所は焼入れ深さ付近で、刃の焼入れ領域は断面の左側が右側より長くなっているが、これは土置きの違いによるものである。化学分析した刃鉄の炭素濃度は0.60重量%であるから、中炭素鋼の上限値で、靭性が保たれる炭素濃度となっている。焼入れ深

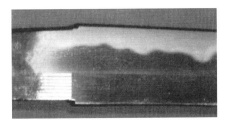

図5-177 信国吉包刀の銘と刃紋（筆者蔵）

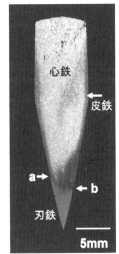

図5-178 信国吉包刀の断面マクロ像 矢印aとbは焼入れ深さの位置（北田）

表5-24 信国吉包刀に含まれる不純物量（重量%）

元素	Al	Si	S	P	Ti	V	Cr	Mn
濃度	0.02	0.06	0.002	0.029	<0.01	<0.01	<0.01	<0.01

第5章 日本刀の微細構造

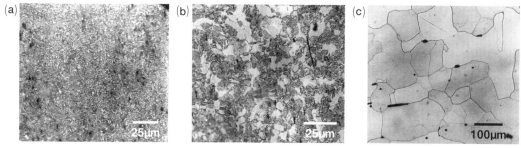

図5-179 刃の焼入れ領域(a)、刃と心鉄境界領域(b)および心鉄領域(c)の光学顕微鏡像（北田）

さ付近には微細なパーライト組織があり、このパーライト領域は右側で厚くなっている。この左右の差は心鉄に皮鉄に被せたときのずれであろう。その上に棟に向かって皮鉄が細長く伸びており、棟の近くでは薄くなっている。心鉄は刃鉄から続く炭素鋼で挟まれた状態になっており、鋼の近くでは大小のV字状の谷がある。これは、前項で述べた祐定刀と同様で、祐定刀より谷が明瞭である。甲伏せ法でつくられたように見えるが、後述する刃先における非金属介在物の分布では刃部を曲げた痕跡はない。心鉄は皮鉄の中側に広がっており、場所によって結晶粒の大きさの違いがあって、断面マクロ像では結晶粒の大きな部分が暗く見えている。棟に近い領域に線および点状の暗い部分がみられるが、これらは心鉄中の比較的大きな非金属介在物である。断面のマクロ組織の左右の対称性は、bの上部の微細なパーマロイ領域が右側で厚いが、比較的良好である。マクロ構造からは、室町－江戸過渡期の構造ともみられる。

② 光学顕微鏡組織

焼入れられた刃鉄のマルテンサイト組織は図5-179 (a) のように非常に微細で、光学顕微鏡スケールでは良質なマルテンサイトである。暗い小さな粒子状のものは非金属介在物で、小さく砕かれており、良く鍛錬されている。(b) は刃鉄と心鉄の境界領域の組織で、明るい粒子がフェライト、暗い粒子がパーライトである。刃鉄と心鉄の鍛接部に近い心鉄領域では刃鉄から心鉄への炭素原子の拡散によってフェライトとパーライトの混合組織になり、心鉄に近づくほど結晶粒は大きくなる。刃鉄と心鉄の鍛接境界は見当たらない。(c) は心鉄のフェライトで、結晶粒径は50－200μmと粗大である。心鉄だけを切り出して分析した炭素濃度は0.007重量％で、極低炭素鋼であった。

③ 電子線後方散乱回折像

光学顕微鏡像ではマルテンサイトおよび刃鉄の微細なパーライト領域の組織が明瞭に観察されないので、電子線後方散乱回折（EBSD）で観察した。表面の凹凸や研磨による結晶の乱れがあると後方散乱が乱れて良い図形を得られないので、機械的な鏡面研磨後にイオンミリングで研磨して機械研磨による損傷層を取り除いている。

図5-180［カラー口絵5頁参照］は刃先から棟に向かう四つの位置のEBSD像で、色が同じ部分はほぼ同じ結晶方位をもつラスマルテンサイトが集まったブロックである。(a) は刃先から0.2mm、(b) は0.5mm、(c) は3mm、(d) は6mmの位置である。(a)－(c) まではマルテンサイト組織で、結晶は炭素が強制的に固溶した正方晶である。(a)－(c) のブロックの大きさを比較すると、(a) のブロックの長さは約10μmであるが、(c) では約6μmであり、ブロックの幅も1/2程

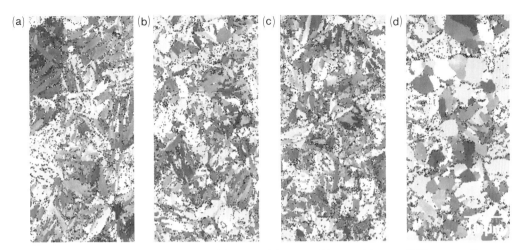

図5-180 信國吉包刀の刃先から(a) 0.2 mm、(b) 0.5 mm、(c) 3 mm、(d) 6 mmの位置の EBSD 像
(北田)［カラー口絵5頁参照］

度になっている。(b) のブロックは (a) と (c) の中間であり、(a) から (c) の順にブロックは小さくなる。ブロックは高温相の結晶粒径を一部反映するので、ブロックが大きいほど高温相のオーステナイトの結晶粒径が大きいことを示している。この差の原因のひとつは、刃先が薄いので加熱したときに内部より高温になりやすく、高温相のオーステナイトの結晶が加熱時に成長しやすいことにある。刃先のマルテンサイトの微細さの傾向は加工熱処理に関係するので、刃先ほどマルテンサイト組織が細かい刀もある。

刃鉄では、先端のマルテンサイトから内部に向かうと冷却速度が低下するので、臨界冷却速度以下の領域は微細なパーライトになる。図5-180 (d) に示す EBSD 像で微細なパーライト組織が存在する領域で、ごく少量のマルテンサイトが点在する。微細なパーライト組織は粒界が不明瞭なので結晶粒の大きさを正確に把握できないことが多い。この EBSD 像では、結晶粒の大きさが明瞭に示されている。ここで観察される結晶粒径は 1 – 7 μm で、平均値は約 3 μm である。現代の高炉鋼で得られる結晶粒径は最低値で約 25 μm であるから、これに比較すると、非常に微細である。このような微細な粒径の鋼は超鉄鋼[*]と呼ばれ、強度と靱性の高いのが特徴である。このような微細な組織が刀で得られたのは、短時間の高温加熱、鍛錬時間の短さ、鎚打による衝撃的（高ひずみ）加工などで、結晶が大きく成長しないうちに製造されたためと推定される。

④ 焼入れ組織の透過電子顕微鏡観察

前述の EBSD 像ではマルテンサイト組織の中のブロックが現れており、ブロックの中には複数のラスマルテンサイトが存在する。ブロック中のラスマルテンサイトの状態を図5-181の透過電子顕微鏡像で示す。白矢印の右領域では同じ方向にラスマルテンサイトが並んでおり、同様に左領域でもラスマルテンサイトが同方向に並んでいる。白矢印の方向がふたつのブロックの境界で、EBSD 像では左右の領域がふたつのブロック領域として観察される。針状のラスマルテン

---

[*] 金属材料の結晶粒径が数 μm 以下のものを超微粒子材料といい、鉄鋼の場合は超鉄鋼という。加工度（ひずみ）を極めて高くすると得られるが、現在のところ、塊状の鋼の微粒化は開発段階にある。

第5章 日本刀の微細構造

図5-181 刃の焼入れ組織の透過電子顕微鏡像　白矢印はブロック境界、黒矢印は微細な双晶を示す（北田）

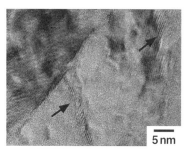

図5-182 刃の焼入れ組織の双晶（矢印）を示す透過電子顕微鏡像（北田）

図5-183 マルテンサイトと微細なパーライトの境界領域　左が微細なパーライト、右がラスマルテンサイト組織（北田）

図5-184 焼入れ深さ位置から若干離れた場所の微細なパーライト組織（北田）

サイトの中には、細かな線状紋様が観察されるが、これらはオーステナイトからマルテンサイトに変態したときの大きなひずみによって導入された転位線によるコントラストである。マルテンサイト内部の転位密度は非常に高く、高過ぎて実測できないが、$10^{11}-10^{12}/cm^2$ の転位が存在するといわれている。この程度の転位密度になると、さらに転位が運動することは困難になり、非常に硬くなる。マルテンサイトが非常に硬いのは、炭素原子が強制的に固溶していることと、ラスマルテンサイトが針状で小さいこと、内部の転位密度が高いこと、転位の部分に炭素原子が偏析して転位を動きにくくすることにある。図で観察されるラスマルテンサイトの幅は 25－250nm 程度で非常に小さい。

マルテンサイトの中には大きなひずみで生じた微細な双晶がみられる。図5-181の黒矢印で示したのが微細な双晶である。双晶がμmオーダーの大きさになるとマルテンサイトの靭性が低下し、破壊しやすくなるが、このような微細な双晶は靭性を損なうほどのものではない。双晶を拡大して観察したのが図5-182で、矢印で示した結晶格子の重なりによって生ずるモワレの存在するところに微小な双晶があり、その他の明暗紋様は転位によるものである。

刃先より内部に向かうと冷却速度が低下するので、マルテンサイトから微細なパーライトになる。この境界部分が焼入れ深さ位置であり、図5-183はここの透過電子顕微鏡像である。暗い右側の領域がラスマルテンサイトで、明るい左側が微細なパーライト組織である。左側のパーライト組織では、粒径が 1－3μm のフェライトの地があり、その中に微細な針状のセメンタイトが分布している。セメンタイトとフェライトからなる層状組織の間隔は約 80nm であり、焼鈍後に徐冷した層間隔の数μmに比較すると極めて小さく、このために硬度が高くなり、靭性も増す。マルテンサイトが生成する臨界冷却速度以下に冷された場合には、炭素原子が拡散して Fe_3C を形成することが必要である。徐冷された場合には、炭素原子が長距離を拡散して大きな Fe_3C をつくることができる。しかし、急冷されると炭素原子が長距離拡散する時間がなく、短距離の拡散で安定になろうとする。このため、近い距離に小さな Fe_3C を生じ、図のようにパーライト組織が微細になる。

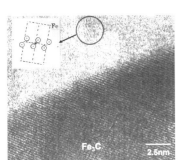

図5-185 セメンタイト（Fe₃C）と
フェライト中の微細な析出物（円）

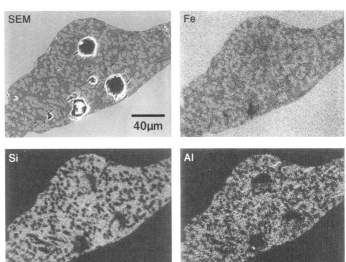

図5-186 心鉄中の非金属介在物のSEM像と主な元素の分布像（北田）

　フェライトの粒径は焼入れ前の高温におけるオーステナイトの粒径とほぼ同じと考えられ、高温においても結晶粒径が極めて小さいことを示している。焼入れ深さから棟の向きに若干離れた場所のパーライト組織が図5-184であり、これも非常に微細なパーライト組織でフェライト粒径も数μmで非常に小さい。これは前述の図5-180で示したEBSD観察の結果と一致する超鉄鋼組織であり、一部ではあるが、刀の中には現代の技術を凌ぐ理想的な組織がすでに実現されている。硬いマルテンサイトと軟らかい心鉄をつなぐ組織は、このように強靱な組織になっている。包永などの他の刀でも微細なパーライト組織の結晶粒径は10μm以下のものが多く、微細粒は日本刀の大きな特徴である。その中でも、この吉包刀は最も優れた微細組織をもっている。

　パーライト組織のフェライト領域を高倍率の透過電子顕微鏡で観察すると、図5-185の円で示すように地のフェライト（αFe）と異なる結晶格子像が存在する。下部の格子像はセメンタイトである。この領域の電子線回折像では、図に挿入したようにαFeのほかに円で示した回折斑点がある。これは円で囲んだ格子像の析出物からのものであり、100℃程度までの時効によって生じた準安定の炭化物あるいは炭窒化物と推定される。焼入れ後にひずみ取りの焼き戻しをしたときに生じたか、あるいは数100年の間に生じたものか不明である。一般に、このような析出物は炭素原子が過飽和なマルテンサイトを焼き戻したときに生じやすい。

⑤ 非金属介在物

　心鉄と刃鉄の中に見られる非金属介在物について述べる。心鉄に観察される非金属介在物は小さいもので10μm、大きいものでは数100μmの大きさである。その代表的な走査電子顕微鏡（SEM）像とEDSによるFe、SiおよびAlの元素分布像が図5-186である。SEM像の暗い部分は空洞で、粒径が10－20μmの明るい粒子

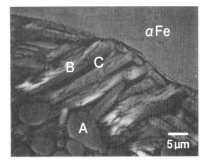

図5-187 非金属介在物の高倍率SEM像
AはFeO、Bはガラス（北田）

表 5-25 心鉄中の非金属介在物の金属元素の EDS 分析値（原子%）

	Mg	Al	Si	K	Ca	Ti	Mn	Fe	O
A	tr	0.01	0.04	0.01	0.03	0.2	tr.	44.6	残余
B	tr	2.95	17.6	3.10	3.80	---	---	22.4	残余
C	tr	7.24	15.8	7.15	8.25	---	---	11.8	残余

＊tr. は痕跡量を示す

が分布している。地になっている領域では SEM 像と Al の元素分布像に現れているように、縞状の組織がある。図 5-187 は楕円形状粒子 A と縞状組織の拡大像で、縞状部には針状粒子 B と、その間に C のアルミノシリカ・ガラスが存在する。これらの領域の分析値を表 5-25 に示す。円形に近い粒子 A は主に Fe と O からなり、この粒子の組成から初晶のマグネタイと（Fe_3O_4）あるいはウスタイト（FeO）で形状から FeO である。不純物は少量で、Al、Si、Ti などが存在する。地の層状組織における明るい粒子 B は Fe と Si および Al などの元素を含む酸化物で樹枝状晶になっており、ガラス地から晶出したものである。M を Fe および Si 以外の金属元素とすれば、明るい層 B の組成はおおよそ $M_{0.7}Fe_2SiO_3$ で、非金属介在物に多く見られるファヤライト（Fe_2SiO_4）より Al などが多い酸化物である。層状組織の暗い部分 C はアルミノシリカ系ガラスと思われるが、K と Ca が非常に多い。

刃鉄中の非金属介在物は鋼の鍛錬度が高く、細かく砕かれているため、腐食して金属組織を現出すると見えにくい。このため、図 5-188 のように研磨したままの走査電子顕微鏡像を示す。(a) は刃先、(b) は刃先から 3 mm の場所で、非金属介在物粒子は刃先と棟を結ぶ線状に平行に並んでいる。これは、この方向と垂直の方向から鍛錬されたことを示している。甲伏せで折り曲げた場合は刃の V 字に添って非金属介在物が放物線状に分布するが、そうなっていないので、甲伏せ法ではなく、刃鉄を皮鉄で挟んでいるように見受けられる。

図 5-189 は刃鉄中の非金属介在物の透過電子顕微鏡像で、左上の明るい領域が非金属介在物、その下側の領域は刃鉄のマルテンサイト組織である。非金属介在物は明るい地がアルミノシリカ・ガラスで、その中に 30－50 nm の微粒子が存在する。これらの EDS 分析結果を表 5-26 に示す。ガラス地はアルミノシリカ・ガラスで、典型的なガラス形成元素のほかに Ti、Mn および Fe が少量検出された。また、ガラス中の析出物からは Ti が多く検出され、Ti のほかに Zr を多

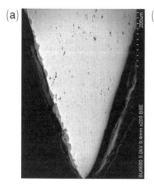
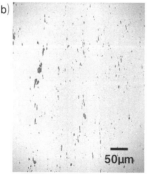

図 5-188　刃部の非金属介在物分布
刃部（a）とその上部（b）（北田）

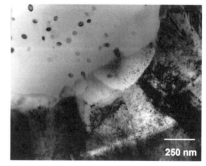

図 5-189　刃鉄領域における非金属介在物の透過電子顕微鏡像
左上が非金属介在物（北田）

表 5-26　刃鉄中の非金属介在物の金属元素の EDS 分析値（原子%）*

	Mg	Al	Si	K	Ca	Ti	Mn	Fe	Zr	O
ガラス地	0.27	6.7.4	38.9	0.39	1.43	0.37	0.63	0.85	---	残余
析出物	1.97	1.37	3.04	tr.	1.72	31.9	1.71.	3.24	5.10	残余

* tr. は痕跡量を示す

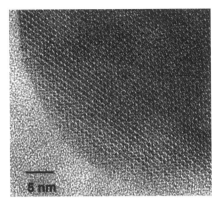

図 5-190　図 5-189 の析出物の結晶格子像（北田）

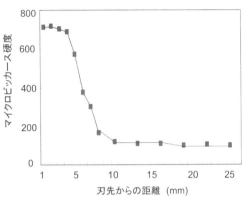

図 5-191　マイクロビッカース硬度分布（北田）

く含んでいる。Ti と Zr を多く含む微細な粒子はガラスから析出したもので、50nm 前後の大きさである。観察している薄膜は 100nm 程度の厚さであり、表 5-26 の析出物の分析値には地のガラス成分が含まれている。これを考慮すると微細な粒子の成分はおおよそ MO（M は金属元素の合計）となり、Ti と Zr を別にすると $M_{1.3}(Ti,Zr)_{3.7}O_5$ となる。組成的には TiO あるいは Ti_2O_3 に近い化合物である。

図 5-190 に Ti を含む析出物の結晶格子像を示す。格子間隔は約 0.91nm で比較的大きく、格子像は長周期の構造を示す。格子像をフーリエ変換して同定を試みたが、決定できなかった。同様な形状の Ti 酸化物は図 5-134 で示した次廣作の刀にも存在する。一方、心鉄中の非金属介在部から検出される Ti は少なく、非金属介在物の内部組織も含めて、心鉄と刃鉄は異なる素材と考えられる。

⑥ 硬度分布

図 5-178 で示した断面の刃から棟までのマイクロビッカース硬度は図 5-191 のようであり、焼入れられたマルテンサイト領域の硬度は約 700 で、マルテンサイト領域の硬度はほぼ均一である。刃の炭素濃度がは 0.60 重量%であり、これを考慮すると硬度は低めである。棟に向かっての硬度は減少し、心鉄領域では 100 前後で軟らかくなる。この刀の硬度分布は心鉄領域が多いので、全体としては柔らかな刀の部類に入る。皮鉄の硬度は約 200 であった。最高硬度と最低硬度の比 H_h/H_l は約 7.0 で、同様な構造の祐定刀の 6.8 と近い値である。断面の硬度の高い領域と低い領域の面積比 S_h/S_l は 0.3 で祐定刀と同様な値で、全体として柔らかな刀である。

次に、比較的大きな非金属介在物についてマイクロビッカース硬度を測定した。その結果、硬度は見かけで 528 - 603 でマルテンサイト組織より低かった。酸化物で硬いと思われたが、ダイヤモンド圧子で容易に破壊した。酸化物の融点以下で鍛造したと思われる刀の非金属介在物では、割れて小さくなっているが、これは非金属介在物が非常に脆いためである。

⑦ 引張強度

小さくて複雑な断面組織の刀では引張試験試料を採取しても、その評価は難しいが、この刀の断面組織は比較的単純であり、幾つかの引張試験用の丸棒試料を採取した。試験片はJIS規格の形状を縮小したもので、標点間距離は10mm、引張り部の直径は1-3mmである。

低炭素の心鉄の応力-伸び曲線の一例と試料の形状を図5-192に示す。弾性限（降伏点）は203MPa（1MPaは約0.102kg/mm²）で小さな降伏点現象があり、これの拡大図を円の中に示す。降伏点現象は固溶している炭素や窒素原子が転位の周囲に偏析して転位の運動を止めること

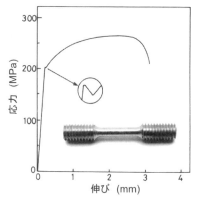

図5-192 心鉄の応力-伸び曲線と一部の拡大像および試料形状（北田）

で生じ、その後、他の動ける転位が運動して変形が進むと考えられている。炭素などの不純物原子濃度が低いほど、この現象は小さくなり、99.999％以上の純鉄では降伏点は出現しない。したがって、降伏現象の大きさは素材の純度を測る目安になり、この刀の降伏点現象は小さいので不純物濃度は比較的低い。ただし、OやNが含まれている。また、約10％以上加工した軟鋼には降伏点が現れないので、鋼が高温で焼きなまされたままか、冷間加工を受けたかの判断にもなる。

引張強度は260MPaであり、均一な組織の工業用鋼とは厳密な比較は出来ないが、電解鉄の引張強度は240-280MPa、アームコ鉄で約270MPaであるから、引張強度は純鉄並みの軟らかさである。ただし、伸びは約31％で、純鉄に比較すると10-20％低く、後述の非金属介在物の影響が考えられる。また、純鉄の0.2％耐力は130MPa程度であり、これに比較すると上記の降伏点はかなり高い。

パーライトを含む試料の応力-伸び曲線の例を図5-193に示す。(a)より(b)の炭素濃度が高く、(a)の引張強度は530MPa、(b)では約740MPaで、(b)は刃先に近く、均一な組織ではないが、炭素濃度が0.5重量％程度の炭素鋼の強さである。

心鉄試料の引張試験後の断面のマイクロビッカース硬度分布と試料の断面減少率との関係を

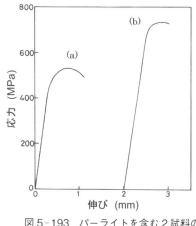

図5-193 パーライトを含む2試料の応力-伸び曲線（北田）

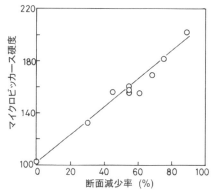

図5-194 引張試験後の心鉄のマイクロビッカース硬度と断面減少率との関係（北田）

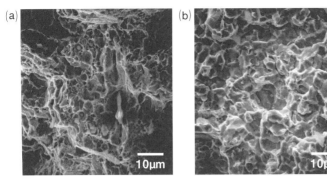
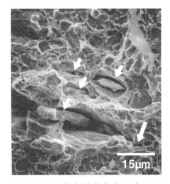

図 5-195 心鉄 (a) とマルテンサイト部 (b) の破面組織 (北田)　　図 5-196 非金属介在物の表面から発生する割れ　短い矢印が非金属介在物、長い矢印は割れの先端 (北田)

図 5-194 に示す。ここで引張試験片の破断付近の断面減少率は加工度に比例するので、硬度との関係から心鉄の加工硬化度がわかる。試験片の変形しない場所の焼鈍された心鉄の硬度は約 100 であるが、断面減少率の増大とともに硬度も高くなり、約 190 が最大値であった。用途によって異なるが、通常の 40-50% の加工度であれば、硬度は 160 程度まで高くすることができる。これは、冷間加工した鎧板や鎖帷子用線材を解析するときの参考となる。

⑧ 破面観察（フラクトグラフィ）

通常の工業用鋼は均一な組織であるが、非金属介在物が多く存在し、場所によって組織が異なる複雑な刀では、引張り試験などでの破壊がどのように起こるかを調べるのは難しい課題である。ここでは、破断面の走査電子顕微鏡による観察（フラクトグラフィ）結果を述べる。図 5-195 (a) は心鉄部の引張り破面で、ディンプル (dimple：えくぼのような小さなくぼみ) 状の破面で、これは塑性変形したのちに破壊する延性破壊の証拠である。これに対して、衝撃破壊した刃鉄のマルテンサイト部では、(b) のように微細ではあるが平らなファセット (facet：多面体の面) 状になっており、塑性変形が殆どなく、粒界あるいは結晶面で破壊した証拠であり、脆性破壊である。

非金属介在物が存在する場所の破面を図 5-196 に示すが、短い白矢印のところに非金属介在物がある。図の中では、上部の非金属介在物が最も小さく、下部の介在物が最も大きい。非金属介在物の周囲には、何れの場合も空洞が発生しており、空洞の大きさは非金属介在物が大きくなるほど大きい。最も大きな非金属介在物では、長い白矢印で示すように、空洞から割れが伝播しているように見受けられる。非金属介在物は延性がないので変形時には破壊するとともに地の鋼から剥離し、割れ目発生の原因となる。また、非金属介在物の多くは凝固時に収縮するので周囲に空洞が発生し、割れの起点になりやすい。たたら鉄の純度は高く延性に富んでいるが、非金属介在物は機械強度の低下をもたらす。19 世紀までにつくられた西洋のパドル鋼も非金属介在物が多く、同様である。

心鉄の鍛錬度が低く刃鉄の鍛錬度が高い原因のひとつとして以下のことが考えられる。すなわち、軟らかい心鉄では地鉄が柔軟なので非金属介在物の強度に及ぼす影響が小さく、非金属介在物が大きくても影響が少ない。これに対して、硬い刃鉄では強度に及ぼす影響が大きいので、鍛錬度を上げて非金属介在物を細かくしたと推定される。

5.4 江戸時代の刀

江戸時代(1603–1867年)初期の大坂夏の陣(1615年)が終わると、国内での戦闘は収まり、戦闘用の武器としての日本刀は、実質的にその役割を終えた。ただし、武家政治は続いたので、武士の備えおよび階級社会の象徴としての日本刀の需要は継続したが、次第に戦闘用から美術品としての側面が強くなった。そのため、古刀と呼ばれる室町時代までの刀の製作法の一部は忘れられたといわれ、室町時代以前の刀が古刀として珍重されるようになった。江戸中期には刀の製作法に関して、古刀時代を復興しようという動きが現れた。その代表が刀匠の水心子正秀であるが、鋼と刀の製作法に関して現代のように科学的記録が残されていなかったので、本当に古刀の技法が失われたのか、失われたとして、どの程度復興がなされたかは明らかでない。本章では、江戸時代につくられたとみられる幾つかの刀について述べる。

5.4.1 清光刀

清光(きよみつ)を名乗る刀匠は貞治(じょうじ)(1362–1368年)頃から昭和まで多いが、本試料は元和(げんな)(1615–1624年)から承応(じょうおう)(1652–1655年)頃の加賀(現在の石川県南部)で作刀した刀工の作とみられる。図5-197に刀の全体像と銘を示す。鎬造りの脇差である。

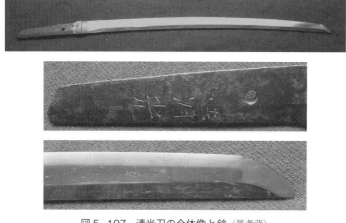

図5-197 清光刀の全体像と銘(筆者蔵)

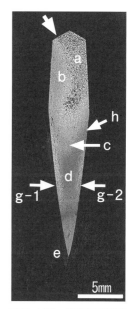

図5-198 清光刀の断面マクロ像(北田)

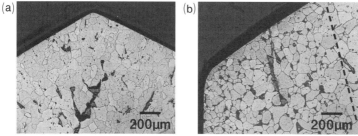

図5-199 清光刀の棟金の断面マクロ像
(b)の点線は極低炭素鋼と低炭素鋼の境界を示す(北田)

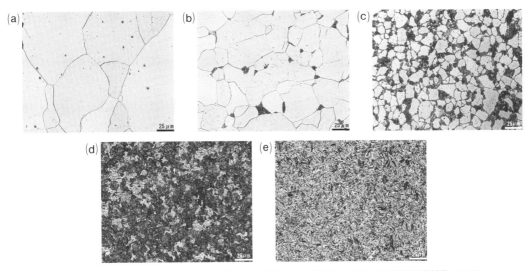

図 5-200　図 5-198 の a 部 (a)、b 部 (b)、c 部 (c)、d 部 (d)、e 部 (e) の光学顕微鏡像（北田）

① 金属組織

　図 5-198 は断面のマクロ構造で、図中の記号は後述の観察領域を示す。化学分析した包丁鉄がある棟部の炭素濃度は 0.025 重量％であるが、後述する中炭素鋼部を含んでいるので、心鉄の真の分析値ではない。刃部の炭素濃度は 0.53 重量％で中炭素鋼である。マクロ組織では、a で示すように棟から右側下方にかけて粗い組織が観察され、この領域は高純度で結晶粒の大きいフェライトの包丁鉄であり、化学分析試料には左側の低炭素鋼部分が若干含まれているのでフェライトの純度は上述の値より高いと推定される。左側の比較的明るい領域 b はフェライトに若干パーライトが混じる領域である。c より下の暗い領域は b より炭素濃度の高い領域になり、刃へと続いている。組織は非常に複雑なので、各部の詳細を述べる。

　棟と左肩の領域の低倍率光学顕微鏡像を図 5-199 (a) と (b) に示す。(a) の棟はフェライトの地に大きな非金属介在物と細かな非金属介在物粒子が分散しており、パーライト組織はない。マクロ像において太い矢印で示したところを境界として、左肩の部分では、(b) の点線の左側領域において微量のパーライトが観察され、低炭素鋼となっている。この低炭素鋼領域は左鎬から図 5-198 の c 付近まで広がり、さらに右鎬の上へと続いている。a で示すフェライト領域は、この低炭素鋼の中にもぐり込むように配置している。

　図 5-200 (a) から (e) に図 5-198 の a から e で示した領域の光学顕微鏡像を示す。(a) で示す a 領域はフェライトからなる軟らかな心鉄で暗い部分が非金属介在物である。全体として非金属介在物が少ない良質な包丁鉄で、粒径は 50 - 200 μm である。(b) で示す b 領域は棟の左肩から続いているが、全体としては微量のパーライトが混じる軟らかな低炭素鋼で、a より結晶粒径が小さく、非金属介在物は少ない。b は軟らかいフェライト鋼の a とあわせて心鉄として使ったものと思われ、包丁鉄としては炭素濃度が高い部類である。(c) で示す c 部は心鉄と下部の鋼に繋がる遷移領域で、0.25 - 0.35 重量％程度の低炭素鋼で、結晶粒径は 5 - 25 μm である。(d) で示す d 領域は刃に続く炭素濃度の高いパーライトとなり、ここからマルテンサイトが混じる焼入れ深さの領域を経て (e) で示す焼入れられたマルテンサイト領域 e に繋がっている。観察さ

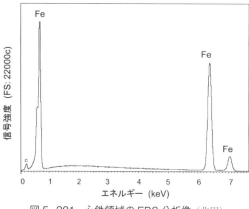

図5-201 心鉄領域のEDS分析像（北田）

れたマルテンサイト組織は微細である。

心鉄aのフェライ領域のエネルギー分散X線分光（EDS）像を図5-201に示す。EDSの検出能の範囲で不純物は検出されず純度は高い。中炭素鋼およびマルテンサイト領域の非金属介在物のない領域のEDS像も図5-201と同様で、不純物は検出されない。鉄の素材としては室町時代と変わらない。

図5-198の断面マクロ像において、g-1およびg-2で示した刀の表面（皮部）に近い領域は周囲より若干明るく見える。これらの領域の低倍率光学顕微鏡像を図5-202に示す。g-1の表面層はフェライト結晶粒からなり、加工した極低炭素鋼で見られる細長い非金属介在物が存在し、中央に向かって炭素濃度が高くなっている。一方、g-2の表面層は低炭素鋼であるが、細長い非金属介在物が存在するのでフェライト組織の鋼に炭素が拡散したものである。また、g-1と同様に断面中央に向かって炭素濃度が高くなる。表面層の炭素濃度に差はあるが、内部に向かって炭素濃度が高くなっており、非金属介在物も同様なので、同じ素材とみなされる。炭素濃度の低い皮鉄領域では、非金属介在物が棟と刃を結ぶ方向に細長く伸ばされており、この領域の加工度が高いことを示し、外側から低炭素鋼を貼り付けている。

断面のマクロ組織で図5-198のaとbの組織は異なるが、両方とも軟らかい低炭素濃度の鋼であり、これらはひとつの心鉄としてみなされる。断面のhで示す部分だけ軟らかい低炭素濃度の鋼が不連続になっているが、その下には軟らかな鋼が表面に存在するので、dで示す中央の鋼が鍛造時に右に偏って軟らかい低炭素濃度の鋼が不連続になったと考えれば、比較的単純な断面構造になる。すなわち、刃先からd部に繋がる炭素濃度の高い鋼を刃より上部でaおよびbからなる軟らかい鋼で挟んだ構造である。したがって、炭素濃度の高いパーライト組織の皮鉄は存在しない。上述のaおよびbなどを心鉄と呼んだが、一般の内部に配置された心鉄ではない。この刀の場合、非金属介在物の分布による肌紋様は現れるが、炭素濃度の差による肌紋様は少ない。後述する付け刃構造の刀（第5.5.3項）と同一ではないが、高炭素鋼を低炭素鋼で挟んだ構造の刀と思われる。用いた鋼片としては、a、b、d、gの4種が使われていると推定される。

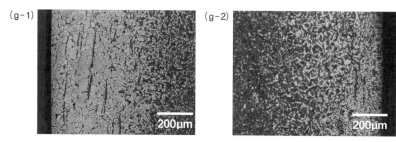

図5-202 図5-198のg-1およびg-2領域の光学顕微鏡像
細長い像は非金属介在物（北田）

② 非金属介在物

刀の非金属介在物は鍛錬回数が少ない心鉄では大きく、鍛錬数の多い刃および皮鉄の非金属介在物は小さいのが一般的である。ここで心鉄と呼んでいる図5-199および図5-202の表面近傍の領域では非金属介在物が鍛錬されて細長くなっている。刃鉄中の非金属介在物にも数少ないが比較的大きいものが見られる。

心鉄a中の代表的な非金属介在物の走査電子顕微鏡像（SEM）と元素分布像を図5-203に示す。SEM像では、非金属介在物内部に明るい粒子が存在し、その周囲に中間の明るさの領域、および少量の暗い地がある。Feの元素像で明らかなように、明るい粒子にはFeが多く、図には載せていないが、Mg、Kなどが少量含まれており、初晶のウスタイト（FeO）粒子である。中間の明るさの領域は主にFe、SiおよびOからなっている。表5-27にFeO、中間の明るさ領域およびガラス地のEDS分析値を示す。FeOにはSiなども固溶している。

明るさが中間の領域は組成からファヤライト（Fe$_2$SiO$_4$）である。暗い地はSiとAlが多く、アルミノシリカ・ガラスで、微量であるがNaと燐（P）が検出された。Pは燐ガラスの成分であり、ガラス中に優先的に分配されたものである。小さな非金属介在物では、FeO単粒子とガラスあるいはファヤライト単粒子とガラスからなっているものが多い。

一方、刃の比較的大きな非金属介在物の走査型電子顕微鏡像（SEM）と元素分布像を図5-204に示す。SEM像では中心部が明るく周囲が暗いが、これは非金属介在物の電気絶縁度が高くて電子がチャージアップしたためである。SEM観察のスケールでは内部粒子は見られない。元素

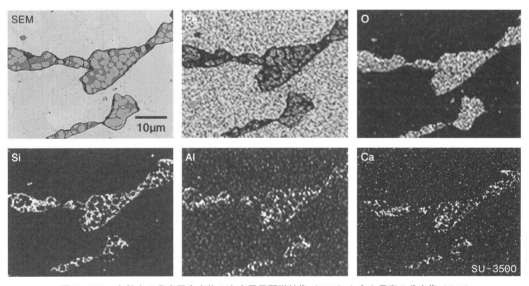

図5-203　心鉄中の非金属介在物の走査電子顕微鏡像（SEM）と主な元素の分布像（北田）

表5-27　心鉄の非金属介在物中の粒子の組成（原子%）

	Fe	Si	Al	K	Ca	Mg	Na	P	酸素
FeO	45.8	2.46	0.73	0.48	0.52	0.75	---	---	残余
中間	25.3	12.7	1.01	0.21	0.43	0.51	---	---	残余
ガラス	4.4	17.06	5.39	1.29	1.37	0.68	0.46	0.29	残余

第5章　日本刀の微細構造

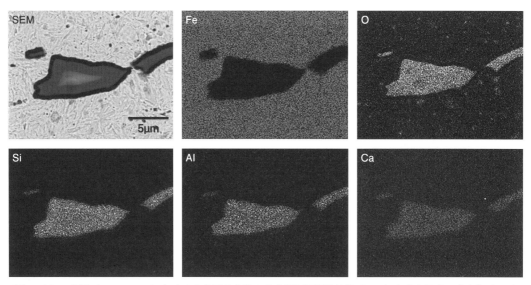

図5-204　刃鉄（マルテンサイト）中の非金属介在物の走査型電子顕微鏡像（SEM）と主な元素の分布像（北田）

表5-28　刃の非金属介在物の組成（原子%）

	Fe	Si	Al	K	Ca	Mg	Na	Ti	酸素
中心部	0.78	18.5	5.40	4.11	3.47	1.61	1.74	0.62	残余
外周部	0.77	17.8	5.16	3.80	3.14	1.52	1.74	0.57	残余

分布像では、Feが非常に少なく、SiおよびAlなどのガラス成分が多い。明暗が見られた非金属介在物粒子の中心部と周囲の差をEDS分析で調べた結果を表5-28に示す。KとCaの含有量に僅かに差はあるが、ガラスとして大きな差はない。表5-27に示した心鉄中の非金属介在物の地のガラスに比較して、SiとAlは同様の濃度だが、K、MgおよびCaの濃度が高く、心鉄では検出されなかったNaと少量のTiが検出された。心鉄の非金属介在物には微量だがPが含まれており、刃鉄の非金属介在物からは検出されない。これらの結果から、上述の心鉄と刃鉄は異なる素材とみなされる。江戸時代の鉄の流通は以前にも増して盛んになったと思われる。ただし、鉄類のリサイクルも盛んになってくるので、古材を使ったことも考えなければならないが、心鉄には極低炭素鋼を用い、低炭素鋼、中炭素鋼と使っている鋼の種類も多いので、新しい素材を使っているとみられる。ただし、他の刀に比較してTi濃度の低い原料を使っている。

③ 硬度

清光刀の棟から刃を結んだ直線上のマイクロビッカース硬度を図5-205に示す。刃の硬度は819で刀としては高い部類である。刃先から離れると730-729となり若干低くなるが、こ

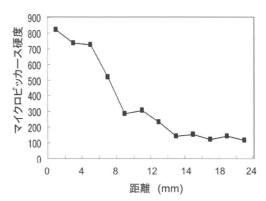

図5-205　清光刀の刃から棟を結ぶ線上のマイクロビッカース硬度分布（北田）

れは刀の内部になるほど冷却速度が低くなって炭素の強制固溶量が減り、導入される転位の密度も低下するためである。ただし、他の刀では刃の硬度分布が逆なものもある。刃先から約5－6mmまでがマルテンサイトと微細なパーライトが混じった遷移領域で硬度は急激に低下する。表面の遷移領域は研ぎによって現れる刃紋上部の変化領域で、マルテンサイトとパーライトの混合量、分布状態によって局所的に硬度が変化するので、研いだ表面の凹凸等が変化し、組織が粗く複雑なほど様々な刃紋となる。刃から離れるに従い、パーライトの組織は粗くなり、心鉄のフェライトでは119－123と軟らかくなるが、極低炭素鋼では100前後なので、炭素濃度が若干高いとみられる。最高硬度と最低硬度の比 H_h/H_l は約6.9で、他の刀並みである。硬い領域と軟らかい領域の断面に占める割合 S_h/S_l は約0.5で、若干軟らかい刀である。

5.4.2 江戸中期刀

この試料の全体像を図5-206に示す。銘は繁慶とあるが、繁の字が異なるほか、江戸時代の典型的な楷書体であり、草書体と楷書体の中間である繁慶刀の銘とは異なるので、江戸中期刀と分類した。ただし、鋼に特徴があるので、ここで述べる。刃紋は直刃である。

① 金属組織

試料の棟部と刃部の化学分析値を表5-29に示す。棟部の炭素濃度は炭素濃度の異なる領域が含まれているが化学分析値は0.70重量％で、高炭素鋼である。不純物のSiとAlが少ないが、Ti、硫黄（S）および燐（P）が検出された。SおよびPは一般工業用炭素鋼に比較して一桁低く、Cu、Mn、およびVは検出感度以下である。刃部の炭素濃度は0.52重量％で棟より低い。また、SおよびPの含有量も棟部より低く、刃には棟より良好な鋼を使用していることが窺われるが、他の刀より多めのSが含まれている。これらの値は非金属介在物を含めた分析値なので、鋼中の不純物含有量は、これより低いとみられる。SとPの濃度は他の刀より高めであり、参考までに筆者が分析した江戸時代末から明治初期のパドル法でつくられた英国製レールでは、Siが0.15％、Mnが0.01％、Pが0.28％、Sが0.018％（何れも重量％）であり、この刀のPおよびS濃度を含めて英国の鍛鉄よりは低い。Tiについては、非金属介在物の項で述べる。

断面のマクロ像を図5-207に示す。記号aからeは次図以降の高倍率光学顕微鏡像の撮影位置である。中央部のaで示した領域は図5-208（a）で示す高炭素鋼で、棟の右側にはV字状に炭素濃度の低い領域がある。aは鎬から下では左側にずれており、比較的粗大なパーライトで

図5-206 江戸中期刀試料の全体像（筆者蔵）

表5-29 江戸中期刀の化学分析値（重量％）

	C	Si	Al	Mn	V	Cu	Ti	S	P
棟部	0.70	<0.05	0.02	<0.01	<0.01	<0.01	0.04	0.003	0.015
刃部	0.52	<0.05	<0.01	<0.01	<0.01	<0.01	0.03	0.001	0.005

第5章 日本刀の微細構造

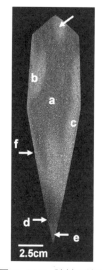

図5-207 試料の断面マクロ像　記号は次図の観察場所を示す（北田）

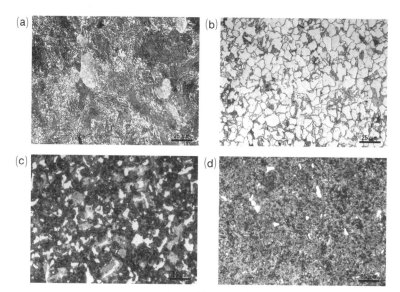

図5-208 光学顕微鏡組織（北田）

結晶粒径は50-75μmである。aの領域は鎬と刃の中間ぐらいまで伸び、二つのV字状領域になっている。bで示した明るい領域は図5-208（b）で示す炭素濃度が約0.15重量％の低炭素鋼で、棟の矢印およびcの領域も同様の組織である。刀の基本的な鋼の組み合わせにはフェライト組織の低炭素鋼が使われるが、この刀ではパーライトを含む低炭素鋼を用いている。包丁鉄の炭素濃度上限は約0.25重量％なので、炭素濃度の高い包丁鉄である。この低炭素鋼の結晶粒径は15μm程度で比較的小さい。cの領域に繋がる上部から下部までの領域も同様な鋼である。

心鉄にする極低炭素鋼は高温で加熱して処理するので結晶粒径は非常に大きくなるが、ここに用いられている低炭素鋼は結晶粒が成長しない比較的低温度で処理したものか、たたら製鉄でつくられた低炭素鋼とみられる。(c)は断面図のdで示す焼入れ深さ付近の組織で、暗い微細なパーライト中に明るいフェライトおよび中間の明るさのマルテンサイトが混じった組織である。(d)は焼入れられたマルテンサイト組織だが、明るく見える初析フェライト結晶が少量ある。したがって、焼入れ温度はオーステナイトとフェライトが共存する温度領域である。炭素濃度が0.52重量％なので、焼入れ温度は727-750℃と推定される。

低炭素鋼において、走査電子顕微鏡スケールで非金属介在物のない領域のEDS像を取ったが、図5-209に示すように、Fe以外にAl、SiおよびTiが検出された。EDSは局所分析であるが、Alは0.25重量％、Siは0.82重量％、Tiは0.26重量％で、Siは工業用炭素鋼の0.2-0.3重量％と同水準の濃度であり、表5-29の分析値より非常に多い。Siの量はFeの固溶範囲内であるが、微細

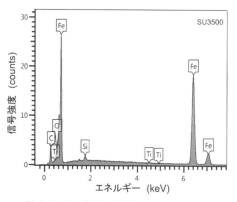

図5-209 低炭素鋼領域のEDS像（北田）

なSiO₂粒子として存在する可能性もある。また、Tiが鋼部から検出されるのは稀である。高炭素鋼中のSiは0.62重量％、Alが0.15重量％、Tiが0.36重量％で、低炭素鋼と同様にSiが多く、TiとAlも検出された。刃のマルテンサイトのSiは0.17重量％、Tiは痕跡量の0.08重量％であり、低炭素鋼より少ない。何れの鋼領域でもTiが検出され、TiはFeの固溶範囲であるが、鋼中にTiが検出されるのは、この刀の特徴で他の刀では観察されない。

砂鉄の中に含まれるイルメナイト（FeTiO₃）のたたら製鉄による還元では、FeよりTiの方が酸素との結合力が強い*ので、Tiが一酸化炭素によって還元され、Feの中に固溶することは極めて稀である。Fe-Tiの原子対としてTiも一緒に還元され可能性はあるが、詳細は不明である。また、TiはTi₂O₃などの微粒子として存在する可能性がある。このような酸化物はγFeからαFeへの変態に関与することが知られており、現代の低合金高張力鋼では、Ti酸化物微粒子を分散させてフェライトを微粒子化するオキサイドメタラジーというナノ組織技術がある。ただし、刀の場合に同様な現象があるかどうか不明である。

断面マクロ像では低炭素鋼領域が表面まで及んでいるように見えるが、表面には薄い皮鉄がある。図5-210は断面の表面近傍の光学顕微鏡組織で、左の表面に近い層は0.7重量％程度の高炭素鋼からなっている。したがって、たとえば、図5-207のfで示した断面を左から右に横断する組織は、左の皮鉄から順に高炭素鋼、低炭素鋼、高炭素鋼、低炭素鋼、高炭素鋼、低炭素鋼、右の皮鉄になっている。鎬の近傍における左から右端への組織構成には中心部の低炭素鋼は見られないが、棟右の矢印で示す領域には炭素濃度の低い領域がある。中央の高炭素鋼組織は刃の向きにV字状に二つの足を伸ばしている。鋼を組み合わせたとき、棟の矢印領域と二つのV字状の下の低炭素鋼領域がひとつの鋼片であったとすれば、中央に低炭素鋼を配し、その両側を高炭素鋼で挟み、さらにその外側を低炭素鋼で挟み、これに薄い皮鉄を被せたものと推定することができる。実際の鍛造では、低炭素鋼と高炭素鋼間の炭素原子の拡散、鍛造による鋼片にずれが生じたものと思われる。もし、このような組み合わせならば、かなり高度な技術を目指したと思われる。

断面内部の低炭素鋼と高炭素鋼、皮鉄の高炭素鋼と低炭素鋼などの鍛接部とみられるところに

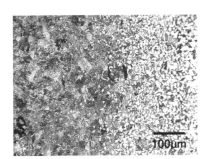

図5-210　表面近傍の断面光学顕微鏡組織
左が表面に近い皮鉄の高炭素鋼組織（北田）

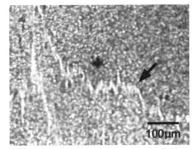

図5-211　低炭素鋼／高炭素鋼の鍛接部のゴーストライン（北田）

---

* Fe-Oの親和力の目安となる酸化物生成自由エネルギーは1500℃で-60kcal/mol、Ti-Oは約-150〜170kcal/molでTiはFeの約2.5倍以上の親和力をもつ。これらの酸化物を還元するCOの酸化物生成エネルギーは約-130kcal/molであるから、COよりOとの親和力が強いTi酸化物は通常還元されない。

は、図5-211矢印のようにゴーストライン*が見られる。こ
れは、光学顕微鏡の焦点をずらして撮影したものだが、接合
境界と推定される。このようなゴーストラインは他の刀でも
観察されることがあり、鍛接境界で酸素原子などの不純物原
子が多く偏析しているか、あるいは高密度の欠陥があるため
と推定される。

② 非金属介在物

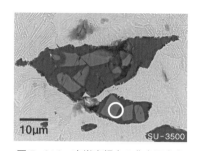

図5-212 高炭素鋼中の非金属介在物の走査電子顕微鏡像
丸印はEDS分析の場所を示す（北田）

高炭素鋼中の非金属介在物を図5-212に示す。介在物内部に多角形の酸化物粒子がある。このような多角形の粒子の多くはTi系酸化物である。周囲の鋼はパーライト組織である。この非金属介在物の元素分布を図5-213に示す。酸素（O）の少ない領域は内部粒子の領域である。粒子以外の領域では粒子よりOが多く、また、Fe、Si、AlおよびCaが多く、元素分布像を載せていないが、MgおよびKもSiと同じ分布をしている。これらの元素が少ない内部粒子のところにTiが多く分布している。図214は図5-212の丸印の付いた粒子のEDS像で、FeおよびTiとV、MnおよびZrが検出された。表5-30は図5-212の丸印で示した粒子（上段）と周囲のガラス地（下段）のEDS分析値である。粒子の主な成分はFe、Tiおよび酸素であり、FeとTiはほぼ同濃度で、O以外の元

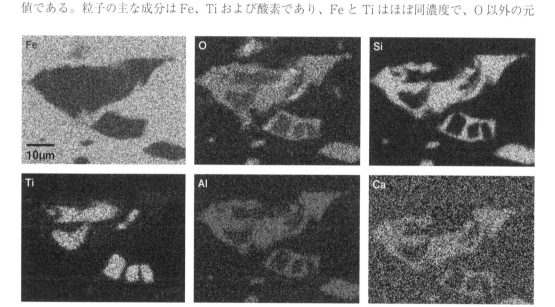

図5-213 図5-212の元素分布像（北田）

表5-30 非金属介在物中の粒子のEDS分析値（原子%）

Fe	Si	Al	Mg	K	Ca	Ti	Zr	V	Mn	酸素
27.9	1.28	1.88	3.60	0.17	0.20	25.2	0.59	2.76	0.58	残余
20.5	19.7	6.10	1.40	1.72	2.64	2.62	0.41	---	0.50	残余

＊上段が粒子、下段がガラス地。

---

* 光学顕微鏡組織として明確には認められないが、腐食されてぼんやり見える像。多くは何らかの境界があった痕跡。

5.4 江戸時代の刀

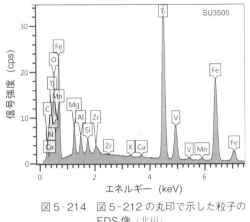

図5-214　図5-212の丸印で示した粒子の
EDS像（北田）

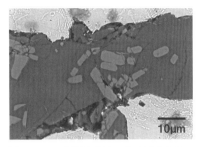

図5-215　低炭素鋼中の非金属介在物の
走査電子顕微鏡像（北田）

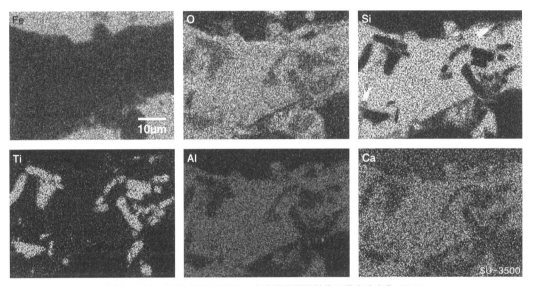

図5-216　図5-215で示した走査電子顕微鏡像の元素分布像（北田）

素をMとすれば$M_{5.8}O_{4.2}$である。FeとTiの組成では、おおよそ$FeTiO_2(M_2O_2)$の組成になっている。これはイルメナイト（$FeTiO_3$）より酸素が少なく、これまで知られていない化合物である。$FeTiO_3$とFe_2TiO_5およびFe_2TiO_5との中間固溶体はそれぞれM_3O_8およびM_5O_8になるが、これとも異なる。このようにO濃度が少ないのは、閉ざされた環境の中で地となっている領域とこの化合物で酸素が平衡するように分配されたものと思われる。TiのほかにVの濃度も高く、ZrおよびMnが検出され、これらを含む砂鉄が用いられている。粒子以外の地はアルミノシリカ・ガラスの組成であるが、Feがかなり多い。

　低炭素鋼中の非金属介在物の走査電子顕微鏡像を図5-215に示す。暗い地の中に多角形の粒子が観察され、大きいものでは長さが10μmほどある。これは、上述の高炭素鋼中の非金属介在物にみられる内部粒子の形とほぼ同じで、この介在物の元素分布像を図5-216に示す。元素分布は図5-213と同様なので、詳細は省略する。

　刃鉄中の非金属介在物は鍛造によって微細化されているので小さく、図5-217は比較的大き

第5章　日本刀の微細構造

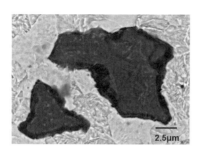

図5-217　刃のマルテンサイト中の非金属介在物の走査電子顕微鏡像（北田）

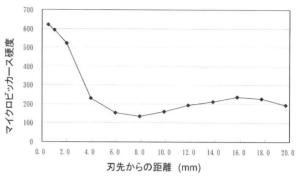

図5-218　刃先から棟までのマイクロビッカース硬度分布（北田）

な非金属介在物の走査電子顕微鏡像である。絶縁物のため低真空下で観察しているので分解能が低く、像は不明瞭であるが、1μm程度の明るい粒子と2-3μm程度の針状のやや暗い粒子があり、地のガラスがある。明るい粒子はTiを含む粒子で、粒子の寸法が小さいのは急冷されたためである。このほか、V、Mnも痕跡程度検出された。

以上の鋼中の不純物と非金属介在物中の不純物の共通性から判断すると、刀身中の低炭素鋼、高炭素鋼および刃鉄は同じ産地の砂鉄から作ったものと考えられるが、PとSを多く含んでいるので、製錬の過程にも要因があろう。

③ 硬度

刃から棟を結ぶ直線上のマイクロビッカース硬度を図5-218に示す。刃先から0.5mmのマルテンサイト組織の硬度は619で、比較的低い。これは、前述のように、刃鉄の炭素量が0.52重量%と低いためと、初析フェライトが存在するためである。刃から2mmでは521に低下し、4mmになると急激に低下する。刃鉄から8mmで134と極小になり、その後16mmで極大を示した後、若干低下して棟の下では194となる。この硬度分布は断面組織と一致するが、断面構造で述べたように、低炭素鋼と高炭素鋼の複雑な組み合わせをした刀であり、フェライト中にもTiが多く含まれる特徴的な刀である。

最高硬度と最低硬度の比 H_h/H_l は約4.6で、硬度差が小さい。断面における硬い組織領域と相対的に軟らかい組織占める面積比 S_h/S_l は1.9である。この比と低炭素鋼の硬度が高いことから、全体として硬めの刀である。

5.4.3　備前長船住横山祐包刀

備前長船住横山祐包の銘がある刀で、祐包は江戸時代末期の天保（1830-1844）から明治初めまで作刀した刀匠であり、祐定の末裔であるという。図5-219に全体像(a)、銘(b)を示す。短めの脇差あるいは短刀で刃部の長さは約31cmである。

① 金属組織

図5-220に刀中央部のマクロ断面像を示す。刃先部分は焼入れられており、焼入れ深さは左右非対称だが、これは焼入れ前の土置きの違いによるものであろう。刃先の外形に沿う明るい放物線上の縞（流線）が数本観察される。後述のように、これは刃鉄の領域が折り返されて鍛錬さ

5.4 江戸時代の刀

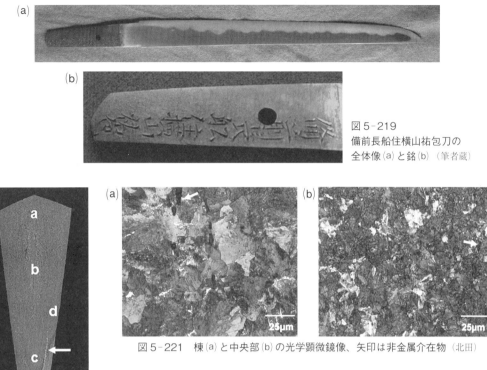

図 5-219
備前長船住横山祐包刀の
全体像(a)と銘(b)（筆者蔵）

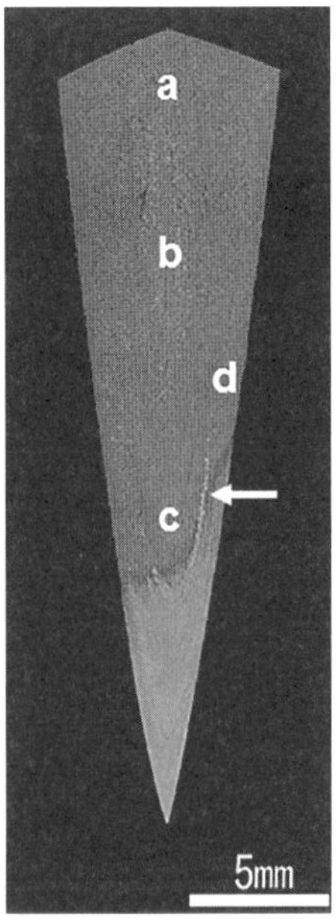

図 5-220 備前長船
横山祐包刀の断面の
マクロ組織像（北田）

図 5-221 棟(a)と中央部(b)の光学顕微鏡像、矢印は非金属介在物（北田）

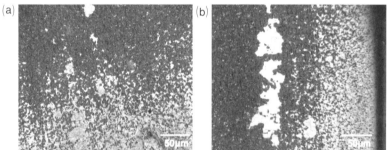

図 5-222 刃の焼入れ深さ位置(a)および皮鉄近くの焼入れ組織(b)の
光学顕微鏡像、明るい領域はマルテンサイト（北田）

れたことを示している。断面マクロ組織では、明瞭に心鉄とみなされるフェライト組織は見当たらないが、中央から上部のbで示した領域には、やや明るい組織が存在する。マクロ像からは丸鍛え（ひとつの鋼片を用いたもの）のように見える。

マクロ組織で若干明るさの異なる棟と中央部の光学顕微鏡組織を図5-221に示す。図5-220のaで示す棟領域は(a)のようにパーライトがほぼ全面を占めており、化学分析した炭素濃度は0.72重量％で、ほぼ共析点組成の高炭素鋼組織である。(a)中の矢印は非金属介在物である。中央部の(b)は棟より結晶粒径が小さいが、棟と同様のパーライト組織で、少量のフェライトがある。図220のaで示した棟領域の結晶粒径は10–50μmであるのに対して、bで示した中央部では5–25μm、さらに刃に近づいたcで示す下部領域の結晶粒径は5–15μmで、刃先に近づくほど結晶粒径は小さくなっている。これは、刃先に向かうほど鍛錬による加工度が高くなっているのが一因で、鍛錬後の再結晶による粒径の差であろう。上述の刃先の折り返し鍛錬を考慮

187

第5章 日本刀の微細構造

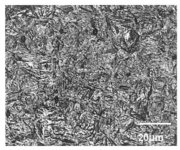

図5-223 刃の焼入れ領域の
光学顕微鏡像(北田)

図5-224 刃のマルテンサイトの透過電子顕微鏡像
ラスマルテンサイト(a)と双晶(矢印)のある領域(b) (北田)

すると、若干炭素量の低い鋼を心鉄にして甲伏せ加工した可能性が高い。ただし、両者の境界は明瞭に観察されない。図5-220のdで示した領域もパーライト組織である。刃部の炭素濃度は0.75重量％で、棟の炭素濃度より若干高い。

図5-222 (a)は焼入れ深さ位置領域の光学顕微鏡組織で、下側の明るい組織はマルテンサイト、上側の暗い組織はパーライトである。マルテンサイトは刃側から上に向かって縞状に延びている。上述のように、断面のマクロ組織でも縞状組織は認められ、マルテンサイトの分布から、炭素量の異なる縞状の組織であることがわかる。(b)は図220の矢印で示した明るい縞状組織の光学顕微鏡像で、表面はほぼマルテンサイトで内部に向かってパーライトが増えている。その内側のパーライト領域を隔てて、マルテンサイトの帯が存在する。焼入れの冷却速度は表面より内部のほうが低いので、この帯状領域はマルテンサイト変態しやすい高い炭素濃度の組成になっている。その原因としては、炭素量の差、マルテンサイトの生成を促進する不純物の存在が考えられる。通常、炭素濃度が高く、高温でのオーステナイトにおける結晶粒径が大きいと焼入れ性が良好になる。また、不純物の種類によってマルテンサイト変態する臨界冷却速度が変わり、Cr、Mo、Mnなどは臨界冷却速度を低くする。走査電子顕微鏡によるマルテンサイトとパーライト領域の成分の分析（EDS）では、マルテンサイトの生成を促進するCr、Moなどの元素は検出されなかった。したがって、炭素量と結晶粒径の差が主な原因とみなされ、帯状のマルテンサイト領域は炭素量が高いものと推定される。(a)の焼入れ深さ領域でマルテンサイトが縞状に延びているのも、同様な原因であるが、後述の非金属介在物の影響もある。

図5-223は刃領域のマルテンサイトの光学顕微鏡像で、ラスマルテンサイトであるが、組織は比較的粗く、非金属介在物は数µmである。マルテンサイトの透過電子顕微鏡像を図5-224に示す。(a)はラスマルテンサイトからなる領域で、挿入した電子線回折像では若干結晶方位のずれたラスマルテンサイトからなり、ブロック内の像である。これに対して(b)は矢印で

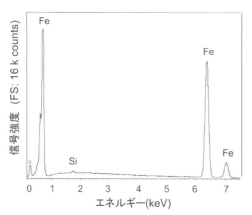

図5-225 非金属介在物のないパーライト領域
のEDS像(北田)

示す双晶の多い領域のマルテンサイトで、この刀では双晶が多く存在する。刃の炭素濃度は上述のように高いので、これが双晶発生の主な原因であり、刃鉄としての質は低い部類である。

図5-225は走査電子顕微鏡スケールで介在物のないパーライト領域のEDS分析像で、Siの小さなピークが見られるほかには不純物のピークはない。Siの濃度は0.3重量％で、SiO_2として存在する可能性もあり、刀の中ではSi濃度が比較的高い。Siを除けば不純物の量は少ない。マルテンサイトの領域も同様であった。

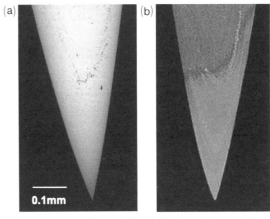

図5-226 刃先の非金属介在物の分布を示す走査電子顕微鏡像(a)と腐食後の光学顕微鏡像(b)(北田)

② 非金属介在物

非金属介在物は刀の断面全領域に分布しているが、密度の高い領域と低い領域がある。図5-226(a)は刃領域の研磨したままの状態における非金属介在物の分布を示す走査電子顕微鏡像で、(b)が腐食後の光学顕微鏡組織である。走査電子顕微鏡像で見える刃部の非金属介在物は放物線状に分布しており、腐食像でも同じ位置にマルテンサイトの分布が見られる。この分布は甲伏せで刃鉄部を折り曲げた証拠である。また、非金属介在物の多いところでマルテンサイトが発生しやすくなっており、非金属介在物がマルテンサイト変態を促す一因になっているようにみえる。原因として挙げられるのは非金属介在物周辺の不純物の多寡、非金属介在物の熱伝導による効果である。炭素鋼の非金属介在物の周辺ではパーライトも生じ易いが、非金属介在物の周囲

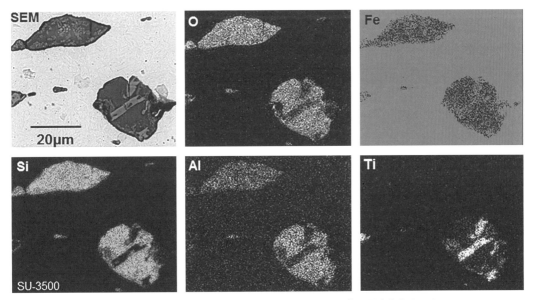

図5-227 マルテンサイト中の非金属介在物のSEM像と元素分布(北田)

表5-31　図5-227の多角形状粒子(A)とガラス地(B)のEDS分析値（原子%）

	Na	Mg	Al	Si	K	Ca	Ti	V	Mn	Fe	O
A	---	0.84	0.79	1.75	0.20	---	15.8	0.91	0.27	16.1	残余
B	0.61	0.30	3.25	16.0	1.54	0.63	1.44	---	0.27	11.8	残余

でマルテンサイト変態が容易になるのも不純物の偏析が一因とみられる。また、焼入れ前の加工・熱処理で非金属介在物周囲に炭素濃度の高い領域ができたことも考えられる。炭素濃度が高いとマルテンサイト変態温度は低くなるので、刀の内部でもマルテンサイト変態しやすくなる。炭素濃度の異なる鋼を鍛接したような場合にも、同様な縞状組織ができる。

　図5-227はマルテンサイト中の非金属介在物の走査電子顕微鏡（SEM）像と主な元素分布像である。左上の非金属粒子の内部には円形の内部粒子があり、右下の非金属粒子の内部には多角形の粒子が存在する。O、S、AlおよびFeは同様な分布を示すが、左上の非金属介在物中ではTiが存在しない。左上の円形の粒子はウスタイト（FeO）で、その周囲はファヤライト（Fe_2SiO_4）、暗い領域は地のアルミノシリカ・ガラスである。これに対して、左下の非金属介在物ではアルミノシリカ・ガラス中にTi系酸化物が晶出している。このように、刀の中の非金属介在物の組成は全てが同じではないので、微視的な観察には注意が要である。EDS分析では、左上の非金属介在物からも微量のTiが検出された。両方とも砂鉄由来であるが、製錬中の異なる成分のスラグが巻き込まれたものとみられる。右下の非金属介在物の多角形状粒子の組成は表5-31のAのごとくで、主な成分元素はFe、TiおよびOである。表中のBはガラス地の分析値である。AのFe、TiおよびOの原子比は大略1：1：4.7であり、おおよそ$FeTiO_5$となる。これはイルメナイト（$FeTiO_3$）よりOが多く、フェロシュードブルッカイト（$FeTi_2O_5$）よりTiが少ない化合物である。この非金属介在物からはVおよびMnが少量検出された。Bは地のアルミノシリカ・ガラスである。

　次に刀の断面中央部のbで示したパーライト中に存在する非金属介在物の走査電子顕微鏡像とTiの分布像を図5-228に示す。その他の元素分布は省略したが、多角形の非金属介在物中の粒子

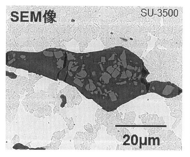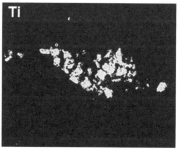

図5-228　断面中央部のパーライト中の非金属介在物中のチタン分布（北田）

表5-32　図5-228の多角形状粒子(A)とガラス地(B)のEDS分析値（原子%）

	Na	Mg	Al	Si	K	Ca	Ti	V	Mn	Fe	O
A*	---	1.69	1.78	2.25	0.25	0.16	20.7	1.11	0.65	11.6	残余
B	0.90	0.24	4.70	18.0	1.71	1.30	1.49	---	0.20	8.03	残余

＊Zrが0.53%含まれる

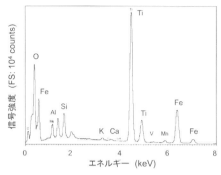

図5-229 図5-228の非金属介在物中の粒子のEDS像（北田）

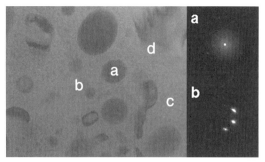

図5-230 非金属介在物のガラス中に存在する粒子の透過電子顕微鏡像と電子線回折像（北田）

の主成分はTi、Fe、Oで、Si、V、MnおよびZrを微量含む。非金属介在物中の粒子はTiを多く含む化合物である。

図5-229に粒子のEDS像を示した。これによれば、主成分はFe、TiおよびOである。この粒子のEDS分析値と地のガラスの分析値を表5-32に示す。主成分のFe、TiおよびOの原子比は大略1：2：6.5であり、フェロシュードブルッカイト（$FeTi_2O_5$）に近い酸化物である。かんらん石系、イルメナイト系などの鉱物の組成を参考にすると、その他の元素の分配は（Fe, V, Mn, Al, Mg）-（Ti, Zr）-O系と推定される。図5-227のTi系酸化物よりTiの量が多い。Feが少なくTiが多いのは製錬中の還元環境が強いことを示している。Bはアルミノシリカ・ガラスである。

走査電子顕微鏡観察では、比較的大きな粒子の成分は明らかになるが、ガラス中の微細な粒子の観察は絶縁体なので難しい。図5-230にガラス中の微細粒子の透過電子顕微鏡像を示す。図中のa粒子はコントラストを示さず、電子線回折像を右上に示したが、回折斑点も得られず、アモルファスである。この粒子が円形（立体的には球状）であるのは、アモルファスであるために表面エネルギーが均一なためと思われる。組成（原子%）は26.0%Si-11.7%Fe-8.4%Ca-4.2%Ti-3.2%Al-3.0%(V, Mn)-Oである。一般に、ガラスのマトリックスからは結晶性粒子が析出するが、aで示した粒子はアモルファスのガラスからアモルファス粒子が析出する特異な現象である。このような現象は、筆者の陶磁器の研究でも観察されている[*]。小さな粒子は試料の膜厚が約100nmなので、EDS分析ではガラス地の成分も含まれる。bは図の右下の電子線回折像で示すように結晶である。これはバナジウムとマンガンを少量含むFe-Ti-O系酸化物で、分析値から$FeTiO_3$に近い化合物である。cはガラスマトリックスであるが、ガラス成分が2相分離した微細構造と推定される。dで示す比較的大きなコントラストを示す粒子のEDS分析で組成（原子%）は、14.4%Fe-40.5%Ti-3.65%V-1.06%Mn-0.05%Ca-Oであり、おおよその組成比が$(Fe, V, Mn)Ti_2O_2$である。このTi系酸化物も典型的な化合物ではない。

この刀の非金属介在物の多くにはTi系酸化物が存在するが、それぞれの組成は異なる。これ

---

[*] 北田正弘・張大石「17世紀前半（江戸時代初期）につくられた初期伊万里焼のコバルト青釉の微細構造『日本金属学会誌』72-7、2008年、483-490頁

は、周囲が鉄で囲まれている閉鎖された環境での組成の異なる非金属介在物融液の凝固過程における非平衡状態と冷却速度の影響により、幾つかのTi系化合物が生じたためであろう。したがって、使われた鋼はTiを多く含む砂鉄製で、単一の鋼とみなされる。

③ 硬度分布

図5-231は刃から棟に至るマイクロビッカース硬度の変化である。焼入れ

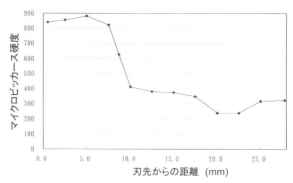
図5-231 横山祐包刀の刃から棟に至るマイクロビッカース硬度分布（北田）

されたマルテンサイトの領域のビッカース硬度は約850であり、測定した刀の中では高い値である。焼入れ部から棟に向かうと急激に硬度は低下するが、それらの境界ではマルテンサイトと微細なパーライトの混合組織により、約620の硬度を示す。さらに棟に向かうと、硬度は300台となり、一度約240に低下してから、再び300台の硬度となる。通常、心鉄は極低炭素鋼か低炭素鋼であり、この刀では心鉄を使っていない。最高硬度と最低硬度の比 H_h/H_l は約3.5で、これまで述べた刀の中で最も小さい部類で、硬軟の鋼を組み合わせた日本刀の特徴に欠ける。刃鉄付近の非金属介在物分布には折り返した痕跡があり、単一の素材で折り返した丸鍛えの可能性が高い。丸鍛えならば折り返す必要はないように思われるが、折り返して均質化したとも考えられる。また、素材の縞状組織の変形による組織の流れも考えられる。

刃部の硬度が約850と高いのは、刃部の炭素濃度が0.75重量％と高いことが主因である。したがって、硬軟の素材を組み合わせる日本刀本来の造りではなく、江戸時代末期における作刀技術の変化を反映した刀と思われる。

5.4.4 越前福居住吉道刀

吉道を名乗る刀工は京で慶長（1596 - 1615年）頃に鍛刀を始めた丹波守吉道を初代とし、一族は大坂、水戸、福居（福井）などで刀を作ったと伝えられている。分析試料は現在の福井で寛永（1624-1644年）頃に鍛刀した刀工・越前福居住吉道の作と思われる（河内國平氏寄贈）。図5-232に全体像と銘を示す。全長は64cmである。

① 不純物濃度

化学分析した刃鉄部

図5-232 越前福居住吉道刀の全体像と銘（河内國平氏寄贈）

表5-33 越前福居住吉道刀の炭素濃度（重量%）と不純物濃度（原子%）

	C	Si	Al	Mn	V	Ti	Cu	S	P
刃部	0.55	<0.05	<0.01	<0.01	<0.01	0.01	<0.01	0.002	0.017
棟部	0.61	<0.05	0.02	0.02	<0.01	0.04	<0.01	0.003	0.028

と棟鉄部の炭素濃度と不純物濃度の分析値を表5-33に示す。炭素濃度の分析値は刃鉄部が0.55％で、棟部が0.61％であるが、組織が均一ではないので、目安の値である。また、Al、Mn、Ti、SおよびPの濃度は棟部のほうが多い。この分析値だけでは、異なる素材かどうかは判断できない。Sは検出されないか少量の刀が多いので、この刀はSが多い。Si、VおよびCuは検出限界以下である。

② 金属組織

図5-233は刀の長さ方向の中央部から切り出した試料の断面マクロ像である。この断面部の刃鉄の焼入れ領域は左右対称であるが、その上部の棟までの組織は左右非対称である。aで示す暗い領域は棟から左側でcを経て刃鉄まで続いている。bで示す明るい領域は低炭素鋼の心鉄であるが、心鉄は棟と鎬の中間あたりからcの下のhへと続き、dで示す焼入れ深さ位置のすぐ上の左まで広がっている。また、左の鎬の内側に低炭素鋼の領域gがあり、マクロ像では不明瞭であるが、焼入れ深さ位置の上まで細長く伸びている。鍛造する過程で心鉄が偏り、組織が左右非対称になったものと思われる。

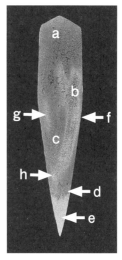

図5-233　越前福居住吉道刀の断面マクロ像
aからfは光学顕微鏡像の位置（北田）

代表的な光学顕微鏡像を図5-234に示す。(a)から(f)までの図は図5-233のaからfの位置における光学顕微鏡組織である。(a)で示す棟領域の化学分析値は0.61重量％であるが、化学分析はbの低炭素鋼の影響があるとみられ、これより炭素濃度の高い共析点組成近くの高炭素鋼組織である。結晶粒径は20-50μmで、比較的大きい。矢印は非金属介在物である。(b)はマクロ像のbで示したパーライトが見られる低炭素鋼組織で、組織から推定すると炭素濃度は約0.1％で、心鉄の包丁鉄としては炭素濃度が高い部類である。結晶粒径は20-100μmで、心鉄の結晶粒径としては小さい。(c)はマクロ像のc位置のパーライト組織で少量のフェライトがあり、

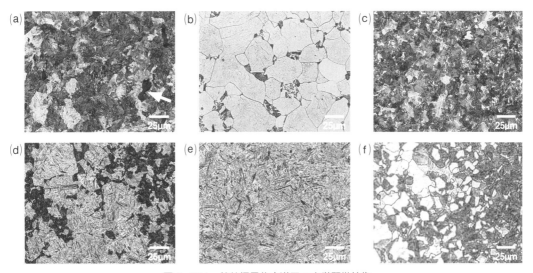

図5-234　越前福居住吉道刀の光学顕微鏡像
(a)-(f)は図5-233のa-fの位置を示す。(a)の矢印は非金属介在物（北田）

炭素濃度が棟より低く、結晶粒径は棟より小さい。(d)はマクロ像のd位置の刃の焼入れ深さ付近のマルテンサイトとパーライトが混じる組織である。(e)はマクロ像のe位置の焼き入りされたマルテンサイト組織で、ラスマルテンサイトからなる。マルテンサイト領域の中に見られる非金属介在物は非常に小さく、良く鍛錬されているが、マルテンサイトの組織は若干粗い。(f)はマクロ像の断面右の表面近傍で、マクロ像では見えにくいが、図の右側のように薄い皮鉄がついている。

これらの観察結果から、心鉄を中心に配した四方詰めが崩れたもののように見受けられるが、僅かに残る心鉄gの配置が不明である。高炭素鋼を中心にしてbとgを左右に配置したのであれば、次廣刀に似た鋼の配置かも知れない。

刃のマルテンサイトの非金属介在物の見られない領域のEDS分析では、不純物としてSiが0.32重量%、Tiが0.16重量%検出され、化学分析より多く、PおよびSは検出限界以下であった。一方、棟の鋼領域の不純物としてSiが0.15重量%、Alが0.07重量%、Pが0.10重量%検出され、不純物の傾向が異なっている。刀の鋼のEDSによる分析では、不純物が検出されないか、あるいは微量のSi以外の元素は検出されないことが多いので、この刀は不純物が多い。ただし、EDS分析は局所的であり、Si、AlおよびTiが微細な酸化物として存在するのか、あるいは固溶しているのかは不明である。

図5-235［カラー口絵6頁参照］は刃の焼入れられたマルテンサイトの電子線後方散乱回折像（EBSD：electron back scatter diffraction pattern、EBSPともいう）である。マルテンサイト晶の結晶方位によって色分けされており、青が［111］方向、緑が［101］方向、赤が［100］方向を示す。色が同じ領域は同じ結晶方位をもっている。この観察方位の図では緑の［110］方向をもつ結晶が多い。

同じ色の領域には透過電子顕微鏡で観察される同様な方向のラスマルテンサイトが幾つか集まっており、前述のようにブロックと呼ばれる。さらに同じ晶癖を持った集団をパケットという。焼入れる前の高温ではオーステナイト（γ相）になっており、焼入れられると原子の集団的な位置のずれによって正方晶のマルテンサイトになる。このとき、隣り合うラスはオーステナイトとの方位関係が同じであり、ブロックを形成する*。図のブロックの幅は1－4μm、長さは1－15μm程度で、この中にラスがいくつか存在する。ブロックの集団がパケットで、高温でのγ相粒子はいくつかのパケットに分かれ、この集団はγ相粒子の中にあるので、γ相粒子の大きさを推定できる。これによれば、この図の場合、γ相粒子径

図5-235　刃のマルテンサイトの電子線後方散乱回折像と結晶方位図（北田）［カラー口絵6頁参照］

---

* 森戸茂一・牧正志「鉄合金ラスマルテンサイト組織の結晶学的特徴」『まてりあ』日本金属学会会報 40-7、2001年、629-633頁

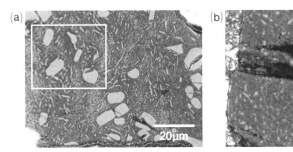

図5-236 形状の異なる粒子が存在する2種の非金属介在物の光学顕微鏡像
(a)の矩形は図5-238の観察領域（北田）

は10-25μmで、日本刀の粒子径としては大きな部類である。

③ 非金属介在物

ⓐ 光学顕微鏡組織

福居住吉道刀で観察された主な非金属介在物の光学顕微鏡像を図5-236に示す。大別して2種あり、(a)はガラス中に多角形状粒子と針状粒子が分散しているタイプで、多角形状の化合物はTiの酸化物の特徴をもっている。一方、(b)はガラス地の中に数μm以下の非常に微細な化合物が分散しているタイプである。これらの2種の非金属介在物

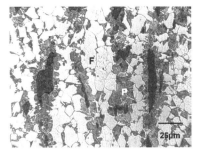

図5-237 非金属介在物の周囲に存在するパーライト(P)の拡大像
暗い粒子が非金属介在物、Fはフェライト（北田）

は特定の場所あるいは特定の鋼の中に偏って存在することはないので、主に非金属介在物の組成に依存するものとみられる。

非金属介在物の存在が鋼の組織に与える影響として明瞭に観察されたのは、マクロ像のhで示す心鉄と刃鉄の境界近くの心鉄領域で、図5-237で示す低炭素鋼領域の光学顕微鏡組織である。この領域では棟から刃の方向に縞状の組織が観察される。この縞状組織は明るくみえるフェライトの帯と暗くみえるパーライトの帯からなっている。パーライトの帯の中心には、暗く見える非金属介在物が点々と列を成して存在しており、この周囲がパーライトになっている。図6-14などでも示すように非金属介在物の周囲ではパーライトが生じているが、非金属介在物の周囲に炭素原子が集まりやすい現象であり、オキサイドメタラジーと呼ばれる現象の一種と思われる。たたら鉄の中に存在する非金属介在物は鋼の組織を不均一にするので好ましくないが、複合組織とみれば好ましい場合もある。

鋼が凝固するとき、フェライトが樹枝状晶になって発達し、パーライトが分離した組織になる。これを高温で加工すると、フェライトとパーライトが帯状になって縞状組織になる[*]。これは、非金属元素不純物の偏析が原因といわれる。たたら法で得られた中炭素鋼の場合にもフェライトとパーライトが分離した樹枝状晶組織になる場合がある。このような組織の鋼が加工されると、非金属介在物は鍛造で破壊され、鍛造方向に垂直な方向に伸ばされて、非金属介在物の列がつくら

---

[*] 吾妻潔ほか編『鉄鋼材料』朝倉書店、1960年、59頁

れる。非金属介在物の周囲は結晶粒界と同様に原子の配置が乱れた場所であり、不純物も偏析しやすい。鉄からみると、炭素も不純物であり、非金属介在物周辺の炭素濃度が高くなり、パーライトが生じやすくなる。

古代刀などでしばしば縞状組織が観察され、これを折り返し鍛造の結果とみなす場合が多いが、非金属介在物の存在で縞状組織が生ずる場合もあり、古代刀の縞状組織を全て折り返し鍛造と決めるのは危険である。たたら鋼を折り返して高温で鍛錬すると、縞状組織は拡散によって消えてゆくが、これについては第 5.9 節で述べる。

ⓑ 非金属介在物の組成

図 5-236（a）の矩形領域の走査電子顕微鏡像と主な元素分布像を図 5-238 に示す。走査電子顕微鏡像では、明るい大きい粒子と線状の粒子があり、マトリックスはガラスである。元素像では、Fe の分布は均一に近く、O の濃度は粒子領域で低い。Ti と V は粒子部で濃度が高い。針状の粒子も同様である。Si は地のガラス領域で濃度が高く、Al などのガラス形成元素も Si と同様の分布を示す。表 5-34 に明るい大きな粒子 a とガラス地 b の EDS 分析値を示す。a では Fe および Ti が主成分で Fe-Ti-O 系化合物である。Mg、Al 等が Fe 原子位置に入りやすいので、(Fe, Al, Mg, Ca, Mn)(Ti, Zr)O$_3$ に近い組成で、イルメナイト（FeTiO$_3$）系化合物である。針状の粒子も同様な化合物である。地の b はアルミノシリカ系ガラスであるが、Fe、Ti および Mn の含有量が多く、ガラス中に微細な Fe 系の析出物として存在する可能性が高い。

図 5-239 は図 5-236（b）で示す非金属介在物の拡大 SEM 像と Si および Ti の元素分布像で

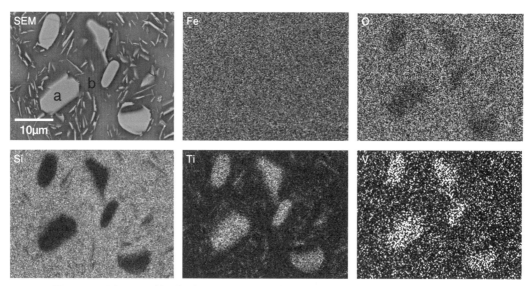

図 5-238　図 5-236(a) の矩形で示した領域の走査電子顕微鏡像（SEM）と元素分布図（北田）

表 5-34　図 5-238 の SEM 像の a および b 領域の組成（原子%）

元素	Na	Mg	Al	Si	K	Ca	Ti	V	Mn	Fe	Zr	O
a	---	1.51	2.62	3.35	0.33	0.35	24.6	1.77	0.18	16.0	0.93	残余
b	0.51	0.68	6.23	20.1	1.74	1.82	2.37	---	2.01	13.0	0.50	残余

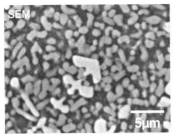

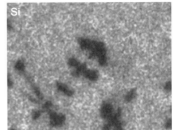

図 5-239　図 5-236(b) の一部領域の走査電子顕微鏡像 (SEM) と元素分布図 (北田)

ある。Ti と Si は明確な分布を示し、V も Ti と同じ場所に存在する。そのほかの Fe、Mn 等はほぼ均一に分布している。Ti の存在する粒子の組成は V などを含むが $FeTiO_3$ に近く、その周囲に分散している粒子は Mn、Ti 等を微量含むファヤライト (Fe_2SiO_4) で、地はアルミノシリカ・ガラスである。$FeTiO_3$ は樹枝状の初晶であり、次に Fe_2SiO_4 が晶出しているので、$FeTiO_3$ の凝固温度は Fe_2SiO_4 より高い。

Zr は非金属介在物の中に含まれる元素で通常 Ti に付随するものと考えられるが、この刀の非金属介在物では、Zr を成分とする粒子が検出された。図 5-240 はその一例で、SEM 像の非金属介在物中の中間の明るさの粒子は FeO、最も暗い領域はアルミノシリカ・ガラスであるが、明るく小さな粒子があり、ここでは Zr が強く検出された。分析組成からジルコン ($ZrSiO_4$) に近い組成の Zr 化合物である。

④ 硬度分布

図 5-241 は刃先と棟を結ぶ直線上のマイクロビッカース硬度の分布である。マルテンサイト領域の硬度は 742 - 744 でほぼ一定であり、均質な硬度分布を示す。これは、刃鉄が均質に鍛錬されていることと、炭素濃度が均一なためであろう。硬度は刃先から 7.5 - 10 mm で低炭素鋼領域になり約 200 に低下するが、刃先から 12.5 mm のところでふたたび中炭素鋼領域となり極大を示す。15 mm - 20 mm の位置では再び低炭素鋼領域となって軟らかくなり、22.5 mm から硬度が高くなる。これらの複雑な変化は刃先と棟を結ぶ

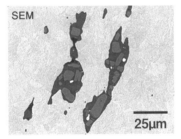

図 5-240　Zr 系化合物粒子を含む非金属介在物の走査電子顕微鏡像 (SEM) と Zr の分布像 (北田)

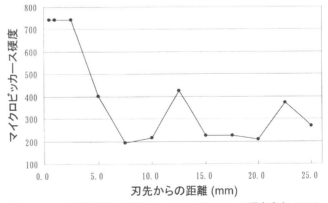

図 5-241　越前福居住吉道刀のマイクロビッカース硬度分布 (北田)

第 5 章　日本刀の微細構造

直線上の炭素量変化による組織変化のためである。図 5-233 の b と g で示した低炭素鋼領域の硬度は 154 と 155 であり、上述のように心鉄の炭素濃度は約 0.1 重量％で、極低炭素鋼を使っている刀より硬度は若干高い。組織は硬軟の鋼からなっているが、マクロ像で示したように組織分布の対称性が良くなく、マルテンサイトも若干粗い組織になっている。最高硬度と最低硬度の比 H_h/H_l は約 3.7 である。断面で硬い組織の占める面積と軟らかい組織が占める面積の比 S_h/S_l は約 2.5 で、全体的に硬めの刀に分類される。

5.4.5 国光作刀

国光を名乗る刀工は鎌倉中期から昭和まで数が多い。ここで用いた試料の全体像と銘を図 5-242 に示す。刃渡り 49.4 cm、全長 62 cm の脇差で、製作年代は不明だが、銘の字体などから江戸時代に分類した。

①マクロ像と光学顕微鏡組織

腐食した刀の断面像を図 5-243 に示す。断面中央付近と皮鉄の内側に明るい領域があり、刃の焼入れ深さ位置近くには放物線状の紋様（流線）が見え、心鉄を挟んだとみられる痕跡である。断面中央に炭素濃度の低い薄い鋼を配置した状態であるが、心鉄と見られる領域は狭く、その両

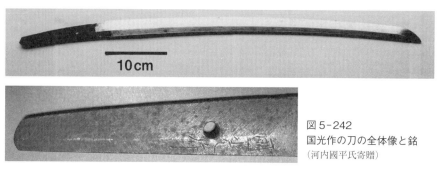

図 5-242
国光作の刀の全体像と銘
（河内國平氏寄贈）

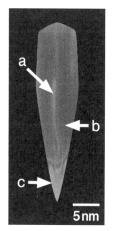

図 5-243　国光作の刀
　　　　　断面マクロ像（北田）

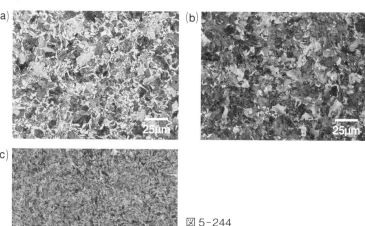

図 5-244
(a)は図 5-243 の a で示す断面中央部、
(b)は b 部の高炭素鋼(c)は c 部の刃のマルテンサイトの光学顕微鏡組織（北田）

側には炭素濃度が高く厚い領域がある。その外側に炭素濃度の若干低い領域があり、さらに外側に皮鉄がある。図中のa-cの記号は後述の光学顕微鏡組織の場所である。

図5-243の断面マクロ像のaからcで示した場所の光学顕微鏡像を図5-244の（a）から（c）示す。（a）は断面中央の明るく見える領域で、他の領域に比較して炭素濃度の低い鋼であるが、中炭素鋼である。低炭素鋼を心鉄に使っても、それが薄い場合には周囲の高炭素鋼からの炭素の拡散によって炭素濃度は高くなるが、この組織は拡散によるものではない。（b）は断面の暗い領域で、共析点組成（0.765重量％）に近い高炭素鋼である。したがって、刀の基本的な鋼の組み合わせである低炭素鋼と中・高炭素鋼の組み合わせではない。（c）の刃におけるマルテンサイトは比較的微細であり、大きな双晶などは観察されない。化学分析した刃部の炭素濃度は0.68重量％の高炭素鋼であり、主な不純物としてTiが0.02重量％、Pが0.022重量％、Sが0.002重量％であった。Pは現代の一般鋼並みであるが、Sは一桁低い濃度である。古い日本刀試料のSの量よりも多い。玉鋼の破面の状態から炭素濃度を推定し、相対的に炭素濃度が低いものと高いものを選別して心鉄と皮鉄に使っている場合もあるが、これに近い鋼の組み合わせ法で、甲伏せ法で造った可能性が高い。ただし、心鉄の断面に占める割合が非常に小さい。

② 非金属介在物

非金属介在物は全体的に長さが10-15μm以下の大きさで、比較的よく鍛錬されている。図5-245はマルテンサイト中に観察された比較的大きな非金属介在物の走査電子顕微鏡像（SEM）と主な元素分布像である。走査電子顕微鏡像では、中心に長方形状の明るい粒子があり、その周囲は暗いガラスとみられる領域である。非金属介在物中のFeの分布はほぼ一様で、Oは介在物

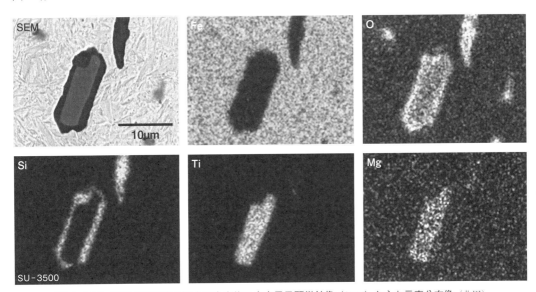

図5-245　刃部の代表的な非金属介在物の走査電子顕微鏡像（SEM）と主な元素分布像（北田）

表5-35　図5-245で示した非金属介在物のガラスと粒子領域の組成（原子％）

	Na	Mg	Al	Si	K	Ca	Ti	Fe	Zr	O
粒子	---	3.06	1.85	0.30	---	---	29.6	13.0	0.60	残余
ガラス	1.47	0.43	6.97	16.3	2.43	2.52	2.75	13.4	0.18	残余

第5章 日本刀の微細構造

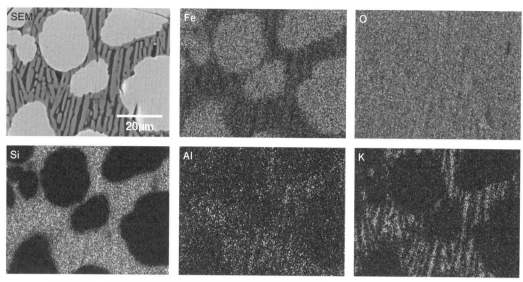

図5-246 中炭素鋼中の非金属介在物の走査電子顕微鏡像（SEM）と主な元素の分布像（北田）

表5-36 図5-246で示した粒子とガラスの組成（原子%）

元素	Na	Mg	Al	Si	P	K	Ca	Mn	Fe	O
円形粒子	---	0.31	0.25	0.21	---	---	0.17	0.07	49.1	残余
針状粒子	0.25	0.52	0.32	13.0	0.15	0.93	0.79	0.13	34.8	残余
ガラス	2.32	0.22	1.75	15.6	0.52	5.40	1.21	---	25.2	残余

周囲のガラス領域で高濃度となっており、ここはSiも高濃度である。一方、内部の長方形状の粒子ではTiが多く、Mgもガラス領域より多い。表5-35に内部粒子と周囲のガラス領域の組成を示す。明らかに異なるのは、Al、Si、MgおよびTiである。内部の粒子の主成分はFe、TiおよびOであり、組成は大略$FeTi_2O_5$である。この組成のFe-Ti-O系化合物としては、フェロシュードブルッカイト（$FeTi_2O_5$）がある（図5-423）[*]。Mgなども含まれているので、(Fe, Mg, Al)-(Ti, Zr)-O系化合物である。周囲のアルミノシリカ・ガラスの特徴はNa、KおよびCaが比較的多いことである。MnとVは検出されなかった。断面マクロ像のb領域の非金属介在物も同様な成分と粒子からなる。

中炭素鋼中の非金属介在物も比較的小さいものが多く、良く鍛錬されているが、幾つか大きめの非金属介在物が存在し、それについて分析した。図5-246は心鉄とみられる断面マクロ像のa領域の代表的な非金属介在物の走査電子顕微鏡像（SEM）と元素分布像である。丸みを帯びた明るい粒子とその周囲の針状の粒子およびガラス地からなる。表5-36に粒子とガラスのEDS分析値を示す。円形状粒子はFeとOからなり、組成からウスタイト（FeO）である。針状粒子にはFeとSiが多く含まれており、主要元素の組成にすると大略$Fe_{2.7}SiO_{3.8}$で、ファヤライト（Fe_2SiO_4）よりFeが多くOが少ない。ファヤライトは多角形粒子として晶出するが、この化合物は針状に層をなして成長しているので、ファヤライトとは異なる化合物と推定される。一方、

[*] A. Rusakov and A. Zhdanov, Dokulady Academii Nauk SSSR (1951) 411-414.

ガラスの組成ではAlが少なくKとNaが多く、アルミノシリカ・ガラスではなく、カリ・ガラス系になっている。Pの検出量は他の刀より多い。Pはガラス形成元素でありガラス中に多い。また、ガラス中のFeも非常に多く、全量がガラス中に固溶することは考えられないので、ガラス中に鉄化合物が存在すると思われる。刃および断面マクロ像のb領域の非金属介在物にはTi化合物があり、aの心鉄とは異なる

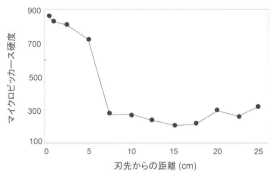

図5-247 刃先端部から棟までのマイクロビッカース硬度分布（北田）

素材と思われ、心鉄は小さいが、これを甲伏せ法で挟んだものと推定される。

刃と高炭素鋼中の非金属介在物中にはTiとZrが存在するが、心鉄とみられる中炭素鋼中の非金属介在物からはTiとZrは検出されず、Mnだけが検出された。したがって、刃鉄と心鉄は異なる産地の鋼を使っていると推定される。

③ 硬度

刃先から棟近くまでのマイクロビッカース硬度の分布を図5-247に示す。刃の先端が最も硬く、硬度は836でかなり高い。焼入れ深さ位置から急激に減少し、刃先から約7mmで250に低下し、それから棟に向かい200前後でとなり、棟に近づくと250-300になる。200前後の領域は心鉄の約0.5重量％の中炭素鋼であり、マクロ像では明るくみえる領域である。中炭素鋼領域は棟に近づくと高炭素鋼領域になり、そのために棟に近づくと硬度が再び高くなる。図5-243のbで示した高炭素鋼領域の硬度は約350である。最高硬度と最低硬度の比 H_h/H_l は約4.4で小さく、炭素濃度の高い刀なので全体的に硬度は高く、その分、靭性は低いものと推定される。

5.4.6 関善定兼良刀

江戸末期につくられたとみられる全長約60cmの脇差について述べる。この刀には関善定兼良作と銘があり江戸末期から明治初期にかけて美濃で作刀した刀匠とみられる。図5-248に全体像を示す。一部分を研磨しており、刃紋は直刃である。

① マクロ組織

この刀から切り出した試料の断面マクロ像と先端部の低倍率光学顕微鏡像を図5-249に示す。記号aからhは後

図5-248 関善正兼吉刀（筆者蔵）

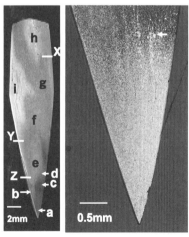

図5-249 関善定兼良刀の断面マクロ像と刃先部の拡大像
矢印はマルテンサイトの縞（北田）

第5章　日本刀の微細構造

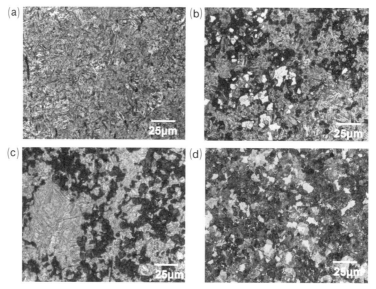

図5-250　光学顕微鏡像、(a)から(d)は図5-249で示した
aからdの場所（北田）

述の光学顕微鏡組織の場所で、断面マクロ組織から明らかなように、複雑な組織である。右の像は先端領域のもので、非金属介在物を含む組織が先端に向かって収束するように流れている。これは加工・熱処理によって生じた流線だが、直線状なので甲伏せ法で鍛刀したものではない。右の領域はマルテンサイトの生成量が多い。また、矢印で示すように、流線に沿ってマルテンサイトが棟の向きに伸びているが、非金属介在物に沿っている。

② 光学顕微鏡組織

上述の刀断面における各領域の光学顕微鏡像を図5-250に示す。ここで、(a)から(d)は図5-249の挿入記号aからdの領域である。刃先のマルテンサイトは(a)のように若干粗大である。非金属介在物の長さは数μmから30μmでやや大きく、鍛錬の程度は中程度である。断面マクロ組織のbでは、(b)のように明るく見えるフェライト粒子があり、暗い領域は微細なパーライト、中間の明るさはマルテンサイトである。フェライトが存在するのは、焼入れ速度が低いためとみられる。(c)は断面マクロ組織のc付近のマルテンサイトとパーライトの混じった組織で、この領域のマルテンサイト組織は(a)で示したマルテンサイト組織に比較して粗い。これは、冷却速度が低かったためとみられる。刀では、刃先は薄く、棟に向かうほど厚くなるので内部ほど冷却速度は低くなる。また、熱伝導度の低い土を置くために冷却速度は低くなる。(d)は断面マクロ像のdの位置の組織で、明るい領域はフェライトで暗い領域は微細なパーライトである。

図5-249の記号eからhで示した領域の光学顕微鏡像を図5-251(e)から(h)に示す。(e)は断面マクロ像のe位置で、マクロ像では楕円形の領域であり、フェライト中にパーライトが分散する組織で、炭素濃度が約0.2重量％の低炭素鋼である。断面像のfからgを経て棟に続く領域は蛇行するように棟まで続いており、図5-251(f)および(g)で示すように、非常に粗大なパーライトになっており、一部はセメンタイトが球状化している。一般のパーライトは層状で

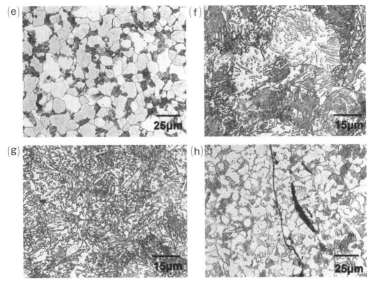

図5-251　光学顕微鏡像、(e)から(h)は図5-249で示した
eからhの場所（北田）

あるが、層状の状態で650 – 750℃程度で長時間焼鈍すると、針状のセメンタイトは球状化する。球状化するとフェライト中の転位は移動しやすくなるので軟らかくなり、塑性加工と切削加工が容易になる。セメンタイトが球状化するのは、表面積を減らして表面エネルギーを低くし熱力学的に安定になるためである。棟近傍のhの領域では、(h)で示すようにeより炭素濃度は高いが、粒径は小さくパーライト組織は粗い。断面左の鎬の付近ｉもｈと同様の組織である。このように、パーライト組織の著しく異なる鋼が混合している。同じ熱処理を受けていれば全ての領域で同様の組織になるので、一部分だけ球状化焼鈍されることはない。球状化には数10時間かかるので不均等な加熱によるものではない。したがって、異なる性質の鋼を低温で鍛接したものと思われる。また、オーステナイトの温度領域に加熱すると球状化組織は消えるので、共析温度直上の低温で鍛造したものと推定される。

組織から推定して少なくとも組織の異なる3種の鋼を使っているが、どのような意図で鋼を組み合わせたのか、不明である。

③ 非金属介在物

断面像のe領域の低炭素鋼中の代表的な非金属介在物の走査電子顕微鏡像を図5-252に示す。線状の暗い線は割れで、鍛造時に破壊されたものである。介在物はアルミノシリカ・ガラスで、TiとFeが含まれている。

粗大なパーライトが観察されるhの鋼中の非金属介在物の代表的な走査電子顕微鏡像とEDS像を図5-253に示す。明るい粒子と、その周囲に暗い粒子があり、さらに暗いガラス領域がある。EDSの感度が低いためOが検出されていないが、明るい粒子はFeO、若干暗い粒子はファヤライトと推定される。

図5-252　低炭素鋼中の非金属
介在物の走査電子
顕微鏡像（北田）

第5章 日本刀の微細構造

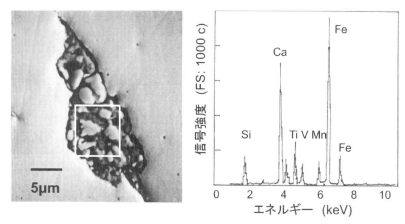

図5-253 粗大なパーライト領域の非金属介在物の走査電子顕微鏡像とEDS像、矩形はEDS領域（北田）

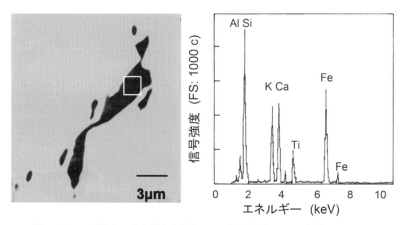

図5-254 刃鉄中の非金属介在物とEDS像、矩形はEDS領域（北田）

明るい粒子はTi、V、Mnを多く含んでいる。

　刃鉄中に観察される非金属介在物の走査電子顕微鏡像とEDS像を図5-254に示す。KおよびCaが多いアルミノシリカ・ガラスで、TiおよびFeが含まれる。3種の鋼はTiを含んでおり、たたら鉄が素材であるが、異なる加工・熱処理の鋼である。

ⓓ 硬度分布

　図5-249に示した刀断面の刃先から棟近傍までのマイクロビッカース硬度分布を図5-255に示す。刃先近くの硬度は約720で、棟に向かって約760で極大を示したのち、徐々に低下し、焼入れ深さ近傍から急激に低下する。心鉄相当の領域では約240から棟に近づくと約180となる。極低炭素鋼を心鉄に使っていないので、低炭素鋼から中炭素鋼の硬度になっている。最高硬度と最低硬度の比H_h/H_lは約5.2で、断面の中炭素鋼と高炭素鋼領域の面積が広く、硬い刀である。

　非常に複雑な断面組織の刀なので、図5-249の断面像でX、YおよびZの記号を付した位置における横方向のマイクロビッカース硬度を測定したので、これらを図5-256に示す。位置Xで硬度は139から216の範囲にあり、皮に相当する断面両側と中心部でやや低い。しかし、位置Yでは172から286の間にあり、断面の右側が高くなっている。これは断面のマクロ像から明

204

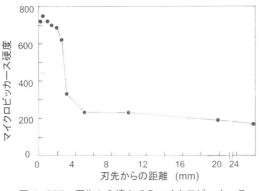

図5-255 刃先から棟までのマイクロビッカース硬度分布（北田）

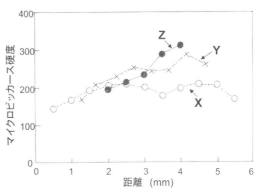

図5-256 横方向（図5-249のX、Y、Z位置）のマイクロビッカース硬度分布（北田）

らかなように、右側の炭素濃度が高いためである。刃に近い位置Zの硬度は193から319までであるが、断面右側で高くなっている。これも、炭素濃度の不均一性に起因した硬度分布である。理想的には対称性の良い硬度分布が望ましく、先に述べた包永刀や祐定刀のように組織の対称性が良いものが硬度分布の対称性も良く、優れた刀である。

5.4.7 忠吉刀

忠吉を名乗る刀匠は古刀では建武（1334 – 1336）頃に山城で鍛刀した刀鍛冶、江戸時代初期の慶長（1596 – 1614）期を祖とし、明治初期まで9代にわたり肥前で作刀した刀鍛冶、その他が知られている。用いた試料は切られている残欠状態であるが、脇差とみられる。図5-257のように忠吉の銘だけで、肥前國等の文字はない。6代が忠吉銘を切ったと伝えられるが、字体は異なり定かではないので、江戸時代に含めて述べる。

図5-257 忠吉銘の刀（筆者蔵）

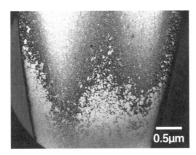

図5-259 V字状領域の低倍率光学顕微鏡像（北田）

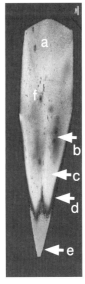

図5-258 断面のマクロ腐食像
記号は次図の観察場所を示す（北田）

第5章 日本刀の微細構造

① 金属組織

断面のマクロ像を図5-258に示す。特徴は刃鉄の上端でV字状のふたつの谷があり、bで示す炭素濃度が若干高い領域がほぼ左右対称にあり、V字状の上の領域はcで示す低炭素鋼になっていることである。皮鉄は非常に薄いが、研ぎ減りした可能性もある。組織の対称性が良いので、意図的にこの断面構造にしたものと考えられる。図5-259はV字状領域の倍率を高めた像で、明るく見える領域はマルテンサイトである。心鉄側に炭素原子が拡散し、炭素濃度はなだらかに減少しているので、接合状態は良好である。皮鉄では、中央の山の部分より若干上までマルテンサイトが生じている。

上述の刀断面における各領域の光学顕微鏡像を図5-260に示す。ここで、(a)から(f)は図5-258の挿入記号aからfの領域である。断面像のaの領域は (a) のようにフェライトにパーライトが混じる炭素濃度が約0.1重量％の低炭素鋼で、結晶粒径は10-20μmである。これは包丁鉄の炭素濃度が高めの部類の鋼である。断面像のbの領域は (b) のように炭素濃度がa領域より高く、炭素濃度は約0.35重量％で、フェライトの結晶粒径も (a) より大きく、aとは異なる鋼である。断面像のcの領域は (c) のように20-100μmの結晶粒径のフェライト組織で、パーライトはなく、極低炭素鋼の包丁鉄である。断面のdで示す皮鉄の組織は (d) で、炭素濃度が0.55-0.60重量％の中炭素鋼である。この皮鉄は刃の領域に続いている。断面像のeで示す焼入れ組織は (e) のように微細な良質のマルテンサイトで、非金属介在物は数μm以下で小さく、良く鍛錬されている。断面像では、ところどころに点状の暗い領域があり、たとえば、fで示す領域は低炭素の包丁鉄であるが、(f) のように針状の大きな非金属介在物が存在する。ここで観察される非金属介在物には内部粒子が観察されない。

断面像の棟鉄領域a、心鉄領域c、刃鉄領域eの非金属介在物がない場所の不純物濃度のEDS分析では、Siなどの不純物は検出されない。一例として、図5-261 (a) に心鉄cのEDS像を示す。これに対して、断面像のbのEDS像では (b) のようにFe以外にAlとSiが検出され、Al

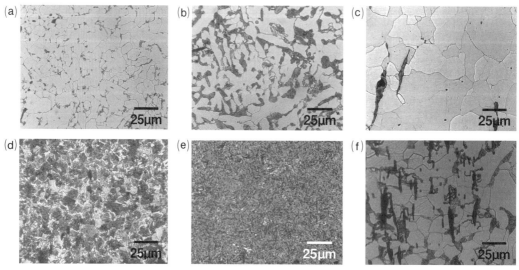

図5-260 図5-258のa～fまでの光学顕微鏡像 (北田)

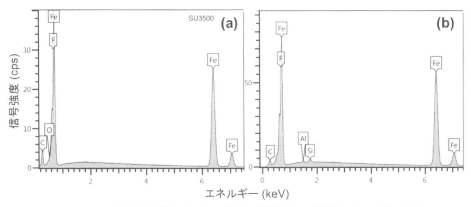

図 5-261　非金属介在物を含まない 心鉄 c 領域 (a) と d 領域 (b) の EDS 像（北田）

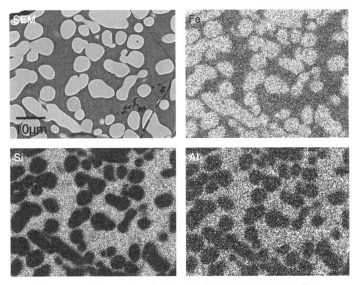

図 5-262　図 5-258 の心鉄 c 中の非金属介在物の SEM 像と
主な元素分布像（北田）

表 5-37　図 5-262 の非金属介在物の EDS 分析値（原子％）

	Na	Mg	Al	Si	P	K	Ca	Ti	V	Fe	O
粒子	---	0.58	0.71	1.69	---	0.22	0.28	0.39	0.13	52.6	残余
地	0.96	---	4.66	15.8	0.20	2.21	2.74	0.14	---	22.0	残余

は 0.26 重量％、Si は 0.47 重量％で、鋼の EDS 分析では不純物が少ない刀が多いので、この領域の不純物は他の刀より若干多めである。したがって、皮鉄は刃鉄と別な鋼の可能性がある。これらを炭素濃度を含めて考慮すると、少なくとも 4 種の鋼を使っている。断面マクロ構造としては、室町時代までの鋼の組み合わせに似ている。

② 非金属介在物

図 5-260（c）で示した心鉄 c には、内部粒子が存在する非金属介在物がある。これの走査電子顕微鏡像と主な元素の分布像を図 5-262 に示す。内部粒子は円形あるいは楕円形に近い粒子

第5章 日本刀の微細構造

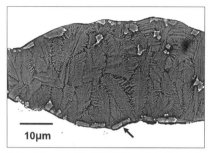

図5-263 内部が樹枝状晶の非金属介在物の走査電子顕微鏡像　非金属介在物の明るさを強調している（北田）

で、分布像ではFeとO濃度が高く、SiとAlは粒子以外の地領域にある。表5-37に内部粒子と地の分析値を示す。内部粒子の主成分はFeとOであり、ウスタイト（FeO）である。Tiが含まれ、Vが検出された。粒子周囲の地では、SiとFe濃度が高く、AlとNa、KおよびCaの濃度も比較的高く、Pが検出された。SiとAlの量はアルミノシリカ・ガラス組成のようであるが、SEM像では樹枝状晶が見られ、組織の主成分はガラスではない。また、よく観察されるファヤライト（Fe_2SiO_4）の組成からは外れている。Fe、Siおよび Al を含む鉱物としては鉄礬ざくろ石｜$Fe_3Al_2(SiO_4)_3$｜があるが、組成が一致しない。

　非金属介在物全体が樹枝状晶を示すものは図5-260のb領域にあり、これの走査電子顕微鏡像を図5-263に示す。粒子の周囲の鋼と接するところには、矢印で示すような粒子が不連続に存在し、その他の領域は樹枝状を呈する。図5-264に図5-263の主な元素分布像を示す。Oは粒子内でほぼ均一に分布し、周囲の粒子にはAl、FeおよびOが含まれている。Alを多く含む粒子と地の樹枝状晶のEDS分析の結果を表5-38に示す。Alを含む粒子はFeとAlが主成分の酸化物で$FeAlO_2$に近い組成である。同成分の鉱物としてはヘルシン石（$FeAl_2O_4$）があるが、観

表5-38　図5-263の非金属介在物のEDS分析値（原子%）

	Na	Mg	Al	Si	K	Ca	Ti	V	Fe	O
粒子	- - -	2.57	21.5	3.19	0.48	0.40	0.60	0.20	24.7	残余
地	1.50	- - -	7.05	15.1	2.15	1.42	0.28	- - -	22.1	残余

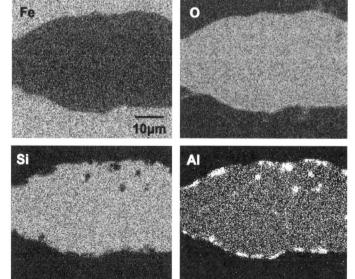

図5-264　図5-263の主な元素の分布像（北田）

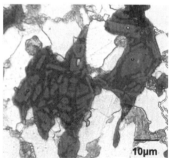

図5-265　低炭素鋼領域の非金属介在物の光学顕微鏡像（北田）

表 5-39 図 5-265 の非金属介在物の EDS 分析値 (原子%)

	Na	Mg	Al	Si	K	Ca	Ti	V	Fe	O
粒子	---	0..63	1.35	3.19	0.39	0.73	18.6	0.34	36.7	残余
地	0.51	---	4.03	16.2	0.37	0.45	0.21	---	13.7	残余

察された化合物のAlとOの濃度はヘルシン石より低い。$FeAl_2O_4$は複酸化物$FeO・Al_2O_3$で、FeとAlの比が1:1であれば、$Fe_2O_3・Al_2O_3$になり、簡単にすると$FeAlO_3$になる。MgとSiが合計で約6%含まれているので、$FeAlO_3$に近い化合物である。

樹枝状晶部の分析値は表5-37で示した地の分析値に対してAlが若干多いが、SiとFeの濃度は同様で、他の元素も近い値である。このような樹枝状晶は前述の吉包刀などにもみられたが（図5-187）、非金属介在物に含まれる元素の濃度と冷却速度などによって物質系が変わるものと思われる。樹枝状晶が成長するのは、冷却速度が低いか、あるいはガラスの粘度が低くて原子が拡散しやすいためである。

図5-265は図5-260（a）の低炭素鋼領域で観察される非金属介在物の光学顕微鏡像で、多角形の内部粒子が存在する。粒子と地のガラスのEDS分析値を表5-39に示す。粒子の分析値から主成分はFeとTiであり、SiとAlが少量含まれている。FeとTiの原子比から、粒子は不純物を含むウルボスピネル（Fe_2TiO_4）に近い酸化物である。この非金属介在物はTiを多く含むが、上述の他の領域の非金属介在物ではTiが少なく、非金属介在物の分析結果からも、複数のたたら鉄素材を使ったものと思われる。

③ 硬度

この刀は焼入れた領域が明瞭で、図5-266のように刃先の硬度は839で、棟に向かって685まで減少し、焼入れ領域を通過すると急激に低下する。刃と棟を結ぶ線上で心鉄の領域は低炭素鋼の組織がばらついているので、硬度は130-176の間にある。図5-258のcで示した極低炭素鋼の領域では98-108で軟らかい。皮鉄のパーライト領域では、240-267であった。硬度の最高と最低の比H_h/H_lは約8.2である。全体として軟らかい刀である。

鋼の組み合わせ法は非常に複雑で解釈が難しい。ひとつの解釈としては、刃の中心部から心鉄の向きに逆V字状の刃鉄が突き出ていることから、先ず、断面像のbで示す中炭素鋼をcの心鉄で甲伏せのように被せて二つつくり、これらふたつで刃鉄を挟んで鍛接し、その後、これに皮鉄を被せたと推定される。何れにしても、左右の対称が良い優れた刀であり、江戸時代刀に分類したが、構造的には江戸時代以前につくられた可能性もある。

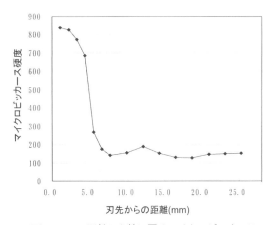

図5-266 刃鉄から棟に至るマイクロビッカース硬度分布（北田）

5.5 室町から江戸時代までの種々の刀

江戸時代末までにつくられた刀の数は多く、無銘の刀も多い。刀を材料科学的に眺める場合、遺された刀の多くを占める無銘の刀についても調べないと、全体像を知ることはできない。ここでは、分析した刀の中で、鋼の組み合わせ、刀の形状等の特徴を有する刀について述べる。刀の製作年代は不明なので、室町時代から江戸時代とした。

5.5.1 四方詰の刀

四方詰めは作例の少ない鋼の組み合わせ法であり、本研究で用いた試料では、前述の鎌倉時代の包永刀とここで述べる無銘の試料の二つだけであった。また、この刀からはWなどの不純物元素が検出されている。

①マクロ像と光学顕微鏡組織

本試料の断面における腐食後のマクロ像では図5-267のような組織分布になっている。断面の右上から左下にかけて明るい領域aがあり、これは低炭素の包丁鉄からなる心鉄である。その周囲には心鉄と皮鉄および刃鉄の炭素濃度の高い鋼との拡散領域があり、これは断面像のbからcまでの範囲にわたっている。図の右に心鉄の残留領域(内側の点線)と拡散領域(外側の点線)を示す。この広い拡散領域は、長時間加熱されたことを示している。心鉄は中央にはなく、左下から右上に向かって偏った状態になっている。これは、フェライト組織の低炭素鋼が軟らかいので、鍛造のときに変形したためである(第5.9.3節)。

図5-268(a)は図5-267のaで示した心鉄の光学顕微鏡組織で、結晶粒径が50-200μmと大きく、非金属介在物も大きい典型的な包丁鉄である。(b)は高炭素鋼領域のパーライトの光学顕微鏡組織であり、炭素濃度は約0.70重量%で、共析組成に近い。日本刀に使われている炭素

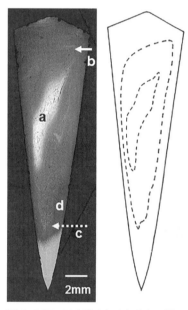

図5-267 四方詰めとみなされる刀の断面マクロ像と心鉄の刃・皮鉄の境界(北田)

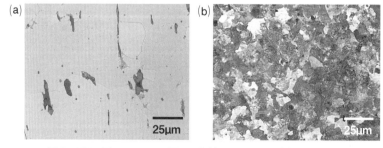

図5-268 図267のaで示した心鉄のフェライト(a)とdで示した高炭素鋼部(b)の光学顕微鏡像(北田)

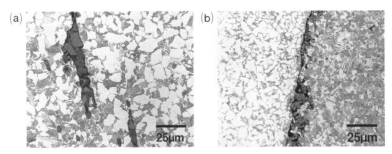

図5-269 皮鉄と心鉄の拡散領域(a)と非金属介在物で炭素の拡散が
妨げられた領域(b)の光学顕微鏡像（北田）

濃度としては高い部類である。パーライト領域の結晶粒径は約5-20μmで、日本刀としては平均的な値である。パーライト組織中の暗く見える非金属介在物は5μm以下のものが多く、比較的よく鍛錬されている。

心鉄と皮鉄間の拡散は鉄原子よりサイズが小さい炭素原子が結晶格子間を移動する機構により進むので、皮鉄・刃鉄などの高炭素鋼側から低炭素の心鉄に向かって炭素原子が移動する。図5-269（a）は心鉄と皮鉄の中間領域における光学顕微鏡像の例で、炭素濃度は0.3-0.4重量％であり、比較的大きな非金属介在物がある心鉄側の領域である。（b）は炭素原子の移動が非金属介在物の壁によって阻まれている例で、右側の領域は炭素濃度が高いパーライトが主の領域であるが、非金属介在物を境界に左側の領域では炭素濃度が非常に低くなっている。本来ならば炭素原子の拡散によってパーライトの量はなだらかに変化する。非金属介在物のような障壁で原子の移動が阻まれていることは、逆に拡散が生じている証拠を示している。小さな非金属介在物であれば炭素原子は非金属介在物を迂回して移動するが、大きな非金属介在物は炭素原子の拡散を阻む。

心鉄と皮鉄などとの鍛接では、接合界面近傍の非金属介在物をできるだけ少なくすることと小さくすることが重要な技術である。通常は、素材に由来する介在物よりも、高温で鍛錬するときに表面に生じた酸化物の巻き込みに気をつけなければならない。刀の鍛接では、藁灰などを塗って低温で融解するガラスをつくり、この中に酸化物を溶かして叩き出す。はんだ付けのときに使う溶剤（フラックス）も同様に酸化物を溶かす物質で、酸化物を低温で融かして清浄な金属表面とし、接合原子の拡散を容易にする。現代では硼砂（満鉄刀の項参照）などを使っている。

心鉄のエネルギー分散X線分光（EDS）による元素分析では、図5-270のEDS像で示すように、Al、Si、Pのほかに、微量（0.12原子％）であるがWが検出された。WはX線による測定でも検出されている。EDS測定でWが検出されるのは稀であり、この刀の特徴のひとつである。

刃鉄の光学顕微鏡組織では、図5-271（a）のようにマルテンサイト組織は比較的微細

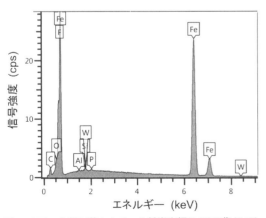

図5-270 心鉄に使われている低炭素鋼のEDS像（北田）

第5章　日本刀の微細構造

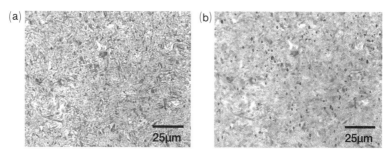

図5-271　刃鉄のマルテンサイト(a)と、(a)の焦点をずらして撮影した非金属介在物の分布(b)（北田）

である。刃鉄の焼入れ深さ近くの光学顕微鏡組織から、刃鉄は図5-268（b）と同様の高炭素鋼である。通常、焼入れの条件にも依存するが、炭素濃度が高くなるほどマルテンサイトの組織は粗大になり、また、焼入れ温度が高いほど粗大になる。この刀の炭素濃度は共析組成近く、共析温度（727℃）直上でオーステナイトになるので、この温度域の比較的低温で焼入れられたものと推定される。図の(b)は非金属介在物が判別できるように(a)と同じ領域について焦点をずらして撮影した光学顕微鏡像で、数μmの細かな非金属介在物が観察される。したがって、刃の鍛錬も充分に行われている。刃領域のEDS分析ではSiおよびTiが微量検出されたが、心鉄で検出されたWは検出されなかった。

② 非金属介在物

包丁鉄と呼ばれる心鉄は充分鍛錬されていないので、非金属介在物は大きく、その凝固状態がよく観察できる。図5-272は代表的な心鉄中の非金属介在物の走査電子顕微鏡像である。像の明るさから、記号aの最も明るい小さな粒子、次に明るいbの粒子、cのやや暗い粒子、これら以外の暗いガラス領域に分類される。図5-273は心鉄中の非金属介在物の元素分布像で、元素像の明るさは見えやすいように調整してある。非金属介在物は酸化物なのでFe濃度は低く、O、Si、Al、P、Ca、Ti、VおよびMoが検出されている。最も明るいaの小さな粒子にはMoが存在する。ここにはAlとPが多く存在し、これらの元素を含む化合物とみなされる。マトリックスから検出されたWは検出されなかったが、Moが含まれる特殊な原料である。

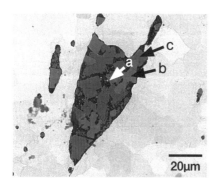

図5-272　心鉄中の非金属介在物の走査電子顕微鏡像　a、bおよびcは介在物中の異なる化合物を示す（北田）

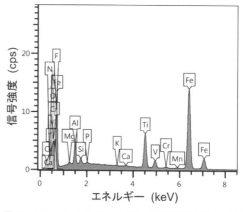

図5-274　図272のbで示した粒子のEDS像（北田）

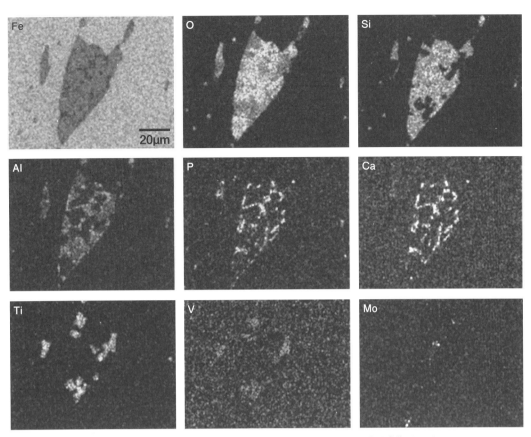

図5-273 図5-272に示した心鉄中の非金属介在物の元素分布像(北田)

　記号bの粒子の元素像ではOがやや少なく、Siは非常に少なく、Tiが多く、Cr、V、Alおよび痕跡としてMnが存在する。この粒子のEDS像が図5-274(前頁)で、元素像では明確でなかったMn、Crなどのピークがある。表5-40はbとcの粒子のEDSの分析値である。bはFeとTiの酸化物であるが、組成は大略Fe_5TiO_4に近く、Crが検出された。また、cの結晶はbのTiがSiに置き替わった大略$Fe_4SiO_{4.5}$で表される化合物である。刀の非金属介在物として多く存在するウスタイト(FeO)には少量の不純物が混入しているが、このようにSiを多く含んだFeOは知られていない。通常、FeO粒子は丸みを帯びた形であるが、これらの化合物は多角形であり、FeOとは結晶構造が異なると化合物と推定される。これらの結晶粒子の地はSi、Al、PおよびCaなどからなるアルミノシリカ・ガラスからなる。

　刃のマルテンサイト中の非金属介在物は前述のように小さく、図5-275のSEM像のように内部に一つの結晶粒子があり、その周囲にガラス地があるものが多い。図には主な元素分布像を載せたが、表5-41のように、内部粒子の主成分はFe、TiおよびOである。これに多くの元素が

表5-40 図5-272のbおよびc粒子のEDS分析値(原子%)

元素	Fe	Mg	Al	Si	K	P	Ti	Cr	V	Mn	O
b	45.5	0.55	3.71	0.90	0.08	0.24	8.95	0.25	0.95	0.20	残余
c	40.5	1.40	0.39	11.1	---	1.09	0.22	---	---	0.30	残余

第5章 日本刀の微細構造

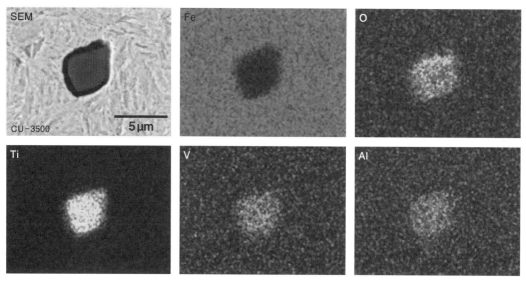

図5-275 刃鉄（マルテンサイト）中の非金属介在物の走査電子顕微鏡像（SEM）と元素分布像（北田）

表5-41 図5-275の内部粒子の分析値（原子%）

Mg	Al	Si	Ti	V	Mn	Fe	Zr	O
2.29	2.59	0.16	23.8	0.24	0.23	29.7	0.74	残余

混入している。この化合物の主要元素の原子比は単純ではなく、Fe以外の元素がTiと同じように振舞えば、おおよそFeTiO₄となるが、イルメナイト（FeTiO₃）より酸素過剰である。したがって、知られていないFe-Ti系酸化物である。心鉄にはWが含まれ、非金属介在物ではTiのほかにCr、V、Mn、ZrおよびMoが含まれている特徴のある砂鉄原料のたたら鉄である。

③ 硬度分布

この刀の心鉄以外の炭素濃度はかなり高いが、マルテンサイトのマイクロビッカース硬度は図5-276のように約730で、日本刀としては平均的な値である。焼入れ深さの位置ではマルテンサイトから微細なパーライトになり硬度は急激に低下しているが、心鉄と刃鉄の拡散領域が広いため、焼入れ深さ位置の約400から心鉄近くの約200まで硬度は徐々に低下する。心鉄では100－110まで低下し、棟に近づくと再び約300になる。最高硬度と最低硬度の比 H_h/H_l は約6.1で平均的な大きさである。刃から心鉄に至る硬度分布は良い傾斜状態となっており、衝撃力などの応力に対して強靭な性質を持っている。ただし、心鉄が断面の中心からずれているので、構造的には惜しい刀である。前述のように、心鉄は軟らかいので鍛造時に優先的に変形し、加工は技術的に難しい。

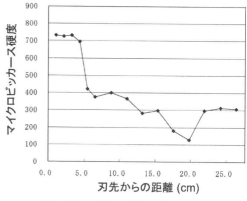

図5-276 刃先から棟までのマイクロビッカース硬度分布（北田）

5.5.2 甲伏せ構造の刀

断面を調べた刀の中で、甲伏せとみなされる構造のものが最も多かったが、組織が乱れているものも多かった。ここでは、甲伏せで作ったとみなされる刀の幾つかについて簡単に述べる。

① 組織対称性の高い刀（その1）

理想的な刀のひとつの条件として、内部組織の均整がとれていること、すなわち、断面の組織の対称性が挙げられ、これの良いものが機械的に優れた刀である。研いだ表面の光沢などから把握できることもあるが、内部組織まで知ることは難しい。対称性の良い刀は機械的な力に耐える強度も高い。前述の包永刀、勝光刀等などは対称性の良い例である。

甲伏せでつくられた非常に対称性の高い刀の断面マクロ像を図5-277に示す。無銘で鎬造りの刀であるが、中央の心鉄の低炭素鋼は刃先から刀の高さの約1/4の位置からほぼ中央を棟に向かって開くように配置されている。左右の皮鉄の厚さもほぼ同じ厚さで、皮鉄は厚い造りである。刃の焼入れ領域も左右の対称性が良く、理想的な断面マクロ組織である。ただし、マルテンサイトと微細なパーライトが接する焼入れ境界領域は面積が広いほど靭性が高くなるので、マルテンサイト領域は非対称でも良い。

代表的な光学顕微鏡組織像を図5-278に示す。(a)は心鉄の低炭素鋼である包丁鉄、(b)は皮鉄の高炭素鋼のパーライト組織、(c)は刃のマルテンサイト組織である。刃鉄の炭素濃度は約0.75重量％で、刀の中では炭素濃度が高い部類である。心鉄はフェライト組織で、暗く見える非金属介在物は小さく、通常の心鉄より鍛錬度が高い。(d)は左側の皮鉄から右側の心鉄へ向かっての組織変化で、皮鉄から心鉄に向かって炭素が拡散し、炭素濃度が皮鉄から心鉄へと単調に変化している。これは、異なる鋼片を接合するときに最も重要な技術であり、この刀では心鉄と皮鉄接合状態は良好である。

刀の中の非金属介在物は鍛造の過程とその程度、使われた素材の由来などを示すものである。

図5-277 断面の対称性が高い刀
中央の点の列は硬度測定の痕跡（北田）

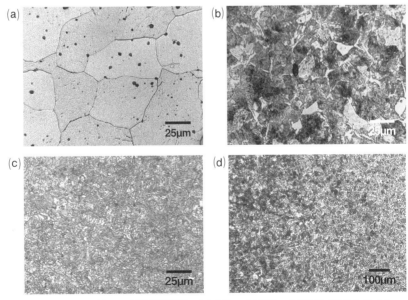

図5-278 断面の光学顕微鏡像、(a)心鉄、(b)皮鉄、(c)刃のマルテンサイトおよび(d)皮鉄と心鉄の境界領域（北田）

第5章 日本刀の微細構造

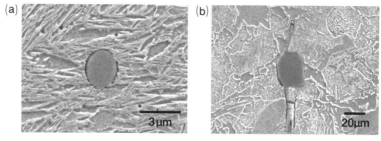

図5-279 主な非金属介在物、(a)マルテンサイト中、(b)高炭素鋼中（北田）

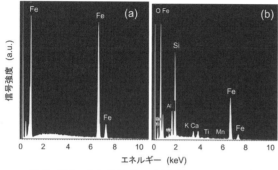

図5-280 主なEDS像、(a)心鉄のフェライト領域、(b)心鉄の非金属介在物（北田）

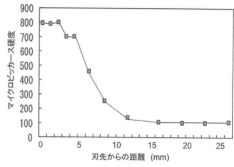

図5-281 刃先から棟方向へのマイクロビッカース硬度分布（北田）

図5-279は代表的な非金属介在物の走査電子顕微鏡像で、(a)は刃鉄のマルテンサイト中の非金属介在物で、粒径は2-3μm以下であり、よく鍛練されている。(b)は高炭素鋼中の比較的大きな非金属介在物の例である。刃の部分は薄く鍛造されるので、刃鉄中の非金属介在物は最も細かく砕かれており、この刀の刃鉄中の非金属介在物も小さい。非金属介在物が小さいので非金属介在物が炭素の拡散障壁になりにくく、図5-278（d）で示したように、皮鉄と心鉄の炭素の拡散が均一になっている。以上のように、刀全体として鋼の鍛錬度は高い。

心鉄の鋼領域のEDSによる分析では、図5-280（a）のようにSiなどの不純物は検出限界以下で、純度は高い。(b)は心鉄中の非金属介在物のEDS像の例で、多数の元素が検出された。主な元素はAl、FeおよびOで、この系の酸化物としてはヘルシン石（$FeAl_2O_4$）が知られている。微量の特有元素としては、Ti、V、Mnおよび痕跡量のZrが検出された。ただし、Tiは0.2原子％以下で少ない。(b)の非金属介在物中の粒子はFeOで、上述の微量元素が主にこの中に溶けている。

マイクロビッカース硬度の分布は図5-281のように刃先で約800であり、刃の硬度が若干高い刀である。硬度は棟の向きに緩やかに減少しており、機械的性質が連続的に変化する傾斜機能も良好である。心鉄の硬度は100-107である。最高硬度と最低硬度の比H_h/H_lは約7である。硬い鋼の面積と軟らかい鋼の面積の比S_h/S_lは2.5で、全体としては硬い刀である。

② 組織対称性の高い刀（その2）

前述の刀と同様に対称性の高い甲伏せ造りの例が図5-282の断面マクロ像で示す刀である。平造りであり、棟が厚く、皮鉄は非常に薄く、皮鉄は刃の領域まで均一な厚さで続いている。図

図5-282 甲伏せ作りの
対称性の高い刀
（その2）（北田）

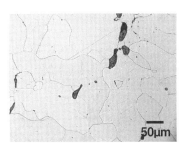

図5-283 心鉄の光学顕微鏡像（北田）

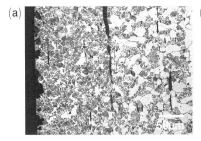

図5-284 断面両側の皮金の組織 (a)左側、(b)右側（北田）

5-163で示した祐定刀の断面構造に似ている。刃の領域は小さく、高炭素濃度鋼の領域がほんの少し右に偏っている。心鉄中の暗い領域は非金属介在物である。心鉄の低炭素鋼領域が非常に広いので全体として軟らかい刀であるが、曲がりやすいが折れにくい刀である。心鉄には比較的大きな非金属介在物が多く観察される。

心鉄は図5-283で示すようにパーライトのないフェライト組織の極低炭素鋼で、結晶粒径は50-200μmである。この図の非金属介在物は小さいが、針状の大きなものもある。

図5-284は刃と棟の中間位置における断面の左右の皮鉄の光学顕微鏡像で、パーライトの存在する表面層の厚さは左右ともほぼ同じで約300μmと非常に薄い。表面近傍の炭素濃度は0.4-0.45重量％で、内側に向かってフェライト領域が増えている。これは皮鉄から心鉄に向かって炭素原子が拡散し、皮鉄の炭素濃度が低くなった領域である。この試料の場合、皮鉄と心鉄の境界が明瞭で、これは比較的大きな針状の非金属介在物が拡散障壁になったか、あるいは非金属介在物の周囲にパーライトが優先的に形成されたためである。

マクロ像では分からないが、光学顕微鏡で観察すると棟の表面近傍でも図5-285のように約50μm程度の厚さの低炭素鋼の層が存在し、心鉄に向かってパーライトが減少している。この層は皮から続いており、皮鉄を棟まで巻きまわした状態になっている。厚さが薄かったので、巻きまわした後、心鉄に炭素が拡散し、炭素濃度が低くなったものであろう。薄い皮鉄を均一な厚さに加工し、棟まで覆う技術は非常に優れている。刃のマルテンサイト組織は図5-286のように粗い組織である。また、皮鉄が薄いので、可能性として表面から炭素を浸炭させたことも考えられる。

図5-282のマクロ像で示したように、心鉄中にはところどころに比較的大きな非金属介在物がある。図5-287のように多相の介在物で、明るい粒子はウスタイト（FeO）、その周囲はファヤライト（Fe_2SiO_4）で、ガラス領域は非常に少ない。特有不純物として、Ti、VおよびMnが検出

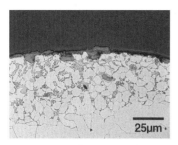
図5-285 棟表面近傍の低炭素鋼組織（北田）

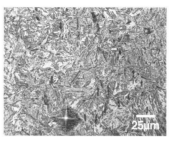
図5-286 刃のマルテンサイト組織、矩形は硬度測定の圧痕（北田）

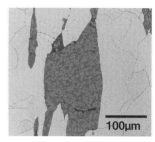
図5-287 心鉄中の大きな非金属介在物（北田）

された。刃に近づくに従い非金属介在物の形は鍛造加工の影響で細長くなる。

焼入れられた刃のマイクロビッカース硬度は582で刃の硬度としてはかなり低い部類で、図5-288のように焼入れ深さ位置から心鉄に向かって硬度は急に低下して心鉄で約100になり、棟近くまで一定の値になる。心鉄は極低炭素の包丁鉄で、硬度は包丁鉄の典型的な値である。最高硬度と最低硬度の比 H_h/H_l は約5.8であるが、刃鉄

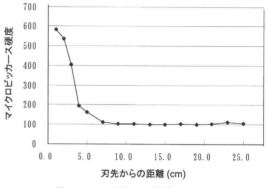
図5-288 刃先から棟近くまでのマイクロビッカース硬度分布（北田）

と皮鉄の断面に占める割合は非常に小さく、硬い鋼と軟らかい鋼の面積比 S_h/S_l は約0.2で、極めて軟らかい刀である。

この試料の場合、心鉄が厚く皮鉄が薄いのが特徴だが、皮鉄を薄く均一に合わせるのは非常に難しく、鋼の組み合わせ構造は単純でも、甲伏せとしては技術の高い刀である。ただし、研ぎを重ねると、皮鉄が減って失われる厚さでもある。

③ 甲伏せ造りで無焼入れの刀

刀の中には焼入れしないものもあり、その一例を述べる。図5-289は甲伏せ法で造ったと見られる刀の断面のマクロ組織で、刃と皮鉄のパーライト組織領域が暗く見え、心鉄より炭素濃度の高い領域である。断面の中央は心鉄で、非金属介在物が大きく、その量も多い包丁鉄である。マクロ組織では、刃が焼入れられたか否かは判定できないこともあるが、後述のように光学顕微鏡観察では、焼入れによるマルテンサイトは観察されない。

皮鉄は左側で厚く、右側で薄くなっている。これは、鍛造時に皮鉄のバランスが崩れて、左に片寄ったためである。皮鉄は全体的に薄い。前述のように、皮鉄が薄いと心鉄を被覆するのが難しいと思われる。心鉄が薄い原因として、充分に脱炭して製造する包丁鉄と炭素濃度を中から高炭素鋼に調整する刃および皮鉄の価格を比較すると、刃および皮鉄の価格が高く、皮鉄を薄くして低価格にしたのではないかと推定される。

刃鉄の低倍率光学顕微鏡組織を図5-290（a）に、皮鉄の光学顕微鏡像を（b）に示す。炭素濃度が約0.4重量％の中炭素鋼で、フェライトとパーライトの混合組織である。この炭素濃度であ

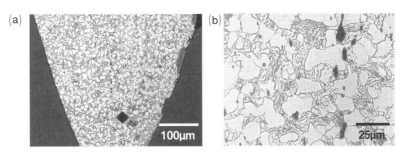

図5-290 刃先の中炭素鋼組織(a)と皮鉄の低炭素鋼(b)の光学顕微鏡像（北田）

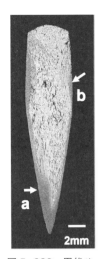

図5-289 甲伏せ造りで無焼入れ刀の断面（北田）

れば十分焼入れは可能だが、焼入れられていない。火に遭って焼きなまされたことも考えられるが、パーライトは粗い組織であるが、刃を含めて高温で過熱された組織にはなっていない。

図291は心鉄のフェライト組織で、マクロ断面中心部の結晶粒径は50−200μmである。心鉄の内部には図5-289で示したように大きな非金属介在物が存在する。これは一般的な包丁鉄である。鎬近傍の皮鉄の組織は図5-292（a）および（b）のごとくで、断面左の皮鉄は右側より厚い。

この刀で特徴的なところは、焼入れがされていないことと、図5-291の心鉄の光学顕微鏡像で直線の紋様が観察されるように、ノイマン線と呼ばれる変形双晶が存在することである。双晶は純度の高い鉄が室温で衝撃力を受けたときに発生する。双晶の存在は心鉄の純度が純鉄程度に高いこと、衝撃的な加工を受けたこと、さらに、衝撃加工を受けた後に高温に曝されていない（焼きなまされていない）ことを示す。焼入れ後に高温に曝されれば双晶は消えるので、この刀が最初から焼入れされなかった証拠である。甲伏せ法でつくったのち、焼入れの代わりに室温で鎚打ち加工して強度を高めたか（加工硬化）、あるいは曲がりを直すために鎚打ちしたかの何れかであろう。焼入れ部のマルテンサイトが存在しない場合、研ぎによる刃紋は充分に出ないが、護身用等の刀としての刃の機械的強度は充分である。

図5-293（a）は心鉄上部の大きな非金属介在物の光学顕微鏡像である。明るくみえる化合物は典型的な樹

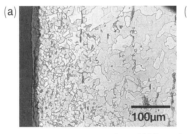
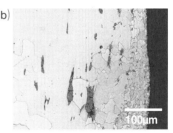

図5-292 断面の鎬近くの組織、(a)左側、(b)右側（北田）

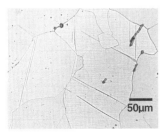

図5-291 心鉄組織と内部に存在する変形双晶(直線部)（北田）

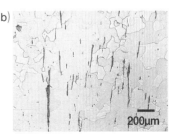

図5-293 心鉄上部(a)と刃近くの非金属介在物(b)（北田）

枝状晶であり、ウスタイト（FeO）が酸化物の融液から晶出した組織である。この組織から、高温で鍛造したときに、この非金属介在物は融解していたことがわかる。また、非金属介在物にみられる暗く細い帯は割れで、冷却によって非金属介在物が収縮して生じた割れか、あるいは双晶が発生したときの室温での衝撃加工によって生じた割れである。(b) は刃先に近い心鉄中の非金属介在物の光学顕微鏡像で、鍛造のために細長く引き伸ばさ

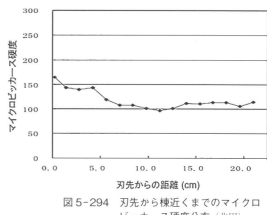
図5-294　刃先から棟近くまでのマイクロビッカース硬度分布（北田）

れている。従来、ケイ酸塩からなる非金属介在物は室温加工でも変形するといわれているが、地はガラスであり、塑性変形はしない。(b) のように伸ばされるのは、高温の鍛造時に非金属介在物が融液になっているためである。

刃近傍から棟の近くまでのマイクロビッカース硬度の分布は図5-294のごとくで、刃先の近くでは約170で、棟に向かって刃鉄と心鉄の拡散領域まで硬度が若干減少し、心鉄のフェライト領域では、96－114の間となる。最高硬度と最低硬度の比 H_h/H_l は1.8である。焼入れられていないので、他の焼入れられた刀との比較はできないが、軟らかな刀である。また、双晶のみられる領域の硬度は120－130に若干高くなっている。これは加工硬化のためであろう。

④ その他の甲伏せ造りの刀

以上の他に、断面等を観察した3試料の断面マクロ像を図5-295 (a) から (c) に示す。断面マクロ像から、これらは何れも甲伏せ法でつくられた刀であり、刃は焼入れされている。心鉄は包丁鉄の低炭素鋼である。

図5-295 (a) で示した試料の断面のa部は図5-296 (a) の低炭素鋼で、僅かだがパーライトを含んでいる。b部は心鉄の低炭素鋼を囲むように存在し、(b) のように粗大なパーライト組織である。(c) は刃のマルテンサイトであるが、明るく見える粒子は初析フェライトである。刃の上部の焼入れ深さ位置の付近では、(d) のように初析フェライト（F）、パーライト（P）およびマルテンサイト（M）が共存している。したがって、焼入れ前の加熱温度はフェライトとオーステナイトが共存する共析温度（727℃）の直上である。

上述のように焼入れた組織に複数の相が共存する理由について簡単に述べる。高温

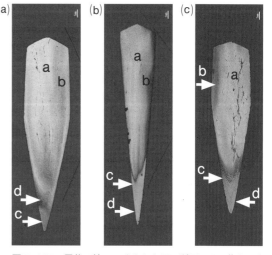
図5-295　甲伏せ法でつくられた刀の断面マクロ像（北田）

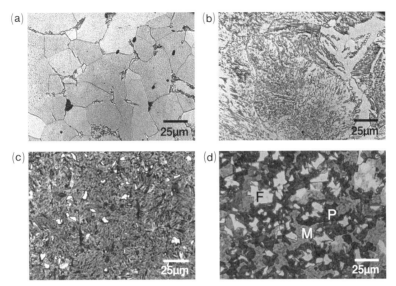

図5-296 図5-295(a)の断面像のa(a)からd(d)で示した領域の光学顕微鏡像（北田）

における相の状態と焼入れによる相変態の簡単な説明を図5-297のFe-炭素系の部分状態図で示す。刀などに使われる鋼の炭素濃度は共析点Sより低い場合が多く、G-S線より上の温度ではオーステナイト（γ相）になっている。炭素濃度がC_1とC_2の鋼をG-S線以上のT_1温度に加熱すれば、両方ともγ相になり、この温度から焼入れれば両方ともマルテンサイト変態する。これより温度が低いT_2に加熱した場合、炭素濃度がC_1の鋼は$\alpha+\gamma$領域にあるのでα粒子とγ粒子からなり、焼入れた場合、アルファ粒子はそのまま冷却されて初析ファライトになり、γ粒子はマルテンサイト変態する。これに対して、C_2濃度の炭素鋼は温度T_2でもγ領域にあるので、焼入れれば全てがマルテンサイトになる。したがって、炭素濃度がC_1の鋼をT_2から焼入れると図5-296(c)のようにフェライトが混じったマルテンサイトになる。

また、ひとつの鋼の中にC_1とC_2のような炭素濃度の異なる場所が混在している場合に温度T_2から焼入れると、C_1はフェライトとマルテンサイト、C_2はマルテンサイトになる。高温相を相分離が平衡する速度以上で冷却すると、高温相は状態図で示される変態温度以下になっても準安定な状態で存在する。これを過冷却（super cooling）といい、図5-297の2点鎖線SCで示すように、共析点のように混合状態が大きな組成で最も過冷却温度が低くなる。炭素濃度が高くなると鋼のマルテンサイト変態温度が低くなるのも、過冷却が一因である。過冷却状態で$\gamma \to \alpha + \theta$（$\theta$はセメンタイト：$Fe_3C$）の変態温度がマルテンサイト変態温度より高い場合には、パーライト（ベイナイトと呼ばれる相が生ずることもある）が生じてか

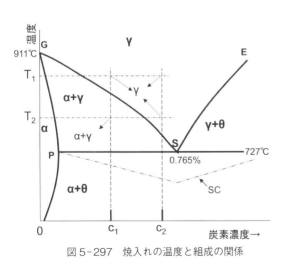

図5-297 焼入れの温度と組成の関係

第5章 日本刀の微細構造

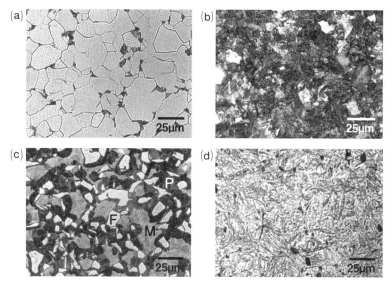

図5-298　図5-295(b)のa(a)からd(d)で示した領域の光学顕微鏡像
(c)のFはフェライト、Mはマルテンサイト、Pはパーライト（北田）

ら残ったγがマルテンサイトになる。さらに、高炭素鋼を焼入れた場合にγ相が全てマルテンサイトに変態しないでγ相が残る場合がある。これを残留オーステナイトという。高炭素鋼の場合、軟らかい残留オーステナイトが存在すると靭性が高くなる。

図295(b)の断面像で示した刀において、aで示した心鉄は図5-298(a)のように少量のパーライトがある低炭素鋼の包丁鉄で、断面像のbで示した右側の皮鉄は(b)のように共析点組成近くの高炭素鋼である。(c)はcで示した焼入れ深さ付近の領域で、初析フェライト(F)、パーライト(P)、マルテンサイト(M)が共存している。(d)は刃のマルテンサイトで、ここには初析フェライトが見られない。焼入れ深さの位置は刃鉄の中炭素鋼と心鉄のフェライトとの境界であり、炭素濃度が刃および皮鉄より低く、焼入れ前の状態は図5-297のC_1とT_2の交点付近に相当する。このため、焼入れ前の加熱温度ではフェライトとオーステナイトが共存し、初析フェライトが存在する。これに対して、刃と皮鉄は図5-297のC_2とT_2の交点付近で示されるオーステナイト温度領域から冷却されている。α相かγ相かはX線回折でわかる。

図5-295の(c)で示した試料の断面のa部は図5-299(a)のようにごく僅かなパーライトがある低炭素鋼の心鉄、b部は(b)のように中炭素鋼の皮鉄で、大きな非金属介在物がある。焼入れ深さ位置のcは(c)のようにマルテンサイトとパーライトからなっている。マルテンサイトとパーライトの層は刃に向かって放物線状になっており、皮鉄を折り曲げた痕跡が組織として残っているので、甲伏せ法で造ったことが知れる。(d)で示すマルテンサイトは粗大である。焼入れ深さ位置の付近で初析フェライトは存在しないので、図5-297のG-S線以上の温度から焼入れられている。

図5-295(a)で示す刀の刃のマイクロビッカース硬度は658、心鉄の最低硬度は114で、最高硬度と最低硬度の比H_h/H_lは5.8である。図5-295(b)の刀の最高硬度は872で最低硬度は138であり、H_h/H_lは6.3である。図5-295(c)の刀の最高硬度は679で最低硬度は114であり、

5.5 室町から江戸時代までの種々の刀

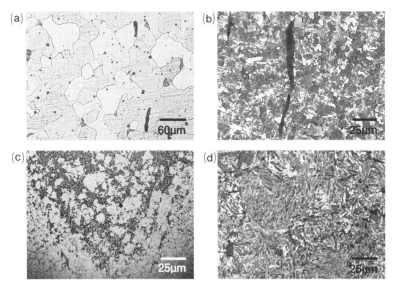

図5-299　図5-295(c)のa(a)からd(d)で示した領域の光学顕微鏡像（北田）

H_h/H_l は約6.0である。何れの刀も硬軟の鋼のバランスは良い。ただし、何れも皮鉄が非常に薄いので、硬い鋼と軟らかい鋼の面積比 S_h/S_l は 0.2 - 0.4 で全体として非常に軟らかい刀である。これらの値をみると、ここに述べた刀は心鉄に包丁鉄の低炭素鋼を用い、中炭素鋼の皮鉄が薄い甲伏せ造りの日本刀である。

断面構造からみると、図5-295（a）で示した刀は心鉄aに組織の粗い中炭素鋼bを被せ、さらに包丁鉄で被い、この上に皮鉄になる鋼を甲伏せ法で薄く合わせている。無銘の刀であるが、技術的には高い。図5-295（b）の刀も包丁鉄と中炭素鋼を合わせ鍛えした心鉄を使っており、非金属介在物が微細な良好な鋼を使用している。図5-295（c）は包丁鉄の心鉄を刃・皮鉄で被った単純な甲伏せ造りである。この刀の心鉄の包丁鉄には、大きな非金属介在物があり、これが表面に出ると刀の肌に疵が生ずる。

5.5.3 付け刃の刀
① 焼入れのない刀

刀の刃を硬くする方法として、付け刃の刀も幾つか見受けられた。それらの例をここで述べる。図5-300は炭素濃度の高い刃鉄が低炭素の包丁鉄で挟まれた状態になっている刀の断面マクロ像である。刃先の暗い部分が炭素濃度の高い領域で、低炭素鋼の内部に伸びている。刃先の光学顕微鏡組織は焼入れ組織ではないので、図5-301のようにマルテンサイトではなく、明るい領域のフェライトと暗い領域のパーライトからなる中炭素鋼組織である。結晶粒径は 10 - 25 μm で、粗大な組織ではない。

刀のほぼ中央部の心鉄のフェライトは図5-302（a）のような粒径が数 100 μm の粗大なフェライト粒子からなる包丁鉄で、その中には暗く見える非金属介在物と双晶とみなされる直線が観察される。これは、前述のように、室温で鎚打ちなどの衝撃的な力が加えられた痕跡であり、心鉄の純度が高いことを示している。（b）は刀の表面近くの断面組織で、断面中央と同様にフェライ

トからなっているが、表面に近い領域のフェライト粒子は粗大で、内部に表面より細かな粒子がある。

一般に、鎚打ちされた場合には表面近傍の衝撃力が高いと思われるが、双晶は内部に多いので、鎚打ちでは表面近傍で転位が動きやすく、内部の特定領域の応力が高くなって双晶が生ずるものと推定される。双晶があるので、フェライトが加工された後は高温で焼鈍されていない。全体的には粗大な粒子と細かな粒子の領域が混じり合っている。中炭素鋼は刃の先端近くで表面に出ているので、研ぎ方によって刃紋は薄く出てくるが、マルテンサイトではないので、ぼやけたものである。

この刀のように、比較的簡単なつくり方をしたものの素材はどんな質であるかを調べたところ、心鉄の炭素濃度は0.0087重量％の純鉄に近い極低炭素鋼で、Pは0.003重量％、Sは検出限界以下であった。

心鉄中には図5-303の矢印で示す直線に近い痕跡が見られる。これは、刃の中炭素鋼を2枚の包丁鉄で挟んで鍛接した鍛接境界面の痕跡とみられる。この直線的な痕跡は断面中央を棟から刃に向かって延びている。鍛接境界の痕跡周囲におけるフェライトの結晶粒径は他より細かく、また、刃に近づくほど細かくなるので、鍛接後に再結晶したものとみられる。

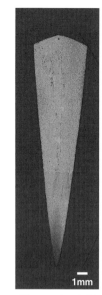

図5-300 内部に刃が付けられた刀の断面マクロ像（北田）

図5-304は心鉄中の代表的な非金属介在物の走査電子顕微鏡像で、コントラストから判断し

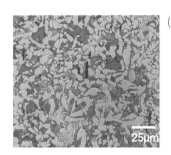

図5-301 刃部の光学顕微鏡像（北田）

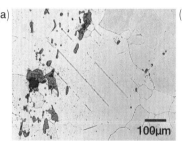

図5-302 断面中央部心鉄(a)および皮鉄(b)の光学顕微鏡像
(a)の暗い部分は非金属介在物で直線は双晶（北田）

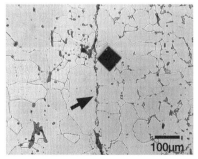

図5-303 断面中央部の矢印は鍛接境界面の痕跡、矩形は硬度測定の圧痕（北田）

図5-304 心鉄中の代表的な非金属介在物の走査電子顕微鏡像 コントラストから、aからcの3種の化合物とガラスgが存在する（北田）

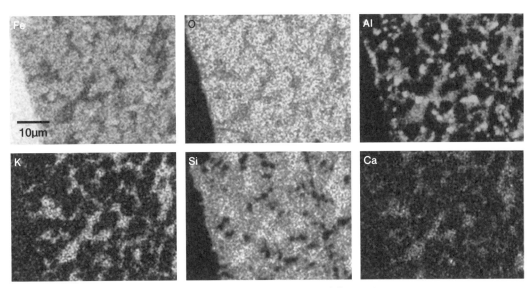

図5-305　図5-304の主な元素分布像（北田）

て3種の化合物粒子とガラスマトリックスが存在する。この領域における代表的な元素分布像を図5-305に示す。FeとOはガラス領域以外で相対的に濃度が高く、ガラス領域ではSi、K、CaおよびAlが多い。図は載せていないがNaもガラス中にある。Alはガラス以外の部分でも多い領域があり、その場所は図5-304のcで示したコントラストの低い小さな粒子に一致し、これらの粒子ではSiが相対的に少ない。aの明るい粒子ではFeが相対的に多く、Siが少ない。表5-42は図5-304のaからcとガラスgのEDS分析による組成で、aはAlなどが固溶しているウスタイト（FeO）である。bはFeが多いがファヤライト（Fe_2SiO_4）に近い組成の化合物、cはFe_2AlO_4に近い化合物である。cは含まれる元素が同様な鉱物としてアルマンディン（$Fe_3Al_2Si_3O_{12}$）があるが、bおよびcは典型的な鉱物の理想組成からは遠く、多くの元素を含む化合物である。砂鉄原料としてはTiの含有量がかなり低く、また、ガラスには痕跡のMoが検出された。

刃から棟までのマイクロビッカース硬度は図5-306のごとくで、焼入れられていないので刃の先端近くでも硬度は155と非常に低く、刃から離れると硬度は低下し、心鉄の包丁鉄の領域では87-93である。この硬度は心鉄の純度が非常に高いことを示しており、調べた刀の中で最も硬度が低く、高品質の純鉄である。双晶が存在するが、加工硬化とみなされる硬度増大は顕著ではなかった。

表5-42　図5-304のa-c粒子の組成（原子％）

	Fe	Na	Mg	Al	Si	P	K	Ca	Ti	Mn	O
全域	34.4	0.50	0.31	4.19	10.4	0.23	1.13	0.93	0.07	0.05	残余
a	47.7	0.15	0.11	1.85	2.80	---	0.31	0.26	0.38	---	残余
b	33.5	---	0.93	0.92	9.66	---	0.18	0.33	---	---	残余
c	20.5	0.14	0.37	12.7	3.77	0.09	0.31	0.35	0.27	---	残余
g*	20.2	1.47	0.12	7.01	13.9	0.59	3.76	2.48	0.13	---	残余

＊はガラス領域で、痕跡のMoを含む。

第5章　日本刀の微細構造

② 内部深くまで刃鉄が挿入されている焼入れ刀

図5-307（a）は上述の刀と同様な断面構造の刀の断面マクロ像で、刃先の拡大像が（b）である。刃鉄は先端部分で表面に露出しているが、刃先から離れると低炭素鋼に挟まれて次第に厚さを減じ、吸い込まれるような状態で尾を引いて消滅する。刃先は焼入れられており、刃鉄の中心部では、挿入された鋼の内部もマルテンサイトになっている。刃鉄以外の上部はaで示す明るい帯とbで示す若干暗い帯からなる。

図5-307（b）のcで示した刃先の中心部の拡大像を図5-308（a）に示す。中心にマルテンサイト（M）があり、その周囲にパーライト（P）、さらにその外側にフェライトとパーライトの組織がある。フェライト-パーライト組織は挿入された高炭素鋼と挟んだ低炭素鋼間の拡散で生じたものである。刃鉄の中心部だけが焼入れられているのは、この領域の炭素濃度が高いためである。（b）は図5-307（b）のdで示した場所の組織で、刃の内部には明るくみえるマルテンサイトが点在する。刃鉄の両側では刃鉄の中心から離れるに従いパーライトが徐々に少なくなっており、右側の両矢印の領域が炭素原子の移動によって生じた拡散領域の例である。こ

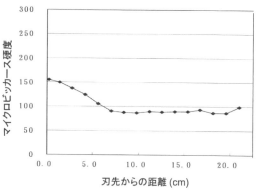

図5-306　刃先から棟までのマイクロビッカース硬度分布（北田）

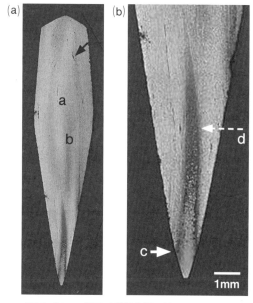

図5-307　焼刃が低炭素鋼に挟まれた刀の断面マクロ像(a)と刃先の拡大像(b)（北田）

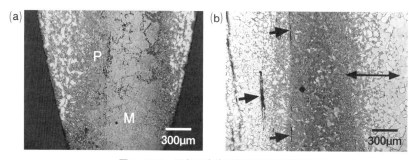

図5-308　刃部の高炭素鋼の光学顕微鏡組織
(a)は焼入れられた高炭素鋼でMはマルテンサイト、Pはパーライトを示す。(b)は上部領域、矢印は拡散障害となっている非金属介在物、両矢印は拡散領域の例（北田）

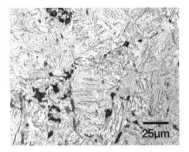

図5-309 刃のマルテンサイト組織（北田）

れに対して、左側では拡散領域の幅が右より狭くなっている。この原因は、矢印で示したように、非金属介在物があって、炭素原子の拡散に対する障壁になっているためである。金属の拡散実験では、非金属介在物のように移動しない物質（マーカー）を使って拡散機構等を求めることがある。(b)のように刃鉄の内部でマルテンサイトが生じているのは、上述のように、この領域の炭素濃度が周囲より高いためで、この領域の中心部でも臨界冷却速度に達していたことを示している。このような構造の刀では、焼入れ領域を調整する土置きはなされなかったであろう。

図5-309は刃先のマルテンサイト組織で、かなり粗大なマルテンサイト晶になっている。焼入れ深さより上のパーライト組織から、刃鉄の炭素濃度は約0.75重量%と高く、マルテンサイト晶が粗大なのは高炭素鋼を使っているためと、焼鈍温度および焼入れ温度が高いためである。

刃鉄は低炭素の包丁鉄で挟んで鍛造したものと考えられるが、心鉄の組織は均一ではなく図5-307のaおよびbで示したように明暗の帯が見られる。aおよびbで示した領域の光学顕微鏡像が図5-310(a)および(b)で、aは0.05重量%程度の低炭素鋼で、bは0.25－0.3重量%程度の中炭素鋼である。これらが5－6枚重なって層状になっていることから、心鉄は予め炭素濃度の異なる鋼を重ねて鍛造したものを使った可能性が高いが、包丁鉄の炭素濃度のばらつきの可能性もある。硬軟の鋼が組み合わさっているので、複合材料としては強度的に良い構造である。また、刃鉄が靱性に富む鋼で挟まれている構造は、刃が欠けにくいと思われる。刃と周囲の低炭素鋼との拡散は充分であり、全体として衝撃力の吸収度も高いと思われる。刃紋は露出している高炭素鋼で限定されるので、土を置いて刃紋をつくることはできないが、刃鉄をもっと露出させれば刃紋の付与も可能である。

非金属介在物は他の刀と同様に棟の近くで大きく、刃に近づくほど小さくなる。図5-311が代表的な非金属介在物の光学顕微鏡像で、ガラス地中の明るい多角形状の化合物は、その形状からTiを主成分とするイルメナイト（$FeTiO_3$）あるいはウルボスピネル（Fe_2TiO_4）系と推定される。

刃先から棟にいたるマイクロビッカース硬度の分布曲線は図5-312のようになだらかである。刃先はマイクロビッカース硬度で約700であり、刃先から離れるにしたがい硬度は減少するが、

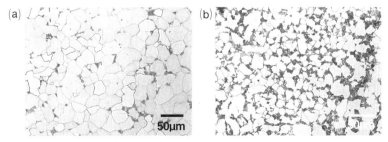

図5-310 図5-307のaおよびbで示した領域の光学顕微鏡組織（北田）

第5章　日本刀の微細構造

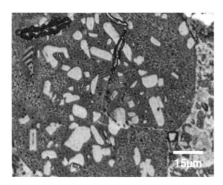

図5-311　図5-307(a)の矢印で示した非金属介在物の光学顕微鏡組織（北田）

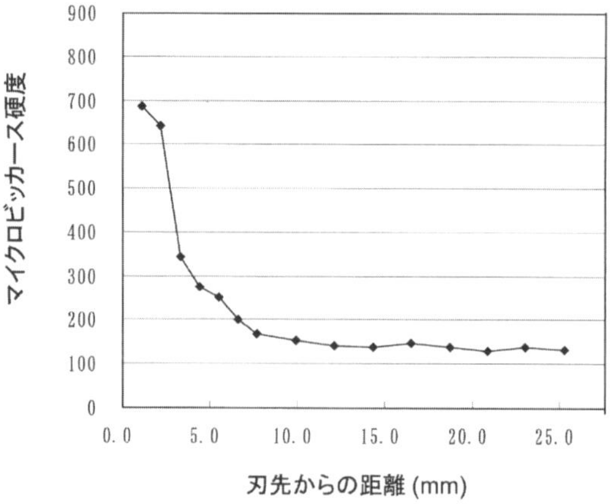

図5-312　刃先から棟までのマイクロビッカース硬度分布（北田）

一定の値になるまでの傾斜範囲は約6.5cmと長い。また、図5-297のaおよびcで示した包丁鉄と低炭素鋼領域の硬度はそれぞれ約110と170で、これらの硬さの異なる層は全体の強度と靱性を高める。最高硬度と最低硬度の比 H_h/H_l は約6.4で、付け焼刃であるが、硬軟のバランスは良い。

上述の刀と同様に刃鉄が内部まで侵入している刀の例を図5-313に挙げる。(a)は図5-307と同様な断面構造で、刃鉄の先端は刃と棟の距離の4割程度まで伸びており、包丁鉄で高炭素鋼の刃を内部まで挟み込んでいる。(b)は刃鉄の領域が非常に大きく内部まで挿入されているが、心鉄の中心部には鍛接した痕跡が残り、左右の鋼板で心鉄を挟んで造ったことがわかる。これらの刀の場合も刃紋は先端近くに限定され、直刃にしかならない。したがって、実用を目的とした簡単な造りである。

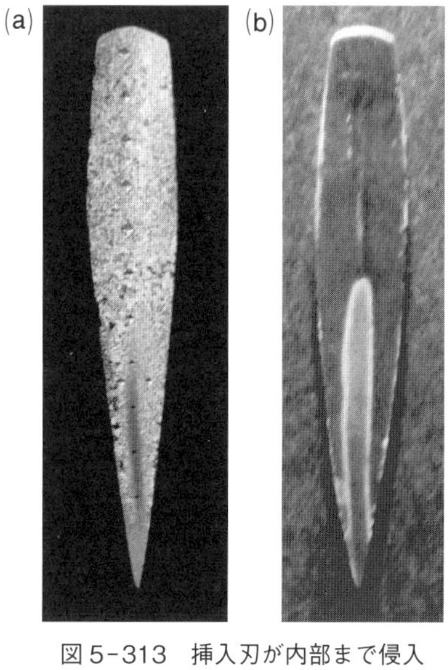

③ 嵌め込み刃の焼入れ刀

付け刃として挟み込みが少なく、焼入れ温度が比較

図5-313　挿入刃が内部まで侵入している刀の例　矩形は硬度測定の圧痕（北田）

的低い刀として図5-314を例に述べる。断面の刃鉄領域は右側にずれており、拡大した像でみると、挟み込みが少なく、心鉄（上部の領域では構造的に心ではないが、心鉄と同じ低炭素鋼なので、このように呼ぶ）との間に拡散層があり、矢印の部分には上方に伸びる鍛接痕がみられる。低炭素鋼領域には鍛接した痕跡がなく、棟近くの非金属介在物の分布は塊状で大きく、強く鍛錬された形跡がない。また、鎬から下の非金属介在物は長く伸ばされているが、2枚の鋼板を重ねて鍛錬したような分布ではない。したがって、低炭素鋼の刃側にV字の溝を付け、そこへ刃鉄を嵌め込んだか、あるいは心鉄の先に横から鍛接したものと思われる。

刃鉄の焼入れられたマルテンサイト組織を図5-315の光学顕微鏡像に示す。マルテンサイト晶は比較的粗いものとなっている。明るく見える粒子は初析フェライトである。これは、前述の

5.5 室町から江戸時代までの種々の刀

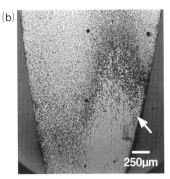

図5-314
付け刃の小さい刀の断面マクロ像と
刃金部の拡大像
拡大像の暗い矩形は硬度測定の圧痕、
aは低炭素鋼（心鉄）、bは刃鉄（北田）

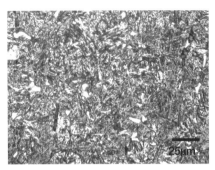

図5-315　刃のマルテンサイト組織、明るい
　　　　　粒子は初析フェライト（北田）

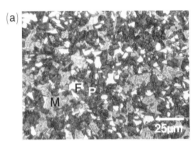
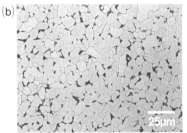

図5-316　(a)焼入れ端近くの初析フェライト、マルテンサイトおよび
　　　　　パーライト組織、(b)刃鉄上の心鉄の組織（北田）

ように焼入れ温度が低く、焼入れ前の温度がフェライトとオーステナイトの2相領域にあったためである。焼入れ深さ位置よりやや上の領域では、図5-316(a)のように明るく見える初析フェライト（F）、中間コントラストのマルテンサイト（M）、暗いパーライト（P）の3相となっている。(b)は刃鉄と低炭素の包丁鉄との境界における光学顕微鏡組織で、フェライト粒子の粒界にパーライトが若干存在し、炭素濃度は約0.1重量%である。フェライトの結晶粒径は平均6.5μmと微細で、刃の鍛接時の加工で再結晶したものであろう。パーライトは刃鉄から炭素が拡散したものである。

断面マクロ像で明るく見える領域の包丁鉄の粒径は図5-317のように非常大きく、典型的な包丁鉄である。刃鉄に近づくと上述のように加工の影響を受けて粒径は小さくなる。鍛接部周辺が微細な粒子になっていることは、接合部の強度と靱性が高いことを示しており、望ましい組織構造である。

上部の低炭素の包丁鉄では、上述のように結晶粒径が比較的大きく、図5-317の直線で示される双晶が各所に観察される。これは、前述のように鎚打ちによる衝撃力がかかった証拠であり、また、低炭素鋼の純度が純鉄並みに高いことを示している。この領域のEDS分析像を図5-318に示すが、不純物は検出されない。刃鉄の純度も同様である。この刀は簡略な造りであり、高級品ではないが、用いた鉄の品質は高く、これは、たたら製鉄で供給された鉄の純度が高いためである。

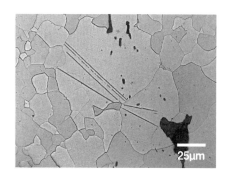

図5-317 低炭素鋼上部のフェライト組織と双晶、暗い部分は非金属介在物（北田）

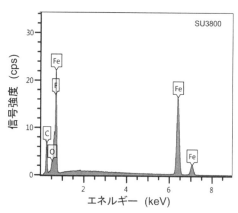

図5-318 低炭素鋼領域のEDS像（北田）

この刀にみられる非金属介在物の微細構造はかなり複雑である。図5-319は包丁鉄中の代表的な非金属介在物の走査電子顕微鏡像で、a、b、cおよびdで示すようにコントラストの異なる化合物が観察される。図5-319の主な元素分布が図5-320であり、FeとMgは同じ領域にあり、Alはガラス領域にある。K、NaおよびPなどは載せてないが、Siとともにガラス中にある。SiはTiの存在するところで少なく、Fe-Si-O系とFe-Ti-O系化合物は互いに分離している。Siは図5-319のaおよびbの粒子で少なくc粒子で多い。Tiはbで示した粒子に多く存在する。これらの化合物粒子の組成を表5-43に示すが、多元素を含む複雑な化合物である。aは最も明るいコントラストの粒子で、主体はウスタイト（FeO）であり、これに微量元素が固溶している。FeO粒子の数は少ない。bはTiを多く含んでいるFe-Ti-O系化合物であるが、形状は丸みを帯びたFeOと異なり多角形で、NがTiと同程度検出されている。Feなどの遷移元素（M）はM_2N、M_4N（Mは）などの窒化物をつくるが、Tiの窒化物ではTiNが知られている。ただし、b粒子はOも多量に含んでいるので、複雑な化合物である。cは（Fe, Mg, Ca）-Al-Si-O系化合物で、Siの濃度が低いがファヤライト（Fe_2SiO_4）に近い化合物である。

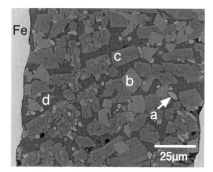

図5-319 非金属介在物の走査電子顕微鏡像 a-dは異なる物質を示す（北田）

図5-321は図5-319の一部拡大像で、aの粒子では3相からなっている。明るくみえるFeO粒子は周囲の粒子に食い込んでいるような状態である。これは、FeO粒子が最初に晶出したの

表5-43 図5-319のa-c粒子の組成 （原子%）

	Fe	Na	Mg	Al	Si	P	K	Ca	Ti	Mn	V	O
a	48.2	0.22	0.71	1.52	3.91	0.15	0.34	0.67	0.89	---	---	残余
b*	35.0	0.09	1.48	3.52	2.21	0.10	0.21	0.43	6.69	0.16	0.24	残余
c+	30.5	---	3.36	0.84	12.5	0.26	0.23	0.93	0.43	0.19	---	残余

＊N：が8.16％含まれる、＋Zrが痕跡として存在する。

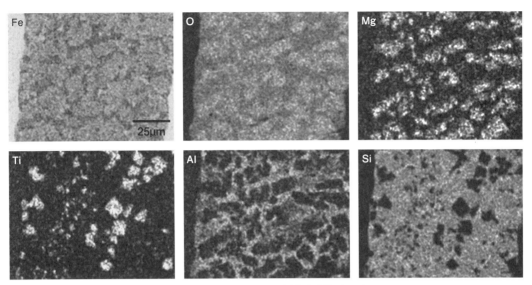

図5-320 図5-319の元素分布像（北田）

図5-321 図5-319の拡大走査電子
顕微鏡像（北田）

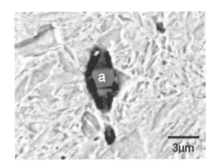

図5-322 マルテンサイト中の
非金属介在物（北田）

ち、Tiを含む結晶、さらに続いてファヤライト系の結晶が晶出したためと考えられる。ガラス地には小さな針状の微細な析出物があり、Ti系化合物と推定される。矢印の場所では、明るく見えるFeOが先に晶出したために地のFeが欠乏し、bの結晶に欠損が生じたようになっている。

刃鉄は心鉄よりも鍛錬度が高く、非金属介在物は細かく砕かれている。焼入れ前の加熱温度が非金属介在物の融解温度よりも高いので、冷却時に再晶出して結晶とガラス地に分かれる。図5-322は刃鉄中の小さな非金属介在物の走査電子顕微鏡像で、中央にあるa粒子のEDSによる分析値は表5-44のごとくで、心鉄中の非金属介在物で述べたbのTiとNを含む粒子とほぼ同様の主要元素を含んでいる。微量元素としては、VおよびZrが検出され、痕跡程度のNiが存在する。刃鉄の非金属介在物は鍛造で細かく砕かれて分かれるので、当初の非金属介在物の組成をそのまま引き継いでいるとは限らないが、主要元素と微量元素がほぼ一致するところから、心

表5-44 図5-322のa粒子の組成（原子%）

Fe	N	Mg	Al	Si	Ca	Ti	Ni	Mn	V	Zr	O
34.5	9.68	1.77	5.30	0.45	0.13	6.08	tr.-	tr.	0.13	0.06	残余

鉄と刃鉄は同じ砂鉄でつくられた素材を用いているものと考えられる。

刃先から棟近くまでのマイクロビッカース硬度分布は図5-323の如くで、刃鉄領域の硬度は約600で、マルテンサイトとしては低い部類である。刃鉄領域が狭いので、棟に向かっての硬度の低下は急である。心鉄（包丁鉄）になると硬度は約100になり、棟までほぼ一定となる。最高硬度と最低硬度の比 H_h/H_l は約6.0で、付け焼刃であるが、硬軟のバランスは良い。ただし、全体は包丁鉄からなる低炭素鋼であり、非常に軟らかい刀である。心鉄の非金属介在物は多いが、良質な包丁鉄である。

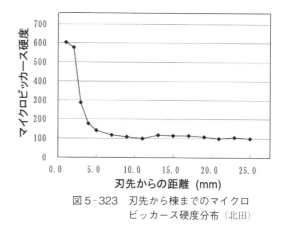

図5-323　刃先から棟までのマイクロビッカース硬度分布（北田）

5.5.4 炭素濃度の高い刀

日本刀と呼ばれる刀の基本構造は低炭素鋼の心鉄と中・高炭素鋼の刃・皮鉄の組み合わせであり、これによって切る機能の硬さと刀全体の靭性のバランスを保っている。丸鍛えと呼ばれる刀は異種鋼の組み合わせをせず、ひとつの素材で作った刀である。多くの刀の中には全体の炭素濃度の高いものも数少ないがみられる。通常、丸鍛えは焼入れて硬い刃をつくるため炭素濃度の高い鋼を使うが、低炭素鋼を使った丸鍛えもある。また、高炭素鋼の刃鉄と心鉄を使った場合には、丸鍛えと同様なマクロ組織になる。

刀全体の炭素濃度が高い刀には2種あり、炭素濃度のやや低い鋼が若干混じるものと全く低炭素鋼のないものとがある。図5-324は炭素濃度の低い鋼が若干混じる刀の例で、棟の下から左側の明るい領域aと右側のbとである。cおよびdで示す焼入れ深さ位置上の明るい領域はマルテンサイトの島が並んでいる領域である。マクロ像で非金属介在物の分布をみると、断面中央に棟下から鎬の上まで大きなものが分布している。この領域は高炭素鋼であるが、充分に鍛錬されていない。マクロ像で相対的に明るくみえるaおよびbの領域も包丁鉄のような低炭素鋼ではない。したがって、マクロ像だけで鋼種を判断するのは難しい。

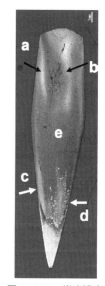

図5-324　炭素濃度の高い刀の断面マクロ像（北田）

刃部の低倍率光学顕微鏡組織を図5-325に示す。マルテンサイト地の中の非金属介在物は左上から右下に向かって並んでいる。折り返したときのような放物線状の配列ではない。図326（a）はマルテンサイト組織で、かなり粗い組織になっている。(b)は焼入れ深さ付近の組織で、Pはパーライト、Mはマルテンサイトを示し、パーライト粒子は10 - 20μmであるが、マルテンサイトは（a）に比較して粗くなっている。ここでは、

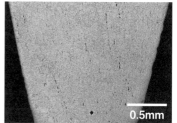

図5-325　刃部の低倍率光学顕微鏡像（北田）

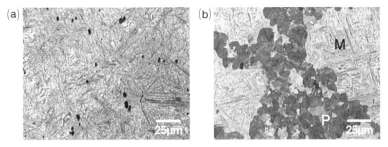

図 5-326 刃先(a)および内部のマルテンサイト(b)の組織の差
M はマルテンサイト、P はパーライト（北田）

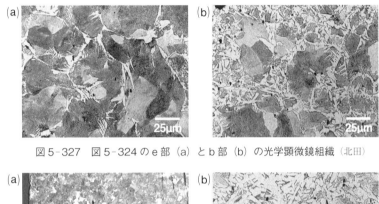

図 5-327 図 5-324 の e 部 (a) と b 部 (b) の光学顕微鏡組織（北田）

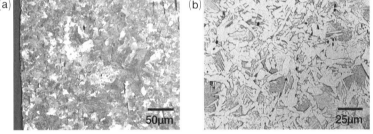

図 5-328 皮金(a)と棟下(b)の光学顕微鏡像（北田）

冷却過程で先ずパーライトが生じ、その後、残った高炭素濃度で粒径の大きいオーステナイトがマルテンサイトに変態している。島状マルテンサイトが存在すると靭性が低くなり、脆いといわれているので好ましい組織ではない。

マクロ像の e 部の組織と b 部の組織を図 5-327 に示す。e 部は結晶粒径が 25-100 μm の非常に大きなパーマロイ組織で、粒界にフェライトが針状に存在する。b 部もフェライトが針状になった過熱組織であり、約 1000℃ 程度の高温に曝された履歴がある。

皮鉄の組織は場所によって若干異なるが、鎬近くの皮鉄の組織を図 5-328 (a) に示す。上述の e 部および b 部より結晶粒径は小さく、過熱組織ではない。(b) は棟直下の明るく見える領域の組織で、炭素濃度が低く、過熱組織になっている。鋼片が加熱された場合、一部だけ過熱組織になることは考えにくいので、過熱された鋼とそうでない鋼を鍛接して、ひとつの鋼片として使ったものであろう。図 5-329 は代表的な非金属介在物で、内部粒子がないガラスである。

図 5-330 はマイクロビッカース硬度分布で、マルテンサイト部の硬度は約 840 である。この硬度は日本刀の中では高い部類である。これは、主に炭素濃度が高いことに起因している。棟の向きに硬度は下がるが、炭素濃度が高いために全体的に高硬度で、棟下に至って低炭素の硬度の

第5章 日本刀の微細構造

図5-329 代表的な非金属介在物の光学顕微鏡像（北田）

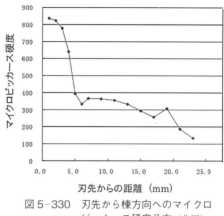

図5-330 刃先から棟方向へのマイクロビッカース硬度分布（北田）

低い領域がある。靱性は低炭素の心鉄を組み合わせた刀に比較して劣る。最高硬度と最低硬度の比 H_h/H_l は約6.5だが、心鉄に相当する領域の硬度は300程度なので、これを H_l として H_h/H_l を約2.8とするのが妥当であろう。包丁鉄は全くないので、全体として非常に硬い刀である。

5.5.5 片刃の刀

短刀および短い脇差などで見られる片切り刃の数は鎬および平造りに比較して非常に少ない。美術的にも美しさに欠けるので、実用を目的としたものであろう。

図5-331は片切刀の断面マクロ像で、cで示す鎬から上は厚さが一定となっている。aは焼が入ったマルテンサイト領域、bは焼入れ深さの位置、cは鎬の中炭素鋼の皮鉄領域、dは心鉄領域、eからfまでは心鉄中の非金属介在物が多く観察される領域である。断面の両側には多少の差はあるが皮鉄が残っており、心鉄が刃鉄に包まれるようになっているので、甲伏法で造った可能性が高い。

これらの領域の光学顕微鏡組織を図5-332に示す。(a)は刃鉄のマルテンサイト組織で、マルテンサイトは粗めである。(b)は焼入れられなかった刃鉄のパーライト組織で、フェライトが少しある。炭素濃度は約0.65重量%であり、結晶粒径は 20 - 30 μm で、刀の刃鉄組織としては比較的大きな結晶粒である。(c)は断面マクロ像のc領域の組織で炭素濃度は刃鉄より炭素濃度が低く、組織はフェライトが針状に伸びた過熱組織になっている。(b)で示した組織と異なり、甲伏法でつくった刃鉄と連続的な組織となっていないので、異なる炭素鋼を組み合わせた皮鉄か、あるいは、心鉄の一部に炭素濃度の高い部分が残ったのか、の何れかが考えられる。素材を吟味した刀では、包永刀にみられるように心鉄と刃鉄は均一な組織を示すが、素材を適当に組み合わせたものも多く観察される。(d)は心鉄の光学顕微鏡組織で、フェライト結晶粒よりなり、粒径は 25 - 150 μm で典型的な包丁鉄である。

心鉄および刃鉄の中には非金属介在物が観察されるが、図5-333 は図 5-331 の e から f の領域における非金属介在物で、左側の心鉄領域に非金属

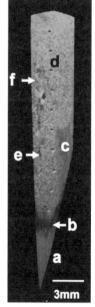

図5-331 片刃造りの刀の断面マクロ像。点は硬度測定の圧痕（北田）

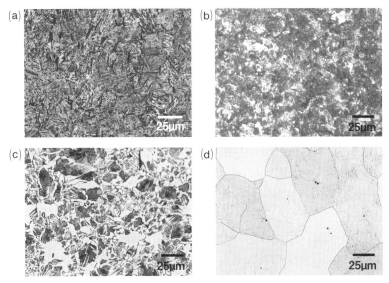

図5-332 片切り刀の刃のマルテンサイト(a)、焼入れ深さ近傍(b)、右皮鉄(c)および心鉄(d)の光学顕微鏡組織（北田）

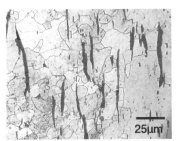

図5-333 心鉄中の大きな非金属介在物（北田）

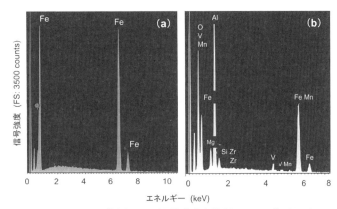

図5-334 刃鉄(a)および刃鉄中介在物(b)のEDS像（北田）

介在物が集まっている。これは、素材の包丁鉄中の非金属介在物の偏在によるものであろう。細長くなっているのは、鍛造によって加工されたためである。図5-332（d）の心鉄組織に比較すると、結晶粒のばらつきが大きく、これは、非金属介在物がフェライトの再結晶および結晶成長の障害になっているためである。一方、刃鉄中の非金属介在物の大きさは2-3μmから15μm程度である。

図334（a）は刃鉄の非金属介在物を含まないマルテンサイト領域のエネルギー分散X線分光（EDS）像で、Fe以外の不純物は検出されない。心鉄のフェライト領域も同様で、Fe以外の不純物は検出されず、純度の高い鋼である。

図5-334（b）は刃鉄中の非金属介在物のEDS像で、V、Mnおよび痕跡程度だがZrが検出され、Tiは微量である。表5-45はEDS分析により検出された刃鉄およびc領域の非金属介在物のEDS分析値で、刃鉄の非金属介在物ではAlが非常に多く、上述のようにVおよびMnを含む。主成分はAl、FeおよびOで、Fe-Al-O系の酸化物（Fe_2AlO_3）である。c領域の非金属介

表5-45 片切刀の刃鉄とc領域の非金属介在物のEDS分析値（原子％）

	Mg	Al	Si	K	Ca	Ti	V	Mn	Fe	O
刃鉄	3.18	20.5	1.53	---	----	---	1.93	0.35	26.52	残余
c領域	0.59	4.02	11.9	1.12	1.6	0.24	---	0.18	19.6	残余

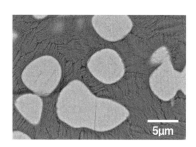

図5-335 心鉄中の非金属介在物の走査電子顕微鏡像（北田）

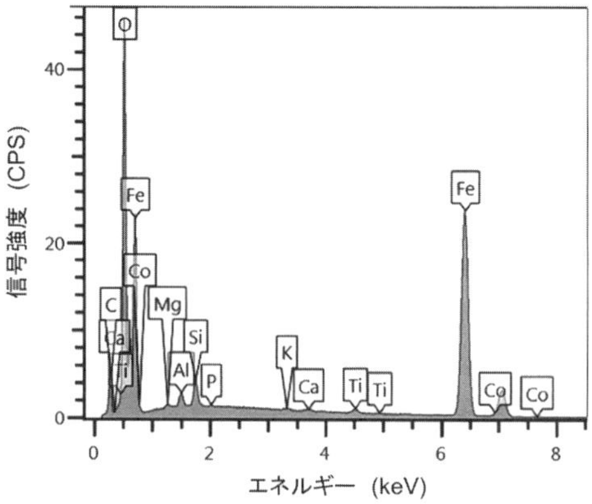

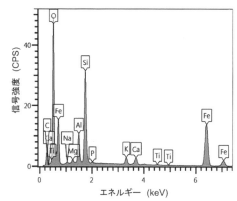

図5-336 図5-335の明るい粒子のEDS像（北田）

図5-337 図5-335の樹枝状晶領域のEDS像（北田）

在物はVを含まないがTiを微量含むファヤライト（Fe_2SiO_4）である。

心鉄中（図5-331のd）の非金属介在物は複数の相からなっている。図5-335は心鉄中の非金属介在物の走査電子顕微鏡像で、明るい円形状粒子および樹枝状晶とガラス地よりなる。ガラスは樹枝状晶の間に存在する。円形状粒子のEDS像は図5-336のごとくで、主成分はFeとOである。一方、樹枝状晶領域のEDS像は図337であり、主成分はFe、SiおよびOである。これらの分析値を表5-46に示す。円形粒子の分析値では、FeとOの原子比がほぼ1：1で、円形状粒子はウスタイト（FeO）である。FeOに固溶している元素で特徴的とみなされるのは極微量のCoであり、Coは樹枝状晶からは検出されない。Tiはたたら鉄としては少量の部類である。

樹枝状晶領域のEDS分析値は樹枝状晶の間にあるガラスの成分を含んでいるので、Fe以外のガラス成分が多めに分析されていると思われる。Fe、SiおよびOの主組成からはファヤライト

表5-46 図5-335で示す上部心鉄中の非金属介在物のEDS分析値（原子％）

	Na	Mg	Al	Si	P	K	Ca	Ti	Co	Fe	O
円形粒子	---	0.42	0.98	1.62	0.07	0.15	0.15	0.39	0.16	47.9	残余
樹枝状晶	0.43	0.58	4.39	13.3	0.17	1.23	1.41	0.14	---	24.3	残余

5.5 室町から江戸時代までの種々の刀

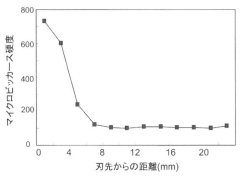

図5-338 片切刀の刃先から棟近くまでのマイクロ
ビッカース硬度分布（北田）

(Fe₂SiO₄) に近い。一方、刃鉄の非金属介在物中には V と Mn が含まれ、Co は検出されないので、刃鉄と心鉄は別の素材とみられる。

この片切の刀の心鉄と刃鉄の鋼部の純度は高いが皮鉄は過熱組織であり、マルテンサイトも比較的粗大なので、材質的には低い部類と判断される。

片切の刀も上述のように焼入れられており、基本的な硬度の分布は変わらない。刃先から棟までの断面の左右の中心線に沿ったマイクロビッカース硬度を図5-338に示す。刃の硬度は約750で日本刀の硬度としては平均的な部類である。刃から心鉄に至る硬度の傾斜もなだらかである。心鉄部の硬度は100-110の間でほぼ一定であり、安定している。最高硬度と最低硬度の比 H_h/H_l は約7.5である。ただし、断面に占める包丁鉄の面積が大きく高炭素鋼の皮鉄が少ないので、軟らかい刀である。

5.5.6 両刃造りの刀

主に短刀に見られる造りだが、全体を両刃とするもの（剣）と、先端を含む全長の半分から三分の一程度だけを両刃にした刀がある。

ここで紹介するのは全長約30cmの短刀で、刃の約半分が両刃である。その中央部の断面マクロ像を図5-339に示す。断面像では、暗くみえるところが炭素濃度の相対的に高い領域で、明るい領域は炭素濃度の低い領域である。記号aは下刃の焼入れ部で、cは焼きの入っていない炭

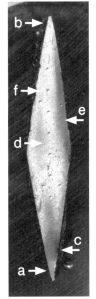

図5-339
両刃造りの短刀の断面マクロ像
a-dは次図で説明。点は硬度測定の圧痕（北田）

図5-340 断面の上下の刃の光学顕微鏡組織、(a)は焼入れた下の刃部のマルテンサイト、(b)は上の無焼入れ刃部の低炭素鋼組織（北田）

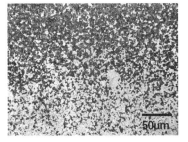

図5-341 刃の焼入れ深さ位置(c)の組織（北田）

第5章 日本刀の微細構造

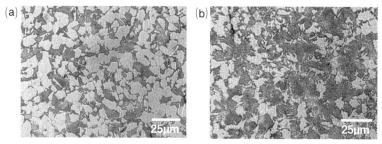

図5-342　図5-339のd部(a)とe部(b)の光学顕微鏡組織（北田）

図5-343　断面中央部の非金属介在物分布(a)と非金属介在物の
高倍率光学顕微鏡組織(b)（北田）

素濃度の高い部分で、ここまでが刃鉄である。上刃は炭素濃度が低く焼入れされていない。したがって、厳密には両刃とはいえない。右側はc付近から鎬に向かって薄い皮鉄があり、鎬の上のeでは皮鉄が厚くなっている。dの領域は内部であるがやや炭素濃度が高く、fの表面の皮鉄は非常に薄い。甲伏せのように2種の鋼を組み合わせて作ったもののように思われるが、全体に組織対称性の低い断面構造である。

　下刃のマルテンサイト組織は図5-340 (a) のように微細である。上の刃部は (b) のように低炭素鋼のフェライト-パーライト組織で、炭素濃度は0.2重量%程度であるから焼入れは可能であるが、焼入れられていない。図中の暗い部分は非金属介在物である。断面の他の明るい領域も (b) と同様の低炭素鋼で、包丁鉄としては上限の炭素濃度である。焼入れ深さ位置の組織は図5-341で示すような微細な組織になっており、像上部のパーライト結晶粒径は約10μmであり、マルテンサイト粒子とパーライト粒子の混合状態も微細である。

　断面像でdおよびeで示した刀内部の炭素濃度の比較的高い領域の光学顕微鏡組織を図5-342に示す。(a) で示したd領域は0.35重量%程度の中炭素鋼で、eで示した領域は (b) で示すように約0.5重量%の中炭素鋼であるが、炭素濃度はばらついている。刃鉄および心鉄の非金属介在物のない領域のEDSによる不純物の分析では、両者ともFe以外の元素は痕跡程度であった。

　断面中央部の焼入れられていない領域の非金属介在物を図5-343 (a) に示す。細長い非金属介在物は途中でちぎれた状態で断続的になっているが、これは鍛造加工により破壊されたためである。加工度が高くなるほど非金属介在物は細かく分離するので、加工度を高くしたほうが良いが、低炭素鋼は靭性が高く、非金属介在物の切り欠きの影響が少ないので、比較的大きくても良い。これに対して焼入れられたマルテンサイトでは切り欠きの影響が大きいので、できるだけ細

表 5-47 非金属介在物に含まれる元素 (原子%)

	Mg	Al	Si	K	Ca	Ti	Mn	Fe	O
地	0.56	5.23	17.5	0.15	0.73	2.35	0.45	5.17	残余
析出物	---	0.25	0.37	---	---	13.9	0.78	27.1	残余

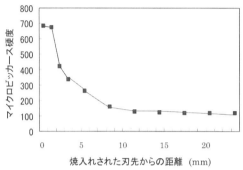

図 5-344 焼入れされた刃から無焼入れの刃に向かってのマイクロビッカース硬度分布 (北田)

かくすると良く、多くの刀の刃鉄では非金属介在物は数 μm 以下となっている。これは、経験によって鍛錬度を高くし、非金属介在物を微細化したものと推定される。

非金属介在物の組織は (b) で示すように地のガラス中に析出物が存在し、多角形である。表 5-47 に EDS で分析した地と析出物の不純物分析値を示す。地は Al と Si を主成分とするアルミノシリカ・ガラスであるが、Ti 濃度が高く、Ti の酸化物あるいは Fe-Ti 系酸化物が析出しているものと推定される。多角形の析出物では Fe と Ti が多く、成分比からウルボスピネル (Fe_2TiO_4) である。両者とも Ti の含有量が高く、典型的な砂鉄原料である。両刃造りの刀については多くの観察をしていないので、ここで述べた実験結果は一例に過ぎない。

断面像の焼入れられた刃からもう一方の焼入れられていない刃に向かっての硬度分布を図 5-344 に示す。形状は両刃であっても、片方の刃しか焼入れられていないので、一般の刀と同様の硬度分布である。

5.6 現代刀

現代も多くの刀匠が全国で刀を製作しており、作者が目的とする様々な刀がつくられている。たたら製鉄は一時途絶えたが、伝統技術を伝承するために日立金属の協力で島根県に工房が再興され、そこでつくられた鋼を使っている刀匠が多い。使用する鋼は比較的低温で還元された、ほぼ共析組成 (0.765 重量%) 以下の炭素を含む「けら鉄」で、けら鉄を冷却したのち割った玉鋼を使う。前述のように、玉鋼は明治になってから使われた言葉で、自然冷却したものを千草鋼あるいは火鋼、水冷したものを水鋼という。現代の刀の製作概要については文献[*] を参照して戴きたい。ここでは、刀匠の河内國平氏が試作した刀を提供してもらい、加工・熱処理等が異なる刀組織などについて述べる。組織観察と分析および解析は前述の刀と同じ視点で行った。

5.6.1 試作刀 (1)

図 5-345 は試作刀 (1) の断面マクロ像で、断面中央の明るい領域が心鉄、暗い領域が皮鉄、下部先端が焼入れされた刃鉄である。甲伏せ法でつくられているので、皮鉄と刃鉄は同じ鋼であ

---

[*] 河内國平「現代の刀剣製作」: 増本健・北田正弘ほか編『鉄の辞典』 朝倉書店、2014 年、74-76 頁

第5章 日本刀の微細構造

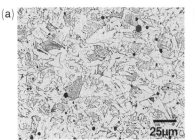

図5-346 心鉄(a)と皮鉄(b)の光学顕微鏡組織（北田）

図5-345 試作刀(1)の断面マクロ像（北田）

る。これらの配置は対称性が良く、ほぼ理想的につくられている。

　心鉄と皮鉄の光学顕微鏡組織を図5-346に示す。(a)の心鉄はフェライトとパーライトの組織で、明るい領域がフェライト、やや暗い領域がパーライトである。炭素濃度は0.15 - 0.20重量%と推定され、低炭素鋼（0.25重量%以下）である。包丁鉄の炭素濃度の定義が0.05 - 0.25重量%であるから、その範疇にある。組織がやや粗いので、低温で熱処理したものより軟らかくなっており、靭性の高いことが望まれる心鉄としては、良好な組織と思われる。(b)の皮鉄はパーライトだけで、共析組成（0.765重量%）に近い高炭素鋼（0.60重量%以上）である。

　現代の刀匠は玉鋼を高温鍛造で薄くし、これを水焼入れして数cmの小片（図4-14）としたものの破面を観察して低炭素鋼と中・高炭素鋼を分類する。この作業を「水圧し」という。これらをさらに下鍛え、上鍛えと呼ばれる異なる炭素濃度の鋼を合わせて鍛錬をし、望みの心鉄と皮鉄材料に仕上げる。この試作刀の心鉄は、炭素濃度は異なるが、図4-15（d）に示した水圧しされた鋼片の組織と同様である。また、皮鉄は図4-15（b）に示した組織と同様である。

　心鉄のエネルギー分散X線分光（EDS）による分析像を図5-347に示す。不純物はAlとSiで、それぞれ0.16重量%と0.09重量%で少ないが、古い刀の心鉄に使われている包丁鉄の多くはEDSで不純物が検出されないので、この鋼は不純物が僅かに多い。皮鉄および刃鉄領域も同様な分析結果であった。

　刃鉄の焼入れ深さ位置付近の低倍率光学顕微鏡像を図5-348（a）に示す。焼入れ深さは刃と棟を結ぶ方向にほぼ垂直で、これは直刃づくりのためで、焼入れされたマルテンサイトとパーライトが均一に分散した良好な組織になっている。(b)は焼入れされたマルテンサイトの高倍率光学顕微鏡像で、高炭素鋼のマルテンサイトとしては微細である。

　刀断面の右側の皮鉄と心鉄の境界領域の低倍率光学顕微鏡像が図5-349である。図の左側が皮鉄の高炭素鋼で右側が心鉄側であり、

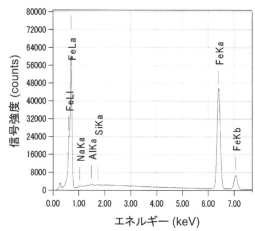

図5-347 心鉄のEDS像（北田）

図5-348 刃の焼入れ深さ位置(a)とマルテンサイト(b)の光学顕微鏡像（北田）

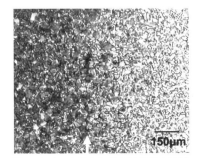
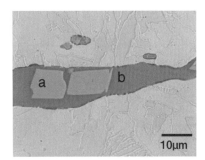

図5-349 皮鉄と心鉄の接合部の光学顕微鏡像（北田）

図5-350 心鉄中の大きな非金属介在物の走査電子顕微鏡像（北田）

表5-48 図5-350のaおよびbのEDS分析値（原子％）

	Na	Mg	Al	Si	P	S	K	Ca	Ti	Fe	O
a	---	0.40	1.04	0.14	---	---	---	---	0.42	39.0	残余
b	16.0	0.16	0.79	3.59	0.55	0.21	0.26	0.24	---	19.9	残余

矢印の近傍から右側に向かって炭素濃度が減少している。この領域は高炭素鋼から低炭素鋼の心鉄に炭素が拡散して生じたもので、良好な傾斜機能となっている。

非金属介在物は全体として細かく、数μmのものが多いが、これより大きなものもある。図5-350は心鉄中の比較的大きな非金属介在物の走査電子顕微鏡像で、内部には多角形の粒子が観察される。aで示した多角形のEDS像を図5-351に示す。主成分はFeとOで、鉄の酸化物である。bはNa、Fe、Si、Oなどからなる。代表的なaとbのEDS分析値を表5-48に示す。aの多角形の結晶は主成分がFeおよびOで、FeとOの原子比は3:4であり、これはマグネタイト（Fe_3O_4）である。少量のTiがあり、これはマグネタイト中に固溶している。ウルボスピネル（Fe_2TiO_4）とFe_3O_4は固溶体をつくるので、

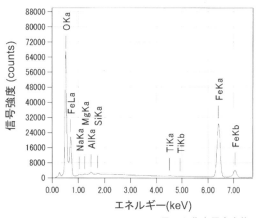

図5-351 図5-350のaで示した非金属介在物のEDS像（北田）

表5-49　図5-352の非金属介在物のEDS分析値（原子％）

Mg	Al	Si	P	K	Ca	Ti	V	Mn	Fe	O
0.65	1.36	7.94	1.08	0.13	0.33	5.17	1.13	0.79	36.6	残余

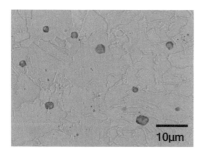

図5-352　心鉄中の微細な非金属介在物の走査電子顕微鏡像（北田）

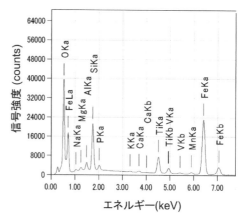

図5-353　心鉄中の小さな非金属介在物のEDS像（北田）

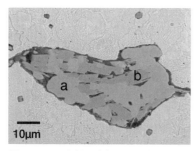

図5-354　心鉄と皮鉄の接合部に存在する非金属介在物の走査電子顕微鏡像（北田）

表5-50　図5-354の非金属介在物のEDS分析値（原子％）

	Na	Mg	Al	Si	Fe	O
a	0.51	0.06	0.22	0.67	54.7	残余
b	0.39	0.07	0.26	0.06	46.5	残余

Fe_3O_4に近い組成であり、たたら製鉄では若干還元雰囲気が弱かったものと思われる。非金属介在物中の多角形粒子はTi-O系、Fe-Ti-O系化合物の場合が多いが、マグネタイトも多角形で晶出する。

表5-48のbで示した地と思われる領域はNaが非常に多く、アルミノシリカ・ガラスの主成分であるSiとAlが少なく、Naが多いので、ソーダガラス系である。非金属介在物中にNaは少量存在することはあるが、古い刀の非金属介在物で、このようにNaが多量に含まれる例はない。多角形粒子には砂鉄由来のTiが含まれているので、この非金属介在物は砂鉄由来とみなせる。ただし、鍛接時の藁灰などが非金属介在物中へ混入したことも考えられる。

使われている鋼の大部分には、図5-352で示すような微細な非金属介在物が分散している。大きさは1μm以下から5μm程度でまでで、微細であるのは、よく鍛錬されたためであろう。小さいが内部には明るく見える粒子が存在する。図5-353は小さな非金属介在物の代表的なEDS像で、多くの元素が検出された。表5-49は非金属介在物内部の明るく見える粒子の代表的なEDS分析結果である。Fe、Si、TiおよびFeが主成分で、砂鉄由来の元素としてTi、VおよびMnが検出された。非金属介在物に含まれるVの量は、比較的多い。組成が複雑であり、組成からは、TiとSiを固溶しているFe_3O_4系か、あるいはFe_2SiO_4系とみられる。

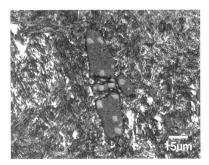

図 5-355 マルテンサイト中の非金属
介在物の光学顕微鏡像（北田）

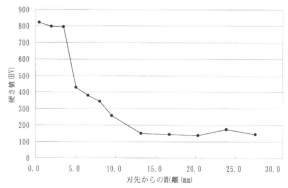

図 5-356 刃から棟へのマイクロビッカース硬度分布（北田）

数は少ないが、非金属介在物には、心鉄と皮鉄の接合部のごく一部に、鍛接のときに生じた酸化物と推定される非金属介在物がある。これの走査電子顕微鏡像を図5-354に示す。非金属介在物内部には、aとbで示すコントラストの異なる粒子が2種存在する。明るい粒子aは丸みを帯びた形をしており、bは多角形である。これらのEDS分析値を表5-50に示す。

Fe以外の不純物は少なく、濃度も低い。異なるのはFeとOの濃度で、明るいaの粒子は分析値と形からウスタイト（FeO）、bは同様にマグネタイト（Fe_3O_4）と推定される。これらの非金属介在物中の粒子には、たたら鉄の原料である砂鉄由来のTiなどの元素はなく、検出されたNaなどの元素は藁灰由来と考えられる。したがって、鍛接時の加熱によって生じた表面酸化物と藁灰の混合したもので、藁灰が酸化膜を融かすことを示している。

刃鉄中の非金属介在物も心鉄中の非金属介在物と同様に小さいが、図5-355はマルテンサイト中の比較的大きなものの光学顕微鏡像である。明るい多角形の粒子があり、これはTiを微量含むFe_3O_4粒子である。

刃から棟を結ぶ線上のマイクロビッカース硬度の分布を図5-356に示す。刃のマルテンサイトの領域では、刃先の硬度が821で最も高く、刃先から離れると797、795と低下する。これは、マルテンサイト組織が内部に向かって若干大きくなるためである。刃鉄から心鉄に至る遷移領域は7－8mmあり、傾斜機能としては充分である。心鉄は低炭素鋼であるので140－150程度であり、極低炭素鋼の硬度である100前後より高い。最高硬度H_hと最低硬度H_lの比H_h/H_lは5.3で、極低炭素鋼を心鉄に使った刀の6－8に比較して、やや小さい。

5.6.2 試作刀（2）

試作刀試料（2）（河内國平氏提供）の断面マクロ像を図5-357に示す。この刀の断面組織の特徴は刃に向かって放物線状に伸びた縞状組織である。刀は甲伏せでつくられているので、刃から皮鉄まで折り返した技法が良く現れている。また、中央上の心鉄の領域でも縞状組織が見られる。図中のaからdの記号は後述の組織を示す。

図5-358（a）は図5-357のaで示した位置の低倍率光学顕微鏡像で、断面の明るい放物線状の縞は図のMで示すようにマルテンサイトからなり、暗い領域は微細なパーライト組織（P）である。（b）は図5-357のbで示す位置の高倍率像で、刃先に近いこの領域ではマルテンサイト

第5章 日本刀の微細構造

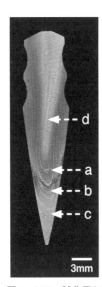

図5-357 試作刀(2)の断面マクロ像
aからdの記号は後出の観察場所を示す（北田）

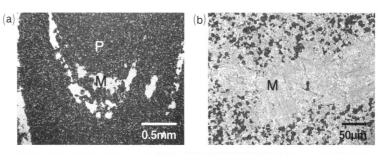

図5-358 図5-357のaの位置の低倍率光学顕微鏡像(a)とbの位置の高倍率光学顕微鏡像(b) Mはマルテンサイト、Pはパーライト（北田）

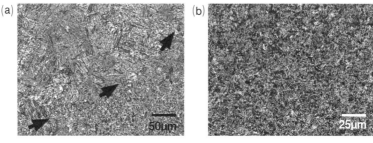

図5-359 図5-357のcで示す刃金部の粗大マルテンサイトと微細マルテンサイトの境界(a)と刃先の微細マルテンサイト組織(b)の光学顕微鏡像 (a)の矢印は異なるマルテンサイト組織の境界を示す（北田）

(M)の縞の周囲もマルテンサイトが多く、パーライトは島状に分布している。

さらに刃先に近づいたマルテンサイト組織でも放物線状の組織が存在する。図5-359（a）は図5-357のcで示す場所の高倍率像である。ここでは、矢印を境界にして、上部では粗大なマルテンサイト、矢印の下では微細なマルテンサイトになっている。(b)は刃先近くのマルテンサイト組織で、微細な組織になっている。このように、放物線状にマルテンサイトの縞が存在するのは、縞領域の炭素濃度が高く、マルテンサイトの生成温度が周囲より低いためである。刃鉄と皮鉄は同じ素材であるが、このような縞状の組織は典型的な複合材であり、機械的性質の保持とともに肌の紋様に複雑な表現を与えるものと考えられる。

心鉄もマクロ像で示したように縞状になっており、図5-360（a）に図5-357のdで示した心鉄領域の低倍率光学顕微鏡像を示す。低炭素と高炭素の縞があり、明るく見える縞が低炭素領

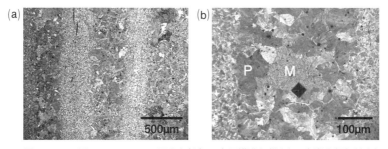

図5-360 図5-357のdで示す心鉄部の多層構造組織(a)と高炭素鋼領域(b)の光学顕微鏡像、矩形は硬度試験の圧痕（北田）

244

5.6 現代刀

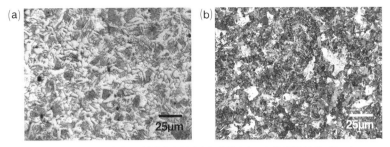

図5-361 心鉄の低炭素領域(a)と皮鉄(b)の光学顕微鏡像（北田）

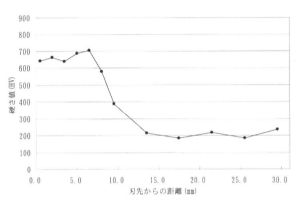

図5-362 断面の刃から棟までのマイクロビッカース硬度分布（北田）

域である。これは2種の鋼を合わせて心鉄を鍛えたものである。低炭素領域は鍛接された後、高炭素鋼の炭素原子が低炭素鋼領域へと拡散している。したがって、用いられた低炭素鋼のままの領域は狭くなっている。拡散による炭素濃度勾配のある遷移領域が生じたことは、複合された鋼の靭性を増す。(b)は高炭素鋼の縞の高倍率像で、Mで示すように縞の内部にはマルテンサイトが生じている。Pはパーライトで、組織から判断した炭素濃度は0.70重量％程度である。刀の内部の冷却速度が低い場所でマルテンサイトが発生するのは、炭素濃度が高く、マルテンサイトの変態温度（Ms点）が低いためである。

心鉄の低炭素領域は拡散によって炭素濃度が増しているので、使われた素材の炭素濃度の正確な値は判断しにくいが、図5-361 (a) のように炭素濃度は約0.3重量％である。(b) の皮鉄の組織は約0.70重量％である。粒径は心鉄中に使われた高炭素鋼（図5-360 (b)）よりかなり小さく、平均粒径は20μmである。

非金属介在物は5μm以下で、良く鍛錬されている。非金属介在物は小さく分断されるほど切り欠き効果が小さいので、刀の靭性は高くなる。

図5-362は刃先から棟に至るマイクロビッカース硬度分布で、刃先から0.5mmの位置における硬度は644で、棟に向かって硬度は増大し、刃先から6.5mmの位置で705と最大値を示す。ただし、炭素濃度によってマルテンサイトの寸法が変化しているので、その影響と思われる。心鉄の領域は184－236で、低から中炭素鋼の硬度である。最高硬度H_hと最低硬度H_lの比H_h/H_lは約3.8で硬めの刀である。

5.6.3 試作刀（3）

図5-363は試作刀（3）（河内國平氏提供）の断面マクロ像 (a) と刃鉄部の低倍率光学顕微鏡像 (b) である。試作刀（1）と同様に甲伏せ法でつくられており、マクロ組織の対称性は良い。刃の

第5章 日本刀の微細構造

領域には明暗があり、線状の明るい線が棟の向きに伸びている。ここはマルテンサイトが多いところである。心鉄では、試作刀(2)ほど明瞭ではないが縞状組織になっており、炭素濃度の異なる鋼が重ねられている。(b)は低倍率の光学顕微鏡像で、明るい地の中に若干暗い部分が観察される。

刃の領域の高倍率光学顕微鏡像を図5-364に示す。(a)は図5-363(b)のa部で、マルテンサイトとパーライトの混合組織になっており、図5-363(b)のb部(b)もマルテンサイトとパーライトの混合組織である。刃の場所によってマルテンサイトの占める面積にばら

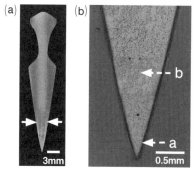

図5-363　試作刀(3)の断面マクロ像と低倍率光学顕微鏡像　(b)の矩形は硬度測定の圧痕（北田）

つきがあるが、ほぼ刃全体がマルテンサイトとパーライトの混合組織になっている。このような混合組織は冷却中に先ずパーライトが生成し、マルテンサイトの生成温度に達したときに、残りのオーステナイトがマルテンサイト変態したものである。一般には、焼入れ温度あるいは冷却速度が低いほどパーライトが発生しやすい。このような組織は硬軟の複合組織で靭性が高く、古い刀では包永刀に見られた。

図5-365は図5-363(a)の矢印で示した左右の皮鉄の光学顕微鏡像で、両者とも表面側でパーライト地の中にマルテンサイトが分散し、内部に向かうとマルテンサイトは減少する。このような皮鉄の組織は刃の近くから上方へと続いており、肌には混合組織の紋様が広く現れるものと

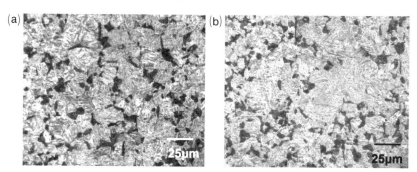

図5-364　刃の焼入れ部の光学顕微鏡組織、(a)および(b)は図5-363のaおよびb部に対応する（北田）

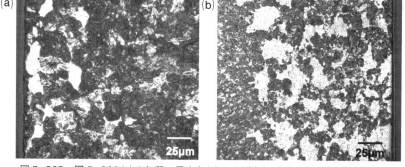

図5-365　図5-363(a)の矢印で示す左(a)および右(b)皮鉄の光学顕微鏡像（北田）

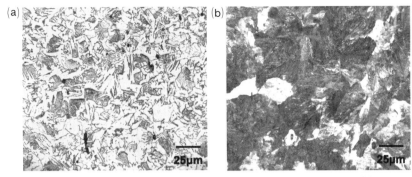

図5-366 (a)心鉄の低炭素鋼部、(b)パーライトからなる樋近くの皮鉄の光学顕微鏡像（北田）

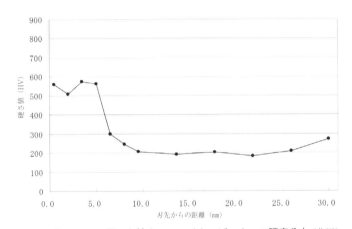

図5-367 刃から棟までのマイクロビッカース硬度分布（北田）

思われる。マルテンサイトの領域は周囲より炭素濃度が高いためである。

図5-366（a）は心鉄、（b）は皮鉄の樋に近い領域のパーライト組織の光学顕微鏡像である。心鉄は前述の試作刀（2）と同様に炭素濃度の異なる鋼を重ねているが、(a) に示したのは炭素濃度の低い領域で、炭素濃度は0.3重量％前後と推定される。皮鉄は刃と同じ鋼であり、炭素濃度は共析点（0.765重量％）組成に近い。

この刀の断面におけるマイクロビッカース硬度を図5-367に示す。焼入れられた刃部の硬度は508 - 575で低い。これは、上述のようにマルテンサイトより軟らかいパーライトが混じっているためである。刃鉄では、パーライトが混在していることで、高炭素鋼の脆さは改善されている。比較的硬めの心鉄を用い、高炭素鋼を刃鉄に使った場合、マルテンサイトとパーライトの混合組織にするのは、靭性を改善する方法として適当な手法と思われる。心鉄領域の硬度は200前後で、最高硬度H_hと最低硬度H_lの比H_h/H_lは約3である。

現代刀について、刀匠河内國平氏の試作刀の中、異なる組織のものについて述べたが、現代につくられたたたら鉄を使用しているので、素材に大きな差異はない。内部の組織は鋼の合わせ方、熱処理等が異なり、それぞれが特徴のある構造になっている。特に試作刀（2）と（3）の心鉄は合せ鍛えになっており、これは外部からは観察できない構造であるが、工夫がなされている。また、刃および皮鉄の組織はそれぞれに組織的特徴を示している。

5.7 近代鋼の満鉄刀および軍刀

　明治時代、日本刀を所有していた軍人は軍刀の拵えにして使用し、明治以降細々と製作が続けられていた刀の一部も軍刀として使われた。また、たたら製鉄が衰微するとともに低炭素鋼の包丁鉄の製造も減少し、古来の技法による刀の製造は難しくなった。昭和前期の戦役からは刀の需要が増し、多くは製鉄所でつくられたバネ鋼などを使って製造した軍刀を使用した。当時の価格は50円前後であった。ただし、日本刀と呼ばれる刀はわが国特有の材料と技術で製造するものであるから、軍刀は日本刀の範疇には入らない。東北大学金属材料研究所では、大正時代の中頃から金研刀（振武刀）の研究を刀鍛冶を招いて行っていた。旧帝大の一部などでも鍛刀場*をつくり、現代鋼でも寒冷地で折れない（低温脆性を示さない）刀の製造を目的として刀の研究をしていたが、これらは太平洋戦争の終了とともに終わった。一般には、日本刀と区別して扱うが、歴史的にみれば軍刀も刀文化のひとつであり、ここでは近代鋼製の二三の例を示し、その構造を簡単に述べる。

5.7.1 近代鋼製の丸鍛え刀

　短刀などの短い刀では、曲げや衝撃に対する抵抗力が少ないので、心鉄に靭性のある低炭素鋼を使わない丸鍛えが採用されている場合もある。ここでは、明治期以降の作と推定される刀（同田貫銘）について述べる。図5-368は刀の全体像で刃紋は直刃であるが、片面に龍、他面に梵字が彫られている。また、試料採取位置を示す。

　① 金属組織

　図5-369は断面の腐食像で、平造りである。刃および棟部の炭素量分析値は、それぞれ0.77および0.78重量％でほぼ同じ炭素濃度であり、過共析組成である。他の刀に比較して炭素濃度は高い部類に入る。刀全体の化学分析による主な不純物の分析値を表5-51に示す。

　ただし、この分析値には非金属介在物中の不純物元素も含まれている可能性がある。この刀の炭素量は高炭素鋼（0.60重量％から1.2重量％程度まで）に分類される濃度であり、焼入れ性は良

図5-368　刀の全体像（筆者蔵）

表5-51　刀の主な不純物量（化学分析：重量％）

元素	C	Si	Al	Ti	S	P
濃度	0.77-78	0.16	0.02	---	0.037	0.016

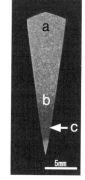

図5-369　丸鍛え刀の断面マクロ組織（北田）

---

*　伊藤尚『学的に見た日本刀』創元社、1944年

5.7 近代鋼の満鉄刀および軍刀

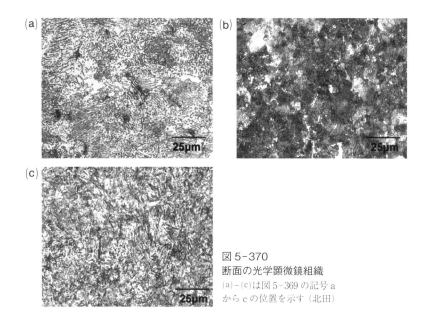

図 5-370
断面の光学顕微鏡組織
(a)-(c)は図 5-369 の記号 a
から c の位置を示す（北田）

くなるが、この鋼単独であると硬くて脆くなる。不純物量については、たとえば、勝光刀の不純物量（表 5-11 参照）に比較すると、Si および Al は 2 – 3 倍で、S（硫黄）は約 40 倍である。現代の炭素鋼に比較しても若干多い。Si は脱酸のために添加され、セミキルド鋼では 0.1 – 0.2 重量％含まれている。Al も脱酸のために添加され、これらを強制脱酸鋼という。また、JIS 規格のバネ鋼の強化には鋼種によるが Si は 0.15 – 2 重量％程度添加され、S の規格は 0.035 重量％以下である。たたら鉄に由来する Ti は検出限度以下である。したがって、高炉鋼などの素材を使っている可能性が高い。

　図 5-370 は主な光学顕微鏡組織である。(a) は棟の焼きが入っていない領域のパーライト組織であるが、セメンタイトに球状化がみられる組織である。図 5-369 の断面マクロ像において、棟から刃の向きに明るく見える領域は同様な組織である。暗く見える領域では (b) のようにパーライト組織が細かくなり、(c) の焼入れされたマルテンサイトはやや粗めのマルテンサイトになっている。

　② 非金属介在物

　この試料の特徴は非金属介在物が非常に少なく、寸法も小さいことである。砂鉄を使った、たたら鉄とみなされる刀の鋼中の非金属介在物の量に比較して極めて少ない。西欧の 19 世紀末までつくられていた錬鉄（れんてつ）と呼ばれるパドル鋼[*]に比較しても少ない。図 5-371 の矢印 a で示すのはパーライト中の非金属介在物で、寸法は約 2 μm である。この非金属介在物のネルギー分散 X 線分光（EDS）による分析値は原子％で、Fe-36.3％Al-0.5％Mn-0.57％S で Al が極めて多く、Al は脱酸のために添加されたものである。Mn と S はほぼ等量含まれている。矢印 b で示した小さな粒子からは Mn が 2.12 原子％、S が 1.40 原子％検出され、Mn-S 系化合物が存在する。これは、高炉鋼の主要な介在物で、Mn が多い場合には、S が硫化マンガン（MnS）あるいは (Fe, Mn)S

---

[*] R.S. Williams and V.O. Homerberg, Principles of Metallography, McGraw-Hill, 1939, pp.125-128

第5章 日本刀の微細構造

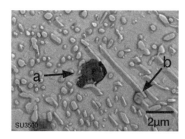

図5-371 パーライト組織中の非金属
介在物の走査型電子顕微鏡像
矢印は非金属介在物（北田）

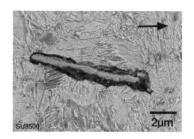

図5-372 マルテンサイト組織中の非金属
介在物の走査電子顕微鏡像、
矢印の向きが刃の先端（北田）

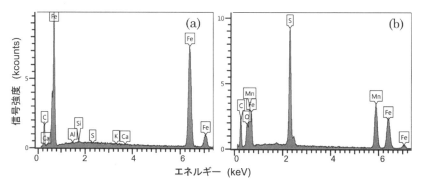

図5-373 図5-372のマルテンサイト領域(a)と非金属介在物(b)のEDS像（北田）

表5-52 刃部にある非金属介在物の組成 （原子%）

元素	Fe	Mn	S	Si	Al	K	Ca	酸素
介在物中心部	26.4	33.3	29.8	0.23	0.06	0.18	0.07	残余
介在物周辺部	42.9	20.7	21.5	0.69	0.64	---	---	残余

になって鋼部から除かれて固定されるので、鋼の高温脆性が改善される。また、これらは近代の鉄鋼技術である。

　刃のマルテンサイト中の非金属介在物も非常に少なく、その一例を図5-372に示すが、加工によって矢印で示す刃先方向に細長くなっている。非金属介在物は中央部の明るい領域とその周囲の暗い領域に分かれているが、最も暗い領域は空洞である。図5-373に図5-372のマルテンサイト（a）と非金属介在物の中央部（b）のEDS像を示す。刃部の非金属介在物の分析値を表5-52に示す。この非金属介在物の特徴はMnとSが極めて多く、酸素が少ないことである。微細構造は分析していないので不明だが、(Fe, Mn)Sが存在する。刃と心鉄の非金属介在物の分析値に若干の差は見られるが、炭素量がほぼ同じであり、同素材で鍛えたものとみなされる。一方、鋼にはSなどの不純物が多く含まれ、砂鉄原料の鋼に比較して不純物量が多い。以上の組織観察および非金属介在物等の分析結果を総合すると、砂鉄原料の鋼ではなく、高炉製の鋼の可能性が高い。

　非金属介在物が少なく、その分布から加工過程を推定することは出来ないが、ふたつの鋼片を合わせた痕跡はなく、折り返した形跡もないので、ひとつの鋼片を刀に加工（丸鍛え）したもの

であろう。

ⓒ 硬度

刀断面の棟から刃に至るマイクロビッカース硬度を図5-374に示す。棟近くの球状化したパーライト領域では188であるが、刃に近い微細なパーライト領域では374、刃の硬度は846である。

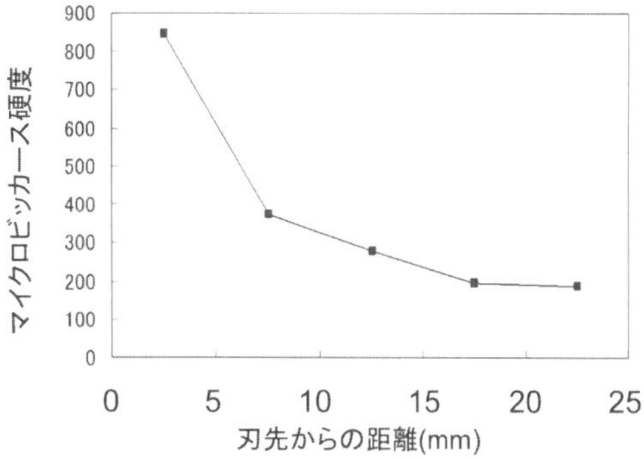

図5-374 同田貫刀断面のマイクロビッカース硬度分布（北田）

5.7.2 満鉄刀

昭和初期は外国との戦乱が続き、それに伴って軍用目的の刀の需要が増えた。これらの多くは軍刀といわれ、サーベルなども含めて多くはたたら鉄ではなく、現代鋼が用いられた。図5-375は昭和初期の伊勢（三重県）山田市の軍刀製造業者の宣伝紙片（びら）で、陸海軍御用と書かれている。通称である満鉄刀は旧南満州鉄道株式会社でつくられたものだが、同社は国策会社で、1916年には鞍山製鉄所を開業した。刀用の鋼は地元の鉱石を使って小型製錬炉でつくったという話と、工業用鋼を使ったという話が伝えられている。

図5-376（a）は太平洋戦争中の旧満州鉄道株式会社でつくられた刀の残欠で、刃の大部分は終戦後に切り取られたものと思われる。銘は（b）で示すように表に「満鐵鍛造之（まんてつこれをたんぞう）」とあり、裏には「昭和甲申年作」と彫られている。甲申（きのえね・さる）年は昭和19年で、終戦の直前である。他の満鉄刀銘としては、「興亜一心満鉄謹作」などがある。中子が非常に長いが、他の満鉄刀の刀身の標準的長さは65-70cmなので、その程度の刀と推定される。

この刀から試料を切り出して断面研磨後に腐食したマクロ像を図5-377に示す。マクロな断面構造は中心が低炭素量のフェライト組織である。これを中炭素鋼が包むような構造となっている。焼入れ部は刃先から4-5mm程度の直刃である。見かけ上は四方詰めと同様の構造である。フェライト領域の上部aには暗い像が観察される。図中のaからcで示す矢印は後述の非金属介

図5-375 昭和初期頃の軍刀の宣伝紙片（筆者蔵）

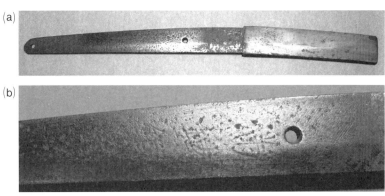

図5-376 満鉄刀の残欠(a)と銘(b)（筆者蔵）

在物の位置である。

代表的な光学顕微鏡組織を図5-378に示す。棟領域は(a)で示すように、明るくみえるフェライトと暗くみえるパーライト組織からなる中炭素鋼の組織である。炭素量の分析値は0.54重量%であるが、ここの組織は分析値よりやや低い0.4重量%程度である。この原因は素材の炭素濃度のばらつきか、あるいは加工・熱処理中の脱炭によるものと考えられる。炭素量のばらつきはあるものの、この中炭素鋼組織は皮から刃に向かって連続した組織になっており、鍛接した境界組織は見当たらない。

鎬と刃の中間距離から刃に向かう領域は(b)で示すように縞状組織になっている。この縞状組織は焼きが入る刃の近くまで続き、明るく見えるフェライトの周囲に微細なパーライト、その外側にパーライトがある。刃の焼きが入っている領域では(c)で示すように、縞状組織のフェライトはそのままで、周囲の地がマルテンサイトになっている。フェライトは初析フェライトで、焼入れ温度ですでに存在していたものである。縞状組織は刃に向かって薄く加工された領域ほど顕著である。これは、オーステナイトの温度領域より下のフェライトとオーステナイトが共存する温度領域で加工されたので、縞状組織が生じたものである。焼入れた後のマルテンサイト領域でもフェライトが残留しており、フェライトとオーステナイトが共存する領域から急冷されて、オーステナイト領域だけがマルテンサイト変態している。フェライトとみなした結晶粒は焼入れたときに変態しない残留オーステナイトの可能性があるが、X線回折ではオーステナイトは検出されなかった。フェライト粒子が分散しているが、マルテンサイトは微細である。一方、心鉄は(d)で示すようにパーライトを少量含むフェライト粒子からなり、組織から推定して約0.1重量%の低炭素鋼であり、包丁鉄の炭素濃度に入るが、江戸時代以前の心鉄にみられる極低炭素鋼ではない。ただし、工業的には0.10重量%以下の鋼を極軟鋼と呼び、柔軟性と靭性は充分にある。

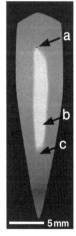

図5-377 満鉄刀の断面マクロ像 矢印aは図5-382で示す非金属介在物、bおよびcは図5-381で示す非金属介在物の位置（北田）

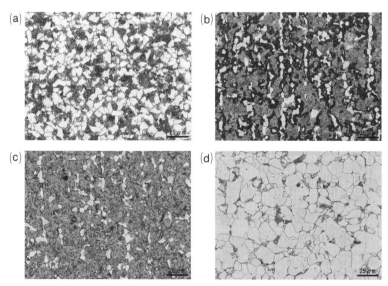

図5-378 満鉄刀の主な光学顕微鏡組織
(a)棟、(b)縞状組織、(c)刃の焼入れ部、(d)心鉄（北田）

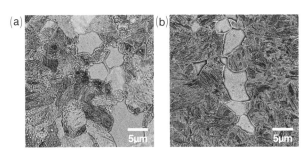
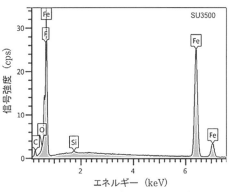

図5-379 縞状組織(a)と刃先のマルテンサイト領域(b)の走査電子顕微鏡像（北田）

図5-380 炭素鋼部のEDS分析像（北田）

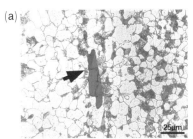
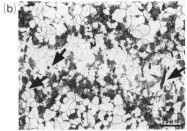

図5-381 図5-377のb部(a)とc部(b)の心鉄-中炭素鋼接合境界近傍の光学顕微鏡組織　矢印は非金属介在物（北田）

図5-379（a）は縞状組織、（b）は刃先の焼入れ領域の走査電子顕微鏡像である。(a) ではパーライトとフェライト結晶粒があり、これらの結晶の寸法は5-10μmでかなり小さい。また、(b) に示すマルテンサイト領域の結晶粒の寸法も (a) と同程度である。これは鍛錬および焼鈍を低温で行い、比較的低温で再結晶したために結晶成長が抑制されたものであろう。マルテンサイト組織は微細構造を透過電子顕微鏡で観察しなければ断定は出来ないが、比較的微細なラスマルテンサイトからなり、この倍率ではレンズ状のマルテンサイトは観察されない。図5-380は炭素鋼部のエネルギー分散X線分光 (EDS) 像で、検出される不純物はSiだけで、0.21重量%であった。刃鉄のマルテンサイトおよびフェライト部も同じ値であった。たたら鉄に比較すると濃度は高く、一般の炭素鋼並みである。

たたら鉄を原料とした刀には素材由来の非金属介在物が多く存在するが、この刀の光学顕微鏡スケールの非金属介在物は少ない。通常、複数の鋼片を組み合わせた場合には、その境界に鍛接した痕跡が見られるが、この刀では心鉄の周囲だけに観察される。図5-381 (a) は心鉄の中間部における皮鉄と心鉄との境界（図5-377のb）で、比較的大きな非金属介在物（矢印）が存在し、この領域では酸素濃度が高い。これは、表面酸化物が鍛接中に分解して地鉄に拡散したためと考えられる。非金属介在物は素材表面の酸化物および鍛接に使用した融剤の残留物からなるものと見られる。

心鉄と下部の中炭素鋼との境界付近（図5-377のc）の光学顕微鏡組織である図5-381 (b) では、パーライトの帯が2本横に走っており、それらの間には幅約50μmのパーライトが少ない帯状領域があり、矢印で示すようなパーライトの帯に沿って小さな非金属介在物が点在している。

この像ではわかりにくいので、後（図5-384）に走査電子顕微鏡像を示す。この帯状領域の酸素も他の領域より多い。上記の組織から、この刀は棟、皮および刃を兼ねた鋼と、心鉄の2種の鋼からなっている。見かけ上は古来の四方詰めのように見えるが、中空の中炭素鋼（鋼管）の中に低炭素鋼を挿入し、これを刀の形状に鍛造したものであろう。

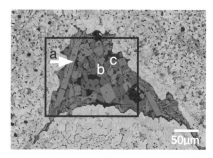

図5-382　図5-377のaで示した芯鉄上部の非金属介在物（北田）

図5-377の矢印aで示したマクロ組織の心鉄上部に存在する暗い組織は、図5-382の走査電子顕微鏡像で示すように、全体が三角形状の比較的大きな非金属介在物である。この形状から判断すると、心と刃・皮鉄の表面に形成された内部酸化膜が鍛接によって、心鉄の上部に集まったものと推定される。心鉄の下部にはこのような大きな酸化物はないので、鍛接後の薄肉加工は刃側から棟に向かって行われたものである。開放された鍛接面では、融解酸化物が外部に押し出されるが、丸棒の中に心鉄を挿入した場合には外部に逃れることができないので、一部に多く集まる。像のコントラストから判断して、組成の異なる2種の多角形化合物結晶が存在する。最も暗く見える領域はガラスと思われる。

図5-382の矩形で示した領域の主要な元素分布像を図5-383に示す。酸素は化合物全体から検出されたので、ここでは載せていない。図5-382で最も明るく見える結晶aはFe濃度が最も高く、微量のCrが検出された。次に明るい結晶bではFe濃度が低くなり、ホウ素（B）が多量に検出され、微量のMnがある。ガラスと思われる最も暗い領域cではB、NaおよびSiが検出され、P、SおよびMnなども存在する。図5-382で示した非金属介在物中のa、bおよびc領域のEDS分析の結果を表5-53に示す。矢印aで示す明るく見える結晶はFe_3O_4に近い組成

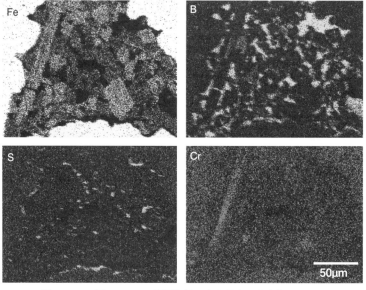

図5-383　図5-382の矩形領域の主な元素の分布像（北田）

表 5-53 満鉄刀中の非金属介在物の分析値 (原子%、No.は図 5-382 の場所。)

No	Fe	Si	Al	B	Na	K	Ca	P	S	Mn	Cr	酸素
a	39.5	0.28	0.41	---	---	---	---	---	---	---	0.56	残余
b	23.1	0.24	---	21.2	---	---	---	---	---	0.27	---	残余
c	---	5.31	0.48	19.9	10.9	0.11	0.16	0.11	0.10	0.12	---	残余

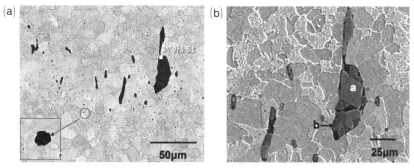

図 5-384　図 5-381(b) で示した中炭素鋼と低炭素鋼の境界に存在する非金属介在物の走査型電子顕微鏡像　(a)は2次電子像、(b)は拡大した反射電子像 (北田)

をもち、重量%ではCrを0.88、Alを0.34、Siを0.23%含んでいる。Crの由来は不明であるが、素材に含まれるものが非金属介在物中に集まった可能性がある。参考までに、ばね鋼のJIS規格では、低Crのものは0.20重量%以下であるが、高Crのものは0.80-1.20重量%添加されている。

図5-382のbで示す中間の明るさの結晶は$FeBO_3$に近い組成で、微量のMnを含む。BO^{-3}の塩としては$Mg_3(BO_3)_2$などがあるが、$FeBO_3$とは原子比が異なる。Mnは素材由来であろう。最も暗い領域cはガラスが主体のマトリックスであり、B、NaおよびSiが主成分で、微量のAl、P、S、Ca、MnおよびFeが検出され、ホウ酸塩ガラスである。

たたら鉄原料の刀に見られる非金属介在物中の粒子およびガラスマトリックスと最も異なるのは、多量のBとNaを含み、砂鉄由来のTiなどが検出されないことである。これは、鍛接のときの表面酸化物の融解剤として硼砂(ほうしゃ)が使われたためである。硼砂の室温における理想組成は$Na_2B_4O_7 \cdot 10H_2O$であるが、加熱されると結晶水を失い、878℃で融解する。融解液は鉄などの酸化物を溶解して素材の表面を清浄にし、鍛接を容易にする。酸化物などと接触したときには混合の効果によって融解温度は低くなる。したがって、心と刃・皮鉄の拡散を阻害する固体の酸化膜が無くなり、容易に鍛接が進む。鍛接過程において、鍛接面に開放された部分があれば、融解液の多くは外部に出てゆくが、一部は残留する。満鉄刀の場合、パイプの中に鋼棒を入れて鍛接したとみられるので、外部に排出されることが難しく硼砂の成分が残留したものとみなされる。伝統的な刀の鍛接では藁灰(わらばい)が使われており、非金属介在物中にBを検出することは極めて稀であるが、前述の国次刀(第5.2.2項)ではBが検出されている。硼砂成分以外にAl、P、S、Ca、SおよびPが検出されるが、鋼の成分由来と推定される。

図5-384は図5-381(b)で示した心鉄と刃鉄の接合領域と推定される境界部の走査電子顕微鏡像である。(a)は2次電子像で、図5-381(b)では観察しにくかった微細な非金属介在物粒

子が暗い点状に多数観察される。介在物の存在する帯の幅は約50μmである。(b)は(a)の右側の粒子を反射電子像で拡大したもので、大きな非金属介在物の内部には、多角形の明るい結晶aと若干暗い結晶bおよび暗いガラスがある。結晶aおよびbの成分を表5-54に示す。結晶aはFeOよりFeが少なく、形状からFe_3O_4とみられる。結晶bにはBが多く含まれておりFe_3O_4にBが固溶したものと推定される。

上述のように、非金属介在物中には鋼の成分に由来するとみられるMnおよびCrなどが検出された。しかし、フェライトおよびパーライト領域のEDS分析からは、Siが検出されただけで、MnおよびCrは

表5-54 心鉄と刃鉄の接合部の非金属介在物の分析値
(原子%)

	Fe	Si	Al	B	Mn	酸素
a	47.8	- - -	0.75	- - -	- - -	残余
b	42.1	0.70	- - -	9.35	1.05	残余

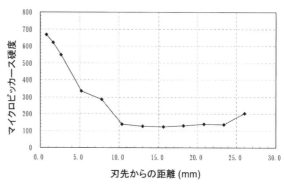

図5-385 満鉄刀断面の刃から棟に至るマイクロビッカース硬度分布(北田)

検出されなかった。EDSで分析した限りでは、用いられた鋼の純度は比較的高い。MnおよびCrが外部から浸入することは考えられないので、鋼に含まれるこれらの元素が優先酸化して非金属介在物中に入ったものと推定される。

使われた鋼がたたら炉のような小型炉で木炭製錬されたものか、あるいは高炉産かを判断するのは難しいが、Sが殆ど検出されないので木炭製錬された可能性がある。また、純鉄に近い高品質の鉄に浸炭すれば不純物の少ない鋼が得られる。

棟から刃までのマイクロビッカース硬度を図5-385に示す。刃先の硬度は680で、炭素量は0.54%であるから、マルテンサイトの硬度としては低めである。刃から約3mmまでがマルテンサイトおよびマルテンサイト主体の組織であり、約3-10mmまでは微細なパーライト組織で、刃先から遠ざかるほどパーライト組織は粗くなる。刃先から約10mm以上離れた心鉄の低炭素鋼領域の硬度は120-130でほぼ一定である。棟の近くでは再び炭素濃度の高い組織になるので、硬度は若干高くなる。鎬近くの左右の皮鉄の硬度は222-224である。最高硬度と最低硬度の比H_h/H_lは5.7である。

満鉄刀は伝統的な刀の製作法を使ってはいないが、観察した組織および硬度分布からみると、かなり日本刀の性質に近くつくられている。マクロ組織は結果的に四方詰めと同様である。古代の技術でも、管状の鋼をつくることが出来たと想像されるので、ここに心鉄として丸棒を入れれば比較的簡単に四方詰めと同様の断面を持つ刀をつくることが出来たと思われる。特に、鉄砲が伝来してからは鋼管の技術があったので、試みられていないのは不思議だが、伝統技法に比較して、肌に複雑な紋様を現すことが出来ないのかも知れない。この刀では、棟、下部の皮鉄の組織が異なるので、研ぎ肌にはある程度の変化が出たものと推定される。

5.7.3 軍刀

戦時中には多くの軍刀がつくられたが、図 5-386 は昭和前期につくられたと推定される軍刀 4 例の断面マクロ像である。a から c の軍刀では、刃先領域は焼入れられているが、マクロ組織では心鉄および皮鉄などの違いは無く、全体に均一な組織である。d では中央部に鍛接した痕跡とみられるすき間（矢印）が存在するが、満鉄刀のような心鉄と皮鉄を用いた痕跡はない。断面像で示したように、a から c は同様なマクロ組織をしており、代表例として a について述べる。

軍刀 a の低倍率光学顕微鏡像を図 5-387 に示す。(a) は焼入れされた刃の部分で、非金属介在物は非常に少なく、矢印 A で示すような塊状の介在物と B で示す細長い組織が観察されるだけである。たたら鉄でつくられた刀でも刃の非金属介在物は鍛錬度が高いので小さいが数は多い。(b) は焼入れ深さ付近の光学顕微鏡組織で、明るい領域がマルテンサイト、暗い領域はパーライトである。ここでは矢印で示す細長い組織が多く観察され、これは他の軍刀でも特徴的に観察された。

焼入れられた刃のマルテンサイトと刀の中央部の高倍率光学顕微鏡像を図 5-388（a）および (b) に示す。(a) のマルテンサイト組織は比較的微細な部類で、粗大な双晶などは見当たらないので、良好な焼入れ組織である。マルテンサイトの中には、暗くみえる非金属介在物とみられる微粒子が存在する。(b) は炭素濃度が 0.70 重量% 程度のパーライトを主とする高炭素鋼である。上述の焼入れ深さ付近のマルテンサイトとパーライト組織を除けば、他の領域は全て (b) で示

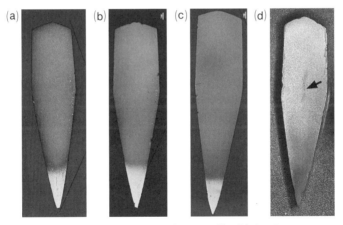

図 5-386　軍刀の断面マクロ像の例（北田）

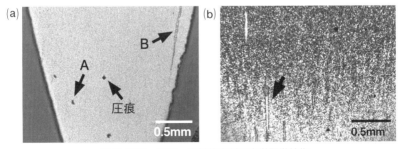

図 5-387　軍刀 a の低倍率断面光学顕微鏡像
(a) は刃部で矢印 A は介在物、B は線状組織、(b) は焼入れ深さ、矢印は線状組織を示す（北田）

第5章　日本刀の微細構造

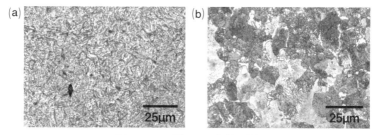

図5-388　軍刀aの光学顕微鏡像
(a)は刃のマルテンサイト、(b)は焼入れ組織以外のパーライト（北田）

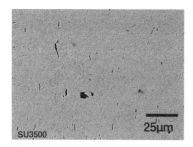

図5-389　軍刀aの刃部の走査電子
顕微鏡像　線状の介在物がある（北田）

図5-390　図5-389のMnとSの分布像
明るい領域にMnおよびSが存在する（北田）

表5-55　マトリックスと非金属介在物粒子のEDS分析（原子%）

元素	Si	Mn	Cr	Ni	P	S	Ca	Fe
鋼領域	0.51	0.52	0.04	- - -	0.03	- - -	- - -	残余
介在物粒子	0.25	51.2	- - -	- - -	- - -	47.0	0.98	- - -
JIS-SUP2*	0.15-0.35	0.3-0.6	<0.2	<0.3	<0.035	<0.035	- - -	残余

*バネ鋼の鋼種規格（1950年）で炭素濃度は0.60-0.75重量%

すパーライトの組織である。結晶粒径は10-25μmで、当時の工業用高炭素鋼としては上質な値である。

　刃の焼入れ組織を走査電子顕微鏡で観察すると、図5-389で示すようにマルテンサイトの間に暗く見える長さが数μmから15μmの針状の非金属介在物粒子が存在する。この領域の元素マップを図5-390に示す。元素マップでは、Feの少ない部分でMnとSが検出された。マトリックスと粒子のEDS分析結果を表5-55に示す。ここでは、表面に吸着した炭素および酸化皮膜の影響がある酸素を除いた値を示す。マトリックスからはSi、Mn、CrおよびPが検出された。MnおよびCrが含まれる鋼は低合金鋼であり、JIS規格から推定すると高炭素のバネ鋼に相当する。上表には参考としてバネ鋼のJIS規格（1950年）を載せた。軸受け鋼の場合は炭素濃度とCr濃度がバネ鋼より高い。一方、介在物粒子からはMnとほぼ同量のSおよび少量のSiとCaが検出された。Sを含む鋼ではFeSが結晶粒界に偏在し、高温鍛造のときに脆性を示すが、Mnを添加するとMnSとなってこれを防止できる。この方法は

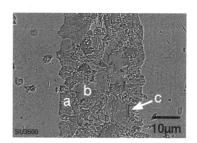

図5-391　図5-387(b)の矢印で示した細長い組織の走査電子顕微鏡像（北田）

258

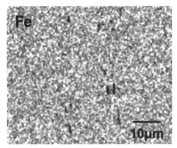
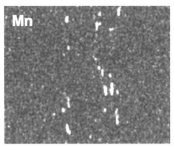
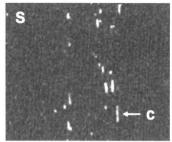

図5-392　図5-391で示した細長い組織の元素分布、矢印cが両図位置の目安（北田）

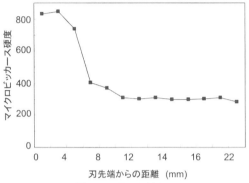

図5-393　軍刀aの刃から棟までのマイクロビッカース硬度分布（北田）

Sを含む石炭を還元剤に用いた時代以降からの古い技術で、最初はMnを含む鉱石を用いていた。したがって、明らかに工業用鋼で、満鉄刀とも異なる。

図5-387(b)で示した細長い組織の走査電子顕微鏡像を図5-391に示す。細長い組織の両側にはマトリックスのマルテンサイトと少量のパーライトがあり、この組織にはa、bおよび針状のcで示す3相が観察される。この領域の元素分布を図5-392に示す。aとbの組織ではFe以外の元素は検出されず、cの針状粒子ではFeが少なく、MnおよびSが検出されている。図5-391のa領域は層状の組織でパーライト、bはFe成分のフェライト粒子である。cからはほぼ等量のMnとSが検出され、硫化マンガン（MnS）である。

また、MnS中には約0.6原子％のCuが検出された。EDS分析で地の鋼からCuは検出されなかったが、微量の添加で耐錆性（さびに耐える性質）が向上するので、添加されている可能性がある。鋼の縞状組織では、不純物の偏析している場所や介在物の周囲でパーライトが生成しやすい。焼入れされた領域のMnSが存在するところでパーライトとフェライトが生成しているのは、周囲の鋼中のMn濃度が低下して焼入れ性が低下したためと推定される。

図5-393は軍刀aの刃先付近から棟近くまでのマイクロビッカース硬度の分布である。刃の焼入れ部は834－849で、焼入れ深さを境にして低下するのは他の刀と同様である。刃先から10-12mmでほぼ一定の約300となり棟まで続いている。形と硬度は日本刀に似せてあるが、内部組織は伝統的な日本刀とは全く異なる構造で、全体として硬いものである。

5.8 断面組織の長さ方向の場所依存性

通常の刀は刃鉄、皮鉄、心鉄を組み合わせ、これを長さ方向に伸ばして全体を製作する。例えて言えば、金太郎飴のように加工する。飴と違って高温で鍛造しても非常に硬いので、長さ方向に均一に伸ばされているかどうか、組織の分析結果を見なければ分からない。しかし、昔は断面の金属組織の観察法がなかったので、外側からの観察に頼らざるを得なかった。ここまでの断面観察結果は刀身のほぼ中央で切断した試料について述べた。本節では、数例の断面マクロ像を比

第5章　日本刀の微細構造

較し、長さ方向の組織の異同について述べる*。

5.8.1 備州長船住勝光刀

備州長船住勝光刀については、刀身中央の組織について、その詳細を第5.3.1項で述べた。

図5-394は勝光刀の刃区(はまち)から(a) 5cm、(b) 25cmおよび(c) 35cmの位置から切り取った断面試料のマクロ腐食像である。何れのマクロ像でも、断面の中心に中炭素鋼があって棟より刃まで続いており、その両側に包丁鉄、さらに皮鉄が中炭素鋼になっている。(a)は棟から鎬に至る中炭素鋼の対称性が比較的良く、中頃から鎬下までの対称性はやや左に傾

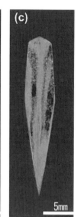

図5-394　備州長船住勝光刀の断面組織の長さ方向依存性（北田）

いている。暗くみえる結晶粒子の寸法が大きい包丁鉄領域も左右対称に近いが、鎬の位置あたりで僅かに左にずれている。

断面像(b)では、中心の中炭素鋼の対象性がやや崩れ、棟付近で左にずれている。このため、暗くみえる包丁鉄領域は右側では広く、左側で狭くなっている。ここの包丁鉄の領域も暗い粗大結晶粒の上部と結晶粒の小さい下部に分かれており、包丁鉄組織のばらつきが見られる。(c)の断面像では、包丁鉄の領域が刃の向きに長く伸びているほか、結晶粒の小さい包丁鉄の領域も細長く分布している。下部の中炭素鋼は右にやや傾いているが、(a)および(b)より対称性が良い。

刃先に向かうほど柔らかな包丁鉄の断面に占める割合が増えているのは、中炭素鋼より包丁鉄の方が軟らかくて伸びやすいためである。結晶粒は同一の素材であれば、ほぼ同一の加工熱処理を受けるから、鍛造の過程で一部だけ結晶粒が粗大化することは考えられない。したがって、結晶粒度にばらつきがある包丁鉄を使ったものであろう。

鍛造前の鋼の組み合わせでは対称性を持たせて鍛造を始めるものと推定されるが、細長く伸ばしてゆく過程で、対称性が若干崩れる。ただし、この刀の基本的な組み合わせは、どの位置でも同様で、経験と勘による手づくりの刀の断面組織としては優れている。

5.8.2 室町-江戸時代の無銘刀

室町-江戸時代に製作されたと推定される無銘の脇差刀の全体像を図5-395に示す。刃の長さは約52cm、全長約67cmであるが、中子はすり上げられているので、後世に短くされている。矢印の箇所(a)-(c)から試料を切り出して、断面のマクロ像を得た。(b)試料の棟の炭素量は0.54重量%、刃部の炭素量は0.53重量%である。図5-395の下部に、これらの断面マクロ像を示す。断面の明るい領域は炭素濃度が約0.1重量%の低炭素鋼で、暗い領域は0.45-0.6重量%の中炭素鋼である。(a)では低炭素鋼が断面中央の左寄りにあるが、(b)では低炭素鋼が右寄り

---

* 断面マクロ組織の長さ方向の組織依存性については、俵博士の著書に主に図を使って述べられている。

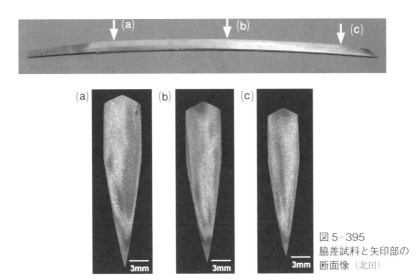

図 5-395
脇差試料と矢印部の
断面像（北田）

になっている。(c) ではさらに低炭素鋼が右に偏っている。鍛錬する工程で偏りが生じたためと思われる。

一方、刃の領域では、(a)-(c) までの断面で刃鉄の中炭素鋼領域が左に偏っている。刃鉄は硬いので、左右のバランスが崩れにくかったものと思われる。鍛錬中には刀身の中身の動きは見えないので、内部構造を対称に保つのは難しい作業である。

5.8.3 江戸中期刀

第5.4.2節で述べた江戸中期刀の長さ方向における断面マクロ構造を図 5-396 に示す。(a) は中子に近い位置で、(i) および (iii) の低炭素鋼、(ii) の中炭素鋼、(iv) の焼入れられた刃からなっている。これらの対称性は良くないが、(b) の位置では (a) と同様なマクロ像で、大きな変化はない。(c) の位置では、(i)、(ii) および (iii) の位置は変わらないが、(iii) の位置が (a) と同様な分布になっている。したがって、鋼片を組み合わせた初期に鋼の組み合わせがずれ

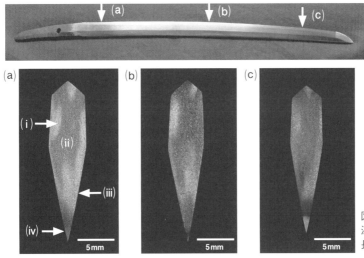

図 5-396
江戸中期の断面像の
長さ方向依存性（北田）

て、そのまま長く伸ばされている。(iv)の刃の領域の広さは変わっているが、焼入れのときの土置きの差と思われる。

5.8.4 越前福居住吉道刀

図5-397は第5.4.4節で述べた越前福居住吉道刀の長さ方向の3箇所(a)-(c)から採取した試料の断面マクロ像の比較である。(a)の中子に近い部分の断面では、中央の中炭素鋼領域がうねったように棟から刃に至っており、非対称だが低炭素鋼領域が中炭素鋼の両側にある。このマクロ構造では、図5-394の勝光刀と同様な鋼の組み合わせを意図したようにみられる。(b)では右側の低炭素鋼領域が広がり、刃の付近まで分布しているのに対し、左側の低炭素鋼領域は小さくなっている。(c)では鎬と棟の間の低炭素鋼が対称的に位置している。刀鍛冶が意図した鋼の組み合わせは、棟から刃に向かう中心部が中炭素鋼、中心の中炭素鋼を挟んで左右の低炭素鋼、これを皮鉄で被うものであったとみられる。

図5-397の矢印で示したところには、何れの断面でも非金属介在物による内部の疵がみられる。疵の部分を拡大した光学顕微鏡像を図5-398の(a)から(c)に示す。中子近くの(a)は表面まで達する最も大きな疵になっており、(b)から(c)に向かって疵が小さくなっているが、刀の内部を貫通するような疵である。疵の下には低炭素鋼があるが、この位置関係は(a)から(c)まで同様であり、鍛錬中の鋼の動きがわかる。単なる隙間であれば鍛接されるので、鍛造の

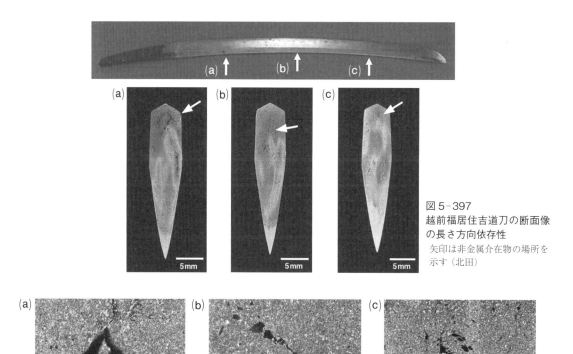

図5-397
越前福居住吉道刀の断面像の長さ方向依存性
矢印は非金属介在物の場所を示す(北田)

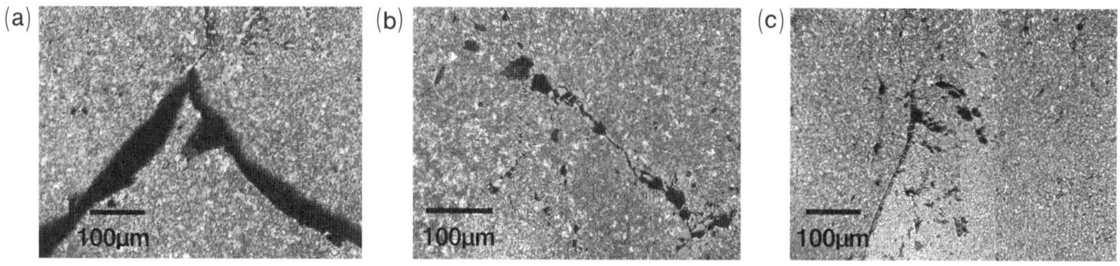

図5-398　図5-397の矢印で示した疵の高倍率像(北田)

初期から大きな非金属介在物があって、これが刀の長さ方向に伸ばされるように分布したものである。非金属介在物の最初の大きさが不明であるが、刀の先端ほど鍛錬されて非金属介在物が小さくなっている。鋼の内部にある非金属介在物は把握できないので、仕方のないものである。

このように、内部の構造を長さ方向で見ると、複数の鋼を組み合わせて細長く加工することの難しさが理解される。長さ方向に均一な組織を持つことが優れた刀の条件のひとつと思われるが、外見から判断するのは難しい。

5.9 刀の金属組織と諸性質の変化

ここでは、これまでに触れなかったことと、実験的に得られた結果などについて述べる。

5.9.1 焼鈍

日本刀は炭素濃度の変化と組織の変化を組み合わせた複合鋼である。大きく分けて、焼入れされたマルテンサイト、微細さの異なる複数のパーライト、炭素濃度の低いフェライト、これらの境界領域の組織からなる。焼鈍することによって、マルテンサイトは安定なパーライト組織になり、微細なパーライト組織も粗大になって焼鈍温度の上昇とともに均一になる。

図5-399は焼入れされた刀断面の刃から棟に至る硬度分布と、これを850℃で1時間焼鈍したのち徐冷した試料の硬度分布である。焼入れ状態の刃先はマルテンサイトで硬度は600前後であり、棟もマルテンサイトと微細なパーライトの混合組織で硬度は約400である。焼鈍によりマルテンサイトは分解してパーライトになり、微細なパーライトも粗大化したので、高炭素量の刃と棟の硬度は大幅に低下している。これに対して、刀の中央部分は初めから低炭素鋼で急冷されていなかったので硬度に変化はなく、焼鈍後に全体として硬度は均一になった。断面の表面に近い領域の硬度は断面の中央部の硬度より若干低く、これは炭素濃度のばらつきである。

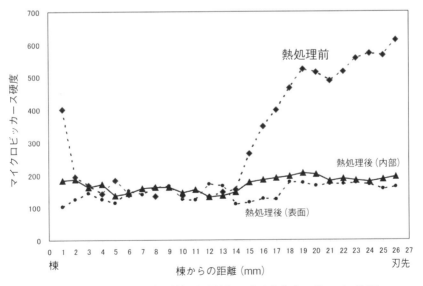

図5-399　刀の硬度と熱処理（焼鈍）による変化（850℃×1h）（北田）

5.9.2 鍛錬度と組織

一般の鍛錬の基本的目的は鋼を高温で圧縮加工して再結晶により結晶粒を細かくし、炭素原子などの拡散を活発にして組織を均質にすることである。たたら鉄の場合には、非金属介在物を微細化して均一な分布とすることも目的である。これと同時に望みの形状を付与する工程である。現代の鋼の加工・熱処理では様々な機械的方法が使われているが、これに比較すると刀に関する鍛錬は比較的単純である。

最適な鍛錬温度は炭素濃度によって異なるが、鉄‐炭素系状態図のオーステナイト領域で行うのが最も普通である。室温で複雑な組織になっていても、オーステナイトの温度領域に加熱すれば組織は加熱時間とともにオーステナイト単相になる。この温度で鍛造されると、原子は熱エネルギーを得て拡散が活発になり、しかも、変形により多数の転位が導入されFeおよびC原子の拡散が促進される。転位の芯の下では結晶格子の隙間が大きいので、炭素原子などの小さな原子は転位芯を拡散路にして、活発に動き回る。炭素原子以外の不純物原子の分布も拡散によって均質となる。また、非金属介在物も鍛錬によって薄く伸ばされて千切れるので、微細化するが、温度が低いと融解しないので、内部欠陥が増える。

前述のように、刃鉄の非金属介在物が心鉄より小さいのは、刃鉄の鍛錬度が高いためである。しかし、一方では、鍛錬されることにより組織が均質化されるので、皮鉄では肌の紋様の変化が少なくなり、単純なものとなる。ここでは、試作した刀で観察した鍛錬度と組織の均一化について述べる。

小型のたたら炉で砂鉄を使って鋼を製造し、これを用いて丸鍛えした短刀の外観を図5-400に示す。この刀では、たたら炉で製造した低炭素鋼の塊を薄くのばして板状にし、これを折り返し鍛錬したものである。図5-401は折り返し数（n）を3回、7回、11回とした試料の断面マクロ像で、3回では明瞭な縞状組織となっており、7回では縞状組織がかなり薄くなり、11回折り返したものでは縞状組織が僅かになって均質化されている。

縞の領域を光学顕微鏡で拡大すると、縞の場所によって若干異なるが、図5-402のように3回折り返し鍛錬した試料では暗い縞の炭素濃度が0.6 - 0.65重量％と高く、明るい縞では0.15 - 0.2重量％と炭素濃度が低くなっている。11回折り返し鍛錬した試料では、図5-403のように暗い縞の炭素濃度が減少し、明るい縞では炭素濃度が高くなっている。折り返し鍛錬数を多くすれば、縞状組織は完全になくなり、均質な組織になる。折り返すことによって、縞の距離は短くなるので炭素の拡散距離が短くなり、さらに、加熱される時間が増えるので炭素の拡散量が多くな

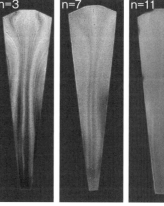

図5-400　小型たたら炉製の鋼で試作した刀試料（北田）　　　図5-401　折り返し鍛錬数（n）と断面マクロ組織（北田）

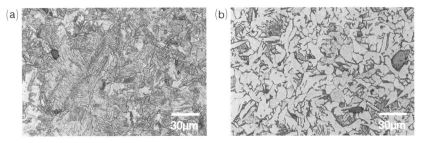

図5-402　3回折り返し鍛錬した試料、暗い縞(a)および明るい縞(b)　（北田）

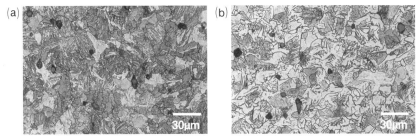

図5-403　11回折り返し鍛錬した試料、暗い縞(a)および明るい縞(b)　（北田）

図5-404　小型たたら炉製の鋼で試作した刀　（北田・河内）

図5-405　6回折り返し鍛錬した試作刀の断面マクロ像　暗い点は硬度測定の圧痕（北田）

り、炭素濃度が均質になる。

　一般的には、均質な組織のほうが鋼の機械的性質も均質であるが、縞状組織は一種の複合材料であり、硬軟の層があって靭性が優れる場合もある。不純物の少ないたたら鉄の場合には、現代の金属組織学の教えとは異なる場合があるかも知れない。組織を均質にするには、折り返し鍛錬数を多くするのが望ましい。ただし、焼入れたときのマルテンサイトとパーライトの不均一な分布などはなくなり、非金属介在物も微細化されるので、刃紋近傍の種々の紋様は現れにくい。また、肌の紋様を重視する皮鉄では、複数方向で鍛錬をしているが、鍛錬しすぎると組織が均質になって肌の紋様などが現れなくなる。古い刀の中で、直刃の刀など刃紋が単純で肌の紋様の少ないものは鍛錬数が多く、質の高い鋼となっている。美術的な目的で刃紋を複雑にするには、鍛錬数を適当にする必要があり、これは経験と勘によるので、難しい技術である。

　縞状組織が残るように鍛錬数を6回として試作した刀を図5-404に示す。直刃として焼入れてある。同様に作製した試料の断面マクロ像を図5-405に示したが、明暗の縞が整然とならんでいる。縞と縞の間の距離は刃先に行くほど狭くなっており、刃先では炭素濃度が高い組織になる。炭素濃度の高い部分は変形抵抗が高く薄くなりにくいが、低い部分は変形抵抗が低いので薄くなる。このように、素材として均一な縞状組織の鋼を使っても、加工と熱処理によって炭素濃

度は場所によって変化する。断面マクロ像の硬度試験の圧痕から明らかなように、縞の間隔が狭くなる刃に向かって圧痕は小さくなっており、刃に向かって硬くなる。第6章で述べるように、槍の断面マクロ像も縞状組織になっており、試作刀と同様な加工・熱処理を受けている。

5.9.3 刃鉄と心鉄の組み合わせ鍛錬

江戸時代までの典型的な刀は極低炭素鋼の心鉄と中炭素鋼の刃鉄（皮金）を組み合わせたものである。極低炭素鋼はすでに述べたように包丁鉄と呼ばれるものであるが、現代では殆どつくられていない。ここでは、江戸時代の包丁鉄を使った火縄銃から切り取った低炭素鋼を心鉄に使い、現代製のたたら鉄を刃鉄および

図5-406 低炭素の心鉄と中炭素鋼のたたら鉄（刃鉄・皮鉄）の試作片（北田）

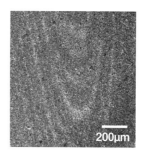

図5-407 心鉄と中炭素鋼の縞状組織（北田）

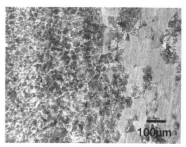

図5-408 心鉄と皮鉄の接合部
左が皮鉄側（北田）

皮鉄に使った甲伏せ法で試作した。図5-406は試作した試料片の断面マクロ像で、心鉄が少なかったため刃鉄（皮鉄）が大きな面積を占め、心鉄が小面積になった。心鉄は軟らかいので甲伏せで鍛錬すると棟の向きに逃げるため、心鉄面積が小さくなる。また、中心から左にずれており、これも心鉄と皮鉄の硬さ（変形抵抗）の差が原因のひとつで、面積比と位置関係を適当にするのが難しい。

図5-407は刃鉄で心鉄を挟んだ刃鉄側の像で、縞状組織があり、刃鉄（皮鉄）が心鉄を挟み込んだときの湾曲した状態がわかる。このような像は前述の刀でも観察され、組織の流れは鍛造法を解析する手段になる。図5-408は心鉄の中央部近くの皮鉄と心鉄の境界の組織で、加熱あるいは加熱時間不足のため拡散が充分ではなく、組織境界の炭素濃度の勾配はなだらかではない。良質な刀をつくるには、素材が優れたものであると同時に、鋼の組み合わせと加工・熱処理が重要である。

5.9.4 硬度の炭素濃度依存性と硬度比

刀によって刃鉄の炭素濃度が異なり、焼入れ条件なども異なる。したがって、既に述べたように、刀の刃鉄（マルテンサイト）の硬度はまちまちである。図5-409は刃鉄の炭素濃度が異なる刀において、刃鉄の焼入れ部のほぼ中心で測定したマイクロビッカース硬度の炭素濃度依存性である。炭素濃度が0.4－0.5重量％のマルテンサイトの硬度

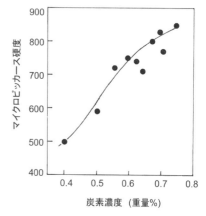

図5-409 日本刀の炭素濃度とマルテンサイトの硬度（北田）

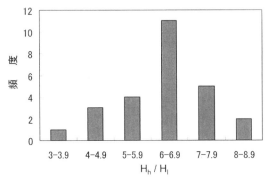

図 5-410　最高硬度と最低硬度の比（H_h/H_l）の分布（北田）

は 500-600 で低いが、炭素濃度が 0.55 重量％以上になると 700 以上になる。測定数は少ないが、炭素濃度依存性がみられる。マルテンサイトは炭素が強制固溶した結晶格子のひずみ、変態によるひずみで導入された転位の密度、ラスマルテンサイトの大きさ、転位への炭素原子の偏析などの因子によって支配される。

日本刀の鋼の純度は高いが、鋼に含まれる酸素および窒素も強度に大きな影響をもち、また、刃先では高温加熱での脱炭も考えられ、これらが硬度のばらつく原因になる。また、低温の焼き戻しによっても強制固溶していた炭素が準安定な炭化物として析出する。これによっても硬度の増減があり、硬度変化の原因になる。

調べた刀の断面における最高硬度（H_h）と最低硬度（H_l）の比 H_h/H_l についてはそれぞれの刀の項で述べたが、これらの分布を図 5-410 にまとめた。軟らかい鋼と硬い鋼の組み合わせが日本刀の基本的作刀法であるが、刀によって、この値が異なる。統計的に述べるには多くの刀についてデーターを得ることが必要だが、筆者が調べた範囲についてまとめたところ、図で示すように、H_h/H_l は 6 – 6.9 で最大になっている。心鉄に使われる包丁鉄の極低炭素鋼から低炭素鋼のマイクロビッカース硬度は 95 – 110 程度であり、焼入れられたマルテンサイトの硬度が 600 – 700 であることを示している。これが断面の硬さからみた江戸期までの刀の典型と思われる。鎌倉から南北朝時代の刀の H_h/H_l の平均値は 6.7、室町時代の刀では 6.6、江戸時代の刀では 5.2 と、時代を経るにしたがって比は小さくなる傾向を示している。この統計には焼入れされていない刀、焼入れできない低炭素鋼だけを用いた刀、中 – 高炭素鋼で丸鍛えした刀の H_h/H_l を含めていない。これらの H_h/H_l は 1 – 2 であり、典型的な日本刀とはいえない。

強度の特徴を考慮する場合には断面に占める硬度の高い鋼と低い鋼の面積比も重要である。心鉄の断面に占める硬い組織の面積（S_h）と、軟らかい組織の占める面積（S_l）が明瞭な刀では S_h/S_l 比を算出しやすいが、複雑な断面組織の刀では算出が難しい。試みに、極低炭素鋼を使い、断面組織で硬軟の領域が判定しやすい刀について S_h/S_l を求めたところ、包永刀は 2、来國次は 0.65、政光は 1.3、備州住長船勝光が 1、信国が 0.3、祐定が 0.3、次廣刀が 0.8、吉光が 0.7、清光が 1.7 で、無銘の甲伏せ刀で 0.2、などであった。かなりばらついているが、測定した 13 例の平均値は約 1 であった。複雑な断面組織の刀は含まれていないが、日本刀の評価の目安のひとつのなると思われる。

刃物では刃の角度も重要な因子と思われる。刃

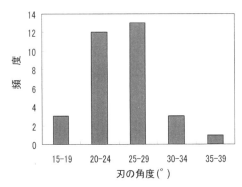

図 5-411　刃の角度の分布（北田）

先の付近は若干丸く研がれ、それから鎬の向きにほぼ直線的に伸びている。したがって、測定範囲によって角度が変化する。ここでは、刃の先端からか刀の高さの1/2の距離を目安にして、先端の点とこれらの点を結ぶ線がつくる角度を刃の角度とした。図5-411は測定した刀の刃先の角度の分布である。角度は20-30°の範囲が多く、これを外れる刀は少ない。調べた刀の平均角度は約24°で

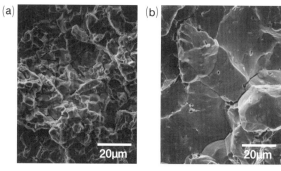

図5-412 衝撃破壊した刃の破面の走査電子顕微鏡像
(a)室町時代刀、(b)江戸時代末の刀（北田）

ある。鎬造りの刀の平均角度は25°、平造りの刀の平均角度は19°で、平造りは鎬造りより小さく、薄い傾向を示す。

5.9.5 衝撃破壊面の組織

刀は打ち合わせたときに衝撃的な力を受けるので、衝撃破壊に強い組織が必要である。心鉄に使われた純度の高い極低炭素鋼は柔軟なフェライト組織であるから、衝撃力に強い性質を持っている。一方、刃鉄のマルテンサイトはその組織によって耐衝撃力が異なる。金属組織と耐衝撃力の関係をみるには、衝撃によるエネルギー吸収量を測定する衝撃試験が適しているが、刀の刃の場合、必要な形状の試験片が取れないために測定が出来なかった。それに変わるのが、衝撃破壊した破面の組織を調べるフラクトグラフィ（Fractography：破断面診断）と呼ばれる手法である。これは、破面の形状から靭性や耐衝撃力を定性的に評価する方法である。

その一例として、刃に切り欠きを入れ、衝撃破壊したときの破断面の比較について述べる。図5-412 (a)は室町期の吉包刀の刃鉄を衝撃破壊した時の破面の走査電子顕微鏡像で、結晶粒径が小さいため、破面の凹凸は微細である。これに対して、(b)で示す江戸時代末頃につくられた下坂作刀の刃部の衝撃破壊破面は平坦で粗大な破面からなる。このような破断面をもつマルテンサイト組織は脆弱である。破壊されたときの吸収エネルギーは破面の面積に比例するので、微細な破面ほど耐衝撃力は高くなる。結晶粒が大きいと、結晶粒界の面積も少なくなり、不純物元素の含有量が同じと仮定すると、粒界の面積が小さいために、粒界に偏析する不純物の量は相対的に多くなる。吉包刀のマルテンサイト組織は微細であるが、下坂刀の組織は非常に粗い。鋼の結晶粒径などの組織が微細であることは、強度だけではなく、靭性にも影響する。

5.9.6 組織の大きさ

前述のように、鋼の機械的性質は組織の微細さに大きな影響を受ける。刀の基本的な金属組織はフェライト、パーライトおよびマルテンサイトである。これらが単独で存在する場合と共存する場合とがあり、組織境界では複雑となっている。

焼入れによって生ずるマルテンサイトは同じ組成であっても、冷却条件などで異なることが多い。刀の場合、刃紋を付けるために土置きなどをするので、鋼の表面近くと内部ではかなり異

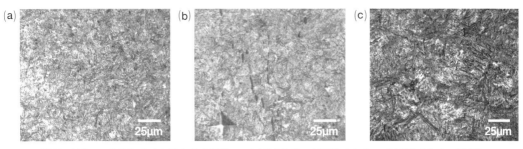

図5-413 マルテンサイトの大きさの違い (a)刃先先端、(b)刃先より2mm、(c)刃先より4mm（北田）

なった熱処理条件になる。図5-413は炭素濃度が約0.6重量％でオーステナイトの結晶粒径が約10μmと推定される刀のマルテンサイトの光学顕微鏡組織を比較したもので、(a)は刃先から0.5mm、(b)は2mm、(c)は4mmの位置におけるマルテンサイトである。(a)は非常に微細であるが刃先から離れると(b)のようにマルテンサイトは若干大きめになり、さらに刃先から離れた内部では粗大になっている。多くの刀は刃先から内部に向かうほどマルテンサイトは粗くなっている。内部に向かうほど冷却速度は低くなるので、これが主因と思われる。ただし、炭素濃度のばらつきや刃先での脱炭があると、刃先のマルテンサイト組織が相対的に大きくなることもある。

刀の内部になると冷却速度は低くなり、マルテンサイト生成の臨界冷却速度より低くなる。充分に冷却速度が低くなればオーステナイトは全部パーライトに変態するが、臨界速度近傍では炭素濃度のばらつきや結晶粒径のばらつきがあると、場所によってマルテンサイトが生ずるところとパーライトになるところがある。これが、前述の焼入れ深さ位置の組織である。パーライトとマルテンサイトが混じっている領域を分かりやすく図5-414に示す。この光学顕微鏡像では、Pで示す暗い領域が微細なパーライトで、Mで示す明るい領域がマルテンサイトである。左側のPで示すパーライトは扇状に成長しており、Mで示すマルテンサイトの中に食い込むように広がっている。これは、マルテンサイト変態温度より高い温度でパーライトが生じて成長したためであり、完全にパーライト変態する前にマルテンサイト変態開始温度まで下がり、残った領域がマルテンサイト変態したものである。パーライトの中に独立して生じた島状のマルテンサイトは炭素濃度が高いことが多く、組織は粗大で靱性が低く、破壊の起点になりやすい。ただし、表面に生じた粗大な島状マルテンサイトは肌の紋様を複雑にする効果がある。

オーステナイトが冷却される場合、冷却速度が高いとオーステナイトがフェライト（αFe）とセメンタイト（Fe_3C）に分解するのに必要な原子の拡散時間がなく、原子の位置がずれる格子変態と呼ばれるマルテンサイト変態を起こす。これには、マルテンサイト変態開始温度まで一気に冷却することが必要だが、炭素濃度の高いほど開始温度は低くなるので、冷却速度が低いと開始温度までに原子が拡散する余裕があってパーライトが生ずる。このような冷却による相変態を連続冷却変態と呼んでおり、刀の場合は炭素濃度の異なる鋼を用い、表面への土置きで冷却速度を部分的に変えているので、複数の条件で連続冷却

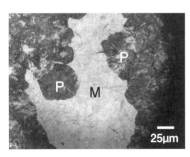

図5-414 パーライト(P)の後に生じたマルテンサイト(M)（北田）

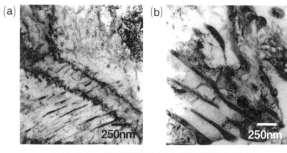

図 5-415　室町時代刀(a)と江戸時代末刀(b)のパーライトの比較（北田）

変態を起こしている。これは、現代の鉄鋼技術における複雑な熱処理技術の走りと思われる。

　オーステナイトをマルテンサイト変態開始温度より上の温度に急冷して保持すると、相分離が起こる。これを恒温（温度が一定という意味）変態と呼んでいる。保持する温度によって相分離反応が異なり、様々な組織を持つ鋼が得られる。また、恒温変態をある程度進めた後に急冷するなどの方法もある*。

　パーライトとマルテンサイトの境界を示す透過電子顕微鏡像は図5-183に示した。図では左側が微細なパーライトであり、右側にラスマルテンサイトの微細な組織が見える。パーライトは拡散を伴う層分離反応でオーステナイトの結晶粒径をある程度引き継いでいるが、マルテンサイトは結晶格子がずれる格子変態なので、必ずしもオーステナイトの大きさを引き継いでいない。左側のパーライトは結晶粒内でそれぞれの向きに成長しているが、右のラスマルテンサイトはひとつの方向に並んでいる。この組織から拡散を伴う相分離反応と、無拡散の格子変態の様子がわかるであろう。

　上述のように、炭素濃度が同じでも、パーライトの組織は結晶粒径、冷却速度などの様々な条件で変わる。図5-415は室町時代刀（吉包作）と江戸時代末の刀（下坂作）の焼入れ深さ上部のパーライト組織の透過電子顕微鏡像で、暗い線状の粒子がセメンタイト（Fe_3C）で、地の明るい領域がフェライトである。(a)の結晶粒径は数 μm、(b)は約 25 μm であるが、パーライトの大きさは著しく異なる。一般に、パーライトの組織が微細で結晶粒径が小さいほど強度が高くて靭性がある。同じ炭素濃度でも、組織に大きな違いがあるので、刀の材料科学的優劣は微細構造を調べないとわからない。

　組織を微細化にするには、鍛錬と熱処理で組織の均一化と結晶粒の微細化が必要で、これには焼入れ前のオーステナイトの結晶粒を微細化する必要がある。既に述べたように、多くの刀では刃鉄の結晶粒径が 10 - 15 μm 以下であり、現代の鋼に比較して優れている。これは短時間で素早く鍛錬した刀工の技術が高かったためと思われる。

5.9.7　非金属介在物の立体的分布

　非金属介在物については、光学顕微鏡、走査電子顕微鏡および透過電子顕微鏡による観察結果を述べてきたが、非金属介在物の立体的形状、元素の立体的分布、隣接する非金属介在物との関係などについては、不明な点が多かった。ここでは、イオンミリングで表面を削りながら走査電子顕微鏡で多数の元素分布像（元素マップ）をつくり、これを繋げて立体的に表示した非金属介在物の状態について述べる。

---

*　谷野満・鈴木茂『鉄鋼材料の科学』内田老鶴圃、2001年、83頁

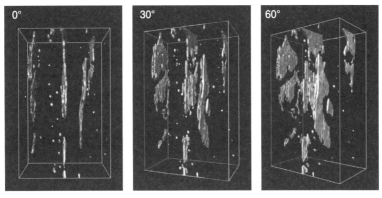

図5-416 非金属介在物のSi（黄）、Al（緑）、Ca（青）およびTi（赤）の立体的分布［カラー口絵6頁参照］（北田）

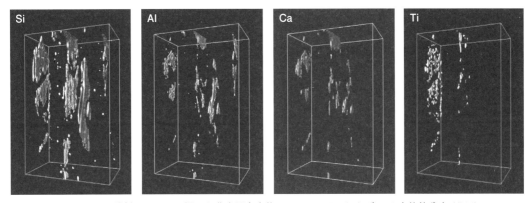

図5-417 試斜面から30°傾けた非金属介在物のSi、Al、CaおよびTiの立体的分布（北田）

　備州長船住勝光刀から切り出した試料を研磨後、表面から深さ方向にイオンミリングしてエネルギー分散X線分光（EDS）で分析し、これを繰り返して深さ方向の元素分布を求めた立体像を図5-416［カラー口絵6頁参照］に示す。この図では、Siを黄色、Alを緑、Caを青、Tiを赤で表し、試料面に垂直に見た図を0°とし、30°および60°傾けて見た場合を示している。黄色のSiは多少があるものの全体的に分布し、他の元素分布は偏っている。左側の非金属介在物ではTiが多く、中央の非金属介在物ではSiが多くTiは少なく、右の非金属介在物ではCaが多くTiは殆どない。また、これまで述べてきた刀の断面の非金属介在物像は上述の0°の場合であり、斜めから見ると、薄く平板状になっていることがわかる。鍛造によって、このように薄く伸ばされている。刀の肌で観察されるのは、統計的に平板状の非金属介在物が多く、刀表面の紋様や反射率などに影響する。

　図5-417は傾きが30°の場合のSi、Al、CaおよびTiの分布で、Siは非金属介在物の全体に分布しているが、AlとCaはガラスとみなされる場所にあり、Caは右端の介在物には含まれていない。また、Tiは左端の介在物に多く、中央の介在物には少なく、右端の介在物には含まれていない。さらに、Tiは粒子の内部にあり、化合物粒子として存在することもわかる。このように、ごく近くに存在する介在物でも、含まれる元素には大きな違いがある。これは、たたら製鉄のときに混入した介在物の種類が複数あることを示す。このような成分の違いがあるのは、

第5章 日本刀の微細構造

製錬中の酸化物融液の組成が融液の流動などで局部的に異なり、それが還元された鉄の中に取り込まれたためと考えられる。多成分からなる酸化物は同じ成分であっても組成が異なれば異なる組織や化合物を形成する。したがって、非金属介在物の評価は数多くの実験結果から把握しなければならない。

光学顕微鏡で非金属介在物を形状と明るさで比較すると、非金属介在物中のFeOは丸み帯びて明るく見え、ファヤライトは多角形状で暗く見える。また、Ti化合物はFeOとファヤライトの中間の明るさで、針状および多角形の場合が多い。この特徴を把握すれば、光学顕微鏡でも、ある程度化合物の判定が可能であり、断面を観察するような破壊分析をしなくても、表面に存在する非金属介在物を調べればおおよそのことがわかる。

非金属介在物について、俵國一博士は著書（『日本刀の科学的研究』24頁）で「俗に（心鉄の）鍛錬度が少ないために鉄滓（非金属介在物）が残っている、これがために刀を使用する際に手に軟らかく当たりまして腕が疲れぬと申します」と述べている。鍛錬度が少ないためというのは、包丁鉄の非金属介在物が大きいという意味である。一般に金属結晶中の格子欠陥や析出物のある場所では内部摩擦という現象が起こる。これは、内部の転位線の振動、結晶粒界、結晶と介在物粒子の界面などの摩擦で外力が熱に変わる現象である。具体的には振動のエネルギーが吸収され、叩いても音が少なくなる（減衰）。この代表的なものがグラファイトが分散している鋳鉄（図8-23）で、振動が吸収されるので加工精度に影響する旋盤などの土台として使われている。たたら鉄は非金属介在物が多いので、振動を与えたときに振動を吸収する能力はあるが、その程度は不明で、これは、内部摩擦あるいは減衰能の実験で明らかにできる。

西洋の直剣では、垂直に垂らして叩いたとき、細かく長時間振動するものが良い刀といわれている。つまり、振動を吸収しない剣が良い。衝撃力を使う西洋剣では、内部摩擦の少ないことが要求されたため、と思われる。

5.9.8 非金属介在物の融解

多くの刀にみられる非金属介在物は融解した状態から相分離して凝固している。高温の鍛錬温度は一部を除けばオーステナイト領域の750 − 850℃以上（図2-12のG-S線以上）と推定されるが、このような温度で酸化鉄、ケイ酸塩化合物およびアルミノシリカ・ガラスからなる非金属介在物が融解するかどうかを直接実証するのは難しい。高温顕微鏡で加熱して観察を試みたが、明瞭な結果は得られなかった。そこで、鎖帷子のように強加工されて非金属介在物が細かく破壊されている試料を加熱して、破壊された非金属介在物の挙動を観察した。

図5-418（a）は強加工された鎖帷子鋼線の非金属介在物の走査電子顕微鏡像で、非金属介在物は室温近傍の加工により

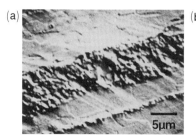 

図5-418　強加工して砕かれた鋼線中の非金属介在物(a)と850℃で焼鈍した後の再融解・凝固した非金属介在物(b)（北田）

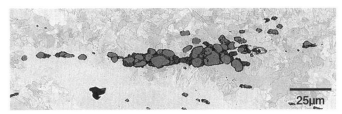

図5-419 熱間鍛造中に砕かれた非金属介在物の列（北田）

図5-420 室温加工よって破壊した非金属介在物の走査電子顕微鏡像（北田）

細かく砕かれている。強加工された鋼線試料を850℃で1時間焼鈍し、徐冷した試料の非金属介在物が（b）である。（a）と同一の場所ではないが、細かく砕かれていた非金属介在物は再融解して相分離した状態になり、上記の温度で融解している。

　高温鍛造で非金属介在物を外部にたたき出すことが可能なのは、このように、非金属介在物が融解して流動性をもち、鍛造によって表面近くに存在するものからに順に鋼の外部に排出されるためである。

　熱間鍛造中に砕かれた非金属介在物の列を図5-419に示す。鍛錬度が高いほど細かく砕かれて粒子は引き離されるので、非金属介在物は鍛錬するほど小さく、それぞれが独立粒子になる。刃鉄の非金属介在物が総じて小さいのは、鍛錬度が高いためで、鍛錬するほど非金属介在物による切り欠き効果は低くなり、鋼の質は向上する。

　図5-420は低温で加工された非金属介在物の例で、直線的な面が破面であり、明らかに破壊されたことがわかる。割れた部分にはフェライトが充填されるように埋まっており、矢印で示すようにフェライトの破壊面も線状に残っている。このような亀裂は切り欠き効果を示すので、中・高炭素鋼のような硬い鋼の低温での強加工は好ましくない。高温で破壊された場合には非金属介在物の表面張力と周囲の鋼の変形と拡散で地の亀裂は残らない。また、非金属介在物の破壊のされ方で、鍛錬度あるいは加工度が大雑把に把握できる。

5.9.9 錆の中の非金属介在物

　刀の中にある非金属介在物は酸化物であるから化学的に安定であり、周囲の金属が腐食されて錆になっても、ある程度錆の中で保存される。図5-421の中央部の粒子が酸化層の中に見られる非金属介在物の例である。周囲は刀が錆びてFeOとFe$_3$O$_4$になっているが、非金属介在物粒子の中には、粒子と地のガラスがあり、ほぼ完全な形で残っている。図5-422は上記粒子の元素分布像で、FeとOの分布像は周囲にも同じ元素があるのでぼやけているが、Si、Alなどの分布像は明瞭である。このように、錆の中に埋没した非金属介在物でも、分析することが可能である。また、周囲の酸化物の中の不純物もEDSで分析できる。パーライトなどの組織も痕跡として観察可能なことがある。

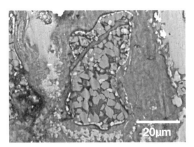

図5-421 腐食して錆の中に埋め込まれた非金属介在物（北田）

第5章 日本刀の微細構造

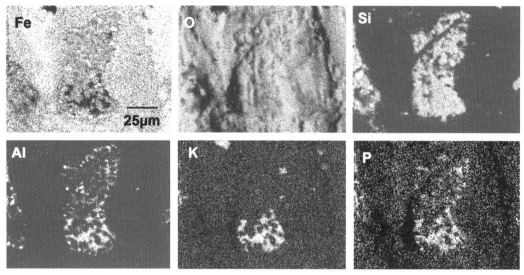

図5-422 図5-421の元素分布像（北田）

ただし、腐食が進んで水酸化鉄（赤錆）に変化した領域では非金属介在物も変化するので、判別できない。

5.10 刀の不純物とチタンの化合物

非金属介在物はたたら製鉄の未反応の融解酸化物が還元された鉄の中に巻き込まれたものが主である。還元雰囲気にある鉄を含む酸化物融液は酸化物中のFeO結合から一酸化炭素（CO）でOを奪いFeとする。したがって、巻き込まれた酸化物融液中には未還元のFeが残っている。これとともに鉱石の成分であるNa、Mg、Al、Si、K、Ca、TiおよびMnなどが含まれる。これらの多くは酸素との結合力がFeより強く、還元されないで酸化物融液にそのまま残る。また、Moの酸化物であるMoO_3（沸点が1155℃）、Wの酸化物であるWO_2（800℃から昇華）のように蒸気圧が高く、製錬中に昇華・蒸発するものもあり、鉱石に含まれていても、あまり残らないものもある。

5.10.1 刀の不純物元素

日本刀の多くの非金属介在物中には、たたら製鉄に使われる砂鉄鉱に含まれるTi、V、Mn、Zrが検出され、稀であるがNi、Co、Cr、Mo、Wなども検出された[*]。ここでは、不純物元素の検出を化学分析とエネルギー分散X線分光（EDS）で行っている。化学分析は刀の鋼を酸で融かして溶液とするので、非金属介在物が溶け出すこともある。したがって、非金属介在物の成分を含む刀全体の濃度で、検出された元素が鋼に含まれるのか、あるいは非金属介在物に含まれるのかわからない。

---

[*] 古代の鉄および日本刀では、上記の元素のほかにCu、Ga、Asなどが検出されているが、精度の高い分析法を用いれば、さらに多くの微量元素が検出される。

5.10 刀の不純物とチタンの化合物

表 5-56　江戸期製の刀の化学分析値（重量%）

刀	Si	Al	P	S	Ti	Mn	V	Co	Cu
下坂	<0.05	0.02	0.041	0.002	0.02	<0.01	0.01	0.01	<0.01
源正清	<0.05	0.01	0.012	0.003	0.01	0.01	<0.01	0.01	<0.01
純鉄*	tr.	---	0.005	0.025	---	0.017	---	---	---
電解鉄	0.005	---	0.005	0.004	---	---	---	---	<0.002**

＊ アームコ鉄、＊＊米国標準鉄、tr. は痕跡量。

　一方、EDS 分析は局所的であるが、フェライト、パーライトおよびマルテンサイトの鋼領域と非金属介在物内部の不純物濃度を明らかにできる利点がある。元素、測定方法、測定条件によって検出限界は異なる。現在の標準的な EDS の検出限界濃度は 0.01 - 0.02原子%で、今後、精度はさらに高くなるであろう。

　詳しくは述べなかったが、江戸時代の下坂作銘、源正清作銘の刀の化学分析値を表 5-56 に示す。分析値の中で、<の記号は分析法の検出限界値以下であることを示す。アームコ鉄、電解鉄などの工業用純鉄より P は多いが、S は少ない。Mn も少な目である。鋼部の EDS 分析では、下坂作刀で Si が 0.06 重量%、源正清作刀では痕跡程度で、他の元素は検出されなかった。Co はこれらの刀だけのデータであるが、両者とも 0.01 重量%検出された。

　第 5 章で述べた日本刀のフェライト、パーライトおよびマルテンサイトの鋼領域において、EDS では殆ど不純物が検出されない。検出される刀も Si および Al が主である。SEM で観察して EDS 分析をした場合、分解能の点で Si が固溶しているのか、あるいは SiO_2 微粒子として存在するのかの区別ができないことが多い。ただし、透過電子顕微鏡観察で SiO_2 粒子は殆ど観察されていない。また、透過電子顕微鏡の EDS 分析では SiO_2 粒子などのない場所を分析しているので、固溶されている Si は少ない。ただし、EDS 分析では、電子線の広がりによる周辺からの情報も含まれることがある。

　これらを総合すると、刀の鋼部分の不純物濃度は非常に低く、工業用純鉄並みであり、Ti などの砂鉄特有の元素は殆ど検出されない。たたら製鉄を含む半溶湯製錬では、温度が低いため Fe-O の親和力より親和力が強い M-O 化合物（M は Ti、Si、Al など）は熱力学的に還元されない。これは中近東・西欧・インドなどの古代半溶湯製錬でも同様で、たたら鉄なみの優れた鉄である。

　鉄鋼材料では、窒素（N）、酸素（O）も組織と機械的性質に大きな影響を及ぼすので、その含有量を知ることが重要である。このうち、日本刀中の酸素は非金属介在物に多く含まれ、試料全体を分析する化学分析ではフェライトだけの正確な含有量を求めるのは難しい。化学分析で求めた信国吉包刀の N は 0.003 重量%、O は 0.22 重量%であった。現代の炭素鋼における N は 0.01 重量%以下で、これに比較すると N は同等程度である。一方、現代の炭素鋼における O 含有量は 0.005 - 0.02 重量%であり、これに比較すると、かなり O 含有量は多いが、折返し鍛錬の影響が大きいと思われる。

　現代の溶湯製錬の場合、比重の小さい非金属介在物の融解物は比重の大きい鉄の上に浮かび、非金属介在物の巻き込みが少なくなる。非金属介在物の巻き込み現象については第 4.2 節で述べ

第5章　日本刀の微細構造

たが、非金属介在物が多量に存在するのは、たたら製鉄のような半溶湯製錬の証拠である。

5.10.2　非金属介在物中の特有元素

どのような製錬法であっても、鉱石や還元材料からの不純物の残留を防ぐことはできない。ただし、上述のように、半溶湯製錬と近代の溶湯製錬では、非金属介在物の残留量が著しく異なるが、何れにしても非金属介在物は残留する。たたら鉄のような半溶湯製錬では、残留した非金属介在物が多いため、その中に含まれる元素で産地別に原料を分類することが可能である。ここでは、本書で述べた非金属介在物の特有元素の一つである Ti に焦点を当て、V、Mn および Zr についても簡単に述べる。

日本刀の非金属介在物の分析で検出された特有元素で刀を大別すると、以下のようになる。

（ⅰ）Ti を痕跡程度含む刀

（ⅱ）Ti を痕跡量以上含む刀

（ⅲ）Ti、V、Mn を含む刀

（ⅳ）Ti、Mn、Zr を含む刀

（ⅴ）Ti、V、Mn、Zr を含む刀

（ⅵ）V、Mn などを含む刀

（ⅶ）上記元素のほかに Cr、Co、W などを含む刀

これらの中で最も多いのは Ti、V、Mn を含む非金属介在物で、次が Ti、V、Mn、Zr を含む非金属介在物である。これらの元素の有無と濃度が砂鉄原料産地あるいは一部の輸入原料鉄を示す可能性が高い。将来、分析精度が高くなり、各地の砂鉄の不純物と比較できれば、刀に使われた砂鉄鉱の産地の同定も可能になるであろう。

5.10.3　非金属介在物中のチタン化合物

鉄および鋼の中の非金属介在物は、鉱石に含まれる元素に由来するもの、還元剤および炉材などから混入する元素、その後の鍛錬過程の化学反応で生ずる介在物などがある。たたら製鉄の場合は、半溶湯状態なので鉱石由来の介在物が主であり、製錬温度が低いので炉材からの混入は少ない。また、加熱中に生じた酸化物、鍛接に使う藁灰などからの介在物はあっても、上述の特有元素を含まないので、砂鉄鉱由来の酸化物と外来性酸化物を区別できる。一方、現代の製鉄では脱酸剤として酸素との親和力が強い Si、Al、Zr などを使い、鋼の性質向上のために合金元素として Cr、Ni、Mn、Mo、Ti などを添加するので、これらの酸化物が存在することがある。しかし、製錬中に巻き込んだものではないので、たたら鉄などに比較すると極めて微細な介在物であり、区別することができる（第5.7節）。上記の添加元素の中、炭素との結合力の強い元素は炭化物による強度の増大に使われる。

刀の非金属介在物に含まれる元素の中で、Ti はたたら鉄の原料である砂鉄に多く、他の鉄鉱石中に含まれる量は少ない。凝固した酸化物融液、すなわち、非金属介在物中には還元されなかった Fe を主成分とする FeO、Fe_3O_4、Fe_2SiO_4 などが晶出するが、Ti の含有量が多い場合には Ti を主成分とする酸化物粒子が晶出し、酸化物融液中の Fe が少ない場合には Ti 酸化物が

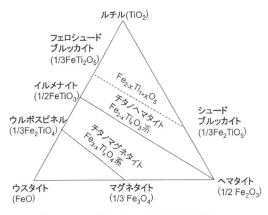

図5-423 酸化チタンと酸化鉄の相図

ガラス中に析出する。本書で述べたTiを含む典型的な化合物は酸化チタン（Ti_2O_3など）、イルメナイト（$FeTiO_3$）、ウルボスピネル（Fe_2TiO_4）、シュードブルッカイト（Fe_2TiO_5）などであるが、純粋な化合物ではなく、Siなどの多くの元素を含んでいる。これらとは組成の異なるFe-Ti-O化合物、SiおよびAlなどを多量に含むFe-Ti系化合物もある。

典型的なTi系化合物がどのような条件下で晶出するかは、主に非金属介在物の元となる閉じ込められた酸化物融液の組成に依存し、大気圧下であれば、Ti酸化物である二酸化チタン（TiO_2）、鉄酸化物であるウスタイト（FeO）およびマグネタイト（Fe_3O_4）、ヘマタイト（Fe_2O_3）との相平衡の中でほぼ決まる。これらと、冷却速度、周囲のFeの熱伝導の影響を受ける非金属介在物の大きさ、多く含まれているSiなどの影響も受ける。TiO_2には結晶構造の異なるルチル、板チタン石（ブルッカイト）、鋭錐石（アナターゼ）の3種がある。

図5-423はルチル（TiO_2）-ウスタイト（FeO）-ヘマタイト（Fe_2O_3）系で出現する化合物を示す図である。ここで、FeO-Fe_2O_3系の間にはマグネタイト（Fe_3O_4）がある。これは大気圧下の平衡関係であって、鉄の中に閉じ込められた、TiおよびFe以外の成分を含む非金属介在物融液が凝固する条件とは異なる。また、現代の製鋼でもTiO_2が出現するのは稀で、Ti_2O_3などが生ずることが多く、さらに、刀の非金属介在物では多量に存在するSiおよびAlなどの影響を考えなければならない。

ごく単純に酸化物融液のFe濃度が低い場合には、Feを含む化合物は生ぜず、チタン酸化物が生ずる。ただし、上述のようにTiO_2にはならず、Ti_2O_3などになる。包永刀、吉包刀などがその例である。Ti-O系では、Ti_2O_5、原子数比が1：1でない（不定比化合物）TiO、$TinO_{2n-1}$（nは4-9）、Ti_2Oなどの多くの酸化物相がある。ルチル-ウスタイト系では、Fe：Ti原子比が1：2で$FeTi_2O_5$（フェロシュードブルッカイト）、1：1で$FeTiO_3$（イルメナイト）、2：1でFe_2TiO_4（ウルボスピネル）が形成される。ここで、フェロはFeの意味、シュード（pseudo-）は「類似する」という意味である。$FeTi_2O_5$はFeO・$2TiO_2$、$FeTiO_3$はFeO・TiO_2、Fe_2TiO_4は2FeO・TiO_2と書くことができる複酸化物で、ルチル-ウスタイト系である。

ルチル-ヘマタイト系ではFe：Ti原子比が2：1でシュードブルッカイト（Fe_2TiO_5）が生じ、これはFe_2O_3・TiO_2で示される。ウスタイト-ヘマタイト系の中間にはFe_3O_4が（FeO・Fe_2O_3）ある。イルメナイト-ヘマタイトの間には固溶体が形成されるので、$FeTiO_3$とFe_2O_3の中間組成の化合物が存在し、$(FeTiO_3)_{1-x}(Fe_2O_3)_x$で表され、チタノヘマタイトと呼ばれる。ウルボスピネル-マグネタイト系も固溶体をつくるので、$(Fe_2TiO_4)_{1-x}(Fe_3O_4)_x$で表される化合物となり、チタノマグネタイトと呼ばれる。フェロシュードブルッカイトとシュードブルッカイトの間は定かではないが、点線で示すように$Fe_{2-x}Ti_{1+x}O_5$が存在する可能性がある。

第5章　日本刀の微細構造

　製錬が還元雰囲気では O が不足しているので、ルチル−ウスタイト系に近い組成の Ti 化合物となりやすい。また、還元雰囲気が強くて Fe 濃度が低く Ti 濃度が高い場合にはルチルに近い組成、Fe 濃度が高い場合にはウスタイトに近い組成になる。多くの非金属介在物に含まれるファヤライト（Fe_2SiO_4）も $2FeO \cdot SiO_2$ で示され、還元雰囲気が強いときの化合物である。酸化雰囲気に若干偏った場合には FeO ではなく Fe_3O_4（$FeO \cdot Fe_2O_3$）が晶出し、これは非金属介在物の数例で観察されている。さらに酸化雰囲気が強いと Fe_2O_3 が出現する可能性はあるが、刀の場合は例がない。このように、非金属介在物中に存在する Ti 化合物の成分から製錬の雰囲気を知ることも可能である。

　非金属介在物の中で、上述のどの Ti 化合物が生ずるか否かは、Ti、Fe および O 濃度のほかに、ファヤライトの成分である Si、ガラス形成元素の Mg および Al など、および晶出する化合物の凝固温度などが影響する。多くの成分を含む多元系では一般に凝固温度が低下するので[*]、上述の単体の凝固温度が高くても混合すると融点は下がる。参考までに、ルチル、ウスタイト、マグネタイトおよびヘマタイトの融点はそれぞれ 1830℃、1370℃、1538℃および 1550℃である。前述のように、混合物は刀の加工・熱処理温度で融解するので、冷却時にこれらの化合物が晶出する。したがって、製錬時に形成されたものではない。

　上記のほかにも $FeTiO_5$、$(Fe, Mg)-Ti-O$ 系、$Ti_3O_5-FeTiO_5$ 系固溶体など、Fe を含まないものでは Al_2TiO_5、$CaTiO_3$、$CaTiSiO_5$ などがあり、これらと $Fe-Ti-O$ 系との固溶体なども出現する可能性がある。非金属介在物中に Ti 化合物粒子が含まれていれば、確実に砂鉄を用いたたたら鉄を原料にしたといえよう。

　微量元素である Mg、Mn は上記化合物の Fe に置換する形で混入することが多い。たとえば、イルメナイト（$FeTiO_3$）は $MgTiO_3$、$MnTiO_3$ と固溶体になるが、Fe の位置に Mg、Mn が入る。Co、Ni、V も化学的性質が Fe と似ているので、Fe の位置に入る可能性が高い。Zr は Ti と同じ族で似た化学的性質をもっているので、Ti に付随すると思われる。ただし、原子の大きさも関係する。また、Zr はジルコン（$ZrSiO_4$）として Si と化合物をつくるので、Si の影響も受ける。晶出あるいは析出するときは液体およびガラス状態からの分離であり、液体中の原子の移動度（拡散のしやすさ）、ガラス形成元素の分配、ガラス転移領域における原子の移動度、などが影響する。

---

[*]　Fe−C 系でも、Fe の凝固点は 1536℃であるが、炭素濃度が 4.32％ になると凝固点は 1147℃に低下する。このように多成分になると、凝固点は著しく低下することが多い。これは原子の配置の乱れと運動量の増大で混合のエントロピーと呼ばれる熱力学的状態量が増大し、融液が低温まで安定になるためである。

第6章　槍の微細組織

　刀と同様な素材を用いた武器としては、槍も重要なものである。槍の穂は古代では石、骨および黒曜石、次に銅および青銅、その後に鋼が用いられるようになった。わが国では有史以前から使われていたという。集団同士の戦闘では、弓の次に槍が使われた。当初は刀に柄を付けたものといわれ、薙刀および長巻などのように細長い柄をつけるようになるとともに、次第に短くなった。鉄の節約もあったと思われる。形状的な刀との大きな違いは長さであり、大身といわれる槍でも二尺（約60cm）ほどである。室町時代以降の槍の穂は通常は5-10cmである。ただし、菊池槍、鎌槍、十文字槍などは長いが、実戦では余り使われていない。断面形状は二等辺三角形が多いが、両刃の円盤状、ひし形の断面もある。戦闘様式としては突いて刺す、および振り回して切る、という機能を持たせている。槍も刀と同様にその組織は多様であり、本章では、槍の炭素濃度、断面形状、内部組織などの異なる試料について筆者が調べた中から、代表的なものについて、金属組織を中心に述べる。

6.1　極低炭素鋼製の槍

　槍の穂は比較的短いことと、主に直線的に刺す使い方をするので、戦闘中の折れ曲がりは主に茎の首の部分の屈曲である。したがって、日本刀とは構造および製造法が異なる。室町時代から江戸時代につくられた槍の素材としては、低炭素鋼と中炭素鋼製が見られ、焼入れしたものとしないものとがある。本節では低炭素（軟）鋼製の焼入れされていない穂の組織について述べる。この槍に銘はなく、室町から江戸初期のものと推定され、全体像を図6-1に示す

① 金属組織

　低炭素鋼でつくられた槍の断面を図6-2に示す。底辺の長さは約17mm、高さは約6.6mmである。上部のAで示す鎬の内角は約105°、底辺の左右の角度は約38°で、上辺が外側に膨らんでいる二等辺三角形状である。底辺にはBで示すように樋が彫られている。左右の下部にみられる暗い筋は非金属介在物が多い場所で、そのほか、断面全体に非金属介在物による暗い点がみられる。

　炭素量の分析値は0.007重量％で、極低炭素鋼の包丁鉄を使ったものである。これは、刀の心鉄に使われているものと同様の鋼である。刃の近くおよび断面中央部の組織を図6-3の（a）および（b）に示す。両者ともフェライト組織である。鎬近傍および左右の刃の組織も同様で、結晶粒径は50-250μmで非常に大きいが、ごく普通の包丁鉄である。図6-4は非金属介在物がないフェライト領域のエネルギー分散X線分光（EDS）像で、Siが若干含まれ、濃度は0.012

図6-1　低炭素鋼製槍試料の全体像（筆者蔵）

第6章 槍の微細組織

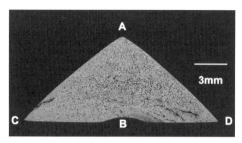

図6-2 極低炭素鋼からなる槍の穂の断面マクロ像（北田）

重量％であり、一般的な現代の低炭素鋼の0.10－0.20重量％に比較すると、一桁低い。これはフェライトに固溶する範囲の量である。

② 非金属介在物

代表的な非金属介在物の走査電子顕微鏡（SEM）像を図6-5に示す。介在物中には、明るさの異なる数種の結晶およびガラスが存在する。矢印は樹枝状晶で、これは非介在物が加熱されて融液から冷却されるときに生じたものであり、非金属介在物は加熱された状態で融液であったことを示している。細長い領域で矢印のように長手方向に並んでいるのは、この領域での熱の流れが長手方向であったことを示している。この非金属介在物は図6-2の右下に暗く見えるもので、細長い部分が刃の向きにあり、冷却時の熱の流れが刃の向きであったことを示している。図6-5の中央矩形部のEDS像を図6-6に示す。主成分のFeのほかに、Na、Mg、Al、Si、P、K、Ca、Ti、Vが検出された。

図6-7は図6-5中の矩形で示した領域内の元素分布で、SEM像では明るさの強い順に数字を付している。最も明るい粒子ではFeが多く、Siほかの元素が少ない酸化物である。2番目の明るさの粒子ではTiが多く、FeとAlが存在する。3番目の明るさの粒子はSiとFeが多い。表6-1に明るさで分類した粒子1－3の分析値示す。酸素は全領域に分布している。数字1で示した最も明るい結晶粒はOおよびFeと微量のSiなどからなり、組成比からマグネタイト（Fe_3O_4）である。数字2で示した中央の比較的大きな結晶粒はFe、TiおよびAlのほかに微量元素としてVおよびMgが存在する。これは$(Fe, Mg, V)_2(Al, Ti)O_5$系化合物で、シュードブルッカイト（Fe_2TiO_5）の仲間とみられる。数字3で示した結晶はFe-Si系で組成比からファヤ

表6-1 非金属介在物粒子のEDS分析（原子％）

No.	Fe	Si	Ti	Al	Mg	Ca	V	Mn	O
1	39.33	0.26	0.58	0.39	---	---	---	---	残余
2	23.2	---	7.14	5.23	0.98	---	0.73	---	残余
3	19.41	12.5	0.12	---	2.66	0.63	---	2.00	残余

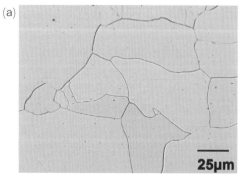
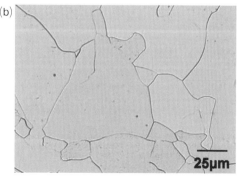

図6-3 極低炭素鋼製槍の光学顕微鏡組織　(a)は刃、(b)は断面中央部（北田）

6.1 極低炭素鋼製の槍

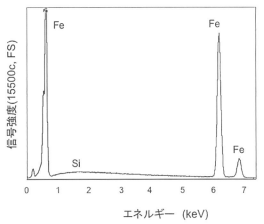

図6-4 槍のフェライト部のEDS像（北田）

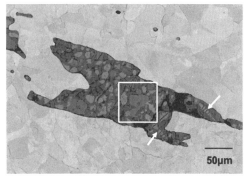

図6-5 極低炭素鋼製槍の非金属介在物を示す走査電子顕微鏡像
矢印は明るい化合物の樹枝状晶を示す。矩形は次図の分析領域の元素分布領域を示す（北田）

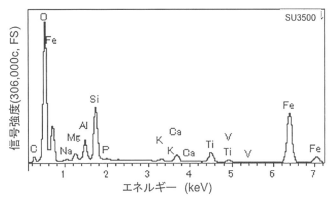

図6-6 図6-5の矩形で示した非金属介在物のEDS像（北田）

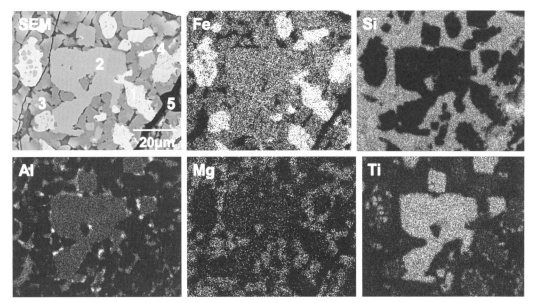

図6-7 極低炭素鋼製槍中の非金属介在物の元素分布像、SEMは走査電子顕微鏡像
SEM像中の数字は明るさ順（北田）

第6章 槍の微細組織

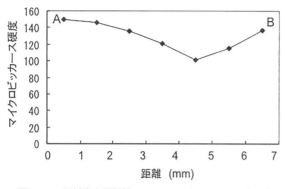

図6-8 極低炭素鋼製槍のマイクロビッカース硬度分布
AおよびBは図6-2に対応する（北田）

ライト（Fe_2SiO_4）とみられるが測定値はFe_2SiO_5でOが過剰である。数字4で示した結晶は小さいが、Fe-Al-O系で、ヘルシン石（$FeAl_2O_4$）とみられる。5番目のもっとも暗い領域はガラスであり、Si、AlおよびMgおよびNaが主成分である。組織および化合物の融点から推定すると、非金属介在物融液からFeOが初晶として析出し、次にシュードブルッカイト系化合物、続いてファヤライト、さらにAl系の酸化物、最後にガラスが凝固したものである。

成分的な特徴としては、Tiが比較的多く微量のVおよびMnも含まれる。鋼は炭素濃度が低いので、焼きは入らない。

③ 硬度

図6-8は図6-2で示したAの近くからBの近くに至るマイクロビッカース硬度の分布である。Aで示した鎬近傍のマイクロビッカース硬度は150、断面中央で101、Bでは142であった。左右の刃近傍の硬度は約140で、鎬および刃の領域は加工硬化しているが、中央は焼鈍状態に近い。衝撃加工である鎚打ちによって生ずる双晶はみられないが、低温で鍛造されている。この槍の穂は約6cmと短く、直線的に突き刺す使い方であれば曲がりの心配は少ないと思われるが、硬い鋼板に対しての破壊力は次節で述べる中炭素鋼製に比較して小さい。また、茎に繋がる区（まち）からケラ首部分は細いので、曲げ応力がかかった場合、ここの曲げ強度は低い。

6.2 低炭素鋼製の槍

低炭素鋼を用いた槍として、平安城文殊包久銘（へいあんじょうもんじゅかねひさ）の槍の微細構造について述べる。この試料は永禄十二年二月吉日（1569年）と彫られており、室町時代後期（戦国時代）につくられたものであ

図6-9 平安城文殊包久銘の槍の全体像と銘（筆者蔵）

る。刀や槍には出来あがりの良い季節があると言われ、2月と8月の製作月を入れたものが多い。図6-9に槍の全体像と銘および製作日を示す。化学分析した試料の炭素量は平均値で0.18重量%であり、低炭素鋼（0.2 - 0.6重量%）の下限より僅かに低く、別の分類では軟鋼（0.13 - 0.20重量%）である。ただし、以下に述べるように組織は不均一で、場所によって炭素濃度は異なる。

① 金属組織

図6-10は穂の中央における断面の腐食後のマクロ像である。断面はほぼ正三角形で、鎬はなく、三つの刃は

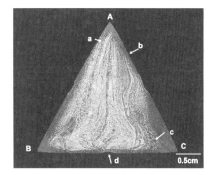

図6-10　平安城文殊包久銘の槍の断面マクロ像（北田）

焼入れられており、刃紋がある。像の暗い領域が焼入れされた領域で、内部はパーライト組織および粗大なフェライトの領域からなっている。マクロ像にはAを頂点とするような縞状の組織の流れが観察される。図中のABおよびACの面から主に鎚打ちされて三角形に加工されたことがわかる。したがって、加工前の断面形状は矩形で、この図から見た場合、素材は縦の縞状組織となっていたものと推定される。周囲は炭素濃度が高く、内部は炭素濃度が低いので、周囲に刃鉄、内部に心鉄を使った可能性と、周囲を浸炭した可能性とがある。

試料表面の光の反射条件が場所によって異なるので、図6-10のマクロ像では詳細な組織を区別できない。図6-11は三つの刃の領域を光学顕微鏡で若干拡大した像で、刃部はマルテンサイトになっているが、上述のように、刃近くから内部に向かう領域は明るいフェライトおよびマルテンサイトの縞状組織になっている。

図6-12（a）から（d）は図6-10のaからdで示した部分の光学顕微鏡像である。（a）で示した領域では、暗い5本の帯がマルテンサイ、明るい領域がフェライトである。フェライトは相対的に小さな結晶粒からなるところと大きな結晶粒からなるところがある。通常、単一素材の縞状組織はこのような極端な組織の差をもたないので、これはひとつの素材の縞状組織ではなく、素材をつくるとき、複数の鋼を重ねて鍛接したものであろう。図6-10のbで示した領域は（b）で示すような組織で、左側は（a）と同様な縞状組織になっており、中央は細かな低‐中炭素鋼、（I）で示した領域は表面層の中‐高炭素鋼である。（c）は図6-10のcで示した領域で、比較的粗大なパーライト組織である。（d）は断面下辺の樋が彫られている領域だが、厚さが100 - 150μmの中炭素鋼の層がある。

断面の左右の表面では、樋の彫られている場所でフェライト層が表面に出ているところもあるが、図6-10から明らかなように、全体的に表層部は中～高炭素鋼からなっている。さらに、内部の縞状組織の痕跡が刃および表層部まで及んでいる。表層部が高炭素鋼からなっている原因としては、前述のように低炭素鋼の外側に中炭素鋼を鍛接した場合と、低炭素鋼の表層部に浸炭した工程が考えられる。一般に、鍛接面には鉱石の成分を含まない非金属介在物の痕跡や鍛接境界組織が存在するが、この試料では観察されない。また、上述のように縞状組織の痕跡があるので、浸炭によって硬い表面層（皮鉄）をつくった可能性は高いが、これを決定付けるほどの実験的証拠は見出せない。

第6章 槍の微細組織

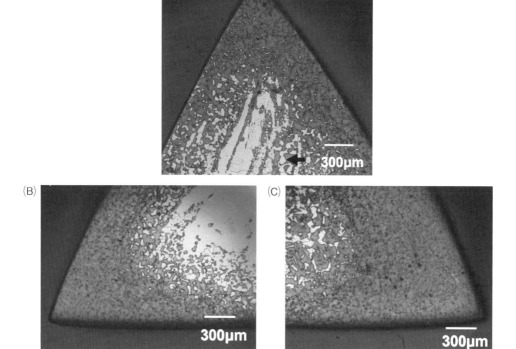

図6-11 平安城文殊包久銘の槍の低倍率光学顕微鏡像
(A)、(B)および(C)は図6-10のA、BおよびCの場所に対応（北田）

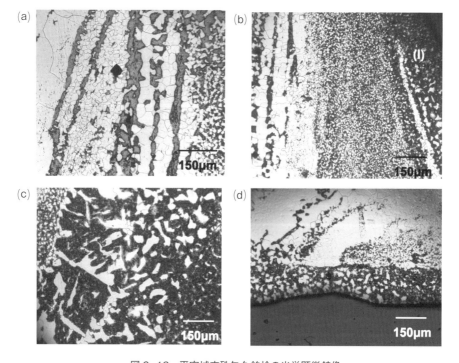

図6-12 平安城文殊包久銘槍の光学顕微鏡像
(a)、(b)、(c)および(d)は図6-10の同記号の場所に対応（北田）

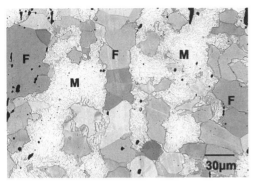
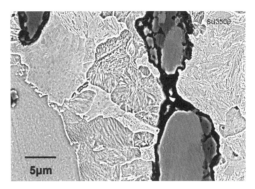

図6-13 刃から内部に向かう縞状組織の走査電子顕微鏡像、Mはマルテンサイト、Fはフェライト粒子を示す（北田）

図6-14 内部の非金属介在物の周辺に発達しているパーライト（北田）

刃に比較的近い内部の縞状組織の走査電子顕微鏡像では、図6-13の記号Mで示すように高炭素部がマルテンサイトになっており、この縞は内部に進むと焼きが入らないパーライトになる。図中のFはフェライト粒子の縞で、マルテンサイトとフェライト粒子の境界には少量のパーライトの層がある。これは、冷却過程で先ずパーライトが生じ、すぐにマルテンサイト変態温度に達して未変態部でマルテンサイトが生じたためである。図6-14は内部の非金属介在物の周囲の組織で、非金属介在物の周囲にはパーライトが発達しやすい。これは、非金属介在物の周囲のFeの中に不純物原子などの相分離をうながすものがあるためとみられ、非金属介在物が列をなすとパーライトの島状の組織ができることが多い。

② 非金属介在物

この槍の中にみられる非金属介在物は大別して2種あり、それらの代表的なものについて述べる。図6-15の非金属介在物では、介在物の中に明るい粒子aとbがあり、その周囲にガラス地cがある。aはFe-Si-O系、bはFe-Ti-O系化合物である。Oはaで多くbで少ない。表6-2にこれらの粒子などの分析値を示す。粒子aはFe：Si原子比が約2：1のファヤライト（Fe_2SiO_4）であり、粒子bのFe：Tiは約2：1の$(Fe, Mg, Mn)_2(Ti, Al)O_{4.6}$で、ウルボスピネル（$Fe_2TiO_4$）あるいはシュードブルッカイト（$Fe_2TiO_5$）系である。cはアルミノシリカ・ガラスになっている。これらには、Mnが含まれ、Zrも微量であるが含まれている。

もうひとつの組成をもつ非金属介在物の走査電子顕微鏡像と元素分布図を図6-16に示す。明るい粒子aは主にFeとOからなるウスタイト（FeO）、bは主にFe、SiおよびOからなるFe_2SiO_4、地はアルミノシリカ・ガラスである。この非金属介在物では、ガラス中に燐（P）が存在する。FeOは丸みを帯びた粒子形状で、他の粒子の多くは多角形状である。前述（第5.9.7節）

表6-2 非金属介在物粒子の組成（原子%、EDSによる、残余：O）

	Mg	Al	Si	K	Ca	Ti	Mn	Zr	Fe
a	1.95	0.13	11.9	tr.	0.14	0.09	1.29	0.14	21.5
b	0.24	2.27	0.41	tr.	tr.	11.2	1.23	tr.	25.2
c	0.21	5.13	15.7	1.42	2.34	0.77	0.42	0.68	6.71

第6章 槍の微細組織

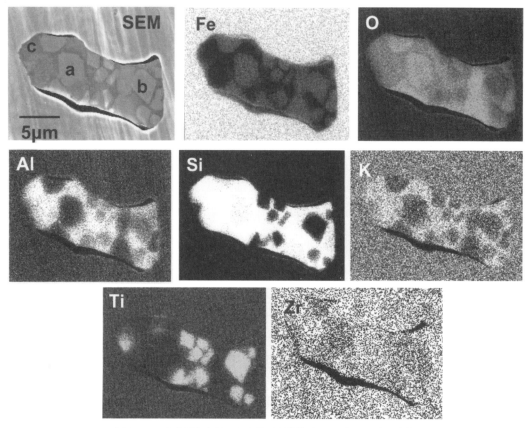

図6-15 非金属介在物の走査電子顕微鏡（SEM）像と元素分布像
aはFe$_2$SiO$_4$、bはFe$_2$TiO$_{4-5}$、cはガラス（北田）

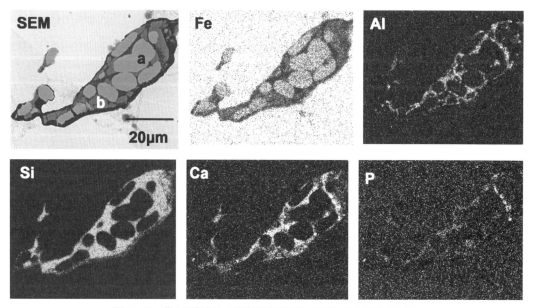

図6-16 非金属介在物の走査電子顕微鏡（SEM）像と元素分布像、
aはFeO、bはFe$_2$SiO$_4$（北田）

のように、同一の鋼の中でも異なる組成の非金属介在物が存在し、これらは、たたら製鉄したときに鉄の中に巻き込まれた異なる組成の酸化物融液が凝固したものか、あるいは前述のように、素材をつくるとき、複数の鋼を鍛接した可能性を示すものである。

③ 硬度

図6-17は図6-10のAからdに至るマイクロビッカース硬

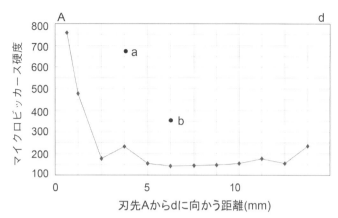

図6-17　平安城文殊包久銘の槍のマイクロビッカース硬度分布
aは縞のマルテンサイト部、bはパーライト領域の硬度（北田）

度分布である。刃先の硬度は約750で中炭素鋼の高めの炭素量のマルテンサイトの硬度である。内部の硬度は約100で包丁鉄のフェライト結晶粒の硬度であるが、低炭素鋼の場所では少し高くなっている。また、dのパーライト領域でやや高めになっている。図中の線で結んでいない硬度aおよびbはA-dを結ぶ直線近くの内部のマルテンサイトと微細なパーライトの硬度で、微細なパーライト部の炭素濃度は約0.7重量％である。

この槍は縞状組織が残っている素材を加工したもので、鍛錬は不十分であるが、硬軟の組織が混じる複合鋼になっている。

6.3 中炭素鋼製の槍

中炭素鋼でつくられた例として、平安城住石道助利銘の槍の微細構造について述べる。図6-18に槍の全体像と銘を示す。この槍の作者は山城の国（京都付近）で刀と槍を作っていた刀匠で、元は紀州（和歌山）石堂派の刀鍛冶であり、数代この名を名乗り、寛永から元禄時代を中心に刀と槍を製作していたと伝えられている。全長は約22cm、穂の長さは約6cmである。断面は後述するようにほぼ正三角形で、1辺は13.3mm、各面に樋が彫られている。平均の炭素量は0.58重量％で、中炭素鋼（0.2－0.6重量％炭素）範囲の高めの炭素量である。

① 金属組織

穂のほぼ中心の断面マクロ像を図6-19に示す。鎬はなく、A、BおよびCで示す三つの刃は

図6-18　平安城住石道助利銘の槍の全体像と銘（筆者蔵）

全て焼入れされている。また、前述の槍と同様、断面には加工された履歴を示す縞紋様が表われており、Dで示す領域はパーライト組織で、中央部のやや上のEで示す左右に羽を広げたような明るい領域はマルテンサイトとパーライトからなる。さらに、Fはパーライト、Gはマルテンサイトとパーライト、その下のH領域はパーライトからなる。断面の縞状組織から判断すると、B-Cの辺に平行な縞組織の素材を左右から鍛造してAの向きに絞り上げ、三角形断面に仕上げている。縞の方向は異なるが、図6-10で示した槍と同様

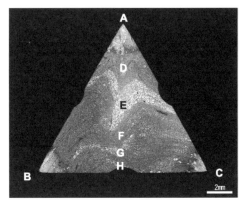

図6-19 平安城住石道助利銘槍の断面マクロ像（北田）

の加工法である。この縞紋様から加工前を推定すると、素材の断面は正方形に近いものと考えられる。

　三つの刃は部分焼入れされており、土置きして焼入れている。三つの刃以外にもEおよびGで示す縞には焼きが入っており、この領域の炭素濃度が高いことを示している。図6-20は三つの刃の拡大像で、縞状組織は刃の先端のマルテンサイト内部でも観察され、炭素濃度の異なる多層の鋼材を使った鍛えとなっている。

　図6-21の（A）から（C）は図6-19のA、B、C対応する刃先のマルテンサイト組織で、地はマルテンサイトの針状組織であり、Aの中には暗く見える非金属介在物が分散しているが、BおよびCの暗く見える領域の一部はパーライトである。このように、組織には差がみられる。これは、主に炭素濃度と縞状組織の違いによるものである。（D）は図6-19のDで示す場所のパーライト組織で、炭素濃度は0.55-0.60重量％である。この鋼領域は刃部に比較して非金属介在物が少ない。

　図6-22の（E）は図6-19のEで示したマルテンサイトの観察された領域の拡大像で、粗大な針状マルテンサイトと周囲に微細なパーライト組織がある。パーライトがマルテンサイト中に針状に伸びているが、針状のマルテンサイトが生じた時、変態しないでパーライトになったものと思われる。（G）の地はマルテンサイトで暗く見えるパーライトが混じり、中央に非金属介在物がある。ここのマルテンサイトは粗大ではない。非金属介在物の中には針状の粒子があり、形

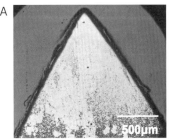  

図6-20　平安城住石道助利銘槍の断面低倍率光学顕微鏡像
　　　　A-Cは図6-19の記号の場所（北田）

6.3 中炭素鋼製の槍

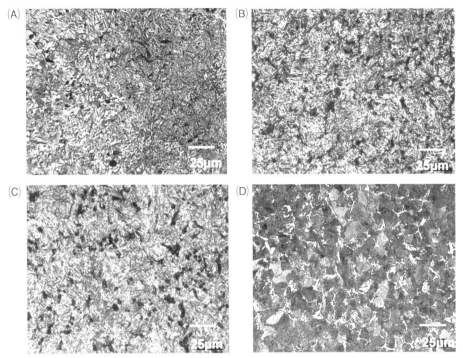

図6-21 平安城住石道助利銘槍の断面光学顕微鏡像
(A)-(D)は図6-19の同記号の場所(北田)

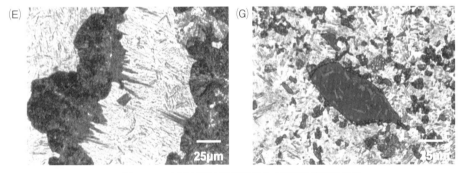

図6-22 平安城住石道助利銘槍の断面光学顕微鏡像
(E)および(G)は図6-19の同記号で示した場所(北田)

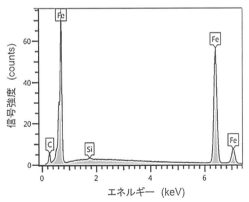

図6-23 図6-21(D)のパーライト領域のEDS像(北田)

289

状はTi系酸化物の特徴を示す。図6-23は図6-21
(D)で示したパーライト領域のエネルギー分散X
線分光（EDS）像で、Siが0.16重量％含まれてい
るが、その他の不純物元素は検出されない。マルテ
ンサイト領域のEDS像も同様である。

② 非金属介在物

上述のように、非金属介在物は多く存在するが、
小さいものが多い。図6-24はパーライト組織中に
見られた、比較的大きな非金属介在物である。若干
角ばった形状の明るい粒子aがあり、その周囲にや

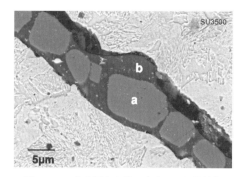

図6-24　非金属介在物の走査電子顕微鏡像
（北田）

や暗い領域bがある。この非金属介在物の元素分布を図6-25に示す。Oは明るい粒子で少なく、
Feは全体的に分布している。AlとSiは明るい粒子の周囲に存在している。Tiは明るい粒子に
存在し、この粒子はTi化合物であろう。このほか全体的に微量のZrが検出され、一部にZrを
多く含む微小な粒子が存在する。Zr粒子はSiを含むので、ジルコン（$ZrSiO_4$）と思われる。図
6-24で示すaおよびbの分析値は表6-3のごとくである。粒子aでは、TiとFeが主成分でTi
が若干多いがイルメナイト（$FeTiO_3$）に近い組成の酸化物である。bの領域はアルミノシリカ・
ガラスとなっている。この非金属介在物には、Ti、V、MnおよびZrが含まれ、VとZrを多く

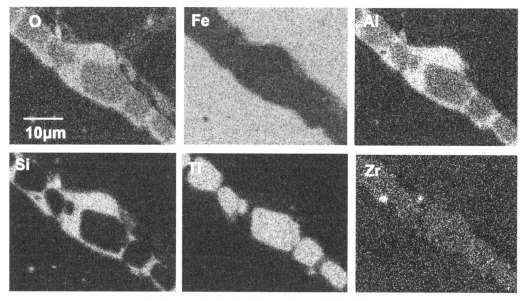

図6-25　図6-24で示した非金属介在物の元素分布像（北田）

表6-3　図6-24の非金属介在部中の粒子の分析値（原子％、残余O）

	Mg	Al	Si	K	Ca	Ti	V	Mn	Zr	Fe
a	2.87	3.20	0.60	0.12	0.08	25.3	1.12	0.22	0.76	20.7
b	0.67	10.1	17.8	2.35	2.73	1.38	---	0.15	0.80	14.4

6.4 中炭素鋼製菱形断面の槍

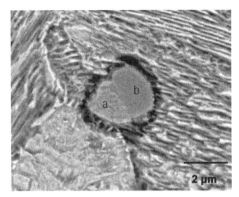

図6-26 パーライト組織中の微細な非金属
介在物の走査電子顕微鏡像（北田）

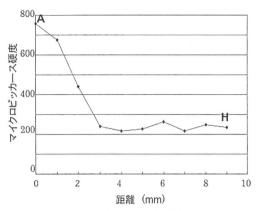

図6-27 平安城住石道助利銘槍の断面における
マイクロビッカース硬度分布
AおよびHは図6-19で示した位置（北田）

含む原料を使っている。

図6-26はパーライト組織中の小さな非金属介在物の例で、中央にある非金属介在物は明るさの異なるふたつの粒子からなっている。粒子aはイルメナイトで、右の粒子はファヤライトである。周囲にはガラス地があるとみられるが不明確である。

③ 硬度

図6-27は図6-19のAからHに至るマイクロビッカース硬度分布である。刃近傍の硬度は約760で、前述の平安城文殊包久と同様の値である。ただし、内部の硬度は組織がパーライト主体のため、220から270である。内部のマルテンサイト領域では600から700の硬度となっており、刃より低い。この差は、炭素濃度と組織の微細さの差と思われる。

6.4 中炭素鋼製菱形断面の槍

多くの槍には中炭素鋼が使われている。図6-28に槍の全体像を示す。槍は錆びているが、刃紋は残っており、土置きして焼入れされたものである。銘は信濃守 源 貴道で、江戸時代の寛文期（1661－1673）頃の尾張か美濃の刀匠である。炭素濃度の分析値は槍の内部で0.62重量％、刃先で0.65重量％であった。

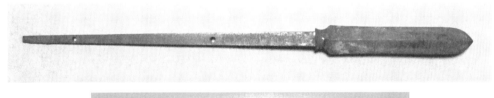

図6-28 槍の全体像と銘「信濃守源貴道」（筆者蔵）

① 金属組織

この槍の断面は図6-29のマクロ像のように菱形であり、aからdに示す全ての突起部で部分焼入れされている。aおよびbの鎬部での焼入れは浅く、突起の中心より若干ずれている。cおよびdの刃の焼入れはほぼ対称である。マクロ像では、縞状組織が明瞭に存在し、鍛造によって左右の向きに延ばされている。左右の刃先に向かって放物線状の縞があり、加工履歴を示す。縞状組織の流れをみると、図の上下方向の縞はあまり屈曲せずに左右の刃に向かって押し出されるように縞が流れている。素材の断面を正方形と仮定し、さらに鍛造前、上下のaからbに至る縞は直線であったと仮定すると、上下中心部の加工率は10％程度であり、左右の刃の先端近くは200％近く熱間加工されている。

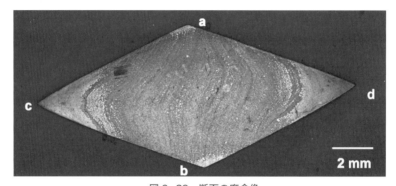

図6-29　断面の腐食像
縞状組織が観察され、上下の鎬と両端の刃部は焼き入れされている（北田）

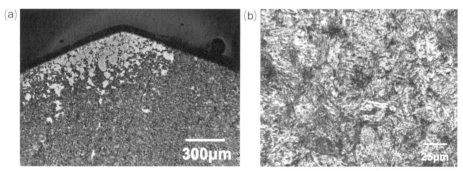

図6-30　図6-29の断面上部aの焼き入れ部(a)とマルテンサイト組織(b)（北田）

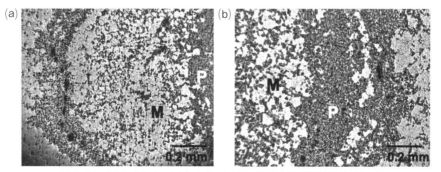

図6-31　図6-29のc(a)およびd(b)部の低倍率光学顕微鏡像（北田）

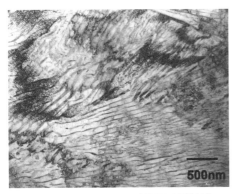

図6-32 パーライトの透過電子顕微鏡像
(北田)

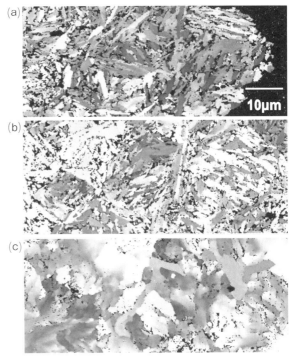

図6-33 刃先(a)から内部に向かってのマルテンサイト(b)とパーライト組織(c)の電子線後方散乱回折像
(北田)［カラー口絵6頁参照］

　断面上部 a の低倍率光学顕微鏡像は図6-30（a）であるが、焼入れによって生じたマルテンサイト領域は縞に沿って下部へ向かって伸びている。これは、主に炭素濃度の高い縞のマルテンサイト変態開始温度が低いためである。(b) はマルテンサイトの高倍率光学顕微鏡像で、やや粗い組織になっている。

　左右の刃領域の縞状組織の低倍率光学顕微鏡像が図6-31である。左の刃の近くの (a) では、明るい領域がマルテンサイト、暗い領域がパーライトであり、(b) の右の刃近くの組織も同様である。マルテンサイトの生じている縞は上述のように炭素濃度が高く、変態しやすくなっている。(a) よりも (b) のマルテンサイト領域のほうが明確だが、細かくみると、マルテンサイト領域は独立して存在する。これは、冷却されたときにパーライトが先行して生じ、その後残った領域がマルテンサイト変態したためである。暗く見える粒子は非金属介在物で、非金属介在物が存在する周囲ではパーライトが生じやすく、前述のように、これはパーライト変態を促進する不純物などの影響とみられる。また、マルテンサイトに隣接するパーライトの透過電子顕微鏡組織は図6-32のように微細であり、層間隔は約100nmである。

　刃先から内部に向かっての微細構造を観察したのが図6-33［カラー口絵6頁参照］の電子線後方散乱回折像（EBSPまたはEBSD）である。図 (a) および (b) において、針状粒子のように見える同じ明るさの領域は同じ結晶方位のラスマルテンサイトが集まったブロックと呼ばれる領域である。ブロックが複数個あつまったものがパケットと呼ばれ、さらにパケットが集合したのが焼入れ前のオーステナイトの粒子の大きさである。(a) および (b) で多角形に見えるのが焼入れ前のオーステナイト粒子の大きさで、10-30μmである。刃先 (a) のマルテンサイト領域におけるブロックの大きさは、幅が1-3μmであり、刃先から1mm離れた領域 (b) では、ブロックの大きさは刃先より若干小さめになっている。(c) はパーライト領域の電子線後方散乱像で、αFe粒子は10μm以下の大きさを示している。これは、オーステナイトからパーライトが生ず

第6章 槍の微細組織

るとき、パーライトの核がオーステナイト粒子中で複数発生し、拡散変態したためである。

ラスマルテンサイトの質を評価するには透過電子顕微鏡観察が必要である。マルテンサイトの透過電子顕微鏡像を図6-34に示す。
(a)は低倍率像で、ラスマ

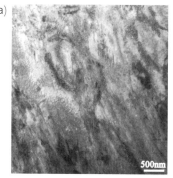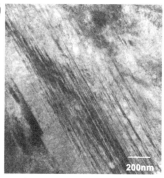

図6-34　マルテンサイトの透過電子顕微鏡像
(a)は低倍率像、(b)は双晶の高倍率像（北田）

ルテンサイトの幅は50－500nmで微細である。マルテンサイト晶の内部は転位密度が高く、高転位密度型であるが、(b)で示すように、ところどころに微細な双晶が存在している。

② 非金属介在物

この槍に用いられた鋼もたたら鉄を素材としたもので、非金属介在物が多く存在する。鍛造する前の素材における非金属介在物は縞状組織と平行に分布しているが、鍛造によって縞状組織と同様に介在物の列も流れ、図6-29のように湾曲して分布する。内部の非金属介在物は図6-35(a)のように鍛造によって曲がった縞状組織と同様に配列している。左右の刃に近づくほど加工

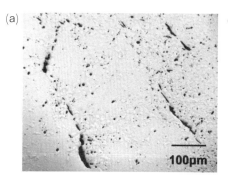

図6-35　非金属介在物の分布　(a)内部、(b)刃（北田）

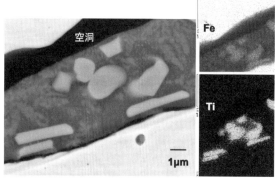

図6-36　パーライト組織中の非金属介在物の暗視野走査透過電子顕微鏡像とFeおよびTiの元素分布像（北田）

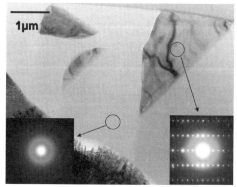

図6-37　非金属介在物の透過電子顕微鏡像と電子線回折像（北田）

294

度が高くなり、(b) のように、刃の先端に向かって並ぶ。鍛造温度で非金属介在物は融解しているので、鍛造に対する変形抵抗は極めて小さく、加工による金属組織の流れに追随する。

パーライト組織中に存在する非金属介在物の暗視野走査透過電子顕微鏡像（DF-STEM）を図6-36 に示す。介在物内部には明るくみえる比較的大きな粒子があり、その周囲のやや暗い粒子および地のガラスからなっている。図の右に内部粒子の主な元素として、Fe および Ti の元素分布像を添えた。上部の非常に暗い領域は非金属介在物が凝固したときの収縮によって生じた空洞である。このような空洞が表面に出て水が入ると錆発生の起点となる。

明るい粒子からはFeとTiが多く検出され、組成の解析からイルメナイト（$FeTiO_3$）である。明るい粒子の周辺のガラス中にある小さな非金属介在物の透過電子顕微鏡像を図6-37に示す。明るい地の電子線回折像はハローであり、アモルファスのガラスである。その中に3個の粒子が存在し、これらの電子線回折像は明瞭な斑点を示す結晶である。

同様な結晶の元素分布を調べると、図3-38のような分布像が得られる。Feの右側の明るい領域はパーライト領域でFeが存在しているが、左側の非金属介在物の中では、Feがみられない。酸素は介在物全体にあるが、Tiが分布している領域では少ない。SiとAlはガラス成分であり、Tiの存在する領域では殆ど存在しない。AlはSiとほぼ一致する分布を示している。また、MnはTiとパーライト領域に微量存在する。ここでは載せていないが、MgはTiと同じ分布を示し、ガラス形成元素のKおよびCaはSiと同様な分布である。上述のように、結晶部に存在するのは主にTiと酸素である。このTiを含む結晶aとガラス地bのEDS分析値を表6-4に示す。結晶であるaからはTiのほかにMgとFeが含まれ、図6-37の電子線回折像の解析と

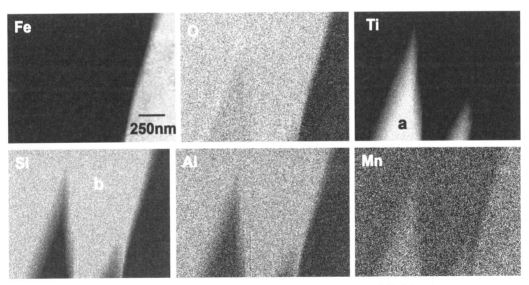

図 6-38　非金属介在物中の元素分布　aおよびbは表6-4の分析箇所（北田）

表 6-4　図6-38のaおよびb部の分析値（原子%）

	Mg	Al	Si	K	Ca	Ti	Mn	Fe	O
a	4.72	1.23	0.27	tr.	tr.	26.9	0.65	4.73	残余
b	0.84	5.41	16.9	1.36	2.61	0.73	0.23	0.12	残余

第6章 槍の微細組織

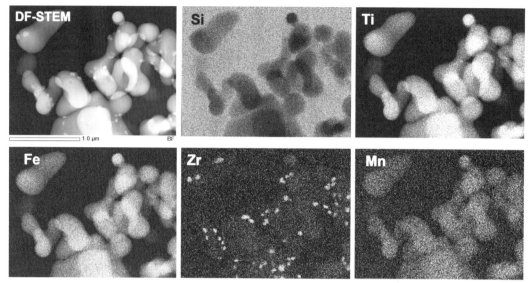

図6-39 ガラス地中の非金属介在物の暗視野走査透過電子顕微鏡像（DF-STEM）と元素分布像（北田）

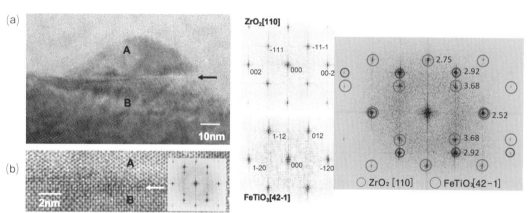

図6-40 FeTiO₃(B)の上にエピタキシャル成長したZr酸化物(A)
(a)の矢印の粒子境界の格子像が(b)、電子線回折像はAとBの領域を含む（北田）

図6-41 図6-40で示したイルメナイト(B)とジルコニア(A)境界の再生電子線回折像
両者の面間隔が一致している（北田）

表6-4の成分比から、FeとMgを少量含むチタニア（TiO_2）に組成が近い$(Ti, Mg, Fe)O_2$である。ガラス地はAlとSiに富むアルミノシリカ・ガラスとなっている。

このほかの非金属介在物内部では、さらに微細な粒子がガラス中に存在する。図6-39の暗視野走査電子顕微鏡像でみられるように、特異な形の粒子が存在する。粒子はひょうたん形で、その表面には小さな粒子が付着している。鍛造温度あるいは焼入れ前の加熱時に非金属介在物は融解しているので、先ず、ひょうたん形の粒子が融液から晶出し、次にその表面に小さな化合物が成長したものである。元素分布像では、ひょうたん形粒子にはFe、TiおよびMnがあり、ひょうたん形粒子に付着している微細な粒子からはZrが強く検出された。ひょうたん形粒子の電子線回折を解析した結果、後述のように、Mnを含む$FeTiO_3$であった。

図6-40にひょうたん形粒子（B）とその上に晶出しているZrを含む粒子（A）の高倍率透過

296

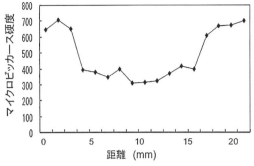

図6-42 図6-29のcからd（刃間）までのマイクロビッカース硬度分布（北田）

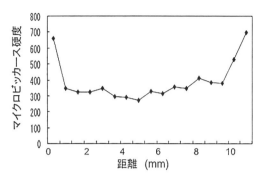

図6-43 図6-29のaからbまでのマイクロビッカース硬度分布（北田）

電子顕微鏡像（a）および境界近傍の結晶格子像（b）を示す。結晶格子像では、AおよびBの格子が連続している。矢印がAおよびB結晶の境界で、両結晶を含む領域の格子像をフーリエ変換して得た再生電子線回折像を格子像の中に挿入して示した。

結晶（A）は図6-41の左上のフーリエ変換した再生電子線回折像のようにジルコニア（ZrO_2）で、結晶（B）は左下の再生電子線回折像のように$FeTiO_3$（イルメナイト）である。これらの回折像を重ね合わせると右図のように回折斑点の位置が一致する。詳細は省くが、両結晶の境界面に平行な原子の位置が一致しており、$FeTiO_3$の上にZrO_2の原子が連続して成長している。このように、原子の位置が一致して他の結晶が下地結晶の上に成長するのをヘテロ・エピタキシと呼んでいる。

この槍では、Ti化合物としてチタニア（TiO_2）とイルメナイト（$FeTiO_3$）が認められたが、一般に融点の高い化合物が最初に晶出し、これによって原子が消費されると次に融点の低い他の化合物が晶出し、さらに、消費された原子以外の元素を含む化合物が生じ、最後にガラスが残る。

③ 硬度

この槍では、ふたつの刃とふたつの鎬が全て土置きによって部分的に焼入れられている。硬度分布は刃と刃の間、鎬と鎬の間について測定した。刃間のマイクロビッカース硬度分布は図6-42のように両端の硬度が高く、内部が低くなる。刃のマルテンサイトの硬度は最高で約710であり、0.62－0.65重量％の炭素鋼としては、平均的な値である。内部のパーライト組織の硬度は350－400であり、パーライトとしては高い部類で、組織が微細なためとマルテンサイトが混在しているためであろう。

鎬間の硬度分布も刃間と同様で、図6-43のように両端のマルテンサイト部で高く、内部は刃間と同様である。最高硬度と最低硬度の比H_h/H_lは約2.4で、硬軟の差が小さい。この槍は心鉄と刃鉄を使う刀とは異なり折り返し鍛錬した鋼を鍛えてつくられており、全体の強度が高いが心鉄の柔軟性は欠けるので、靱性は劣る。ただし、槍の場合は短くて直線的な機能に特化しているので、刀のような靱性は必要ないと思われる。

6.5 2相構造の槍

ここではフェライトと高炭素組織の2相からなる槍について述べる。断面は底辺が約20mm、

第6章 槍の微細組織

高さが約5mmの二等辺三角形の断面を有する。無銘で製作年代は不明である。

① 金属組織

槍の断面マクロ像を図6-44に示す。槍は厚みの少ない薄づくりで、図の上部の層には、暗くみえるフェライト組織の極低炭素鋼があり、刃の近くまで皮鉄のように薄く続いている。その下はフェライト層と炭素濃度の高い鋼の層が交互に重ねられており、これは、包丁鉄と刃鉄を合わせて鍛接したものである。これらが多層組織をつくり、鎬に近い領域の縞は上に凸の曲線になっており、下部に向かうほど縞は直線的になっている。鍛造は多層組織に対して垂直に近い向きから行われ、図6-19で示した槍の鍛造と同様な鋼の使い方をしている。低炭素鋼と高炭素鋼を鍛接した状態の鋼板をそのまま鍛造しており、組織の流れは自然である。また、マクロ組織でも、暗く見える非金属介在物の列が観察される。

縞状組織のひとつであるフェライト層は5層ある。図6-45（a）は鎬下のフェライト層、（b）は上に凸になっている縞の部分のフェライト層、（c）は底辺中央付近の層である。フェライトの結晶粒径は層によって若干異なっており、ばらつきがある。左右の刃の領域のフェライト層は少

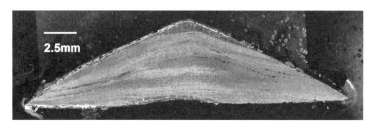

図6-44　全体が焼き入れられた槍の断面マクロ像（著者蔵）

図6-45　鎬下(a)、中央付近(b)および底辺部(c)の組織（北田）

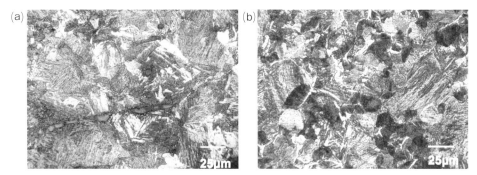

図6-46 刃の焼き入れられたマルテンサイト組織、表面に近い領域(a)と中心部(b)（北田）

なく、高炭素の刃鉄となっている。

高炭素濃度の層では、場所によって異なるが、図6-46 (a) のようにマルテンサイトが大部分を占める場所と (b) のようにパーライトが混じる場所とがある。前節までに述べた槍では、全体がフェライトからなる槍を除き、土置きして刃あるいは刃と鎬を焼入れしているが、この槍は土置きしないで、全体を焼入れている。したがって、内部では冷却速度が遅くなるので、マルテンサイトにパーライトの混じった組織となっている。

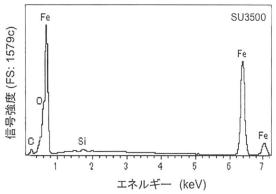

図6-47 フェライト領域のEDS像（北田）

非金属介在物をほとんど含んでいないフェライト領域のEDS像を図6-47に示すが、Siが痕跡程度に含まれるだけである。マルテンサイト領域も同様である。

刃や鎬部だけを部分焼入れすれば、焼きの入らない部分が靭性を担うが、全体を焼入れた場合には硬いマルテンサイトのため、靭性が低くなる。このため、フェライト鋼を合わせて靭性を保つようにしたものと推定される。これは2相を用いた多層構造であるが、技術的には刀の鋼の組み合わせと同様である。

② 非金属介在物

非金属介在物はフェライト中にあるものと高炭素鋼中のものとでは内部組織と成分が異なる。図6-48 (a) は高炭素鋼中のマルテンサイトの中に見られる非金属介在物で、ガラス地中に針状の粒子が存在する。これに対して、フェライト中の非金属介在物は (b) のように、ガラス地中の丸みを帯びた粒子と、その周囲の樹枝状晶からなっている。

高炭素鋼中の針状の化合物は図6-49の元素分布像で示すようにTiに富み、Feが含まれている。周囲はアルミノシリカ・ガラスである。分析値から、針状化合物はフェロシュードブルッカイト（$FeTi_2O_5$）に近い組成の化合物である。一方、フェライト中の非金属介在物の主な元素は図6-50のようにFe、Si、Alなどで、丸みを帯びた粒子はウスタイト（FeO）である。ガラス地はCaなどを含むアルミノシリカ・ガラスである。

図6-51 (a) はマルテンサイト中の非金属介在物の地と粒子を含む領域のEDS像で、特有元

第6章 槍の微細組織

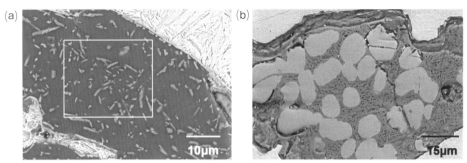

図6-48 マルテンサイト中(a)とフェライト中(b)の非金属介在物の走査電子顕微鏡像
(a)の矩形は元素分布像の場所（北田）

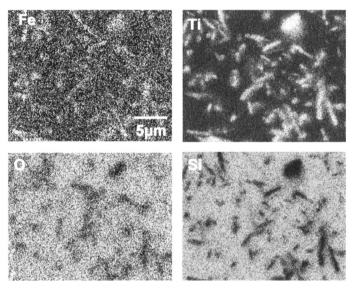

図6-49 図6-48の矩形内の非金属介在物の主な元素分布（北田）

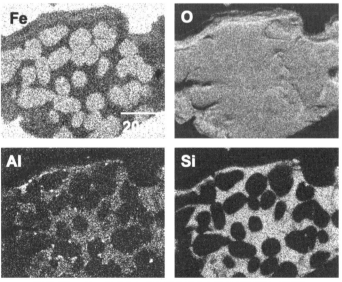

図6-50 フェライトト中の非金属介在物の元素分布（北田）

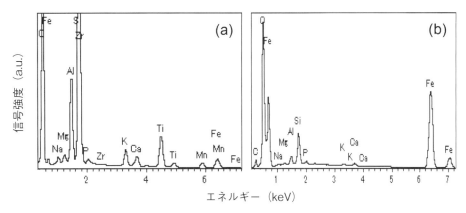

図6-51　高炭素鋼中の介在物(a)フェライト中の非金属介在物(b)のEDS像（北田）

素としてTi、MnおよびZrを含むが、(b)で示すフェライト中の非金属介在物はこれらの元素を含まず、PおよびSを微量含んでいる。

　非金属介在物の分析によれば、この槍に使われた包丁鉄と高炭素鋼原料は異なる生産地の素材とみられる。Tiを含む鋼は砂鉄原料のたたら製鉄であるが、フェライト鋼はTiの痕跡がなく、PとSが検出されたので、Tiを含まない砂鉄か、あるいは砂鉄原料ではない鉱石を使った鋼（南蛮鉄など）の可能性もある。

　槍の組織について述べたが、極低炭素鋼の槍を除けば、他は組織の流れが明確な縞状組織をもち、丸鍛えに近いものが多く、刀に比較して鋼の鍛錬度は低い。

第7章　研磨砥石および刃紋の組織

　鋼を研磨した場合、金属組織によって表面状態が異なるので、適当な研磨をすると紋様を現すことができる。研ぎの技術は完成された技術と思われるが、伝承技術であるため、時代と研ぎ師によって微妙に異なると思われる。研ぎによる刃紋などと金属組織の関係は俵博士の著書に詳しく述べられているので、ここでは、研ぎに必要な砥石の構造、研ぎによる表面の状態、表面の反射率について簡単に述べる。

7.1 研ぎの過程

　おおよその研ぎの過程を図7-1に示す。先ず、目の粗い砥石で刀の形状まで仕上げ、(a)の荒砥石で研ぐと、金属組織の差により大まかに刃紋が現れる。肌の表面は皮鉄のフェライト・パーライト組織、刃鉄はマルテンサイト組織であり、組織は刀の炭素濃度によって異なる。前者のマイクロビッカース硬度は150-250程度であり、後者は650-750程度である。その境界は刃紋の上部の焼入れ部のマルテンサイトと非焼入れ部のパーライトとの境界である。マイクロビッカース硬度はマルテンサイトと微細なパーライトの量比で異なり、硬度は刃から棟に向かって徐々に低下する。同じ砥石で研いだ場合、鋼の硬度によって表面の研磨による凹凸（研磨痕）は異なり、通常は硬いほど研磨による凹凸は小さくなる。刀の肌の表面に包丁鉄の心鉄が出ている場合には、マイクロビッカース硬度は95-120程度であり、さらに凹凸は大きくなる。(b)は(a)より細かな砥石で研いだもので、研磨痕は目立たなくなり、焼入れ部と非焼入れ部の違いは明瞭になるが、刃紋の細かな構造は現われていない。(c)はさらに細かな砥石で研磨したもので、

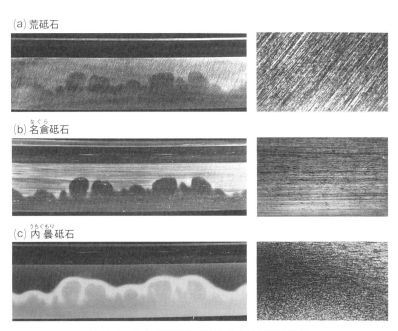

図7-1　日本刀の研磨工程の例（藤代興里氏提供）

マルテンサイト領域と微細なパーライト組織が綺麗に現出されている。

一方、非常に細かい砥粒からなる砥石あるいは研磨粉で研磨した場合には、組織による研磨痕の差はなくなり、いわゆる鏡面状態に近くなる。この場合、組織による表面反射率の差はほとんどなくなり、刃紋を見ることはできない。

7.2 砥石の微細構造

① 光学顕微鏡組織、X 線回折および組成

鳴滝砥石*の地艶と呼ばれる砥石の光学顕微鏡組織は図7-2［カラー口絵7頁参照］のように茶色の地に茶褐色の領域からなる。これをX線回折すると、図7-3のように多くの回折ピークが得られる。これらのピークを解析すると、主に石英（SiO_2）と白雲母｛マスコバイト：理想組成が $KAl_2(Si_3Al)O_{10}(OH, F)_2$｝に近い鉱物からなっている。似た組成の蠟石の主成分であるパイロフィライトの理想組成は $Al_2(Si_4O_{10})(OH)_2$ である。実際の鉱物は、これらに他の元素が混入し、種々の鉱物になる。このほかに、鉄の水酸化物であるゲーサイト（$\alpha FeOOH$）、緑泥石の一種であるクリノクロル｛$(Mg, Al)_6(Si, Al)_4O_{10}(OH)_x$｝に相当するピークがある。茶色を呈するのは着色元素として3価のFeイオンが含まれるためで、図7-4のエネルギー分散X線分光（EDS）像からはSiなどとともにFeが検出される。酸素を除く検出された元素を表7-1に示す。含有量の多い順に Si、Al、K、Fe、Mg、Ti が含まれ、Na は痕跡程度含まれている。Feを含む鉱物としてはフェリパイロフィライト｛$(Fe, Al)Si_4(OH)_8$｝があり、マスコバイトと似た鉱物である。これらの化合物は粘土鉱物**あるいは蠟石として知られており、砥石はモースの硬度で7の硬い石英とモース硬度 2 - 2.5 程度の柔らかな粘土鉱物からなっている。粘土鉱物は岩石が加水分解などで風化した層状ケイ酸塩である。通常 $2\mu m$ 以下の微粒子からなるものを粘土という。

前述のように、この砥石は茶色で、分光反射率は図7-5のような曲線を示す。矢印は光の吸収が大きくなる波長で、これを吸収端という。参考までに白色の粘土鉱物であるカオリナイト｛理想組成：$Al_2Si_2O_5(OH)_4$｝の分光反射率も示した。カオリナイトは可視光（波長が 380 - 770nm）範囲でほぼ均一な反射率を示すので白い。この砥石は矢印の波長より短い緑から青の光を吸収し、黄色から赤の光を反射するので茶色を呈する。吸収端の光のエネルギーは 2.1eV で、光の吸収は3価の鉄イオンによるものである。

② 電子顕微鏡組織

これまで述べたように、砥石は石英と粘土系の鉱物からなり、色はFeイオンによるものである。さらに、微細な構造を図7-6の透過電子顕微鏡像で示す。中央の

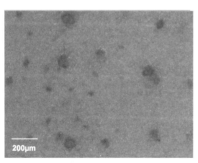

図7-2 鳴滝砥石（地艶・中硬度）の光学顕微鏡組織（北田）
［カラー口絵7頁参照］

---

* 京都天然砥石組合編『京都天然砥石の魅力』京都天然砥石協会、平成15年（改訂3版）。

** 白水晴雄『粘土鉱物学』朝倉書店、1988年、185頁

表 7-1 鳴滝砥石の主な成分（原子%、O を除く）

Na	Mg	Al	Si	K	Ti	Fe
痕跡	0.87	11.1	79.0	4.5	0.5	4.0

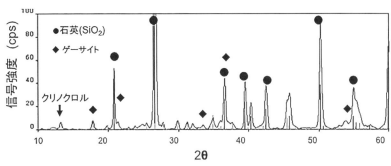

図 7-3　鳴滝砥石の X 線回折像　無印はマスコバイトのピーク（北田）

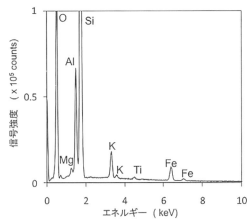

図 7-4　鳴滝砥石の EDS 像（北田）

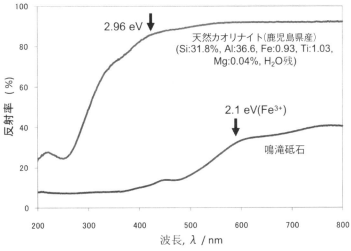

図 7-5　鳴滝砥石の分光反射スペクトル
参考試料は天然カオリナイト（北田）

第7章 研磨砥石および刃紋の組織

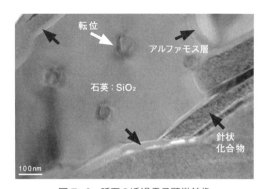

図7-6 砥石の透過電子顕微鏡像
中心の領域がSiO₂、その周囲に矢印で示すアモルファス層、さらに針状の化合物が存在する（北田）

結晶粒は石英（SiO₂）で、その中の丸い像は転位によるものである。SiO₂の周囲には黒矢印で示す帯状の境界層があり、さらに針状の細長い結晶が存在する。これらの組成を図7-7のエネルギー分散X線分光（EDS）像で示す。(a) で示すSiO₂粒子はSiとOだけであるが、針状化合物粒子にはMg、Al、Si、KおよびFeが存在する。

これらの粒子を少し強い電子線で照射すると、図7-8の (a) で示す透過電子顕微鏡像のコントラストは (b) のように消えてゆく。(a) の電子線回折像は明確なSiO₂であったのに、電子線照射によって (b) のアモルファス状の回折像に変化する。電子線照射を続けると像も完全に消えてアモルファスになる。これを結晶格子像で示したのが図7-9で、(a) の電子線照射前のSiO₂の結晶格子像は明瞭に観察されるが、照射後の (b) では格子が崩れて一部がアモルファス化している。最終的には格子像が消えて、全

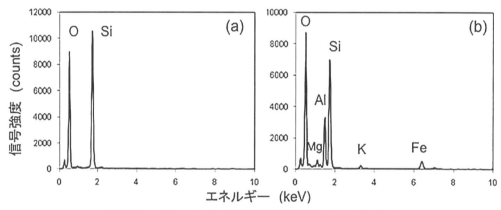

図7-7 マトリックスのSiO₂(a)と針状粒子(b)のEDS像（北田）

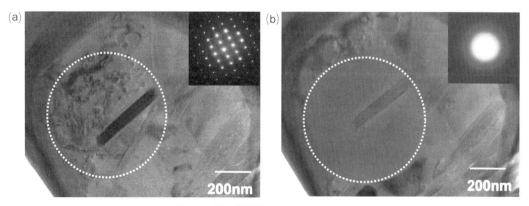

図7-8 電子線照射によるアモルファス化
点線内部が照射領域で、(a)が照射の初期、(b)が照射の後期でアモルファス化する（北田）

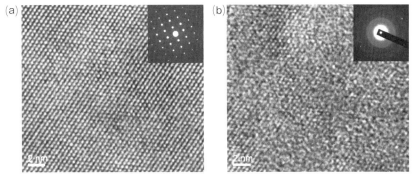

図7-9 SiO$_2$(H$_2$O)$_n$の電子線照射による結晶格子の消滅過程
(a)電子線照射前、(b)電子線照射後（北田）

てアモルファスになる。通常、鉱物としてのSiO$_2$は電子線照射しても安定で変化しないが、砥石のSiO$_2$は不安定な化合物となっている。この原因はSiO$_2$中に水分（H$_2$O）あるいは水酸基（OH）が含まれているためである。蛋白石（オパール）はSiO$_2$·(H$_2$O)$_n$で示される含水鉱物で、nが大きいとアモルファスになる。また、黄玉 {トパーズ・正方晶：Al$_2$SiO$_4$(OH, F)$_2$} ではAlと水酸基が含まれている。これらは熱せられると、結晶中の水あるいは水酸基が外部に放出される脱水反応が起こり、この過程でアモルファス化する。上述のSiO$_2$はオパールほど多くはないが(OH)を含んでいる。図7-6の黒矢印で示したSiO$_2$の周囲にある帯状の物質は当初からアモルファスであり、より多く水分を含んだSiO$_2$あるいはOHを含むケイ酸塩のオパールに似た組成の物質と考えられる。

図7-10は砥石を加熱したときの熱分析曲線[*]で、重量変化曲線と物質の反応による発熱・吸熱を示す示差熱曲線である。重量変化では、室温から加熱すると直ちに重量が減少し、温度上昇とともに減少を続け、700℃付近から急激に重量は減少し、約770℃で重量減少は停止する。示差熱曲線はシフトしているが、重量減少に対応して変化している。したがって、約770℃で含まれている水分あるいはOHが完全に離脱（脱水）する。砥石から発したガスを質量分析すると、H$_2$Oが検出された。脱水は100℃以下、420-430℃、約770℃と3段階で生じている。前述のように、砥石は3種の物質からなり、これらの物質と水との結合力が異なるためとみられる。この試料の加熱による重量減少は約19%である。

針状化合物は図7-11のような結晶格子像を持つ結晶であり、結晶の底面が層状に積み重なった層状構造になっている。結晶の底面はSi-Oの強い結合で、底面間は弱い結合になっている。このような構造のケイ酸塩化合物を層状ケイ酸塩鉱物と呼んでいる。X線回折で検出されたマスコバイト系の粘土鉱物である。層間距離は約2nmで、層間には小さな原子や分子が入り込むことができ、親水性である。この層状化合物も図7-12の(a)から(b)の変化で示すように、電子線照射によって結晶格子像が消え、容易に結晶が破壊されてアモルファスになる。したがって、この化合物もH$_2$OあるいはOHを含んでいる。

---

[*] 重量変化は電子天秤で測定し、示差熱曲線は標準になる熱によって変化しない物質の温度と測定物質の温度を比較して吸熱か発熱かを知る。通常、熱電対の電圧変化の差で測定する。

第7章　研磨砥石および刃紋の組織

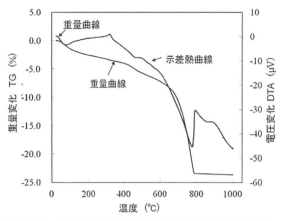

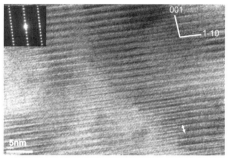

図7-10　砥石の加熱による重量減少と示差熱分析（北田）

図7-11　針状化合物の結晶格子像と電子線回折像（北田）

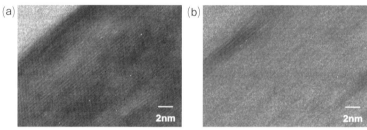

図7-12　層状化合物の電子線照射によるアモルファス化
(a)電子線照射初期、(b)電子線照射後期（北田）

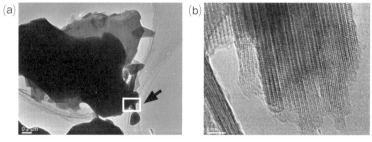

図7-13　砥石を互いに摺り合わせたときに生じた粒子
(a)はSiO₂粒子、(b)は(a)の矢印で示す矩形部の拡大像で、破壊された層状化合物（北田）

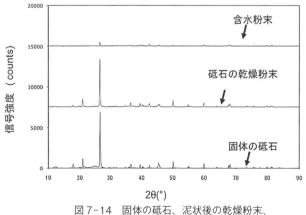

図7-14　固体の砥石、泥状後の乾燥粉末、泥状含水粉末のX線回折像（北田）

図7-15　刀を研いだ後の砥石の粒子と鉄片を示す透過電子顕微鏡像
暗い細長い像が削られた鉄片（北田）

③ 研磨過程の砥石

　砥石を使用する場合は水で含水状態とし、刀の表面は粘土状物質の中にある SiO_2 などの硬い粒子を使って研がれる。先ず、水を含ませて砥石と砥石を摺り合わせると、粘性のある泥状のものが生ずる。これを乾燥して透過電子顕微鏡で観察すると、図7-13（a）の透過電子顕微鏡像のように、2-3μmの原型を保った SiO_2 粒子と細かく砕かれた層状化合物になる。(a)の一部を拡大したのが(b)で、層状化合物は軟らかいので細かく砕かれている。また、層状化合物は親水性のため、上述のように粘度の高い泥状になる。

　固体の砥石、水で摺り合わせて泥状になった後に乾燥した砥石粉、水分を含んだままの砥石粉のX線回折像を図7-14に示す。このような処理をしても、回折ピークの位置は変化しない。ただし、含水粉末は物質密度が低いため、ピークが低くなっている。したがって、細かく砕かれても、元の結晶構造自体に大きな変化はない。

　砥石で刀の表面を研ぐと、研がれた刀の表面から離脱した微細な針状の鉄が観察される。図7-15の透過電子顕微鏡像は研いだ後の砥石の粒子で、粒子は SiO_2 であり、粒子全体にからみついている微細な針状の鉄片が観察される。その長さは約100nm、太さは約5nm程度である。また、中央の暗く見える細長い粒子は前述の層状化合物である。研がれた刀の表面には線状痕が多く残っているが、SiO_2 粒子の角で研磨方向に細長く削られたためで、表面で観察される線状痕と鉄片の形は良く一致する。

　砥石による鋼表面の研磨の過程を図7-16［カラー口絵7頁参照］に模式的に示す。固体の砥石は水の存在下で刀の表面に接触することにより SiO_2 粒子と層状化合物とに別れ、水に親和性の層状化合物は混合水に粘度を与え、SiO_2 粒子が鋼の表面に接触して線状の溝を作り、研磨が進む。層状化合物は研磨が均一に行われるように潤滑剤あるいは緩衝材として作用する。

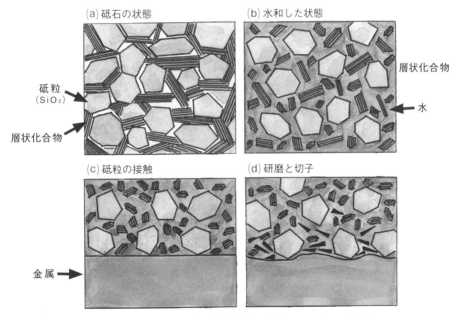

図7-16　研磨過程の模式図（北田）［カラー口絵7頁参照］

第7章 研磨砥石および刃紋の組織

図7-17 西洋刀の研磨に使われた
ローマ時代陶器片
(メーダー博士寄贈)
[カラー口絵7頁参照]

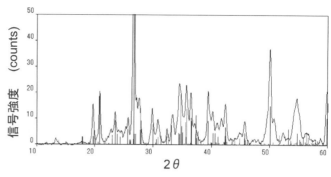

図7-18 ローマ時代陶器のX線回折像(北田)

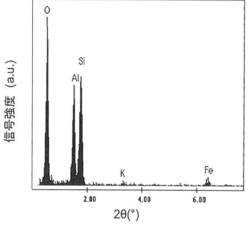

図7-19 ローマ時代陶器片のEDS像
(北田)

図7-20 フランス・アルザス地方の西洋刀の
研磨に使われたローラー式研磨機
(筆者撮影)

ドイツなどでは、ローマ時代の2-3世紀に低温で焼かれた陶器が近世(17-18世紀)まで刀の砥石として使われていた。図7-17[カラー口絵7頁参照]は発掘されたローマ時代の陶片である。この試料のX線回折像を図7-18に示すが、ピークから得られた鉱物は主成分としてSiO_2とマスコバイトで、このほかにフェロシリサイド($Fe_2Si_2O_6$)が検出された。主成分は図7-19のEDS像で示すようにAl、Si、KおよびFeが含まれ、上述(図7-7)の日本刀で使われている砥石とほぼ同じ成分である。

西洋では、粗い研磨にローラー式の研磨機が使われた。これは、図7-20のような直径が30～60cmの自然石を円柱形に加工したもので、線状の溝を予め彫って、そこに刀身を当ててローラーを回転させながら研磨する。回転は水車による水力を利用したので、研磨場は砥石に適した石材と水車動力が容易に得られる山間部の谷がある場所に作られた。ただし、これだけでは日本刀のような緻密な研磨はできない。このローラー式研磨機は機械部品の研磨にも広く使われた。図7-20はフランス・アルザス地方のクリンゲンタール村にある刀剣博物館のローラー式研磨機で、クリンゲンタール村には道端などに多くの砥石が遺されている。

7.3 研磨痕と刃紋の組織

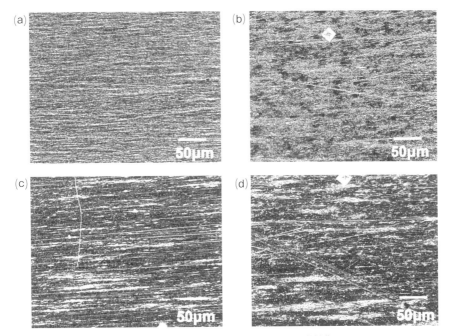

図 7-21　横山祐包刀の研磨表面の光学顕微鏡像
(a)刃先端、(b)焼入れ深さ上部、(c)鎬下の皮鉄、(d)棟付近（北田）

7.3 研磨痕と刃紋の組織

刀の鑑賞における美的対象としては、主に刀全体の姿と波紋がある。製作においては、どちらも刀鍛冶の感覚・感性などを含めた技術によるが、戦闘様式の変化および使用する側の美意識などにも影響されるものと思われる。このうち、刃紋は焼入れの部位とその変化が主に重要視され、これは、炭素鋼の性質、合わせ鍛え、非金属介在物の多少、土置きと焼入れの技術などに依存する。刃紋については、俵國一博士の著書[*]に表面組織の詳しい観察が述べられているので、ここでは研磨面組織と内部組織との関係について簡単に述べる。

前述した横山祐包刀（第 5.4.3 節）の研がれた表面の研磨痕を図 7-21 に示す。明るく見える矩形はマイクロビッカース硬度測定時の圧痕である。刃先端付近は (a) のように細かな線状痕である。焼入れ深さ付近のマルテンサイトと微細なパーライトの混合組織領域では (b) のように線状痕はやや粗くなっており、明るいマルテンサイトと暗いパーライト組織が混じった状態に研がれている。鎬付近の皮鉄部では、(c) のように研磨による線状痕はみられるが、暗く見える平坦な領域が広くなる。暗く見える場所は研磨痕が少なく、鏡面に近い表面状態である。棟の近くになると、さらに平坦な領域が増えている。平坦度の高いほど鏡面に近いので反射率が高く、狭い角度範囲内で光って見えるが、鏡面反射角を外れると暗く見える。

直刃の長光刀の表面研磨痕を図 7-22 に示すが、傾向は上述の横山祐包刀と同様に、刃の先端 (a) では緻密な線状痕である。(b) の刃紋上部の焼入れ深さ付近では刃鉄部より線状痕が粗くな

---

[*]『日本刀の科学的研究』第 19 – 24 章、248 – 319 頁

第7章 研磨砥石および刃紋の組織

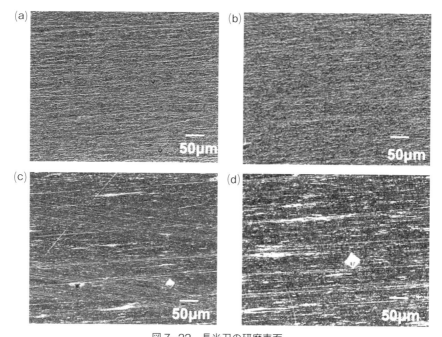

図7-22 長光刀の研磨表面
(a)刃先端、(b)刃上部、(c)鎬近傍、(d)棟近傍、矩形は硬度測定の圧痕（北田）

っているが、横山祐包刀のような明暗のある像ではなく、均一な線状痕になっている。これは、マルテンサイトと微細なパーライトの混合組織が緻密で、研磨によってもミクロな差が生じないためである。これは、鋼が良く鍛錬されていることと、結晶粒径が小さいためであろう。(c)の鎬近くの皮鉄はかなり平坦に研がれ、線状痕が目立たなくなっている。(d)の棟近傍の表面では、線状痕はあるが暗く見える鏡面状態に近い。

前述した備前長船住勝光刀の一部における研がれた状態の表面マクロ像を図7-23に示す。下側が刃の先端であり、上側は鎬の向きである。試料面が湾曲しているので、全体の焦点があっていないが、刃から4-6mmの領域がほぼ完全に焼入れされた領域である。鎬に向かってマルテンサイトの領域から微細なパーライトの混在する領域、さらに、マルテンサイトがパーライト中にまばらに分布する領域となり、その上部はマルテンサイトのない領域になる。肉眼において、このような変化は明暗の紋様として観察される。

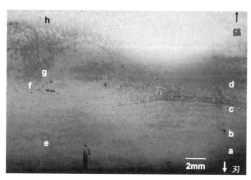

図7-23 備前長船住勝光刀の刃紋領域の研磨された表面像（北田）

図7-23中でaからdの記号を付した領域の光学顕微鏡像を図7-24(a)から(d)に示す。(a)の焼入れされたマルテンサイトの領域では、刃と平行に研ぎによる細かな研磨痕があり、この表面からの光の反射は乱反射なので、肉眼では白くみえる。ところどころに観察される暗い斑点状の部分は、非金属介在物および非金属介在物が剥離したくぼみである。(b)の領域は均一なマルテンサイト領域

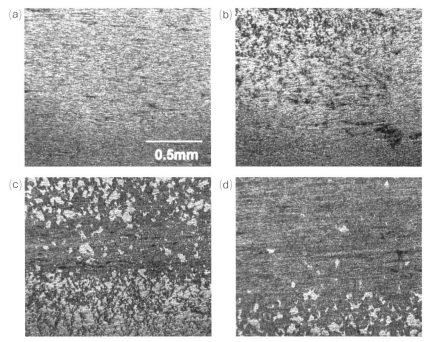

図7-24 刃紋領域の研いだ状態の光学顕微鏡像
(a)-(d)は図7-24の記号位置a-dを示す。(a)-(d)の倍率は同じ（北田）

からパーライトが混在するところで、図の上部では、マルテンサイト粒子の間にパーライト粒子が分散している。ここでは、非常に暗い部分が非金属介在物あるいは非金属介在物が剥離したところで、図上部の暗い部分はパーライトである。図7-23の記号cで示した領域のマクロ像では、刃にほぼ平行な山なりの複数の暗い線が存在している。暗い線の場所は図7-24（c）の中央にある暗い帯の領域で、マルテンサイトが生じていないパーライト領域である。上下の明るい領域はマルテンサイトである。暗い帯には、非金属介在物に起因する暗い条痕がある。この領域でマルテンサイトの生成が抑えられているのは、炭素濃度が低いか、あるいは介在物の影響が考えられる。前述のように、非金属介在物が多いところでは、パーライトが生成しやすい。(d)の記号dで示した領域はマルテンサイト粒子が少なくなり、微細なパーライト領域になる。この上にも部分的に島状のマルテンサイト粒子がある。

次に図7-23で示した左側の領域の光学顕微鏡像を図7-25に示す。図7-23の記号eで示した領域は（e）のようにマルテンサイト領域であり、非金属介在物の周囲では、研磨方向に沿って深い研磨痕が残っている。図7-23のfで示す領域は（f）のように明るく見えるマルテンサイトからパーライトが生じている遷移領域である。図7-23のgから右上に舌のように明るい領域が伸びている。ここでは、(g)のようにマルテンサイト領域が右上に向かって伸びている。炭素濃度の高い領域がマルテンサイト変態したとみられるが、刃紋に複雑さを与えている。図7-23のhの領域は（h）のように波紋上部のマルテンサイトがまばらに分布した領域であり、肉眼でも変化が見える。刃の上限から離れた鎬に近い領域でもマルテンサイト粒が点在している領域があり、肉眼で僅かに白く見える微妙な光学的変化を与えている。

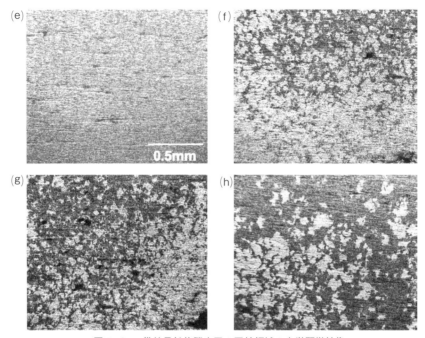

図7-25 備前長船住勝光刀の刃紋領域の光学顕微鏡像
記号(e)-(h)は図7-23の記号e-hと同じ場所を示す。(e)-(h)の倍率は同じ（北田）

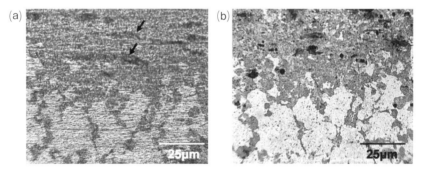

図7-26 研いだ表面(a)と鏡面研磨後に腐食した表面(b)の光学顕微鏡像の比較
明るい領域はマルテンサイト、その上の暗い領域は微細なパーライト組織、矢印は介在物によって生じた条痕（北田）

　図7-26（a）は研いだ状態の表面を拡大した光学顕微鏡像で、(b)は(a)の領域を鏡面研磨した後に化学腐食した光学顕微鏡像である。ただし、(b)は(a)を若干研磨して(a)の下部を観察しているので、厳密には全く同じ面ではない。(a)では刃と平行に多数の研磨による条痕が見られ、下部の明るく見えるマルテンサイト上の細かな条痕が刃領域の乱反射、すなわち白く見える原因である。図上部の非金属介在物の存在するところでは、矢印で示す条痕が大きく広がっており、非金属介在物の一部が剥離して表面を削り、ミクロにはおおきな疵になっている。非金属介在物の周辺がどのように研磨されるかによって、焼入れ部と非焼入れ部の遷移領域の景色は大きく変わる。

　図7-26（a）の同じ場所を鏡面研磨後に腐食した像(b)では、研磨粉が細かく、研磨時の荷重も小さく、研磨方向を特定していないので、非金属介在物の周囲には広がった条痕が殆どな

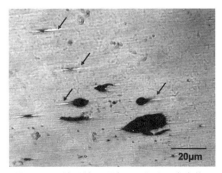

図 7-27　強く鏡面研磨したときの介在物周辺の凹凸によるストリーク（矢印）（北田）

図 7-28　刀の表面近傍の断面の光学顕微鏡組織
矢印は棟の向きを示す（北田）

い。上述のように、(a) では非金属介在物を起点として、刃と平行な方向に条痕が広がっているが、これは鏡面研磨に比較して研磨粉の寸法と研磨荷重が大きいことと、剥離した硬い非金属介在物がマトリックスを削るためである。

細かな砥粒を用いて鏡面研磨する場合でも、荷重が高いと図 7-27 で示すように、非金属介在物の周囲には研磨方向と平行な凹凸によって生ずる明るく見えるストリークが生ずる。鏡面研磨の場合、このようなストリークは好ましくないが、刀の研ぎではこのような研磨による表面効果が刃の紋様に寄与している。

刀および槍の断面組織構造で述べたように、鍛錬度が低いほど炭素鋼の炭素含有量にばらつきがある。高炭素領域のマルテンサイトの生成温度は低いので、炭素量のばらつきによって、局所的にマルテンサイトが生ずる。炭素濃度のばらつきは冷却時のパーライトが成長したときの炭素原子の拡散により炭素原子が偏析することによっても生ずる。図 7-28 は刀の表面近傍の断面組織の例で、図の上が表面である。矢印は棟の向きで、刃は右側であり、焼入れ深さの位置より離れた皮鉄で明るくみえるマルテンサイトが多く生成している。皮鉄の中に炭素濃度が高い場所があれば、刃より遠く離れた場所でもマルテンサイトが生ずる。刃と同様な研磨であれば、同様な反射を示す。良く鍛錬して均質な鋼にすればこのようなことは少ない。地肌などにマルテンサイトが生じて反射率が異なる場所ができるのは、土置きの不均一性による冷却速度の差とともに、合わせ鍛えや鍛錬度の低い鋼の炭素濃度の不均一性、非金属介在物の不均一分布が一因である。鍛錬度の高い刀で直刃の場合は刃紋上部の変化が少ない。したがって、刃紋の複雑さを求めるには、鋼に不均一性をもたせることである。

7.4　刀の表面反射率

前節で述べたように、通常、日本刀の刃先領域はマルテンサイトからなり、マルテンサイトとパーライトの混合組織領域を経て、パーライト領域となる。軟鉄が表面に出る鋼の組み合わせでは、フェライトとなる。これに非金属介在物の分布状態と条痕などが反射率に影響する。ここでは、研ぎの状態が良好な試料の反射率について述べる。反射率は刀の表面に 30° の角度で白色光を入射し、30° の角度で反射した光をセンサで測定したもので、鏡面反射である。反射率は試料表面への入射角やスリットなどによって変わるので、ここで述べる反射率は相対的な値である。

第7章 研磨砥石および刃紋の組織

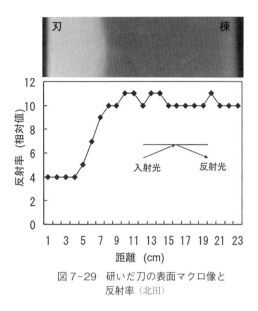

図7-29 研いだ刀の表面マクロ像と
反射率（北田）

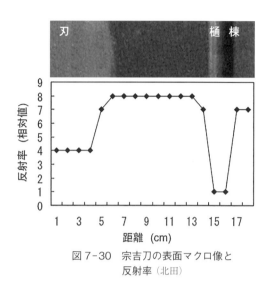

図7-30 宗吉刀の表面マクロ像と
反射率（北田）

　図7-29は江戸時代の作と推定される無銘の平作り日本刀（筆者蔵）の反射率である。図7-29から明らかなように、刃のマルテンサイト領域では反射率が4であるのに対し、マルテンサイトとパーライトの混合組織領域から高くなり、地肌の領域で反射率は10－11に増大する。刃領域のマルテンサイトは硬いので条痕が多く残り、入射した光は乱反射するので、この反射率測定では、どの向きから見ても同様な反射率となる。この効果により焼入れ領域は常に肉眼で白く見える。これに対して研磨状態が鏡面に近い地肌領域では、乱反射が少ないので、鏡面反射の角度から観察すれば高い反射率を示すが、その角度から外れると暗く見える。

　図7-29の上に示した通常光で撮影した刀の写真は肉眼で見た状態に近く、刃以外の地肌領域は鏡面反射条件から外れているので、刃が明るく見える。刀を動かしたときにキラリと光るのは、地肌が鏡面反射条件を満たした場合である。図7-30は古刀の宗吉刀（筆者蔵）の反射率で、地肌はきめ細かい柾目である。刃領域の反射率は4で、前述の無銘刀と同様だが、地肌領域では8とかなり低くなっている。樋の部分は凹んでいるので、反射率は低い。

　図7-31は綾杉紋様の強い京都帝国大学足田刀（足田八洲雄氏寄贈品）の反射率で、刃領域の反射率は3－4で前述の刀と同様であるが、地肌領域では7－8と低めである。これは、綾杉肌の乱反射の効果があるためとみられる。この刀の地肌は非常に美しい紋様である。これを鍛錬した足田輝雄博士は、日本刀として最も美しい紋様を生み出すために試作したと述べている。

　前述した備前長船住勝光銘の研いだ状態と鏡面研磨した状態の反射率の比較を図7-32に示す。研ぎ状態の反射率は線条痕等が残っているので、上述の刀と同様、刃領域の反射率は4、地肌領域は約10となっている。これに対して、鏡面研磨した状態での反射率は刃領域で12、地肌部で12－14となっており、鏡面研磨すると刃から鎬まで反射率に大きな差はない。これは異なる粗さの条痕がないためである。

　以上述べた刀の反射率では、刃領域の反射率には大きな差はないが、地肌の反射率に差がみら

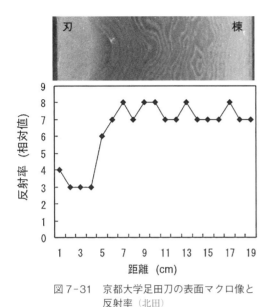

図7-31 京都大学足田刀の表面マクロ像と反射率（北田）

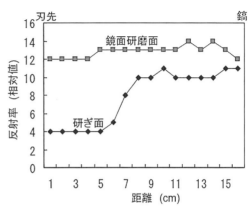

図7-32 備前長船住勝光刀の研ぎ表面と鏡面研磨表面の反射率（北田）

れる。この原因の一つは地肌の紋様の原因となる金属組織、条痕の粗さ、非金属介在物の量と大きさおよび分布である。表面に条痕を残して入射光を散乱させ曇り面にする方法は、ステンレス鋼板などの表面処理法として現在も使われている。

7.5 反射率に及ぼす非金属介在物の影響

　非金属介在物は反射率が極めて低く、黒く見えるので、量が多いと反射率に影響を及ぼす。図7-26で示したように、刀の研ぎにより非金属介在物の周囲には介在物から尾を引くように条痕が発生する。条痕の面積は原因となる非金属介在物の面積の数倍から数10倍となり、非金属介在物が多いとその面積も広くなるので、反射率を低くする主な原因となる。同じように研いでも鋼の明るさが異なる一因は、非金属介在物の光学的効果で、非金属介在物が多いほど反射率が低いので全体に暗くみえる。また、条痕の大きさが可視光の波長範囲内にある場合、光の干渉効果によって特定の色の反射強度が増し、鋼の色が僅かに変化する可能性がある。

　極めて大きい数mm以上のものは、刀の疵の一種として残るが、良く鍛錬した鋼に大きなものは観察されない。大きな非金属介在物は鍛錬度が低い心鉄の包丁鉄でよく見られる。大きな非金属介在物を含む包丁鉄が表面に出ると疵の原因となり、肌の美術的景観を損なう。さらに、刀の表面には鉄の自然酸化物であるFe_3O_4の薄い膜が形成されるので（第12章参照）、この厚さが増すと、これの効果による反射率の低下や着色もある。一般に、Fe_3O_4膜の厚さや質は鉄の純度、不純物の量、表面近傍の加工による欠陥、置かれた環境などとも関係するが、研いだ後長期間経過した刀の表面が曇るのは、主に表面酸化膜の厚さ増大のためで、Fe_3O_4の膜だけではなく水酸化鉄（第12章）の影響もある。

　非金属介在物自体の反射率は鋼に比較して零に近いので、非金属介在物があれば反射率は前述のように低下する。数μm台の大きさの非金属介在物は光学顕微鏡レベルで観察可能だが、それ

第 7 章 研磨砥石および刃紋の組織

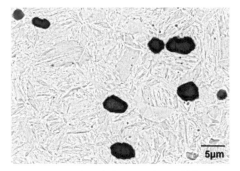

図 7-33 非金属介在物の分布と反射率への寄与（北田）

以下の電子顕微鏡スケールのものも多いので、反射率と数値的な関係を求めるのは難しい。ここでは一例として非金属介在物が分散している表面への影響について述べる。図 7-33 は刃のマルテンサイト中の細かな非金属の分布である。像全体に対して非金属介在物が占める割合は、この像の場合、約 5% である。したがって、非金属介在物の反射率を零と仮定すれば、刀表面の反射率は鋼 100% の場合に比較して 95% になる。この値は小さいように思えるが、人の肉眼の感度の分解能からすれば非金属介在物のない表面に対して暗く認識される量である。上述のように、非金属介在物周囲の鋼への研磨痕の影響を考慮すると、さらに反射率は低くなる。

新々刀や現代刀などに比較して古刀などの肌はやや暗く見えるといわれるが、その原因のひとつとして、非金属介在物の多少が考えられる。

7.6 研磨による表面硬度の増大

一般に、金属を研磨すると表面近傍は加工されて転位が導入されるので、表面層は内部より硬くなる。図 7-34 は横山祐包刀の研いだ表面で測定した刃から棟までのマイクロビッカース硬度分布で、焼入れされた刃領域では 1300〜1400、棟の皮鉄では約 450 である。研がれた表面の硬度測定は研磨痕があるために測定誤差は大きいが、図 5-231 で示した鏡面研磨した断面中央の硬度に比較すると、研磨表面では、刃で 500 - 600、皮で 50 - 200 程度高い。研ぎによる硬度の増大は刃や微細なパーライトが存在している領域で大きく、高転位密度で微細なマルテンサイト晶、微細なセメンタイトが存在するパーライトで研磨による硬化が著しい。

また、長光刀（所有者の許可を受けて研ぎの前に測定）では、断面内部の硬度は測定していない

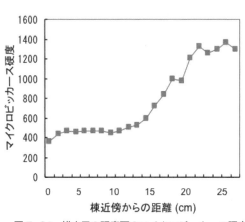

図 7-34 横山刀の研磨面のマイクロビッカース硬度（北田）

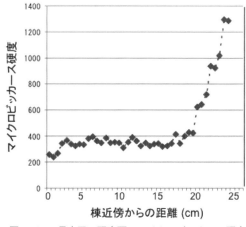

図 7-35 長光刀の研磨面のマイクロビッカース硬度（北田）

が、図7-35で示すように、表面の硬度は刃で約1300、皮で約350であり、やはり、かなり高い硬度である。一般に、結晶性物質を表面研磨すると、図7-36のように砥粒が摩擦した線に沿って転位が導入される。導入される転位の密度は非常に高く、これが硬度増大の直接的な原因である。どの程度の深さまで転位が導入されるかは砥粒の大きさと砥粒先端にかかる荷重によって異なるが、少なくともビーカース硬度測定のダイヤモンド圧子が埋め込まれた距離程度はあろう。したがって、刀の切るという機

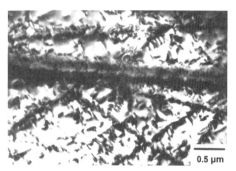

図7-36 研磨によって表面に導入された転位の透過電子顕微鏡像（北田）

能は研ぎによって増すが、研磨の状態や技術によっても異なると推定される。鏡面状態の刃先に対して、研磨痕の残る刃先は、切る方向へのミクロなジグザグ効果（一種の鋸効果）があり、切る機能は増大する。

第8章　古代刀の金属組織

確かな時代は不明だが、古代ペルシャの周辺では紀元前1500–2000年から鉄の生産が始まり、周辺の各地に技術が広がったといわれている。鉄を加工する技術は遠く隕鉄から、また、冶金という意味で多くは青銅時代から引き継がれたものであろう。旧約聖書の創世記では、アダムとイブの長男であるカインの子孫のトバルカインが銅、鉄などを鍛える鍛冶屋の祖であると述べている[*]。また、カインは鍛冶屋の集団や組合を示す言葉である。

8.1 ケルト刀

古代ヨーロッパにおける刀剣の起源は紀元前に遡るが、鉄鋼遺物の多くは腐食のために失われていると思われる。詳細は不明であるが、光学顕微鏡などで組織を観察した例は多い。本節では、紀元頃の英国ウェールズ地方の遺跡から出土したケルト刀（S. Maeder博士寄贈）の構造について述べる。ケルト（Celt）族は言語的にインド・ヨーロッパ語系のヨーロッパ先住民族といわれ、紀元前5世紀ごろから栄えたが、1世紀頃のローマ人の侵攻によりローマ帝国に支配された。その後の長い戦乱を経て、現在は英国のウェールズ、スコットランド、仏のブルターニュなどにその後裔が住んでいる。関係は不明だが、celtは石・金属製の斧、鏨(たがね)、鑿(のみ)などを示す言葉である。

① 試料と金属組織

図8-1(a)は試料の出土ケルト刀片(a)とその断面(b)である。表面は錆びて損傷が激しいが、内部の鋼は残留している。原形は不明であるが、試料の幅は約37mmで大型の両刃の剣であり、中央に鎬(しのぎ)があったものと推定される。炭素濃度の分析値は0.22重量%で、低炭素鋼である。フェライトの領域におけるEDS分析によれば、Fe以外に通常検出されるSiなどの不純物元素は検出されず、純度の高い鋼である。

図8-2は断面を腐食した後の低倍率(a)と高倍率(b)の光学顕微鏡像である。(a)の外側の暗い領域は腐食によって生成した錆で、中央

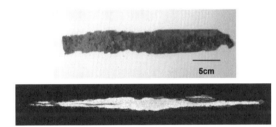

図8-1　英国ウェールズで発掘されたケルト刀片(a)とその断面(b)（北田）

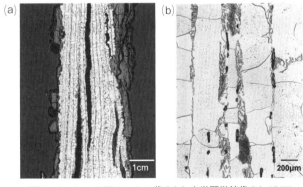

図8-2　ケルト刀のマクロ像(a)と光学顕微鏡像(b)（北田）

---

[*] GENESIS, Chap. 4-22, "And Zillah, she also bare Tubal-cain, an instructer of energy artificer in brass and iron."

第8章 古代刀の金属組織

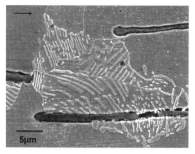

図8-3 非金属介在物の周辺に存在する
パーライト組織の走査電子顕微
鏡像
矢印は刃の向きを示す（北田）

の暗い領域も腐食によって生じた亀裂と思われる。(a)から明らかなように、断面の金属組織は明るい地の中に暗い線あるいは帯状の領域があり、いわゆる縞状組織になっている。これを拡大したのが (b) であり、明るい地はフェライトで粒径は200-500μmで非常に大きい。暗い領域はパーライト組織で、パーライトの層の間隔はかなり大きく、推定で900℃程度に加熱されて、徐冷されたことを示している。パーライトが存在する領域には非金属介在物が多く存在し、非金属介在物は直線的に並んでいる。この境界が折り返し鍛錬によって生じたのか、あるいは後述するように不純物の偏析などで生じた縞状組織であるのかは、判断が非常に難しい。

図8-3は非金属介在物の周囲に存在するパーライトの走査電子顕微鏡像で、パーライトは非金属介在物にまつわりつくような状態で形成されている。従来、このような縞状の組織を折り返し鍛錬により生成したものと解釈している。その理由のひとつは、鋼が加熱されて表面に生じた酸化物あるいは接合のために使われた藁灰などの酸化物が折り返し鍛錬のときに巻き込まれたと考えるためであるが、この刀の非金属介在物にはMnやTiなどの鉱石由来と考えられる元素が検出されるので、折り返し鍛錬時の酸化膜ではない。

一般に、製鉄後の鋼中で炭素、窒素、燐などの不純物が偏析（へんせき）すると、低炭素鋼のフェライトとパーライトはそれぞれが帯状になり、縞状あるいは帯状組織と呼ばれる組織になる。たとえば、工業用炭素鋼で、Pを0.3-0.5重量％含む低炭素鋼はフェライトとパーライトの縞状組織になる。非金属介在物の周囲は不純物原子が多いところであり、パーライトが発生しやすく、縞状組織になりやすい。前述の刀や槍の組織でも縞状組織は観察され、折り返し鍛錬しなくても縞状組織は現れるので、不純物の偏析による可能性もある。

なお、この試料は焼入れ可能な炭素濃度であるが、刃先に焼入れた痕跡はなかった。

② 非金属介在物

上述のようにケルト刀にも多くの非金属介在物が含まれている。この時代の鉄精錬では、温度が鉄の融点より低いため、還元された鉄は半溶融状態で粒状に炉の底に溜まったものと考えられている。この製錬過程はたたら製鉄と同様である。また、炭素が鉄の中に充分に入らないので、銑鉄をつくることは出来なかった。この状態では、鉄の中に非金属介在物も巻き込まれており、高温の鍛錬によって融けた非金属介在物の一部は外部に叩き出されて排除されるが、一部は鉄の中に残留する。

非金属介在物中に含まれる元素のEDS分析について述べる。図8-4は代表的な非金属介在物の走査電子顕微鏡像で、地のフェライト（αFe）と非金属介在物の間には非金属介在物の凝固したときの収縮による溝がある。aで示

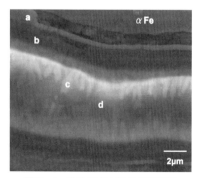

図8-4 非金属介在物の走査電子
顕微鏡像
a-dは分析位置を示す（北田）

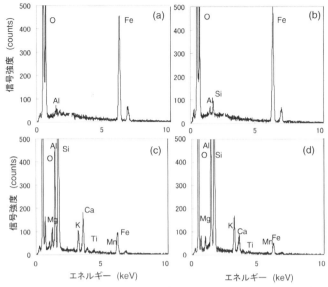

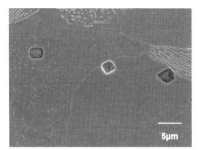

図8-6 比較的小さな非金属介在物（北田）

図8-5 図8-4に示した非金属介在物のEDSスペクトル（北田）

す非金属介在物の外側の組成は図8-5 (a) で示すようにFe、Oおよび少量のAlからなっており、Alは少量で組成から判断して結晶はFeOである。その内側のbで示す領域はFe、O、AlおよびSiからなっているが、これもFeOにAlおよびSiが溶け込んだFeOとみなされる。AlおよびSiが主成分の酸化物であるアルミノケイ酸塩では原子が網目状になっており、不純物が入ると結晶化しないガラスになる。融液中に溶けているFeはガラスの中に入りにくい元素であり、ガラス融液が冷却される場合、融点の高いFeOが優先的に晶出する。FeOの融点はガラス転移点（ガラスの種類によるが600-700℃）より高い1370℃である。

図8-4のbには図8-5 (b) のEDS像のようにAlとSiが固溶しており、aのFeOの次に晶出したものと考えられる。bが凝固した後、その内部に残された融液から明るくみえる結晶cが成長している。この結晶領域のEDS像（図8-5 (c)）ではAlとSiが主成分で、K、Ca、MgなどのほかMnとTiも含まれる。図8-4のdで示すガラス領域はガラス化元素のほかにFe、P、Tiなどを含んでいるが、Fe、Ca、Mgなどの濃度はcより低く、ガラス成分のAlとSiの濃度が高くなっている。

図8-6は比較的小さな非金属介在物で、図には3個観察されるが、これらの組成はほぼ同じで、EDS分析によって得られた主要な元素の原子比から、$FeSi_2O_4$に近い化合物である。これらにも、TiとMnが含まれている。EDSによって得られたTiの濃度は0.02-0.62（平均0.17）原子%、Mnは0.06-0.79（平均0.35）原子%である。

図8-7は図8-4の走査電子顕微鏡像のcで示した非金属介在物と同様な結晶の透過電子顕微鏡像である。地は挿入した電子線回折像から明らかなよう

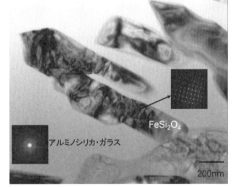

図8-7 ケルト刀の非金属介在物の透過電子顕微鏡像（北田）

第8章 古代刀の金属組織

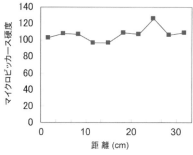

図8-8 ケルト刀断面のマイクロ
ビッカース硬度分布（北田）

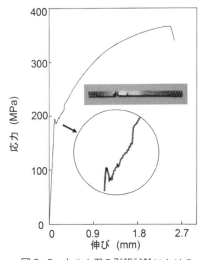

図8-9 ケルト刀の引張試験における
応力-伸び曲線
円の中は降伏点の拡大像、挿入図
は試料（北田）

にハローを示し、アモルファスのガラスである。析出している化合物は電子線回折像から明らかなように結晶であり、EDS分析値では、同じ挙動をとるFe、MnおよびTiの合計濃度は約12%、Siは25%で、1：2に近い。一方、電子線回折像の解析では$FeSi_2O_4$に一致する。このほかにCa、Al、Mg、が含まれている。TiとMnの濃度はそれぞれ平均で0.56原子%、1.4原子%である。

ケルト刀の鉄原料は鉱石とみられ、砂鉄原料の日本刀と原料は異なるが、日本刀でも検出されるMnとTiが存在する。特に、Tiは砂鉄原料特有のものとされているが、後述の南アジア系のクリス剣などでも微量であるが検出される。したがって、微量のTiの検出だけで砂鉄原料とするのは危険である。ケルト刀の分析数が少ないので、日本刀の非金属介在物との比較は難しいが、日本刀の非金属介在物に比較して、微細構造は単純である。

③ 機械的性質

機械的性質を評価するため行った硬度試験と引張試験の結果を述べる。図8-8はケルト刀断面のふたつの刃先間を結ぶ直線上のマイクロビッカース硬度の分布である。硬度は96.5から126の範囲で平均値は107であり、非常に軟らかく、日本刀で使われている極低炭素鋼に近い硬度である。この中で硬度126はパーライト組織が存在する場所の硬度であるが、組織が粗いため硬度が低いものとみられる。

引張試験は刀から厚さ0.72mm、幅1.98mmの試料を作製し、標点間距離10mmで行った。ほぼ正常な試験が出来たものの応力−伸び（変位）曲線の例を図8-9に示す。円は降伏点の拡大図、挿入図は破断後の試料の形状である。塑性変形の初期には降伏現象が観察される。一般に製鋼工程でAlなどを用いて脱酸した低炭素鋼には降伏現象が観察されないが、酸素などの不純物が多い低炭素鋼では降伏現象がみられる。この鋼も酸素などの不純物を多く含んでいるものとみなされる。上部降伏点は195MPa（MPaはメガパスカル、9.8MPa＝1kg／mm²）、引張強さ366MPa、伸びは9%である。工業用の炭素濃度0.2%の炭素鋼の降伏点は約250MPa、引張強さは約420MPa、伸びは約30%であり、これに比較すると、降伏点と引張強さは低くて軟らかいが、伸びは1/3である。工業用炭素鋼の結晶粒径は30-50μmであり、ケルト刀のフェライト結晶粒径は数100μmと非常に大きく、降伏点などが低い一因である。一方、伸びは非常に小さいが、これは図8-2(a)で示したような内部の割れや非金属介在物などの欠陥が原因である。

8.2 漢代の刀

古代のアジア大陸では、紀元前5世紀頃に溶融した銑鉄をつくる製鉄技術が始まったといわれている。古代の中近東地方で発展した製鉄は半溶融状

図8-10 漢代の古代刀試料（筆者蔵）

態の鉄を鍛錬した錬鉄と呼ばれるものであり、数世紀頃にスウェーデンでも銑鉄を得たという説もあるが、現代に繋がる銑鉄を得る製鉄は15世紀の南ドイツが始まりといわれている。銑鉄を得たといわれるのは春秋時代（前770－403年）後期であろうが、その時代、大陸には12の国があったと伝えられている。どこで最初に製鉄が行われたのかの詳細は不明であるが、燕と呼ばれる国が有力とされている。銑鉄が得られたため、鋳鉄（銑鉄）製の武器類も残されている。紀元前後の漢の時代は武器だけではなく、日用品などの鉄器なども大きく発展した時代である。銑鉄をつくる技術が開発された後、銑鉄を鋳鉄だけではなく、脱炭して炭素鋼をつくり、その用途を広げたと思われる。本節では、環頭大刀*と玉鐔刀について述べる。

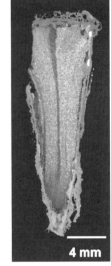

図8-11 漢代刀の断面マクロ像（北田）

8.2.1 環頭の刀

試料に用いた漢代（約2000年前の古代中国）の発掘刀を図8-10に示す。柄の先端の形が輪になった環頭大刀の一種で、一部分しか残っていないので長さが不明であるが、それほど大きなものではない。全体に錆びているが、ところどころに象眼されたと考えられる金と銀の箔が残っている。

① マクロ像と光学顕微鏡像

図8-11は試料の中央付近から採取した試料の腐食後の断面マクロ像である。周囲の付着物のようにみえるのは、表面の錆である。断面像には数本の暗い縞があり、鍛造加工したことが窺われる。また、刃先も暗い組織になっている。明るい領域と暗い縞の領域における光学顕微鏡像

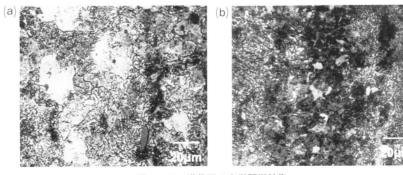

図8-12 漢代刀の光学顕微鏡像
(a)は図8-11の明るい領域、(b)は暗い縞の領域（北田）

---

*古墳時代頃までの大きな直刀を大刀、それ以降の反りのある吊るし型の大きな刀を太刀という。

表8-1 漢代刀のパーライト部のEDS分析による不純物（重量%）

元素	Al	Si	P	S	Ca
濃度	0.01	0.37	0.086	0.151	0.42

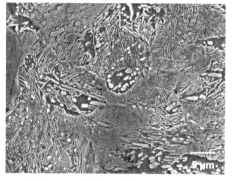

図8-13 漢代刀の走査電子顕微鏡像
図8-11の暗い縞の領域（北田）

を図8-12の（a）および（b）にそれぞれ示す。（a）の明るい領域はフェライト粒子とパーライト組織からなり、炭素濃度は0.3-0.4重量%程度であるが、暗い縞の組織（b）は0.7重量%程度の高炭素鋼である。暗い縞の部分では小さな非金属介在物が多く、後述のPやSの影響、炭素原子等の不純物の偏析などの影響もあって炭素濃度が高くなり、パーライト組織が発達したものと推定される。

図8-13は図8-11の暗い領域のパーライト組織の走査電子顕微鏡像で、共析濃度に近い組織であり、一部のセメンタイトは塊状あるいは球状になっている。

パーライト組織部の代表的なEDSによる分析結果を表8-1に示す。通常、Siは鋼に含まれている不純物であるが、比較的多い量である。PおよびSも他の刀試料よりかなり多い。フェライト領域からは微量のS, P、CaおよびTiが検出された。他の刀の分析では、非属介在物にPとSが含まれていても鋼からはごく少量しか検出されない（第5.4.2節で述べた日本刀は、例外的に鋼中にTiなどが検出された）。酸素は鉄に固溶するが、多い場合はFeOとして析出し、FeOはFeSと高温で溶け合い鋼の劣化要因となる。多分、鋼中の酸素濃度も高いものと推定される。

PはFeに1重量%程度固溶し、0.3-5%含まれると低炭素鋼（含燐鋼）のパーライトは縞状となり、焼鈍してもパーライトは正常な分布にならない。Sはほとんど固溶しないでFeSとして粒界などに偏在し、900-950℃の鍛錬時に鋼を脆くする。これを赤熱脆性といい、純鉄に近い鋼や低炭素鋼を高温で鍛錬すると割れて加工が困難になる。PおよびSが多いとフェライトが生成しやすく、パーライトが縞状になって脆くなり、衝撃に弱くなるなど、刀の機械的性質を劣化させる。Caも他の刀の鋼中にはほとんど検出されない元素であり、原料に由来するものと思われる。

明るい領域のマイクロビッカース硬度は約200で、暗い縞の部分では約300であった。刃先は暗くみえる組織であるが、焼入れされておらず、高炭素濃度のパーライト組織で硬度は約300である。刃先で炭素濃度が高い状態になっているのは、第5.9.2節で述べた鍛錬の効果と同様と思われる。

② 非金属介在物

非金属介在物は比較的小さいが、断面組織の炭素濃度の高い領域に多く観察される。光学顕微鏡で観察すると、ガラスだけと見られるものとガラス地に結晶が析出している2相のものとがある。図8-14はパーライト組織中にある非金属介在物の走査電子顕微鏡像で、暗いガラス地に多角形の結晶が晶出し

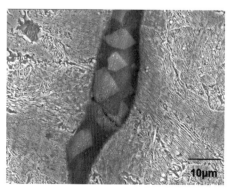

図8-14 漢代刀のパーライト組織中に存在する非金属介在物の走査電子顕微鏡像（北田）

表 8-2 非金属介在物の EDS 分析結果（原子%、O は残余）

元素	Na	Mg	Al	Si	S	P	K	Ca	Ti	Mn	Fe
ガラス	1.94	0.72	3.55	19.9	0.01	---	2.40	5.23	0.40	---	0.72
結晶	0.21	2.46	0.47	9.29	0.01	0.01	0.09	1.14	0.12	0.09	14.5

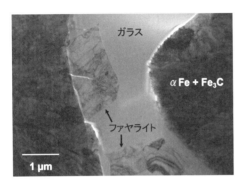
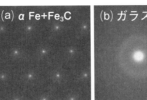
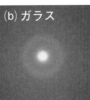

図 8-16 図 8-15 の 3 領域の電子線回折像（北田）

図 8-15 漢代刀の非金属介在物の透過電子顕微鏡像、アルミノシリカ・ガラス中にファヤライト結晶がある（北田）

ている。

　ガラスと結晶の EDS による分析結果を表 8-2 に示す。ガラス地は Si が最も多く Al も含まれているのでアルミノシリカ・ガラスに近いが、Ca と K の合計濃度が Al より多いガラスである。また、微量だが S も含まれている。結晶の組成は (Mg, Ca, Fe)$_2$SiO$_4$ に近い組成で、かんらん石系のファヤライト（Fe$_2$SiO$_4$）とモンチセライト（CaMgSiO$_4$）の固溶体である。また、S および P が微量含まれる。

　図 8-15 は非金属介在物の透過電子顕微鏡像で、両側はパーライト組織で、中央に非金属介在物があり、非金属介在物は 2 相になっている。組成は走査電子顕微鏡で測定したものと同様で、結晶構造を調べて化合物を確定するため、これらの電子線回折をした。図 8-16 はパーライト部、ガラス部および結晶部の電子線回折像で、(a) には αFe と Fe$_3$C の回折斑点がある。(b) はガラス構造なので回折像はハローであり、(c) はファヤライト（Fe$_2$SiO$_4$）にほぼ一致する。

　高炭素鋼であるとともに鋼中の P および S などの不純物および非金属介在物の不純物から考えて、鋼は上質ではない。

8.2.2　玉鍔刀

　玉とは翡翠や碧玉といった宝石の類の石のことで、鍔に玉を用いた刀は比較的高貴なものと考えられている。図 8-17［カラー口絵 7 頁参照］は玉の鍔が付けられた刀の一部で、鋼部は錆びて、一部しか残っ

図 8-17　玉製の鍔がついた漢代頃の古代刀
（筆者蔵）［カラー口絵 7 頁参照］

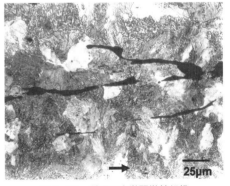

図 8-18　断面の光学顕微鏡組織
矢印は刃の向きを示す（著者蔵）

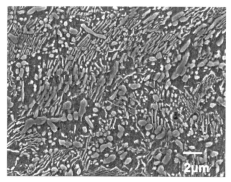
図 8-19 パーライトの走査電子顕微鏡像
（北田）

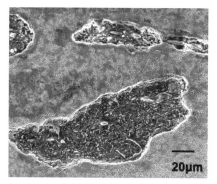
図 8-20 非金属介在物の走査電子顕微鏡像
（北田）

表 8-3 非金属介在物の EDS 分析値（原子%, 残余 O）

Na	Mg	Al	Si	S	K	Ca	Ti	Mn	Fe
1.87	0.69	3.85	18.6	0.17	2.21	1.26	0.53	0.10	0.22

ていない。この刀の代表的な光学顕微鏡像を図 8-18 に示す。パーライト以外のフェライトおよびセメンタイトはなく、炭素濃度は共析組成（0.765 重量％）に近く、高炭素鋼である。図の中央部に横に走る暗い像は非金属介在物で、刀の刃と棟を結ぶ線に平行である。非金属介在物が長く伸ばされているのは、鍛造されたためである。図 8-19 にパーライトの走査電子顕微鏡像を示したが、セメンタイト（Fe_3C）の一部は球状化している。これは、900℃以上の高温で鍛錬された後、徐冷された組織である。マイクロビッカース硬度は約 350 で比較的高い。

図 8-20 は非金属介在物の走査電子顕微鏡像で、内部は微細な組織になっており、多くの非金属介在物で観察される比較的大きなウスタイト（FeO）やファヤライト（Fe_2SiO_4）粒子などは見られず、幾つかの小さな粒子が点在する。表 8-3 に非金属介在物の EDS による分析値を示す。基本的にアルミノシリカ・ガラスであるが、ガラス形成元素である Na、K、Ca などが多く含まれるガラスである。Ti は比較的多く、Mn は少量である。前述のように、海外の鉄も Ti を少量含み、日本刀のたたら鉄の Ti 含有量による定義も下限値付近は判定が難しい。

8.3 古代鋳鉄刀

前述のようにアジア大陸の東部では銑鉄を得る製鉄法が紀元前 5 世紀頃に始まったといわれている。この頃から鋳鉄製品が使われ始め、その後の漢代（紀元前 202 – 紀元 220）には多くの鋳鉄製品が遺されている。本項では、刀ではないが、鎌形槍の組織について述べる。

用いた試料は漢代の遺跡から出土したもので、試料全体が錆びた状態である。図 8-21 で示すように右側に刃が付けられ、左側にが柄に固定する平坦な部分と穴がある。槍の一種であるが、突くのではなく足などを引いて切る武器である。

組織観察試料は柄の端から切り出したが、その断面を腐食した後のマクロ組織を図 8-22 に示す。断面試料の中央部は明るく、左右の端部に近い領域は暗くなっている。これは冷却速度の差による組織の違いとみられ、マクロ組織は左右対称である。記号 a から f は下記の光学顕微鏡組

織の観察場所である。

図8-22のa部の厚さ方向の中心部の組織が図8-23（a）で、明るいフェライト地の中に暗い片状のグラファイト（黒鉛）が分布している。これは、典型的な片状黒鉛鋳鉄組織で、現在のねずみ鋳鉄または灰鋳鉄（灰色なので、この名がある）の組織と同様である。(b)は図8-22のbで示したa部の端の組織で、若干組織が細かくなっている部分もあるが、中

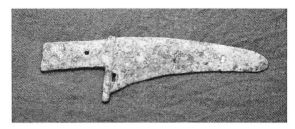

図8-21 漢代頃の片鎌槍（筆者蔵）

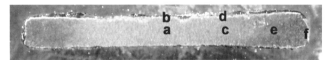

図8-22 片鎌槍の柄部分の断面マクロ像
aからfは光学顕微鏡の場所（北田）

心部と殆ど変わらない。厚い錆がついているが、錆の中にはグラファイトが残留している。見分けが付きにくいが、暗く見える小さな塊状の非金属介在物が分散している。錆の層は金属側からFeO、Fe_3O_4およびアカガナイト（β FeOOH）などの水酸化物からなっている。

図8-22のcで示した内部領域では、図8-24（a）のように主に細かな片状グラファイトからなり、試料の端部dでは片状グラファイトの密度が低くなり、明るくみえるセメンタイト（Cで示す）および中間の明るさのパーライト（Pで示す）からなる。これらの相が混合しているので、まだら鋳鉄と呼ばれる組織の類である。凝固時には、先ずグラファイトが晶出し、次にセメンタイト、さらにパーライト（レデブライト）が析出したものである。内部と端の組織の差は冷却速度依存性と考えられる。端の組織中には、矢印で示す粒状の非金属介在物が多く観察される。

図8-22のeで示した領域では、図8-25（a）で示すように、粗大なセメンタイトとフェライトからなる。これは、白鋳鉄と呼ばれる組織に近い組織になっている。この領域では、矢印で示すように非金属介在物が明瞭に観察される。セメンタイトは試料表面に垂直の向きに長い形状となっており、この向きが熱の流れの向きで、表面から内部に向かってセメンタイトが成長したものである。図8-22のfの領域では、aからdに比較すると微細な組織になっており、微細なセメンタイトとフェライトからなる。微細化は冷却速度が高かったためである。また、この試料端の領域では、暗く見える非金属介在物が多く存在する。

以上のような組織変化の主な原因としては、炭素濃度、不純物および冷却速度が考えられる。不純物のSiは炭素をグラファイト化するようにはたらき、Mnはセメンタイト化する作用がある。その中で、組織を決定付けるのは冷却速度である。断面の中央部で片状グラファイト組織になっているので、この領域は相対的に冷却速度が低く、左右の端部にゆくほど冷却速度が高くなってセメンタイトが析出しやすくなる。この冷却速度の差は熱の放散を支配する鋳型の厚さなども要因であろう。

ビッカース硬度は片状グラファイト組織領域で263-348（平均304）、セメンタイトのある左右の端部領域では579-710（平均647）である。片状グラファイト組織の硬さは高炭素鋼のパーライト組織なみだが、グラファイト片は軟らかくて鉄の内部では空洞と同様に切り欠きの作用を持

第8章 古代刀の金属組織

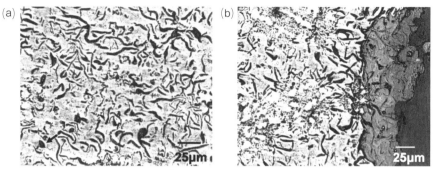

図8-23　柄のほぼ中央部（図8-22中のaおよびb領域の光学顕微鏡組織）
(a)は中心部、(b)は端部と錆の層（北田）

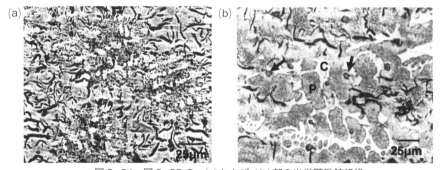

図8-24　図8-22のc(a)およびd(b)部の光学顕微鏡組織
(b)は片状グラファイト、セメンタイト(c)、パーライト(P)からなる。矢印は非金属介在物（北田）

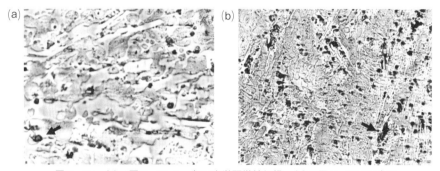

図8-25　(a)は図8-22のe部の光学顕微鏡組織、(b)は図8-22のf部の
光学顕微鏡組織　矢印は非金属介在物（北田）

つといわれ、靭性の低い材質である。一方、端部は低炭素鋼を焼入れたマルテンサイトの硬度に匹敵し、硬い材質である。物を切るというはたらきでは、硬いので良いが、衝撃力に対しては脆い材質である。ただし、ねずみ鋳鉄、まだら鋳鉄および白鋳鉄の複合材料になっており、技術的には非常に興味深い。

8.4　古代朝鮮刀

古墳時代までの直刀の由来としては、朝鮮半島を経てわが国にもたらされたと考えるのが最も有力である。その時期は1-2世紀ごろと推定されているが、諸説ある。朝鮮半島への鉄鋼の伝来は紀元前1-2世紀と推定されているが、北部から南部に伝わり、それからわが国へと伝来し

た。これとは別に大陸から北関東あるいは東北以北の地方に伝来したものがある、との説も有力である。朝鮮半島での鉄製錬は鉱石を使ったものとみられ、わが国の古墳時代の直刀までは輸入された鉄鋼と考えられている。その実態については議論があるが、『日本書紀』には朝鮮半島南部の加耶(かや)に「任那日本府(みまなにほんふ)」があったとされ、日本の遺物が発掘されるので、交易は盛んだったと思われる。したがって、古墳時代の直刀についても材料技術の交流関係があったものとみられる。ここでは、わが国初期の古代刀と関係が深いと考えられる朝鮮半島南部で出土した古代刀の分析結果を述べる。

① 試料およびマクロ組織

用いた試料を図8-26に示す。柄と刃の一部が残っている刀片である。この刀の特徴は柄の断面が円に近く、そのまま楕円形の刀身部に繋がっていることである。

この試料の柄と刀身部から試料を採取し、断面のマクロ組織を観察した。図8-27は(a)が柄、(b)が刀身部の断面組織である。断面組織は図の左側が低炭素鋼で右側が高炭素鋼であり、2種の鋼が鍛接された構造になっている。これは、切る役割を果す硬い鋼と軟らかくて靭性のある鋼を複合化したものと推定され、最も初歩的であるが、硬軟の鋼の組み合わせ法である。(a)と(b)のマクロ組織から、先ず、2種の鋼を鍛接して断面が円形の棒をつくり、次に平たく鍛造して刀身を作ったものとみられる。硬軟の鋼の組み合わせとすれば進んだ技術である。

② 光学顕微鏡組織

低炭素鋼領域の代表的なフェライト組織を図8-28(a)に示す。(a)の低炭素鋼部の化学分析による炭素濃度は0.016重量%で極低炭素鋼であり、純鉄に近い炭素濃度である。(a)の点状の組織は非金属介在物である。結晶粒径は場所によって差があり、10-300μmである。これに対して、右側の高炭素鋼部の炭素濃度は約0.55重量%の高炭素鋼で、(b)に示す明るい領域はフェライト、暗い領域はパーライトである。結晶粒径は100-150μmで極低炭素鋼領域のフェライトより小さいが、場所によってばらつきがあり、後述のように組織もばらついている。

2種の鋼の境界領域では、図8-29で示すように極低炭素鋼と高炭素鋼の間で相互拡散が生じて、炭素濃度が徐々に変化する傾斜組織になっており、接合状態は良い。図8-30は刃に近い部分の加工度が高い領域で観察される変形組織で、結晶粒の形は刃と刃を結ぶ方向、すなわち、鍛

図8-26 朝鮮南部出土の古代刀片 (筆者蔵)

図8-27
朝鮮古代刀の断面マクロ像
(a)は柄の部分、(b)は刀身部、左側は極低炭素鋼、右は高炭素鋼(北田)

造方向に垂直に平たく変形している。図 8-31 は極低炭素鋼領域の EDS 像で、Fe のほかに痕跡程度のピークはなく、純度は高い。

極低炭素鋼領域では、結晶粒内のところどころで図 8-32 で示すような直線の組織が観察される。これは純度の高い鉄が衝撃的な力を受けて双晶変形したものである。双晶の存在は、この刀が高温で鍛造された後に室温で鎚打ちされたことを示し、鉄の純度が高いことも示している。低温で加工すれば加工硬化によって強度が増すので、極低炭素鋼であっても低炭素鋼と同程度に硬くなる。双晶が観察されないフェライト領域の硬度は 97-108、双晶の観察された領域では 143-

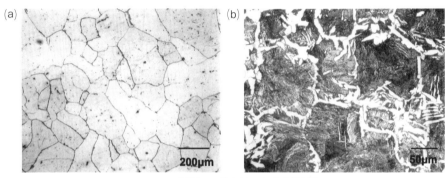

図 8-28　朝鮮刀の代表的な光学顕微鏡像
(a)は極低炭素鋼、(b)は高炭素鋼部（北田）

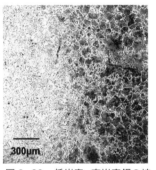

図 8-29　低炭素-高炭素鋼の境界領域の光学顕微鏡像（北田）

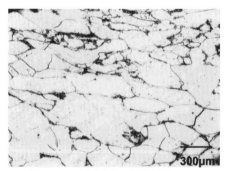

図 8-30　低炭素鋼の変形組織（北田）

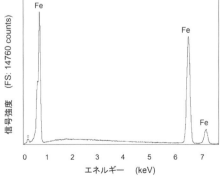

図 8-31　低炭素鋼部の EDS 像（北田）

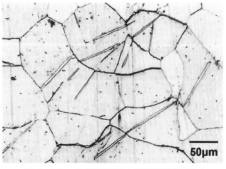

図 8-32　古代朝鮮刀の極低炭素鋼部にみられる双晶（直線状の像）（北田）

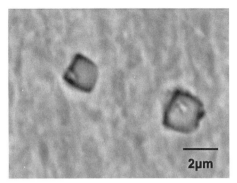

図 8-33　低炭素鋼中の小さな非金属介在物の走査電子顕微鏡像（北田）

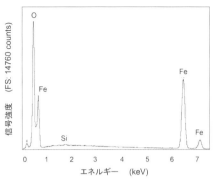

図 8-34　図 8-33 に示した微小な介在物の EDS 像（北田）

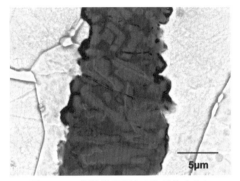

図 8-35　極低炭素鋼中の比較的大きな非金属介在物の走査電子顕微鏡像（北田）

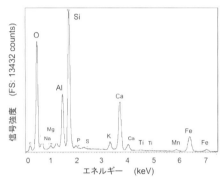

図 8-36　図 8-35 に示した非金属介在物の EDS 像（北田）

152、低－高炭素境界部で 132-155、高炭素鋼部で 175-203 であった。双晶の観察された領域は明かに加工硬化している。軟らかい極低炭素鋼の加工硬化を意図して低温で鎚打ちしたのであれば、当時、加工硬化の知識があったものと思われ、鉄鋼の加工技術として歴史的に重要である。

③ 非金属介在物

非金属介在物中に含まれる元素は、鉄原料の違いや鉱石の由来を知るうえで非常に重要であり、古代朝鮮の鉄の特徴を示す可能性がある。

極低炭素鋼中に観察される非金属介在物の代表的なものを図 8-33 に示す。大きさは 2-3μm で、矩形に近い多角形である。図 8-34 は図 8-33 で示した非金属介在物の EDS 像で、Fe、O および痕跡程度の Si が検出された。EDS から求めた組成は Fe_3O_4 に近く、マグネタイトである。

図 8-35 は極低炭素鋼中の比較的大きな非金属介在物の走査電子顕微鏡像で、内部は多相組織になっている。このような大きな非金属介在物は僅かである。これの EDS 像を図 8-36 に示す。非金属介在物の主要成分である Fe、Si および O のほかに、ガラス構成元素とみられる Ca、Mg、Na、K が存在し、Fe とともに存在することが多い Mn および Ti、さらに P および S が検出された。Ti はたたら製錬鉄では高い濃度で検出されるが、前述のケルト刀など、後述のクリス刀からも微量検出され、世界的に広い範囲で検出される元素であるが、日本刀のように Ti 酸化物としては検出されない。EDS 分析で検出された S は、たたら製鉄由来の日本刀では殆ど検出さ

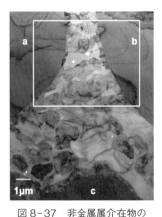

図8-37 非金属介在物の
透過電子顕微鏡像
矩形は図8-40で示す元素分
布像の領域（北田）

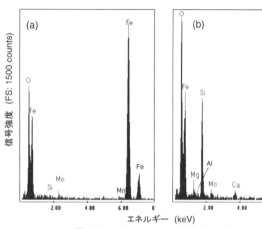

図8-38 非金属介在物のEDS像（北田）

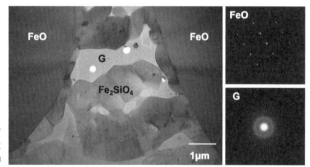

図8-39 図8-37の矩形部の
拡大像と電子線回折像
Gはガラスを示す（北田）

れない元素で、鋼を脆弱にする元素だが、非金属介在物の中にだけ存在するので、刀身の靭性には影響がないものと推定される。

　非金属介在物の透過電子顕微鏡像を図8-37に示す。透過像では、比較的暗い粒子、中央の明るい結晶粒子、その間を埋めているガラスとみなされる領域および非常に微細な粒子が観察される。図中の矩形で示した領域は図8-39の詳細観察領域である。図の上部の両側aとbからは、図8-38（a）のようにFeとOが主成分として検出され、結晶は微量のMnとMoを含むウスタイト（FeO）である。また、cの結晶からは、図8-38（b）で示すようにFe、SiおよびOが主成分として検出され、Mg、Al、Ca、MnおよびMoが微量成分として存在する。主成分の組成から、この結晶はファイヤライト（Fe_2SiO_4）系の物質である。後述するが、この試料からはMoが特徴的に検出されている。

　図8-39は図8-37の矩形領域の拡大図で、FeO領域とガラス領域の電子線回折像も示す。Fe_2SiO_4結晶は先に晶出したFeO表面から成長し、その一部がさらに内部へと成長している。非金属介在物は熱伝導の良い鉄の中に存在するので、冷却過程の熱の流れは非金属介在物から鉄へと向かう。最も融点の高いFeOがフェライトとの境界から先ず晶出し、次に融点の高いFe_2SiO_4結晶がFeOの表面から成長する。残された融液はガラス成分となり、さらに、その中から微細な粒子が晶出あるいは析出する。

　図8-39で示した領域の元素分布像を図8-40に示す。ここで、元素分布を明瞭に示すために明るさを調整しているので、それぞれの像の明るさは相対的な表示である。FeはFeO、Fe_2SiO_4

8.4 古代朝鮮刀

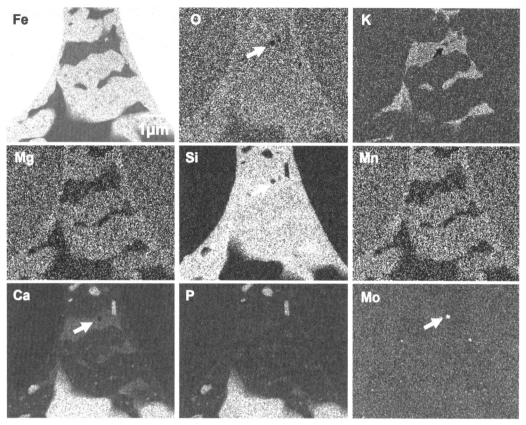

図 8-40　図 8-39 で示す領域の元素分布　矢印は Mo の存在する位置（北田）

の順に濃度が低下し、ガラス中では非常に少なくなる。Mg および Mn は Fe_2SiO_4 の領域で濃度が高い。これは、Fe_2SiO_4 がフォルステライト（Mg_2SiO_4）およびテフロイト（Mn_2SiO_4）と固溶体をつくるためである。Si は Fe_2SiO_4 およびガラス領域で高濃度であるが、図の下部のガラス領域では低く、この領域では Ca と P の濃度が高くなっている。Al の元素分布像は示していないが、Si と同様な分布をしている。したがって、Ca および P が高濃度の領域はこれらの元素を含む化合物結晶で、詳細は不明だが、この系の酸化物としてはアパタイト $\{Ca_5(PO_4)_3F\}$ がある。Mo は O、Si、Ca 分布図の矢印で示すこれらの濃度が低いところに存在するので、ここに Mo を含む粒子が存在する。

図 8-41 は微小な粒子の分布を示す透過電子顕微鏡像で、50-150nm 程度の粒子が Fe_2SiO_4 中およびガラス中に分散している。これらの粒子をさらに拡大した像が図 8-42 で、電子線回折像も示した。粒子像の特徴は明暗のふたつの領域からなり、異なる組成の粒子が複合したようなコントラストを示す。透過電子顕微鏡像では、暗い粒子の上に明るい粒子がエピタキシャル成長しているように見受けられる。図 8-43 はこの粒子の EDS 像で、Mo と Fe が主成分として検出され、Mo および Fe を主成分とする酸化物である。Si などの元素のピークもあるが、粒子が小さいので粒子の周囲あるいは厚さ方向に重なるガラスなどからの情報も含まれているものと考えられる。電子線回折像も図 8-42 中に示したが、既知のデーターベースにある物質からは同定できなかった。

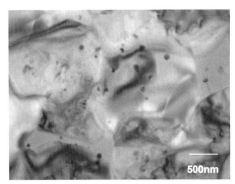

図 8-41 微小な粒子の分布を示す透過電子顕微鏡像（北田）

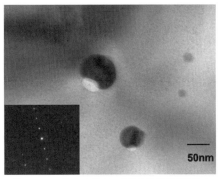

図 8-42 微小な粒子の透過電子顕微鏡像と電子線回折像（北田）

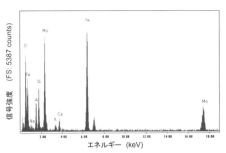

図 8-43 図 8-42 で示した微小な析出物の EDS 像（北田）

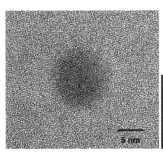

図 8-44 S を含む微小な粒子の結晶格子像と電子線回折像（北田）

図 8-44 はガラス中の微粒子のひとつから得られた結晶格子像で、電子線回折像を解析したところ、硫化鉄（FeS）に一致した。FeS は使用した鉱石に含まれる S が非金属介在物中に残留し、ガラス中から析出したものである。

以上のように、非金属介在物中には Mo、S および P が含まれ、特に Mo 系粒子は他の刀試料からはほとんど検出されない特殊なものである。Mo の主な酸化物には MoO_2、MoO_3 など数種あるが、MoO_3 は空気中で昇華しやすく、非金属介在物の中に取り込まれにくい元素で、この試料の産地を特定する元素として注目される。

8.5 青銅で被覆した鉄刀

古代の刀で青銅と複合されたものがあると伝えられているが、詳細は不明である。図 8-45 はタイで出土した紀元前と推定される斧である。かなり腐食しているが、周囲には Cu の錆である緑青が部分的に生じており、柄を挿入する円筒部の内部は鉄の錆で埋まっている。

付け根の部分を研磨すると、図 8-46 ［カラー口絵 7 頁参照］のように緑青の内部に銅あるいは銅合金が見出された。内部は鉄錆で埋まっており、金属鉄は見ることができない。斧の中央部で切断して研磨した断面像が図 8-47 ［カラー口絵 7 頁参照］である。矢印 a で示す外周部には銅と緑青からなる薄い層があり、銅は緑青の中に点状に残っている。その内側には b で示す厚い暗赤色の鉄錆があり、その内側に矢印 c で示す明るい層があって、ここは Fe_3O_4 と FeO からなる鉄の酸化層である。さらに、その内側に明るい層 d があり、ここに僅かだが金属鉄が錆びない

8.5 青銅で被覆した鉄刀

図8-45 出土した青銅被覆鉄斧
(筆者蔵)

図8-46 青銅で被覆した鉄斧、残留Cu(矢印)と緑青、中心部は鉄錆(北田)
[カラー口絵7頁参照]

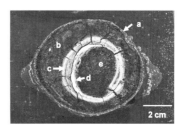

図8-47 銅で被覆された鉄斧の断面マクロ像 aは銅と緑青、bは暗赤色の鉄錆、cはFe₃O₄とFeOからなる鉄酸化物、dが金属鉄、eは暗赤色の鉄錆(北田)
[カラー口絵7頁参照]

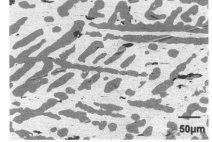

図8-48 銅部の走査電子顕微鏡像(北田)

表8-4 図8-48の全領域、デンドライト(αCu)、地(δ相)の分析値(重量%)

	Si	P	S	Fe	Cu	Sn
全領域	0.13	0.05	0.13	0.17	80.0	19.5
αCu	0.10	---	---	0.13	84.8	14.9
δ相	0.10	---	---	0.12	77.7	22.0

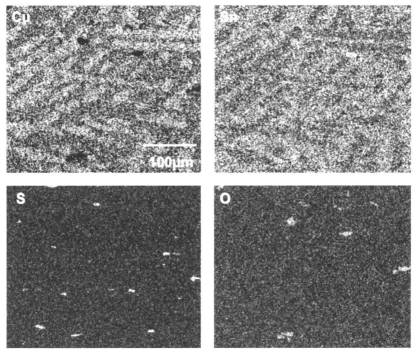

図8-49 図8-48の元素分布像(北田)

で残留している。中心部のeは暗赤色の鉄錆からなっている。したがって、外周部を銅あるいは銅合金で被覆した鉄の斧である。

外周部の銅は図8-48の走査電子顕微鏡像のように、暗くみえるデンドライト(樹枝状晶)があり、その周囲に明るい地がある。最も暗いところは腐食している。これは、銅合金であり、

第8章 古代刀の金属組織

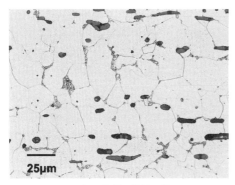

図8-50 鋼の光学顕微鏡組織（北田）

図8-51 青銅被覆した鎌形刀（筆者蔵）

図8-52 青銅で被覆した鎌形刀の断面マクロ像（北田）

デンドライトが発達しているので、液体から凝固した組織である。この組織の元素分布像が図8-49で、デンドライト部はCuに富むαCu、地はSnに富むCu-Sn系のδ相である。また、Sがところどころにあり、これは古代の硫化鉱を還元した銅および青銅中で見られるCu_2Sである。また、図8-48の暗い部分からはOが検出され、これは、銅合金が酸化された部分で後述する。表8-4に図8-48の全領域、デンドライト（αCu）および地（δ相）のエネルギー分散X線分光（EDS）による分析値を示す。分析値には、これら以外の元素が微量含まれている。デンドライトのαCuにはSnが固溶限まで含まれている。上述のように、Cu_2Sを含むのでSが検出されている。合金の酸化はαCuから優先的に始まっており、酸化された場所からは微量のNaおよびClが検出された。NaとClは環境中から侵入した元素である。この組成のCu-Sn合金は、肉眼では若干黄色を帯びた銅色で、地は白銅に近い。

一方、銅合金に被覆された内部の鉄部の光学顕微鏡組織では、図8-50のようにフェライトが大部分で、パーライトが若干存在する低炭素鋼である。また、非金属介在物の量は多く、伸ばされた形状を示し、鋼が鍛造されたことを示している。どのような製錬をしたか不明であるが、組織から判断すると、古代の半溶湯製鉄で低炭素鋼を製造したものであろう。

推定される製造法としては、低炭素鋼を鍛造して斧の形とし、次に融解した銅合金の中に浸漬させて鋼の外側に薄い青銅の層を形成したものである。これは、いわゆる溶湯めっき法であり、低炭素鋼（融点は1500℃近く）に比較して融解温度が低い青銅（約900℃）を融かしてめっきしたと考えられる。鋼部のマイクロビッカース硬度は約100で非常に軟らかい鋼である。また、青銅の硬度は約75である。刃の表面にあるのは白銅であるから銅より硬いが、薄いので斧として使えばすぐに傷ついて鋼が露出する。したがって、実用化を目的に銅めっきをしたものではなく、表面に色づけをする装飾として使ったものと推定される。

同様な銅合金めっきした鎌形刀の像を図8-51に示す。表面の銅合金めっきは腐食されて緑色になり、かなりの部分が脱落しているが、青色の錆の中に銅合金が僅かに残っている。この刀の断面はパーライトのある鋼領域とフェライト領域からなり、図8-52の上部と下部は異なる組織を示す。これらの光学顕微鏡像を図8-53に示す。上部はパーライトのないフェライト組織で、

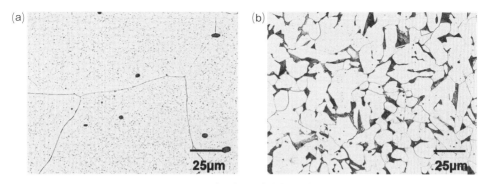

図 8-53　図 8-52 の上部 (a) と下部 (b) の光学顕微鏡組織（北田）

下部はパーライトのある低炭素鋼である。図 8-27 で示した朝鮮の古代刀と同様な鋼の組み合わせで、意図的にふたつの鋼を鍛接したのか、あるいは組織がばらついている鋼を使ったのかは不明である。フェライト領域のマイクロビッカース硬度が約 90、パーライトを含む鋼領域が 112 で軟らかい。

上述したように、表面に銅合金をめっきした刃物は実用には向かず、美術的な目的と、錆びやすい鋼の防食のためと考えられる。溶湯めっきは現在もブリキやトタン板の製造過程で使われている。

8.6　日本の古墳時代刀

わが国の歴史上に現れた刀は、古墳時代の真っ直ぐな直刀で、上代刀、荘大刀（しょうだち）、古代刀などとも呼ばれる。直刀は奈良時代まで使われ、平安時代中期ころに現在日本刀とよばれる湾曲刀が現れたという。直刀には両刃と片刃の刀があり、発掘されるものは片刃が多い。直刀から湾曲刀への技術的変遷には不明な点が多く、現在に至るまで変化の要因は明らかになっていない。上述の片刃の直刀は湾曲刀誕生の初期を示すものかも知れないが、まだ、十分な検討が必要である。直刀の金属学的研究は俵らによって行なわれ（1917-1924 年頃）、光学顕微鏡による組織の観察、炭素量および不純物量の分析、非金属介在物の分散状況などを基礎データーにし、製作法について考察している。その後、これらの結果は 1953 年に論文集として出版された[*]。俵らは約 10 試料について分析しており、幾つかの試料では、異なる鋼を用いた組合せ鍛錬や刃部の焼入れなどを観察し、その後の日本刀に繋がる技術を見出しているが、用いた鋼の由来は明らかではない。その後も古代刀の研究は続けられ、非金属介在物の解析から多くのことが明らかになりつつあり、石井らによりまとめられている[**]。古代刀は出土地が広く分布し、製作年代も不明確で、通常は破壊分析できないので、研究に供する試料の数および量が限られている。このような制約の中で短時日に系統的結果を得ることは難しく、機会あるごとに、できるだけ多面的な分析をし、基礎データーを積み上げることが重要である。ここで述べる結果もその一つで、明治時代に発掘された直

---

[*]　俵國一著『日本刀の科学的研究』日立評論社、1953 年

[**]　石井昌国・佐々木稔共著『古代刀と鉄の科学』二編・古代刀の鉄と刀剣、雄山閣考古学選書 39、1995 年、169-223 頁

第8章　古代刀の金属組織

図8-54　古墳出土刀の全体像（筆者蔵）

図8-56　断面、棟面および側面の低倍率光学顕微鏡組織の3次元表示（北田）

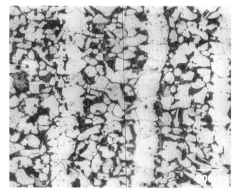

図8-57　縞状組織の高倍率光学顕微鏡像（北田）

図8-55　古墳出土刀の断面のマクロ腐食像（北田）

刀について、金属組織、非金属介在物、機械的性質について分析・測定した結果について述べる。

① 試料および光学顕微鏡金属組織

用いた試料は埼玉県西部の古墳で発掘された直刀（筆者蔵）である。完全な形を残している試料と、部分的に腐食して数個の断片状になったものとが遺されていた。図8-54にほぼ完全な形の試料を示す。片刃の直刀で表面は錆で被われている。

直刀の腐食後の断面マクロ組織を図8-55に示す。外周部は錆で覆われており、錆が及んでいない内部だけの組織像である。錆によって失われた部分が多いので、刀全体の断面を示していないが、断面は縞状組織になっている。これは、前述のケルト刀や漢の刀と同様である。

図8-56は低倍率の断面、棟に平行な断面および側面の光学顕微鏡組織を3次元的に表示したもので、この像から明らかなように刀の長手方向に平行な縞状組織になっている。側面の組織は縞状組織と平行なため、縞状組織を平行に切る組織である。この組織は従来の研究における観察結果と同様である。

縞状組織の高倍率光学顕微鏡像を図8-57に示す。暗い帯はパーライトとフェライトからなり、明るい帯はフェライトである。化学分析による炭素濃度は0.2重量％で低炭素鋼である。フェライト帯中に見られる暗い点状の部分は非金属介在物であり、パーライト・フェライト組織中にはフェライト帯中よりも非金属介在物粒子が多く存在し、サイズも大きく、非金属介在物の周囲にパーライト組織が存在する。これは、日本刀およびケルト刀の縞状組織と同様である。フェライト帯内のフェライト結晶粒は縞の方向に長く伸ばされた形になっているが、平均的な粒子径は200μm程度である。一方、パーライトとフェライトからなる帯のフェライト粒子の粒径は50-100μmでフェライト帯の粒子より小さい。鋼の縞状組織は焼鈍だけでは均一なパーライト・フェライト組織になりにくく、非金属介在物とPなどの不純物の影響が考えられる。

縞状組織が生ずる理由として考えられるのは、Pなどに影響された炭素原子の偏析によるもの、2種の鋼を積層したため、表面が脱炭したものを折り返し鍛錬した、などである。これらは組織は鍛造加工の程度と加熱温度によって変わる。従来、この種の縞状組織を折り返し鍛錬の結果とする説が多いが、日本刀、槍およびケルト刀などにおいて、非金属介在物の周囲にパーライトが優先的に生じており、不純物の偏析による縞状組織の可能性もある。筆者の実験（図5-368）でも、たたら製錬した低炭素鋼を鍛錬すると縞状組織が現れるが、折り返し鍛錬の回数を増やすと縞状組織は消えてゆく。これは、熱処理と加工による炭素の拡散のためであるが、Pの影響が強い場合は高温で焼鈍しても縞状組織は変わらないといわれている。このような加工・熱処理で縞状組織がどのように変化するかを分析・実験の両面からの研究することは残された課題である。

② 鋼部の透過電子顕微鏡観察

光学顕微鏡で観察したパーライト組織は比較的細かく、パーライト組織は不明瞭なので、図8-58にパーライトの透過電子顕微鏡像を示す。典型的なパーライト組織で、地が αFe、暗く見えるのが Fe_3C の共析組織である。αFe と Fe_3C の間隔は約 $0.25\mu m$ であり、これは徐冷した共析鋼に一般的に見られる共析組織の寸法に比較して小さめである。これは、鍛造時の加熱温度が比較的低かったためと、鍛造後の冷却速度が高かったためとみられる。一般に、共析組織の寸法は変態点からの過冷温度によって異なり、過冷温度の大きいほど寸法は小さくなる。多分、鍛造温度より空冷されたものであろう。フェライト地には析出物とみられる微細な粒子があり、$Fe_{2-3}C$ などの準安定鉄炭化物などと推定される。

③ 非金属介在物

非金属介在物は主に鉱石の精錬時に生成した金属酸化物（スラッグ）が巻き込まれたもので（第4.2節）、原料の鉄鉱石中含まれる成分を含んでいる。折り返し鍛錬したものでは、鉄の表面酸化物の巻き込みもあるが、使用した鉄原料の由来を探る上で重要である。

図8-59は直刀の断面上部（棟）の近くに存在

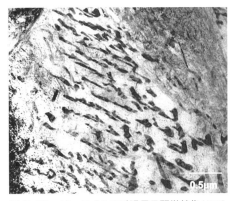

図8-58 パーライトの透過電子顕微鏡像（北田）

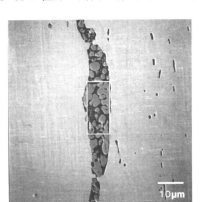

図8-59 比較的大きな非金属介在物の走査電子顕微鏡像
白矩形はEDS測定領域（北田）

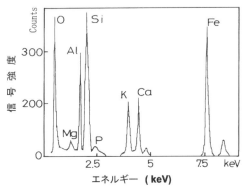

図8-60 図8-59で示した非金属介在物領域のEDS像（北田）

第8章 古代刀の金属組織

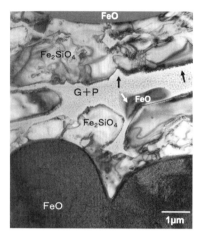

図8-61 非金属介在物の透過電子顕微鏡像（北田）

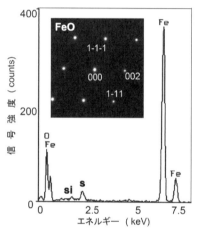

図8-62 図8-61のFeO部のEDS像と電子線回折像（北田）

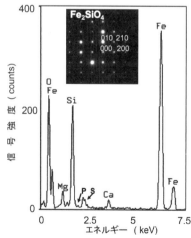

図8-63 図8-61のFe₂SiO₄結晶のEDS像と電子線回折像（北田）

する比較的大きな非金属介在物の走査電子顕微鏡像である。図の右側には小さな非金属介在物も分布している。介在物の中には、丸みを帯びた粒子と暗い地があり、非金属介在物は複数の相からなる。図8-59の矩形で示した領域のエネルギー分散X線分光（EDS）像を図8-60に示す。検出された主な元素はOのほか、Fe、Si、Al、Ca、Kおよび少量のMgおよびPである。また、図8-59の明るい粒子のEDS像では、FeとOが主成分で微量のSiなどを含み、組成比からウスタイト（FeO）であり、暗い領域ではケイ酸塩化合物とアルミノシリカ・ガラスである。この非金属介在物も鍛造する温度において液体であり、鍛造後の冷却過程で凝固したものである。不純物として検出されたPは、前述の縞状組織への影響が考えられる。

日本国内の砂鉄の大部分にはイルメナイトに由来するTiが含まれ、筆者が分析した日本刀でも多くの非金属介在物からTiが検出され、Ti濃度の高いものではTi酸化物あるいはTiを含む化合物が存在する。本試料ではTiが検出されないので、砂鉄ではなく、Tiを殆ど含まない鉱石とみられる。直刀の断面試料全体に分布する非金属介在物を同様に分析したが、Tiは認められない。Tiを含む直刀で砂鉄を原料としたものは6世紀後半の出土品とされ、東北地方から出土した蕨手刀の非金属介在物にもTiを含む化合物が見出されている[*]。

次に、透過電子顕微鏡で観察した非金属介在物の代表的な組織を図8-61に示す。組織は図8-39で示した朝鮮南部発掘刀の非金属介在物と良く似ている。電子線回折およびEDS分析で解析した化合物を図中に挿入した。上部と下部の暗い結晶領域はFeOで、中央の白矢印で示した結晶もFeOである。黒矢印は先行して晶出した結晶に化合物構成原子が拡散して溶質原子が希薄になり、その後にガラスからの析出が生じなかった無析出物帯（PFZ: precipitation free zone）である。

下部のFeO結晶の電子線回折像とEDS像を図8-62に示す。FeO結晶中には少量のSiとSが含まれてい

---

[*] 石井昌国・佐々木稔『古代刀と鉄の科学』雄山閣考古学選書39、1995年、181-221頁

る。SiがFeOに含まれるのは一般的な現象だが、Sが含まれることは通常少なく、これは鉱石由来のSである。FeO以外の明るく見える大きな結晶はファヤライト（Fe_2SiO_4）で、その電子線回折像とEDS像を図8-63に示した。ファヤライトはFeOの表面から成長しており、EDS像では、ファヤライトにもPとSが含まれている。非金属介在物の組織は、前述の古代朝鮮刀の非金属介在物の組織と同様にFeO、Fe_2SiO_4、微細な粒子がみられ、凝固過程も同様である。

大きなFe_2SiO_4結晶の表面では鋸歯状の小結晶が生じており、これもFe_2SiO_4結晶で、後述するが、3番目に晶出した結晶である。さらに、残ったガラスからは微細な結晶が析出している。ケルト刀の非金属介在物では、Fe_2SiO_4結晶の晶出後に残ったガラスからの析出が見られないので（図8-7）、ガラス組成と析出の凝固過程には違いがある。これに対して、古代朝鮮刀ではFeO結晶の次にFe_2SiO_4結晶が析出し、さらに残ったガラスから微細な析出物が生じており、多くの日本刀と同様な凝固過程である。ここで、晶出は融液から結晶が生ずること、析出は固体あるいはガラス転移状態から結晶が生ずることを示す。

図8-61中のG+Pの記号はガラス+析出物の略で、凝固の最終過程で地として残留したガラスとガラスから析出した微細な結晶である。ガラス領域の電子線回折像とEDS像を図8-64に示したが、PとSはFeOおよびFe_2SiO_4結晶領域より多く含まれている。ガラスはアルミノシリカ・ガラスであるが、ガラス形成元素であるNa、Mg、KおよびCaなども多く含まれている。ガラス領域は電子線回折像で示したようにハローであるが、微細な析出物の回折斑点もある。また、ガラス中には痕跡程度のTiが存在するが、たたら鉄ほどの濃度ではない。前述の古代朝鮮刀で検出されたMoは検出されない。

図8-65は上述のFe_2SiO_4結晶から2次的に成長した鋸歯状のFe_2SiO_4結晶（太矢印）で、鋸歯状結晶は先に晶出したFe_2SiO_4結晶の表面からエピタキシャル成長したものである。また、これらの結晶が成長するときにガラスから析出粒子に向かって結晶構成原子が拡散するた

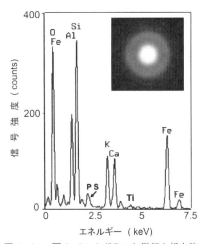

図8-64　図8-61のガラスと微細な析出物領域のEDS像とアモルファスと結晶の存在を示す電子線回折像（北田）

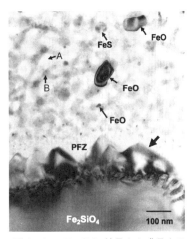

図8-65　Fe_2SiO_4結晶から成長する鋸歯状結晶（太矢印）とガラス中の析出物（北田）

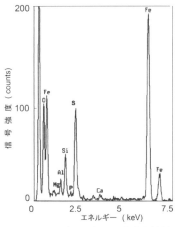

図8-66　ガラス中のSを含む粒子からのEDS像（北田）

め、PFZで示す析出物の少ない無析出物帯が生じている。PFZは、図8-61の黒矢印でも示した。ガラス中には図で示したようにFeO微粒子が析出しており、FeS粒子も存在する。ガラス地はAおよびBで示すように組成の若干異なる相が2相分離したような状態（2相ガラス）になっている。

上述のように、不純物としてPおよびSが多く、ガラス中の微細な粒子には図8-66のEDS像で示すようにSとFeを含む粒子がある。図8-67にSを含む微細な粒子の結晶格子像と格子像からフーリエ変換

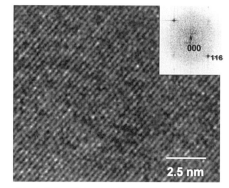

図8-67　ガラス中の微小な析出物の結晶格子像と再生電子線回折像（北田）

して得た再生電子線回折像を示した。これらを解析すると、この粒子はFeS粒子である。Sなどが含まれているのは、砂鉄ではなく、鉱石を原料としたものと推定される。国内産の鉄鉱石にはSが0.2-3%、Pが0.03-2.7%程度含まれている。還元剤として石炭を使った場合にもSとPが多くなる。大陸では石炭を使っていた、という説もあるが、詳細は不明である。

④ 機械的性質

ⓐ 硬度

試料断面のマイクロビッカース硬度は組織が縞状になっているので、場所によって異なる。フェライトの帯の中では95-110程度であるが、パーライト組織では130-180である。ところどころに硬度の高い場所が存在するが、非金属介在物の影響と考えられる。非金属介在物はダイヤモンドヘッドで破壊されるので正確な値は不明だが、粗大な非金属介在物のマイクロビッカース硬度は約500-600である。この値は日本刀の非金属介在物でも同様である。

このような硬軟の鋼が層状になっている複合組織によって、軟鋼の靭性と高炭素鋼の硬さの両面が生かされているように思われるが、縞状組織が不純物の影響で生じたものであれば、多層化技術によるものではない。

ⓑ 引張り挙動

金属材料にとって、引張強度、伸びなどとともに応力-ひずみ曲線の形状なども鋼の性質を検討する上で非常に重要である。引張り試験で得られた応力-伸び曲線の代表的なものを図8-68に示す。試験片の断面は円形で、両端は引っ張るためにネジ加工してある。引張り挙動は試料によってかなり異なる。No.1試料の引張強度は他の2試料に比較してかなり高く、パーライトとフェライトからなる2相鋼に類似している。No.3は軟鋼の応力-伸び曲線に類似し、No.2は上記の中間的な曲線である。このようにデーターにばらつきは、主に組織のばらつきによるものである。この試料では、降伏現象はみられない。

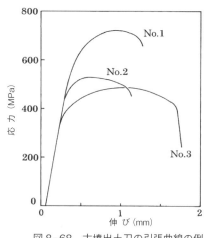

図8-68　古墳出土刀の引張曲線の例
（北田）

8.6 日本の古墳時代刀

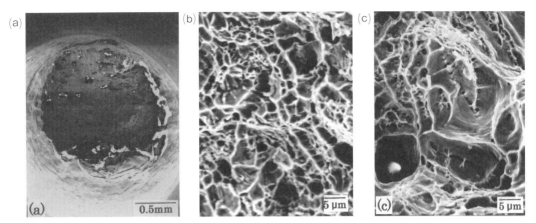

図8-69 引張り試験片の切断部の破面像（フラクトグラフ）
(a)は低倍率走査電子顕微鏡像、(b)および(c)は代表的な破面の走査電子顕微鏡像（北田）

　破断した試料の破壊面の走査電子顕微鏡像（フラクトグラフ）を図8-69に示す。(a)はマクロ像で、比較的平坦な破面である。拡大した代表的なフラクトグラフを(b)および(c)に示す。(b)はフェライト粒径が小さいところで、ディンプル状の延性破壊面である。ところどころに暗い穴のような像が見られるが、これらは非金属介在物が存在していた場所である。結晶粒径の大きい部分では(c)のように破面も粗くなっているが、刃面はディンプル状である。非金属介在物部分による大きな穴があり、非金属介在物の影響はみられるが、周囲は延性破壊している。非金属介在物による伸びへの影響はあるが、比較的靭性に富む鋼とみなされる。

第9章　中・近世の西洋刀とアジア刀

9.1　ドイツ8-9世紀の大型刀

ドイツ、フランス、ブリテン島（英国の一部）を含む西洋諸国は紀元1-2世紀にローマ帝国の勢力範囲となり、ローマ帝国は紀元395年に東西ローマ帝国に分裂した。西ローマ帝国は476年に滅亡し、後のフランス・ドイツ・イタリアなどにまたがるフランク帝国になり、その後、ドイツは962年に神聖ローマ帝国となった。ここで、西洋史でいう中世とは、ローマ帝国が分裂した4-5世紀からルネサンス中期の15-16世紀を示す。この間、西洋諸民族の争いは絶えず、武器は戦乱とともに発展した。西洋の刀は大きなものは真っ直ぐな両刃の直刀で、個人戦闘の主な武器であり、小型のものでは直刀と湾曲刀（サーベル）があった。大型のものは長さが2mに及び、種々の形状がある。

図9-1　十字軍の戦いの様子
（メーダー博士提供）

図9-1は十字軍の戦いの様子を描いたものであるが、両刃の直刀が使われている。図9-2はアラビアの刀鍛冶の図である。日本の刀鍛冶と同様にふたりで鋼を鍛錬しており、左の人物が刀匠、右は向こう鎚を打つ助手である。後方には加熱用の炉があり、前には道具類が描かれている。

図9-2　アラビアの刀鍛冶の図
（メーダー博士提供）

本節では、ドイツ南部で発掘された8-9世紀頃の大型剣について述べる。

① 試料と断面のマクロ組織

発掘された刀の全体像と試料採取部を図9-3に示す。柄は約15cmで、刃部は約11cm残っている。幅は試料採取部で約6cmあり、かなり大型である。出来るだけ断面全体の構造を知るため、欠損の少ない位置から試料を採取した。

研磨した後に腐食した断面マクロ像を図9-4に示す。断面に付したaからfの記号は、組み合わされた主な鋼の領域である。左右の長さ方向では、少なくともaからfの7種の鋼片が使われており、左端の矢印部の刃の近くには小さな鋼片と見られる領域が存在する。刀は腐食しているので、刃の先

図9-3　試料の全体像と試料採取位置（メーダー博士寄贈）

図9-4　試料断面の腐食後のマクロ像と鋼の主な組み合わせ
a-fの記号は異なる鋼の領域を示す（北田）

端まで充分に観察することはできないが、断面像からみると、両端にaおよびbで示す刃鉄があり、その内側に異なる鋼片cおよびdがある。右ではdの内側にeがある。左にはGで示す小さな鋼片があり、左右のバランスを考慮すると、右端のbに相当するものと考えられる。中央のfの領域は最も長い鋼片が使われているが、上下方向でみると、矢印Aで示すように鍛接境界が明瞭に観察され、組織の異なる領域があり、低炭素と高炭素鋼片が複数重ねられている。断面の鍛接境界が明瞭なのは、鍛接された鋼片間の拡散接合が不十分なためである。

7世紀前後のアラビア（イスラム）の刀では、複数の鋼が組み合わされたと伝えられており[*]、この技術が西洋の刀鍛冶に伝承されたものであろう。鋼の組み合わせの目的は綺麗な紋様を出すことが主といわれているが、強度を高める目的もあったと思われる。伝統的な大型西洋剣を作っている現代の刀匠は複数の鋼片を重ねている。西洋剣の良否は、吊るして叩いたとき、良く振動するものが良い剣といわれている。これはバランスを重視したものであろう。

② 光学顕微鏡組織

図9-4で示した両端の刃鉄部aおよびbの光学顕微鏡像を図9-5（a）および（b）に示す。両者とも同様な高炭素鋼組織で、組織から判断すると共析鋼（0.765重量％）に近い組織である。この組織から明らかなように焼入れされていない。ただし、試料は柄に近い部分であるので、刃本

図9-5 (a)および(b)は図9-4のaとbの刃鉄の光学顕微鏡像
(b)の矢印は非金属介在物（北田）

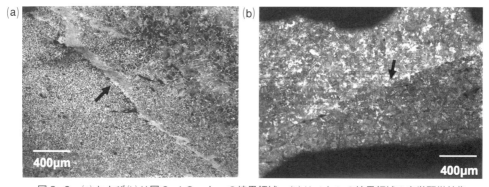

図9-6 (a)および(b)は図9-4のaとcの境界領域、(b)はdとbの境界領域の光学顕微鏡像
矢印は鍛接境界（北田）

---

[*] D. A. Scott and G. Eggerd 編 Iron and Steel in Art, Archetype Pub., (2009) 21p.

体の焼入れの有無は不明である。共析鋼に近い炭素鋼は、現代においては切削や軸受け等の工具鋼に用いられる炭素濃度である。鋼の炭素濃度と引張強度および降伏点の関係では、ほぼ、これらの強度が飽和する炭素濃度であり、強度は高いが靭性は低い。

両端の刃鉄とその内部の鋼の鍛接領域では、図9-6（a）および（b）の矢印で示すようにように鍛接境界が明瞭に残っている。図9-6（a）および（b）（図9-4のcとd）の炭素濃度は図9-5（a）および（b）で示した刃鉄より炭素濃度が低く、約0.6重量％の鋼である。また、(a)の鍛接境界では酸素の取り込みが多い組織になっているが、(b)では(a)より清浄である。これは、鍛接時の表面酸化の多少によるものである。図9-4のeで示した鋼領域は刃鉄と同程度の炭素鋼であるが、左側には、これに当たる鋼がないので、断面構造の左右対称性は崩れている。上述のように、左側には矢印Gで示す鋼片の痕跡があるので、左側で鋼片が欠損している可能性もある。

図9-7は中央部の心鉄（図9-4のf）と刃鉄に近い鋼cおよびeとの鍛接境界で、心鉄を包み込むように鍛接されている。これらの鍛接境界も矢印で示すように酸素の多い領域が帯状に連なっている。心鉄は炭素濃度が低く、粗大な非金属介在物があり、日本刀の心鉄に使われる包丁鉄と似ている。製作年代は異なるが、日本刀（12世紀以降）の場合は鍛接表面にわら灰を溶剤として使い、表面の酸化層を取り除いているが、この刀（8－9世紀）では溶剤を使用していないか、あるいは溶剤の効き目が弱かったものと推定される。

心鉄fの中央部における低倍率の組織は図9-8（a）で、aおよびcで示すフェライト鋼の間に低炭素鋼bが挟まれた層構造になっている。フェライト層aおよびcでは鍛造で伸ばされた非金属介在物が非常に大きい。その地の高倍率像を（b）に示す。フェライト組織からなり、結晶粒径は数10－数100μmとばらついている。このフェライト鋼は製鉄したままの低炭素鋼か、あるいは脱炭したものである。非金属介在物が大きいので、鍛錬は殆どなされていないものと推定される。これは、日本刀の心鉄（包丁鉄）と同様である。（c）に示したbの低炭素鋼の結晶粒径は15－30μmと微細で、強度を高めるため鋼は鍛錬されており、非金属介在物も小さい。（d）は図9-4の右側のBで示した領域の光学顕微鏡像で、刀の肌にあたる表面には高炭素鋼が組み合わされており、皮鉄となっている。刀の中央部は硬軟の鋼を6層ほど積み重ねている。この刀がつくられたのはわが国の奈良時代から平安時代初期であり、硬軟の鋼を組み合わせて製造する技術はかなり進んでいる。ただし、鍛接技術は未完成な状態である。

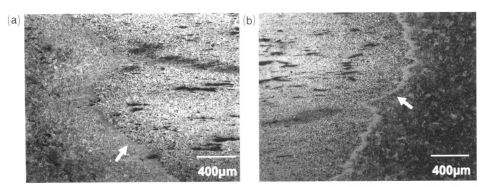

図9-7　図9-4のcとfの境界領域(a)、fとeの境界領域(b)の光学顕微鏡像　矢印は鍛接境界（北田）

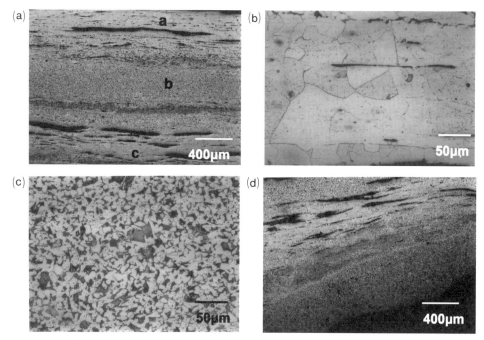

図9-8 (a)は図9-4のfの中央部、(b)は(a)のaの低炭素鋼部の高倍率像、(c)は(a)のbの低炭素鋼部、(d)は図9-4の矢印Bの高炭素鋼と低炭素鋼の層構造組織（北田）

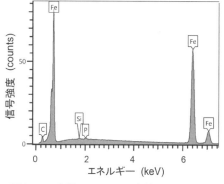

図9-9 心鉄のフェライト領域（図9-8(b)）のEDS像（北田）

表9-1 極低炭素、低炭素および高炭素鋼領域の不純物（原子%）

	Al	Si	P	Ca	Fe
極低炭素鋼	---	0.5	---	0.09	残余
低炭素鋼	---	0.15	0.24	----	残余
高炭素鋼	0.14	0.67	0.09	0.16	残余

図9-8(b)のフェライト領域におけるEDS像を図9-9に示すが、検出された不純物は微量のSiとPで、純度は比較的高い。フェライト鋼、低炭素鋼および高炭素鋼の非金属介在物が存在しない領域でのエネルギー分散X線分光（EDS）で求めた不純物濃度を表9-1に示す。日本刀に比較するとSiの濃度は高く、PおよびCaも多めであるが、鋼の靭性を低下させるSは検出されない。Siは固溶体して鋼の強度を高め、Pは偏析すると鋼を劣化させるが、SiとPは鋼の耐食性を高める作用もある。この時代の西洋の製鉄は木炭を還元剤に使った半溶湯製錬なので、純度が高いものと思われる。

③ 非金属介在物

複数の鋼が使われているため、組織および組成の異なる非金属介在物が数種観察された。代表的な非金属介在物を図9-10に示す。(a)および(b)は異なる心鉄に存在する非金属介在物であ

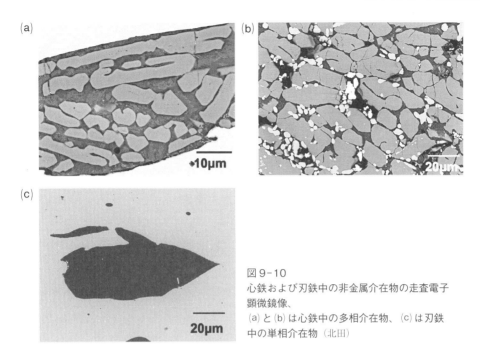

図 9-10 心鉄および刃鉄中の非金属介在物の走査電子顕微鏡像、(a)と(b)は心鉄中の多相介在物、(c)は刃鉄中の単相介在物（北田）

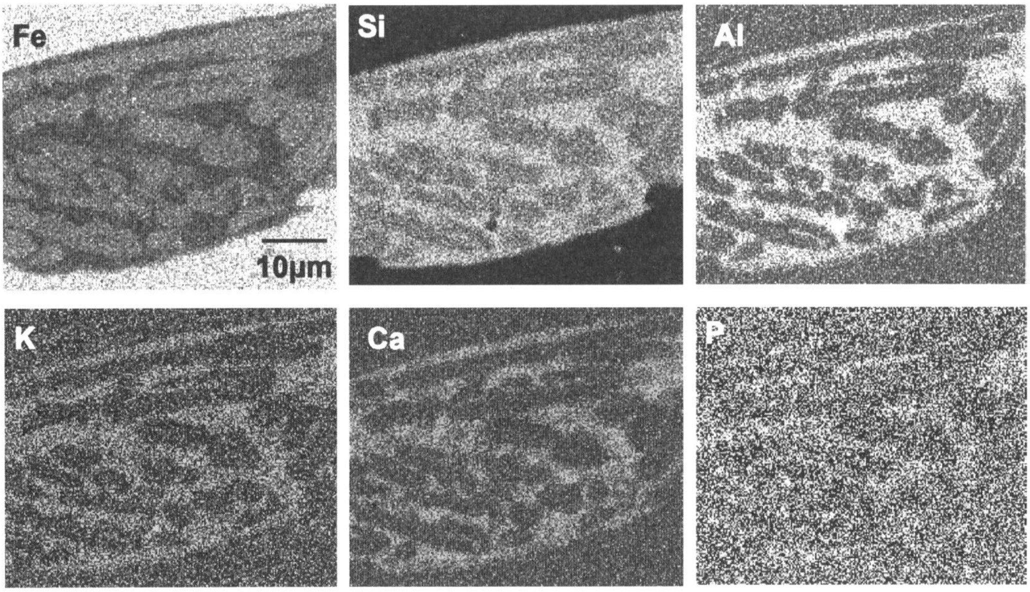

図 9-11 図 9-10(a) で示した非金属介在物の元素分布像（北田）

表 9-2 図 9-10(a) に示した非金属介在物の粒子と地の不純物（原子%）

	Na	Mg	Al	Si	P	K	Ca	Mn	Fe	O
粒子	---	0.41	0.47	13.9	0.31	0.11	0.53	0.20	31.1	残余
地	0.93	---	4.52	18.0	0.94	1.75	2.64	---	17.8	残余

表9-3 図9-10(b)に示した非金属介在物の粒子と地の不純物 (原子%)

	Na	Mg	Al	Si	P	K	Ca	Ti	Mn	Fe	O
小粒子	---	---	0.92	2.92	0.21	0.20	0.45	0.21	---	47.4	残余
大粒子	---	0.52	0.60	13.4	0.48	0.21	0.90	---	0.35	29.9	残余
地	1.28	---	4.37	9.10	6.10	2.15	9.31	---	---	11.2	残余

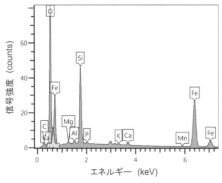

図9-12 図9-10(a)の粒子における EDS像 (北田)

る。(a)では明るい多角形粒子があり、地の領域には暗く見える粒子状のものとガラス地がある。(b)では明るい小さな粒子と(a)と同様な多角形の大きな粒子があり、暗い地がある。(c)は刃鉄中の単相介在物で、内部粒子は存在しない。

図9-11は図9-10(a)に示した非金属介在物の元素分布像で、図9-10(a)の明るい多角形の粒子の主成分はFeとSi、地にはSi、AlおよびCaが含まれている。Pも地のガラス中に分布している。表9-2に図9-10(a)に示した多角形粒子とガラス地の組成を示す。多角形粒子のEDS像を図9-12に示すが、表9-2で示した組成から、粒子はほぼファヤライト (Fe_2SiO_4) の組成であり、Mgなどとともに Mn が少量含まれている。これに対して、地の組成は Al と Si を主成分とするアルミノシリカ・ガラスとみられるが、Fe の含有量も多いので、析出物などの下部組織が存在するものと推定される。

図9-10(b)に示した走査電子顕微鏡像では、非常に明るい小さな粒子および(a)と同様なコントラストおよび形状の大きな粒子が観察され、ガラス地がある。図9-13にこの領域にお

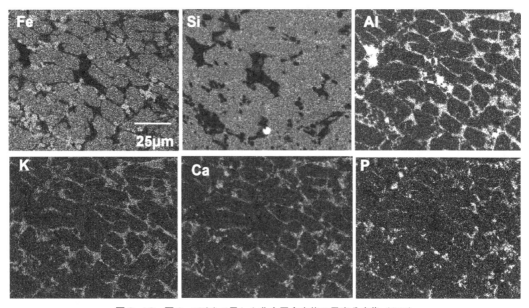

図9-13 図9-10(b)で示した非金属介在物の元素分布像 (北田)

ける主な元素の分布像を示す。明るい小粒子はFeに富み、大きな粒子はFeとSiに富んでいる。AlおよびCaは地のガラス領域に分布し、Pもガラス領域に分布する。EDSで求めた組成を表9-3に示す。小粒子はFeが大半でウスタイト（FeO）であり、日本刀の非金属介在物からも、検出される化合物である。この粒子には少量のTiが含まれている。多角形の大きな粒子はFe$_2$SiO$_4$系の組成であり、これも日本刀の非金属介在物で多く観察され、ここにはMnと痕跡量のVが含まれている。地はアルミノシリカ系のガラスであるが、Feとともにかなり多量のCa、P、Kが検出され、特にPが非常に多いのが特徴で、アジアおよびわが国の古代刀や日本刀には見られない。この組成を図9-10（a）の非金属介在物に比較すると、（b）ではTiが微量検出され、PとCaが多く、多相組織も異なる。したがって、2種の心鉄は異なる鉱石から製錬された鋼の可能性がある。ヨーロッパは中東から北欧まで地続きで、古くから鉄素材の交易が盛んであり、素材の生産地は多様と思われる。

図9-10（c）で示した非金属介在物は刃鉄中に観察されるもので、単相である。この粒子のEDS像を図9-14に示す。検出された元素はNa、Mg、Al、Si、K、Ca、MnおよびFeである。主成分はSi、AlおよびOであり、Mnは2.25重量％でかなり多く、鉱石由来のものである。刃鉄には多相の非金属介在物が観察されないので、多相の非金属介在物が存在するフェライト組織の心鉄とは異なる素材とみられる。

④ 硬度分布

試料の刀は断面像から明らかなように、多数の鋼片を組み合わせて製造されている。これらは炭素濃度が異なるので、硬度分布も複雑である。マイクロビッカース硬度分布の一例を断面像とともに図9-15に示す。炭素濃度の高いパーライト組織の鋼では300前後、中炭素のフェライトとパーライトからなる鋼では180前後、フェライトからなる心鉄では125前後である。日本刀の極低炭素鋼のフェライト領域の硬度は通常95－105程度であり、これに比

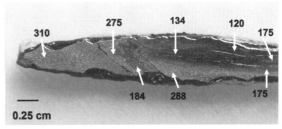

図9-15　ドイツ古代刀のマイクロビッカース硬度分布（北田）

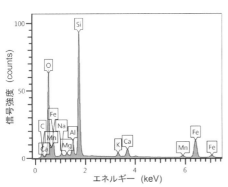

図9-14　図9-10(c)の非金属介在物のEDS像（北田）

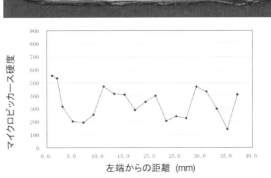

図9-16　12世紀ごろのドイツ出土刀の断面マクロ像とマイクロビッカース硬度分布（北田）

較すると心鉄硬度は若干高い。これは、炭素濃度、SiおよびPなどの不純物濃度が高いことに一因がある。

上述の刀とは異なる試料であるが、12世紀頃の西洋大型剣の硬度例も述べる。図9-16は12世紀頃の大型の刀の断面と硬度分布である。この刀も複数の鋼が組み合わされたものであり、両端を結ぶ直線上でのマイクロビッカース硬度の分布は、図9-16のグラフで示すように、硬度の高低差が大きい。日本刀は基本的に心鉄と刃および皮鉄の組み合わせで硬度分布は単調であるが、西洋の大型刀は硬軟の鋼が複雑に組み合わさっており、この刀では、刃鉄の硬度が約550とかなり高く、一部分焼きが入っている。西洋の大型刀は切るより打撃するような使い方がなされ、内部構造も、それに合わせたものと考えられる。

9.2 西洋小型刀

前節で西洋の大型刀について述べたが、刃物としての用途は様々で、大きなものから小さなものまで多種ある。本節では、8世紀頃の南部ドイツの遺跡から出土した小型のナイフについて述べる。試料の全体像は図9-17で、身は幅広く中子が細く長い。全長は約27cmである。

刃が付いている部分のほぼ中央から採取した試料の断面マクロ像が図9-18である。組織から分けると、図の矢印より上部の棟近くまでは断面中心部で炭素濃度が高く、その両側は炭素量の低い鋼である。刃と棟は炭素量の高い鋼で、刃と棟の間は炭素濃度の異なる縞状組織が続いている。したがって、高炭素の鋼を中心にして、上半分の両側に低炭素鋼を鍛接したものである。こ

図9-17　西洋小形刀の全体像（筆者蔵）

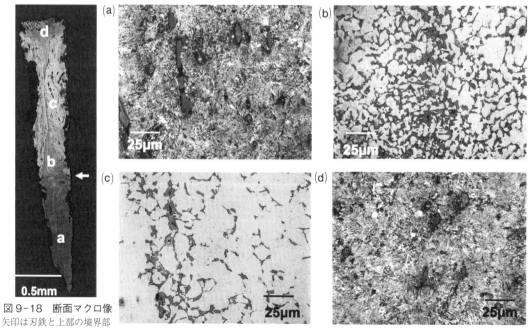

図9-18　断面マクロ像
矢印は刃鉄と上部の境界部
（北田）

図9-19　刃(a)、刃の上(b)、低炭素鋼(c)および棟部(d)の光学顕微鏡像（北田）

のような鋼の基本的組み合わせは日本刀にもみられる。

断面マクロ像のaからdで示した領域の光学顕微鏡像を図9-19に示す。(a) は図9-18のaで示した刃鉄の焼入れされたマルテンサイト組織であり、非金属介在物が非常に多い。(b) は図9-18のbで示した刃部に近いフェライトとパーライトからなる心鉄で、図9-8の中央部の縞状組織につながっている。中央の背骨のようになっているパーライトの帯は途中で炭素濃度が低くなっているが棟まで続いている。図9-18のcで示した背骨状の帯の右側の明るい領域は(c) のように低炭素鋼である。これは左側の領域も同様である。dで示す棟では (a) と同様に再び非金属介在物の多いマルテンサイト組織になっている。

図9-18の断面中央部において矢印で示した刃側の高炭素鋼(下) と棟側の低炭素鋼（上）の間には図9-20のように鍛接された痕跡（矢印）がある。この鍛接痕は前述の8-9世紀の西洋刀と同様な組織である。したがって、炭素濃度の高い刃側の鋼（下）に棟側の低炭素鋼（上）を鍛接したものである。このような小型の刀で硬軟の鋼を重ねる必要性は不明だが、高価な刃鉄用の鋼の節約か、あるいは靭性を持たせたものであろう。

図9-21は非金属介在物を含まない低炭素鋼領域のエネルギー分散X線分光（EDS）像で、Fe以外の不純物は検出限界以下で、純度は高い。高炭素鋼領域も同様である。このような鋼は西洋では鍛鉄あるいは錬鉄（wrought iron）と呼ばれ、半溶融状態で製錬された鉄および低炭素鋼であり、たたら鉄と同様に純度が高く、延性が高い。

非金属介在物は比較的多く存在し、刃および棟の高炭素鋼中の非金属介在物は図9-22 (a) のような内部に粒子がないガラス組織である。これから、刃と棟に同じ鋼を使っていることがわかる。これに対して、低炭素鋼部の非金属介在物は (b) のように内

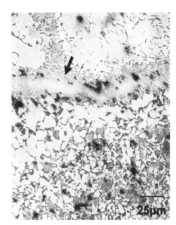

図9-20 刃側の高炭素鋼（下）と棟側の低炭素鋼（上）、および接合部（矢印）の光学顕微鏡像（北田）

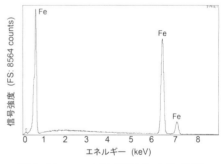

図9-21 フェライト領域のEDS像（北田）

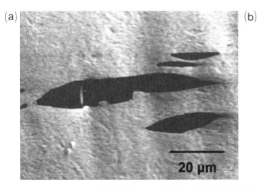 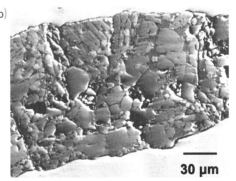

図9-22 高炭素鋼の刃部(a)と低炭素鋼(b)中の非金属介在物の走査電子顕微鏡像（北田）

表 9-4　高炭素部(a)と低炭素鋼部(b)中の非金属介在物の分析値（原子％、O残余）

	Na	Mg	Al	Si	P	K	Ca	Ti	Mn	Fe
a	0.37	1.03	3.05	18.5	---	1.35	2.77	0.16	1.22	11.5
b	0.39	0.29	3.61	12.6	1.16	1.40	1.10	0.08	0.73	21.3

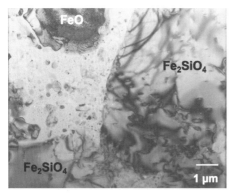

図 9-23　低炭素鋼中の非金属介在物の透過電子顕微鏡像（北田）

部に多数の粒子が観察される。これらの EDS による分析値を表 9-4 に示す。a は刃鉄中、b は低炭素鋼中の非金属介在物である。刃鉄中の非金属介在物では、Si のほかガラス形成元素が多く、組織から非金属介在物はガラスとみられるが、Fe がかなり含まれている。したがって、下部組織に微細な粒子が存在する可能性がある。b の低炭素鋼中の非金属介在物は Fe と Si の比がほぼ 2：1 であり、粒子はファヤライト（Fe_2SiO_4）であるが、明るい小さな粒子はウスタイト（FeO）である。

また、低炭素鋼中の非金属介在物には P が存在するが、S は検出されない。このほか、両者とも Ti と Mn を含んでいる。ファヤライト粒子の間にはガラスが存在する。同じ素材から鋼をつくったのであれば、非金属介在物の構造と成分は同様である。この刀の場合、低炭素鋼と高炭素鋼に含まれる非金属介在物は異なるので、異なる素材から作ったものと考えられる。

低炭素鋼中の非金属介在物の透過電子顕微鏡像を図 9-23 に示す。図の上部には FeO、右側と左下の粒子は Fe_2SiO_4 である。中央から左上にかけてガラス地の領域が広がっており、その中には多数の微細な粒子が観察される。このようなガラス中の組織が下部組織である。

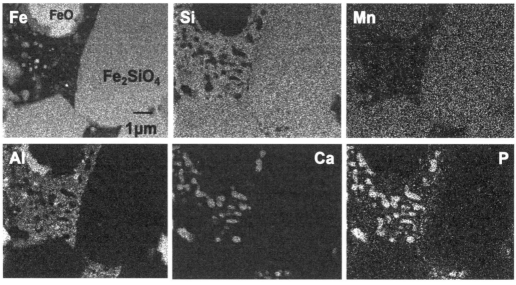

図 9-24　図 9-23 の元素分布像（北田）

図 9-24 は図 9-23 の主な元素の分布像で、Fe は上部の FeO 領域で最も多く、次に Fe_2SiO_4 領域に多く、ガラス中の粒子にも存在する。Si は Fe_2SiO_4 粒子とガラス領域にあ

表 9-5　Ca と P を含む粒子の EDS 分析値（原子%）

Si	P	K	Ca	Fe	O
1.3	9.3	0.8	14.4	2.7	71.5

るが、ガラス中の微細粒子には含まれていない。Al はガラス地に存在し、一部のガラス中の粒子にも含まれる。Mn はガラス以外の FeO および Fe_2SiO_4 領域に分布している。これに対して、Ca と P はガラス中の粒子にあり、表 9-5 の EDS による分析値のように Ca/P 原子比が約 1.54 である。リン化カルシウム（Ca_3P_2）の Ca/P 比は 1.5、燐酸カルシウム $\{Ca_3(PO_4)_2\}$ の Ca/P 原子比も 1.5 であるが、O も存在するので燐酸カルシウムの可能性が高い。また、上部の FeO の左側には Al に富んだ粒子があり、Fe が含まれるので、鉄尖晶石 $\{$ヘルシン石, $Fe(AlO_2)_2\}$ と推定される。これらは鉱石と製鉄法に由来するものと思われる。

このほかにも成分の異なる微粒子がガラス中に存在し、そのひとつが図 9-25 の透過電子顕微鏡像中の矢印 a で示す粒子である。この粒子の EDS 像では、図 9-26 に示すように S が多量に検出される。図 9-25 の電子線回折の解析によれば FeS 結晶である。図 9-25 の b で示す粒子は Al と Fe を等量含む $FeAlSiO_4$ である。このほかにも組成の異なる微粒子が存在する。以上のよ

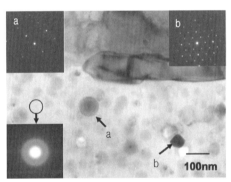

図 9-25　ガラス中の硫黄を含む粒子 a、Fe、Al と Si を含む化合物 b、およびこれらと地のガラスの電子線回折像（北田）

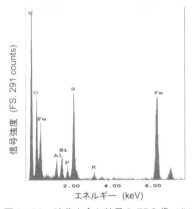

図 9-26　硫黄を含む粒子の EDS 像（北田）

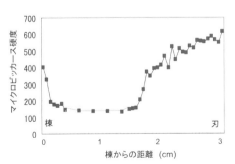

図 9-27　棟から刃に至るマイクロビッカース硬度分布（北田）

図 9-28　ヨーロッパの剣
（スイス武器博物館蔵：筆者撮影）

第9章 中・近世の西洋刀とアジア刀

うに、PとSを含む化合物が存在し、これらは鉱石由来のものである。

刃先と棟の中央を結ぶ線上のマイクロビッカース硬度は図9-27のように刃と棟部で硬度が高い。これは刃と棟に焼きが入っているためで、刃部の硬度は炭素濃度が0.4重量%と比較的低いため500 - 600である。一方、低炭素鋼領域はパーライトがあるので130 - 140である。硬度分布としては、刃と棟を焼入れた日本刀と似た硬度分布である。

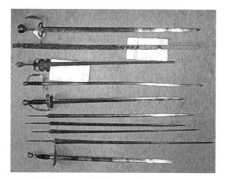

図9-29 試料とした小型西洋刀
（スイス国立武器博物館寄贈）

9.3 近世西洋刀（サーベル）

西洋刀は前述の大型のものと小型のものとがある。第9.1節で述べた刀は大型の刀である。近世も大型のものはそのまま引き継がれたが、次第に小型に移行した。図9-28はスイス国立古代武器博物館に所蔵されている16 - 18世紀につくられた大型の刀であり、長いものでは2mに達する。ここでは、16 - 18世紀の間につくられた小型の西洋刀について述べる。

図9-29はスイス武器博物館から研究用として筆者に寄贈（寄贈前に切断）された16〜18世紀の小型の刀で、ドイツ、フランス、イタリアなどでつくられた。これらを含む試料の断面マクロ像を図9-30に示した。全体的には縞状組織を示すものが多く、(a) から (g) までは18世紀につくられたもので、焼入れられている。(h) は17世紀、(i) は17世紀、(j) は16世紀、(k) は16世紀、(l) は16世紀につくられたものである。これらも縞状組織を示すが、縞は (a) - (g) に

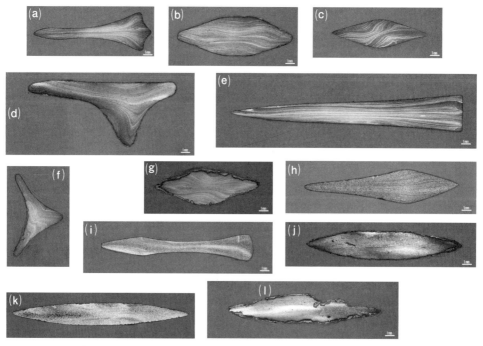

図9-30 16-18世紀に作られた小形西洋刀の断面マクロ組織 （北田）

比較して明瞭ではなく、(j) から (l) では縞が少ない。これらの断面組織をみると、17-18世紀にかけて製造技術が変化したと思われ、18世紀の刀は縞状組織が非常に明瞭な製造方法を用いている。これらの刀は日本刀とは構造が異なるが複雑な組織からなっている。また、製造方法としては14-15世紀に型鍛造が始まって、種々の断面形状を示す刀が容易につくられるようになり、量産という意味では優れた製造方法を採用している。

① マクロ組織と光学顕微鏡組織

ここでは、代表的な刀として、図9-30 (e) で断面像を示した18世紀の西洋刀の金属組織について述べる。この刀はサーベルで、全体像と刀身に彫られた装飾紋様を図9-31 (a) および (b) に示す。(a) で示すように湾曲刀であり、日本刀に似た形状だが、中子は細く尻に向かって細くなっている。装飾紋様は所有者の家紋などで、形状の異なる複数の鏨で型打ちしたものである。製作者の名は中子に刻印されている。断面試料はほぼ中央から採取した。

断面のマクロ像は図9-30 (e) に示したが、断面の棟 (a) と棟から刃先に至る約1/3の距離の場所における断面拡大像 (b) を図9-32 に示す。刃先から棟まで縞状組織になっており、棟の部分では縞が中心に寄せられるように曲がっており、これは棟を平らにするために縞が収れん状態になったものである。刃先に至る約1/3の距離の場所における縞は整然と並んでいる。縞状組織が不純物の偏析によるものであれば折り返し鍛造による縞ではないが、縞の数は120-130程度で、2枚の異なる鋼を折り返したとすれば、折り返し回数は6である。現代のドイツなどの刀匠も伝統的な方法として異なる組成の鋼を合わせて折り返し鍛造し

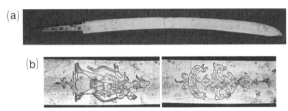

図9-31 図9-30(e)に断面像を示した刀の全体像と装飾 (北田)

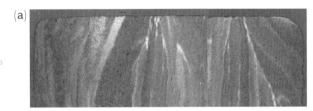

図9-32 縞状組織の拡大像、(a) は棟部、(b) は中央部 (北田)

図9-33 縞状組織の明るい縞 (B) と暗い縞 (D) の光学顕微鏡組織 (北田)

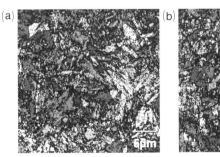

図9-34 明るい縞(a)と暗い縞(b)のEBSD像 (北田)
[カラー口絵8頁参照]

第9章　中・近世の西洋刀とアジア刀

ているので、この刀も折り返し鍛造した可能性が高い。

　縞状組織を高倍率の光学顕微鏡（図9-33）で観察したが、全体的には微細な針状の組織で、明るい縞（B）と暗い縞（D）の違いは判然としなかった。そこで、電子線後方散乱回折像（EBSD）で観察したのが図9-34［カラー口絵8頁参照］である。(a) は明るい縞のEBSD像で、全体的に針状の組織となっており、針状部はラスマルテンサイトの集まったブロックである。これに対して、(b) の暗い縞では針状組織が粗くなり、一部にはブロックとは異なる形状のもの（矢印）がある。したがって、縞内部の微細構造が異なる。

② 透過電子顕微鏡組織

　上述のように、この刀は縞状組織を呈するが、上述のEBSD像でも、その違いは不明確である。この微細構造を透過電子顕微鏡で観察したのが図9-35と図9-36である。図9-35は縞状組織の明るい領域の透過電子顕微鏡像で、針状のマルテンサイト結晶からなるラスマルテンサイトである。ラスの幅は50-300nmで、微細なマルテンサイトであり、結晶の中には高密度の転位が存在する。また、双晶とみなされる像はなく、良質の高転位密度型マルテンサイトである。

　図9-36は光学顕微鏡で暗くみえた縞の一部における透過電子顕微鏡像である。図の周囲にはマルテンサイトが存在するが、図の中央部分は微細なパーライト組織になっている。この組織の差が化学腐食の差となって、前述の縞状組織として観察されたのである。パーライトが存在する粒子の大きさは1-2μmであり、微細である。マルテンサイト中に微細なパーライトが混ざっている組織は、マルテンサイトの脆さを改善して靭性を高める効果がある。

　明るい縞と暗い縞は隣接しているので、同じ条件で焼入れされている。したがって、冷却速度などの熱処理条件によって生じた組織の差ではなく、組成の差によるものとみられる。マルテンサイト変態の始まる温度（Ms点）は第2.8節で述べたように、炭素濃度の影響が最も大きく、Mn、Crなどの不純物が炭素に続いている。これらの濃度が高くなるとMs点は低下するが、試料からは少量のMnが検出されたが、明暗の縞の間でMnなどの不純物濃度に顕著な差はないので、炭素濃度の差の影響が大きいと推定される。

③ 非金属介在物

　16-18世紀の西洋の鉄鋼は溶鉱炉によって製鉄されたものもあり、還元剤は木炭から石炭に

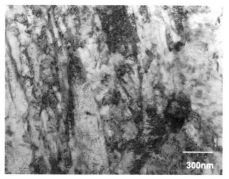

図9-35　明るい縞の透過電子顕微鏡像（北田）

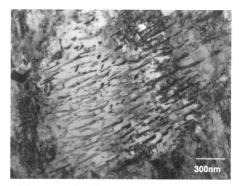

図9-36　暗い縞の透過電子顕微鏡像の中にみられるパーライト（北田）

変わる時期である。ただし、一部では粉末状の酸化鉄（Fe_2O_3）などを木炭で製錬していた。また、錬鉄をつくるために、半溶湯鉄を攪拌するパドル法も19世紀末まで使われていた。石炭を使った場合にはS（硫黄）が混入することが多く、鋼の靱性を低下させる原因となる。そこで、Sの影響について述べる。

ⓐ 硫化物粒子

透過電子顕微鏡により鋼部の非金属介在物を調べた結果、図9-37で示すように、パーライトの組織中に20nm程度の微小な粒子が観察された。これのEDS像を図9-38に示すが、Fe以外にMnおよびSが検出された。粒子は20nm程度で透過電子顕微鏡試料の厚さは100nm程度あり、EDSでは地のFeも検出されている。MnとSの濃度はほぼ等しく、粒子は硫化マンガン（MnS）と推定される。鉱石と石炭を還元剤に使ってつくられた鋼では、鉱石と石炭に含まれるSが鋼中に入り、硫化鉄（FeS）がつくられる。融点の低いFeSは粒界に偏析して高温鍛造のときに粒界破断の原因になる。Mnが不純物として存在する場合、MnSの化合物になり、Sの害が低減する。一方、たたら鉄中のSの含有量は非常に低いので、日本刀の中にMnSは存在ない。近世における西洋刀と日本刀の大きな違いはSの含有量で、Sの少ない日本刀はこの点で優れているが、Sを含む鋼をMnで改質する技術は近代における鉄鋼の主要技術であり、その意味では進んだ鉄鋼技術が使われている。

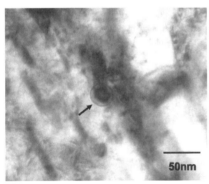

図9-37 パーライトの中にみられるMnS粒子の透過電子顕微鏡像（北田）

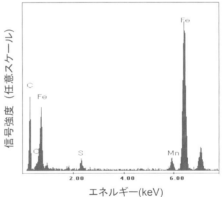

図9-38 図9-37に示した粒子のEDS像（北田）

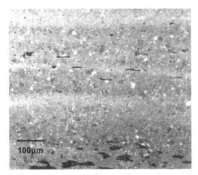

図9-39 縞状組織と非金属介在物の分布　暗い縞に非金属介在物が多く分布している（北田）

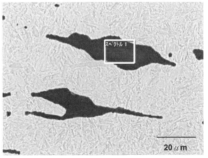

図9-40 代表的な非金属介在物の走査電子顕微鏡像　地はマルテンサイト（北田）

ⓑ 酸化物系非金属介在物

前述のように、近世西洋刀は縞状組織を示すが、マルテンサイトなどの微細組織の違いのほかに、非金属介在物の分布にも大きな差がある。図9-39は縞状組織の光学顕微鏡組織で、場所によって異なるが、図のように暗くみえる縞には非金属介在物が非常に多い。これは、異なる鋼を組み合わせて折り返し鍛錬したものである。非金属介在物の大きさは数μm以下から100μm程度の大きさである。

非金属介在物の走査電子顕微鏡像では、図9-40のように内部組織の均一なものが多く、FeO、Fe_2SiO_4などの粒子は見られない。矩形で示した領域のEDS像を図9-41に示すが、SiとAlを主成分とするアルミノシリカ・ガラスの組成であり、Mgなどのガラス形成元素のほか、Feおよび少量のTiとMnが含まれている。Tiの量は多くて0.15原子％で、たたら鉄のように多くはない。

中・近世西洋刀については、図9-30に示した多くの試料について調べたが、非金属介在物の多くはガラスであった。ただし、図9-30 (c) で示した18世紀の試料と (j) で示した16世紀の試料には、内部に粒子が存在する非金属介在物があった。図9-42は (c) 試料の非金属介在物の一部で観察された内部粒子と地のガラスからなる非金属介在物で、粒子と地の分析組成を表9-6に示す。ガラス地ではアルミノシリカ・ガラスの基本となるAl、Si、Kなどが多く、内部粒子ではMgとMnがガラス地より多い。内部で結晶になるかならないかは、ガラス形成元素とMg、AlおよびMnなどの分配に依存する微妙なものである。Si以外の元素（これらをMとする）がFeと同じ格子位置を占めるならば、内部粒子では$(Fe+M)_2SiO_4$の組成に近くなる。前述のように、テフロイト（Mn_2SiO_4）およびフォルステライト（Mg_2SiO_4）はファヤライト（Fe_2SiO_4）と固溶体をつくるので、多元の固溶体になっている。

図9-43は図9-40で示したものと同様な非金属介在物の透過電子顕微鏡像、その電子線回折

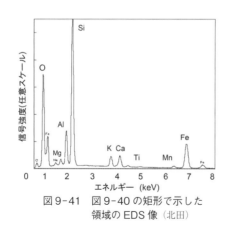

図9-41　図9-40の矩形で示した領域のEDS像（北田）

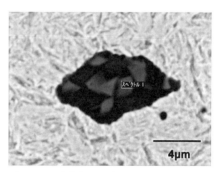

図9-42　内部粒子が存在する非金属介在物の走査電子顕微鏡像（北田）

表9-6　図9-42で示す非金属介在物の分析組成 （原子％）

	Mg	Al	Si	K	Ca	Ti	Mn	Fe	O
内部粒子	3.01	1.51	14.1	1.03	0.84	---	5.28	16.8	残余
ガラス地	0.93	3.09	16.7	2.47	1.49	0.14	3.09	15.6	残余

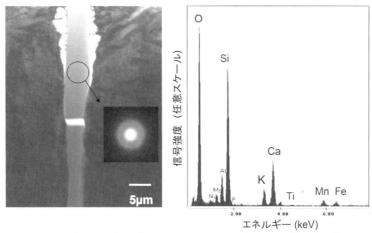

図 9-43　非金属介在物の透過電子顕微鏡 (TEM) 像と EDS 像、TEM 像中に円形部の電子線回折像を挿入 (北田)

像、および EDS 像である。非金属介在物には微細な析出物などがなく、全体がアモルファスのガラスになっている。ガラスは冷却速度が高いと融解した状態から粘度が高くなり、結晶化しないでアモルファスのまま固化する。これをガラス転移と呼ぶが、この状態では粘度が高くなり、原子の移動（拡散）が困難になって、結晶核の形成と結晶成長ができなくなる。全体がマルテンサイトになっている西洋刀では、日本刀より冷却速度が高く、これと非金属介在物の Fe 濃度が低いので、ガラス化しやすいとみられる。

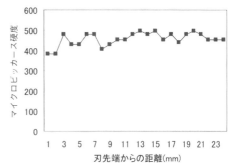

図 9-44　焼入れされたサーベルのマイクロビッカース硬度分布 (北田)

④ 硬度

焼入れされたサーベル刀の断面における刃先から棟までのマイクロビッカース硬度を図 9-44 に示す。縞状組織であるが、全体にマルテンサイトがあり、マイクロビッカース硬度は 400 – 500 の間に分布している。細かく測定すると、明るい縞の硬度は暗い縞の硬度より約 50 低い。大きな差ではないようにみられるが、靱性の付与には重要なものと考えられる。図 9-30 に示した縞状組織をもつ焼入れされた刀の硬度は、同様な値を示す。したがって、組織と機械的性質、前述の型鍛造の普及からみて、小型の刀をつくる基準があったものと推定される。マルテンサイト組織のビッカース硬度が 400 – 500 であることは、鋼の炭素濃度が 0.3 – 0.4 重量 % であることを示し、炭素濃度分析値と一致する。

一方、図 9-30 に示した (k) の刀は焼入れされていないので、図 9-45 のようにフェライトとパーライトからなる組織である。この刀の両刃間のマイクロビッカース硬度分布を図 9-46 に示す。左の刃先から中央やや右寄りまでの範囲は 135 – 160 であるが、それより右では 120 程度に低くなっている。これは右側領域の炭素濃度が低いためである。(k) 刀は 16 世紀にイタリアの

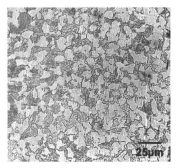

図9-45 図9-30の(k)刀の代表的な光学顕微鏡組織（北田）

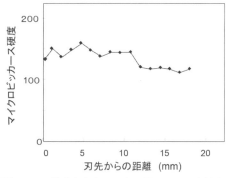

図9-46 焼入れされていない図9-30の(k)刀のマイクロビッカース硬度分布（北田）

ベネチアでつくられた刀といわれ、組織からみて、日本刀でいう丸鍛えと同様に多層の鋼をそのまま刀の形に鍛造したものであろう。

9.4 クリース剣

マラヤ（現在のマレーシア）およびインドネシアなどの東南アジアでつくられていたクリース（KrisまたはKeris）剣は独特の形状と装飾をもっており、ダマスカス刀、日本刀とともに世界三大名剣とも言われている。図9-47（a）は試料としたクリース剣（筆者蔵）の外装で、木製の柄と横長の鍔、装飾された鞘などが特徴である。この試料の鞘の内部は木製で銅板の外装で包まれ、銅板には細かな紋様が彫られている。刀身部（b）は蛇のようにうねったような造りで、蛇行剣とも呼ばれ、両刃である。ただし、蛇行していないものもある。蛇行剣は近世の西洋刀にもみられるが、クリース剣を真似たものとみられる。刀の表面は図9-48で示すように、楕円形や縦縞模様からなり、宗教的な意味合いと美しさを併せもっている。この試料の製作年代は18－19世紀である。本節では、この縞紋様がどのような材質の組み合わせでつくられているのかを述べる。

① 断面マクロ像と光学顕微鏡組織

図9-49は切断した断面を研磨後に腐食したマクロ像である。断面左右の表面側には図中のaおよびbで示す3－5本の明暗の細縞があり、内部は比較的暗い楕円形に近い領域cと非常に暗

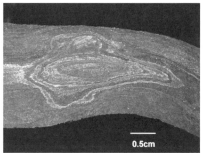

図9-48 クリース剣の刀表面の紋様（北田）

図9-47 クリース剣の外装(a)と中子・刀身部(b)（筆者蔵）

い領域d、および明るい領域からなっている。これらの中の微小な暗い点は非金属介在物である。表面の細縞は表面に紋様をつくるためにに鍛接されたものとみられる。

図9-50は図9-49で示した断面組織の代表的な光学顕微鏡像である。(a)は細縞の明るい領域aの組織で、粗大なフェライト結晶粒からなり、円形と針状の非金属介在物が存在する。暗い細縞bは(b)のように微細なフェライト結晶粒からなる。(c)は中央部の暗い楕円形領域cのフェライト結晶粒を示し、寸法は25－100μmで、非金属介在物が非常に多い。暗く見えるのは非金属介在物が多いためである。最も暗い楕円形領域dの組織は(d)で示すように、微細なパーライト組織で、他領域より炭素濃度が非常に高い。マクロ組織での明暗の差はフェライト結晶粒の大きさ、非金属介在物の密度の差および炭素濃度の差に起因している。非金属介在物の形はそれぞれの領域で異なり、フェライトおよびパーライトの組織を併せて考えると、異なる素材を組み合わせたものと推定される。

図9-51は図9-48で示した刀の側面に平行な内部組織の腐食像で、図9-49の断面に垂直な面である。断面組織と同様にaとbで示すように明暗の縞が存在する。aで示した暗い細縞の光学顕微鏡像は図9-52(a)のように微細なフェライト結晶粒からなり、bで示した明るい領域は(b)のように比較的大きなフェライト結晶粒、cで示した暗い領域は(c)のようにフェライトに非金属介在物が多量にある組織になっており、図9-50(c)に示した断面組織と同様である。

これらの腐食像は金属顕微鏡で正反射に近い条件で観察した場合の明暗領域を示すが、観察法によって光学的効果が異なる。実際に肉眼で見た場合には多方向からの光が入射する反射条件下にあるので、明暗が逆転している。すなわち、図9-51のdで示した上部の輪になった縞の領域を肉眼でみると、図9-52(d)のような明暗が逆の紋様になる。

上記の主な組織領域におけるマイクロビッカース硬度は、図9-49の断面組織で明るく見える

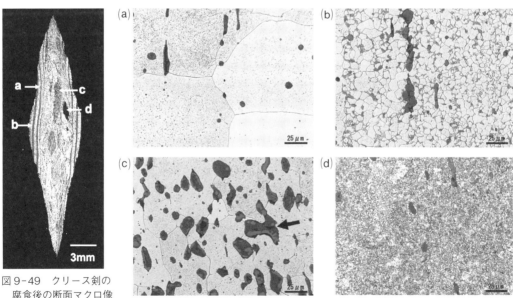

図9-49 クリース剣の腐食後の断面マクロ像
aからdの拡大組織は次図に示す（北田）

図9-50 クリース剣断面の光学顕微鏡組織
(a)から(d)は図9-50のaからdの組織（北田）

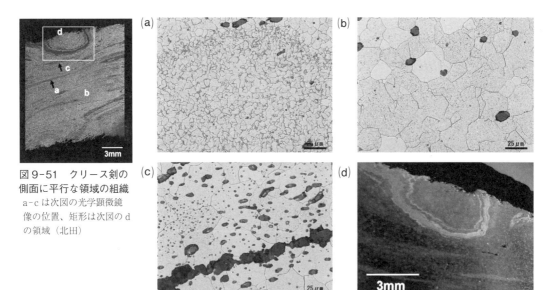

図9-51 クリース剣の側面に平行な領域の組織
a-cは次図の光学顕微鏡像の位置、矩形は次図のdの領域（北田）

図9-52 クリース剣の側面と平行な内部領域の組織(a)-(c)および図9-51の上部を肉眼でみた場合の明暗(d)（北田）

結晶粒の粗大な領域では80-91、暗く見えるフェライト結晶粒の小さい領域では125-143、断面像で最も暗く見える微細なパーライト領域では約420である。非金属介在物の多少によってばらつきはあるが、硬度は主にフェライト結晶粒の大きさとパーライト組織に依存している。一般に、引張強度あるいは硬度で示される金属の強度は結晶粒径が小さいほど高くなる。これは、研究者の名をとってホール・ペッチの関係と呼ばれている。したがって、同じ組成の鋼であっても結晶粒径によって硬度は異なるが、結晶粒径の最も大きいフェライトの硬度は極低炭素鋼の硬さである。これらの全ての領域を含む試料の炭素濃度分析値は0.053重量％で極低炭素鋼（炭素濃度が0.05重量％以下）に近いが、パーライト組織も含んでいるのでフェライト組織はさらに低炭素濃度である。

図9-50 (a) の結晶粒の大きなフェライト粒子領域のエネルギー分散X線分光（EDS）像を図9-53に示す。EDS像から明らかなように、EDSの分解能の範囲で、Feに通常含まれるSiも検出されない非常に純度の高いフェライト鋼である。図9-50 (c) の非金属介在物が多い領域のフェライト領域も同様なEDS像である。図9-50 (b) の微細な結晶粒の領域では、図9-54のEDS像のようにNiが含まれ、Niの濃度は約2.2重量％で、Feの中に固溶している。このほかの不純物元素は検出されない。微細なFe-Ni合金は10-20μmの結晶粒からなっている。したがって、断面像で観察される明るい縞領域はフェライト（αFe）、暗い細縞はFe-Ni合金であり、これら2種の素材を鍛接したことがわかる。

上述のように、クリース剣の表面紋様は主にフェライトの結晶粒径の差、非金属介在物の多少および炭素量の高低である。ただし、鏡面研磨した場合、縞紋様は不明瞭となるので、酸性溶液などで腐食して表面紋様を現わすといわれ、研ぎによっても現わせる。縞状組織をつくるには、結晶粒径などの異なる材料を用意し、これらを鍛接する。鋼の結晶粒径は加工度、再結晶温度、加熱時間などによって変化し、鍛接時に高温で長時間保持すれば、フェライト結晶粒は成長

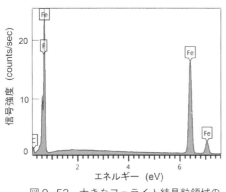
図9-53 大きなフェライト結晶粒領域の
EDS分析像（北田）

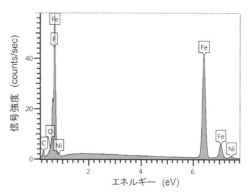
図9-54 微細な結晶粒領域のEDS像（北田）

し、その差は少なくなる。前述のように、マクロ組織の明るい領域と暗い領域の結晶粒径には大きな差があるので、組みあわせた素材が高温で十分な焼鈍効果を受けたとは考えられない。したがって、鍛接は比較的低い温度で、かつ短時間で行われたとみられる。

② 非金属介在物

光学顕微鏡で観察される非金属介在物の内部には複数の化合物が存在する。これらをさらに詳しく分析すると、明暗を示す組織領域の素材の特徴が明らかになる。先ず、それぞれの領域に存在する非金属介在物の特徴を示す。

図9-55は断面の左側の暗い細縞の領域（図9-49のbで示した）の代表的な非金属介在物の走査電子顕微鏡像で、この像の中心部は微細なフェライト粒子の縞からなっており、Fe-Ni合金である。細縞の内外では、矢印a1、a2およびa3で示す形状等の異なる非金属介在物が列をなして分布している。a1の非金属介在物の列は左の大きなフェライト結晶粒領域と右の微細なFe-Ni合金領域の境界にある。a2の非金属介在物の列はFe-Ni合金の中にある。a3の非金属介在物の列は右側の大きなフェライト結晶粒の領域に分布している。

これらの領域の元素分布を図9-56に示す。a1列の非金属介在物は主にFeとOおよび微量のSiからなる酸化物、a2の列ではFe、Cr、Mgが主の酸化物、a3の列ではFe、SiおよびMnからなる酸化物である。これらは列をなして鋼の中に分布しており、非金属介在物の成分の違いからみて、複数の素材を鍛接した証拠である。さらに詳しい分析結果を以下に述べる。

図9-57は図9-55の左側の結晶粒の大きな不純物の少ない領域中にある代表的な非金属介在物の走査電子顕微鏡像で、非金属介在物の中にはaからcで示す粒子が観察される。図9-58はこの粒子の元素分布像である。また、粒子中のaからdで示した領域のEDS分析結果を表9-7に示す。最も明るい粒子aはFeとOが多く、Si、Mn、AlおよびCaは非常に少な

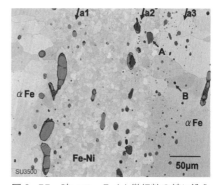
図9-55 暗いフェライト微細粒の縞に沿う
非金属介在物の分布
a1からa3の異なる介在物の列が観察される（北田）

第9章 中・近世の西洋刀とアジア刀

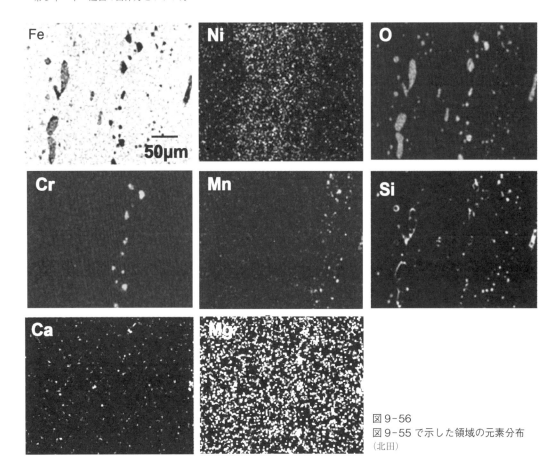

図9-56
図9-55で示した領域の元素分布（北田）

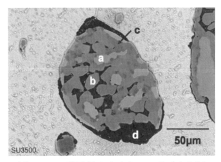

図9-57 結晶粒の大きなフェライト領域にある代表的な非金属介在物（北田）

い酸化鉄であり、ウスタイト（FeO）である。次に明るい粒子bはFe、SiおよびAlが多く、微量なMnが含まれ、ファヤライト系の$(Fe,Mn)_2(Si,Al)O_4$である。bよりやや暗い小さな粒子cはbと同様の化合物である。この化合物粒子ではNiが検出され、aおよびbと異なり少量のTiが含まれている。また、鉄の機械的性質を劣化させるPの含有量もかなり多いが、Sは含まれていない。最も暗い領域dはアルミノシリカ・ガラスで、Siが多く、Al、Mg、P、CaおよびカリウムKなどを含み、Niが微量検出された。

図9-59は図9-55のa1列における代表的な非金属介在物の走査電子顕微鏡像である。この粒子の明るい粒子aおよびその外側のbの領域におけるEDSによる分析結果を表9-8に示す。組成からaはFeOであり微量のNiを含んでいる。bはFe_2SiO_4主体の酸化物で、Niは含まれていないがCrを含んでいる。非金属介在物粒子の最も暗い領域はアルミノシリカ・ガラスで、ここからは痕跡量のMoが検出された。

図9-55のa2列のAおよびa3列のBで示した粒子のEDS元素分析結果を表9-9に示す。

9.4 クリース剣

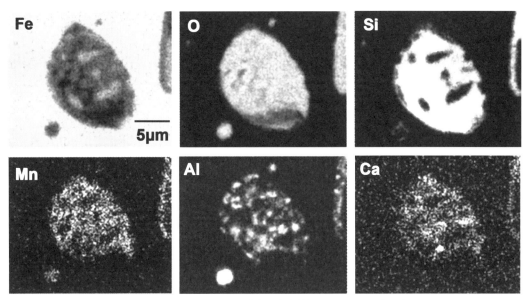

図9-58 図9-57で示した非金属介在物粒子における元素分布（北田）

表9-7 結晶粒の大きい領域の非金属介在物中（図9-57）の元素含有量（原子%）

No.	Fe	Si	Al	Mg	K	Ca	Ti	P	Mn	Ni	酸素
a	46.0	2.04	0.90	---	0.13	0.19	---	1.67	---	---	残余
b	24.9	10.2	6.62	0.36	0.16	0.96	---	0.17	2.96	---	残余
c	28.4	6.23	7.51	---	1.45	0.75	0.13	0.20	---	1.81	残余
d	5.20	28.1	6.73	1.26	1.05	0.96	0.18	1.27	0.31	0.24	残余

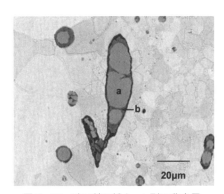

図9-59 暗い縞に沿うa1列の非金属介在物の走査電子顕微鏡像（北田）

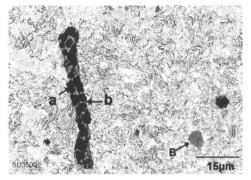

図9-60 図9-49のdで示した領域で観察された非金属介在物の代表的な走査電子顕微鏡像（北田）

表9-8 図9-59で示した非金属介在物中のaおよびb粒子の元素含有量（原子%）

No.	Fe	Si	Al	Mg	K	Ca	P	Mn	Ni	Cr	酸素
a	52.1	0.18	0.39	---	---	---	---	---	0.49	---	残余
b	30.8	13.5	0.63	0.71	---	0.52	0.24	1.04	---	0.11	残余

第9章　中・近世の西洋刀とアジア刀

表9-9　図9-55のAおよびBで示した非金属介在物の分析値（原子%）

No.	Fe	Si	Al	Mg	P	Mn	Ni	Cr	酸素
A	21.0	- - -	9.49	1.57	- - -	0.33	- - -	14.7	残余
B	31.5	11.6	0.26	- - -	0.21	6.40	- - -	0.12	残余

Aは$Fe-Cr-Al-O$系酸化物で、Crが多量に含まれ、微細な結晶粒の$Fe-Ni$合金中に存在する。$Fe-Ni$合金中にCrは含まれないが、その中にある非金属介在物にはCrが含まれる。したがって、原料である鉱石中にはNiとCrが含まれ、Niは還元されて鉄の中に固溶し、Crは酸化物の中に残ったものと考えられる。Bは$Fe-Mn-Si-O$系酸化物で、テフロイト（Mn_2SiO_4）とファヤライト（Fe_2SiO_4）の固溶体とみらるが、$(Fe, Mn)_2SiO_4$とするにはSiの濃度が低い。図9-55のa3列の非金属介在物BはMnを多く含んでおり、$Fe-Ni$合金の近くの大きな粒径のフェライトの中だけに分散している。このように、非金属介在物の分布と鋼との関係は非常に複雑である。

　図9-49の断面マクロ像においてdで示した最も暗く見える領域の走査電子顕微鏡像を図9-60に示す。地には細かな線状紋様が観察され、これは前述の微細なパーライト組織で、結晶粒径は$5-10\mu m$である。パーライト組織のEDS分析による組成は$Fe-5.17Mn-0.17Si$（重量%）であり、Mnを多量に含む合金鋼である。

　この中にある非金属介在物にはaで示す暗く見える多角形の内部粒子がある。bは地である。この非金属介在物の元素分布を図9-61に示す。aはAl、Fe、MnおよびMgを含む酸化物である。bのガラス地にはS、Tiおよび痕跡量のBaが含まれる。Baを含むガラスは、これまで観察したことがない稀なものである。また、Sは非金属介在物の端部に存在する。非金属介在物中の矩形の結晶およびその周囲に存在する地の組成を表9-10のaおよびbで示す。aで示した矩形の結晶はAl、Fe、MnおよびMgが主成分で、Tiが不純物として少量含まれている。金属元素をMとすればおおよそMOとなるので、このような原子比の酸化物とみられる。bではAl、Mn、Si、Feが主成分で、アルミノシリカ・ガラスとしてはSiが少なく、AlとMnが多い。ここにはTiとSが微量含まれている。また、図9-60中のBで示す小さな粒子の分析値も表9-10に示した。主成分はaおよびbと同様だが組成は異なり、Sの濃度が高い。

　図9-50の(c)で示した領域には多数の非金属介在物が含まれており、図の中の矢印で示した比較的大きな非金属介在物の走査電子顕微鏡像を図9-62に示す。地はフェライト（αFe）で、EDS分析では不純物が検出されない高純度鉄である。非金属介在物中には明るさの異なるaおよびbの2種の粒子とその周囲に暗いガラス地とみられる領域があり、最も暗い領域は介在物が凝固した時に生じた収縮孔である。

　図9-63は図9-62で示した像のほぼ中央部の走査電子顕微鏡像（SEM）と元素分布像である。最も明るい領域はFeと酸素からなり、Siなどの元素は少ない。介在物周囲と中央部の小さな粒子は主にFeとSiからなる。地の領域はSiとAlが主成分である。表9-11は図9-62に示したaおよびb粒子、および地のEDSによる不純物の分析値である。前述の非金属介在物には、Ni、CrおよびSなどが含まれていた。しかし、この非金属介在物ではこれらの元素が検出されない。aは組成からFe_3O_4系化合物とみられ、bはファヤライトに類似する$(Fe, Mn, Al)_2SiO_4$系の化合

370

9.4 クリース剣

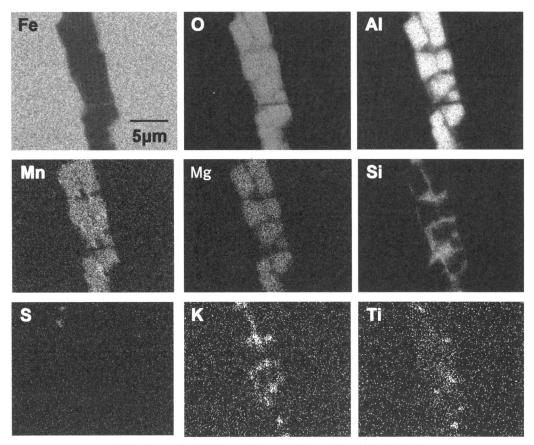

図 9-61 図 9-60 に示した非金属介在物における元素分布 (北田)

表 9-10 図 9-60 で示した非金属介在物中の元素含有量 (原子%)

No.	Fe	Si	Al	Mg	Ca	Ti	Mn	S	K	酸素
a	15.2	0.42	25.7	4.15	- - -	0.49	8.93	- - -	- - -	残余
b	5.18	8.12	15.5	2.45	1.42	0.55	12.7	0.26	0.10	残余
B	14.0	12.4	6.24	0.36	0.68	0.44	12.3	1.70	0.11	残余

物であろう。地は Si と Al が多く、アルミノシリカ・ガラスである。また、図 9-62 の鉄地 (α Fe) の EDS 分析でも不純物が検出されない。これらを総合すると図 9-50 の c で示した領域の鋼も他の鉄素材と異なるものを使用している。

以上のように、クリース剣には異なる組成および内部組織の鉄素材が複数使われており、独特の紋様を出すために異なる組成の鋼を組み合わせて鍛接している。鋼の組み合わせと紋様の描出および加工技

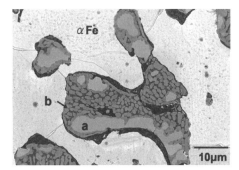

図 9-62 図 9-50(c) の矢印で示した非金属介在物の走査電子顕微鏡像 (北田)

371

第9章 中・近世の西洋刀とアジア刀

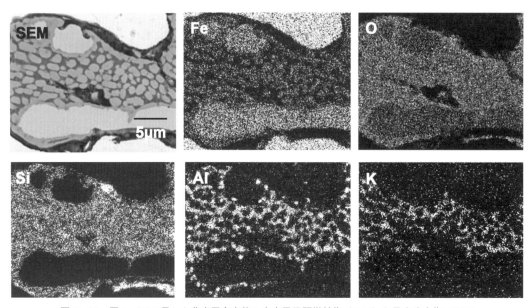

図9-63 図9-62で示した非金属介在物の走査電子顕微鏡像（SEM）と元素分布像（北田）

表9-11 図9-62に示した非金属介在物中の元素含有量（原子%）

No.	Fe	Si	Al	Mg	Ca	Ti	Mn	P	K	酸素
a	38.9	0.18	0.16	---	---	0.10	1.35	---	---	残余
b	18.2	11.8	1.34	0.49	0.69	---	2.92	0.08	0.09	残余
地	4.21	27.3	7.24	1.56	1.67	---	0.07	0.70	0.11	残余

術は高く評価される。

東南アジアの鉄鉱石では、フィリピンのスリガオ産にCr（酸化クロムとして2-4重量%）とNi（酸化ニッケルとして約1重量%）が含まれており、マラヤのスリメダン産およびケダー産にはTiが約0.3重量%含まれている。また、マラヤのケママン産ではMnが非常に多い[*]。また、熱帯地域特有のラテライトはFe、Al、Crを多く含む鉄鉱石であるが、製錬は難しい。これらを考慮すると、産地の異なる素材を選び、鍛錬によって接合し、組織の特徴を生かして紋様をつくり出したものと推定される。実際の鉄の産地と刀の製造拠点がどの程度離れているか不明だが、クリース剣を生産するための交易ルートが備わっていたのであろう。

鉄鉱石中に含まれる元素の多くはOと結合しており、親和力の弱いものからCOガスで還元される。鉱石中の酸化物として親和力（正確には酸化物生成エネルギーの絶対値）を比較すると、$NiO < Fe_2O_3 < Mn_2O_3 < K_2O < Cr_2O_3 < V_2O_3 \ll SiO_2 < Ti_2O_3 < Al_2O_3 \sim BaO < MgO < CaO$のようになっている。$Fe_2O_3$がCOで還元されるとき、Niも容易に還元されるので鉄の中に混入する。酸素との親和力が強くなるほど、その金属は還元されにくい。古代の製錬法では精錬の条件にも依存するが、MnがCO還元の境界で、他は酸化物のままで鉱滓（スラッグ）中に残る。

---

[*] 日本鉄鋼協会編『製銑製鋼法』1959年、13頁

この鉱滓が還元中に鉄の中に混入したものが非金属介在物である。また、鍛錬時の加熱による表面酸化物の巻き込みも非金属介在物となる。このため、刀全体の化学分析をすると非金属介在物に含まれる元素も分析されることがあるので、この分析値を用いて鉄あるいは鋼の質を評価する場合は注意が必要である。

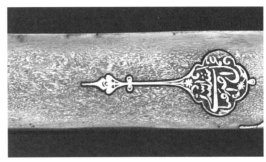

図9-64 カフカス刀の紋様と地紋
(D. Sirotkin, Hermitage Museum)

鉄の産地同定には、非金属介在物中の元素で判断するのが妥当と思われるが、日本近辺の海外の鉱石にもTiを含むものがあり、外国産（南蛮鉄など）と日本産鉄の区別をする場合には、Tiの含有量の線引きをしなければならない。ただし、Tiを少量しか含まない砂鉄もあるので難しい。わが国の砂鉄はTiを多く含むので非金属介在物中のTiの量によりある程度判断できるが、V、Zrなども考慮することが必要である。本研究の結果では、非金属介在物中のTiの含有量が0.5原子%以上あるいはTiの化合物粒子が存在すれば砂鉄と判断できそうである。

このほか、アラビアからカフカスでは渦を巻いたような肌をもつ刀が古くからつくられており、図9-64に一例を示す。このような刀はダマスカス刀の技術を引き継いだものとみられる。

第 10 章　火縄銃に使われた鋼

　わが国における刀の歴史は約 2000 年と思われるが、同じ鉄鋼を使った鉄砲は天文 12（1543）年にポルトガルの商人ムラシュクシャ（あるいはムラシャコ）が種子島に持ち込み、種子島時尭が 2 挺買ったというのが定説である。この商人が妙薬（火薬）を入れ、鉛玉を込めて試し打ちをしたとき、その音と、弾丸がものを貫いたのに皆驚いたと伝えられている。

　日本人が鉄砲の類に初めて接したのは蒙古襲来時（文永・弘安の役、1265－1279 年）に蒙古船から放たれた火砲で、これは鉄砲ではなく初期の大砲といわれる。火薬を使う技術という意味では銃と同様であるが、現在の花火に似たものであったらしい。種子島に入る以前の享禄 3（1530）年に豊後（今の大分県）の大友宗麟が南蛮商人から 1 挺を 20 数両で入手したともいわれる。火縄銃は一般に鉄砲と呼ばれており、鳥銃と書いて、「てっぽう」と読んだ。これは、後に鳥を撃つのに使われたためである。また、大砲に対して小さいものなので小銃とも言った。このほか、種子島、火縄筒とも呼ばれ、明治初頭まで約 300 年間使われた。

　時尭は鍛冶職人（鉄匠）に鉄砲をつくらせた。しかし、似た形のものは出来たが、使い物にはならなかったという。最も難しかったのは銃の底を塞ぐ技術で、翌年に来航した南蛮船に乗っていた鉄匠に教えてもらい、巻き蔵める方法を会得したという。巻き蔵めとは、ネジ込みのことである。それから約 3 年で各地に広がったという。

　火縄の種火で火薬に点火する銃器の原型は 13 世紀に始まり、持ち運びできる火縄銃は 15 世紀半ばにスペインで発明された。わが国に伝来後は、銃の製造を専門とする鉄砲鍛冶が生まれた。図 10-1 に江戸時代につくられた火縄銃の例を示す。火縄銃の銃身部は鋼であるが、全体は木製の支持具に固定されており、引き金等の小部品は主に真鍮（Cu-Zn 合金）でつくられている。製造する上で難しいのは、銃身（筒）の内径を一定に研削加工することと、銃底部の尾栓をネジで固定すること、および火薬の力に耐える強度の鋼を鍛えることである。オランダの 19 世紀中頃の文書では、オランダでつくられた鉄砲の 3 割程度が実射試験で不合格になったという。銃が伝来してから引き金まわりの部品などの改良はあったが、金属・機械工学的にはほとんど伝来したままの状態で江戸末までつくられた。

　ここでは、国内産の火縄銃の金属組織の 1 例について述べる。

10.1　金属組織

　火縄銃の最も重要な部分は火薬が爆発する銃底の尾栓であり、充分に固定されていないと底金が外れて飛び出したり、破裂する危険がある。試料とした銃身のネジ止めされた部分のマクロ像

図 10-1　江戸時代につくられた火縄銃の例（筆者蔵）

第10章 火縄銃に使われた鋼

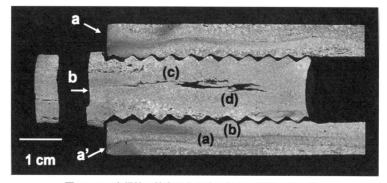

図10-2 火縄銃の銃底のネジ止め部分の断面マクロ像
a-a'は筒、bがネジ。(a)-(d)は次図の(a)-(d)の光学顕微鏡像の場所（北田）

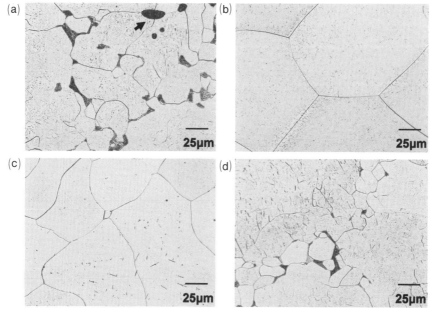

図10-3 火縄銃のネジ部分断面の代表的な光学顕微鏡組織
(a)-(d)は図10-2の(a)-(d)部に対応する。矢印は非金属介在物（北田）

を図10-2に示す。銃身の外径は左の火薬装塡部で太く、中央部で細くなり、銃口部で再び太くなっている。これは火縄銃の一般的な構造で、火薬の爆発部と弾丸が発射される銃口部の強度を高めるため鋼を厚くしている。

図の上下のaおよびa'は円筒部の断面で内側に雌ネジ切られており、bは雄ネジの付いた丸棒である。ネジ山の数は10で、かなり隙間がある。隙間があるのは、当時、精密なネジ切り工具がなく、型鍛造とヤスリ掛けでネジを加工したためである。また、火薬の燃焼屑などを掃除するために、取り外して再びネジ込むので、ネジ山が磨り減ったことも考えられる。マクロ組織では、左側の端部から縞状組織が観察され、銃先に向かうと縞状組織は薄くなる。暗い縞領域の炭素濃度は若干高く、強度増大のために炭素濃度の高い鋼を組み合わせた可能性がある。雄ネジには、中央に大きな非金属介在物があり、鍛錬の度合いは低い。使われている鋼は基本的に刀の心鉄と同じ低炭素鋼の包丁鉄である。

図10-3は図10-2の記号 (a) – (d) の光学顕微鏡組織で、(a) の縞の濃い領域は若干炭素濃度が高く、暗く見えるパーライト組織が存在する。この組織から判断すると、炭素濃度は約0.1重量％以下である。暗い縞以外の領域の明暗はフェライトの結晶粒の大きさによるもので、(b) は結晶粒の大きなフェライト組織である。場所によって粒径は非常にばらついており、数10μmから数100μmに及んでいる。雄ネジのマクロ組織の明暗は主に結晶粒径の差で、大半は図10-3 (c) のようなフェライト組織であるが、(d) のようにパーライトが若干存在する場所もある。化学分析は0.5g程度の試料で測定するため微小部の濃度を測定できないが、分析したフェライトの炭素濃度は0.06重量％で、極低炭素鋼（0.05重量％以下の鋼）に近い包丁鉄である。

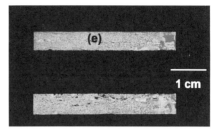

図10-4　火縄銃の筒部分の断面マクロ像
(e)は次図の光学顕微鏡像の場所（北田）

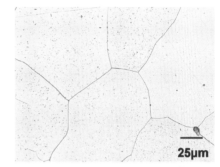

図10-5　図10-4のeで示した部分の光学顕微鏡像（北田）

銃身の最も外径が小さい部分の断面マクロ像を図10-4に示す。下部断面の暗い部分は非金属介在物であり、その他の領域の明暗はフェライトの結晶粒径の差によるもので、右端のフェライトの粒径は約300μmで非常に大きい。図の (e) で示した場所の光学顕微鏡像を図10-5に示す。フェライトからなり、ここの付近の炭素濃度は0.006 – 0.007重量％で、炭素濃度だけで判断すれば、工業用純鉄と同等の炭素濃度である。

筒先の断面マクロ像は図10-6で、暗い線状部分は非金属介在物で、その他の領域の明暗は炭素濃度と結晶粒の大きさの差による。図10-7 (a) は図10-6の明るいフェライト組織部の光学顕微鏡像で、矢印は非金属介在物である。(b) は暗い低炭素鋼部の光学顕微鏡組織で、結晶粒径は小さくパーライトがあり、組織から判定した炭素濃度は約0.2重量％である。前述のように、筒先は火薬の爆発により発射された弾丸が自由空間に飛び出す場所で、大きな力がかかり、これに耐えるために炭素濃度が若干高い軟鋼を使ったことが考えられる。ただし、組織はばらついている。硬軟の鋼の組み合わせは日本刀では

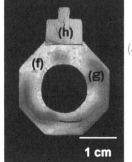

図10-6　火縄銃の銃口部断面のマクロ像
(f)と(g)は次図の光学顕微鏡像(a)と(b)の場所（北田）

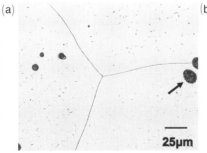
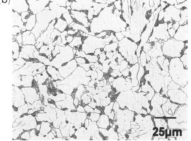

図10-7　図10-6の(f)と(g)の場所における光学顕微鏡像
(a)の矢印は非金属介在物（北田）

第 10 章　火縄銃に使われた鋼

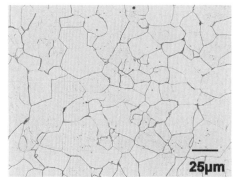

図 10-8　先目安部の光学顕微鏡組織（北田）

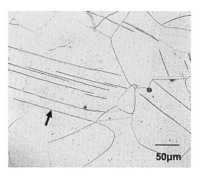

図 10-9　衝撃加工の痕跡である双晶（矢印）が観察される領域の光学顕微鏡像（北田）

良く知られた技法であり、この技術を鉄砲に応用してもおかしくはない。銃口に近い部分の炭素濃度の平均値は 0.07 − 0.09 重量％であった。

筒先上の目安金（照準用の照星、手元にあるのは照門という）は筒に象嵌されており、火縄銃としての機械的性質に関係のない部品であるが、図 10-6 の（h）で示した鋼は図 10-8 の光学顕微鏡像で示すように、大部分はフェライト組織からなる。

図 10-9 は火縄銃の一部で観察されるフェライト組織で、この組織の特徴は矢印で示すような結晶粒内に見られる直線である。これは、純度の高い鉄あるいは極低炭素鋼に衝撃的な力が加わったときにより生ずる双晶である。前述のように、双晶は古代刀および日本刀でも観察され、これらは室温での鎚打ちによるものである。火縄銃の場合、双晶の入る原因として、火薬の爆発による衝撃力と鍛造によるものが考えられる。火薬の衝撃力によるものであれば筒の内側に力がかかるので内側に双晶が生ずるが、双晶は銃身の表面の近くに分布しており、室温で鎚打ちされたことが原因であろう。

10.2　透過電子顕微鏡組織

光学顕微鏡では結晶粒径やパーライト組織などが明らかになるが、結晶内の微細構造は分からない。そのため、透過電子顕微鏡で観察した微細組織について述べる。

上述のように、室温鍛造による衝撃加工で生じた双晶がみられる。図 10-10 は双晶部の透過電子顕微鏡像と電子線回折像である。図の中央に縦に入っている帯状の組織が双晶で、純鉄などの高純度の鉄を加工したときに衝撃力が一定の値以上になると生ずる。したがって、使われている鉄の純度が非常に高いことを示している。図の両側の結晶領域の電子線回折像は結晶の向きが同じであることを示しており、隣り合う双晶の結晶の配置は対称になっている（図 2-23）。通常、鉄鋼の変形は転位によって行われるが、銅などの面心立方晶に比較して鉄のような体心立方晶の転位は室温以下ではすべりにく

図 10-10　双晶部の透過電子顕微鏡像（北田）

 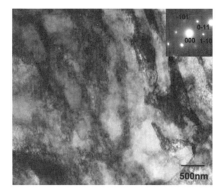

図10-11 すべり転位の透過電子顕微鏡像（北田）　　図10-12 高加工度で生じたセル構造

く、このため変形速度の速い衝撃力加工で双晶変形がおこる。ただし、純鉄のような軟らかい鉄では転位も比較的容易にすべるので、鍛造による力がそれほど衝撃的でなければ、転位による変形が主である。双晶は前述の日本刀および隕鉄などでもみられる。

　図10-11は加工によって導入されたすべり転位の透過電子顕微鏡像で、線状の糸のようになっているのが転位線である。すべる方向が異なる転位線が衝突すると、転位線が絡んで動けなくなる。これが加工硬化の原因である。図では、所々で転位線が絡み合っており、一部に加工硬化が生じている状態である。図10-12はさらに転位が増えて、絡み合った転位が壁のような状態になり、一つの結晶粒の中に、あたかも小さな結晶粒（小部屋）が出来たような状態になっている。この組織は焼入れたマルテンサイト組織と似ているが異なる組織であり、小部屋という意味でセル構造と呼ばれいる。通常、50％以上加工された組織に現れる。日本刀の場合は、加熱して高温の鈍された状態から焼入れするので、室温加工は曲がりを直す程度の加工である。この鉄砲試料の場合は、室温で局部的に高い加工を受けている。

　上述のように、パーライト組織が一部に存在するが、パーライトを構成するセメンタイト（Fe_3C）結晶も室温加工の影響を受ける。図10-13は高加工領域で観察されたセメンタイトの透過電子顕微鏡像である。中央のAからDで示したのがセメンタイトの結晶で、周囲は高加工度のセル構造になっている。AからDは、元は一つのセメンタイト結晶であったとみられるが、これらの境界は割れた状態で、AとBは大きくずれている。また、AとB、BとCの境界には明るく見える隙間が存在する。これらの隙間の場所はセル構造の壁の部分にあり、転位の応力により破壊されて空洞が生じたものである。

　図10-13で示したフェライト領域とセメンタイトのエネルギー分散X線分光（EDS）による不純物の分析結果を表10-1に示す。フェライトからはSi、P、S、CaおよびNiが微量検出された。一方、セメンタイトにはSi、CaおよびMoが微量含まれている。フェライトの炭素濃度は低いが、純鉄ほど高

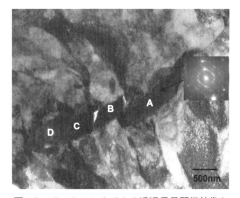

図10-13 セメンタイトの透過電子顕微鏡像と電子線回折像
加工により割れが生じている（北田）

第10章　火縄銃に使われた鋼

表 10-1　フェライトとセメンタイト中の不純物（原子%）

	Si	P	S	Ca	Ni	Mo
フェライト	0.45	0.06	0.07	0.04	0.08	---
セメンタイト	0.67	---	---	0.04	---	0.06

図 10-14　オランダの銃書の表紙と翻訳書の頁
（筆者蔵）

純度ではない。

火縄銃に使われている鋼は炭素濃度の低い鋼あるいは極低炭素鋼である。靭性の低い硬い鋼であると、火薬の爆発による衝撃で破裂の危険がある。そのため、西洋でつくられた火縄銃は当初から鍛鉄（wrought iron、錬鉄とも呼ばれる）と呼ばれるフェライト組織の軟鋼を用いている。図10-14はオランダ原書の表紙と、これを翻訳した「砲術訓蒙」（木村重周訳、天真楼板、嘉永7年（1854））の「携帯銃を製造する法」の頁である。簡単に書くと「銃を作るには薄い鍛鉄を2枚あわせて鍛造で接合し、これを数回鍛造して厚さと大きさを調整し、検査したあと核と呼ばれる鉄棒に巻いて鍛錬し、口径尺で必要な寸法とする、……後略」とある。鍛鉄は日本刀の心鉄の包丁鉄と同様の極低炭素鋼であり、靭性は高いが強度は低いため、厚さで強度を補っている。

双晶がみられた場所のマイクロビッカース硬度は約160で、筒内部の加工を受けていない領域では95 – 105であった。

10.3　非金属介在物

火縄銃は日本刀の心鉄と同じ材料であり、心鉄と同様に非金属介在物が多く存在する。図10-15は代表的な非金属介在物の光学顕微鏡組織で、明るい粒子が分布し、その周囲には若干暗い相があり、さらに暗いガラスとみられる領域がある。

代表的な透過電子顕微鏡像を図10-16に示す。図中のaからgの記号で示すように、比較的大きなa粒子、aより小さいb粒子、aの縁に晶出しているc粒子、および地のgよりなる。表10-2にaからcのEDSによる分析値を示す。組成から、aはウスタイト（FeO）である。同

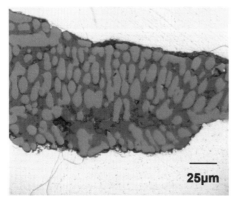

図 10-15　火縄銃鋼の代表的な非金属介在物の光学顕微鏡像（北田）

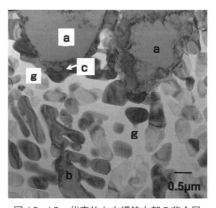

図 10-16　代表的な火縄銃内部の非金属介在物
aはFeO、bはFe$_2$SiO$_4$、gはガラス（北田）

表 10-2　非金属介在物中の a-c 部からの検出元素　（原子-%）

	Mg	Al	Si	P	S	Ca	Ti	Fe	O
a	0.18	0.32	0.66	---	0.12	---	0.27	49.6	残余
b	1.36	0.33	14.6	---	---	0.94	0.11	29.9	残余
c	---	3.28	33.9	0.30	---	0.86	0.08	0.96	残余

様に、b はファヤライト（Fe_2SiO_4）、c もファヤライトである。一方、g はアルミノシリカ・ガラスである。表の元素のほかに、痕跡として K、Zr などが含まれている。この非金属介在物の Ti 含有量は少なく、P および S が含まれる。

このほか、非金属介在物の解析では、図 10-17 の透過電子顕微鏡像で示すようにウルボスピネル（Fe_2TiO_4）が検出されているので砂鉄原料である。

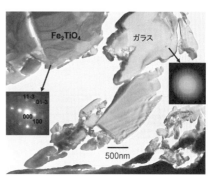

図 10-17　チタン化合物を含む非金属介在物（北田）

10.4　機械的性質

上述のように、火縄銃の筒の一部は室温で鍛造され、双晶および転位などの格子欠陥が存在する。鋼の機械的性質の評価には引張試験が有効であり、図 10-18 は硬度の高い部分から採取した試料の引張試験をした例である。図中に示すのは試料の形で、丸棒試験片である。(a) の引張曲線は火縄銃から採取したままの試料の実験結果である。得られた引張強度は約 370MPa（9.81MPa=1kg/mm²）で、若干加工硬化した状態である。

これに対して、700℃で 1 時間焼鈍した試料では、(b) で示すように引張強度が低くなり、約 325MPa である。また、0.2％耐力は約 210MPa、伸びは 45％、絞りは 75％ であった。焼鈍した試料では、矢印で示すように降伏現象がみられる。これは、炭素、窒素などの侵入型の不純物原子が転位付近に集まって転位を動けなくし、続いて新たな転位が動き始めるために現れる降伏現象である。降伏する強度は約 320MPa であり、焼鈍した電解鉄の降伏強度が 240－280MPa 程度なので、これより若干高い強度であるが、Si などの不純物が多いためとためとみられる。

火縄銃の鋼の強度は場所によってばらついているが、一般的技術として加工硬化によって強度を増大させているとすれば、焼入れ処理だけの刀（一部に加工硬化させた刀もある）との大きな違いである。ただし、多くの試料で確認する必要がある。

図 10-19 (a) は引張試験により破断した試験片の断面で、明るく見える線状の紋様は非金属介在物の列

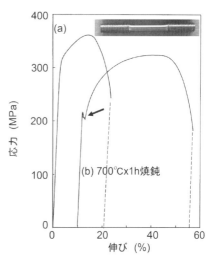

図 10-18　引張試験による火縄銃鋼の応力−伸び曲線の例と用いた試験片（北田）

第10章　火縄銃に使われた鋼

図10-19　引張試験後の試料断面のマクロ像(a)と破断部付近の光学顕微鏡像(b)
矢印は非金属介在物（北田）

である。非金属介在物と鋼との結合力は低く、引っ張られると周囲に空洞が発生するので、破壊の起点になる。(a)の右側の破壊した部分（矢印）では、非金属介在物の多いところで破断が生じている。(b)は破断部に近いところの光学顕微鏡像で、結晶粒は引張られた方向に長く伸ばされ延性を示すが、矢印の非金属介在物周辺から破断が生じている。(a)の試験片の破断部近くで最も加工硬化が大きく、マイクロビッカース硬度は約200になる。上述のように、双晶が観察された領域のビッカース硬度は約160であり、フェライト組織の純度の高い極低炭素鋼でも、強加工すれば中炭素鋼程度の強度となる。ただし、伸びがほとんどなくなるので、靭性は低くなる。

　引張試験の結果と衝撃破壊の場合は破壊機構が異なるが、引張試験の結果で破壊するまでのエネルギーの吸収量を比較してみた。図10-18の引張曲線、点線および横軸で囲まれた面積が吸収エネルギーに相当する。(a)と(b)を比較すると、(b)の面積が(a)の約2倍であり、焼きなましたものは加工されたものの約2倍のエネルギーを吸収する。単純に言えば靭性は2倍になる。実際には、強度と靭性を保つために銃身の筒を厚くしているが、強度設計したものではなく、経験によるもので、当初は伝来した銃を模倣したものであろう。

　火縄銃が伝来してから短時日のうちに実用化し、大量生産することができたのは、伝来したときに包丁鉄と同様な性質の鍛鉄が使われていたことを鍛冶が理解したこと、日本刀の心鉄に使われている包丁鉄の技術があったこと、包丁鉄を大量に供給できる技術があったこと、であろう。西洋の銃で使われている鍛鉄は包丁鉄と同様な性質の鋼である。鍛鉄は包丁鉄と同様に非金属介在物を多く含むフェライト組織からなるが、フェライト部の純度は高いので、当時としては加工性が良く、衝撃力にも耐える鋼であった。また、パーライトなどの組織は火薬の爆発による熱で変化するが、フェライトは熱による変化が少ないことも利点である。

　戦国時代に多用された火縄銃も、江戸時代になると、戦いの備えとしてのものを除けば不用の

図10-20　火縄銃の免許皆伝書
文政2年（筆者蔵）

武器となった。一方で、民間では狩猟道具として使われるようになり、狩猟免許（鑑札）を取れば農民も所持できるようになった。そのため、剣術と同様に銃の扱い方を教授することが行われ、流派ができた。図10-20は種子島流と呼ばれた流派の免許皆伝書（筆者蔵）の一部で、詳細は書かれていないが、教授された項目が細かく書かれている。

　戊辰戦争に使われた主な銃は外国製であり、その後、当時の陸軍が仏のグラー銃などの技術を参考にして開発したものが村田銃（十三年式歩兵銃）である。この銃の初期に使われた鋼は

たたら鉄と西洋産のパドル鋼で、手元で弾を込める後装式、筒の内部に旋条（弾に回転を与えるための螺旋の溝、ライフル）を入れて弾の直進性を向上している。その後、三十年式小銃を経て、明治38（1905）年に単発と5連発の三八式歩兵銃（さんぱち銃）が開発された。

第11章　鎧・兜・帷子・鍔の鋼

武士は戦闘時、刀のほかに鎧、兜および鎖帷子などを着用する。金属組織は刀のように複雑ではないが、これらの主要な材料も同様な鋼であるので、金属組織について簡単に述べる。

11.1 鎧の鋼

① 金属組織

鎧は高級武士から兵が着用するものまで多くのものがあり、それぞれの製作者の技術には大きな差がある。ここでは、ごく一般的な当世具足*といわれる鎧の部品における金属組織について述べる。

用いた試料は図11-1で示す鎧の袖で、長方形、正方形および円形の鋼板とそれをつなぐ鋼線（鎖）からなっている。鋼板は凸状に加工され、鎖も二重に巻かれているので、一般的なものとしては、比較的良くつくられているものである。

この試料から採った鋼板の断面光学顕微鏡像を図11-2に示す。図の上が鋼板の表面側で、断面上部は0.3 - 0.4重量％の中炭素鋼よりなり、フェライトとパーライトからなる。その下に結晶粒の小さいフェライト層がある。さらに、その下の結晶粒が大きいフェライト層との間には非金属介在物が並んでいる。最も下の層はフェライトであるが、多くの非金属介在物が存在し、非金属介在物の形状は上部の非金属介在物とは異なっている。炭素濃度で分ければ2層であり、フェライトの非金属介在物の分布が異なる鋼を2種の鋼とすれば、3層の組織からなる鋼板である。上部が鎧の表側であるから、表側に強度の高い鋼を用い、内側に靭性の高いフェライト鋼を使った複合鋼板である。このような複合鋼板の使用は他の鎧の鋼でも観察され、後述の西洋の鎧にも同様の構造がみられる。

結晶粒分布と結晶方位のずれ、粒径分布を測定するために電子線後方散乱回折法（EBSD：

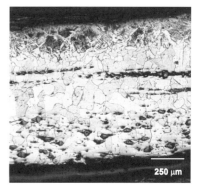

図11-1　鎧の袖試料（筆者蔵）

図11-2　鎧に用いられた鋼板の断面光学顕微鏡組織（北田）

---

* 室町時代中期の戦国時代（おおよそ1467 - 1590年）から主な武器として使われるようになった槍および火縄銃と戦法の変化に対応してつくられた甲冑で、胴を鋼板とし、活動しやすいように小札と呼ばれる長方形の鋼片を縫い合わせて袖などをつくり、脛当て、頬当て、兜などを揃えたもの。戦国時代以前の甲冑に対して全身を防御するようになっており、「現代の」という意味で江戸時代以降に当世具足と呼ばれた。

第11章 鎧・兜・帷子・鍔の鋼

図11-3 鎧鋼板断面の上部から下部に向かっての結晶粒分布、右側が上部の炭素鋼
（北田）［カラー口絵8頁参照］

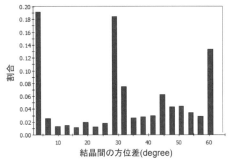

図11-4 結晶粒の結晶方位分布（北田）

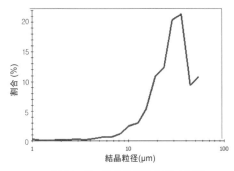

図11-5 結晶粒径の分布（北田）

Electron backscattering diffractometer）で撮影した結晶粒の形状を図11-3［カラー口絵8頁参照］に示す。αFeの回折から像を作っているので、非金属介在物の像はない。図の右側が図11-2で示した断面の上部のパーライト組織で、左側はフェライト組織であり、結晶粒の形状の違いがわかる。図11-4は結晶粒間の結晶方位の分布を示し、方位が0°、30°および60°でピークを示している。これは、鍛造加工によって結晶方位が揃ってくる集合組織を示しているが、結晶粒は多角形で特定の方向に伸ばされていないので、それほど強くは加工されていないか、再結晶している。

図11-5は結晶粒径の分布で、横軸は対数表示であるが、20 – 30μmでピークを示し、粒径の小さい向きに分布の裾がある。現代の一般的な炭素鋼の粒径は20 – 30μmであり、これと同様の寸法であるが、フェライトからなる包丁鉄の結晶粒径は刀の心鉄で述べたように、これより一桁大きく、結晶粒径からみると、鍛造されてから再結晶したものであろう。

②非金属介在物

上述のように、断面の上部と下部の非金属介在物は形状が異なり、別の素材とみられるが、図11-6に上部の比較的小さな非金属介在物の走査電子顕微鏡像を示す。図中のaおよびbは介在物中の結晶で、gは地のガラスである。ガラス中には小さな粒子が存在する。図11-7は図11-6で示した非金属介在物の主な元素の分布で、明るい領域で相対濃度が高い。図11-6のaで示した結晶はTiとFeに富み、V、Alと微量のZrおよびMgを含み、主要元素だけでは$Fe_{25}Ti_{11}O_{54}$となるが、他の元素の配分を考慮すると$(Fe, V, Mg)_{29}(Ti, Zr, Al)_{13}O_{54}$となり、ウルボスピネ

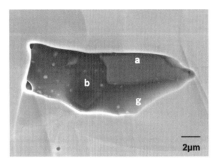

図11-6 上部炭素鋼の非金属介在物の走査電子顕微鏡像（北田）

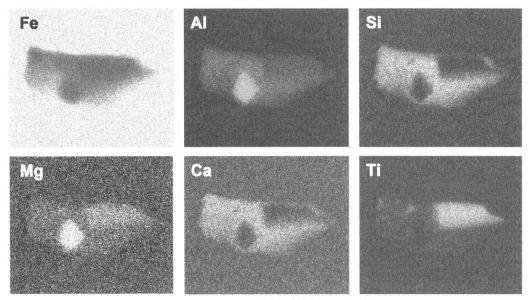

図11-7 図11-6に示した非金属介在物の元素分布像(北田)

ル(Fe_2TiO_4)に近い組成である。bはAlとMgに富み、尖晶石{スピネル($MgAl_2O_4$)}あるいはセーロン石{$(Mg, Fe)(AlO_2)_2$}に近い結晶である。地のガラス(g)はSi、Al、Caなどを含むアルミノシリカ・ガラスである。また、非金属介在物からは痕跡量のCrが検出された。非金属介在物を含まないフェライト地のEDS像には不純物のピークはなかった。

鋼板断面の下部にみられる非金属介在物の走査電子顕微鏡像を図11-8に示す。図中のa、bおよびcで

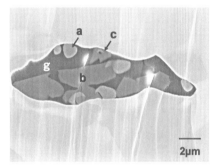

図11-8 断面下部の非金属介在物の走査電子顕微鏡像(北田)

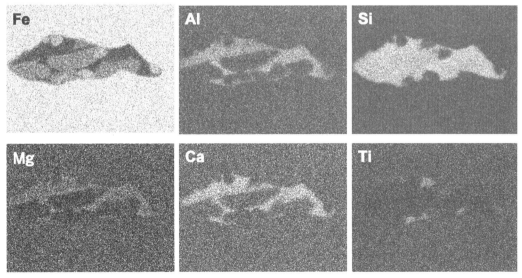

図11-9 図11-8で示した非金属介在物の元素分布(北田)

第11章 鎧・兜・帷子・鍔の鋼

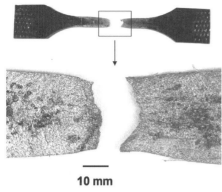

図11-10 引張試験後の破断状態（北田）

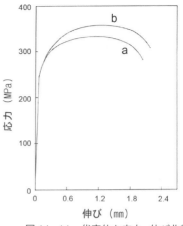

図11-11 代表的な応力-伸び曲線
（北田）

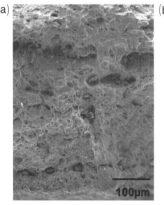

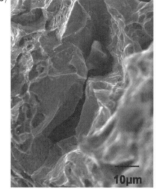

図11-12 引張試験後の破断面の走査電子顕微鏡像（北田）

図11-13 ごく一般的な鎧鋼板の断面光学顕微鏡組織（北田）

示すのはそれぞれ異なる組成の結晶で、gは地のガラスである。この領域の元素分布を図11-9に示す。aで示した結晶はウスタイト（FeO）、bで示した結晶はファヤライト（Fe_2SiO_4）で、Mg、Alなどの微量元素を含んでいる。cで示した結晶はTiを含むウルボスピネル（Fe_2TiO_4）に近い組成の化合物である。上部と下部の非金属介在物には同様な元素が含まれ、同じ系統の砂鉄原料である。

③ 機械的性質

断面上部の炭素鋼のマイクロビッカース硬度は約260、フェライト領域は約125で、フェライト領域の硬度は若干高めである。

鋼板から試験片を作成したが、JIS規格の大きな試料は作製出来ないので、平面形状だけJIS規格を縮小したものを作成した。試験後の破断した試料と破断部の拡大像を図11-10に示す。破断部周辺は絞られており、延性破壊している。代表的な応力－伸び曲線を図11-11に示したが、応力－伸び曲線の形状は同様で、aおよびbの0.2％耐力はそれぞれ259および269Mpaで大差なく、引張強度もそれぞれ346と367、伸びは21％と23％で、似通った機械的性質を示す。これらの強度は焼鈍した炭素濃度が約0.1－0.2重量％の低炭素鋼より若干低く、電解鉄より高い。すなわち、鋼板全体として強度は高くない。

刀で切りつけられたときの防御鋼板としては一定の強さを示すが、刀や槍で突かれるような場

合には、厚さが 0.5 - 1.0 mm 程度であり、刀と槍先に応力が集中するので、当たる角度によって突き破られる。火縄銃の鉛製弾丸は速度が高いので剪断効果があり、近距離では貫通する。

試料の引張試験による破断は延性破壊（一定の伸びを示した後に破断する）であり、図 11-12 (a) に破断面の例を示す。破断面の多くはディンプルからなる延性破壊を示しているが、非金属介在物と地のフェライトの界面では (b) のように剥離が生じている。したがって、非金属介在物は破断の起点になり、鋼の強度を低くする。全体的にはフェライトが多いので、脆性破壊（伸びがなく破断）することはないが、非金属介在物の強度への影響は大きい。

上述の鎧の鋼板とは異なるが、多くの鎧の鋼板でみられる断面のマクロ像を図 11-13 に示す。断面全体がフェライト組織で、包丁鉄だけを使っている。上述の鋼板のように複合されていないので、低級品である。中には鋼を再生したものと思われる複数の組織が秩序なく混じったものも見受けられる。

11.2 兜の鋼

兜も基本的には鋼板を使った製品であり、材料的には鎧と同様である。図 11-14 は試料とした兜（筆者蔵）で、これより試料を採取した。鋼板の板面に平行な位置の光学顕微鏡組織を図 11-15 に示す。包丁鉄からなるフェライト組織で、結晶粒径はばらついているが、50 - 100 μm である。非金属介在物は小さく、比較的良質な鋼である。マイクロビッカース硬度は約 200 であり、室温鍛造で加工硬化している。

図 11-16 に非金属介在物の透過電子顕微鏡像と非金属介在物内部の結晶から得られた電子線回折像を示す。上部は試料作成のときに形成した炭素膜で、その下が非金属介在物の像である。非常に複雑な構造で、複数の化合物からなっている。主な領域の電子線回折像を図の右側に示す。

図 11-16 の左側の矩形領域における主な元素分布像を図 11-17 に示す。Fe は透過電子顕微鏡（TEM）の粒子像と一致し、Si は Fe の一部を除き、広く分布している。Al は g で

図 11-14 兜試料（筆者蔵）

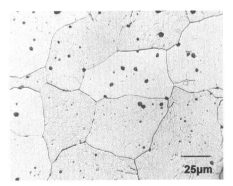

図 11-15 兜に使われた鋼板の光学顕微鏡像（北田）

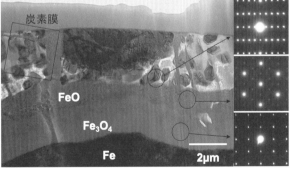

図 11-16 兜の鋼板中に見られる非金属介在物の透過電子顕微鏡像と電子線回折像
矩形は次図の元素分布像の領域（北田）

第11章 鎧・兜・帷子・鍔の鋼

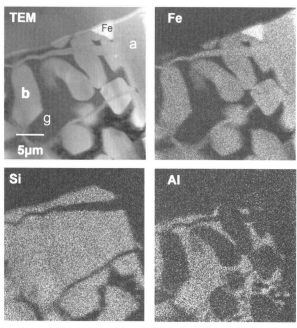

図11-17 図11-16の矩形領域の元素分布像(北田)

示すガラス中にあり、分布像は載せていないがCaはSiと同じ分布、MgとKはAlと同じ分布である。図11-17中のaは組成と電子線回折像の解析から不純物を含むウスタイト（FeO）で、aの場所から蔓のように細長いFeO結晶が左の向きに成長している。図11-16の下部はマグネタイト（Fe_3O_4）で、これは、酸化物融液から地鉄に接した冷却能の高い部分から最初に成長し、次にFeOが晶出し、さらに融液の中をFeOが比較的自由に蔓状に成長したものある。図中の粒子bはファヤライト（Fe_2SiO_4）である。

大気中におけるFe_3O_4の融点は1600℃、FeOの融点は1370℃である。最初に晶出するFe_3O_4のFe数に対するO数はFeOより多く、O数の多い化合物から酸素を消費して結晶化している。非金属介在物中のOが低濃度である場合にはO数の少ないFeOから晶出する。次にbで示すFe_2SiO_4が結晶化し、gは残った融液がアルミノシリカ・ガラスとなったものである。上述の結晶にはAl、Mgなどが不純物として存在する。この介在物では、FeOの中に微量のTiが検出されるが、Tiの少ない砂鉄と思われる。また、Pは痕跡程度含まれている。

11.3 鎖帷子の鋼

鎖帷子は図11-18のような鋼線の小さな輪を繋げて着用できる形にした防御着の一種である。厚手の下着の上にそのまま着用するか、あるいは内側に厚手の布を貼付けて着用するが、鎧に比較して身軽で動きやすいのが特徴である。そのため、現在の防弾チョッキのような使用法でもあった。用いられている鋼線は直径1mm前後であり、古くは鍛造して線としたので手間がかかったが、その後、線引き技術（引き線という）が開発されると、容易につくられるようになった。

図11-18 鎖帷子とこれに使われた鋼線の輪（筆者蔵）

わが国の鎖帷子は図11-18の右下の図のように輪の両端を付き合わせ、右上の図のように網状にする。輪を二重にする場合もある。図11-19は鍛造、なましなどの作業風景（「針金職業並びに諸道具の図」：広島県立文書館蔵）で、左下の矢印部分に線引き作業

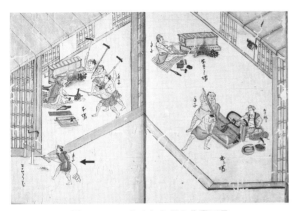

図11-19 なましなどの作業風景
(「針金職業並びに諸道具の図」より：広島県立文書館蔵)

図11-20 ハリ鉄をつくる図
(「先大津阿川村山砂鉄洗取之図」より：東京大学大学院工学研究科蔵)

図11-21 引き抜き用の工具 (筆者蔵)

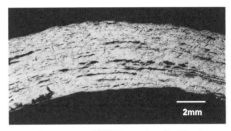

図11-22 鎖断面のマクロ像 (北田)

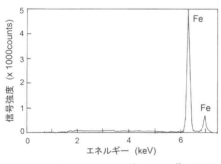

図11-23 フェライト地のEDS像 (北田)

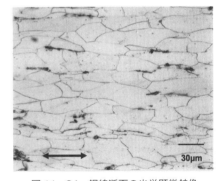

図11-24 鋼線断面の光学顕微鏡像
両矢印が線の長手方向 (北田)

が描かれている。線は高炭素鋼製の入り口が広く、出口が小さい円形の穴のある雌型（現在はダイスという）に差し込み、引っ張って断面を収縮加工する。この図では人力で針金を引っ張っている。図11-20はハリ鉄をつくる図（「先大津阿川村山砂鉄洗取之図」より）で、人力ではあるが木製のローラーを回して、右の人物の足元にあるダイスを通して引き抜いている。西洋の引き抜きでは動物および水車力が使われた。図11-21は引き抜き用の工具の例で、寸法の異なる引き抜き孔が沢山開けられている。これを木の台に打ち付けて固定し、大きい孔から小さい孔へと順次通して引張り、線径の細い線をつくる。

鎖長手方向の断面マクロ像を図11-22に示す。鋼はフェライト組織からなり、刀の心鉄と同じ包丁鉄である。炭素量の分析では、0.07 - 0.08重量％であり、極低炭素鋼（0.05重量％以下）

第11章 鎧・兜・帷子・鍔の鋼

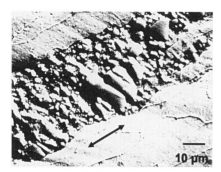

図11-25 鋼線中の砕かれた非金属
介在物の走査電子顕微鏡像
両矢印は鋼線の長手方向（北田）

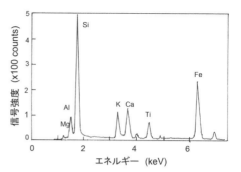

図11-26 非金属介在物のEDS像（北田）

表11-1 非金属介在物に含まれる元素（原子%、Oは除く）

元素	Al	Si	K	Ca	Ti	V	Cr	Fe
含有量	4.2	10.9	4.1	3.4	2.7	1.7	tr.*	72.7

＊ tr.=trace（痕跡）

に近い炭素濃度領域の鋼である。また、図11-23のエネルギー分散X線分光（EDS）像で示すように、不純物は検出されない。線引きでは、長く伸ばすことが必要であり、江戸時代までの技術では硬い鋼を伸ばすことは困難である*。そのため、線を加工するのが容易な軟らかな低炭素鋼を使った。断面マクロ像では、線の長手方向に平行な多数の暗い線状の紋様がみえる。これらは非金属介在物で、線引きによって長手方向に伸ばされている。

図11-24は鋼線の長手方向と平行な断面における光学顕微鏡組織で、結晶粒は両矢印で示した線の長手方向に細長く伸ばされている。この鋼線の場合、結晶粒の大きさは平均値で長径約50μm、短径約12μmである。包丁鉄の結晶粒径としては非常に小さく、線引きする前の加工と熱処理で再結晶して結晶粒が微細化したものである。したがって、刀の心鉄よりも強度は高い。

鋼線中の非金属介在物の走査電子顕微鏡像を図11-25に示す。非金属介在物は線引き加工によって粉々に砕かれている。高温で鍛造された刀の非金属介在物は凝固したものであるから内部構造が明瞭であるが、この鋼線の場合は、砕かれているので内部構造は観察できない。これは、線引きが室温近傍で行われた証拠である。図11-26は図11-25で示した非金属介在物のEDS像で、FeのほかAl、Si、TiおよびVなどが含まれている。非金属介在物全体に含まれる元素について、Oを除いた値を表11-1に示す。細かく砕かれているので個々の粒子についての分析は出来ないが、組成から判断すると、ウスタイト（FeO）、ファヤライト（Fe_2SiO_4）、ガラスからなる非金属介在物である。Ti濃度が高いので、Tiを含む化合物が存在する可能性がある。また、Vも比較的多く、Crが痕跡（trace）程度存在する。

図11-27は図11-22に示した鋼線断面の短軸方向のマイクロビッカース硬度で、硬度は177

＊ ピアノ線は共析組成（0.6 – 0.95重量%）付近の炭素鋼を約550℃で微細なパーライト組織としたのち、強制的に線引きし、その後、強度増大と表面に防食用のFe_3O_4膜を形成するため、約250℃の空気中で熱処理する。

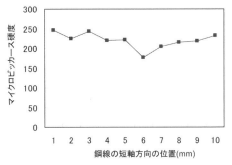

図11-27 鋼線の短軸方向のマイクロビッカース硬度分布（北田）

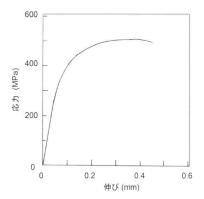

図11-28 鋼線の代表的な引張り曲線（北田）

表11-2 鎖帷子鋼線の引張り試験結果（北田）

	直径（mm）	0.2%耐力	引張強度（MPa）	伸び（%）	絞り（%）
No.1	1.06	380	576	4.6	19.3
No.2	1.12	327	506	6.3	23.8
No.3	1.11	391	549	7.3	35.0
No.4	1.11	352	498	6.8	13.8
No.5	1.10	465	710	6.6	28.4
No.6	1.09	471	676	1.2	43.4
No.7	1.10	372	455	9.0	13.2

－246の間に分布し、平均値は220である。極低炭素鋼に近い鋼で、900℃で1時間焼鈍した試料では約100なので、非常に加工硬化している。この硬度は中炭素鋼に匹敵するので、鎖帷子としては充分な硬さである。

図11-28は鋼輪をペンチで引き伸ばして真っ直ぐにしたのち、引張試験したときの代表的な応力－伸び曲線である。強く加工されているので、焼鈍した包丁鉄で観察される降伏現象はみられない。表11-2に鋼線試料の直径と引張試験による機械的性質を示す。試料表面には漆が塗られているので錆は少なく、比較的良好な状態の鋼線であり、漆を剥離した後の直径は1.06 mmから1.12 mmまでのばらつきがある。このばらつきは江戸時代につくられた極低炭素鋼線の一般的な技術水準を示している。機械的性質のばらつきの主な原因は金属組織と非金属介在物の多少と考えられるが、引張試験するために鋼輪をペンチで直線に直しているので、その影響も若干ある。引張強度は平均で576 MPaであり、焼鈍された約0.45重量%の中炭素鋼の強度に匹敵する。通常、0.2%耐力と引張強度の間には相関があるが、この結果では強い相関はない。引張強度と伸び、絞りとの相関も弱い。この原因は材質の不均一性と思われる。

前述の鎧の鋼に比較すると、鋼線の0.2%耐力は鎧板鋼より100 MPa以上、引張強度も100－150 MPa高く、鎧板より強く加工されている。

鋼線の組織は図11-22で示したように結晶粒が長くのばされた加工組織になっている。一般に、線材のように室温で一方向に強く加工された金属は結晶粒の回転が起こって方位が揃う集合組織が生ずる。図11-29［カラー口絵8頁参照］は電子線後方散乱回折法（EBSD）で結晶の方

第11章 鎧・兜・帷子・鍔の鋼

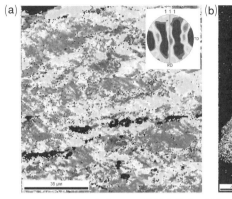

図11-29 鋼線の電子線後方散乱回折像と極図形(a)
および切断部の加工層(b)
矢印の範囲が加工層(北田)[カラー口絵8頁参照]

位を調べた像で、同じ色が同様な結晶方位をもっている。(a)は断面のEBSD像で、同様な色の結晶粒が固まっており、また、図の中に挿入した結晶方位を示す極図形*でも、結晶方位が特定の場所に集まった集合組織になっている。EBSD像の暗い部分は非金属介在物領域で、フェライトとは電子線回折像が異なるので、暗くなっている。(b)は鋼線の切断部(左側)の結晶方位の変化を示すEBSD像で、矢印で示すように、幅が50μm程度の切断(剪断加工)による加工層がみられ、加工層内の結晶方位もかなり揃っている。

11.4 西洋鎧と鎖帷子

西洋の鎧は当初皮に鉄鋲を打ったものが使われ、次第に鋼板になった。また、鎖帷子は動きやすく、鉄の使用量も少ないため、11-13世紀頃の十字軍の時代に多く使われたが、武器の発達で鋼板に替った。

① 西洋鎧板

中世から近代に至る西洋の鎧は全身を包むように鋼板でつくられている。わが国の鋼板は錆止めと化粧のため漆を塗るか薬品で酸化膜を付けるが、西洋ではぴかぴかに磨くのが一般的である。これは、美意識の違いと環境条件などによる鋼の保存法の違いと思われる。

14世紀頃の鎧づくりの図を図11-30に示す。鍛金作業の風景である。日本の鎧は多少の体格の違いなら着用できるが、西洋のものは鋼板製であり、個々の体格に合わせなければならなかった。図11-31は中世の鎧を着用した騎士で、馬も鋼板製の鎧を着用している。日本でも馬用の

図11-30 14世紀頃 　図11-31 中近世の鎧を着た騎士　図11-32 日本の馬の鎧(『銃戦紀談』より)
　の鎧職人の図

---

* 結晶性物質を球面の中心に置いて結晶の方位を球面に投影する表示法で、単結晶の方位は点からなる。多結晶で結晶粒の方位がばらばらであれば球面全体に投影点は分布するが、集合組織では一定の球面領域に投影点が集まる。

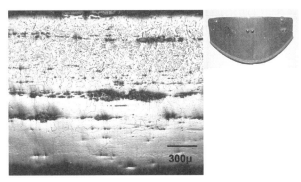

図11-33 試料の西洋鎧片と鋼板の断面マクロ像（北田）

図11-34 図11-33の断面上部の炭素鋼の光学顕微鏡組織（北田）

鎧は人用と同様に小札（こさね：鋼の小板）を繋げてつくられたが、実際には稀であった。参考までに日本の馬用鎧の図（『銃戦紀談』寶集堂、文化元〈1804〉年）を図11-32に示す。

図11-33は右上に示した西洋鎧の肩の鋼板の断面組織で、鋼板の厚さは約1.5mmである。断面の上半分は炭素濃度が0.3重量%程度のパーライトとフェライトからなる低炭素鋼（0.25重量%以下）から中炭素鋼（0.25-0.6重量%）にかかる炭素濃度の鋼であり、下半分はフェライト組織の低炭素鋼である。これは、図11-2に示した日本の鎧鋼板の例と同様の複合鋼板で、洋の東西を問わず、複合化技術が取り入れられている。上部と下部のマイクロビッカース硬度はそれぞれ165と115で、鋼板を成型したときの加工硬化は余りみられない。

上部のパーライト組織の高倍率光学顕微鏡像を図11-34に示すが、フェライトが針状に成長している。これは、保持時間にもよるが、1000℃程度の高温で熱処理された粗大な過熱組織である。したがって、材質は軟らかいが、その分だけ外力を受けたときの塑性変形量が大きくなり、エネルギー吸収量は多い。衝撃を受けたときのエネルギー吸収量が多ければ、壊れにくい。身を守る防具にとって、エネルギー吸収量が多いことは鋼板に必要な性質である。20世紀につくられたFe-Ni合金は応力でマルテンサイト変態を起こして大きなエネルギーを吸収するので、鉄兜などに使われた。

図11-33で示したように、この鋼板にも多くの非金属介在物があり、フェライト組織中の非金属介在物について述べる。図11-35は非金属介在物の透過電子顕微鏡像で、右上のAで示す大きな結晶はマグネタイト（Fe_3O_4）であり、左上部と左下部のBで示す結晶はファヤライト（Fe_2SiO_4）である。また、gで示したのはガラスである。これらの電子線回折像を右側に添えた。これらは、日本刀などの非金属介在物からも普通に検出される物質であるが、マグネタイトが晶出する例は比較的少ない。

図中のAで示したFe_3O_4の表面近くには

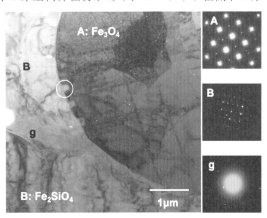

図11-35 非金属介在物の透過電子顕微鏡像と各部の電子線回折像（北田）

円で示したように、小さな明るい領域がある。これの拡大像を図11-36に示す。右側にFe_3O_4、左側にFe_2SiO_4があり、Fe_3O_4に食い込むように半円形の形状をもっている。これを組成と電子線回折で解析した結果、Al_2TiO_5結晶であった。西洋の鋼は鉱石から製造しているのでTiの含有量は低いが、このようなTiを含む化合物が存在する。日本の刀の場合はFe-Ti-O系が多く、Al_2TiO_5結晶はみられない。

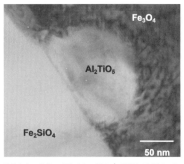

図11-36　図11-35中の円で示した場所の透過電子顕微鏡像（北田）

現代鋼ではTiを添加して強度を高める技術が使われているが、これは後からTiを添加したものである。Tiと酸素の親和力はFeより非常に大きいので製錬では還元されず、鉱石にTiが含まれていても、鋼の中に入ることは少ない。非金属酸化物融液から結晶が晶出する場合、先ずマグネタイトが析出し、次にウスタイト（FeO）、続いてファヤライトの順になる。上記のTi系粒子はFe_3O_4粒子の中に食い込むように存在し、Fe_3O_4表面で核生成してエピタキシャル成長したものであろう。

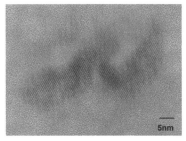

図11-37　非金属介在物のガラス中に析出したFe_2SiO_4微粒子の格子像（北田）

ガラス中には微細な析出物があり、図11-37は微細なファヤライトの結晶である。ガラスの粘度が比較的低く、また、冷却中に結晶が析出する拡散時間があったことを示している。

② 西洋鎖帷子

西洋では11-13世紀ごろに鎖帷子が主な防具として使われ、十字軍の軍装として多くの絵画に描かれ、彫刻も遺されている。図11-38はスイス・バーゼルの教会に飾られている当時の鎖帷子を着用した騎士の像である。ただし、兜と肩は鋼板を使っている。図11-39は14-15世紀に北ドイツでつくられた鎖帷子の一部で、これから研究試料として鋼線の輪を切り取った。

図11-40は（a）が外観、（b）が開いた像で、下部の切り込みは試料とするために切断した部分である。日本の鎖帷子では、鋼線の輪を単に突き合わせるだけであるが、西洋の鎖帷子では両端を重ね合わせて接合している。そのため、（a）では上部にふくらみがある。（b）のように接合

図11-38　鎖帷子を着用した騎士の像（筆者撮影）

図11-39　実験に用いた鎖帷子試料（筆者蔵）

図11-41　西洋鎖帷子の断面マクロ像（北田）

11.4 西洋鎧と鎖帷子

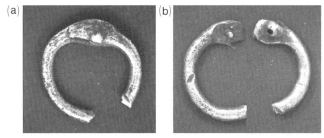

図11-40 西洋鎖帷子の鎖の外観(a)と開いた像(b)
一部切り取っている（北田）

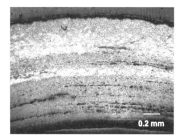

図11-42 西洋鎖帷子の鋼線の
断面マクロ像（北田）

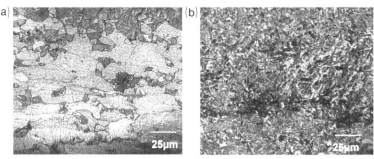

図11-43 低炭素鋼領域(a)とマルテンサイトI領域(b)（北田）

図11-44 鋼線のEBSDによる組織像(a)と介在物（Fe_2SiO_4）の像(b)
［カラー口絵8頁参照］（北田）

図11-45 14世紀頃の西洋
の鎖帷子職人の図

部をはずして開くと、(a)のふくらみの部分では、片端に穴、もう一方の端に針金状突起がある。両端に型鍛造で突起と穴を作っておき、これを輪として合わせ、叩き込んで接合している。

断面のマクロ像では、図11-41のように明るい帯と暗い帯の縞状の組織になっている。明暗の帯の位置は鋼線によって異なるが、調べた全ての鋼線で同様な組織である。断面の低倍率光学顕微鏡像を図11-42に示す。明るい帯は図11-43(a)のようにフェライトが多く、結晶粒は鋼線の長手方向に引き伸ばされ、非金属介在物も同様である。これは線引きによるものである。暗い帯は(b)のように針状のマルテンサイト組織になっており、この鋼線は焼入れされている。

柔軟なフェライト帯と硬いマルテンサイト帯との組み合わせは複合材料として優れたものである。鋼線全体の炭素濃度は0.3重量％であり、炭素濃度の低いフェライトがあるので、マルテンサイト部はこれより炭素濃度が高い。焼入れてから線引きや型鍛造するのはマルテンサイトがあるので加工が難しくなる。したがって、接合した後に焼入れたものであろう。また、鎖を繋ぐ時にマルテンサイトがあると変形しにくいので、焼鈍した状態で鎖を繋げ、出来上がった状態で焼入れしたのであろう。炭素濃度が高ければ、空冷でもマルテンサイト変態することがある。

第11章 鎧・兜・帷子・鍔の鋼

図11-44［カラー口絵8頁参照］(a) は電子線後方散乱回折法（EBSD）で得た結晶粒の像で、写真の上下方向が鋼線の長手方向である。中央はフェライト結晶粒、左右が焼入れられたマルテンサイトで、針状のラス・マルテンサイト（正確にはブロック）が見られる。図中の暗い部分は非金属介在物であるが、ファヤライト（Fe$_2$SiO$_4$）の後方散乱から得た像を右 (b) に添えた。非金属介在物中に存在する結晶のデーターがあれば、EBSD法で物質を明らかにすることができる。

図11-45は14世紀頃の西洋の鎖帷子職人の図で、右側で座って仕事をしているのが職人、左側の立っている人物が客、右の壁に出来上がった鎖帷子が吊り下げられている。

11.5 日本刀の鍔の鋼

刀は攻撃するための武器であるが、同時に身を守る道具でもある。鍔は刀を握る手を守る防御装具で、手を柄に固定する役割もある。古代中国の漢代の刀（図8-17）、わが国では古墳から出土する刀にも鍔が付けられている。わが国の鍔はほぼ円形の鋼あるいは銅の板からつくられている。鍔は鐔とも書き、また、稀であるが刀盤とも呼ばれる。鍔は頭と身体の間にある庇のように突きでたの顎から派生した言葉である。図1-32に鍔の例を示したが、ここでは、江戸時代につくられた一般的な鋼板製の鍔の組織などについて述べる。

象眼（象嵌とも書く）が施された鋼製の鍔の一部における断面のマクロ像を図11-46に示す。上部の突起は象眼された銅片の断面で、地鉄に嵌めこまれた鉄板に銅片が象眼されている。鍔の

図11-46 鍔の部分断面マクロ像　上部突起は象眼された銅の断面（北田）

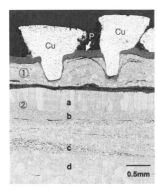

図11-47 鍔断面の拡大像
上部突起は象眼された銅の断面、pは表面着色層、①は高肉象眼用の鉄板、②は地鉄（北田）

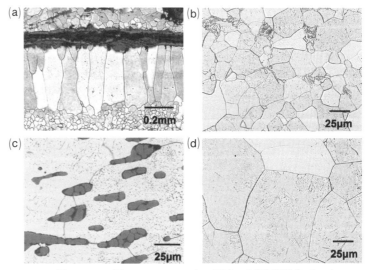

図11-48 図11-47のaからd領域の光学顕微鏡像（北田）

398

11.5 日本刀の鍔の鋼

地鉄を彫って凹みをつくり、そこに装飾用の金属を直接嵌めこむのが小平象眼であるが、これは、象眼した鉄板を鍔地の鉄にはめ込んで高く盛り上げる高肉象眼で、高級な造りである。断面の組織の大部分は粒径の大きな低炭素鋼であるが、象眼した鉄板の下の鉄地の組織は粒径の大きな部分とは異なる微細な組織になっている。

鍔の鋼板断面における代表的なマクロ像を図11-47に示す。①は高肉象眼用の鉄板で、②は鉄地である。銅を象眼するためのU字形の窪みは鉄板に鏨を打ち込んで造ったもので、この窪みに銅片を上から打ち込んで固定している。このため、鉄板の非金属介在物が窪みに沿って押し込まれたように湾曲している。①の鉄板の両端は後述のように鉄地にはめ込まれている。Pで示した暗い層は鉄表面の防食と黒く着色するために人工的な腐食によって付けられた酸化層で、主にウスタイト（FeO）からなっている。図11-47中のa領域では表面に向かって柱状の結晶粒が発達しており、bは小さな結晶粒の層、cは非金属介在物の多い層、dは結晶粒径の大きな地鉄領域になっている。ただし、cの非金属介在物の多い領域は存在しないところもある。

これらの領域の高倍率光学顕微鏡組織を図11-48に示す。(a)は図11-47のaで示した場所で、長さが約0.4 mmで幅が約0.1 mmの柱状晶が発達している。(b)はbで示した場所で、結晶粒径が20–30 μmで低炭素鋼としてはかなり小さい。(c)はcの場所で、結晶粒径が大きく、非金属介在物が多いフェライト組織である。非金属介在物はウスタイト（FeO）粒子が大部分を占め、暗く組みえるガラスが若干存在する。(d)は図11-47のdの場所で、結晶粒径が100 μm以上の大きなフェライト粒子からなっている。この領域以外の多くの場所で数100 μmから1 mmの粒径からなるフェライト組織があり、包丁鉄が使われている。

高肉象眼された鉄板は地に固定されているが、固定には2種の方法が見られ、図11-49(a)のよう鉄板をくさび状にして挿入するように地に埋め込むものと、(b)のようにL字状に叩き込んだものがある。一方の端をくさび状にして強く固定し、他端をL字状にしている場合が多いが、L字部は鉄板の弾性力で固定している。

図11-46および11-47で示したように、鉄板を高肉象眼するために彫った部分の地では、多くの場所で柱状晶が発達し、その内部では結晶粒の小さい領域がある。地鉄のフェライトに比較

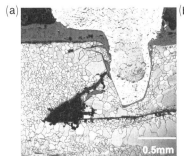

図11-49　高肉象眼鉄板の鉄地へのはめ込み部分の光学顕微鏡像（北田）

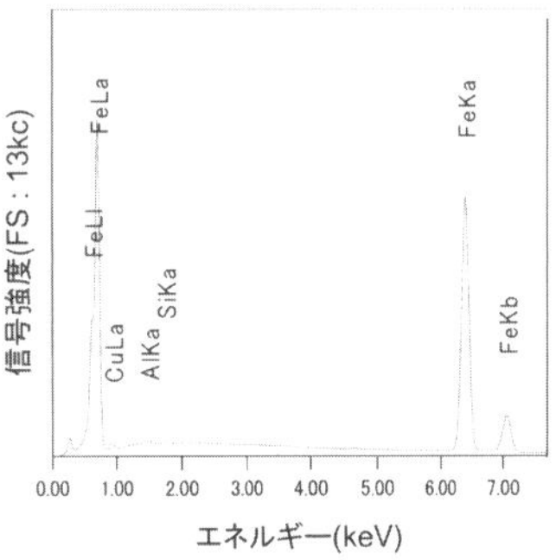

図11-50　高肉象眼鉄板の鉄地へのはめ込み部分のEDS像（北田）

表11-3　鍔の鋼に含まれる不純物元素（重量%）（北田）

Al	Si	P	S	Ti	V	Mn	Zr
<0.01	<0.05	0.030	0.003	<0.01	<0.01	<0.01	<0.01

第11章 鎧・兜・帷子・鍔の鋼

表11-4 図11-51で示す非金属介在物のEDS分析値（原子%）（北田）

	Mg	Al	Si	P	S	K	Ca	Ti	Fe	O
a	0.16	0.45	0.27	---	---	---	0.14	0.25	53.5	残余
b	0.62	1.72	12.2	1.28	0.14	0.75	5.00	0.11	25.1	残余
g	0.24	2.89	14.8	1.73	0.65	1.90	8.69	0.29	13.5	残余

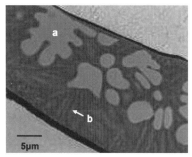

図11-51 地鉄に存在する非金属介在物の走査電子顕微鏡像（北田）

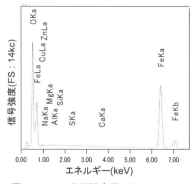

図11-52 表面防食層（図11-47のP）のEDS像（北田）

図11-53 西洋剣の鍔の例（筆者蔵）

して非常に異なる組織になっているが、これは、鏨で地鉄を彫ったときに非常に高い塑性変形層が生じ、その後、この加工硬化した部分を軟らかくするために焼鈍し、このときに再結晶して生じたものと考えられる。図11-48（a）の柱状晶では、表面にV字状の小さな結晶が複数存在し、これらは表面から成長した結晶の中で柱状晶として発達しなかったものである。このような発達した柱状晶は高温で長時間加熱すると生ずる。

表11-3は鍔の地鉄に含まれる不純物元素を化学分析した結果で、非金属介在物も含めた値である。分析した金属系不純物元素は検出限界以下で、Pは工業用炭素鋼と同程度含まれ、Sは工業用炭素鋼より一桁少ない含有量であった。この結果から明らかなように、使われている鉄の純度は比較的高いが、他の包丁鉄などに比較すると若干Sが多い。地鉄部のエネルギー分散X線分光（EDS）による分析結果を図11-50に示す。EDSでは、AlとSiが痕跡程度検出されている。

地鉄では、非金属介在物の多い領域と少ない領域があり、ばらつきがある。このような非金属介在物の分布のばらつきは多くの刀の鋼で観察される。大きなものは鋼の表面とほぼ平行に引き延ばされており、これは鋼板を鍛造して板状にしたためである。図11-51は代表的な地鉄の非金属介在物の走査電子顕微鏡像である。aで示す明るい粒子、その周囲には若干明るい結晶と思われる針状の粒子が見られ、周囲はガラス地である。これらのEDSによる分析結果を表11-4に示す。aはウスタイト（FeO）でMg、AlおよびSiが微量含まれ、Tiが0.25原子%ある。bの針状粒子のFeとSiの濃度比はファヤライト（Fe_2SiO_4）であるが、Caがかなり多い。暗い領域のガラス（g）はSiが主成分だが、アルミノシリカ・ガラスとしてはAlが少なく、Caが非常に多いガラスである。この非金属介在物はCaに富むファヤライトとガラスを含むのが特徴である。また、Taが痕跡程度検出されたが、Mn、Vなどは検出されなかった。

図11-46のPで示した表面の酸化物層は防食のために人工的に付けたもので、約0.2 mmの厚さがある。通常の酸化物であると、その体積膨張のために酸化物層に割れが生じ、そこから空気

や水が滲入して酸化が進むが、江戸時代以前の酸化物形成法では、数mmの厚さでも割れず、地鉄に密着している。図11-52は表面防食層のEDS像で、主成分はFeとOであり、組成比からウスタイト（FeO）である。不純物としてNaおよびSが検出されたので、これらを含む薬品を使ったことが推定される。図11-49の象眼部の表面防食層は地鉄にまで及んでいないので、象眼を終わった後に防食層を付けている。この試料の銅の象眼部表面には銀が鍍金（ときん、めっき）されている。

　地鉄のフェライト組織のマイクロビッカース硬度は88-92で非常に軟らく、純鉄に近い硬さである。結晶粒径が比較的小さい領域の硬度は約100であった。銅が象眼されている鉄板もフェライト組織で、マイクロビッカース硬度は約90で軟らかい鉄を使っている。硬度から判断すると、加工硬化の影響は少なく、全体として焼鈍された硬さを示す。

　鍔には鋼のほか、鋳鉄、銅、黄銅、着色を目的にした銅-金合金などが使われているが、鋳鉄は衝撃で破壊しやすく、銅製は軟らかいので厚くするが装飾的な鍔である。上述の銅の象眼には、酸化膜が黒くなる赤銅（しゃくどう、Cu-4重量%Au合金）、ねずみ色になる四分一（しぶいち、Cu-25重量%Ag合金）などが使われている[*]。銅の表面にはアマルガム法でAuやAgを鍍金する。金・銀などは鉄の上に鍍金されないので、銅だけに選択鍍金することができる。金を象眼すると高価になるが、銅を象眼して金メッキすれば、安価になる。アマルガム法では、金・銀などと水銀の合金をつくり、これを銅の上に塗ったのち、数100℃に加熱し、水銀を蒸発させて金・銀の薄い膜をつくる。

　西洋の鍔では長方形や十字形の鋼板（図9-28・29）、手を包むようにした立体的ものなどがあり、図11-53は16世紀頃の鍔で、右が立体的な鍔、左が平板状のつばである。立体的な鍔の部品は鍛接されており、片手で持つ軽量の剣に使われる。大型の剣では、剣に溶接あるいは鋲止めされているものもある。この鍔も鍛鉄製で、組織はフェライトと非金属介在物からなっている。

---

[*]　M. Kitada, Beauty of Arts - from Material Science -, Uchida-Rokakuho（2013）pp.76-77

第12章　刀の腐食と錆

　刃および皮鉄などの良質な中炭素鋼と高純度の包丁鉄の心鉄からなる刀でも、保存状態が悪いと表面に錆が発生し、放置すると内部まで酸化が進み、さびが発生する。金と白金などの貴金属を除く金属の多くは酸化物や硫化物などの熱力学的に安定な化合物（鉱石）として自然界に存在しており、これを還元して金属状態にしたものであるから、大気中に放置すれば安定な化合物に戻ろうとする。したがって、錆の発生は自然の原理である。錆の多くは空気中に含まれる酸素と水蒸気によるものであるが、海岸近くでは塩（NaCl）による塩素の影響、火山および温泉の近くでは亜硫酸ガス（SO_2）や硫化水素（H_2S）による硫黄の影響があり、現代の都市では廃棄ガスに含まれる化学物質などの影響もある。高湿度の環境の中では、結露による錆の発生もある。刀にとって錆は不都合な現象であるが、表面に生ずる緻密な酸化膜は錆の進行を抑える役割をする。

12.1　表面の緻密な酸化層

　鉄の酸化物には3種あり、酸化鉄FeOは天然にも存在し、ウスタイトと呼ばれる黒色の酸化鉄である。四三酸化鉄（Fe_3O_4）は磁鉄鉱（マグネタイト）として産出し、これは$FeO \cdot Fe_2O_3$とも書かれる複酸化物で、2価のFeイオンにより黒色を呈する。三二酸化鉄（Fe_2O_3）は赤茶色である。Fe_2O_3には結晶構造が異なる三方晶系のα型（ヘマタイト）と立方晶系のγ型（マグヘマイト）の2種がある。赤鉄鉱として産出するのはヘマタイトで、顔料のベンガラの成分である。

　図12-1は主な酸化物の結晶構造である。FeOは2価のFe^{2-}とO^{++}の結合で、食塩と同じ結晶構造である。Fe_3O_4は$FeO \cdot Fe_2O_3$で表されるように、結晶中で2価のFe^{--}がFeO、3価のFe^{3-}がFe_2O_3になっている複雑な構造で、2価と3価のFeが混ざっているので上記のように複酸化物と呼ばれ、Fe^{3-}の原子半径が最も小さい。乾燥した雰囲気中で生ずる鉄酸化物は、通常、FeOとFe_3O_4であるが、Fe_3O_4のほうが安定で、FeOは徐々にFe_3O_4に変化する。薄くて緻密なFe_3O_4膜が鉄の表面を覆うと、この膜が酸素と鉄の接触を遮断して酸化の進行に対する防護膜になり、錆にくくなる。

　鉄を空気中で250－300℃前後に加熱すると、薄い膜が生じて黄色から青の干渉色を示すが、

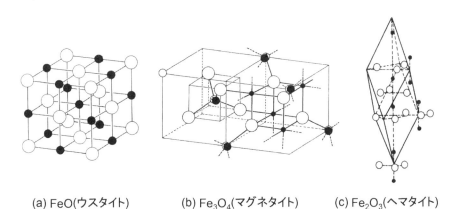

(a) FeO(ウスタイト)　　(b) Fe_3O_4(マグネタイト)　　(c) Fe_2O_3(ヘマタイト)

図12-1　鉄の代表的な酸化物の結晶構造　黒丸はFe原子、白丸は酸素原子

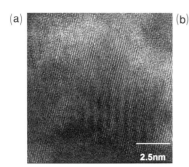
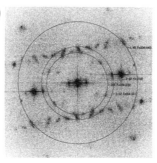

図12-2 日本刀の表面に生じた酸化物膜の格子像(a)と電子線回折像(b)（北田）

これはFe₃O₄が生じたものである。還元雰囲気の水蒸気中で加熱すると、良質なFe₃O₄を形成できるので、ピアノ線、釣り針、銃身の錆止めなどとして使われている。また、干渉色を鉄の装飾用色づけにも利用する。西洋の刀では青色の酸化膜を刀身の装飾に用いている。

前述の信国吉包刀を鏡面研磨し、真空中でイオンエッチング（アルゴンのイオンを表面に当てて表面層を削る方法）により清浄化した後、表面を空気中に曝したときに表面に生じたFe₃O₄薄膜の透過電子顕微鏡像を図12-2に示す。(a)は透過電子顕微鏡像で、非常に細かな縞模様と比較的幅広い縞模様が見える。(b)はこの領域の電子線回折像である。(a)の非常に細かな縞模様は地のαFeとFe₃O₄の結晶格子像であり、幅広い縞は両者の縞模様が重なって生じたモアレ紋様（重ねたすだれの紋様と同様）である。(b)では、αFeとFe₃O₄の回折斑点があり、円で示した位置にある斑点がFe₃O₄によるものである。理想的な条件での酸化であるが、表面には酸化に対する防護膜となるFe₃O₄膜が生じている。

日本刀のαFe地は非常に純度が高く不純物が少ないが、不純物の偏析部および非金属介在物周辺では、電気化学的な作用が働いて、緻密なFe₃O₄膜が破壊される原因となる。また、水分、塩分（NaCl）、硫化水素（H₂S）、亜硫酸ガス（SO₂）、酸性雨の成分（硫酸、塩酸など）が付着すると、Fe₃O₄膜は破壊されて異なる組成の錆が発生する。日本刀が錆びにくい、といわれる原因のひとつは純度が高く、表面に緻密なFe₃O₄膜が存在するためであるが、非金属介在物が多いので、これが錆の発生点になりやすい。

図12-3(a)は刀の試料を鏡面研磨した後に空気中に放置した表面をX線光電子分光法（X-ray photoelectron spectroscopy：XPS）*と呼ばれる方法で調べた像である。一方、(b)は(a)の

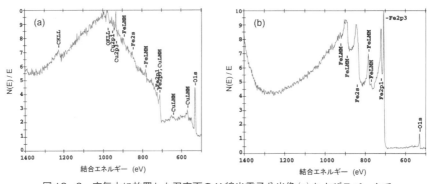

図12-3 空気中に放置した刀表面のX線光電子分光像(a)およびスパッタで清浄化した後の分光像(b)（北田）

* 物質にX線を照射したときに発生する光電子のエネルギーを測定し、原子の結合エネルギーやイオン化エネルギーの変化から、含まれる元素などの化学状態を知る方法。表面から数原子の深さの情報が得られる。超高真空中で測定する。

試料表面を真空中でイオンエッチングして清浄にした表面のXPS像である。(a)の汚れた試料表面では、Fe原子がOやOHなどと結合しているので、金属状態のFeの状態は観測されず、スペクトルが複雑になっている。これに対して、(b)の清浄化した表面からのスペクトルはFe原子とOなどとの結合状態がなくなって、ピークが明瞭に現れている。両図を比較して解析すると、(a)の空気中に放置した表面のFe原子がOおよびOHと結合し、Fe_2O_3およびFeOOHが存在している。見た目で錆びていないように見える鋼の表面も、このように酸化物や水酸化物の薄い層がある。

空気中で鋼を加熱すると、理想的には、図12-4のように、地鉄の上にFeO層、中間にFe_3O_4層、表面にFe_2O_3層が形成される。空気に近づくほど酸化物中のO原子が増える。酸化物層に割れがなければ、この酸化物構造でかなり長期の間、安定な状態で保たれる。図12-5に透過電子顕微鏡で観察した酸化物の層構造の一例を示す。これは江戸時代の刀に使われていた鍔の錆層で、下部から上に向かってFeO層、Fe_3O_4層およびFe_2O_3層が存在する。上の層からOが供給され、下の層からFeイオンが供給される機構で酸化物が生じているので、上の層に向かって酸素数が増えている。

図12-6は図12-5の最上部の結晶格子像で、Fe_3O_4層中に食い込むように針状のFe_2O_3結晶が伸びている。これは、上述のFe_3O_4の一部がFe_2O_3へと変化する過程を現している。表面のFe_2O_3層が厚いと赤黒くなって見栄えがよくない。江戸時代には、表面が黒光りするように自然素材を使ってFeOあるいはFe_3O_4が表面に生ずるような化学処理をした。この伝統的な方法を錆付け法という。図11-47のPで示した膜が錆付け方によって生じた酸化膜である。高温で酸化した場合、Fe_3O_4は容易に得られるが、厚くなるとFeより酸化物の体積が大きくなるので、割れや剥離が生じる。錆付け法では、酸化物が割れにくい。

錆付け法は鉄だけではなく、銅、銅合金、銀などに広く使われた。図1-33で示した木目がねは数種の銅合金を用いたものだが、合金によって錆び方と発色が異なるので、防食と色を付与した美術工芸品である。この方法は「くさらかし」、漢字にすると「腐らかし」と書く表面酸化

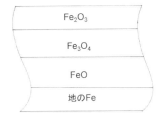

図12-4 鉄を加熱したときに生ずる典型的な酸化物の構造

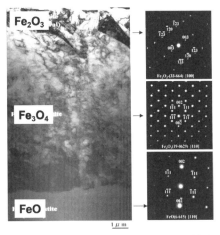

図12-5 鉄表面に生じた酸化物膜の層構造を示す透過電子顕微鏡像と電子線回折像（北田）

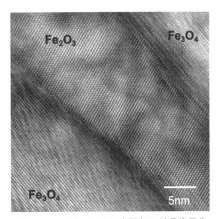

図12-6 図12-5の表面部の結晶格子像（北田）

第12章 刀の腐食と錆

法である。江戸時代の書には、鉄をくさらかすのに、唐のタンバン、火口硫黄、明礬（みょうばん）、鼠の糞3、4粒に梅酢（うめず）を加えてすり鉢でよく摺り混ぜ、これを塗る、とある*。

タンバンは硫酸銅である。筆者らの実験によれば、硫酸銅などの溶液に鉄を浸漬して大気中に曝すと表面に水酸化鉄の一種であるアカガナイトあるいはレピドクロサイトとFe_3O_4が生ずる。これをソーダー液に入れるとゲーサイト（$\alpha FeOOH$）に変化し、さらに加熱すると黒いFe_3O_4の皮膜になる。

同様な金属の化学処理法として知られているのは、南米の古代アンデスの技術で、10％程度の金を含む銅合金の表面を天然の腐食性鉱物に動物の尿などを加えて塗布し、表面の銅だけを優先的に溶解して金に富む表面を得ていた。スペイン人がこれを純金と思って奪い、融かしたところ銅になってしまった、という逸話がある。

12.2 水分が存在する場合の錆

室温に置かれた鋼の場合、水酸基（OH）を含んだ錆が表面に生成することが多い。酸化の初期に表面に生じたFe_3O_4膜は環境が良好であればそのままであるが、膜が傷つくと、空気中の水分と反応する。

鉄鋼の表面に水の膜および水滴が付着した場合、水の中に含まれる不純物原子および分子の作用でFeが水の中にイオンになって溶け出す。ごく簡単な表面反応としては、たとえばFeが2個の電子（e^-）を放出する場合、以下のように反応する。

$Fe \to Fe^{++} + 2e^-$ （12.1）

$Fe^{++} + 2H_2O \to Fe(OH)_2 + 2H^+$ （12.2）

あるいは

$4Fe^{++} + 10H_2O + O_2 \to 4Fe(OH)_3 + 8H^+$ （12.3）

水酸化物のFeが2価の場合には無色または淡緑色の$Fe(OH)_2$が生ずるが、空気中で酸化されて$Fe(OH)_3$になる。3価のFeの場合には、赤褐色の$Fe(OH)_3$が生ずる。これらは水（H_2O）を含んだ形として、それぞれ$FeO \cdot nH_2O$および$Fe_2O_3 \cdot nH_2O$と表される。ここで、nは整数でない数で、nの値によって異なる結晶になる。（12.3）の反応で生じた$Fe(OH)_3$は、

$Fe(OH)_3 \to FeOOH + H_2O$ （12.4）

の反応で赤褐色のゲーサイト（$\alpha FeOOH$）に変化する。また、$FeO \cdot nH_2O$は乾燥すると水が取れてFe_3O_4となる。$Fe_2O_3 \cdot nH_2O$は赤褐色の$FeOOH$に変化した後、環境によってはFe_3O_4あるいはFe_2O_3になる。水に放出された水素イオン（H^+）などはFe化合物に作用するので、$FeOOH$も環境によって異なる結晶構造となる。図12-7にFeがイオン化し、

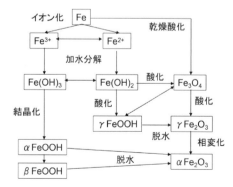

図12-7 鉄のイオン化、加水分解、酸化、脱水と錆の相関

---

* 北田正弘『江戸の知恵・江戸の技』日刊工業新聞社、1998年、78-80頁

加水分解によって水酸化物が生じ、さらにゲーサイトなどになる経路と鉄酸化物との関係をごく簡単に示す（原図は Mackay による）。β FeOOH はアカガナイト、γ FeOOH はレピドクロサイトと呼ばれる。実際には水溶液の PH の影響、温・湿度の影響、不純物の影響などがあり、複雑な関係となる。

12.3 塩素および硫黄が含まれる場合の錆

海に囲まれたわが国では、蒸発した海水に含まれる塩分が空気中に存在する。空気中および水滴などに塩素が含まれる場合には、水を含んだ鉄の塩化物が生ずる。鉄塩化物には $FeCl_2$ と $FeCl_3$ があり、水和物は $FeCl_2 \cdot nH_2O$ および $FeCl_3 \cdot nH_2O$ で示され、両者とも水を吸って溶ける潮解性を示す。その反応は下式で示される。

$$\text{Fe} + 2\text{Cl} + n\text{H}_2\text{O} \rightarrow \text{FeCl}_2 \cdot n\text{H}_2\text{O} \quad (12.5)$$

黄色の塩化物は 6 個の H_2O と結合した六水和物と呼ばれる $FeCl_2 (H_2O)_4 \cdot 2H_2O$ で、赤錆の中で水に濡れたような状態で存在する。この潮解性の塩化物は蒸留水で除去できる。

刀の表面に介在物や疵などで小穴（ピット）が存在する場合には、ピット内に水分が滞留しやすく、この中に塩素イオンが浸入すると、水に接する金属状態の Fe は塩素イオンと下式のように反応する。

$$\text{Fe} + 2\text{Cl}^- \rightarrow \text{FeCl}_2 + 2\text{e}^- \quad (12.6)$$

$$\text{FeCl}_2 + 2\text{H}_2\text{O} \rightarrow \text{Fe(OH)}_2 + 2\text{H}^+ + 2\text{Cl}^- \quad (12.7)$$

この反応で水酸化物 $Fe(OH)_2$ が生ずると塩素のイオンが再び生じ、繰り返し金属 Fe を塩化物とする。水が存在すると、この反応が起き、外部から新たに塩素が入らなくても上記の反応で腐食が繰り返し進行する。刀の場合には合金化などによる耐食性向上ができないので、蒸留水や純水で十分に洗浄・乾燥して塩素を取り除くことも必要である。

硫黄は火山活動、火山の噴気、温泉および排気ガスなどに含まれている。わが国では火山が多く、排気ガスも多量に排出されているので、硫黄の影響は大きい。空気中に亜硫酸ガス（SO_2）が存在する場合、下記の反応が起こる。

$$\text{Fe} + \text{SO}_2 + \text{O}_2 \rightarrow \text{FeSO}_4 \quad (12.8)$$

$$4\text{FeSO}_4 + \text{O}_2 + 6\text{H}_2\text{O} \rightarrow 4\text{FeOOH} + 4\text{H}_2\text{SO}_4 \quad (12.9)$$

$$4\text{H}_2\text{SO}_4 + 4\text{Fe} + 2\text{O}_2 \rightarrow 4\text{FeSO}_4 + 4\text{H}_2\text{O} \quad (12.10)$$

ここで、（12.10）の反応で生じた $FeSO_4$ は（12.9）の反応で再び錆 FeOOH と H_2SO_4 を生ずる。$FeSO_4$ が隙間などに残留すると錆の発生が続く原因となる。刀の手入れに使われる打ち粉は砥石粉に炭酸カルシウムなどが混じったものであり、これには第 12.8 節で述べるように錆の発生原因となる水溶性化合物を取り除く作用がある。

12.4 刀の錆の例

赤錆が発生している刀の表面を X 線回折した結果を図 12-8 に示す。多数の回折ピークが得られているが、これを解析すると、主な化合物として β FeOOH（アカガナイト、akaganeite）α FeOOH（ゲーサイト、goethite）、γ FeOOH（レピドクロサイト、lepidocrocite）および Fe_3O_4

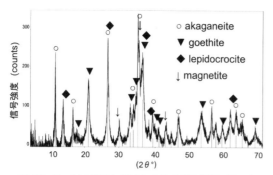

図 12-8　刀の錆びた領域からの X 線回折像（北田）

表 12-1　環境による錆の内容（%）

環境	α FeOOH	γ FeOOH	Fe₃O₄
工業地域	残余	45-70	< 5
海浜地域	残余	< 10	20-80
山地	60-80	10-35	< 20-35

（マグネタイト）が検出された。ここで、α、β、γは結晶構造の違いを示す。X線回折から求めたこれらの結晶の大きさは、ゲーサイトが73nm（nm：ナノメーターは百万分の1mm）、レピドクロサイトが140nm、マグネタイトが76nmで、非常に小さい。また、これらの結晶成分のおおよその生成量はゲーサイトが約57%、レピドクロサイトが約13%、マグネタイトが約30%で、ゲーサイトとマグネタイトが多い。ただし、結晶となっていないアモルファスのFeOOHもあり、これはX線回折では検出されない。ある程度アモルファス物質が存在すると2θが20-30°付近になだらかな丘ができるが、この例ではみられない。図12-8は一例であって、錆の成分は鋼の材質、表面状態、腐食環境などによって異なる。

傾向として、海岸に近い場所では大気中に塩水粒子があるので、塩素の影響でアカガナイト（βFeOOH）が生ずる。温泉地、火山地帯び自動車道路の近くは硫黄の影響があるので、レピドクロサイト（γFeOOH）が生じやすい。刀の例ではないが、実際の環境と錆の種類については、表12-1のように含まれる化合物が異なる*。これらのほかにアモルファスのFeOOHが含まれ、海浜地域ではβFeOOHも存在する。γFeOOHとβFeOOHが多く含まれる錆層は亀裂が入りやすく、錆が進行しやすい。

研磨した刀の面は鏡面状態ではないので凹凸が多く、同じ厚さの酸化膜が生じたとすれば、鏡面研磨表面に比較し酸化物の体積が増え、研磨面の凹凸によって膜厚は不均一になる。さらに表面近傍には研磨によって多数の転位が導入されるので、これらも耐食性を低下させる。また、非金属介在物の収縮による孔、脱落による孔、研磨時の非金属介在物周囲の凹凸発生により腐食を受けやすい。耐食性からみれば鏡面研磨が好ましいが、日本刀特有の刃紋が現出できない。

日本刀に関係のある腐食法として江戸時代の書物には「新しい刀の表面に鼠の糞を塗り、酢を入れた桶の上に一晩置く。酢の気を受けてから表面を軽く磨けば、古い刀ようになる」と載っている。恐らく、古刀と新刀の見た目が異なるので、表面に錆を付けて古く見せる、というものらしい。

12.5　錆の発生形態

心鉄（低炭素鋼）の大部分は皮鉄に被われているが、棟の部分では露出することが多い。心鉄は高純度鉄であり不純物原子による腐食点が少ないので比較的錆びにくい。しかし、不純物原子、

---

* P. Keller, Werks. Korr. 18 (1967) 865, 29 (1969) 102.

結晶粒界、非金属介在物の周辺などで腐食点が発生する。

図 12-9 は表面を鏡面研磨した後に化学腐食によって表面の欠陥を除き、空気中に放置した心鉄の錆の例である。フェライトの領域に数珠状の錆が同時多発的に発生し、列をなしている。発生源は非介在物近傍で、錆の紋様が波のように続いているが、波の凸になっている向き（矢印）が錆の進む向きである。錆の列は非金属介在物で止まっている。数珠状になっているのは、腐食が間歇的であることを示し、(12.1)、(12.2) および (12.3) 式のように e^- および H^+ が生ずると、近隣が次々に錆びる。錆は非金属介在物間で繋がっているので、電気化学的な作用が働いているものと推定される。

錆が厚くなると亀裂が生じるが、図 12-10 はその例である。この割れ目の底には金属鉄の新生面があり、空気および水分などが浸入すると、割れ目の底の鉄が腐食され、内部深くまで腐食が進む。この錆のエネルギー分散 X 線分光（EDS）像が図 12-11 で、Fe と O が検出されているが、他の不純物元素はない。水酸化鉄などには（OH）や結晶水が含まれているが、H は軽い元素であるため EDS では検出できない。また、塩素や硫黄は検出されていないが、検出限界以下で存在する可能性もある。

図 12-12 は鏡面研磨した心鉄での錆の発生例である。非金属介在物から図の上方へ扇状に広がった錆で、矢印の発生点を中心に酸化物薄膜による円形の干渉縞がみえる。扇状酸化膜の先端では、上述の数珠状の酸化物が伸びている。左側に小さな干渉縞があり、錆の発生点がもうひとつある。

皮鉄のパーライトは一様な酸化とはならない。前述のように、パーライトは a Fe（フェライト）

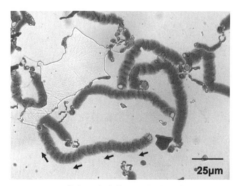

図 12-9　非金属介在物から非金属介在物へと成長する錆の光学顕微鏡像（北田）

図 12-10　数珠状に発達した錆の走査電子顕微鏡像　錆が厚くなって割れが生じている（北田）

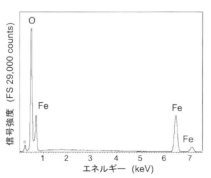

図 12-11　前図の錆の EDS 分析像（北田）

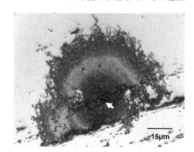

図 12-12　鏡面研磨した介在物周辺から発生して扇状に広がる腐食
矢印が発生点（北田）

第12章　刀の腐食と錆

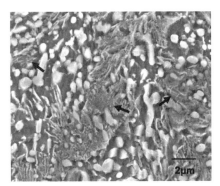

図12-13　パーライトのフェライトが局部的に腐食されている領域　矢印で示す。明るい粒子はセメンタイト（北田）

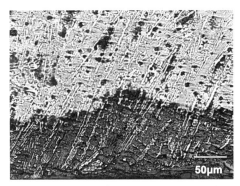

図12-14　フェライトの優先酸化と酸化物中に残留したセメンタイトの例（北田）

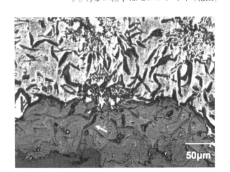

図12-15　黒鉛片を含む鋳鉄組織のフェライト優先酸化と酸化物中の黒鉛片の残留（矢印）（北田）

とセメンタイト（Fe_3C）からなっている。金属および金属化合物の耐食性は酸素との親和力に依存する。金属は酸素との親和力が強いが、セメンタイトのような化合物はFeがCと非常に強く結合しており、酸素が近づいても、この結合は金属鉄に比較して容易に壊れない。このため、先ず金属鉄から先に腐食され、次にセメンタイトが腐食される。図12-13は刀のパーライト組織に見られた錆の走査電子顕微鏡像例で、明るく見えるのはセメンタイト（Fe_3C）で、地のフェライト部に矢印で示すような酸化物が生じている。この場合、セメンタイトが電気的に貴で、地のフェライトが卑になっており、フェライトが優先的に酸化する。

図12-14はセメンタイトとパーライト組織のフェライトの優先腐食例である。図の下部の暗い領域が優先酸化されたフェライトの領域で、暗く見える酸化領域はFeOになっており、その中に明るく見える針状のセメンタイトが残っている。さらに酸化が進むとセメンタイトも酸化される。

鋳物製品の中で黒鉛（グラファイト）が分散しているものがある。この場合の腐食では、グラファイトが腐食されにくいので、図12-15で示すようにフェライトが優先腐食されてグラファイト片が残留する。腐食した古代刀でも、酸化物層が残っていれば組織の痕跡があるので、金属組織を推定することが可能である。

12.6　非金属介在物の影響

上述のように介在物が存在すると腐食発生点になると考えられているが、非金属介在物は電気的に絶縁体に近く、地鉄が電気的に卑になる。また、非金属介在物自体は腐食の発生点になりにくいが、地鉄との境界に存在する小さな割れ目や孔などの隙間には水分が溜まりやすく、空気中の塩素や硫黄成分が溶け込むと腐食点になりやすい。このような腐食形態を隙間腐食と呼ぶ。

図12-16は刀の小さな非金属介在物の透過電子顕微鏡像で、鍛錬温度で融解していた非金属

12.7 非金属介在物による内部への腐食の進行

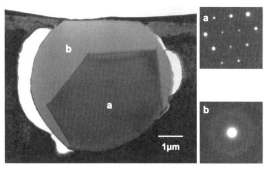

図12-16 刀の小さな非金属介在物の周囲に生じた収縮孔の透過電子顕微鏡像と電子線回折像
中央の多角形(a)はFe_2SiO_4結晶、周囲の円形はガラス(b)（北田）

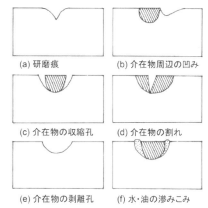

図12-17 刀の表面に存在する小孔の形態と間隙への水・油の滲みこみ（北田）

介在物が冷却されたとき、先ず、aで示す多角形のファヤライト（Fe_2SiO_4）が晶出し、次にbで示すガラスが凝固し、このときの非金属介在物の収縮により、周囲に明るくみえる空洞が生じている例である。これが研磨によって表面に出ると、空洞が開放されて水分のたまり場となる。このような空洞に浸入した水分は脱出することが難しくなり、表面のFe原子が水中に溶け出し、腐食が始まる電気化学的な現象が起こる。

刀の表面に生ずる隙間の例を図12-17に図解する。(a)は研磨によって生じた条痕で、これはかなり長い距離にわたっており、開放的である。(b)は介在物が硬いため、研磨によって介在物の周囲に溝や突起が生ずる場合である。(c)は上述の非金属介在物の収縮による空洞の発生、(d)は介在物が収縮や鍛造によって割れて発生した亀裂、(e)は研磨などで介在物が脱落して出来た孔である。このように介在物の周囲に孔があると、(f)のように水分や異物が入り込み、腐食の発生点となる。

12.7 非金属介在物による内部への腐食の進行

非金属介在物は図12-16のような小さいものだけではなく、大きいものもある。また、図12-18のように、表面から内部へと繋がっているものも多い。非金属介在物が表面に出ている場合、肌の景色になる利点はあるが、内部まで空洞が伴うような場合には、錆が内部に進みやすい。

内部まで非金属介在物が続いており、かつ、その周囲に空洞がある場合の例を図12-19に示す。矢印で示すように非金属介在物があ

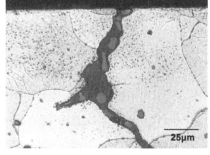

図12-18 刀の表面に非金属介在物の一部が露出している例（北田）

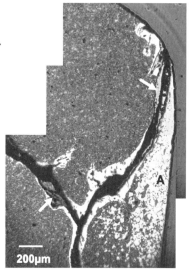

図12-19 棟の右側から内部への割れ
矢印は非金属介在物、Aは低炭素鋼領域（北田）

411

第12章　刀の腐食と錆

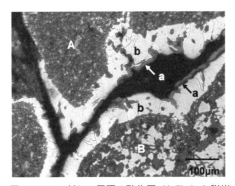

図12-20　割れの周囲の酸化層（矢印a）と脱炭で生じたαFe層(b)
Aはパーライト組織、Bはフェライト・パーライト組織（北田）

図12-21　割れの先端の非金属介在物
矢印は酸化物層、明るい領域は酸化による脱炭で生じたαFe（北田）

り、割れの内部に錆が生じている。Aは低炭素鋼で元からあるものと見られるが、割れに沿って明るい縁取りのような層があり、これは酸化により脱炭したフェライト（αFe）層である。

図12-20は図12-19で割れが三叉路状になっている領域の倍率を高くした光学顕微鏡像で、Aは高炭素のパーライト組織、下部のBはフェライトとパーライトの組織である。割れの縁では、aで示す暗い領域が層状にあり、これは鉄の酸化層である。その内側にbで示す厚さが50 – 100μmの明るい層があり、これは表面の酸化によって炭素鋼から炭素が抜けて生じたフェライトで、脱炭層である。脱炭はパーライトに含まれる炭素が割れに侵入した空気中の酸素によって酸化され、炭酸ガスとして抜けていったもので、鉄の一部も酸化して矢印aで示す酸化層が生じている。割れが外部に通じているので、外部からの酸素と水分の供給が続き、時間の経過とともに酸化層とフェライト層は成長する。

図12-21は図12-19の下に延びている割れの先端で、約20μmの小さな非金属介在物で割れが止まっている。この介在物の上部と周辺には脱炭して生じたフェライトと酸化物層があり、割れの先端近くまで空気が侵入していることを示している。

このように、表面から内部の深くまで割れが入っている場合には、刀に力がかかった場合に破損の原因となる。割れを作っている非金属介在物は鍛錬による鋼の接合を阻んでいるので、作刀前に充分に鍛錬して非金属介在物を細かくして鋼中に分散すれば割れは避けられる。

12.8　錆の防止と保存法

① 丁子油

刀の防食法としては、古くから油を塗布することが行われており、錆を防ぐための一般的な方法である。これは、空気中の酸素、水、塩素などの腐食性物質を植物油で遮断する方法である。植物油の性質として、酸素をよく吸収するものとしないものとがある。たとえば、油絵に使われる亜麻仁油は酸素を吸収して重合*し硬化するので、時間が経過すると刀の表面で硬い膜となり、

---

*　液体の油は低分子量の化合物（単量体：モノマー）であるが、これらが結合してつながる（重合する）と高分子化合物（重合体：ポリマー）になり、固体となる。

また、黄変するので美観を損なう。さらに、膜の割れ目から浸入する酸素や油に吸収された酸素が鉄を酸化する。これに対して、酸素の吸収が少ない丁子油は長時間液体の油膜を保ち、酸素等の腐食性分子の浸透を防ぐので、錆止めの塗布剤として最適である。丁子は南洋性の常緑高木で、蕾と葉を水蒸気で蒸留して油を得る。丁子油の主成分であるオイゲノールの分子構造を図12-22に示す。オイゲノールは塩化鉄（FeCl₃）を滴下すると青色を呈するので、

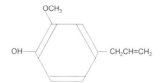

図12-22 丁子油の主成分であるオイゲノールの分子構造
六角形は炭素原子6個からなるベンゼン核

これを使えば丁子油の確認ができる。ただし、長時間放置すると酸化して黄色になるので、透明で新鮮なものを使うのが望ましい。

前述の隙間腐食を防止するには、先ず、研いだ刀を十分に乾燥して隙間に存在する水分を取り除き、次に、油分が隙間に十分溜まるように油を塗布する。油がなじむ、というのは、油が刀の表面に密着し、隙間にも油が十分に充填されることである。隙間に溜まった油は周囲の表面の油が鞘との接触などで減少したとき、油の供給源にもなるので、長時間錆止めの役割を果たす。良質な油でも次第に酸化するので、時々ふき取って塗り替えるのが良い。

② **打ち粉**

打ち粉は油を吸着し、古くなった油を除去する。打ち粉のX線回折像を図12-23に示す。検出された最も強いピークは炭酸カルシウム（CaCO₃）で、これに石英（SiO₂）およびマスコバイト（muscovite）のピークが観察される。CaCO₃はモースの硬度*で2.7 – 3の軟らかい鉱物で、通常、炭酸カルシウムの粉で刀を拭っても鋼の表面を傷つけることはない。SiO₂はモース硬度6で普通鋼より硬く、強く研磨すると表面に傷がつくので、微細でなければならない。マスコバイトは白雲母とも呼ばれる雲母の一種で、理想組成がK₂Al₄Si₆Al₂O₂₀（OH）₄という複雑な造岩鉱物である。火成石や堆積岩、変成岩などに広く含まれている。粘土の成分でもあり、組成の幅が広く、組成が変わるとモンモリロナイト、パイロフィライなどの鉱物になる。これらの粘土鉱物はケイ酸塩と呼ばれるSiが骨格をつくる化合物で、SiとO原子が強く結合した原子面があり、この原子面が弱い電気的な力で結ばれて層状に積み上げられた構造になっている。このため、層状物質（砥石の項参照）と呼ばれ、層間で剥がれやすく、モース硬度が1 – 2の軟らかい物質で潤滑剤に

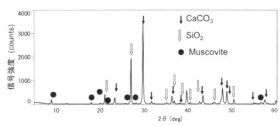

図12-23 打ち粉のX線回折像（北田）

---

* モースの硬度、モースの硬度計などとも呼ばれる。代表的な鉱物を互いにひっかき、傷が付いたものを低硬度とする。19世紀初めに、ドイツの鉱物学者F. Mohsが軟らかい順に硬度1 – 10までの標準鉱物を決めた。1滑石 ｛Mg₃Si₄O₁₀(OH)₂｝、2石膏（CaSO₄·H₂O）、3方解石（CaCO₃）、4蛍石（CaF₂）、5燐灰石 ｛アパタイト、Ca₅(PO₄)₃(OH, F, Cl)｝、6正長石 ｛(K, Na) AlSi₃O₈｝、7石英（水晶、SiO₂）、8黄玉 ｛トパーズ、Al₂SiO₄(F, OH)₂｝、9鋼玉（コランダム、Al₂O₃）、10金剛石（ダイヤモンド）。19世紀末から20世紀初めに、鋼やダイヤモンドを押し付けて、その凹みから硬度を求める方法が発明されるまで、広く利用された。人間の歯はFを含まないアパタイトからなり、硬度は約5である。

第12章 刀の腐食と錆

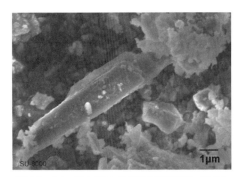

図12-24 打ち粉の走査電子顕微鏡像（北田）

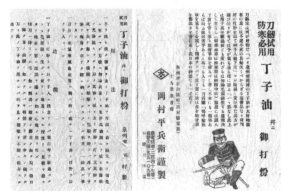

図12-25 刀剣の手入れ油と方法の明治期ちらし（筆者蔵）

も使われる。層間は隙間が大きいので、他の原子や水あるいは水酸基（OH）などが入りやすく、吸着、イオン交換作用などの清浄化機能がある。

打ち粉は微粒子で、その走査電子顕微鏡像を図12-24に示す。大きさは0.2μmから2μmの粒子と中央に見える10μm程度の大きな粒子からなる。小さな粒子は炭酸カルシウムと石英で、大きな粒子は上述の粘土鉱物のマスコバイトである。

図12-25は明治期の丁子油と刀の手入れを書いた宣伝用のちらしである。当時はおもに軍人に向けたものである。ここに書かれている伝統的な手入れ法では、(a) 良く洗った塩気のない手の母指に丁子油をつけて刀を十分に拭う、(b) 充分に揉んだ奉書紙で油を拭う、(c) 打粉を打った後これを拭い、(d) 再び丁子油をごく薄く塗って鞘に納める。これを月に一回行う、とある。現在では、不織布、スポンジ等の軟らかい製品があるので、塩気のある手の代わりに使うことができる。

一般に、刀は部屋や箪笥の中に保存する場合が多い。湿度の高いわが国では、できるだけ湿度の低い場所が良い。同じ部屋の中でも床と天上部では気温が異なるので、相対湿度に差が生ずる。天井に近い空間の相対湿度が低いので、床から離れた場所が好ましい。通常、床上と天井では主に温度差によって最大5-10%の相対湿度差があるが、建物、季節によって異なる。立て掛ける場合には、中子（柄）を下にする。温度変化の大きい朝、冬季の室温差などで刀の表面に結露する場合もあるので、その影響が少ない箱などの容器に保存する。錆を最小にするには、真空容器、真空パックあるいは窒素などの不活性ガス、乾燥空気中で保存すると良い。一般には、容器に乾燥剤を入れるのが効果的である。

（完）

謝　辞

　本研究を進めるあたり、多くの方々のご支援をいただいた。ここに記して心より感謝する。走査電子顕微鏡および透過電子顕微鏡観察については、㈱日立ハイテクノロジーの大林秀仁博士、多持隆一郎氏、下津輝穂氏、坂上万里氏、渡邉俊哉氏、金村崇氏、佐藤岳志博士、川崎佳克氏、伊藤寛征氏、塩野正道博士、川崎佳克氏、仲野靖孝氏、設楽宗史氏、中島里絵氏、嶋守智子氏、谷友樹氏ほかの方々、東北大学金属材料研究所の平賀賢二博士、今野豊彦博士、西嶋雅彦博士ほかの方々、北海道大学（超高圧電顕室）の高橋平七郎博士ならびに大久保賢二氏、名古屋大学（エコトピア科学研）の坂公恭博士ならびに荒井重勇博士、物質・材料機構の伊坂紀子博士、日本電子㈱の小倉一道氏、大西市郎氏、三平智弘氏、柴田昌照氏ほかの方々、3次元走査電子顕微鏡観察では松島英輝氏にお世話になった。電子プローブ微小部分析では東京工業大学の渡邊玄博士、㈱日本電子の森憲久氏に、X線回折では㈱リガクの浅井彰二郎博士、横山亮一博士、土性明秀氏ほかの方々に協力いただいた。X線光電子分光では産業技術総合研究所の山本和弘博士に手助けしていただいた。電子線回折像の解析では永田文男博士に協力いただき、マルテンサイト組織については島根大学の森戸茂一博士に助言いただいた。

　研究用の刀と関連資料を寄贈して下さった足田八洲雄氏、刀の寄贈と鍛錬実験に協力いただいた刀匠の河内國平氏、刀を寄贈して下さった久保田晴彦氏、刀の寄贈と砥石の研究に協力いただいた研師の藤代興里氏、西洋刀の寄贈と関連資料を提供していただいた S. Mäder 博士、スイス古代武器博物館、ドイツおよび英国のコレクターの方々に感謝する。炭素の化学分析では東京工業大学の金井貴子氏、ナノインデンテーションでは東北大学の高村仁博士、化学分析および機械的試験では㈱神戸工業試験場の方々、新日本製鐵㈱の紀平寛博士、試料の作製では東京藝術大学の飯田一朗氏、前田宏智氏ならびに桐野文良博士と学生諸君、小型たたら製鉄実験炉での試料作製では東京工業大学の永田和宏博士ほかの方々に協力していただいた。また、A. William 博士、K. Rivikin 博士、長信弘氏、蛭田道子氏、竹日忠芳氏ほかの方々に研究を進める上で支援していただいた。

　研究資金では、文部科学省の科学研究費より支援を受け、さらに、㈱日立製作所、三菱財団、出光財団、JFE 21 世紀財団、池谷財団、新日本製鐵㈱より研究資金をいただいた。また、研究用の機器および資材を寄付していただいた日立製作所中央研所に感謝する。

　おわりに、文化財の世界に誘って下さった元東京藝術大学名誉教授・故新山榮先生、刀の資料を遺してくれた父母、研究と執筆を支えてくれた妻紀惠子に感謝する。　　　　　　　　　　（北田正弘）

索　引

あ

アームコ鉄　174, 275

愛洲陰流　16

アカガナイト　329, 406, 407, 408

亜共析鋼　48, 49, 58, 79

アパタイト　136, 335, 413

天叢雲剣　13

アラビア　347, 348, 373

亜硫酸ガス　403, 404, 407

アルファ鉄　35, 36, 38, 39

アルマンディン　225

アルミノケイ酸塩　112, 323

暗視野走査透過電子顕微鏡像　126, 135, 295, 296

アンダルサイト　96, 97

アンデス　406

い

イオンエッチング　404, 405

イプシロン　148

鋳物鉄　48

イルメナイト　73, 75, 93～95, 98, 104, 105, 113, 135, 139, 141, 150, 159, 160, 183, 185, 190, 191, 196, 214, 227, 277, 278, 290, 291, 295～297, 342

う

ウスタイト　77, 92, 93, 95, 105, 112, 113, 122, 133, 153, 172, 179, 190, 200, 208, 213, 217, 220, 225, 230, 236, 243, 277, 278, 285, 299, 328, 334, 342, 353, 356, 368, 380, 388, 390, 392, 396, 399～401, 403

打刀　10, 11

打ち粉　407, 413, 414

ウルボスピネル　95, 104, 113, 150, 209, 227, 239, 241, 277, 285, 381, 386, 388

雲母　413

え

永久変形　60

英国製レール　181

エネルギー分散X線分光　42, 45, 64, 89, 101, 103, 110, 120, 178, 211, 235, 240, 253, 271, 274, 279, 290, 304, 306, 338, 342, 350, 355, 366, 392, 400, 409

エピタキシャル成長　96, 136, 335, 343, 396

延性破壊　175, 345, 388, 389

お

オイゲノール　413

黄玉　307, 413

応力-ひずみ曲線　60, 344

応力-伸び曲線　60, 115, 116, 174, 324, 344, 381, 388, 393

オーステナイト　36, 39, 40, 42, 49～52, 58, 86～89, 103, 108, 119, 120, 130, 169～171, 182, 188, 194, 203, 212, 220～222, 229, 233, 246, 252, 264, 269, 270, 272, 293, 294

オキサイドメタラジー　124, 183, 195

か

海綿鉄　71, 75

カイン　14, 321

カオリナイト　304, 305

過共析鋼　48

拡散　56

拡散係数　56

拡散障壁　216, 217

拡散変態　51, 294

拡散領域　142, 161, 167, 210, 211, 214, 220, 226, 227

加工硬化　332, 333, 379, 381, 382

鍛冶　10, 11, 16, 21～24, 31, 71, 72, 99, 205, 248, 262, 287, 311, 321, 347, 348, 375, 382

索　引

荷重‐伸び曲線　60

加水分解　406

刀 鍛 冶　10, 11, 16, 21～23, 31, 71, 72, 205, 248,
　　　262, 287, 311, 347, 348

金山彦　21, 22

包永　83, 84, 86～89, 91, 98, 99, 103, 106, 110, 115,
　　　117, 126, 130, 141, 160, 166, 171, 205, 210,
　　　215, 234, 246, 267, 277

下部組織　352, 356

釜石製鉄所　81

鎌形槍　328

ガラス転移　94, 96, 113, 278, 323, 343, 363

過冷却　113, 221

還元反応　70

干渉色　403

環頭大刀　325

ガンマ鉄　36, 38

かんらん石　63, 64, 77, 93, 112, 191, 327

き

吸収端　304

吸熱反応　69, 70

共晶反応　39, 40, 132

共析反応　39～42, 48

共析鋼　48, 49, 58, 79, 341, 348, 349

鏡面　43, 44, 63, 161, 167, 168, 304, 311, 312, 314
　　　～319, 366, 404, 408, 409

玉　325, 327, 340

玉鍔刀　325, 327

く

空孔　53, 54, 56

くさらかし　405

グラファイト　329, 330

け

ケイ酸塩　63, 108, 111, 112, 133, 220, 272, 304,
　　　307, 323, 342, 413

傾斜機能　88, 118, 163, 216, 241, 243

珪線石　97

ゲーサイト　304, 406～408

結晶構造　35～37, 42, 46, 49, 54, 97, 213, 277, 309,
　　　327, 403, 406, 407

結晶格子　35, 42, 43, 46, 50,～53, 86, 96～98, 111
　　　～113, 120, 131, 136～138, 140, 165, 166,
　　　170, 171, 173, 211, 264, 267, 270, 297, 306～
　　　308, 336, 344, 404, 405

結 晶 格 子 像　42, 46, 52, 96～98, 111～113, 137,
　　　138, 140, 165, 166, 171, 173, 297, 306～308,
　　　336, 344, 404, 405

鉧　75, 85

ケルト　69, 321～324, 333, 340, 341, 343

剣（けん・たち・つるぎ）　9～14, 16, 17, 19～21,
　　　23, 24, 28, 30, 31, 33, 34, 72, 237, 239, 272,
　　　310, 321, 324, 339, 347, 348, 354, 357, 364～
　　　366, 371, 372, 382, 400, 401, 414

剣術　16, 17, 19, 20, 382

研磨痕　303, 304, 311～313, 318, 319

こ

光学的効果　317, 365

鉱滓　372

格子間原子　36, 56

格 子 像　42, 46, 52, 96～98, 111～113, 137～140,
　　　165, 166, 171, 173, 296, 297, 306～308, 336,
　　　344, 396, 404, 405

格子変態　51, 269, 270

降伏現象　116, 132, 174, 324, 344, 381, 393

高炭素鋼　37, 51, 52, 56, 57, 78, 101, 103, 117, 118,
　　　120, 125, 129, 131, 132, 138, 142, 143, 149,
　　　153～157, 162, 163, 178, 181, 183～187,
　　　193, 194, 198, 199, 201, 204, 210～212, 215,
　　　216, 218, 222, 226～228, 232, 237, 240, 241,
　　　244, 245, 247, 248, 257, 258, 267, 273, 283,
　　　298, 299, 301, 326～329, 331～333, 344, 348
　　　～350, 355, 356, 391

紅柱石　96, 97

硬度試験　58～61, 90, 117, 151, 152, 244, 266, 324

黒鉛　410

黒曜石　14, 15, 279

古代刀　9, 58, 196, 321, 325, 327, 331, 339, 342,
　　353, 378, 410

古刀　10, 30, 31, 176, 205, 316, 318, 408

小平象眼　399

小紋　17

固溶強化　55, 68

固溶体　36, 37, 39〜43, 63, 64, 66〜68, 95, 96, 105,
　　108, 112, 185, 241, 277, 278, 327, 335, 350,
　　362, 370

混合組織　32, 106, 107, 162, 168, 192, 218, 246,
　　247, 263, 311, 312, 315, 316

さ

再結晶　56, 58, 108, 147, 162, 163, 188, 224, 229,
　　235, 253, 264, 366, 386, 392, 400

砂鉄　324, 342, 344

砂鉄製錬　32, 72, 74

砂鉄粒子　73

錆層　405, 408

錆付け方　405

鞘師　27, 28

酸化チタン　277

三種の神器　13

三二酸化鉄　403

残留オーステナイト　52, 103, 120, 130, 222, 252

し

自己拡散　56

四三酸化鉄　403

四大　22

磁鉄鉱　71, 73, 76, 123, 403

鎬　25, 83, 99, 100, 117, 120, 126, 128, 142, 147,
　　162, 167, 176, 177, 181〜183, 193, 203, 215,
　　219, 228, 232〜234, 238, 252, 256, 260, 262,
　　268, 279, 282, 283, 287, 292, 297〜299, 311
　　〜313, 316, 321

縞状組織　58, 103, 172, 188, 190, 192, 195, 196,
　　243, 246, 252, 253, 259, 264〜266, 283, 285,
　　287, 288, 292〜294, 298, 301, 322, 340, 341,
　　342, 344, 354, 355, 358〜363, 366, 376

集合組織　45, 86, 386, 393, 394

収束イオンビーム　46

シュードブルッカイト　145, 153, 190, 191, 200,
　　277, 280, 282, 285, 299

樹枝状晶　76, 77, 159, 172, 195, 196, 208, 209, 219,
　　236, 280, 281, 299, 337

主従心得草　19

準安定の炭化物　43, 171

純鉄　35〜38, 40, 52, 71, 84, 85, 162, 174, 219, 224,
　　225, 229, 256, 275, 326, 331, 377〜379, 401

小傾角境界　54, 65

小傾角粒界　85, 123

衝撃試験　58, 61, 114, 268

衝撃加工　219, 220, 282, 378

晶出　39〜41, 56, 78, 92, 94, 112, 113, 123, 164,
　　166, 172, 190, 197, 200, 220, 230, 231, 242,
　　276〜278, 296, 297, 323, 326, 329, 334, 342,
　　343, 380, 390, 395, 396, 410

状態図　37〜40, 49, 221, 264

焼鈍　56, 57, 170, 175, 203, 224, 227, 253, 263, 272,
　　273, 282, 326, 340, 341, 367, 381, 388, 393,
　　397, 400, 401

青面金剛　22, 23

初析フェライト　42, 101, 103, 130, 182, 186, 220,
　　222, 228, 229, 252

ジルコン　93, 197, 278, 290

新陰流　16

神器　13

神剣　13, 14

針状マルテンサイト　288

心鉄　44, 46, 52, 59, 68, 78, 79, 83〜86, 88, 91〜
　　95, 98〜101, 103〜106, 108, 109, 112〜116,
　　120, 122, 132〜134, 138, 139, 141〜148, 150
　　〜153, 155, 156, 160〜164, 167, 168, 171〜
　　175, 177〜182, 187, 188, 192〜195, 198〜
　　201, 204, 206, 207, 209〜220, 222〜225, 227
　　〜229, 231, 232, 234〜248, 250, 252〜257,
　　259, 264, 266〜268, 272, 279, 283, 297, 303,
　　317, 349, 350, 351, 353〜355, 376, 380, 382,
　　386, 391, 392, 403, 408, 409

索 引

新刀　10, 11, 30, 408

侵入型原子　36, 116

震鱗子克一　25

親和力　372, 410

す

隙間腐食　410, 413

直 刃　83, 106, 117, 155, 161, 181, 201, 228, 240,
　　248, 251, 265, 311, 315

せ

脆性破壊　175, 389

製鉄行政　24

正方晶　50, 53, 86, 112, 168, 194, 307

石英　76, 93, 304, 306, 413, 414

赤鉄鉱　71

赤熱脆性　326

セメンタイト　37～44, 48, 55, 57, 70, 78, 86, 87,
　　89, 90, 108, 149, 170, 171, 203, 221, 249,
　　269, 270, 318, 326, 328, 329, 330, 379, 380,
　　410

セル構造　379

線状痕　309, 311, 312

銑 鉄　34, 39, 40, 70～72, 74, 75, 78, 80, 85, 322,
　　325, 328

そ

相　12, 13, 16, 19, 25, 29, 32, 35, 36, 38～43, 48
　　～51, 56, 57, 63, 66, 85～89, 92, 93, 97, 99,
　　106, 112, 114～116, 118, 120, 130, 132, 133,
　　136, 143, 145, 148, 150, 158, 161, 169, 186,
　　191, 194, 195, 199, 204, 217, 220～222, 225,
　　229, 230, 232, 234, 236, 237, 258, 259, 264,
　　268～270, 272, 273, 277, 283, 285, 297, 299,
　　304, 315, 326, 327, 329, 331, 333, 334, 337,
　　338, 342, 344, 348, 351～353, 380, 382, 386,
　　393, 406, 414

象眼　398

装剣奇賞　28

走査電子顕微鏡　41, 42, 45, 48, 61, 63, 66, 68, 73,

76, 88, 91, 92, 98, 120, 122, 123, 133～135,
138, 141, 143～145, 150, 152～154, 158～
160, 171, 172, 175, 179, 182, 184～186, 188
～191, 196, 197, 199, 200, 203, 204, 207,
208, 212, 214, 216, 224, 230, 231, 236, 241～
243, 250, 253～255, 258, 259, 268, 270, 272,
273, 280, 281, 285, 286, 290, 291, 296, 300,
322, 323, 326, 327, 328, 333, 337, 341, 342,
345, 351, 352, 355, 362, 367～372, 386～
388, 392, 400, 410, 414

走査電子顕微鏡像　41, 45, 63, 66, 68, 73, 76, 88,
　　92, 98, 120, 122, 123, 133, 134, 138, 143～
　　145, 152, 153, 158, 160, 172, 179, 184～186,
　　189, 191, 196, 197, 199, 200, 203, 204, 207,
　　208, 212, 214, 216, 224, 230, 231, 236, 241～
　　243, 250, 253～255, 258, 259, 268, 272, 273,
　　281, 285, 290, 291, 296, 300, 322, 323, 326,
　　328, 333, 337, 341, 342, 345, 351, 352, 355,
　　362, 367～372, 386～388, 392, 400, 410, 414

走査透過電子顕微鏡　46, 123, 124, 126, 135, 295,
　　296

双晶　52, 65～67, 103, 106, 110, 120, 121, 131, 143,
　　148, 149, 164, 170, 188, 189, 199, 219, 220,
　　223～225, 229, 230, 257, 282, 294, 332, 333,
　　360, 378～382

層状ケイ酸塩鉱物　307

層状組織　41, 170, 172

層状物質　413

塑性変形　53, 60, 175, 220, 324, 395, 400

た

耐食性　407, 408, 410

体心立方晶　35～38, 50, 54, 66, 68, 112, 113, 378

耐力　60, 85, 115, 116, 174, 381, 388, 393

高肉象眼　398, 399

多結晶　44～46, 67, 76, 77, 159, 394

たたら製鉄　10, 24, 65, 71, 72, 74, 78, 79, 81, 86,
　　93, 98, 161, 182, 183, 229, 232, 239, 242,
　　248, 271, 274～276, 287, 301, 322, 333

脱炭　40, 58, 70, 78, 79, 85, 101, 118, 132, 146, 147,

161, 218, 252, 267, 269, 325, 341, 349, 412
ダマスカス刀　364, 373
炭化物　32, 37, 38, 40, 43, 57, 58, 70, 141, 148, 171, 267, 276, 341
鍛接　331, 339
炭素鋼　36, 37, 42, 44, 46～49, 51, 52, 56～59, 76, 78, 79, 83, 85, 88, 89, 99, 101, 103, 105, 108, 115～120, 125, 127～129, 131, 132, 138, 141～143, 146, 147, 149～151, 153～157, 160～164, 167, 168, 174, 176～178, 180～187, 190～195, 197～204, 206, 208～212, 215～224, 226～230, 232, 234, 237, 238, 240, 241, 243～245, 247～249, 251～258, 260～264, 266～268, 273, 275, 279～283, 287, 291, 297～299, 301, 311, 315, 321, 322, 324～333, 338～341, 344, 348～350, 353～356, 358, 366, 376～378, 380, 382, 385, 386, 388, 391～393, 395, 397, 399, 400, 403, 408, 411, 412
炭窒化物　57, 171
鍛鉄　24, 34, 70, 71, 113, 181, 355, 380, 382, 401
蛋白石　307
タンバン　406

ち

チタニア　150, 296, 297
チタン酸化物　124, 125, 277
柱状晶　399, 400
中炭素鋼　37, 51, 59, 79, 83, 85, 88, 89, 99, 103, 108, 118, 119, 127～129, 141～143, 146, 147, 150, 153, 155, 156, 160, 161, 167～178, 180, 195, 197, 199～201, 204, 206, 209, 218, 219, 222～224, 227, 234, 238, 245, 251～255, 260～262, 266, 279, 282, 283, 287, 291, 382, 385, 393, 395, 403
鋳鉄　24, 37, 38, 40, 48, 272, 325, 328, 329, 330, 401, 410
潮解性　407
丁子油　412～414
超鉄鋼　85, 169, 171
直刀　9, 11, 13, 14, 325, 330, 331, 339～342, 347

つ

銑　34, 39, 40, 70～75, 78, 80, 85, 322, 325, 328, 372
鍔　10, 12, 28, 29, 325, 327, 364, 385, 398～401, 405, 410

て

低温脆性　87, 248
低炭素鋼　37, 46, 48, 51, 52, 56, 58, 59, 85, 88, 99, 105, 108, 115, 117～120, 128, 141～143, 147, 151, 154～157, 160～163, 167, 168, 176～178, 180～183, 185, 186, 192, 193, 195, 197～199, 202, 203, 204, 206, 208, 209, 210, 211, 215, 217, 219, 220, 222～224, 226～230, 232, 237, 238, 240, 241, 243, 245, 247, 248, 252, 254～256, 260～264, 266～268, 279～283, 287, 298, 301, 321, 322, 324, 326, 330～333, 338～341, 349, 350, 353～356, 358, 366, 376～378, 380, 382, 388, 391～393, 395, 397, 399, 408, 411
ディンプル　389
手掻派　83
鉄かんらん石　77, 93, 112
鉄器時代　34
鉄尖晶石　95, 357
鉄 - 炭素系状態図　37, 38, 40, 264
鉄と鋼　32, 35, 36
てっぽう　375
鉄砲鍛冶　21, 375
テフロイト　335, 362, 370
デルタ鉄　36, 38, 39
転位　35, 46, 51～55, 57, 58, 85, 87～89, 103, 110, 116, 119, 124, 130, 131, 141, 148, 164, 170, 174, 181, 203, 224, 264, 267, 272, 294, 306, 318, 319, 360, 378, 379, 381, 408
電解鉄　174
電子線回折　42, 46, 77, 78, 86, 89, 90, 94～98, 103, 110～114, 120～126, 131, 135～140, 148～150, 164, 165, 171, 189, 191, 294～297, 306,

索　引

308, 323, 324, 327, 334〜336, 342〜344,
357, 362, 363, 378, 379, 389, 390, 394〜396,
404, 405, 411
電子線後方散乱法　43
電子プローブ微量分析　92, 104
電子線後方散乱回折像　45, 66, 67, 77, 86, 168,
194, 293, 360, 394
天地人　22
デンドライト　337, 338

と

透過電子顕微鏡（像）　34, 42, 44〜46, 51, 54, 55,
67, 68, 77, 88, 89, 94〜97, 102, 103, 110〜
114, 120, 121, 123〜126, 130, 131, 133〜
138, 140, 141, 147〜150, 164〜166, 169〜
172, 188, 191, 194, 253, 270, 275, 293〜296,
304, 306, 308, 309, 319, 323, 327, 334〜336,
341, 342, 356, 357, 360〜363, 378〜381,
389, 395, 396, 404, 405, 410, 411
陶器　310
同質多形　97
当世具足　385
東南アジア　364, 372
研ぎ　21, 23, 27, 83, 106, 108, 118, 128, 161, 163,
181, 206, 218, 219, 224, 256, 303, 312, 315〜
319, 366
鍍金　401
トルースタイト　41, 57, 89

な

ナノインデンテーション　90, 91
鳴滝砥石　304, 305
南蛮鉄　32, 75, 301, 373

に

2相ガラス　344
日本工業規格　60

ね

熱分析曲線　307

の

ノイマン線　65, 219

は

パーライト　32, 36, 41〜45, 48〜50, 52, 55〜59,
79, 80, 84〜91, 98〜102, 106〜108, 115〜
121, 123〜126, 128〜131, 141〜143, 146〜
149, 151, 153, 155, 156, 160, 162, 163, 167〜
171, 174, 177, 178, 181, 182, 184, 187〜196,
202〜204, 206, 209〜211, 214, 215, 217〜
223, 226, 227, 229, 232〜234, 238, 240, 243
〜247, 249〜253, 256〜259, 263, 265, 268
〜270, 273, 275, 283, 285, 287〜291, 293〜
295, 297, 299, 303, 304, 311〜316, 318, 322,
324, 326〜331, 338〜341, 344, 353, 355,
358, 360, 361, 363, 365, 366, 370, 377〜379,
382, 385, 386, 392, 395, 409, 410, 412
廃刀令　16, 20, 24, 32
葉隠聞書　20
白雲母　112, 304, 413
白銅　338
芭蕉翁俳諧集　26
刃状転位　53
発熱反応　69, 70
パドル鋼　175, 249, 383
パドル法　181, 361
破面観察　61, 175
破面検査　61
ハロー　46, 78, 103, 112, 123, 124, 136, 138, 150,
295, 324, 327, 343
反射率　315
半溶湯製錬　275, 276, 350

ひ

引き線　390
引張り強さ　60
非金属介在物　32, 34, 39, 43〜48, 56, 58, 61, 65,
71, 74, 76〜80, 84, 85, 87, 89, 91〜98, 100
〜106, 108〜120, 122〜128, 130, 132〜135,

138～141, 143～145, 147, 149～154, 156～
161, 163～166, 168, 171～175, 177～182,
184～197, 199～204, 206～220, 222～224,
226～228, 230～239, 241～243, 245, 248～
258, 262～265, 270～283, 285～288, 290,
291, 293～296, 298～301, 311～315, 317,
318, 322～324, 326～331, 333, 334, 336, 338
～345, 348～353, 355, 356, 360～363, 365～
373, 376, 377, 380～382, 385～390, 392～
401, 404, 408～412

ピット　407

引張強度　60, 115～117, 174, 344, 349, 366, 381,
388, 393

引張試験　58～61, 115, 116, 174, 175, 324, 381,
382, 388, 389, 393

ふ

ファヤライト　64, 77, 78, 93, 95, 98, 104, 105, 112,
113, 122, 123, 125, 133, 136, 137, 153, 158,
159, 166, 172, 179, 190, 197, 200, 201, 204,
208, 217, 225, 230, 231, 236, 272, 278, 280,
282, 285, 291, 327, 328, 343, 352, 356, 362,
368, 370, 381, 388, 390, 392, 395, 396, 398,
400, 410

鞴　21, 22, 71, 72, 73

フーリエ関数　96

フェライト　32, 36, 39, 40～46, 48, 49, 52, 54, 55,
57, 58, 60, 79, 84～86, 88, 99～101, 103,
105, 106, 108, 112, 115～118, 120, 122～
125, 127～130, 132～135, 141～143, 146,
147, 149, 151, 153, 155～158, 160, 162, 163,
168, 170, 171, 177, 178, 181～183, 186, 187,
194, 195, 202, 203, 206, 210, 215～224, 226,
228～230, 233～235, 238, 240, 251～253,
256, 259, 263, 268～270, 273, 275, 279～
281, 283, 285, 287, 297～301, 303, 315, 321,
322, 324, 326, 328, 329, 331, 332, 334, 338～
341, 344, 345, 349, 350, 353, 355, 363, 365
～368, 370, 377～380, 382, 385～389, 391,
394, 395, 397～399, 401, 409, 410, 412

フェロシュードブルッカイト　145, 153, 190, 191,
200, 277, 299

フェロシリサイド　310

フォルステライト　93, 335, 362

複合鋼　287

複酸化物　403

武家叢談　26

武士　10, 13, 15～21, 24～26, 29, 176, 385

武士訓　19

武士道　17, 18, 20, 21

不純物　33, 35, 36, 38, 40, 44, 48, 51～53, 55, 56,
58, 69, 74, 75, 77, 83, 84, 87, 89, 101, 106,
108, 110, 115, 117, 119, 120, 127, 132, 139,
142, 143, 146, 151, 153, 154, 159, 161, 163,
167, 172, 174, 178, 181, 184, 186, 188～190,
192～196, 199, 206, 207, 209, 210, 213, 216,
217, 229, 235, 238～240, 243, 248～250,
253, 256, 259, 264, 265, 268, 273～276, 285,
290, 293, 317, 321～324, 326, 327, 329, 339
～342, 344, 350～352, 354, 355, 359～361,
366, 367, 370, 371, 379～381, 387, 390, 392,
399～401, 404, 406～409

不純物拡散　56

部分焼入　288, 292, 299

フラクトグラフ　345

フラクトグラフィ　61, 175, 268

分光反射率　304

へ

兵　9, 16～21, 24～26, 382, 383, 385

ヘマタイト　277, 278, 403

ヘルシン石　209, 216, 282, 357

片状黒鉛鋳鉄　329

偏析　58, 67, 119, 159, 162, 170, 174, 184, 190, 195,
196, 259, 267, 268, 315, 322, 326, 341, 350,
359, 361, 404

変態　35, 38, 40, 43, 49, 51, 52, 58, 86, 89, 103, 119,
120, 129, 130, 131, 164, 170, 183, 188, 189,
190, 221～233, 245, 246, 252, 267, 269, 270,
285, 288, 293, 294, 313, 341, 360, 395, 397

ほ

ホウ酸塩ガラス　255

硼砂　111, 211, 255

砲術訓蒙　380

包丁鉄　12, 24, 68, 78, 85, 106, 108, 118, 128, 133,
　　　138, 146, 147, 161, 163, 177, 182, 194, 206,
　　　210, 212, 215, 218〜220, 222〜225, 227〜
　　　230, 232, 234, 235, 237, 238, 240, 248, 252,
　　　260, 266, 267, 272, 279, 287, 298, 301, 303,
　　　317, 349, 376, 377, 380, 382, 386, 389, 391〜
　　　393, 399, 400, 403

ホール・ペッチの関係（式）　85, 366

ま

真金吹き　23

巻き蔵め　375

マグネタイト　403, 407, 408

マクロ組織　44, 79, 83, 101, 103, 106, 108, 127,
　　　146, 147, 154, 155, 161, 167, 168, 177, 178,
　　　187, 188, 201, 202, 215, 218, 232, 246, 248,
　　　249, 254, 256, 257, 260, 264, 298, 328, 331,
　　　340, 347, 358, 359, 365, 367, 376, 377

まだら鋳鉄　329, 330

丸鍛え　187, 192, 232, 248, 250, 264, 267, 301, 364

マルテンサイト　32, 43, 44, 48〜53, 55〜59, 79,
　　　80, 84, 86〜92, 99, 101〜103, 105, 106, 107,
　　　108, 110〜112, 116, 117, 119〜121, 125,
　　　126, 128〜131, 134, 138〜143, 145〜150,
　　　153〜157, 159〜166, 168〜173, 175, 177,
　　　178, 180〜183, 186〜190, 192, 194, 195, 197
　　　〜199, 201, 202, 206, 211〜224, 226〜229,
　　　231〜235, 237, 238, 240, 241, 243〜247,
　　　249, 250, 252, 253, 256〜259, 263, 265〜
　　　270, 275, 283, 285, 287, 288, 290〜294, 297,
　　　299, 300, 303, 304, 311〜316, 318, 330, 355,
　　　360〜363, 379, 395, 397, 398

マルテンサイト変態　43, 49, 51, 52, 58, 89, 103,
　　　120, 129〜131, 164, 188〜190, 221, 246,
　　　252, 269, 270, 285, 293, 313, 360, 395, 397

む

無拡散変態　51

無析出物帯　96, 125, 135, 150, 342, 344

村田銃　382

め

面心立方晶　35, 36, 39, 54, 66, 67, 86, 378

銘刀　30, 260, 316

目安金　378

も

モアレ図形　46

モースの硬度　304, 415, 413

木目金　29

モンチセライト　93, 327

や

焼きなまし　56, 57, 116, 382

八幡製鉄所　81

ゆ

優先腐食　410

ら

ラスマルテンサイト　50, 86〜88, 103, 106, 110,
　　　120, 130, 143, 148, 164, 168〜170, 188, 189,
　　　194, 253, 267, 270, 293, 294, 360

り

粒界破断　55, 361

硫化鉄　361

硫化マンガン　361

粒径分布　385

流星刀　68

緑泥石　304

臨界冷却速度　49, 86, 89, 129, 169, 170, 188, 227,
　　　269

燐酸カルシウム　357

る

ルチル　124, 277, 278

ルリスタン　14, 33

れ

歴史的金属　33

レピドクロサイト　406〜408

錬金術　31〜33

錬鉄　34, 113, 249, 325, 333, 355, 361, 380

ろ

蠟石　304

ローマ時代（帝国）　14, 310, 347

緑青　336, 337

わ

倭刀　10

藁灰　22, 91, 92, 111, 113, 160, 211, 242, 243, 255, 276, 322

蕨手刀　342

E

EDS　42, 45, 64〜66, 89, 95, 96, 98, 100, 101, 103, 110.〜114, 120〜122, 137, 143, 144, 145, 150, 152〜154, 157〜159, 164〜166, 171 〜173, 178〜180, 182, 184, 185, 188〜191, 194, 196, 200, 203, 204, 206〜209, 211〜 213, 216, 225, 229, 230, 231, 235, 236, 238, 239〜243, 249, 250, 253, 254, 256, 258, 259, 271, 273〜275, 279〜281, 285, 289, 290, 295, 299, 301, 304〜306, 310, 321〜324, 326 〜328, 332〜336, 338, 341〜344, 350, 352, 353, 355〜357, 361〜363, 366〜368, 370, 371, 379, 380, 387, 391, 392, 399〜401, 409

F

Fe-Ni 合金　64〜68, 366, 367, 370, 395

X

X 線回折　41, 42, 46, 65, 73, 76, 78, 222, 252, 304, 305〜309, 310, 407, 408, 413

X 線光電子分光法　404

Appendex (1) : Abstract in English

Materials Science of Japanese and Other Swords
Masahiro Kitada   Prof., Dr.

The results of the author's research on Japanese and other swords are included in this book. The main purpose of the author's research is to clarify the structures of the iron and steel used in Japanese swords on the macro- to nanoscale, and the relationships between the structures and the mechanical properties of Japanese swords and ancient swords manufactured throughout the world. In particular, the nanostructures of the phases in iron and steel, for example, ferrite, perlite, and martensite, and the elements and compounds in nonmetallic inclusions in the iron and steel have been investigated. For this purpose, the scanning electron microscope, transmission electron microscope, and scanning transmission electron microscope are mainly used. Hardness, tension, and fracture tests are also carried out to elucidate the mechanical properties. In Chap. 1, as the culture behind Japanese swords, the origin of the sword, the sword and faith, arts of the sword, the code of the samurai, the swordsmith's image, and the manufacture, mounting, signature, and dealings of swords are introduced. In Chap. 2, ancient iron and steel, the crystal structure of iron, carbon steel, the iron-carbon phase diagram, the phase transformation of steel, and the defects and diffusion in crystals, the observation methods of the metallic structures, the method of impurity analysis, and mechanical tests are explained to understand the research results presented in the book. In Chap. 3, the microstructures of the meteoric iron that humans first used historically are described. An outline of the metallography of the octahedrite meteoric ion consisting of a Fe (body-centered cubic) and β Fe (face-centered cubic Fe-Ni alloy) is given. In Chap. 4, Japanese traditional iron and steel making, that is, the traditional Japanese *tatara* steelmaking method using a foot-operated bellows, is introduced. The refining of ore to iron is also described. In Chap. 5, the microstructures of Japanese swords manufactured from the Kamakura period to modern times are described. The microstructures of the *Kanenaga* sword forged in the late Kamakura period (1288 – 1330) and the *Bishu-Osafune-Masamitsu, Rai-Kunitsugu*, and *Hojoji-Kunimitsu* swords forged in the Nanbokucho period (1334 – 1393) are described. Next, the microstructures of the *Bishu-Osafune-Katsumitsu, Tsuguhiro, Kanemoto, Yoshimitsu, Sukesada*, and *Nobukuni-Yoshikane* swords forged in the Muromachi period (1394 – 1595) are described, followed by, the microstructures of the *Kiyomitsu, Yokoyama-Sukekane, Fukuiju-Yoshimitsu, Kunimitsu, Seki-Zenjo-Kaneyoshi*, and *Tadayoshi* swords forged in the Edo period (1596 – 1867). Moreover, the microstructures of various swords forged from the Muromachi to the Edo periods are described. As the microstructures of swords forged in modern times, the microstructures of the *Mantetsu* sword and military swords made in the early Showa period (1926 – 1945) are described. The author also touches on the microstructure

Abstract

of modern swords forged in the late Showa period and later (1970–2010). The relationship between the microstructure and the heat treatment, the microstructural change upon forging, the carbon concentration dependence of hardness, the fractography of the rupture face, the stereo distribution of nonmetallic inclusions in the steel, the melting phenomena of the nonmetallic inclusions, the characteristic impurities in steel, and the titanium and titanium-iron oxides in steel are also mentioned. In Chap. 6, the microstructures of Japanese spearheads made from ultralow-carbon, low-carbon, medium-carbon, high-carbon, and both low-and-high-carbon steels are described. In Chap. 7, the whetting (*togi*) and edge pattern (*hamon*) of the swords are described. The process of whetting, the microstructure of a whetstone, the microstructure of the polishing trace, the reflectance of the swords, the effect of nonmetallic inclusions on reflectance, and the increase in surface hardness upon polishing are described. In Chap. 8, the microstructures of ancient Kelt, Han, Korean, and Japanese swords, an ancient cast sword, and a bronze plated ax and sword are described. In Chap. 9, the microstructures of a large sword and a small kife of the 8–9th century excavated in Germany, a saber made in Europe in the 18th century, and a kris manufactured in Southeast Asia are described. In Chap. 10, the microstructure of steel used in a Japanese matchlock gun that was manufactured in the Edo period is presented. In Chap. 11, the microstructures of steels used in a Japanese crest, armor, and mail, and in European armor and mail are described. In Chap. 12, the corrosion of sword steel, the microstructures of rust on swords, the effect of nonmetallic inclusions on corrosion, a preventive measure for sword corrosion, and the microstructure of sword powder are described.

Appendex (2) : Captions of Figures and Tables

Materials Science of Japanese and Other Swords
Masahiro Kitada   Prof., Dr.

＊ **Chap. 1 Culture of Japanese Swords**

1.1 Origin of Japanese Swords

Fig. 1.1 Steel sword made in the olden time. The circular hilt is wound with a gold band (property of the author). See frontispiece.

Fig. 1.2 Pictures for old sword evaluation drawn in the Edo period.

Fig. 1.3 Transition of Japanese sword shape: (a) the tumulus era, (b) the Kamakura period, (c) the Muromachi period, and (d) the Edo period.

Fig.1.4 Dagger (*kaiken*) sheath for a samurai lady (property of the author). See frontispiece.

1.2 Sword and Faith

Fig. 1.5 Warrior shaped haniwa figure of the Japanese tumulus period (property of Tokyo National Museum).

Fig. 1.6 Votive imitative sword decorated at Shinto shrine.

Fig. 1.7 Studded leather armor of the Roman era (property of Basel Museum).

1.3 Cultural Property and Swords

Fig. 1.8 Mural (reproduction) drawn on the wall of a shrine in ancient Egyptian era.

Fig. 1.9 Obsidian knife (reproduction) first used by humankind.

Fig. 1.10 Old Persian copper dagger from the 16 − 18th centuries B.C. (property of the author).

Fig. 1.11 Ancient picture of carpenter. A saw, plane, and adze can be seen (property of the author). See frontispiece.

Fig. 1.12 Ancient picture of civil battle (property of the author). See frontispiece.

Fig. 1.13 *Ukiyoe* of the Edo period (property of the author).

Fig. 1.14 Part of an instruction book for Japanese fencing (from Gunpouheihouki).

Fig. 1.15 *Kamishimo* (Edo period ceremonial dress of a warrior) dyed with *komon* (small pattern) stencil (property of the author).

1.4 Samurai and Samurai Spirit

Fig.1.16 Samurai on a street in the late Edo period (from *Le Monde*, property of the author). See frontispiece.

1.5 Swordsmith and Faith

Fig. 1.17 Picture of swordsmith (from *Kunmouzui*, property of the author).

Fig. 1.18 God of mines named Kamiyamahiko. Bellows, anvil, and pliers are seen (property of the author).

Fig. 1.19 Blue faced Deva king and swordsmith. The king attended by Shoutoku-Taishi (left), Kamiyamahiko (right), and devils (property of the author). See frontispiece.

Fig. 1.20 Flame Deva king and swordsmith. The figure shows that mankind lives between Heaven and earth (property of the author).

Fig. 1.21 Swordsmith with three treasures representing the earth, the people, and politics (property of the author).

1.7 Manufacture and Dealings of Swords

Fig. 1.22 Order form for sword manufacture: (a) the customer and (b) swordsmith's name, price and article, from the Kansei age (1788) (property of the author).

Fig. 1.23 Bill of sale for sword from the Edo period (property of the author)

Fig. 1.24 Judgment document from the Edo period. A final decision for death penalty : *Uchikubi* (property of the author).

1.8 Sword Mounting

Fig. 1.25 Permit to use a surname given by the Sendai domain from the Houei period (1703 − 1711) (property of the author).

Fig. 1.26 Record of manufacture kept by sheath master employed by Sendai domain from the Houei period (1703 − 1711) (property of the author).

Fig. 1.27 Technical note of sheath master employed by Sendai domain from the Houei period (1703 − 1711) (property of the author).

Fig. 1.28 Example of sword mounting (from *Fukushoku Zukai*)

Fig. 1.29 Cover (left) of a book entitled *Souken-Kishou* and an example of content (right).

Fig. 1.30 Colored design of sword guard drawn by Shohmin Un'no (海 野 勝 眠) (property of the author). See frontispiece.

Captions of Figures and Tables

Fig. 1.31 Part of sheath mounting design drawn by Shohmin Un'no (海野勝眠) (property of the author).

Fig.1.32 Decorated sword guard on steel from the Edo period (property of the author).

Fig. 1.33 Hilt of knife (*kozuka*) made from *mokumegane*. A fly trapped by a spider is inlayed (property of the author).

Fig. 1.34 Wooden sword for tea ceremony (top) and wooden imitation sword for child (bottom) (property of the author).

1.9 Signature, Filemarks, and Engraving

Fig. 1.35 (a) Filemarks and (b) engraving on tang (from a catalog of old swords published in Edo period).

1.10 Previous Research

Fig. 1.36 Book entitled *Oriental Alchemy* written by Masumi Chikashige of Kyoto Univ. (1935), translated from Japanese edition (1929).

Fig. 1.37 Book entitled *Scientific Study of Japanese Swords* written by Kuniichi Tawara and his portrait (1953).

Fig. 1.38 Members of Prof. Chikashige's laboratory, Metallographical Dept. of Kyoto Univ. Center and left arrows indicate Prof. Chikashige and Dr. T. Ashida, respectively.

Fig. 1.39 Woodprints of metallographic structure of cross section of Japanese swords sketched by Dr. T. Ashida (provided by Y. Ashida). See frontispiece.

∗ Chap. 2 Fundamental Knowledge of Iron and Steel

2.1 Iron First Reduced

Fig. 2.1 Transmission electron micrograph of nanocrystal of iron observed in ancient Persian copper dagger knife (M. Kitada).

Fig. 2.2 Diorama of steel-making scene around A.D. 1(Munich Museum).

2.2 Crystal Structure of Iron

Fig.2.3 Crystal model of iron, (a) body-centered-cubic lattice (ferrite; a Fe) and (b) face-centered-cubic lattice (austenite; γ Fe). Black dots are iron atoms.

Fig. 2.4 (a) Interstitial and (b) substitutional impurity atoms in metallic crystal. Carbon atoms occupy the interstitial positions in iron crystal.

2.3 Carbon Steel

Fig. 2.5 Crystal structure of iron carbide, Fe_3C, known as cementite.

2.4 Iron-Carbon Phase Diagram Separation

Fig. 2.6 Iron-carbon phase diagram.

2.5 Phase Separation Reaction

Fig. 2.7 Phase changes of alloys L_1 and L_2 when the alloys are cooled from liquid state.

Fig. 2.8 Optical micrograph of typical eutectoid structure of steel. The bright matrix and dark precipitates in the lamellar structure are ferrite (a Fe) and cementite (Fe_3C), respectively (M. Kitada).

Fig. 2.9 Scanning electron micrograph (SEM) of perlite. The dark matrix and bright precipitates in the lamellar structure are ferrite (a Fe) and cementite, respectively (M. Kitada).

Fig. 2.10 X-ray pattern of ferrite (a Fe) and cementite. Arrows indicate ferrite peaks (M. Kitada).

Fig. 2.11 Crystal lattice image of ferrite (a Fe) and cementite obtained with transmission electron microscope (M. Kitada).

Fig. 2.12 Phase separation of alloys A and B. Dotted and solid lines indicate slow and rapid cooling, respectively.

2.6 Observation of Structure and Elementary Analysis

Fig. 2.13 Cross-sectional transmission electron micrograph of perlite after etching with 5% nitric acid alcohol solution. The origin of the optical micrographic pattern is the surface unevenness (M. Kitada).

Fig. 2.14 Observation example of nonmetallic inclusion in iron by a scanning electron microscope (M. Kitada).

2.7 Carbon Content and Metallurgical Structure

Fig. 2.15 Relationship between the structure (optical micrograph) and the carbon content. Arrows indicate nonmetallic inclusions. (M. Kitada). (a) Very low-carbon steel, (b) 0.15 % C, (c) 0.3 % C, (d) 0.4 % C, (e) 0.6 % C, and (f) 0.75 % C.

Fig. 2.16 Relationship between hardness and the carbon content of sword steel cooled slowly (M. Kitada).

Fig. 2.17 Optical micrograph of cast iron: (a) 4.1 % C: cementite and perlite and (b) 4.3 % C: graphite and perlite (M. Kitada).

2.8 Quenching and Martensite

Fig. 2 18 Relationship between the hardness and the cooling rate of steel cooled from austenite (γ Fe) to room temperature (M. Kitada).

Fig. 2.19 Optical micrograph of typical martensite (M. Kitada).

Fig. 2.20 Schematic illustration of the structure of martensite (S. Morito).

430

Fig. 2.21 Transmission electron micrograph (TEM) of high-density dislocations in martensite (M. Kitada).

Fig. 2.22 Relationship between the temperature at the start of the martensite transformation and the carbon concentration.

Fig. 2.23 Crystal lattice image of twin in a Fe. Dotted and solid lines indicate twin boundaries and symmetric atomic rows, respectively (M. Kitada).

Fig. 2.24 Twin (arrows) of high-purity iron (*hohchohtetsu*) induced by forging at room temperature (M. Kitada).

2.9 Crystal Defect and Work Hardening

Fig. 2.25 Lattice strain due to impurity atoms in crystal: (a) perfect crystal, (b) vacancy, (c) interstitial atom, (d) substitutional identical atom, (e) substitutional large atom, and (f) substitutional small atom.

Fig. 2.26 Schematic illustration of movement of dislocation in crystal.

Fig. 2.27 Transmission electron micrograph of dislocation in low-carbon steel (M. Kitada).

Fig. 2.28 Schematic illustration and transmission electron micrograph of small-angle boundary (M. Kitada).

Fig. 2.29 Relationship between the reduction in area and the Shore hardness.

2.10 Tempering and Annealing

Fig. 2.30 Diffusion mechanism of atoms in crystal: (a) self-diffusion by vacancy and (b) diffusion of impurity atoms.

2.11 Mechanical Test

Fig. 2.31 Indentation created by pressing with a diamond head: (a) very low-carbon core steel, (b) low-carbon steel, (c) high-carbon steel, and martensite area (M. Kitada).

Fig. 2.32 Example of microhardness test for sword (M. Kitada).

Fig. 2.33 Stress-elongation curve obtained by tension test: (a) elastic deformation, (b) proof stress at 0.2% deformation, and (c) plastic deformation to fracture.

Fig. 2.34 Specimen shape for tension test: (a) fractured specimen and (b) unsuitable specimen containing large nonmetallic inclusion (M. Kitada).

Fig. 2.35 Cross-sectional observation of specimen and hardness test after tension test (M. Kitada).

＊ Chap. 3 Meteoric Iron

3.1 Meteoric Ironstone

Fig. 3.1 Macrograph of stony iron meteorite. Arrow indicates iron alloy. Yellow area is olivine (M. Kitada). See frontispiece.

Fig. 3.2 Scanning electron micrograph of stony iron meteorite. Bright area is meteoric iron alloy (M. Kitada).

Fig. 3.3 Elemental maps of the stony iron meteorite shown in Fig. 3.2 (M. Kitada).

Fig. 3.4 Energy-dispersive X-ray spectroscopy pattern (EDS) of the iron area of stony iron meteorite (M. Kitada).

Fig. 3.5 EDS of the stone area of stony iron meteorite (M. Kitada).

3.2 Hexahedrite

Fig. 3.6 Macrograph of small meteoric iron specimen after etching (M. Kitada).

Fig. 3.7 Optical micrograph of small meteoric iron specimen (M. Kitada).

Fig. 3.8 Energy-dispersive X-ray spectroscopy pattern of meteoric iron (M. Kitada).

Fig. 3.9 Scanning electron micrograph of $(Fe, Ni)_3P$ compound (black arrow) and elemental maps of Fe, Ni, and P. White arrow indicates twin (M. Kitada).

3.3 Octahedrite

Fig. 3.10 Electron backscattering diffraction pattern (EBSD) from a Fe of cross-stripe meteoric iron. (M. Kitada). See frontispiece.

Fig. 3.11 EBSD from (a) a Fe and (b) γ Fe of meteoric iron alloy (M. Kitada). See frontispiece.

Fig. 3.12 EBSD of multiphase area of meteoric iron alloy surrounded by γ Fe-Ni solid solution. Images are (a) a Fe and (b) γ Fe, respectively (M. Kitada). See frontispiece.

Fig. 3.13 Scanning electron micrograph of (a) a Fe matrix and γ Fe-Ni solid solution grains of meteoric iron alloy and (b)transmission electron micrograph of precipitates in grain boundary (M. Kitada).

＊ Chap. 4 Iron and Steelmaking by *Tatara* Furnace

4.2 *Tatara* Steelmaking

Fig. 4.1 Schematic illustration of steelmaking in Asia (from *Tenkoukaibutsu*).

Fig. 4.2 Picture of japanese traditional *tatara* steelmaking operation (from *Sakiotsu-Agawamura-Yamasatetsu-Araitori no Zu*: property of Tokyo Univ.)

Fig. 4.3 Scanning electron micrograph (SEM) of iron sand grains contained in Kanto loam (M. Kitada).

Fig. 4.4 Example of X-ray diffraction pattern of iron sand. Arrows indicate magnetite Fe_3O_4 peaks (M. Kitada).

Fig. 4.5 Unloading of reduced iron block from small-scale *tatara* experimental furnace (M. Kitada, supported by K. Nagata). See frontispiece.

Captions of Figures and Tables

Fig. 4.6 X-ray diffraction pattern of iron ore produced at Kamaishi mine. Arrows indicate magnetite (Fe_3O_4) peaks, and other peaks are from SiO_2, $CaCO_3$, and amphibole (M. Kitada).

Fig. 4.7 Macrograph of an iron piece obtained using a small-scale *tatara* steel furnace (M. Kitada).

Fig. 4.8 Scanning electron micrograph of iron and slug (dark area) of the specimen obtained using a small-scale *tatara* steel furnace (M. Kitada).

Fig. 4. 9 Electron backscattering diffraction pattern of the same area as shown in Fig. 4.8 (M. Kitada). See frontispiece.

Fig. 4. 10 Electron backscattering diffraction pattern from α Fe of *tatara* made iron. Arrow indicates the direction of boundary migration and c indicates the boundary (M. Kitada). See frontispiece.

Fig. 4.11 (a) Optical micrograph of nonmetallic inclusions (arrow) and (b) magnified optical micrograph of nonmetallic inclusion containing dendrites in the iron (M. Kitada).

Fig. 4.12 Wustite (FeO), fayalite (Fe_2SiO_4), and iron sulfide (FeS) and their electron diffraction patterns in *tatara* made iron (M. Kitada).

Fig. 4.13 Forged *tatara* made iron called *tamahagane*.

Fig. 4.14 Cross-sectional macrograph of the specimen shown in Fig. 4.13. Letters a – d show the observation points corresponding to Fig. 4.15 (M. Kitada).

Fig. 4.15 Optical micrographs of the corresponding points on specimen shown in Fig. 4.14 (M. Kitada).

4.3 Modern Steelmaking

Fig. 4 16 Imaginary picture of the first blast furnace around the 15th century (from *Der Weg des Eisen*).

Fig. 4.17 Tanaka Iron Works in 1894 at Kamaishi (from *History of Nippon Iron Works*).

Fig. 4.18 Yawata Iron Works around 1901 (from *History of Nippon Iron Works*).

＊ Chap. 5 Microstructures of Japanese Swords
5.1 Sword Forged by Kanenaga in the Late Kamakura Period
5.1.1 Structue of Steel and Impurity

Fig. 5.1 Figure and signature of Kanenaga sword (property of the author).

Fig. 5.2 Cross-sectional macrograph of Kanenaga sword (M. Kitada).

Fig. 5.3 Typical optical micrographs of Kanenaga sword: (a) edge steel, (b) core iron, (c) skin steel, and (d) back steel. Arrow indicates nonmetallic inclusion (M. Kitada).

Fig. 5.4 Electron backscattering diffraction pattern: points (a) 0.25 mm and (b) 5 mm from the edge. Arrows in (a) indicate fine perlite in martensite and that in (b) is perlite area (M. Kitada). See frontispiece.

Fig. 5.5 Pole figures (distribution of crystal direction) of α Fe in edge steel: (a) martensite area and (b) perlite area (M. Kitada). See frontispiece.

Fig. 5.6 Scanning electron micrographs (SEMs) of boundary area between core iron and skin steel: (a) ferrite and perlite and (b) martensite area. Arrows indicate perlite in martensite (M. Kitada).

Fig. 5.7 Transmission electron micrograph (TEM) of edge steel. Arrow indicates fine perlite (M. Kitada).

Fig. 5.8 Magnified TEM of martensite of edge steel (M. Kitada).

Fig. 5.9 Energy-dispersive X-ray spectroscopy pattern (EDS) of martensite (M. Kitada).

Fig. 5.10 Magnified TEM of fine perlite and electron diffraction pattern of Fe_3C (M. Kitada).

Fig. 5.11 Nanoindentation figures of (a) martensite and (b) perlite (cooperation of Dr. Takamura).

Fig. 5.12 Load-depth curves of (a) martensite and (b) perlite (cooperation of Dr. Takamura).

Fig. 5.13 Typical methods of preparing composite steel pieces to manufacture swords.

5.1.2 Nonmetallic Inclusion

Fig. 5.14 SEM of comparatively large nonmetallic inclusion in core iron (M. Kitada).

Fig. 5.15 SEM at the boundary between core iron and skin steel. Arrows indicate nonmetallic inclusions (M. Kitada).

Fig. 5.16 Magnified scanning electron micrograph of nonmetallic inclusion in core iron (M. Kitada).

Fig. 5.17 SEM of nonmetallic inclusion in edge steel (arrows) (M. Kitada).

Fig. 5.18 Elemental maps of nonmetallic inclusions in core iron (M. Kitada).

Fig. 5.19 Elemental maps of nonmetallic inclusions in edge steel (M. Kitada).

Fig. 5.20 TEM and electron diffraction patterns of nonmetallic inclusion in core iron. Letters a, b, c, G, and P indicate FeO, Fe_2TiO_4, Fe_2SiO_4, glass, and fine precipitate, respectively (M. Kitada).

Fig. 5.21 Enlargement of TEM in Fig. 5.20. Arrows indicate the denuded zone. (M. Kitada).

Fig. 5.22 Crystal lattice image shown in the square in Fig. 5.21 and the transformed diffraction pattern obtained from the crystal lattice image. The pattern agrees with that of andalusite (Al_2SiO_5) (M. Kitada).

Fig. 5.23 Fine precipitates in glass in nonmetallic inclusion (M. Kitada).

Fig. 5.24 Crystal lattice image and the transformed diffraction pattern of precipitate in glass (M. Kitada).

Fig. 5.25 Crystal lattice image and the transformed diffraction pattern of the precipitate in glass. The diffraction pattern indicates fayalite (M. Kitada).

Fig. 5.26 Crystal lattice image and the transformed electron diffraction pattern of the fine precipitate of the glass area in the nonmetallic inclusion (M. Kitada).

Fig. 5.27 EDS of the grain shown in Fig. 5.26 (M. Kitada).

Fig. 5.28 SEM of nonmetallic inclusions at areas (a) 0.5 mm and (b) 3 mm from the edge (M. Kitada).

5.1.3 Hardness

Fig. 5.29 Vickers hardness distribution of Kanenaga sword (M. Kitada).

5.2 Swords Forged in the Period of the Northern and Southern Dynasties

5.2.1 Bizenosafune-Masamitsu Sword

Fig. 5.30 Signature and production date of Bizenosafune-Masamitsu sword (donated by O. Fujishiro).

Fig. 5.31 Cross-sectional macrograph of Bizenosafune-Masamitsu sword. Letters indicate the positions described in later figures (M. Kitada).

Fig. 5.32 Optical micrograph of clean ferrite in core steel corresponding to area a shown in Fig. 5.31(M. Kitada).

Fig. 5.33 Energy-dispersive X-ray spectroscopy pattern (EDS) of area shown in Fig. 5.32 (M. Kitada).

Fig. 5.34 Optical micrographs of (a) left, (b) center, and (c) right on cross section at line b shown in Fig. 5.31. Arrow P and letter N indicate perlite and a nonmetallic inclusion, respectively (M. Kitada).

Fig. 5.35 Optical micrographs of (a) left, (b) center, and (c) right at line c shown in Fig. 5.31. Letters P and N indicate perlite and a nonmetallic inclusion, respectively (M. Kitada).

Fig.5.36 Optical micrographs of (a) left, (b) center and(c) right corresponding to line d shown in Fig. 5.31 (M. Kitada).

Fig 5.37 Optical micrograph of martensite near the edge (M. Kitada).

Fig. 5.38 Transmission electron micrograph (TEM) of martensite at the edge of steel quenched. The bright area is a nonmetallic inclusion (M. Kitada).

Fig. 5.39 TEM of small twins in martensite (arrow) and electron diffraction pattern of nonmetallic inclusion (M. Kitada).

Fig. 5.40 Energy dispersive X-ray spectroscopy pattern (EDS) of the nonmetallic inclusion shown in Fig. 5.39 (M. Kitada).

Fig. 5.41 Elemental maps of nonmetallic inclusion in core steel (M. Kitada).

Fig. 5.42 SEM of compound grains in core steel (M. Kitada).

Fig. 5.43 Elemental maps of nonmetallic inclusion in edge steel (M. Kitada).

Fig. 5.44 Micro-Vickers hardness distribution from edge to ridge of Bizenosafune-Masamitsu sword (M. Kitada).

5.2.2 Rai-Kunitsugu Sword

Fig. 5.45 Figure and signature of Kunitsugu sword (donated by O. Fujishiro). The arrow indicates the position from which specimen was taken (M. Kitada).

Fig. 5.46 Cross-sectional macrograph of Kunitsugu sword after etching. Arrows a-i indicate the optical-microscope observation points (M. Kitada).

Fig. 5.47 Optical micrographs of quenched edge steel: (a) martensite and (b) martensite–perlite structure (M. Kitada).

Fig. 5.48 Optical micrographs of (a) skin steel and (b) area near edge steel indicated by c and d shown in Fig. 5 46. The arrow indicates the nonmetallic inclusion (M. Kitada).

Fig. 5.49 Optical micrographs (a), (b), and (c) showing the microstructures positions at e, f, and g in Fig. 5.46, respectively (M. Kitada).

Fig. 5.50 Optical micrographs (a) and (b) showing the microstructures of skin steel at positions h and i in Fig. 5.46, respectively (M. Kitada).

Fig. 5.51 Optical micrograph of area in which the microstructure changes. Line a–b–c indicateds boundary (M. Kitada).

Fig. 5.52 Transmission electron micrograph (TEM) and electron diffraction patterns of areas a and b of martensite (M. Kitada).

Fig. 5.53 Energy-dispersive X-ray spectrum pattern (EDS) of martensite area (M. Kitada).

Fig. 5.54 Transmission electron micrograph (TEM) of the nonmetallic inclusion and electron diffraction pattern of area a (M. Kitada).

Fig. 5.55 EDS of the nonmetallic inclusion indicated by a shown in Fig. 5.54 (M. Kitada).

Fig. 5.56 Crystal lattice images of boride (M. Kitada).

Fig. 5.57 EDS of iron area shown in Fig. 5. 54 (M. Kitada).

Fig. 5.58 TEM of typical nonmetallic inclusion in core steel and electron diffraction patterns of areas a and b in the figure (M. Kitada).

Captions of Figures and Tables

Fig. 5.59 Crystal lattice image of Fe_2SiO_4 and the reproduced electron diffraction pattern obtained from the lattice image by Fourier transformation (M. Kitada).

Fig. 5.60 TEM of compound containing Ti (arrow) and electron diffraction pattern of circled area (M. Kitada).

Fig. 5.61 EDS of grain containing Ti shown in Fig. 60 (M.Kitada).

Fig. 5.62 TEM of fine precipitates in glass and electron diffraction pattern of the precipitate (M. Kitada).

Fig. 5.63 EDS of the fine grain shown by the arrow in Fig. 5.62 (M. Kitada).

Fig. 5.64 Micro-Vickers hardness distribution from edge to ridge of Kunitsugu sword (M. Kitada).

Fig. 5.65 Micro-Vickers hardness distribution along line h–i in Fig. 5.46 (M. Kitada).

Fig. 5.66 Stress-elongation curves of steel taken from Kunitsugu sword. The thick arrow indicates the drop-in stress (M. Kitada).

5.2.3 Houjoji-Kunimitsu Sword

Fig. 5.67 Figure and edge pattern of Hohjohji-Kunimitsu sword (property of the author).

Fig. 5.68 Cross-sectional macrograph of Hohjohji-Kunimitsu sword. Letters indicate the observation positions (M. Kitada).

Fig. 5.69 (a) Macrograph and (b) optical micrograph of ridge steel shown in Fig. 5.68 (a) (M. Kitada).

Fig. 5.70 (a) Low-magnification optical micrograph of area that contains many inclusions and (b) high-magnification micrograph of the nonmetallic inclusion (M. Kitada).

Fig. 5.71 Optical micrographs of positions (a) c and (b) d in Fig. 5.68 (M. Kitada).

Fig. 5.72 Optical micrographs of areas (a) e and (b) f shown in Fig. 5.68 (M. Kitada).

Fig. 5.73 Optical micrographs of martensite-perlite boundary indicated by g in Fig. 5.68. Bright and dark areas indicate martensite and perlite, respectively: (a) low magnification and (b) high magnification (M. Kitada).

Fig. 5.74 Optical micrographs of edge: (a) low magnification and (b) high magnification (M. Kitada).

Fig. 5.75 Transmission electron micrograph (TEM) and electron diffraction pattern of circled area on the right side (M. Kitada).

Fig. 5.76 TEM of martensite containing twins and electron diffraction pattern from twin area (M. Kitada).

Fig. 5.77 Typical energy dispersive X-ray spectroscopy pattern (EDS) of steel area (M. Kitada).

Fig. 5.78 Elemental maps of the nonmetallic inclusion in core iron. SEM indicates scanning electron micrograph, and a and b indicate the analysis positions (M. Kitada).

Fig. 5.79 TEM and electron diffraction patterns of the nonmetallic inclusion in core iron (M. Kitada).

Fig. 5.80 SEM and elemental maps of nonmetallic inclusion in perlite structure (M. Kitada).

Fig. 5.81 Dark-field scanning transmission electron micrograph (DF-STEM) and elemental maps of the nonmetallic inclusion in perlite structure (M. Kitada).

Fig. 5.82 TEM of Ti compound and electron diffraction pattern of glass area in the nonmetallic inclusion in perlite structure. Letter a indicates a precipitation-free zone (M. Kitada).

Fig. 5.83 Electron diffraction pattern and crystal lattice plane indices of Ti compound Ti_3O_5 in perlite structure (M. Kitada).

Fig. 5.84 TEM and elemental maps of the nonmetallic inclusion in martensite of edge steel (M. Kitada).

Fig. 5.85 Electron diffraction pattern and crystal lattice plane indices of Ti compound Ti_3O_5 in martensite of edge steel (M. Kitada).

Fig. 5.86 Micro-Vickers hardness distribution of Hohjohji-Kunimitsu sword (M. Kitada).

5. 3 Swords forged in Muromachi period

5.3.1 Bishuu-Osafunejuu-Katsumitsu sword

Fig. 5.87 Figure of Bishuu-Osafunejuu-Katsumitsu sword. The arrow indicates the sampling position (M. Kitada).

Fig. 5.88 Cross-sectional macrograph of Bishuu-Osafunejuu-Katsumitsu sword. Marks indicate analysis positions (M. Kitada).

Fig. 5.89 Electron probe microanalysis image of carbon in the cross section (M. Kitada).

Fig. 5.90 (a) Low- and (b) high-magnification optical micrographs of ridge steel. M and P indicate martensite and perlite, respectively (M. Kitada).

Fig. 5.91 Optical micrographs of ferrite with (a) large and (b) small crystal grains (M. Kitada).

Fig. 5.92 Cross-sectional optical micrographs of left and right skin steels (M. Kitada).

Fig. 5.93 Optical micrographs at positions (a) h and (b) i shown in Fig. 5.88. F, M, and P indicate ferrite, perlite, and martensite, respectively (M. Kitada).

Fig. 5.94 (a) Low- and (b) high-magnification optical micrographs of edge steel (M. Kitada).

Fig. 5.95 Transmission electron micrograph (TEM) of martensite in edge steel (M. Kitada).

Fig. 5.96 TEM of twin in martensite and electron diffraction patterns of martensite and twin (M. Kitada).

Fig. 5.97 Distribution of O, Si, Ti, and P in the cross section of the sword (M. Kitada).

Fig. 5.98 Distribution of nonmetallic inclusions in (a) core iron and (b) edge steel (M. Kitada).

Fig. 5.99 Scanning electron micrograph (SEM) and elemental maps of Ti and P of the nonmetallic inclusion in core iron (M. Kitada).

Fig. 5.100 SEM and elemental maps of Ti and P of the nonmetallic inclusion in martensite of edge steel (M. Kitada).

Fig. 5.101 TEM of the nonmetallic inclusion in ferrite of core iron. Letters a to e and the arrow indicate different crystals (M. Kitada).

Fig. 5.102 Dark-field scanning transmission electron micrograph (DF-STEM) and elemental maps of the nonmetallic inclusion in ferrite (M. Kitada).

Fig. 5.103 TEM of the crystal of the nonmetallic inclusion indicated by the arrow shown in Fig. 5.101, and electron diffraction patterns of $FeTiO_3$ and FeO (M. Kitada).

Fig. 5.104 TEMs and electron diffraction patterns of crystals c and e shown in Fig. 5.101 (M. Kitada).

Fig. 5.105 TEM of area d of the nonmetallic inclusion shown in Fig. 5.101 and electron diffraction pattern. Letter a indicates glass, and letters b and c indicate different crystals (M. Kitada).

Fig. 5.106 Elemental maps of the glass matrix area shown in Fig. 5.105 (M. Kitada).

Fig. 5.107 Energy dispersive X-ray spectroscopy patterns (EDSs) (a) – (c) of positions a – c, respectively, shown in Fig. 5.105 (M. Kitada).

Fig. 5.108 High-magnification TEM of round crystal c in glass shown in Fig. 5.105. The crystal lattice image is superimposed (M. Kitada).

Fig. 5.109 TEM of the nonmetallic inclusion in martensite of edge steel. The electron diffraction pattern of the glass matrix is superimposed. The arrow indicates the Ti compound (M. Kitada).

Fig. 5.110 DF-STEM and elemental maps of the nonmetallic inclusion (M. Kitada).

Fig. 5.111 Crystal lattice image and electron diffraction pattern of the grain indicated by the arrow in Fig. 5.109 (M. Kitada).

Fig. 5.112 TEM of nanoprecipitate (arrow) and lattice defect (dark area) in Ti compound (M. Kitada).

Fig. 5.113 TEM and elemental maps of nanograin in martensite (M. Kitada).

Fig. 5.114 Micro-Vickers hardness distribution from edge to ridge of the cross section of Bishuu-Osafunejuu-Katsumitsu sword (M. Kitada).

5.3.2 Bishuu-Osafune-Katsumitsu sword

Fig. 5.115 Figure and signature of Bishuu-Osafune-Katsumitsu sword (property of the author).

Fig. 5.116 Cross-sectional macrograph of Bishuu-Osafune-Katsumitsu sword. Arrows and letters a – f indicate the positions observed using an optical microscope (M. Kitada).

Fig. 5.117 Optical micrographs of (a) moderately high-carbon steel, (b) low-carbon steel, and (c) transition area of low- to high-carbon steel (M. Kitada).

Fig. 5.118 Low-magnification optical micrograph of skin steel (M. Kitada).

Fig. 5.119 Scanning electron micrograph (SEM) of martensite in edge steel. Arrows indicate nonmetallic inclusions, and analysis points are as indicated in Table 5.14 (M. Kitada).

Fig. 5.120 Typical energy dispersive X-ray spectroscopy pattern of edge steel (M. Kitada).

Fig. 5.121 SEM of the nonmetallic inclusion in core steel. Arrows indicate cracks in the nonmetallic inclusion (M. Kitada).

Fig. 5.122 Elemental maps of the right-side grain shown in Fig. 5.121 (M. Kitada).

Fig. 5.123 Micro-Vickers hardness distribution from edge to ridge of Bishuu-Osafune-Katsumitsu sword (M. Kitada).

5.3.3 Tsuguhiro-saku sword

Fig. 5.124 Signature of Tsuguhiro-saku sword (property of the author).

Fig. 5.125 Cross-sectional macrograph of Tsuguhiro-saku sword (M. Kitada).

Fig. 5.126 Optical micrograph of cross section of sword: (a) ferrite of core steel, (b) medium-carbon steel of center of cross section, (c) fine perlite, and (d) martensite (M. Kitada).

Fig. 5.127 Optical micrographs (a) of the boundary between skin steel and core steel and (b) near the quenching depth (M. Kitada).

Fig. 5.128 Transmission electron micrographs (TEM) of martensite in edge steel: (a) low magnification and (b) dislocation in martensite. The electron diffraction pattern is superimposed (M. Kitada).

Fig. 5.129 TEM of twins in martensite. Stripe indicates twins (M. Kitada).

Fig. 5.130 TEM of perlite structure (M. Kitada).

Fig. 5.131 Electron diffraction pattern of perlite. Spots marked with indices are from a Fe and small spots are from Fe_3C (M. Kitada).

Fig. 5.132 Distribution of nonmetallic inclusions near edge steel. Dark grains are nonmetallic inclusions (M. Kitada).

Captions of Figures and Tables

Fig. 5.133 Dark-field TEM and electron diffraction pattern of a nonmetallic inclusion (M. Kitada).

Fig. 5.134 High-magnification TEM of fine precipitates in glass shown in Fig. 133 (M. Kitada).

Fig. 5.135 Energy dispersive X-ray spectroscopy pattern of (a) glass and (b) fine precipitate (M. Kitada).

Fig. 5.136 Optical micrograph of the nonmetallic inclusion in core steel (M. Kitada).

Fig. 5.137 Micro-Vickers hardness from edge to ridge of Tsuguhiro-saku sword (M. Kitada).

5.3.4 Noushuujuu-Kanemoto Sword

Fig. 5.138 Sword specimen named Noushuujuu-Kanemoto (property of the author).

Fig. 5.139 Cross-sectional macrograph of Noushuujuu-Kanemoto sword. Squares in the photograph are hardness-test indentations (M. Kitada).

Fig. 5.140 Main optical micrographs of the cross section of the sword. Letters a – d indicate the same marks as in Fig. 5.139 (M. Kitada).

Fig. 5.141 Energy dispersive X-ray spectroscopy pattern (EDS) of core steel (M. Kitada).

Fig. 5.142 Scanning electron micrographs (SEMs) of the nonmetallic inclusion containing different internal structures (a) and (b) (M. Kitada).

Fig. 5.143 SEM and elemental maps of main elements of nonmetallic inclusion shown in Fig. 5.142 (a) (M. Kitada).

Fig. 5.144 EDS of fine grains in nonmetallic inclusion shown in Fig. 5.142 (b) (M. Kitada).

Fig. 5.145 Nonmetallic inclusion of edge steel containing no internal structure (M. Kitada).

Fig. 5.146 Micro-Vickers hardness from edge to ridge of the sword (M. Kitada).

5.3.5 Yoshimitsu Sword

Fig. 5.147 Figure and signature of Yoshimitsu sword (donated by H. Kubota) (M. Kitada).

Fig. 5.148 Cross-sectional macrograph of Yoshimitsu sword (M. Kitada).

Fig. 5.149 Low-magnification optical micrograph of steel near ridge. The left bright area (M) is martensite, the dark area (P) is perlite, and the lower light area (P+F) is a perlite and ferrite structure. The arrow indicates the boundary between different metallographic structures (M. Kitada).

Fig. 5.150 Optical micrographs of (a) transition area from perlite (P)–martensite (M) to ferrite–perlite (F+P) structure and (b) ferrite in core steel (M. Kitada).

Fig. 5.151 Optical micrographs of (a) skin steel area and (b) near center of cross section indicated by c in Fig. 5.148 (M. Kitada).

Fig. 5.152 Optical micrographs of areas indicated by letters f – g in Fig. 5.148. Letters a – h show layers in which the carbon content is different (M. Kitada).

Fig. 5.153 Optical micrograph of large crystal grains in high carbon steel indicated by e in Fig. 5.148 (M. Kitada).

Fig. 5.154 Optical micrograph of high-carbon-steel area near edge. Arrows indicate nonmetallic inclusions in a row which exist along boundaries between different steel (M. Kitada).

Fig. 5.155 Optical micrograph of martensite in edge steel (M. Kitada).

Fig. 5.156 Energy dispersive X-ray spectroscopy pattern (EDS) of high-carbon-steel area (M. Kitada).

Fig. 5.157 Scanning electron micrograph (SEM) and elemental maps of the nonmetallic inclusion in ferrite (M. Kitada).

Fig. 5.158 High-magnification SEM of the nonmetallic inclusion. Letters A – E indicate different compounds and glass (M. Kitada).

Fig. 5.159 SEM and elemental maps of the nonmetallic inclusion in martensite of edge steel (M. Kitada).

Fig. 5.160 SEM and elemental maps of the nonmetallic inclusion shown in Fig. 5.154 (M. Kitada).

Fig. 5.161 Distribution of micro-Vickers hardness from edge to ridge (M. Kitada).

5.3.6 Sukesada Sword

Fig. 5.162 Figure of Sukesada sword (property of the author).

Fig. 5.163 Cross-sectional macrograph of Sukesada sword: (a) as polished and (b) after etching. The arrow indicates the high-carbon area of the ridge (M. Kitada).

Fig. 5.164 Optical micrograph of the boundary area between core and edge steels. Letters F, M, and P indicate ferrite, martensite, and perlite, respectively. The dark squares are indentation traces (M. Kitada).

Fig. 5.165 Optical micrographs of areas welded by hammering. Dotted lines indicate diffusion areas between core and skin steels. Black and white lines indicate primary contact surfaces and trace of contact surface, respectively (M. Kitada).

Fig. 5.166 Optical micrographs of (a) boundary area between edge and core steels and (b) core steel. The dark square is an indentation trace (M. Kitada).

Fig. 5.167 Optical micrograph of martensite in edge steel (M. Kitada).

Fig. 5.168 Transmission electron micrograph (TEM) and electron diffraction pattern of martensite. (a) and (b) indicate electron diffraction patterns of lath martensite and of martensite containing fine twins (black arrow), respectively. The white arrow indicates twin spots (M. Kitada).

Fig. 5.169 Energy dispersive X-ray spectroscopy pattern (EDS) of martensite in edge steel (M. Kitada).

Fig. 5.170 Scanning ion micrograph of sampling position of the nonmetallic inclusion in martensite for observing the microstructure formed by focused ion beam method (M. Kitada).

Fig. 5.171 TEM of the nonmetallic inclusion in edge steel. M: martensite, N: crystal, G: glass, P: precipitate, and V: void (M. Kitada).

Fig. 5.172 EDS of N_1 crystal shown in Fig. 5.171 (M. Kitada).

Fig. 5.173 Image of N_1 crystal lattice in the nonmetallic inclusion shown in Fig. 5.171. Crystal orientations are superimposed (M. Kitada).

Fig. 5.174 TEM of fine grains a and b in matrix of glass g (M. Kitada).

Fig. 5.175 Crystal lattice image of precipitate a shown in Fig. 5.174 (M. Kitada).

Fig. 5.176 Distribution of micro-Vickers hardness from edge to ridge of Sukesada sword (M. Kitada).

5.3.7 Nobukuni-Yoshikane Sword

Fig. 5.177 Signature and edge pattern of Nobukuni-Yoshikane sword (property of the author).

Fig. 5.178 Cross-sectional macrograph of Nobukuni-Yoshikane sword. Letters a and b indicate quenching depths (M. Kitada).

Fig. 5.179 Optical micrographs of (a) quenched area, (b) boundary area between edge and core steels, and (c) core steel (M. Kitada).

Fig. 5.180 Electron backscattering diffraction patterns of edge steel. The observation positions are (a) 0.2mm, (b) 0.5mm, (c) 3mm, and (d) 6mm from edge (M. Kitada). See frontispiece.

Fig. 5.181 Transmission electron micrograph (TEM) of quenched edge steel. White and black arrows indicate block boundary and fine twins, respectively (M. Kitada).

Fig. 5.182 Magnified TEM of twin (arrow) in martensite (M. Kitada).

Fig. 5.183 Boundary between martensite and fine perlite. Left and right sides are perlite and martensite, respectively (M. Kitada).

Fig. 5.184 Fine perlite near quenching depth (M. Kitada).

Fig. 5.185 Cementite (Fe_3C) and fine precipitates in ferrite (circle) (M. Kitada).

Fig. 5.186 Scanning electron micrograph (SEM) and maps of main elements of the nonmetallic inclusion in core steel (M. Kitada).

Fig. 5.187 High-magnification SEM of the nonmetallic inclusion. Letters A, B and C indicate FeO, fayalite and glass, respectively (M. Kitada).

Fig. 5.188 Distribution of nonmetallic inclusions in edge steel. (a) And (b) indicate the edge point and the upper part of the edge point, respectively (M. Kitada).

Fig. 5.189 TEM of the nonmetallic inclusion in edge steel. Precipitates at the upper left are Ti oxide in nonmetallic inclusion and the dark area is martensite (M. Kitada).

Fig. 5.190 Crystal lattice image of precipitate shown in Fig. 5.189 (M. Kitada).

Fig. 5.191 Hardness distribution from edge to ridge of the sword (M. Kitada).

Fig. 5.192 Stress-elongation curve of core steel (ferrite). The circle indicates the enlarged curve for the yield point. The specimen is superimposed in the figure (M. Kitada).

Fig. 5.193 Stress-elongation curves of two-phase steels containing ferrite and perlite (M. Kitada).

Fig. 5.194 Relationship between hardness and reduction of area of core steel after tension test (M. Kitada).

Fig. 5.195 Fractographs of (a) core steel (ferrite) and (b) edge steel (martensite) (M. Kitada).

Fig. 5.196 Cracks induced from the surface of the nonmetallic inclusion. Short and long arrows indicate cracks and the growth point of a crack, respectively (M. Kitada).

5.4 Swords made in the Edo Period

5.4.1 Kiyomitsu Sword

Fig. 5.197 Figure of Kiyomitsu sword and signature (property of the author).

Fig. 5.198 Cross-sectional macrograph of Kiyomittsu sword (M. Kitada).

Fig. 5.199 (a) Optical micrograph of ridge. The dotted line in (b) indicates the boundary between ultralow-carbon and low-carbon steels (M. Kitada).

Fig. 5.200 Optical micrographs of areas (a) a, (b) b, (c) c, (d) d, and (e) e shown in Fig. 5.198 (M. Kitada).

Fig. 5.201 Energy dispersive X-ray spectroscopy pattern (EDS) of core iron (M. Kitada).

Fig. 5.202 Optical micrographs of g-1 and g-2 in Fig. 5.198. Slender dark grains are nonmetallic inclusions (M. Kitada).

Fig. 5.203 Scanning electron micrograph (SEM) of the nonmetallic inclusion in core steel (ferrite) and elemental maps of Fe, O, Si, Al, and Ca (M. Kitada).

Fig. 5.204 SEM of the nonmetallic inclusion in edge steel (martensite) and elemental maps of Fe, O, Si, Al, and Ca

Captions of Figures and Tables

(M. Kitada).

Fig. 5.205 Micro-Vickers hardness distribution from edge to ridge of Kiyomitsu sword (M. Kitada).

5.4.2 Sword made in the Middle Edo Period

Fig. 5.206 Figure of a sword manufactured in the Middle Edo period (property of the author).

Fig. 5.207 Cross-sectional macrograph of the sword. Letters indicate observation points using the optical microscope (M. Kitada).

Fig. 5.208 Optical micrographs of the cross section of the sword (M. Kitada).

Fig. 5.209 Energy dispersive X-ray spectroscopy pattern (EDS) of low-carbon steel (M. Kitada).

Fig. 5.210 Optical micrograph near surface. The left side is high-carbon steel near the surface (M. Kitada).

Fig. 5.211 Ghost line (arrow) of welding boundary between the low- and high-carbon steels (M. Kitada).

Fig. 5.212 Scanning electron micrograph (SEM) of the nonmetallic inclusion in high- carbon steel. The circle indicates the point analyzed by means of electron dispersive X-ray spectroscopy (M. Kitada).

Fig. 5.213 Elemental maps of Fe, O, Si, Ti, Al, and Ca of the nonmetallic inclusion shown in Fig. 5.212 (M. Kitada).

Fig. 5.214 EDS of the grain indicated by the circle in Fig. 5.212 (M. Kitada).

Fig. 5.215 SEM of the nonmetallic inclusion in low-carbon steel (M. Kitada).

Fig. 5.216 Elemental maps of Fe, O, Si, Ti, Al, and Ca of the nonmetallic inclusion shown in Fig.5. 215 (M. Kitada).

Fig. 5.217 SEM of the nonmetallic inclusion in martensite of edge steel (M. Kitada).

Fig. 5.218 Micro-Vickers hardness from edge to ridge of the sword (M. Kitada).

5.4.3 Bizenosafuneju-Yokoyamasukekane Sword

Fig. 5.219 (a) Bizenosafuneju-Yokoyamasukekane sword, and (b) the signature (property of the author).

Fig. 5.220 Cross-sectional macrograph of the sword. Letters indicate the observation points using an optical microscope (M. Kitada).

Fig. 5.221 Optical micrographs of (a) ridge and (b) center positions of the cross section. The arrow indicates the nonmetallic inclusion (M. Kitada).

Fig. 5.222 Optical micrographs of (a) quenching depth and (b) near surface. Bright areas are martensite (M. Kitada).

Fig. 5.223 Optical micrograph of martensite of edge steel (M. Kitada).

Fig. 5.224 Transmission electron micrograph (TEM) of martensite in edge steel. (a) Lath martensite and (b) twin (arrow) in lath martensite (M. Kitada).

Fig. 5.225 Energy dispersive X-ray spectroscopy pattern (EDS) of perlite area without nonmetallic inclusion (M. Kitada).

Fig. 5.226 Scanning electron micrograph (SEMs) of (a) as-polished edge steel and (b) edge steel after etching (M. Kitada).

Fig. 5.227 SEM and elemental maps of O, Fe, Si, Al, and Ti of the nonmetallic inclusion in martensite (M. Kitada).

Fig. 5.228 SEM and elemental map of Ti of nonmetallic inclusion in perlite at center of the cross section (M. Kitada).

Fig. 5.229 EDS of grain in the nonmetallic inclusion shown in Fig. 5.228 (M. Kitada).

Fig. 5.230 TEM of fine grains in glass of the nonmetallic inclusion and electron diffraction patterns of grains (M. Kitada).

Fig. 5.231 Micro-Vickers hardness from edge to ridge of Yokoyama-sukekane sword (M. Kitada).

5.4.4 Echizenfukuiju-Yoshimichi Sword

Fig. 5.232 Echizenfukuiju-Yoshimichi sword and the signature (donated by swordsmith K. Kawachi).

Fig. 5.233 Cross-sectional macrograph of Echizenfukuiju-Yoshimichi sword. Marks a – f indicate the positions where optical micrographs were taken (M. Kitada).

Fig. 5.234 Optical micrographs of the cross section shown in Fig. 5.233. (a) – (f) correspond to a – f in Fig. 5.233 (M. Kitada).

Fig. 5.235 Electron backscattering diffraction pattern of martensite in edge steel (M. Kitada). See frontispiece.

Fig. 5.236 Optical micrographs of nonmetallic inclusions having differently shaped compounds. The square in (a) indicates the observation area shown in Fig. 5.238 (M. Kitada).

Fig. 5.237 Preferential growth of perlite (P) from the surface of nonmetallic inclusions. Dark areas are nonmetallic inclusions and F indicates ferrite (M. Kitada).

Fig. 5.238 Scanning electron micrograph (SEM) of the nonmetallic inclusion and elemental maps of Fe, O, Si, Ti, and V in the area indicated by the square in Fig. 5.236(a) (M. Kitada).

Fig. 5.239 SEM of the nonmetallic inclusion and elemental maps of Ti and Si in the area indicated in Fig. 5.236(b) (M. Kitada).

Fig. 5.240 SEM of the nonmetallic inclusion containing Zr and elemental map of Zr (M. Kitada).

Fig. 5.241 Micro-Vickers hardness distribution of Echizenfukuiju-Yoshimichi sword (M. Kitada).

5.4.5 Kunimitsu sword

Fig. 5.242 Kunimitsu sword and the signature (donated by swordsmith K. Kawachi).

Fig. 5.243 Cross-sectional micrograph of Kunimitsu sword (M. Kitada).

Fig. 5.244 Optical micrographs of the cross section: (a) position of arrow a (low-carbon steel), (b) position of arrow b (high-carbon steel), (c) position of arrow c (martensite) in Fig. 5.243 (M. Kitada).

Fig. 5.245 Scanning electron micrograph (SEM) of the nonmetallic inclusion and elemental maps of Fe, O, Si, Ti, and Mg in edge steel (M. Kitada).

Fig. 5.246 SEM of the nonmetallic inclusion and elemental maps of Fe, O, Si, Al, and K in medium-carbon steel (M. Kitada).

Fig. 5.247 Micro-Vickers hardness from edge to ridge of Kunimitsu sword (M. Kitada).

5.4.6 Sekizenjou-Kaneyoshi sword

Fig. 5.248 Figure of Sekizenjou-Kaneyoshi sword (property of the author).

Fig. 5.249 Cross-sectional macrograph of Sekizenjou-Kaneyoshi sword and enlarged image of edge area. The arrow indicates striped martensite (M. Kitada).

Fig. 5.250 Optical micrographs of the cross section. (a) – (d) correspond to a – d in Fig. 5.249 (M. Kitada).

Fig. 5.251 Optical micrographs of the cross section. (e) – (f) correspond to e – f in Fig. 5. 249 (M. Kitada).

Fig. 5.252 Scanning electron micrograph (SEM) of the nonmetallic inclusion in low-carbon steel (M. Kitada).

Fig. 5.253 SEM of nonmetallic inclusion in coarse perlite area and energy dispersive X-ray spectroscopy pattern (EDS) of nonmetallic inclusion. Square indicates EDS area (M. Kitada).

Fig. 5.254 SEM of nonmetallic inclusion in edge steel and EDS of the compound. The square indicates the EDS area (M. Kitada).

Fig. 5.255 Micro-Vickers hardness distribution from edge to ridge of the sword (M. Kitada).

Fig. 5.256 Micro-Vickers hardness distributions in lateral directions X, Y, and Z shown in Fig. 5.249 (M. Kitada).

5.4.7 Tadayoshi Sword

Fig. 5.257 Photograph of Tadayoshi sword (property of the author).

Fig. 5.258 Cross-sectional macrograph of the sword. Letters indicate the observation points of images shown in Figs. 5.259 and 5.260 (M. Kitada).

Fig. 5.259 Low-magnification optical micrograph of W-shaped area shown in Fig. 5.258 (M. Kitada).

Fig. 5.260 Typical optical micrographs of the cross section shown in Fig. 5.258. (a) – (f) correspond to a – f in Fig. 5.258 (M. Kitada).

Fig. 5.261 Energy dispersive X-ray spectroscopy patterns of nonmetallic-inclusion-free areas c (a) and d (b) in Fig. 5.258 (M. Kitada).

Fig. 5.262 Scanning electron micrograph (SEM) and elemental maps of Fe, Si, and Al of nonmetallic inclusion in core steel (c) shown in Fig. 5.258 (M. Kitada).

Fig. 5.263 SEM of the nonmetallic inclusion containing dendritic phase (M. Kitada).

Fig. 5.264 Elemental maps of Fe, O, Si, and Al of the nonmetallic inclusion shown in Fig. 5.263 (M. Kitada).

Fig. 5.265 Optical micrograph of the nonmetallic inclusion in area of low-carbon steel (M. Kitada).

Fig. 5.266 Micro-Vickers hardness distribution from edge to ridge of the sword (M. Kitada).

5.5 Swords made in the Muromachi to Edo Period

5.5.1 *Shihouzume* Sword

Fig. 5.267 Cross-sectional macrograph of a sword manufactured by the *Shihouzume* method. Dotted lines indicate core steel (center) and the boundary between core and skin steels (property of the author).

Fig. 5.268 Optical micrographs of (a) ferrite in core steel indicated by a in Fig. 5.267 and (b) high-carbon steel indicated by d in Fig. 5.267 (M. Kitada).

Fig. 5.269 Optical micrographs of (a) boundary area between skin and core steels, and (b) area in which migration of carbon atoms was interrupted by diffusion barrier consisting of nonmetallic inclusions (M. Kitada).

Fig. 5.270 Energy dispersive X-ray spectroscopy pattern (EDS) of low-carbon steel used for core steel (M. Kitada).

Fig. 5.271 (a) Optical micrograph of martensite and (b) underfocused image of (a). Nonmetallic inclusions can be observed in (b) (M. Kitada).

Fig. 5.272 Scanning electron micrograph (SEM) of the nonmetallic inclusion in core steel. Letters a, b, and c indicate different compounds (M. Kitada).

Fig. 5.273 Elemental maps of the nonmetallic inclusion in core steel shown in Fig. 5.272 (M. Kitada).

Fig. 5.274 EDS of grain b shown in Fig. 5.272 (M.Kitada)

Fig. 5.275 SEM of the nonmetallic inclusion in martensite in edge steel and elemental maps (M. Kitada).

Captions of Figures and Tables

Fig. 5.276 Micro-Vickers hardness distribution from edge to ridge of the sword (M. Kitada).

5.5.2 Swords manufactured by the *Koubuse* Method

Fig. 5.277 Cross-sectional macrograph showing that the symmetry structure is high. The sequence of dots is a trace of hardness test positions (property of the author).

Fig. 5.278 Cross-sectional optical micrographs of (a) core steel, (b) skin steel, (c) martensite in edge steel, and (d) boundary area between core and skin steels (M. Kitada).

Fig. 5.279 Scanning electron micrographs of typical nonmetallic inclusions in (a) martensite and (b) high-carbon steel (M. Kitada).

Fig. 5.280 Energy dispersive X-ray spectroscopy patterns of (a) core steel and (b) nonmetallic inclusion in core steel (M. Kitada).

Fig. 5.281 Micro-Vickers hardness distribution from edge to ridge of the sword (M. Kitada).

Fig. 5.282 Cross-sectional macrograph of sword with high symmetry manufactured by *koubuse* method (No. 2) (property of the author).

Fig. 5.283 Optical micrograph of core iron (M. Kitada).

Fig. 5.284 Optical micrographs of skin steel in the cross section of the sword: (a) left side and (b) right side (M. Kitada).

Fig. 5.285 Optical micrograph of low-carbon steel near the back of the sword (M. Kitada).

Fig. 5.286 Optical micrograph of martensite at the edge. The rectangle pattern is an indentation trace by the indenter (M. Kitada).

Fig. 5.287 Large nonmetallic inclusion containing grains in the core iron (M. Kitada).

Fig. 5.288 Micro-Vickers hardness distribution from edge to ridge of the cross section (M. Kitada).

Fig. 5.289 Cross-sectional macrograph of no quenched sword made by the *Koubuse* method (property of the author).

Fig. 5.290 Optical micrographs of (a) medium-carbon steel of edge and (b) low-carbon steel of skin steel (M. Kitada).

Fig. 5.291 Optical micrograph of core steel (ferrite). Straight lines indicate twins induced by impact stress (M. Kitada).

Fig. 5.292 Optical micrographs near the ridges on the sides of the sword blade, (a) and (b) indicate left and right sides, respectively (M. Kitada).

Fig. 5.293 Optical micrographs of the nonmetallic inclusions in core iron near the (a) ridge and (b) edge of the sword (M. Kitada).

Fig. 5.294 Micro-Vickers hardness from edge to ridge of the sword (M. Kitada).

Fig. 5.295 Cross-sectional macrographs of swords manufactured by the *Koubuse* method (property of the author).

Fig. 5.296 Optical micrographs of areas (a) a to (d) d shown in Fig. 5.295(a). Letters F, M, and P indicate ferrite, martensite, and perlite, respectively (M. Kitada).

Fig. 5.297 Relationship between the quenching temperature and the microstructure of carbon steel (M. Kitada).

Fig.5.298 Optical micrographs of areas (a) a to (d) d shown in Fig. 5.295 (b). Letters F, M, and P indicate ferrite, martensite, and perlite, respectively (M. Kitada).

Fig. 5.299 Optical micrographs of areas (a) a to (d) d shown in Fig. 5.295(c) (M. Kitada).

5.5.3 Tipped Sword

Fig. 5.300 Cross-sectional macrograph of tipped sword blade interior (property of the author).

Fig. 5.301 Optical micrograph of edge steel (M. Kitada).

Fig. 5.302 Optical micrographs of (a) core steel at the center of the cross section of the sword and (b) skin steel. The dark area and straight lines in (a) are a nonmetallic inclusion and twins, respectively (M. Kitada).

Fig. 5.303 Trace of swordsmith welding of the center of the cross section. The square indicates an indentation by a hardness test (M. Kitada).

Fig. 5.304 Scanning electron micrograph (SEM) of typical nonmetallic inclusion in core steel. The contrast indicates that three compounds exist (M. Kitada).

Fig. 5.305 Elemental maps of the image shown in Fig. 5.304 (M. Kitada).

Fig. 5.306 Micro-Vickers hardness from edge to ridge of the sword (M. Kitada).

Fig. 5.307 Cross-sectional macrograph of sword with tipped blade between two low-carbon steels (property of the author).

Fig. 5.308 Optical micrographs of high-carbon steel at the edge: (a) martensite (M) and perlite (P) of quenched edge and (b) upper area of edge. The arrow and double-headed arrow indicate a diffusion-barrier nonmetallic-inclusion and the diffusion area of carbon, respectively (M. Kitada).

Fig. 5.309 Martensite structure of edge steel (M. Kitada).

Fig. 5.310 Optical micrographs of areas indicated by a and b in Fig. 5.307 (M. Kitada).

Fig. 5.311 Optical micrograph of nonmetallic inclusion indicated by the arrow in Fig. 5. 307(a) (M. Kitada).

Fig. 5.312 Micro-Vickers hardness from edge to ridge of the sword (M. Kitada).

Fig. 5.313 Example of swords with deep inner edge. The square is an indentation by a hardness test (property of the author).

Fig. 5.314 Cross-sectional macrograph and enlarged image of edge of small tipped sword. Letters a and b indicate low-carbon core steel and edge steel, respectively (property of the author).

Fig. 5.315 Martensite structure of edge steel. Bright grains are primary precipitated ferrite (M. Kitada).

Fig. 5.316 Microstructures near quenching depth of (a) edge steel and (b) core steel. Letters F, M, and P indicate primary precipitated ferrite, martensite, and perlite, respectively (M. Kitada).

Fig. 5.317 Optical micrograph of ferrite near ridge steel. Straight lines and dark areas are twins and nonmetallic inclusions, respectively (M. Kitada).

Fig. 5.318 Energy dispersive X-ray spectrum of low-carbon steel indicated by a in Fig. 5.314 (M. Kitada).

Fig. 5.319 SEM of nonmetallic inclusion in low-carbon steel shown in Fig. 5.314. Letters a – d indicate different compouds (M. Kitada).

Fig. 5.320 Elemental maps of Fe, O, Mg, Ti, Al, and Si of the nonmetallic inclusion shown in Fig. 5.319 (M. Kitada).

Fig. 5.321 High-magnification SEM of some area in Fig. 5.319 (M. Kitada).

Fig. 5.322 Nonmetallic inclusion in martensite of edge steel (M. Kitada).

Fig. 5.323 Micro-Vickers hardness distribution of tipped sword shown in Fig.5.314 (M. Kitada).

5.5.4 High-carbon- steel Sword

Fig. 5.324 Cross-sectional macrograph of sword of high-carbon steel (property of the author).

Fig. 5.325 Low-magnification optical micrograph near edge part (M. Kitada).

Fig. 5.326 Difference in microstructure of martensite between (a) the edge and (b) the inner part near the edge. Letters M and P indicate martensite and perlite, respectively (M. Kitada).

Fig. 5.327 Optical micrographs of positions e and b shown in Fig. 5.324 (M. Kitada).

Fig. 5.328 Optical micrographs of (a) skin steel and (b) ridge steel of a sword (M. Kitada).

Fig. 5.329 Optical micrograph of a typical nonmetallic inclusion in steel (M. Kitada).

Fig. 5.330 Hardness distribution from edge to ridge of the sword (M. Kitada).

5.5.5 Single-edged Sword

Fig. 5.331 Cross-sectional macrograph of steel used for single-edged sword. Dots are indentations from the hardness test (property of the author).

Fig. 5.332 Optical micrographs of (a) martensite in edge steel, (b) near quenching depth, (c) skin steel on the right side, and (d).core steel (M. Kitada).

Fig. 5.333 Optical micrograph of large nonmetallic inclusion in core steel (M. Kitada).

Fig. 5.334 Energy dispersive X-ray spectroscopy pattern (EDS) of (a) edge steel and (b) nonmetallic inclusion in edge steel (M. Kitada).

Fig. 5.335 Scanning electron micrograph of the nonmetallic inclusion in core steel (M. Kitada).

Fig. 5.336 EDS of bright grain shown in Fig. 5.335 (M. Kitada).

Fig. 5.337 EDS of dendrite area shown in Fig. 5.335 (M. Kitada).

Fig. 5.338 Micro-Vickers hardness distribution from edge to ridge of single-edged sword (M. Kitada).

5.5.6 Double-edged Sword

Fig. 5.339 Cross-sectional macrograph of double-edged sword (property of the author). Letters a–d indicate the observation positions shown in the following figures. Small squares indicate indentation traces (M. Kitada).

Fig. 5.340 Microstructures of (a) the bottom edge and (b) the upper edge in the cross section of a sword. (a) Martensite and (b) low-carbon steel structure can be observed (M. Kitada).

Fig. 5.341 Optical micrograph of steel near quenching depth (M. Kitada).

Fig. 5.342 Optical micrographs of position d (a) and position e (b) shown in Fig. 5.339 (M. Kitada).

Fig. 5.343 (a) Nonmetallic inclusion of the center of the cross section and (b) higher-magnification image of the inclusion (M. Kitada).

Fig. 5.344 Micro-Vickers hardness distribution of cross section of sword (M. Kitada).

5.6 Japanese Swords Forged in the Present Time

Fig. 5.345 Cross-sectional macrograph of trial sword No.1 (provided by swordsmith Kunihira Kawachi) made on an experimental basis (M. Kitada).

Fig. 5.346 Optical micrographs of (a) core and (b) skin steels of sword (M.Kitada).

Fig. 5.347 Energy dispersive X-ray spectroscopy pattern (EDS) of core steel of sword shown in Fig. 5.346(a) (M. Kitada).

Captions of Figures and Tables

Fig. 5.348 Optical micrographs at the quenching depth of edge steel (a) and the martensite structure (b) (M. Kitada).

Fig. 5.349 Optical micrograph of welding area between core and skin steels of sword (M. Kitada).

Fig. 5.350 Scanning electron micrograph (SEM) of large nonmetallic inclusion in core steel (M. Kitada).

Fig. 5.351 EDS of nonmetallic inclusion indicated by mark a shown in Fig. 5.350 (M. Kitada).

Fig. 5.352 SEM of small nonmetallic inclusions in edge steel (M. Kitada).

Fig. 5.353 EDS of small nonmetallic inclusion in core steel (M.Kitada).

Fig. 5.354 SEM of the nonmetallic inclusion existing at the welding point between the core and the skin steels (M. Kitada).

Fig. 5.355 Optical micrograph of nonmetallic inclusion in martensite of edge steel (M. Kitada).

Fig. 5.356 Micro-Vickers hardness distribution from edge to ridge of the trial sword No.1 (M. Kitada).

Fig. 5.357 Cross-sectional macrograph of trial sword No.2 (provided by swordsmith Kunihira Kawachi) made to experimentally clarify the forging process. Letters a-d indicate observation points (M. Kitada).

Fig. 5.358 Low-magnification optical micrograph of point a and high-magnification optical micrograph of point b shown in Fig. 5.357 (M. Kitada).

Fig. 5.359 Optical micrographs of (a) the boundary between the coarse and fine martensite structures in edge steel indicated by letter c shown in Fig. 5.357, and (b) the martensite structure at the top of the edge. The arrows in (a) indicate the boundary between the different structures (M. Kitada).

Fig. 5.360 Optical micrographs of multilayer structure and high-carbon area in core steel indicated by letter d shown in Fig. 5.357. The square indicates an indentation test trace (M. Kitada).

Fig. 5.361 Optical micrographs of (a) low-carbon core steel and (b) medium-carbon skin steel (M. Kitada).

Fig. 5.362 Distribution of micro-Vickers hardness of steel for trial sword No.2 (M. Kitada).

Fig. 5.363 Cross-sectional macrograph and optical micrograph of trial sword No.3 (provided by swordsmith Kunihira Kawachi). The square in (b) is an indentation trace (M. Kitada).

Fig. 5.364 Optical micrographs of quenched areas of sword at positions (a) a and (b) b in Fig. 5.363 (M. Kitada).

Fig. 5.365 Optical micrographs of skin steels at positions indicated by arrows shown in Figs. 5.363 (a) and (b) (M. Kitada).

Fig. 5.366 Optical micrographs of (a) low-carbon core steel and (b) perlite-structure carbon steel near *hi* (the fuller) in the sword blade (M. Kitada).

Fig. 5.367 Micro-Vickers hardness distribution from edge to ridge of trial sword No.3 (M. Kitada).

5.7 Swords Made in Modern Japan

5.7.1 Sword Made from Single-Carbon Steel

Fig. 5.368 Appearance of tested sword (property of the author).

Fig. 5.369 Cross-sectional macrograph of sword made of single-carbon steel (M. Kitada).

Fig. 5.370 Cross-sectional micrograph of single-carbon steel sword. (a) – (d) indicate observation positions a – c shown in Fig. 5.369 (M. Kitada).

Fig. 5.371 Scanning electron micrograph (SEM) of perlite area. Arrows indicate nonmetallic inclusions (M. Kitada).

Fig. 5.372 SEM of the nonmetallic inclusion in the martensite area. The arrow indicates the direction of the images edge (M. Kitada).

Fig. 5.373 Energy dispersive X-ray Spectroscopy pattern of (a) martensite and (b) nonmetallic inclusion (M. Kitada).

Fig. 5.374 Micro-Vickers hardness distribution of sword made of single-carbon steel (M. Kitada).

5.7.2 Military Sword Named Mantetsu Sword

Fig. 5.375 Leaflet of military sword from early Showa period in Japan (property of the author).

Fig. 5.376 (a) Piece of Mantetsu (the former South Manchuria Railway Co.) sword and (b) signature (property of the author).

Fig. 5.377 Cross sectional macrograph of Mantetsu sword. Arrow a indicates the nonmetallic inclusion shown in Fig. 5.382 and arrows b and c indicate the nonmetallic inclusions shown in Fig. 5.382 (M. Kitada).

Fig. 5.378 Typical optical micrographs of steel used for Mantetsu sword: (a) ridge, (b) striped structure area, (c) quenched edge, and (d) core steel (M. Kitada).

Fig. 5.379 Scanning electron micrographs (SEMs) of (a) striped and (b) martensite structures (M. Kitada).

Fig. 5.380 Energy dispersive X-ray spectroscopy pattern of carbon steel used for Mantetsu sword (M. Kitada).

Fig. 5.381 Optical micrographs of welding areas between the core steel and the medium-carbon steel shown in Fig. 5.377. Arrows indicate nonmetallic inclusions (M. Kitada).

Fig. 5.382 Optical micrograph of upper part of core steel indicated by letter a in Fig. 5.377 (M. Kitada).

Fig. 5.383 Elemental maps of area indicated by rectangle shown in Fig. 5.382 (M. Kitada).

Fig. 5.384 SEMs of nonmetallic inclusions existing in boundary area between the medium-and the low-carbon steels shown in Fig. 5.381 (b) (M. Kitada).

Fig. 5.385 Micro-Vickers hardness distribution of cross section of Mantetsu sword (M. Kitada).

5.7.3 Japanese Military Sword

Fig. 5.386 Cross-sectional macrographs of Japanese military swords made in the early Showa period (property of the author).

Fig. 5.387 Low-magnification optical micrographs of steel used for Japanese military sword No. a. (a) Edge steel. Arrows A and B indicate a nonmetallic inclusion and the striped structure, respectively. (b) Metallographic structure at quenching depth. The arrow indicates the striped structure (M. Kitada).

Fig. 5.388 Optical micrographs of steels used for Japanese military sword No. a. (a) Martensite and (b) perlite structure with the exception of edge steel (M. Kitada).

Fig. 5.389 Scanning electron micrograph (SEM) of steel used for Japanese military sword No. a. A needlelike inclusion can be observed in quenched steel (M. Kitada).

Fig. 5.390 Elemental maps of Mn and S in steel shown in Fig.5.389. Elements exist in the bright area (M. Kitada).

Fig. 5.391 SEM of striped structure indicated by arrow in Fig. 5.387 (b) (M. Kitada).

Fig. 5.392 Elemental maps of acicular precipitate shown in Fig. 5.391. Arrow c indicates rough approximation of both Figs. 5.391 and 5.392 (M. Kitada).

Fig. 5.393 Micro-Vickers hardness distribution of military sword No. a (M. Kitada).

5.8 Dependence of Microstructure on Longitudinal Direction of Sword

5.8.1 Katsumitsu Sword

Fig. 5.394 Dependence of cross-sectional structure on longitudinal direction of Bizen-Osafuneju-Katsumitsu sword (M. Kitada).

5.8.2 Unsigned *Wakizashi* Sword Made in the Mid-Edo Period

Fig. 5.395 Appearance of *wakizashi* sword and cross sectional macrographs of the areas indicated by the arrows (M. Kitada).

5.8.3 Unsighed Sword Made in the Mid-Edo period

Fig. 5.396 Relationship between cross sectional structure and longitudinal direction of sword made in the mid-Edo period (M. Kitada).

5.8.4 Echizen-Fukuijuu-Yoshimichi Sword

Fig. 5.397 Dependence of cross-sectional structure of Echizen-Fukuiju-Yoshimichi sword on longitudinal direction of sword (M. Kitada). The arrows indicate the positions of the internal defects (M. Kitada).

Fig. 5.398 Enlarged micrographs of defects indicated by arrows shown in Fig. 5.397 (M. Kitada).

5.9 Microstructure and Several Properties of Sword

5.9.1 Annealing Behavior

Fig. 5.399 Variation in hardness of steel used for Japanese sword upon annealing（850℃ for 1h）(M. Kitada).

5.9.2 Forging and Structure

Fig. 5.400 Trial sword made from steel using small-scale *Tatara* furnace (M. Kitada and swordsmith Kawachi).

Fig. 5.401 Relationship between cross sectional macrostructure and number of folds n in forging (M. Kitada).

Fig. 5.402 Cross-sectional microstructure of trial sword specimen after fold-forging three times. (a) Dark-stripe and (b) bright-stripe areas (M. Kitada).

Fig. 5.403 Cross-sectional macrograph of sword after fold-forging eleven times. (a) Dark-stripe and (b) bright-stripe areas (M. Kitada).

Fig. 5.404 Trial sword forged using small-scale *Tatara* furnace (M. Kitada and swordsmith K. Kawachi).

Fig. 5.405 Cross-sectional macrograph of trial sword fold-forged six times (M. Kitada).

5.9.3 Experiment on Combining of Edge and Core Steels

Fig. 5.406 Trial sword specimen made from low-carbon core and medium-carbon skin steels (M. Kitada).

Fig. 5.407 Striped structure consisting of low-carbon and medium-carbon steels (M. Kitada).

Fig. 5.408 Welded area between the low-carbon core and the medium-carbon skin steels. The left side is skin steel (M. Kitada).

5.9.4 Dependence of Hardness on Carbon Content in Steel

Fig. 5.409 Relationship between the carbon content and the hardness of martensite in steel used for Japanese swords (M. Kitada).

Fig. 5.410 Distribution of the ratio (Hh / Hl) of maximum hardness (Hh) to minimum hardness (Hl) of steel used for Japanese swords (M. Kitada).

Fig. 5.411 Distribution of edge angle of Japanese swords (M. Kitada).

5.9.5 Fractography of Steel by Impact Test

Fig. 5.412 Scanning electron micrograph of surface fractured by impact test. (a) Sword forged in the Muromachi

Captions of Figures and Tables

period and (b) sword forged in the last days of the Edo period (M. Kitada).

5.9.6 Size Effect

Fig. 5.413 Difference in martensite size in steel. (a) At edge, (b) 2mm from edge, and (c) 4mm from edge (M. Kitada).

Fig. 5.414 Martensite (M) transformed after perlite (P) growth (M. Kitada).

Fig. 5.415 Comparison of perlite-structure size of swords made in (a) Muromachi and (b) last days of the Edo period (M. Kitada).

5.9.7 Three-Dimensional Distribution of Nonmetallic Compound

Fig. 5.416 Three-dimensional scanning electron micrograph (SEM) of nonmetallic inclusion in steel used for sword. Yellow, green, blue, and red areas indicate Si, Al, Ca, and Ti in the nonmetallic inclusion, respectively (M. Kitada). See frontispiece.

Fig. 5.417 Three-dimensional SEM showing distribution of Si, Al, Ca, and Ti in the nonmetallic inclusion when the observation angle was inclined 30° showing in Fig. 5.416 (M. Kitada).

5.9.8 Melting of Nonmetallic Compound

Fig. 5.418 (a) Nonmetallic inclusion fractured by forging. (b) Melted by heating at 850℃ and then solidified by cooling (M. Kitada).

Fig 5.419 Row of nonmetallic inclusions fractured in hot forging process (M. Kitada).

Fig. 5.420 Scanning electron micrograph of nonmetallic inclusion fractured in low-temperature forging process (M. Kitada).

5.9.9 Nonmetallic Inclusion in Iron Rust

Fig. 5.421 Nonmetallic inclusion buried in oxide by oxidation of steel (M. Kitada).

Fig. 5.422 Elemental maps of the nonmetallic inclusion shown in Fig. 5.421 (M. Kitada).

5.10.3 Phase Diagram of TiO_2-FeO-Fe_2O_3 System

Fig. 5.423 Phase diagram of TiO_2-FeO-Fe_2O_3 system.

* Chap.6. Microstructure of Japanese Spear

6.1 Spear Made of Very Low-Carbon Steel

Fig. 6.1 Appearance of examined spear specimen (property of the author).

Fig. 6.2 Cross-sectional macrograph of mild steel used for spear (M. Kitada).

Fig. 6.3 Optical micrographs of (a) edge and (b) core steel of spear made from mild steel (M. Kitada).

Fig. 6.4 Energy dispersive X-ray spectroscopy (EDS) of ferrite in steel (M. Kitada).

Fig. 6.5 Scanning electron micrograph (SEM) of the nonmetallic inclusion in low-carbon steel. The arrow indicates the dendrite in the inclusion. The rectangle indicates the analysis area shown in Fig. 6.6 (M. Kitada).

Fig. 6.6 EDS of nonmetallic inclusion indicated by rectangle shown in Fig. 6.5. (M. Kitada)

Fig. 6.7 SEM and elemental maps of nonmetallic inclusion in low-carbon steel Letters 1-5 in SEM indicate different compound (M. Kitada).

Fig. 6.8 Micro-Vickers hardness distribution of spear made of mild steel. Letters A and B indicate the positions shown in Fig. 6.2 (M. Kitada).

6.2 Spear Made of Low-Carbon Steel (Heianjo-Monju-Kanehisa)

Fig. 6.9 Appearance of Heianjo-Monju-Kanehisa spear (property of author).

Fig. 6.10 Cross-sectional macrograph of Heianjo-Monju-Kanehisa spear (M. Kitada).

Fig. 6.11 Cross-sectional optical micrographs of Heianjo-Monju-Kanehisa spear. (A) – (C) correspond to A – C in Fig. 6.10 (M. Kitada).

Fig. 6.12 High-magnification optical micrographs of Heianjo-Monju-Kanehisa spear. Letters a, b, c, and d indicate the observation points shown in Fig. 6.10 (M. Kitada).

Fig. 6.13 Scanning electron micrograph (SEM) of area of striped pattern between edge and core steels. Letters M and F indicate martensite and ferrite, respectively (M. Kitada).

Fig. 6.14 SEM of perlite structure developed near nonmetallic inclusion in steel (M. Kitada).

Fig. 6.15 SEM and elemental maps of nonmetallic inclusion in steel. Letters a, b, and c indicate Fe_2SiO_4, Fe_2TiO_4, and glass, respectively (M. Kitada).

Fig. 6.16 SEM and elemental maps of nonmetallic inclusion, Letters a and b indicate FeO and Fe_2SiO_4, respectively (M. Kitada)

Fig. 6.17 Hardness distribution of Heianjo-Monju-Kanehisa spear from A to d in Fig. 6.10. Letters a and b indicate the hardness of martensite in the striped structure and the hardness of perlite, respectively (M. Kitada).

6.3 Spear Made of Medium-Carbon Steel (Heianjouju-Sekido-Suketoshi)

Fig. 6.18 Appearance of Heianjouju-Sekidou-Suketoshi-spear and the signature (property of the author).

Fig. 6.19 Cross-sectional macrograph of Heianjouju-Sekidou-Suketoshi spear (M. Kitada).

Fig. 6.20 Low-magnification optical micrograph of Heianjouju-Sekidou-Suketoshi spear. Letters A, B, and C indicate the observation positions shown in Fig. 6.19 (M. Kitada).

Fig. 6.21 Cross-sectional optical micrographs of Heianjouju-Sekidou-Suketoshi spear. Letters (A)−(D) indicate the points indicated by (A)−(D) shown in Fig. 6.19 (M. Kitada).

Fig. 6.22 Cross-sectional optical micrographs of Heianjouju-Sekidou-Suketoshi spear. Letters (E)−(G) indicate the points indicated by (E)−(G) shown in Fig. 6.19 (M. Kitada).

Fig. 6.23 Energy dispersive X-ray spectroscopy pattern of perlite area shown in Fig. 6.21(D) (M. Kitada).

Fig. 6.24 Scanning electron micrograph (SEM) of nonmetallic inclusion in steel (M. Kitada).

Fig. 6.25 Elemental maps of the nonmetallic inclusion shown in Fig. 6.24 (M. Kitada).

Fig. 6.26 SEM of fine nonmetallic inclusion in perlite structure (M. Kitada).

Fig. 6.27 Hardness distributions of steel used for Suketoshi spear. Letters A and H are the positions shown in Fig. 6.19 (M. Kitada).

6.4 Spear with Rhombic Cross Section (Shinanonokami-Minamoto-Takamichi)

Fig. 6.28 Appearance of Shinanonokami-Minamoto-Takamichi spear and the signature (property of the author).

Fig. 6.29 Macrograph of Shinanonokami-Minamoto-Takamichi spear. Two ridges and two edges were quenched (M. Kitada).

Fig. 6.30 (a) Quenched structure of spear indicated by a shown in Fig. 6.29 and (b) martensite (M. Kitada).

Fig. 6.31 Low-magnification optical micrographs of quenched steel indicated by (a) c and (b) d shown in Fig. 6.29. Letters M and P indicate martensite and perlite, respectively (M. Kitada).

Fig. 6.32 Transmission electron micrograph (TEM) of perlite (M. Kitada).

Fig. 6.33 Electron backscattering diffraction pattern of (a) martensite at edge, (b) martensite at position away from edge, and (c) perlite (M. Kitada). See frontispiece.

Fig. 6.34 TEMs of (a) low-magnification martensite and (b) higher-magnification twin in martensite (M. Kitada).

Fig. 6.35 Optical micrograph of nonmetallic inclusions, (a) inside spear and (b) near edge (M. Kitada).

Fig. 6.36 Dark field scanning transmission electron micrograph (DF-STEM) and elemental maps of Fe and Ti of nonmetallic inclusion in perlite (M. Kitada).

Fig. 6.37 TEM and electron diffraction pattern of nonmetallic inclusion in perlite (M. Kitada).

Fig. 6.38 Elemental maps of nonmetallic inclusion. Letters a and b indicate the analysis positions listed in Table 6.4 (M. Kitada).

Fig. 6.39 DF-STEM and elemental maps of the nonmetallic inclusion in glass matrix (M. Kitada).

Fig. 6.40 Zirconium compound (A) epitaxially grown on $FeTiO_3$ (B). The arrow in (a) indicates the crystal lattice image (b) of the boundary between crystals. The electron diffraction pattern includes both areas A and B (M, Kitada).

Fig. 6.41 Reproduced electron diffraction pattern transformed from lattice image of boundary between ilmenite $FeTiO_3$ (A) and zirconia (B) shown in Fig. 6.40 (M. Kitada).

Fig. 6.42 Micro-Vickers hardness distribution from c to d edges shown in Fig. 6.29 (M. Kitada).

Fig. 6.43 Micro-Vickers hardness distribution between edges a and b shown in Fig. 6.29 (M. Kitada).

6.5 Spear with Multilayer Structure

Fig. 6.44 Cross- sectional macrograph of quenched inside spear (property of the author).

Fig. 6.45 Optical micrographs of (a) near ridge, (b) center, and (c) bottom of cross section (M. Kitada).

Fig. 6.46 Optical micrographs of martensite of quenched spear: (a) near surface and (b) at center of cross section (M. Kitada).

Fig. 6.47 Energy dispersive X-ray spectroscopy pattern (EDS) of ferrite area (M. Kitada).

Fig. 6.48 Scanning electron micrographs of the nonmetallic inclusions in (a) martensite and (b) ferrite of steel. The rectangle in (a) indicates the analysis position of the elemental map shown in Fig. 6.49 (M. Kitada).

Fig 6.49 Elemental maps of nonmetallic inclusion indicated by rectangle shown in Fig. 6.48 (a) (M. Kitada).

Fig 6.50 Elemental maps of nonmetallic inclusion in ferrite shown in Fig. 6.48(b) (M. Kitada)

Fig 6.51 EDSs of nonmetallic inclusions in (a) high-carbon steel and (b) ferrite (M. Kitada).

＊ Chap.7. Polishing of Swords

7.1 Polishing Process

Fig. 7.1 Example of polishing (*Togi*) process of Japanese sword (provided by O. Fugishiro).

7.2 Microstructure of Gritstone

Fig. 7.2 Optical micrograph of gritstone, Narutaki (*jizuya*), of medium hardness (M. Kitada). See frontispiece.

Captions of Figures and Tables

Fig. 7.3 X-ray diffraction pattern of gritstone. Unmarked peaks correspond to muscovite (M. Kitada).

Fig. 7.4 Energy dispersive X-ray spectroscopy pattern of gritstone (M. Kitada).

Fig. 7.5 Spectral reflectance of gritstone. The reference reflectance is that of natural kaolinite (M. Kitada).

Fig. 7.6 Transmission electron micrograph (TEM) of gritstone. The central area is SiO_2 crystal. Amorphous zones indicated by black arrows and acicular compounds exist in the vicinity of SiO_2 (M. Kitada).

Fig. 7.7 Energy dispersive X-ray spectroscopy patterns (EDSs) of (a) matrix SiO_2 and (b) acicular grain (M. Kitada).

Fig. 7.8 TEM of gritstone thin film that changed from crystalline to amorphous during observation by TEM. The dotted circle indicates the electron beam irradiation area. (a) First and (b) final stages of electron beam irradiation (M. Kitada).

Fig. 7.9 TEM of annihilation process of $SiO_2(H_2O)_n$ crystal lattice by electron beam irradiation. (a)First stage and (b) final stage (M. Kitada).

Fig. 7.10 Weight decrease and differential thermal analysis curves of gritstone after heating (M. Kitada).

Fig. 7.11 Crystal lattice image and electron diffraction pattern of acicular (layered) compound in gritstone (M. Kitada).

Fig. 7.12 TEM observation of annihilation process of crystal lattice in layered compound by electron beam irradiation. (a) First stage and (b) final stage (M. Kitada).

Fig. 7.13 TEM of gritstone powder produced by grinding. (a) SiO_2 grain and (b) enlarged image of area indicated by rectangle (arrow) shown in (a). One can observe that the layered structure is destroyed in (b) (M. Kitada).

Fig. 7.14 X-ray diffraction patterns of solid gritstone, dried powder of gritstone after grinding, and wet powder (M. Kitada).

Fig. 7.15 TEM of gritstone powder and steel chips after sword was ground. The dark acicular image is of whetted iron chips (M. Kitada).

Fig. 7.16 Schematic illustration of whetting process for sword. (a) Whetstone, (b) hydrated condition, (c) in contact with steel, and (d) grinding steel and chips (M. Kitada). See frontispiece.

Fig. 7.17 Broken piece of pottery, baked in ancient Roman era in 2nd to 3rd centuries, used to grind European swords (provided by S. Mäder). See frontispiece.

Fig. 7.18 X-ray diffraction pattern of clay that is a constituent of the pottery shown in Fig. 7.17 (M. Kitada).

Fig. 7.19 EDS of clay that is a constituent of the pottery shown in Fig.7.17 (M. Kitada).

Fig. 7.20 Machine for grinding European swords used in Alsace, France (M. Kitada).

7.3 Structure of Polishing Trace and Edge Pattern

Fig. 7.21 Optical micrographs of polished surface of steel used for Yokoyama-Sukekane sword. (a) Edge, (b) around quenching depth, (c) skin, and (c) near ridge (M. Kitada).

Fig. 7.22 Optical micrographs of polished surface of steel used for Nagamitsu sword. (a) Edge, (b) near edge, (c) around quenching depth, and (d) skin surfaces. The squares are indentation-traces (M. Kitada).

Fig. 7.23 Macrograph of polished surface of edge pattern area of Bishuu-Osafuneju-Katsumitsu sword (M. Kitada).

Fig. 7.24 Optical micrographs of whetted edge pattern area. Figures (a) – (d) were taken at the positions indicated by a - d shown in Fig. 7.23 (M. Kitada).

Fig. 7.25 Optical micrographs of whetted edge pattern area. Figures (e) – (h) were taken at the positions indicated by e – h shown in Fig. 7.23 (M. Kitada).

Fig. 7.26 Optical micrographs of (a) as-polished skin surface and (b) etched structure after mirror polishing. Bright and dark areas are martensite and fine perlite, respectively. Arrows indicate streaks due to the nonmetallic inclusions (M. Kitada).

Fig. 7.27 Streaks around nonmetallic inclusions on steel surface when steel was polished strongly (M. Kitada).

Fig. 7.28 Cross-sectional optical micrograph of steel near sword surface. The arrow indicates the direction of the ridge (M. Kitada).

7.4 Optical Properties of Swords

Fig. 7.29 Macrograph of polished surface of sword and its reflectance (M. Kitada).

Fig. 7.30 Macrograph of polished surface of Muneyoshi sword and its reflectance (M. Kitada).

Fig. 7.31 Macrograph of polished surface of Ashida sword (Kyoto University) and its reflectance (M. Kitada).

Fig. 7.32 Reflectances of surfaces after gritstone polishing and mirror polishing of Bizen-Osafuneju-Katsumitsu sword (M. Kitada).

7.5 Effect of Nonmetallic Inclusion on Reflectance of Sword

Fig. 7.33 Optical micrograph of nonmetallic inclusion of sword surface (M. Kitada).

7.6 Increase in Surface Hardness by Polishing

Fig. 7.34 Micro-Vickers hardness distribution of polished surface of Yokoyama-Sukekane sword (M. Kitada).

446

Fig. 7.35 Micro-Vickers hardness distribution of polished surface of Nagamitsu sword (M. Kitada).

Fig. 7.36 Example of transmission electron micrograph of dislocation lines near crystal surface induced by polishing (M. Kitada).

* Chap.8. Microstructure of Swords Used in Ancient Times
8.1 Celtic Sword Made circa 2nd to 3rd Century

Fig. 8.1 (a) Piece of Celtic sword excavated in Wales and (b) cross- sectional macrograph of sword (M. Kitada, donated by S. Mäder).

Fig. 8.2 Cross-sectional macrograph and optical micrograph of steel used for Celtic sword (M. Kitada).

Fig. 8.3 Scanning electron micrograph (SEM) of perlite in area adjacent to nonmetallic inclusion (M. Kitada).

Fig. 8.4 SEM of nonmetallic inclusion in steel of Celtic sword. Letters a-d indicate analysis positions (M. Kitada).

Fig. 8.5 Energy dispersive X-ray spectroscopy patterns of the nonmetallic inclusion shown in Fig. 8.4 (M. Kitada).

Fig. 8.6 SEM of comparatively small nonmetallic inclusion (M. Kitada).

Fig. 8.7 Transmission electron micrograph of nonmetallic inclusion in steel used for Celtic sword (M. Kitada).

Fig. 8.8 Micro-Vickers hardness distribution of cross section of Celtic sword (M. Kitada).

Fig. 8.9 Stress-elongation curve of steel used for Celtic sword. The circle indicates the enlarged curve at the yield point. The specimen image is superimposed (M. Kitada).

8.2 Sword Made in the Han Dynasty
8.2.1 Macrograph and Optical Micrograph

Fig. 8.10 Appearance of ancient sword made in the Han dynasty (property of the author).

Fig. 8.11 Cross-sectional macrograph of sword made in the Han dynasty (M. Kitada).

Fig. 8.12 Optical micrographs of steel used for Han dynasty sword. (a) Bright and (b) dark areas shown in Fig. 8.11 (M. Kitada).

Fig. 8.13 Scanning electron micrograph (SEM) of dark area in Fig. 8.11 (M. Kitada).

Fig. 8.14 SEM of nonmetallic inclusion in perlite (M. Kitada).

Fig. 8.15 Transmission electron micrograph of nonmetallic inclusion in Han dynasty sword. Fayalite is observed in the glass matrix (M. Kitada).

Fig. 8.16 Electron diffraction patterns of (a) a Fe+Fe$_3$C, (b) glass, and (c) fayalite shown in Fig. 8.15 (M. Kitada).

8.2.2 Sword with Jadeite Guard

Fig. 8.17 Appearance of ancient Chinese sword with sword guard made of jadeite (property of the author). See frontispiece.

Fig. 8.18 Cross-sectional optical micrograph of ancient Chinese sword. The arrow indicates the direction of the edge (M. Kitada).

Fig.8.19 SEM of perlite (M. Kitada).

Fig. 8.20 SEM of nonmetallic inclusion (M. Kitada).

8.3 Sword Made of Cast Iron in Ancient China

Fig. 8.21 Appearance of sickle-shaped spear made in ancient China (property of the author).

Fig. 8.22 Cross-sectional macrograph of tang of sickle-shaped spear. Letters a ‐ f indicate positions observed (M. Kitada).

Fig. 8.23 Optical micrographs containing graphite of (a) center indicated by a and (b) end area b with oxide shown in Fig. 8.22.

Fig. 8.24 Optical micrographs containing graphite of (a) area c and (b) area d shown in Fig. 8.22. C, P, and the arrow indicate cementite, perlite, and a nonmetallic inclusion, respectively (M. Kitada).

Fig. 8.25 Optical micrographs of (a) area e and (b) area f shown in Fig. 8.22. The arrow indicates the nonmetallic inclusion (M. Kitada).

8.4 Sword Made in Ancient Korea

Fig. 8.26 Ancient sword excavated from South Korea (property of the author).

Fig. 8.27 Cross-sectional macrographs of (a) tang and (b) blade of ancient Korean sword. The left and right sides of the macrographs show very-low- and high-carbon steel, respectively (M. Kitada).

Fig. 8.28 Typical optical micrographs of (a) very-low- and (b) high-carbon steels used for ancient Korean sword (M. Kitada).

Fig. 8.29 Optical micrograph of the boundary between the very-low- and high-carbon steels (M. Kitada).

Fig. 8.30 Deformation structure of very-low-carbon steel (M. Kitada).

Fig. 8.31 Energy dispersive X-ray spectroscopy pattern (EDS) of very-low-carbon steel (M. Kitada).

Fig. 8.32 Deformation twins (lines) observed in very-low-carbon steel of ancient Korean sword (M. Kitada).

Fig. 8.33 Scanning electron micrograph (SEM) of small nonmetallic inclusion in very-low-carbon steel (M. Kitada).

Fig. 8.34 EDS of small nonmetallic inclusion shown in Fig. 8.33 (M. Kitada).

Captions of Figures and Tables

Fig. 8.35 SEM of comparatively large nonmetallic inclusion in very-low-carbon steel (M. Kitada).

Fig. 8.36 EDS of nonmetallic inclusion shown in Fig. 8.35 (M. Kitada).

Fig. 8.37 Transmission electron micrograph (TEM) of nonmetallic inclusion. The rectangle indicates the area of the elemental map shown in Fig. 8.40 (M. Kitada)

Fig. 8.38 EDSs of nonmetallic inclusions. (a) FeO and (b) fayalite (M. Kitada).

Fig. 8.39 Enlarged image of area indicated by rectangle shown in Fig. 8.37 and electron diffraction patterns of FeO and glass matrix (M. Kitada).

Fig. 8.40 Elemental maps of area shown in Fig. 8.39. The arrow indicates the position containing Mo (M. Kitada).

Fig. 8.41 TEM of fine precipitates in glass matrix in nonmetallic inclusion (M. Kitada).

Fig. 8.42 TEM of fine precipitates containing Mo and electron diffraction pattern (M. Kitada).

Fig. 8.43 EDS of fine precipitate shown in Fig. 8.42 (M. Kitada).

Fig. 8.44 Crystal lattice image and electron diffraction pattern of fine precipitate containing sulfur (M. Kitada).

8.5 Hatchet Coated with Bronze

Fig. 8.45 Iron hatchet coated with bronze excavated in Thai land (property of the author).

Fig. 8.46 Macrograph of bottom of iron hatchet coated with bronze. The arrow indicates bronze and the center is iron rust (M. Kitada). See frontispiece.

Fig.8.47 Cross-sectional macrograph of iron hatchet coated with bronze. Letters a, b, c, d, and e indicate bronze and verdigris, dark red iron rust, iron oxide containing Fe_3O_4 and FeO, steel, and dark red iron rust, respectively (M. Kitada). See frontispiece.

Fig. 8.48 Scanning electron micrograph (SEM) of bronze layer coated on surface of iron hatchet (M. Kitada).

Fig. 8.49 Elemental maps of bronze shown in Fig. 8.48 (M. Kitada).

Fig. 8.50 Optical micrograph of steel used for hatchet (M. Kitada).

Fig. 8.51 Sickle-shaped iron spear coated with bronze (property of the author).

Fig. 8.52 Cross-sectional macrograph of sickle-shaped iron spear coated with bronze (M. Kitada).

Fig. 8.53 Optical micrographs of (a) upper and (b) lower parts of spear cross section shown in Fig. 8.52 (M.Kitada).

8.6 Sword from Tumulus Period in Japan

Fig. 8.54 Appearance of ancient sword excavated from tumulus in Japan (property of the author).

Fig. 8.55 Cross-sectional macrograph of excavated ancient sword (M. Kitada).

Fig. 8.56 Three-dimensional optical micrograph composed of cross section, ridge, and side faces (M. Kitada).

Fig. 8.57 Magnified optical micrograph of stripe structure (M. Kitada).

Fig. 8.58 Transmission electron micrograph (TEM) of perlite (M. Kitada).

Fig. 8.59 Scanning electron micrograph (SEM) of comparatively large nonmetallic inclusion in steel. The rectangle indicates the analysis area (M. Kitada).

Fig. 8.60 Energy dispersive X-ray spectroscopy pattern (EDS) of the nonmetallic inclusion shown in Fig. 8.59 (M. Kitada).

Fig. 8.61 TEM of the nonmetallic inclusion in steel (M. Kitada).

Fig. 8.62 EDS and electron diffraction pattern of FeO shown in Fig. 8.61 (M. Kitada).

Fig. 8.63 EDS and electron diffraction pattern of Fe_2SiO_4 crystal shown in Fig. 8.61 (M. Kitada).

Fig. 8.64 EDS and electron diffraction pattern of glass containing fine crystals shown in Fig. 8.61 (M. Kitada).

Fig. 8.65 Serrated crystal (thick arrow) grown from Fe_2SiO_4 crystal and fine precipitates in glass matrix (M. Kitada).

Fig. 8.66 EDS of precipitate containing S in glass matrix (M. Kitada).

Fig. 8.67 Crystal lattice image and electron diffraction pattern of fine precipitate in glass matrix (M. Kitada).

Fig. 8.68 Stress-elongation curves of ancient sword excavated from tumulus (M. Kitada).

Fig. 8.69 Fractographs of fractured surfaces of steel specimen used for ancient sword. (a) Macrograph. (b) and (c) Typical surface images obtained by SEM (M. Kitada).

∗ Chap.9. European and Asian Swords from Middle to Early Modern Ages

9.1 Large German Sword Made in 8th to 9th Century

Fig. 9.1 Battle of the crusaders (provided by S. Mäder).

Fig. 9.2 Arabian swordsmith (provided by S. Mäder)

Fig. 9.3 Whole figure and specimen sampling position of German sword (M. Kitada, provided by S. Mäder).

Fig. 9.4 Cross-sectional macrograph of German sword. Letters a – f and A – G indicate different steel chips (M. Kitada).

Fig. 9.5 Optical micrographs of edge steels indicated by a and b shown in Fig. 9. 4. The arrow in (b) indicates the nonmetallic inclusion (M. Kitada).

Fig. 9.6 Optical micrographs of (a) boundary between steel chips a and c, and (b) boundary between steel chips d and b whose cross section is shown in Fig. 9.4. Arrows indicate the forged welding boundaries (M. Kitada).

Fig. 9.7 Optical micrographs of (a) boundary between steel chips c and f, and (b) boundary between steel chips e and f whose cross section is shown in Fig. 9.4. The arrows indicate the forged welding boundaries (M. Kitada).

Fig. 9.8 Optical micrographs of (a) center of steel f, (b) low-carbon steel of a of (a), (c) low-carbon steel of b of (a), (d) layer structure of low- and high-carbon steel indicated by arrow B shown in Fig. 9.4 (M. Kitada).

Fig 9.9 Energy dispersive X-ray spectroscopy pattern (EDS) of ferrite in core steel shown in Fig. 9.8 (b) (M. Kitada).

Fig. 9.10 Scanning electron micrographs of (a) and (b) multiphase inclusion in core steel, and (c) single-phase inclusion in edge steel (M. Kitada).

Fig. 9.11 Elemental maps of Fe, Si, Al, K, Ca, and P of the nonmetallic inclusion shown in Fig. 9.10 (a) (M. Kitada).

Fig. 9.12 EDS of bright grain in nonmetallic inclusion shown in Fig. 9.10 (a) (M. Kitada).

Fig. 9.13 Elemental maps of Fe, Si, Al, K, Ca, and P of nonmetallic inclusion shown in Fig. 9.10 (b) (M. Kitada).

Fig. 9.14 EDS of nonmetallic inclusion shown in Fig. 9.10 (c) (M. Kitada).

Fig. 9.15 Micro-Vickers hardness of cross section of sword made in ancient Germany shown in Fig. 9.4 (M. Kitada).

Fig. 9.16 Cross-sectional macrograph and micro-Vickers hardness of the sword excavated in Germany around 12th century (M. Kitada).

9.2 Small Sword Made in Ancient Europe

Fig. 9.17 Appearance of small sword made in ancient Europe (donated by S. Mäder).

Fig. 9.18 Cross-sectional macrograph of small sword. The arrow indicates the boundary between the low (edge) and upper (core) steels. Letters a – d are observation areas shown in Fig. 9.19 (M. Kitada).

Fig. 9.19 Optical micrographs of cross section indicated by letters a, b, c, and d in Fig. 9.18, respectively (M. Kitada).

Fig. 9.20 Optical micrographs of steels. The top and bottom indicate the low-carbon steel of the ridge side and the high-carbon steel of edge side, respectively. The arrow indicates the boundary between the steels with two different carbon-contents (M. Kitada).

Fig. 9.21 Energy dispersive X-ray spectroscopy pattern (EDS) of ferrite area in steel (M. Kitada).

Fig. 9.22 Scanning electron micrographs of nonmetallic inclusions in (a) edge of high-carbon steel and (b) ridge of low-carbon steel (M. Kitada).

Fig. 9.23 Transmission electron micrograph of the nonmetallic inclusion in low-carbon steel (M. Kitada)

Fig. 9.24 Elemental maps of nonmetallic inclusion shown in Fig. 9.23 (M. Kitada).

Fig. 9.25 Electron diffraction patterns of (a) grain containing sulfur in glass, (b) grain containing Fe, Al, and Si, and glass matrix (M. Kitada).

Fig. 9.26 EDS of grain containing sulfur (M. Kitada).

Fig. 9.27 Micro-Vickers hardness distribution from ridge to edge of sword (M. Kitada).

9.3 Saver Made in Modern Times in Europe

Fig. 9.28 European swords exhibited in arms museum of Swiss Confederation (photo by the author).

Fig. 9.29 Appearance of sword specimens (donated by arms museum of Swiss Confederation).

Fig. 9.30 Cross-sectional macrographs of European swords made in 16th – 18th centuries (M. Kitada).

Fig. 9.31 Whole figure of saver whose cross section is shown in Fig. 9.30(e). (a) Whole figure and (b) pattern engraved on sword side (M. Kitada).

Fig. 9.32 Magnified optical micrograph of stripe structure of sword. (a) Ridge area and (b) center of cross section (M. Kitada).

Fig. 9.33 Optical micrographs of bright (B) and dark (D) stripes of stripe structure of cross section (M. Kitada).

Fig. 9.34 Electron backscattering diffraction pattern of (a) bright and (b) dark stripes (M. Kitada). See frontispiece.

Fig. 9.35 Transmission electron micrograph (TEM) of bright stripe in stripe structure (M. Kitada).

Fig. 9.36 TEM of perlite observed in dark stripe (M. Kitada).

Fig. 9.37 TEM of MnS precipitate in perlite observed in dark stripe (M. Kitada).

Fig. 9.38 Energy dispersive X-ray spectroscopy pattern (EDS) of MnS precipitate shown in Fig. 9.37 (M. Kitada).

Fig. 9.39 Distribution of nonmetallic inclusion observed in stripe structure. Many inclusions exist in the dark stripe (M. Kitada).

Fig. 9.40 Typical scanning electron micrograph (SEM) of nonmetallic inclusion observed in martensite matrix (M. Kitada).

Fig. 9.41 EDS of area indicated by square shown in Fig. 9.40 (M. Kitada)

Fig. 9.42 SEM of nonmetallic inclusion containing inner grain (M. Kitada).

Captions of Figures and Tables

Fig. 9.43 TEM and EDS of nonmetallic inclusion. The electron diffraction pattern of the nonmetallic inclusion is superimposed (M. Kitada).

Fig. 9.44 Micro-Vickers hardness distribution of steel quenched for saber made in Europe (M. Kitada).

Fig. 9.45 Typical optical micrograph of carbon steel of sword (k) shown in Fig. 9.30 (M. Kitada).

Fig. 9.46 Micro-Vickers hardness distribution of cross section of saber shown in Fig. 9.30(k), which was not quenched (M. Kitada).

9.4 Kris (Crease) Sword Made in Southeast Asia

Fig. 9.47 (a) Sheath and (b) blade of Kris sword made in Southeast Asia (property of the author).

Fig. 9.48 Typical pattern on blade side of Kris sword (M. Kitada).

Fig. 9.49 Cross-sectional macrograph of Kris sword. Microstructures indicated by a to d are shown in Fig. 9.50 (M. Kitada).

Fig. 9.50 Typical optical micrographs of cross section of Kris sword. Micrographs (a) to (d) were taken at positions a to d in Fig. 9.49, respectively (M. Kitada).

Fig. 9.51 Macrograph of side of Kris sword. Letters a to c indicate the observed positions shown in Fig. 9.52 and square is position d shown in Fig. 9.52(d) (M. Kitada).

Fig. 9.52 (a) to (c) Optical micrographs taken at a to c in Fig. 9.51, respectively. (d) Naked-eye image of macrograph indicated by square shown in Fig. 9.51 (M. Kitada).

Fig. 9.53 Energy dispersive X-ray spectroscopy pattern (EDS) of ferrite (a Fe) with large crystal grain (M. Kitada).

Fig. 9.54 EDS of steel with fine crystal grains (M. Kitada).

Fig. 9.55 Distribution of nonmetallic inclusions in area along dark stripe with fine ferrite grains indicated by b in Fig. 9.49. Three types (lines a1, a2, and a3) of inclusion with different shapes and sizes are observed (M. Kitada).

Fig. 9.56 Elemental maps of Fe, Ni, O, Cr, Mn, Si, Ca, and Mg of area shown in Fig. 9.55 (M. Kitada).

Fig. 9.57 Scanning electron micrograph (SEM) of typical nonmetallic inclusion in area with large ferrite grains (M. Kitada).

Fig. 9.58 Elemental maps of Fe, O, Si, Mn, Al, and Ca of nonmetallic inclusion shown in Fig. 9.57 (M. Kitada).

Fig 9.59 SEM of nonmetallic inclusion observed in line a1 in Fig. 9.55 (M. Kitada).

Fig. 9.60 Typical SEM of nonmetallic inclusion observed in area d in Fig. 9.49. Letters a and b indicate the crystal grain and glass matrix, respectively. Letter B is a nonmetallic inclusion containing S (M. Kitada).

Fig. 9.61 Elemental maps of Fe, O, Al, Mn, Mg, Si, S, K, and Ti of nonmetallic inclusion shown in Fig. 9.60 (M. Kitada).

Fig. 9.62 SEM of nonmetallic inclusion indicated by arrow in Fig. 9.50 (c) (M. Kitada).

Fig. 9.63 SEM and elemental maps of Fe, O, Si, Al, and K of nonmetallic inclusion shown in Fig. 9.62 (M. Kitada).

Fig. 9.64 Pattern of Caucacian sword (property of D. Sirotkin Hermitage Museum).

✳ Chap. 10 Japanese Matchlock Gun

10.1 Microstructure

Fig. 10.1 Example of Japanese matchlock gun manufactured in the Edo period (property of the author).

Fig. 10.2 Cross-sectional macrograph of screw fixed at bottom of Japanese matchlock gun. Letters a-a' and b indicate the barrel and screw, respectively. Letters (a) – (d) indicate the observation areas shown in Fig. 10.3 (M. Kitada).

Fig. 10.3 Cross-sectional optical micrographs of screw of Japanese matchlock gun. Figures (a) – (d) indicate the areas shown in Fig. 10.2. The arrow indicates a nonmetallic inclusion (M. Kitada).

Fig. 10.4 Cross-sectional macrograph of barrel of Japanese matchlock gun. Letter (e) indicates the observation point in the next figure (M. Kitada).

Fig. 10.5 Optical micrograph of point (e) shown in Fig. 10.4 (M. Kitada).

Fig. 10.6 Cross-sectional macrograph of muzzle of Japanese matchlock gun. Letters (f) – (g) indicate the observation positions of images shown in Fig. 10.7 (M. Kitada).

Fig. 10.7 Optical micrographs of positions (f) and (g) shown in Fig. 10.6. The arrow in (a) indicates a nonmetallic inclusion (M. Kitada).

Fig. 10.8 Optical micrograph of sighting device fixed on muzzle of Japanese matchlock gun (M. Kitada).

Fig. 10.9 Optical micrograph of twin (arrow) induced by impact deformation (M. Kitada).

10.2 Nanostructure

Fig. 10.10 Transmission electron micrograph (TEM) of twin in steel used for Japanese matchlock gun (M. Kitada).

Fig. 10.11 TEM of dislocation lines in steel of Japanese matchlock gun (M. Kitada).

Fig. 10.12 TEM of cell structure in steel of Japanese matchlock gun induced by heavy work (M. Kitada).

Fig. 10.13 TEM of cementite in steel used for Japanese matchlock gun. A, B, C, and D indicate fractured pieces of cementite (M. Kitada).

Fig. 10.14 Book of firearms published in Holland in 1863 and its Japanese version (property of the author).

10.3 Nonmetallic Inclusion

Fig. 10.15 Optical micrograph of typical nonmetallic inclusion in steel used for Japanese matchlock gun (M. Kitada).

Fig. 10.16 TEM of nonmetallic inclusion in steel used for Japanese matchlock gun. Letters a, b, and g indicate FeO, Fe_2SiO_4, and glass, respectively (M. Kitada).

Fig. 10.17 Nonmetallic inclusion containing Ti compound Fe_2TiO_4 (M. Kitada).

10.4 Mechanical Propretv

Fig. 10.18 Typical stress-elongation curves of steel used for Japanese matchlock gun and the specimen tested (M. Kitada).

Fig. 10.19 (a) Cross-sectional macrograph of fracture specimen and (b) optical micrograph near fracture surface of specimen after tension test. Arrows indicate a nonmetallic inclusion (M. Kitada).

Fig. 10.20 Marksman's license to use Japanese matchlock gun issued in 1819 (property of the author).

✳ **Chap. 11 Armor and Chain Mail**

11.1 Armor Steel

Fig. 11.1 Specimen of sleeve used for Japanese armor (property of the author).

Fig. 11.2 Cross-sectional optical micrograph of steel sheet used for sleeve of Japanese armor (M. Kitada).

Fig. 11.3 Distribution of crystal grains from top to bottom of cross section of steel sheet. The right side is the top carbon steel. The image was obtained using an electron backscattering diffraction method (M. Kitada). See frontispiece.

Fig. 11.4 Distribution of crystal orientation of a Fe in carbon steel used for armor (M. Kitada).

Fig. 11.5 Distribution of grain diameter of a Fe in carbon steel used for armor (M. Kitada).

Fig. 11.6 Scanning electron micrograph (SEM) of nonmetallic inclusion in carbon steel at top of cross section shown in Fig. 11.3 (M. Kitada).

Fig. 11.7 Elemental maps of nonmetallic inclusion of steel shown in Fig. 11.6 (M. Kitada).

Fig. 11. 8 SEM of nonmetallic inclusion in carbon steel at bottom of cross section shown in Fig. 11.3 (M. Kitada).

Fig. 11.9 Elemental maps of nonmetallic inclusion shown in Fig. 11.8 (M. Kitada).

Fig. 11.10 Appearance of fractured specimen after tension test (M. Kitada).

Fig. 11.11 Typical stress-elongation curves of steel of armor specimen (M. Kitada).

Fig. 11.12 SEMs of fractured surface of steel specimen after tension test (M. Kitada).

Fig. 11.13 Cross-sectional optical micrograph of low-quality steel widely used for Japanese armor (M. Kitada).

11.2 Steel of Warrior's Helmet

Fig. 11.14 Japanese warrior's helmet (property of the author).

Fig 11.15 Optical micrograph of steel used for Japanese warrior's helmet (M. Kitada).

Fig. 11.16 Transmission electron micrograph (TEM) and electron diffraction pattern of nonmetallic inclusion in steel used for armor. The square indicates the analysis area for the elemental map shown in Fig. 11.17 (M. Kitada).

Fig. 11.17 Elemental maps of square area shown in Fig. 11.16 (M. Kitada).

11.3 Japanese Mail

Fig. 11.18 Japanese chain mail and steel link used for mail (property of the author).

Fig. 11.19 Illustration of wire drawer and wire drawing tools (Hiroshima Archives Museum).

Fig. 11.20 Illustration of iron-wire making (from *Sakiohtsu-agawamura Yamasunatetsu Araitorinozu*; property of Tokyo Univ.).

Fig. 11.21 Tool for wiredrawing (property of the author)

Fig. 11.22 Cross-sectional macrograph of steel link (M. Kitada).

Fig. 11.23 Energy-dispersive X-ray spectroscopy (EDS) pattern of ferrite matrix of steel wire (M. Kitada).

Fig. 11.24 Cross-sectional optical micrograph of steel wire. The double-headed arrow indicates the longitudinal direction of the wire (M. Kitada).

Fig. 11.25 SEM of fractured nonmetallic inclusion in steel wire. The-double headed arrow indicates the longitudinal direction of the wire (M. Kitada).

Fig. 11.26 EDS of nonmetallic inclusion in steel wire (M. Kitada).

Fig. 11.27 Micro-Vickers hardness normal to longitudinal direction of steel wire (M. Kitada).

Fig. 11.28 Typical stress-elongation curve of steel wire (M. Kitada).

Fig. 11.29 Electron backscattering diffraction pattern (EBSD) of steel wire. (a) Pattern and pole figure, and (b)

Captions of Figures and Tables

deformation layer due to cutting (arrows) (M. Kitada). See frontispiece.

11.4 European Armor and Mail

Fig. 11.30 Illustration of armorer in 14th century Germany (from Deutsches Handwerk im Mittelalter).

Fig. 11.31 European knight dressed in armor in the Middle to Early Modern Ages (provided by Dr. S. Mäder).

Fig. 11.32 Japanese horse dressed in armor in the Warring States period (from *Jusen Kidan*).

Fig. 11.33 Specimen of European armor (shoulder plate) and cross-sectional macrograph of steel used for the armor (M. Kitada).

Fig. 11.34 Optical micrograph of carbon steel at top of cross section shown in Fig. 11.33 (M. Kitada).

Fig. 11.35 TEM of nonmetallic inclusion in steel used for European armor. Electron diffraction patterns of areas A, B, and g are also shown (M. Kitada).

Fig. 11.36 TEM of area shown by circle in Fig. 11.35 (M. Kitada).

Fig. 11.37 Crystal lattice image of Fe_2SiO_4 precipitate in glass of nonmetallic inclusion (M. Kitada).

Fig. 11.38 European knight sculpture dressed in armor in the Middle Ages (phot. by the author)

Fig. 11.39 Chain mail specimen made in Germany used in experiment (property of the author).

Fig. 11.40 (a) Outward appearance of steel link and (b) appearance of link after breaking (M. Kitada).

Fig. 11.41 Cross-sectional macrograph of steel link used for European chain armor shown in Fig. 11.39 (M. Kitada).

Fig. 11.42 Cross-sectional optical micrograph of steel link used for European chain armor (M. Kitada).

Fig. 11.43 Optical micrographs of (a) low-carbon steel area and (b) martensite area of medium-carbon steel (M. Kitada).

Fig. 11.44 (a) Electron backscattering diffraction pattern of steel link and (b) image of Fe_2SiO_4 in nonmetallic inclusion (M. Kitada). See frontispiece.

Fig. 11.45 Illustration of mail armorer in 14th century Germany (from Deutsches Handwerk im Mittelalter).

11.5 Japanese Sword Guard

Fig. 11.46 Cross-sectional macrograph of steel used for Japanese sword guard. The projections at the top of the image are inlaid copper pieces (M. Kitada).

Fig. 11.47 Enlarged optical micrograph of sword guard steel. Letter p indicates the artificially colored surface oxide layer. ① Steel plate for high relief carving and ② body iron (M. Kitada).

Fig. 11.48 Optical micrographs of areas a-d shown in Fig. 11.46 (M. Kitada).

Fig. 11.49 Cross-sectional optical micrographs of insert area of steel plate for high-relief inlay (M. Kitada).

Fig. 11.50 EDS of matrix iron area of sword guard (M. Kitada).

Fig. 11.51 SEM of nonmetallic inclusion in iron matrix (M. Kitada).

Fig. 11.52 EDS of surface oxide layer indicated by p in Fig. 11.47 (M. Kitada).

Fig. 11.53 Examples of sword guard for European sabers (property of the author).

✳ Chap. 12 Corrosion and Rusting of Swords

12.1 Surface Oxide Layer

Fig. 12.1 Typical crystal structures of iron oxides. Closed and open circles indicate Fe and oxygen atoms, respectively: (a) FeO (wustite), (b) Fe_3O_4 (magnetite), and (c) Fe_2O_3 (hematite).

Fig. 12.2 (a) Crystal lattice image and (b) electron diffraction pattern of oxide formed naturally on steel of Japanese sword (M. Kitada).

Fig. 12.3 X-ray photoelectron spectroscopy pattern of surface of Japanese sword steel. (a) After exposure to air and (b) after sputter cleaning (M. Kitada).

Fig. 12.4 Typical oxide layer structure of iron heated in air.

Fig. 12.5 Transmission electron micrograph (TEM) and electron diffraction pattern of layer structure of iron oxide film (M. Kitada).

Fig. 12.6 Crystal lattice image near oxide surface shown in Fig. 12.5 (M. Kitada).

12.2 Rust under Water

Fig. 12.7 Diagram showing formation process of iron oxide and correlation between iron compounds.

12.4 Rust of Sword

Fig. 12.8 X-ray diffraction pattern obtained from the area of rust on sword (M. Kitada).

12.5 Morphology of Rust

Fig. 12.9 Optical micrograph of rust spreading from one nonmetallic inclusion to another nonmetallic inclusion (M. Kitada).

Fig. 12.10 Scanning electron micrograph (SEM) of chain of rust resembling necklace of pearls. Rust-filled cracks are caused by thickening of the compound (M. Kitada).

Fig. 12.11 Energy-dispersive X-ray spectroscopy pattern of rust shown in Fig. 12.10 (M. Kitada).

Fig. 12.12 Fan-shaped corrosion induced near nonmetallic inclusion of sword steel after mirror polishing. The arrow indicates the starting point of oxidation (M. Kitada).

Fig. 12.13 SEM of perlite structure in which ferrite (a Fe) is partially oxidized. Arrows indicate oxidized ferrite areas. Bright areas are cementite grains (M. Kitada).

Fig. 12.14 Optical micrograph of preferential oxidation of ferrite (a Fe) in perlite. Oxidation-resistant cementite can be observed in the oxidized ferrite (M. Kitada).

Fig. 12.15 Optical micrograph of preferential oxidation of ferrite in cast iron. The arrow indicates oxidation-resistant graphite (M. Kitada).

12.6 Effect of Nonmetallic Inclusion

Fig. 12.16 TEM of shrinkage hole around a small nonmetallic inclusion, and electron diffraction patterns of compounds. Letters a and b indicate Fe_2SiO_4 and glass, respectively (M. Kitada).

Fig. 12.17 Schematic illustrations of typical micropits on polished steel surface. Illustrations (a), (b), (c), (d), (e), and (f) indicate a polishing trace, a pit around nonmetallic inclusion, a shrinkage pit, the fracture of a nonmetallic inclusion, an exfoliated pit, and the sinking of water and oil, respectively (M. Kitada).

12.7 Internal Oxidation along Nonmetallic Inclusion

Fig. 12.18 Example of exposed nonmetallic inclusion at sword surface (M. Kitada).

Fig. 12.19 Internal crack continued from the sword surface. Arrows and letter A indicate nonmetallic inclusions and low- carbon steel, respectively (M. Kitada).

Fig. 12.20 Low-carbon steel (a Fe) area along crack surface induced by oxidation. Letter A and B indicate a perlite and a Fe + perlite areas, and a and b indicate oxide layers and a Fe areas, respectively (M. Kitada).

Fig. 12.21 Optical micrograph of nonmetallic inclusion at bottom of crack in steel. The arrow indicates an oxide layer (M. Kitada).

12.8 Rust Prevention

Fig. 12.22 Molecular structure of eugenol, the main component of *chouji* (clove) oil.

Fig. 12.23 X-ray diffraction pattern of sword powder (*uchiko*) used for Japanese swords (M. Kitada).

Fig. 12.24 SEM of sword powder (M. Kitada).

Fig. 12.25 Advertisement flier for sword oil in the Meiji period (1868-1912). "To keep the sword in good condition" is written (property of the author).

Table

Table 2.1 Impurities of several pure irons (mass %).

Table 2.2 Composition of cementite obtained by EDS analysis (mol %).

Table 3.1 Compositions of main grains of stony iron meteorite (*mass%, **mol %).

Table 4.1 Compositions of iron sands produced in Japan (mass%, residual: Fe).

Table 4.2 Compositions of iron ores produced in Japan (mass%, residual: Fe).

Table 4.3 Impurities in pig iron smelted by electric furnace using Japanese iron sand (mass%).

Table 4.4 Compositions of iron ores produced in surrounding countries of Japan (mass%, Fe: balance).

Table 5.1 Impurities in steel used for Kanenaga sword (mass%).

Table 5.2 Young ratio and hardness of steel used for Kanenaga sword measured by nano-indentation test.

Table 5.3 Compositions of crystals in nonmetallic inclusion in steel shown in Fig. 5.20 (mol%).

Table 5.4 Compositions of crystals in nonmetallic inclusion in steel shown in Fig. 5.21 (mol%)

Table 5.5 Compositions of crystals in nonmetallic inclusion in steel shown in Fig. 5.23 (mol%).

Table 5.6 Impurities in steel used for Kunitshugu sword (mass%).

Table 5.7 Impurities in phases in nonmetallic inclusion of core iron (mol%).

Table 5.8 Mechanical properties of steel used for Kunitsugu sword.

Table 5.9 Impurities in steel used for Houjouji-Kunimitsu sword (mass%).

Table 5.10 Detected elements from areas a and b shown in Fig. 5.78 (mol%).

Table 5.11 Impurities in steel used for Bizenosafunejuu-Katsumitsu sword (mass%).

Table 5.12 Impurities in steel used for Bizenosafune-Katsumitsu sword (mass%).

Table 5.13 Compositions of grains in nonmetallic inclusion shown in Fig. 5.121 (mol%).

Table 5.14 Compositions of nonmetallic inclusions in steel shown in Fig.5.119 (mol%).

Table 5.15 Impurities in steel used for Tsuguhiro sword (mass%).

Table 5.16 Impurities in steel used for Noushuujuu-Kanemato sword (mass%).

Table 5.17 Compositions of grains and glass matrix in nonmetallic inclusion shown in Fig. 5.143(mol%).

Table 5.18 Composition of glass like inclusion in edge steel shown in Fig. 5.145 (mol%).

Table 5.19 Compositions of areas A, B, and C shown in Fig. 5.158 (mol%).

Table 5.20 Compositions of grain (M) and glass (G) shown in Fig. 5.159 (mol%).

Captions of Figures and Tables

Table 5.21 Impurities in steel used for Sukesada sword (mass%).
Table 5.22 Compositions of crystals N_1 and N_2 shown in Fig. 5.171 (mol%).
Table 5.23 Compositions of crystals a, b and glass matrix shown in Fig. 5.174 (mol%).
Table 5.24 Impurities in steel used for Nobukuni Yoshikane sword (mass%).
Table 5.25 Compositions of grains A, B, and C in nonmetallic inclusion shown in Fig. 5.187 (mol%).
Table 5.26 Compositions of glass and precipitate in nonmetallic inclusion in core iron shown in 5.189 (mol%).
Table 5.27 Compositions of grains in nonmetallic inclusion in core iron shown in Fig. 5.203 (mol%).
Table 5.28 Composition of nonmetallic inclusion in edge steel shown in Fig. 5.204 (mol%).
Table 5.29 Chemical composition of sword made in the middle Edo period (mass%).
Table 5.30 Compositions of grain and glass matrix in nonmetallic inclusion shown in Fig. 5.212 (mol%).
Table 5.31 Compositions of grain (A) and glass (B) in nonmetallic inclusion shown in Fig. 5.227 (mol%).
Table 5.32 Compositions of polygonal grain (A) and glass matrix (B) shown in Fig. 5.228 (mol%).
Table 5.33 Carbon (mass%) and impurity (mol%) contents in edge and ridge steels of Echizenfukuiju-Yoshimichi sword.
Table 5.34 Compositions of areas a and b shown in Fig. 5.238(mol%).
Table 5.35 Compositions of grain and glass matrix of nonmetallic inclusion shown in Fig. 5.245 (mol%).
Table 5.36 Compositions of circular and acicular grains, and glass matrix of nonmetallic inclusion shown in Fig. 5.246 (mol%).
Table 5.37 Compositions of grain and glass matrix of nonmeatllic inclusion shown in Fig. 5.262 (mol%).
Table 5.38 Compositions of grain and glass matrix of nonmeatllic inclusion shown in Fig. 5.263 (mol%).
Table 5.39 Compositions of grain and glass matrix of nonmeatllic inclusion shown in Fig. 5.265 (mol%).
Table 5.40 Compositions of grains b and c shown in Fig. 5.272 (mol%).
Table 5.41 Composition of grain in nonmetallic inclusion shown in Fig. 5.275 (mol%).
Table 5.42 Compositions of grains a – c, and glass matrx shown in Fig. 5.304 (mol%).
Table 5.43 Compositions of grains a – c shown in Fig. 5.319 (mol%).
Table 5.44 Composition of grain a shown in Fig. 5.322 (mol%).
Table 5.45 Compositions of edge steel and area c in nonmetallic inclusion in single cut sword shown in Fig. 5.331 (mol%).
Table 5.46 Compositions of circular grain and dendrite in core steel shown in Fig. 5.335 (mol%).
Table 5.47 Compositions of galss matrix and precipitate of nonmetallic inclusion in double edged sword (mol%).
Table 5.48 Compositions of grain a and glass matrix b shown in Fig. 5.350 (mol%).
Table 5.49 Composition of nonmetallic inclusion shown in Fig. 5.352 (mol%).
Table 5.50 Compositions of grains a and b in nonmetallic inclusion shown in Fig. 5.354 (mol%).
Table 5.51 Chemical composition of impurities of sword made in recent times (mass%).
Table 5.52 Compositions of areas center and outer of nonmetallic inclusion in edge steel shown in Fig. 5.372 (mol%).
Table 5.53 Compositions of grains a-c in nonmetallic inclusion of Mantetsu sword shown in Fig. 5. 382 (mol%).
Table 5.54 Compositions of grains a and b in welding area between core and edge steels shown in Fig. 5.384 (mol%).
Table 5.55 Compositions of steel and nonmetallic inclusion of Japanese military sword made in the early Showa period shown in Fig. 5.389 (mol%).
Table 5.56 Chemical compositions of swords made in the mid-Edo period and Armco and typical electrolytic iron (mass%).
Table 6.1 Compositions of grains No.1 – 3 in nonmetallic inclusion of spear made of ultra-low-carbon steel shown in Fig. 6.7 (mol%).
Table 6.2 Compositions of grains a and b, and glass matrix c in nonmetallic inclusion of spear made of low-carbon steel shown in Fig. 6.15 (mol%, oxygen: balance).
Table 6.3 Compositions of grain a and b in nonmetallic inclusion of spear made of medium-carbon steel shown in Fig. 6.24 (mol%, oxygen: balance).
Table 6.4 Compositions of crystal a and glass matrix b in nonmetallic inclusion of spear made of medium-carbon steel with rhombic cross-section shown in Fig. 6.38 (mol%).
Table 7.1 Main components of whetstone named Narutaki used for sword polishing (mol%, oxygen : balance).
Table 8. 1 Impurities in perlite area of ancient sword made in the Han dynasty (mass%).
Table 8. 2 Compositions of glass matrix and crystal in nonmetallic inclusion of ancient sword made in the Han dynasty shown in Fig. 8.14 (mol%, oxygen: balance).
Table 8.3 Compositions of nonmetallic inclusion of ancient sword with guard made of jadeite (mol%, oxygen: balance).

Table 8.4 Compositions of whole area, dendrite (α Cu), and matrix (δ phase) of bronze which covers iron sword, shown in Fig. 8.48 (mass%).

Table 9.1 Impurities in ultra-low-carbon, low-carbon, and high-carbon steels used for ancient sword made in Germany in the 8 − 9th century (mass%).

Table 9.2 Impurities of grain and glass matrix in nonmetallic inclusion shown in Fig. 9.10 (mol%).

Table 9.3 Impurities of grain and glass matrix in nonmetallic inclusion shown in Fig. 9.10 (b) (mol%).

Table 9.4 Compositions of nonmetallic inclusions in areas (a) high-carbon and (b) low-carbon steels shown in Fig. 9.22 (mol%, oxygen: balance).

Table 9.5 Composition of grain containing Ca and P in nonmetallic inclusion shown in Fig. 9.24 (mol%).

Table 9.6 Compositions of grain and glass matrix in nonmetallic inclusion in steel used for saber made in modern Europe (mol%).

Table 9.7 Compositions of grains a-d in nonmetallic inclusion in steel shown in Fig. 9. 57 (mol%).

Table 9.8 Composition of nonmetallic inclusion A shown in Fig. 9.59 (mol%).

Table 9.9 Compositions of nonmetallic inclusion A and B shown in Fig. 9.55 (mol%).

Table 9.10 Compositions of grain a and glass matrix b shown in Fig. 9.60, and small grain B shown in Fig. 9.60(mol%).

Table 9.11 Compositions of grains a and b, and glass matrix in nonmetallic inclusion shown in Fig. 9.62 (mol%)

Table 10.1 Impurities in ferrite and cementite in steel used for Japanese match lock gun shown in Fig.10.13 (mol%).

Table 10.2 Compositions of areas a − c in nonmetallic inclusion shown in Fig. 10.16 (mol%).

Table 11.1 Elements in nonmetallic inclusion in steel wire used for chain mail shown in Fig. 11.25 (mol%, oxygen: balance).

Table 11.2 Poor stress, tensile strength, elongation, and contraction of area of steel wires used for chain mail.

Table 11.3 Impurities in steel used for Japanese sword guard (mass%).

Table 11.4 Compositions of grains a and b, and glass matrix g in nonmetallic inclusion shown in 11.51 (mol%).

Table 12.1 Relations between rusts and environments (by P. Keller).

■著者紹介

北田正弘（きただ まさひろ）

1942 年　東京に生まれる
1966 年　東北大学大学院工学研究科・金属材料工学専攻修士課程修了
1966 年　(株)日立製作所入社・中央研究所に勤務
1997 年　東京藝術大学大学院美術研究科文化財保存学専攻・教授、美術
　　　　　工芸材料学研究室
2009 年　東京藝術大学名誉教授
現　在　東京理科大学客員教授、（独）奈良文化財研究所客員研究員、（一財）総合科学研究機
　　　　　構特任研究員、日本学術会議連携会員
工学博士（1973 年：超電導材料の研究）

≪主要著書≫
単著：『初級金属学』（アグネ、新訂版：内田老鶴圃）、『江戸小紋の紋様と幾何学的解析』『室
　　　町期日本刀の微細構造』『Beauty of Arts – from Material Science – 』（以上内田老鶴
　　　圃）、『機能材料辞典』（共立出版）、『かたちの博物学』（アグネ承風社）、『アモルファス』
　　　（日経サイエンス社）、『江戸の知恵・江戸の技』（日刊工業新聞社）
共著：『未来をひらく超電導』『超電導を知る辞典』『金属間化合物を知る辞典』（以上アグネ
　　　承風社）
編著：『鉄の事典』（「第 1 章鉄の科学文化史」）『マテリアルの事典』（以上朝倉書店）、『金属
　　　学のルーツ』『オプトエレクトロニクスを知る辞典』（以上アグネ承風社）、『デバイス
　　　材料工学』『薄膜材料工学』『超電導材料工学』（以上海文堂）、『センサを知る辞典』『機
　　　能材料入門上・下』（以上アグネ）
訳書：『入門結晶中の原子の拡散』（共立出版）、『シリコンの物語』（内田老鶴圃）

2017 年 10 月 10 日　初版発行　　　　　　　　　　　　　　　　《検印省略》

日本刀の材料科学
（にほんとう　ざいりょうかがく）

著　者　北田正弘
発行者　宮田哲男
発行所　株式会社 雄山閣
　　　　東京都千代田区富士見 2-6-9
　　　　Ｔ Ｅ Ｌ　03-3262-3231 ／ Ｆ Ａ Ｘ　03-3262-6938
　　　　Ｕ Ｒ Ｌ　http://www.yuzankaku.co.jp
　　　　e-mail　info@yuzankaku.co.jp
　　　　振　替　00130-5-1685
印刷・製本　株式会社ティーケー出版印刷

©Masahiro Kitada 2017　　　　　　　ISBN978-4-639-02520-7 C3057
Printed in Japan　　　　　　　　　　N.D.C.566　456p　28cm